• *FINAL*

공조냉동기계 (냉동공학)
건축기계설비 (위생설비) 기술사

PROFESSIONAL-ENGINEER

이재만

공조냉동기계기술사
건축기계설비기술사

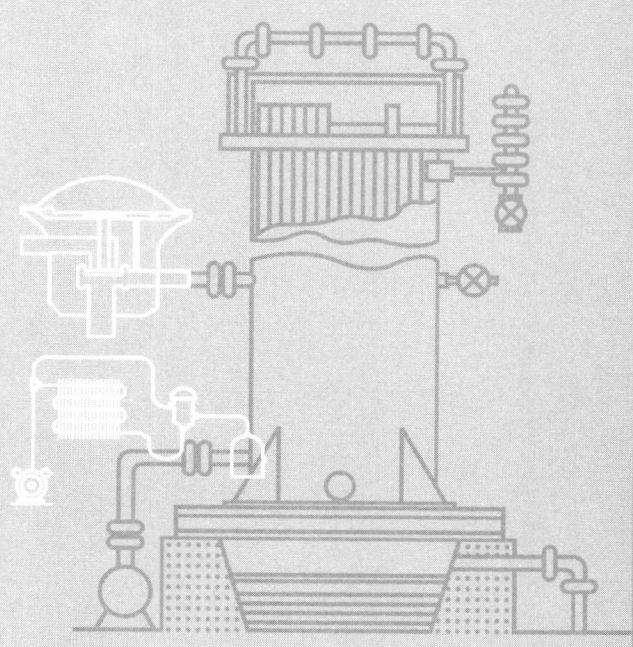

예문사

[머리말]

공조냉동분야는 건물의 냉난방, 냉동기, 공기조화장치 등에 관한 사항으로서 반도체 등 첨단산업 발전의 근간이 되는 국가기간산업이며, 국민에게는 안락한 생활을 영위할 수 있도록 하는 기술분야로 현대건축물의 대형화와 자동제어에 맞추어 빠르게 기술이 발전되고 있습니다. 부존자원이 부족한 우리나라의 현실을 비추어 볼 때 기술경쟁력과 전문가 확보는 매우 중요한 문제입니다. 이러한 시대적 분위기에 맞추어 정부는 국가 간 기술사 자격을 인정하는 국제기술사자격제도를 도입하는 등 기술사에 대한 대우와 우대를 강화하고 있는 추세입니다.

그러나 전문적 지식과 경험을 국가로부터 공인받는 기술사 자격 취득은 수험생에게는 심신의 고통과 함께 엄청난 시간과 노력이 소요되며 주변 사람의 많은 희생이 따르게 되므로, 효과적인 수험공부와 빠른 자격증 취득이야말로 수험생에게는 최우선의 목표입니다.

저자 역시 기술사 취득 후 수험생의 이러한 목적에 부합될 만한 자료와 해답을 제시하고자 수없이 고민하였으며, 그 결과물로서 이 책을 출간하게 되었습니다.

시판중인 수험서에서 부족했던 공조냉동기계기술사 냉동공학과 건축기계설비기술사 위생설비 분야의 기출문제(23회~84회)를 집대성하여 시험 준비에 보완이 되도록 하였으며, 일반적인 서브노트 형식이 아닌 서술형으로 작성함으로써 필기시험의 고득점 취득과 면접시험에서 창조적이고 풍부한 답변을 하도록 하였습니다.

끝으로, 이 책의 집필에 많은 도움이 된 공조냉동분야의 교수님과 기술사 선배님께 존경을 표하며, 집필 중 함께해준 동료직원과 가족, 그리고 출판을 맡아주신 예문사에 고마움을 전합니다.

수험생 여러분의 건승을 기원합니다.

저자 이재만

[차례]

제1편 공조냉동기계기술사 | 냉동공학

제1장 단위 / 3

1. 법정계량단위 ··· 4
2. 차원 및 단위와 단위계 ·· 6
3. 국제단위계(SI단위계) ·· 8
4. 단위환산 ·· 10
5. 온도 ··· 12
6. 대기압 ··· 14
7. 힘과 압력 ··· 16
8. 비열 ··· 17
9. 열용량 ··· 18
10. 밀도, 비체적, 비중 및 비중량 ························· 19
11. 일과 열 ··· 20
12. 에너지 및 동력 ·· 22
13. 이론마력계산 ·· 23
14. 힘의 단위와 질량의 단위 ································ 24
15. EER(에너지 효율비) ·· 25
16. SEER(계절에너지 효율비) ······························· 26

제2장 열역학 / 27

1. 열역학 용어 ··· 28
2. 엔탈피(Enthalpy) ·· 30
3. 엔트로피(Entropy) ·· 32
4. 열역학 제0법칙 ·· 33
5. 열역학 제1법칙 ·· 34
6. 열역학 제2법칙 ·· 35
7. 열역학 제3법칙 ·· 37
8. 영구기관 ··· 38
9. 이상기체의 상태방정식 ···································· 39
10. 이상기체의 상태변화 ······································ 41
11. 이상기체의 계산문제 ······································ 43
12. 엑서지 ··· 44

     13. 임계점 ··· 45
     14. 잠열의 종류 ·· 46
     15. P-V 선도와 일량 ··· 47
     16. T-S 선도와 열량 ··· 49
     17. 삼중점 ··· 50

제3장 열전달 / 51

     1. 열전달 ··· 52
     2. 증발관 단면의 냉매흐름 상황 ··· 55
     3. 비등열전달 ·· 56
     4. 응축열전달 ·· 58
     5. 열관류율 ·· 60
     6. 단층평면벽의 열관류율 ·· 62
     7. 단층평면벽의 중심온도 ·· 64
     8. 단층평면벽의 단열재 두께 계산 ·· 65
     9. 다층평면벽의 열관류율 ·· 66
     10. 원통벽의 열관류율 ··· 68
     11. 열교환기의 분류 ··· 71
     12. 열교환기의 대수평균온도차 ··· 73
     13. 열교환기의 총열전달계수 ··· 75
     14. 오염계수(Fouling Factor) ·· 77
     15. 대류의 무차원수 ··· 78
     16. 누셀수(Nusselt Number) ·· 80
     17. 열확산계수 ·· 81
     18. 천공복사 ·· 82
     19. Langley와 태양상수 ·· 83
     20. NTU(Number of Heat Transfer Units) ······························ 84
     21. 진공유리창 ·· 86

제4장 유체역학 / 87

     1. 점성계수와 동점성계수 ·· 88
     2. 체적탄성계수와 압축률 ·· 90
     3. 레이놀즈수 ·· 91
     4. 마하수(Mach Number) ·· 92
     5. 원관의 마찰손실 ··· 93
     6. 베르누이방정식 ··· 95
     7. 베르누이방정식의 적용 ·· 97
     8. 베르누이방정식의 계산 ·· 99

Professional Engineer Building Mechanical Facilities

제5장 사이클 / 101

1. 열기관과 냉동기 ·· 102
2. 열효율과 성적계수 ·· 103
3. 카르노사이클과 역카르노사이클 ································· 105
4. 랭킨사이클 ··· 108
5. 랭킨사이클 열효율 증대방안 ······································ 111
6. 화력발전소 온배수 계산문제 ······································ 113
7. 로렌츠사이클 ··· 115
8. 에릭슨사이클 ··· 116
9. 역디젤사이클 ··· 118
10. 브레이튼사이클 ·· 120
11. 역브레이튼사이클 ··· 123
12. 공기액화사이클 ·· 126

제6장 냉동이론 / 129

1. 냉동에 관한 단위 ··· 130
2. 냉동톤 ·· 131
3. 제빙톤 ·· 133
4. 제벡효과 ··· 134
5. 펠티에효과 ·· 136
6. 줄-톰슨효과 ··· 137
7. 톰슨효과 ··· 138

제7장 냉동방식 / 139

1. 냉동방법 ··· 140
2. 증기압축식 냉동기 ··· 144
3. 증기분사냉동기 ·· 146
4. 증기분사냉동기의 Steam Ejector ······························ 147
5. 흡수식 냉동기 ·· 148
6. 흡착식 냉동기 ·· 150
7. 전자냉동법 ·· 152
8. 공기압축냉동법 ·· 154
9. 볼텍스 튜브 냉동법 ·· 156
10. LNG 냉열이용의 개요 ··· 158
11. LNG 냉열이용 ·· 160

제8장 냉매와 브라인 / 163

1. 냉매의 정의 ·· 164
2. 냉매의 종류와 표기방법 ··· 165
3. 냉매의 구비조건 ·· 167
4. 자연냉매 ·· 170
5. 프레온계 냉매 ·· 173
6. 혼합냉매 ·· 175
7. 대체냉매 ·· 177
8. 브라인 ·· 179
9. 공융점 ·· 182
10. 냉동기유 ·· 184

제9장 냉동사이클 / 185

1. 몰리에선도(P-h 선도) ·· 186
2. 표준냉동사이클 압력-엔탈피(P-h) 선도 ··· 188
3. 실제운전상태의 P-h 선도 ··· 191
4. 표준냉동사이클 온도-엔트로피(T-s) 선도 ··· 193
5. 단단압축 냉동사이클 ·· 195
6. 단단압축 냉동사이클의 COP 향상방법 ·· 197
7. 단단압축 냉동사이클 계산문제 ·· 199
8. 부스터 사이클 ·· 201
9. 이산화탄소 냉동사이클과 추가압축 냉동사이클 ································ 202
10. 다효압축 냉동사이클 ·· 204
11. 다단압축 및 다원 냉동사이클 ·· 207
12. 2단압축 1단팽창 냉동사이클 ·· 209
13. 2단압축 2단팽창 냉동사이클 ·· 211
14. 2원 냉동사이클 ·· 213
15. 3원 냉동사이클 ·· 215
16. 액-가스 열교환기 부착 냉동장치 ··· 216
17. 가스 냉각용 열교환기 부착 2단압축 냉동장치 ································ 217
18. 냉매액 강제순환식 냉동장치 ·· 218
19. 원심냉동기의 이코노마이저식 냉동사이클 ·· 219
20. EPR 부착 냉동사이클의 해석 ··· 221

제10장 압축기 / 223

1. 증기압축식 냉동기의 종류 ·· 224
2. 이론소요동력과 냉동률 ·· 226
3. 왕복동 압축기 ·· 227

4. 왕복동 압축기의 구성부품 ·· 229
5. 축봉장치의 메커니컬실 ·· 231
6. 왕복동 압축기의 흡입밸브 및 토출밸브에 필요한 조건 ···················· 232
7. 왕복동 압축기의 피스톤 압출량 ··· 233
8. 왕복동 압축기의 기계효율 ··· 234
9. 왕복동 압축기의 체적효율 ··· 235
10. 왕복동 압축기의 압축효율 ··· 237
11. 로터리 압축기 ·· 238
12. 스크루 압축기 ·· 240
13. 왕복동과 스크루 압축기 비교 ··· 242
14. 스크루 압축기의 흡입, 압축, 토출행정 ··· 243
15. 스크롤 압축기 ·· 244
16. 원심식 압축기 ·· 246
17. 증기압축식 냉동기의 용량제어 ··· 248
18. 왕복동 압축기의 용량제어 ··· 250
19. 압축기에서 냉매압축과정의 온도와 압력의 관계식 ·························· 252
20. 냉매 변경 시 압축기 회전수 변화 계산 ··· 253

제11장 응축기 / 257

1. 응축기의 개요 ·· 258
2. 수랭식 응축기 ·· 260
3. 공랭식 응축기 ·· 264
4. 증발식 응축기 ·· 266
5. 응축기 제어 ·· 268
6. 응축기 선정 계산문제 ·· 270
7. 응축기의 총열전달량 ·· 273

제12장 증발기 / 275

1. 냉동(냉각) 방법에 따른 증발기의 분류 ·· 276
2. 냉매액 순환방식에 따른 증발기의 분류 ··· 278
3. 피냉각물(용도)에 따른 증발기의 분류 ·· 281

제13장 냉동용 부속기기 / 287

1. 냉동용 부속기기 ·· 288
2. 유분리기 ·· 289
3. 유분리기의 크기 결정방법 ·· 292
4. 액분리기(Accumulator) ·· 293
5. 유회수장치 ·· 294

6. 수액기(Receiver) ··· 295
7. 수액기의 분류와 설치 ··· 297
8. 원통형 동체(수액기)에 작용하는 응력 ································ 299
9. 유냉각기 ·· 300
10. 냉매건조기 ·· 301
11. 중간냉각기 ·· 302
12. 액-가스 열교환기 ·· 305
13. 여과기 ·· 307
14. 불응축가스 분리기(가스퍼저) ··· 308
15. 불응축가스 분리기의 종류 ·· 310
16. 제상 ·· 312
17. 제상방식 ·· 314
18. 핫가스 제상방식(Hot Gas Defrost) ·································· 318
19. Heat Bank Defrost 제상방식 ·· 319

제14장 냉매배관 / 321

1. 냉매배관 ·· 322
2. 흡입배관 ·· 324
3. 증발기와 압축기 위치에 따른 흡입배관 시공 ··················· 325
4. 흡입관의 배관형태 ·· 327
5. 증발기가 여러 대일 경우 흡입배관 시공 ·························· 330
6. 토출배관 ·· 331
7. 액관 ·· 333

제15장 팽창밸브 / 335

1. 팽창밸브 ·· 336
2. 팽창밸브의 종류 ·· 338
3. 모세관 ·· 342
4. 초킹흐름 ·· 344
5. 교축 ·· 345

제16장 냉동기 제어 / 347

1. 냉매압력 조정밸브(CPR, EPR,SPR) ·································· 348
2. 냉각수 조절밸브 ·· 351
3. 압력 스위치 ·· 352
4. Snap Switch ·· 354
5. 온도조절기 ·· 355
6. 습도조절기 ·· 356

7. 전자밸브 ··· 358
8. 유동 스위치 ·· 360
9. 방향전환밸브 ·· 361
10. 논리회로 ··· 362

제17장 냉동기 운전 / 363

1. 냉동장치의 정상적인 운전상태 확인방법 ··· 364
2. 냉동기의 이상현상 ·· 367
3. 냉매가스의 누설검지법 ·· 370
4. 플래시가스 ··· 371
5. 오일포밍 ··· 373
6. 액백 ··· 375
7. 액봉현상 ··· 376
8. 냉동장치의 장기휴지 및 장기휴지 후 기동 시 조치사항 ··············· 377
9. 팽창밸브의 고장 유형 ·· 378
10. 압축기 토출압력 및 흡입압력 이상 상승 및 저하의 원인과 대책 ······· 379
11. 응축기 응축온도(압력) 이상 상승 및 증발기 냉각 불충분 ·········· 381
12. 증발온도가 냉동기 성능에 미치는 영향 ··· 383
13. 응축온도가 냉동기 성능에 미치는 영향 ··· 385

제18장 냉동기 안전관리 / 387

1. 냉동장치의 안전시험(압력시험) ··· 388
2. 냉동기의 안전장치 ·· 391
3. 냉동기 안전장치의 설치 ·· 394
4. 응축기의 불응축가스 제거 및 수랭식 응축기의 누설검사 ············· 396
5. 압축기의 펌프아웃 및 에어퍼지 ··· 398
6. 펌프다운 ··· 400

제19장 흡수식 냉동기 / 401

1. 흡수식 냉동기의 분류 ·· 402
2. 흡수식 냉동기의 작동원리 ·· 404
3. 흡수식 냉동기의 장단점 ·· 406
4. 흡수식 냉동기의 구성기기 ·· 408
5. 단효용과 이중효용의 비교 ·· 410
6. 압축식과 흡수식의 비교 ·· 412
7. 흡수식 냉동기의 용량 제어 ·· 414
8. 1중효용(단효용) 흡수식 냉동사이클 ·· 416
9. 2중효용 흡수식 냉동사이클 ·· 419

10. 3중효용 흡수식 냉동사이클 ··· 422
11. 흡수식 냉온수기 ·· 425
12. 2중효용 흡수식 냉동기의 효율 향상방법 ································ 427
13. 흡수식 냉온수기의 효율 향상방법 ······································· 429
14. 흡수식 히트펌프 ·· 430
15. 흡수식 냉동기 시스템 설계 시 주의사항 ······························ 433
16. 흡수식 냉동기의 설계방법과 사이클 해석 순서 ····················· 434
17. 소형 흡수식 냉온수기 ·· 436
18. 태양열 또는 폐열 이용 흡수식 냉동기 ································· 437
19. 태양열 흡수식 냉난방시스템 ·· 438
20. 냉매와 흡수제의 구비조건 ··· 440
21. 냉매와 흡수제의 조합 ·· 442
22. 흡수액(LiBr) 관리 ··· 444
23. 흡수식 냉동기의 LiBr 석출 ·· 446

제20장 냉동창고 / 447

1. 냉동창고 설계의 고려사항 ·· 448
2. 냉동창고 부하종류 ·· 451
3. 냉동창고 부하계산 ·· 454
4. 냉동창고의 설비시스템 및 단열방식 ···································· 457
5. 동상현상 ·· 460
6. 동결장치의 분류 ··· 462
7. 공기냉각식 동결장치 ··· 463
8. 송풍동결장치(Air Blast Freezer) ······································ 466
9. 브라인 동결장치 ··· 468
10. 접촉동결장치 ·· 469
11. 액화가스 동결장치 ·· 470
12. 단열재와 방습재의 종류 ··· 471
13. 단열재의 특징 ··· 473
14. 방열 및 방습재의 시공 ·· 474
15. 단열층 두께 선정기준 및 방습층 ······································· 477
16. 단열성능 평가방법 ·· 479
17. 복합냉장 ·· 480
18. CA 저장 ·· 482
19. 쇼케이스 ·· 484
20. 제빙고의 부하종류 ·· 486
21. 동결실 부하종류 ··· 488

제21장 식품냉동 / 491

1. 식품냉동의 개요 ······ 492
2. 냉동식품 ······ 494
3. 식품의 저온유통 콜드체인 ······ 495
4. TTT(Time – Temperature – Tolerance) ······ 497
5. 저온저장의 효과 ······ 499
6. 농산물의 저온저장 ······ 501
7. 식육류의 저온저장 ······ 504
8. 예냉의 필요성과 목적 ······ 505
9. 예냉방식 ······ 507
10. 동결곡선 ······ 509
11. 최대빙결정생성대 ······ 511
12. 동결시간 및 동결속도 ······ 512
13. 식품의 동결점 및 동결률 ······ 514
14. 공정점, IQF, 충전율 ······ 515
15. 동결건조 ······ 516
16. 함수율 ······ 518
17. 해동방법의 종류와 특징 ······ 519

제2편 건축기계설비기술사 | 위생설비

제1장 건축기계설비 개요 / 523

1. 건축기계설비계획 기본사항 및 계획순서 ··· 524
2. 건축기계설비계획의 현장조사 ··· 526
3. 건축기계설비 관련법규 ·· 528
4. 건축기계설비 배관자재 ·· 529
5. 배수 및 통기관의 배관재료 ·· 532
6. 위생설비에서의 에너지절약 ·· 534

제2장 저수조 / 537

1. 저수조의 종류와 재질 ·· 538
2. 저수조 및 주위 배관 ·· 540
3. 저수조의 위생상 문제점과 오염방지 방안 및 설치지침 ················· 542
4. 수수조의 용량 ·· 544
5. 고가수조의 용량 ·· 546

제3장 급수설비 / 549

1. 급수방식 ·· 550
2. 고가수조방식과 부스터펌프방식 비교 ·· 553
3. 부스터펌프방식의 제어방식 ·· 556
4. 급수설비 공급압력 ·· 559
5. 고층건물의 급수조닝방식 ·· 560
6. 급수설비의 설계순서 ·· 562
7. 기구의 필요 급수압력 ·· 563
8. 급수량 추정방법 ·· 564
9. 급수량 산정방법 ·· 565
10. 급수관경 산정방법 ·· 568
11. 급수배관 설계 및 시공 시 주의사항 ·· 570
12. 급수설비의 오염방지 ·· 572
13. 급수설비의 동절기 동파예방대책 ·· 575
14. 워터해머 ·· 576
15. 워터해머 흡수기 ·· 578

제4장 급탕설비 / 579

1. 급탕방식 ·· 580
2. 고층건물에서의 급탕방식 ·· 583
3. 급탕배관의 분류 ·· 585
4. 급탕순환펌프(온수순환펌프) ··· 588
5. 급탕설비의 안전장치 ··· 590
6. 급탕가열장치 ··· 592
7. 급탕배관의 관경 결정 ··· 595
8. 건물용도별 가열량(가열능력)과 저탕용량 ····················· 596
9. 급탕배관 시공상 주의사항 ·· 597
10. 헤더배관방식의 급탕시스템 ··· 598
11. 급탕설비의 에너지절약 방안 ··· 599

제5장 배수설비 / 601

1. 배수시스템의 분류 ··· 602
2. 배수의 목적과 종류 ··· 603
3. 배수배관의 명칭 ·· 605
4. 간접배수 ··· 606
5. 배수관경 결정의 기본원칙 ·· 608
6. 배수관경의 결정 ·· 609
7. 배수관의 기울기와 관내의 흐름 ····································· 611
8. 배수수직관의 오프셋(Offset) ·· 613
9. 세제거품의 영향 발포 존 ·· 615
10. 종국유속과 종국길이 ··· 616
11. 배수탱크와 배수펌프 ··· 618
12. 배수탱크 및 배수펌프의 용량 ······································· 620
13. 배수배관 시공의 주의사항 ·· 623
14. 배수 및 통기배관시험 ·· 625
15. 바닥배수구와 소제구 ··· 627
16. 포집기 ··· 629
17. 배수트랩의 목적, 구비조건 및 종류 ····························· 631
18. 배수트랩의 자정작용 ··· 633
19. 배수트랩과 증기트랩의 비교 ·· 634
20. 배수트랩의 종류 ··· 635
21. 트랩의 명칭과 봉수깊이 ·· 638
22. 트랩의 봉수 파괴원인 및 대책 ····································· 639

제6장 통기설비 / 643

1. 통기관의 설치목적과 통기방식 ········· 644
2. 통기관의 종류 ········· 646
3. 금지해야 할 통기관의 배관 ········· 649
4. 각개통기관과 동수구배선 ········· 650
5. 통기관의 관경결정 ········· 651
6. 통기구 ········· 652
7. 통기밸브 ········· 653
8. 특수배수 이음쇠방식 ········· 654

제7장 위생기구 / 657

1. 위생기구의 구비조건 및 재료 ········· 658
2. 대변기의 분류 ········· 661
3. 대변기 세정방식에 따른 분류 ········· 663
4. 진공브레이커 ········· 665
5. 신체장애자용 위생기구 및 부속품 ········· 666
6. 위생기구의 동결방지 ········· 668
7. 위생설비 유닛 ········· 669

제8장 배수재이용설비 및 우수이용설비 / 673

1. 배수재이용방식의 분류와 특징 ········· 674
2. 배수재이용설비(중수도시스템) ········· 676
3. 배수처리방식의 선정 ········· 679
4. 배수처리방식 ········· 680
5. 우수이용설비 ········· 682
6. 우수이용설비 집수장소와 집수량 ········· 684

제9장 오수처리시설 / 685

1. 오수처리시설 계획 ········· 686
2. 오수처리의 목적과 종류 ········· 688
3. BOD와 COD ········· 690
4. 활성오니법 ········· 692
5. 생물막법 ········· 695

제10장 서비스설비 / 697

1. 의료가스의 종류와 용도 ·· 698
2. 멸균 및 소독설비 ··· 700
3. 가스설비 ··· 702
4. 가스미터 ··· 704

제11장 소방설비 / 707

1. 소방설비 ··· 708
2. 옥내 소화전설비 ·· 712
3. 옥외 소화전설비 ·· 714
4. 스프링클러설비 ·· 715
5. 스프링클러설비의 설치기준 및 면제지역 ················ 718
6. 스프링클러헤드의 설치방법 ······································· 720
7. 물분무 소화설비 ·· 721
8. 포소화설비 ··· 722
9. 이산화탄소 소화설비 ·· 723
10. 할로겐화합물 소화설비 ·· 725
11. 청정소화약제 ·· 726
12. 분말 소화설비 ·· 728
13. 자동화재탐지설비 ·· 729
14. 화재감지기(Fire Detector) ······································ 730
15. 불꽃감지기 ·· 731
16. Flash Over ··· 733
17. Back Draft ··· 734

INDEX / 735

참고문헌 / 735

제1편
공조냉동기계기술사 | 냉동공학

제1장 단위

1. 법정계량단위 ································· 4
2. 차원 및 단위와 단위계 ···················· 6
3. 국제단위계(SI단위계) ····················· 8
4. 단위환산 ······································ 10
5. 온도 ·· 12
6. 대기압 ··· 14
7. 힘과 압력 ····································· 16
8. 비열 ·· 17
9. 열용량 ··· 18
10. 밀도, 비체적, 비중 및 비중량 ········· 19
11. 일과 열 ······································ 20
12. 에너지 및 동력 ···························· 22
13. 이론마력계산 ······························ 23
14. 힘의 단위와 질량의 단위 ·············· 24
15. EER(에너지 효율비) ···················· 25
16. SEER(계절에너지 효율비) ············ 26

법정계량단위

1. 개요
① 거래의 정확성과 공정성을 확보하기 위하여 정부가 법령에 의하여 정한 상거래 및 증명용 단위[kg(무게), m(길이), s(시간) 등]를 말한다.
② 국제거래의 통용성을 위한 기본이 되는 단위로 우리나라는 1961년부터 『계량에관한법률』에서 사용을 의무화하고 있다.
③ 그러나 평·돈 등 비법정계량단위가 사회 전반에서 광범위하게 사용되어 법정계량단위 의무화 시행(2007. 7. 1.)으로 지자체에서 단속하고 있다.

2. 법정계량단위의 사용 필요성
① 국제적 통용성 확보 및 계량 환산에 따른 불편 제거
② 소비자 보호 및 공정한 거래질서 확립
③ 비법정단위는 품목, 지역에 따라 기준이 달라 소비자의 혼란 발생
  ㉠ 1평 : 토지 3.3m², 유리 0.09m²
  ㉡ 1근 : 과자 150g, 야채 200g, 과일 400g, 고기 600g
  ㉢ 1마지기 : 경기지역 495m², 충청지역 660m², 강원지역 990m²

3. 법정계량단위의 구성
① 법정계량단위는 기본단위와 유도단위, 보조단위 및 특수단위로 구분된다.
② 기본단위는 국제적으로 확립된 길이, 무게, 부피 등에 대한 국제단위계 7개 단위를 기본으로 한다.
※ 국제단위계(SI) : m(미터 : 길이), kg(킬로그램 : 질량), s(초 : 시간), K(켈빈 : 온도), cd(칸델라 : 광도), A(암페어 : 전류), mol(몰 : 물질량) 등

【 법정계량단위의 구분 】

구분	내용	비고
기본단위	기본이 되는 7개의 단위	m, kg, s, A, K, mol, cd
유도단위	기본단위 등의 조합으로 이루어진 57개의 단위	m²(넓이), m/s(속도), kg/m³(밀도), mol/m³(농도) 등
보조단위	기본단위 및 유도단위를 십진배수 또는 분수로 표시한 31개의 단위	m(밀리 10^{-3}), μ(마이크로 10^{-6}), k(킬로 10^3), M(메가 10^6) 등
특수단위	특수용도에 사용이 허용된 47개의 단위	해리(1,852m), ha(헥타아르 $10^4 m^2$) 등

【 계량단위표 】

구분	사용해야 하는 단위 (법정계량단위)	사용 금지 단위 (비법정계량단위)	비고 (환산단위)
길이	• 미터(m) • 센티미터(cm) • 킬로미터(km)	• 자(尺), 마, 리(里) • 피트, 인치 • 마일, 야드	1자 ≒ 30.303cm 1피트 = 0.3048m 1인치 = 25.4mm 1마일 = 1.609344km 1야드 = 0.9144m
넓이	• 제곱미터(m^2) • 제곱킬로미터(km^2) • 헥타르(ha)	• 평(坪), 마지기 • 정보 및 단보 • 에이커	1평 ≒ 3.3058m^2 1정보 = 991.7m^2 ≒ 0.009km^2 1에이커 = 404.6m^2 ≒ 0.004km^2
부피	• 세제곱미터(m^3) • 세제곱센티미터(cm^3) • 리터(L 또는 l)	• 홉, 되, 말 • 석(섬), 가마 • 갈론	1되 = 1.8L = 1,803.9cm^3 1말 = 18L = 18,039cm^3 1갈론 = 3.785412L
무게	• 그램(g) • 킬로그램(kg) • 톤(t)	• 근(斤), 관(貫) • 파운드, 온스 • 돈, 냥	1근 = 600g = 0.6kg 1관 = 3,750g = 3.75kg 1파운드 = 453g = 0.453kg 1온스 = 28.349g = 0.028kg 1돈 = 3.75g (1냥 = 10돈)

4. 위반 시 처벌

① 비법정계량단위로 표시된 계량기를 사용하거나 사용할 목적으로 소지한 자(2년 이하 징역, 700만원 이하 벌금)
② 비법정계량단위로 표시된 계량기나 상품을 제작 또는 수입 (1년 이하 징역, 500만원 이하 벌금)
③ 비법정계량단위를 계량 또는 광고한 자(50만원 이하 과태료)

2 차원 및 단위와 단위계

1. 차원(Dimension)
① 차원은 길이, 시간, 면적, 온도 등과 같이 측정할 수 있는 양을 말한다.
② 공학에서 다루는 물리적 양은 모두 차원을 가진다.
③ 차원은 기본차원과 유도차원으로 구분되며, 기본차원에는 길이(L : Length), 질량(M : Mass), 시간(T : Time) 등이 있다.
④ 물리적 양은 서로 같은 차원을 갖는 양끼리만 비교할 수 있다.

2. 단위(Unit)
① 단위는 각 차원의 양을 측정하는 기준이다.
② 기본차원의 단위를 기본단위라 하고, 유도차원의 단위를 유도단위라 한다.
③ 길이를 표현하는 물리적 양은 하나의 차원만을 갖지만 길이의 단위인 미터, 피트, 해리, 척 등과 같이 여러 가지 다른 단위가 있으며 동일 차원에서 단위환산이 가능하다.

3. 단위계
① 어떤 양 체계에 대응하는 단위의 집합을 단위계라 한다.
② 물리량을 나타내는 단위는 기본물리량과 유도물리량을 어떻게 결정하는가에 따라 절대단위계, 중력단위계 및 국제단위계 등 세 가지로 분류된다.

【 절대단위계 】

단위계	길이	질량	시간
CGS	cm	g	sec
MKS	m	kg	sec
FPS	ft	lb	sec
FSS	ft	slug	sec

【 중력단위계 】

단위계	길이	중량	시간
CGS	cm	g	sec
MKS	m	kg	sec
FPS	ft	lb	sec

(1) 절대단위계(물리단위계)
① 우주공간 어디에서나 변함이 없는 질량과 길이, 시간을 기본물리량으로 하고 나머지는 모두 유도물리량으로 정한 단위계로 물리단위계라고도 한다.
② 절대단위계에는 CGS, MKS, FPS, FSS 단위계 등이 있다.

(2) 중력단위계(공학단위계)

① 장소에 따라 변하는 중량과 길이, 시간을 기본물리량으로 하고 나머지는 모두 유도물리량으로 정한 단위계로 공학단위계라고도 한다.
② 중력단위계에는 CGS, MKS, FPS, MKSA 단위계 등이 있다.
③ 중력단위계는 질량 1kg의 중량을 1kgf로 하고 있어 질량이나 중량의 수치가 같으므로 감각적 단위계로 공학분야에서 많이 사용되어 왔다.

(3) 국제단위계(SI단위계)

① 국제단위계는 1960년 ISO에서 정한 국제적 통일 단위로 SI단위계라고도 한다.
② 기본단위로 길이(m), 질량(kg), 시간(s), 전류(A), 온도(K), 물질량(mol), 광도(Cd) 등이 있으며, 나머지는 유도단위로 구성된다.

4. 국제단위계와 공학단위계의 비교

① SI단위계는 본질적 차원으로 질량을 사용하며 그 기본단위는 kg이나, 공학단위계는 기본차원으로 힘(중력)의 단위로 kgf을 채용한다.
② SI단위계와 공학단위계의 환산
$1N = 1kg \cdot m/s^2$
$kgf = 9.8N = 9.8kg \cdot m/s^2$

3 국제단위계(SI단위계)

> **유사기출문제**
>
> 1. 다음 용어의 단위를 국제표준 단위(SI단위)로 표시하시오. [건축 76회(10점), 74회(10점)]
>   ① 열관류율   ② 엔탈피   ③ 비열   ④ 열전도율   ⑤ 압력
> 2. 국제단위계(SI)의 기본7단위   [공조 66회(10점)]
> 3. SI UNIT(10점)   [공조 65회(10점), 공조 47회(10점)]
> 4. 다음을 SI단위와 미터단위로 각각 나타내시오.   [건축 62회(10점)]
>   ① 압력   ② 열량   ③ 온도   ④ 열전달률   ⑤ 각도
> 5. 다음 항목에 대한 단위와 용어를 기술하시오.   [건축 54회(10점)]
>   ① 비열   ② 열관류율   ③ 열(관류)저항   ④ 엔탈피   ⑤ 열전도율

1. 개요

① SI단위(The International System of Units)는 1960년에 ISO[1])에서 정한 국제적 통일 단위이다.
② 우리나라의 계량단위는 「국가표준기본법과계량에관한법률」에 규정되어 있으며, 국제표준단위계(SI단위계)를 채택하고 있다.
③ 국제단위계는 크게 기본단위와 유도단위로 분류된다.

2. 필요성

① 국제단위계의 필요성은 19세기 서양에서 산업혁명이 확산되고 과학기술이 발전하면서부터 제기되었다.
② 국가 간 문물교류와 과학기술, 정보교환이 활발해지면서 국제표준이 필요하게 되었다.
③ 상거래, 보건, 안전 및 환경 등 일상생활에서 이루어지고 있는 계량 및 측정은 공통적이고 정확한 크기(양)로 정의된 단위에 기초하여야 한다.

---

1) ISO ; International Organization Standardization

3. 국제단위계의 구성

기본단위	유도단위의 예		
길이(m) 질량(kg) 시간(s) 전류(A) **온도(K)** 광도(cd) 물질량(mol)	**각도**(rad) 입체각(sr) 면적(m^2) 체적(m^3) **밀도**(kg/m^3) 속도(m/s) 각속도(rad/s) 가속도(m/s^2) 각가속도(rad/s^2) 동점도(m^2/s) 점도($N \cdot s/m^2$) 압력[파스칼](N/m^2)	힘[뉴턴]($N : kg \cdot m/s^2$) **압력[파스칼]**($Pa : N/m^2$) 에너지[줄]($J : N \cdot m$) 동력[와트](W : J/s) 엔트로피($J/kg \cdot K$) **엔탈피**(J/kg) **비열**($J/kg \cdot K$) **열전도율**($W/m \cdot K$) **열전달률**($W/m^2 \cdot K$) **열량**(J : kcal 공학단위) **열통과율**(= **열관류율**) 　　　　　($W/m^2 \cdot K$) **열**(**관류**)**저항**(K/W)	전기저항[옴]($\Omega : V/A$) 전기량[쿨롱]($C : A \cdot C$) 전압[볼트]($V : W \cdot A$) 정전용량[패럿]($F : C \cdot V$) 자속[웨버]($wb : V \cdot s$) 자속밀도[테슬라]($T : wb/m^2$) 인덕턴스[헨리](H : wb/A) 광속[루멘]($lm : cd \cdot sr$) 조도[룩스]($lx : lm/m^2$) 주파수[헤르츠]($Hz : s^{-1}$) 방사능[베크렐]($Bq : s^{-1}$)
※양[명칭] (기호 : 다른 표현) ※진한부분 : 기출문제			

(1) 기본단위

① 가장 기본이 되는 7개의 단위로 독립적인 차원을 갖는다.
② 길이(m), 질량(kg), 시간(s), 전류(A), 온도(K), 물질량(mol), 광도(Cd)

(2) 유도단위

① 유도단위는 기본단위들을 곱하기와 나누기의 수학적 기호로 연결하여 표현되는 단위이다.
② 어떤 유도단위에는 특별한 명칭과 기호가 주어져 있고, 이 특별한 명칭과 기호는 또한 그 자체가 기본단위나 다른 유도단위와 조합하여 다른 양의 단위를 표시하는 데 사용되기도 한다.
③ 최근 개정에서는 기존에 보조단위로 취급하던 평면각(라디안)과 입체각(스테라디안)을 유도단위로 분류하였으며, 섭씨도(℃)를 SI단위의 유도단위로 분류하였다.

(3) SI 접두어

① 국제도량형총회는 SI 단위의 십진 배수 및 십진 분수에 대한 명칭과 기호를 구성하기 위하여 10^{24}부터 10^{-24} 범위에 대하여 일련의 접두어와 그 기호들을 채택하였다.
② 이 접두어의 집합을 SI 접두어라고 명명하였으며 현재까지 승인된 모든 접두어와 기호는 다음과 같다.

【 SI 접두어 】

배수 접두어 기호	10 데카 da	10^2 헥토 h	10^3 킬로 k	10^6 메가 M	10^9 기가 G	10^{12} 테라 T	10^{15} 페타 P	10^{18} 엑사 E	10^{21} 제타 Z	10^{24} 요타 Y
	10^{-1} 데시 d	10^{-2} 센티 c	10^{-3} 밀리 m	10^{-6} 마이크로 μ	10^{-9} 나노 n	10^{-12} 피코 p	10^{-15} 펨토 f	10^{-18} 아토 a	10^{-21} 젭토 z	10^{-24} 욕토 y

④ 단위환산

유사기출문제

1. MKS단위 1kcal/h를 SI단위로 표기   [공조 72회(10점)]
2. 단위환산   [건축 63회(10점)]
   - a : 150kcal/kg = (   )BTu/1b   b : 1KW = (   )kcal/h
   - c : 100mmAq = (   )kg/m²   d : 열용량의 단위 = (   )
   - e : 1kgf = (   )N
3. 4bar = (   )Pa = (   )N/m² = (   )kg/m·s²   [공조 59회(10점)]
4. 1kW·h는 몇 kgf·m 인가?(단, g = 9.80665m/s² 이다).   [공조 56회(10점)]
5. 1MJ은 몇 erg인가?   [공조 52회(10점)]
6. 1Mcal는 몇 erg인가?   [공조 48회(10점)]
7. 1kW는 약 몇 kcal/h인지를 식으로 유도하라.   [공조 44회(10점)]

1. 개요

① 단위는 각 차원의 양을 측정하는 기준인데, 동일 차원에서는 여러 가지 다른 단위의 단위환산이 가능하다.
② 온도, 힘, 압력, 에너지 및 동력 등 동일 차원에서는 단위환산이 가능하다.

2. 길이의 단위

① 1lb = 0.4536kg
② 1ft = 0.3048m

3. 온도의 단위

① $T(K) = 273.15 + t(℃)$
② $°F = \frac{9}{5}℃ + 32$

4. 힘의 단위

1kgf = 9.8N

5. 압력의 단위

(1) 공학단위

$$1at = 1kgf/cm^2 = 10^4 kgf/m^2 = 10^4 \times 9.8 N/m^2 = 10^4 \times 9.8 Pa ≒ 0.1 MPa$$

(2) 대기압의 단위

$$1atm = 760 mmHg = 10.3323 mAq = 1.03323 kgf/cm^2$$
$$= 101,325 Pa = 1.01325 bar (1 bar = 10^5 Pa) ≒ 14.7 psi$$

6. 에너지의 단위

① $1 kcal = 4.186 kJ = 427 kgf \cdot m$
② $1 kcal = 3.968 Btu$, $1 Btu = 0.252 kcal$
③ $1 erg = 1 dyn \cdot cm = 10^{-5} N \cdot 10^{-2} m = 10^{-7} J$

7. 동력의 단위

① $1 PS = 735.5 W = 75 kg \cdot m/s = 632 kcal/h$
② $1 HP = 746 W = 76 kg \cdot m/s = 641.6 kcal/h$
③ $1 kW = 1,000 J/s = 1,000/9.8 kgf \cdot m/s ≒ 102 kgf \cdot m/s = 860 kcal/h$

5 온도

> **유사기출문제**
> 1. 열역학적 절대온도   [공조 83회(10점)]
> 2. 열역학적 온도 T를 설명하라.   [공조 43회(5점)]
> 3. 냉동최저온도   [공조 42회(5점)]

1. 개요

① 온도란 물체가 가지고 있는 열의 정도로서 차거나 따뜻함을 느끼는 척도를 말한다.
② 온도에는 상용온도인 섭씨온도(℃)와 화씨온도(°F), 절대온도(K, R) 3가지가 있다.
③ 이 중 절대온도를 열역학적 온도라고 한다.

2. 온도의 종류

(1) 섭씨온도(℃)

표준대기압(760mmHg)하에서 순수한 물의 어는점(빙점)을 0℃, 끓는점을 100℃로 정하고, 그 사이를 100등분한 것을 1℃로 정한 온도눈금이다.

(2) 화씨온도(°F)

① 표준대기압하에서 순수한 물의 어는점(빙점)을 32°F, 끓는점을 212°F로 정하고, 그 사이를 180등분한 것을 1°F로 정한 온도눈금이다.
② $°F = \dfrac{180}{100}℃ + 32 = \dfrac{9}{5}℃ + 32$

(3) 열역학적 절대온도(K, R)

① 섭씨와 화씨온도는 상대적인 온도이므로, 물리학이나 공학적인 계산 등에 불편한 점이 많으므로 변화되지 않는 온도를 절대온도로 정하였다.
② 섭씨와 화씨온도는 물의 어는점과 끓는점을 기준으로 한 것이고, 절대온도는 물의 삼중점인 0.01℃(273.16K)를 기준으로 눈금을 정한 온도로 켈빈(K)과 랭킨온도(R)가 있다.
③ 절대온도는 열역학제3법칙에 따라 정해진 온도로 열역학적 온도라고도 한다.
- 열역학 제3법칙 : 물체의 온도가 절대0도에 가까워짐에 따라 엔트로피 역시 0에 가까워지므로 절대0도에 도달할 수 없다.

1) 켈빈온도(K)
   ① 자연계에서 생각할 수 있는 가장 낮은 온도를 절대영도(0K)로 정하고, 이 절대영도를 정점으로 물의 삼중점을 273.16K로 하여 섭씨눈금과 같은 눈금간격을 사용한다.
   ② −273.15℃는 최저한의 온도(절대0도)로서, 이를 기준으로 하여 섭씨눈금의 크기를 가지고 나타내는 온도를 절대온도라고 한다.
   ③ K = ℃ + 273.15

2) 랭킨온도(R)
   ① 화씨온도를 절대온도로 표시한 온도눈금을 랭킨온도라 하며
   ② 절대0도(0R = −460°F)를 정점으로 하고, 화씨온도에 맞추어 어는점과 끓는점 사이를 180등분한 것이다.
   ③ R = °F + 460 $\quad\quad$ R = $\dfrac{180}{100}$ K = $\dfrac{9}{5}$ K

3. 열역학적 온도(절대온도)의 측정

(1) 가역열기관의 활용

① 두 열원 사이에서 작동하는 가역열기관은 물질에 무관하게 다음 식이 성립한다.

$$\frac{Q_L}{Q_H} = \frac{T_L}{T_H}$$

② 절대온도는 물의 삼중점인 273.16K에 기반을 두고 있으므로 이 온도와 알고자 하는 온도 사이에서 작동하는 사이클에 대한 열전달의 비를 측정하면 온도를 구할 수 있다.

(2) 이상기체 온도계의 활용

① 이상기체 상태방정식 $Pv = RT$을 이용한다.
② 기체가 주어진 체적을 점유하고 있으면 다음과 같다.

$$\frac{P}{T} = C(일정)$$

③ 따라서 압력을 측정하면 이상기체가 들어 있는 일정체적온도계에서 온도를 알 수 있다.
④ 상기 식에서 상수값은 물의 삼중점과 이상기체 온도계에서 압력을 측정하여 구한다.
⑤ 완전기체는 일정한 체적하에서 온도 1℃ 내려갈 때마다 0℃에 상응한 압력의 1/273.15만큼씩 감소하므로 −273.15℃에 도달하면 기체의 압력은 0이 된다.

6 대기압

유사기출문제
1. 절대압력과 진공과의 관계 [공조 59회(10점)]

1. 개요
① 단위면적에 수직으로 작용하는 힘을 압력이라 하며, 지구를 둘러싼 대기가 누르는 압력을 대기압이라 한다.
② SI단위계에서는 (N/m^2)의 단위를 사용하며 Pa(파스칼)로 표기하며, 공학단위계에서는 kgf/m^2 또는 kgf/cm^2와 기압단위 atm, at, 수은주 높이 mmHg, 수주 높이 mmAq, mAq를, 기상학에서는 bar를 사용한다.

2. 압력의 종류

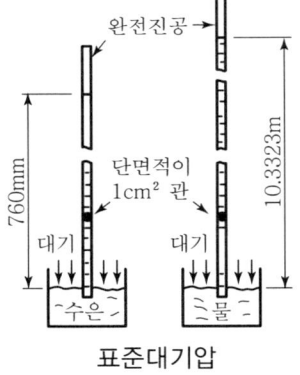
표준대기압

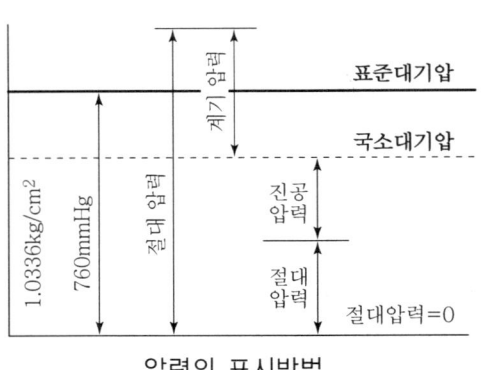
압력의 표시방법

(1) 국소대기압
대기압은 장소 및 시간에 따라 다른데 국소대기압은 지구상의 임의지점에서 측정한 압력이다.

(2) 표준대기압(atm ; atmosphere)
① 지구의 중력이 $9.80665 m/s^2$이고 온도가 0℃일 때 단면적이 $1cm^2$이고 상단이 완전진공인 수은주를 760mm만큼 밀어올릴 수 있는 대기의 압력으로 정의한다.

② 표준대기압은 1atm으로 표시하고 그 값은 다음과 같다.

$$1atm = 760mmHg = 10.3323mAq = 1.03323kgf/cm^2$$
$$= 101.325Pa = 1.01325bar(1bar = 10^5Pa) ≒ 14.7psi$$

(3) 공학기압(at)

공학적으로는 표준대기압이 1.03323kgf/cm²으로 불편하므로 간략하게 공학기압을 정의하여 사용하며 단위는 at로 표시한다.

$$1at = 1kgf/cm^2 = 10mAq = 735.52mmHg = 0.98067bar$$

(4) 계기압력(atg)

① 계기압력은 국소대기압을 기준(0)으로 하여 압력계로 측정한 압력이다.
② 국소대기압보다 높은 경우는 계기압력, 낮은 경우는 진공압력이라 한다.

$$계기압력 = 절대압력 - 국소대기압$$

(5) 진공압력

① 국소대기압 이하의 압력은 진공계로 측정하며 진공압력 또는 진공이라 한다.
② 진공의 정도를 나타내는 값으로 진공도를 사용하며, 대기압은 진공도가 0이며 대기가 전혀 없는 완전진공(절대 영압력, 절대진공)은 100%이다.

$$진공도 = 진공압력 / 대기압 \times 100\%$$

(6) 절대압력(ata, abs)

① 절대압력은 완전진공을 기준(0)으로 하여 계측한 압력이다.
② 절대압력은 계기압력에 국소대기압을 더하거나, 진공압력인 경우에는 국소대기압에서 진공압력을 빼서 구할 수 있다.

$$절대압력 = 계기압력 + 국소대기압 (측정압력이 국소대기압 보다 높을 때)$$
$$절대압력 = 국소대기압 - 진공압력 (측정압력이 국소대기압 보다 낮을 때)$$

7 힘과 압력

> **유사기출문제**
> 1. 압력을 나타내는 각종 단위를 모두 열거하시오. [건축 79회(10점)]

1. 힘

① SI단위에서는 질량 1kg의 물질에 1m/s²의 가속도가 작용할 때의 힘을 1N(뉴톤)으로 정의하고 있다.

$$1N = 1kg \times 1m/s^2$$

② 힘이나 중량은 물리적으로 질량에 가속도 또는 중력가속도를 곱한 것으로 공학단위에서는 질량이나 중량의 수치가 같기 때문에 힘(Force)의 f를 덧붙여 써서 1kgf로 표시한다.

$$1kgf = 9.8N$$

2. 압력

(1) 압력단위

기본적인 단위			공학단위			
SI 단위계	중력 공학 단위계	CGS 절대 단위계	기압단위	수은주 높이	수주높이	기상학
N/m² = Pa	kgf/m², kgf/cm²	dyn/cm²	atm, at	mmHg	mmAq, mAq	bar

1ba = 10^5Pa
1atm(표준기압) = 760mmHg = 1.03323kgf/cm² = 1.01325bar
1at(공학기압) = 1kgf/cm² = 10^4kgf/m² = $10^4 \times 9.8$N/m² = $10^4 \times 9.8$Pa ≒ 0.1MPa
1mAq = 1kgf/m² = 9.80665Pa

(2) 압력표시

> 절대압력 = 계기압력 + 압력계를 둘러싸고 있는 주위 압력

절대압력은 절대영압력(완전진공)을 기준으로 한 압력으로 대기 속에서 측정할 경우 다음과 같으며, 국소대기압보다 낮은 압력은 진공이라 말한다.

> 절대압력 = 계기압력 + 국소대기압

비열

> 유사기출문제
>
> 1. 다음 용어를 간단히 정의하고 각각의 단위를 SI unit으로 적으시오. [공조 63회(10점)]
>   ① 밀도   ② 비열   ③ 열통과율

1. 비열

① 물체에 열을 가하면 온도가 증가하는데, 증가량은 물체의 중량과 물질에 따라 다르게 된다. 이때 열에 의한 온도의 변화량을 비교하는 일정한 기준이 비열이다.

② 비열은 물질의 단위질량을 단위온도만큼 올리는 데 필요한 열량이다.

③ 온도가 t_1℃이고 중량이 Gkg인 물체에 열량 Qkcal를 가했을 때 온도가 t_2℃로 되었다면 다음 식이 성립하며 비례상수 C를 비열이라 한다.

$$Q = GC(t_1 - t_2)$$

④ SI단위계에서는 (J/kg·K)를 사용하며, 공학단위계는 (kcal/kg℃)를 사용한다.

2. 정적비열(C_v) 및 정압비열(C_p)

① 정적비열은 체적이 일정하게 유지되며 가열될 때의 비열이다.

② 정압비열은 압력이 일정하게 유지되며 가열될 때의 비열로 대기압하에서(압력 일정) 가열되는 과정이 많으므로 보통 정압비열이 더 유용하게 사용된다.

③ 액체와 고체에서는 C_v 와 C_p 의 값의 차이가 거의 없어 비열 C로 쓴다.
   - 물의 비열 : 1kcal/kg℃, 얼음의 비열 : 0.5kcal/kg℃

④ 기체에서는 항상 $C_p > C_v$ 이며, 비열비 $k = C_p / C_v > 1$ 이다.
   - 공기의 정압비열 $C_p = 0.24$kcal/kg℃, 공기의 정적비열 $C_v = 0.17$kcal/kg℃

공조냉동기계기술사 냉동공학

9 열용량

유사기출문제

1. 열량과 열용량을 간단히 설명하고 SI단위로 각각 기술하시오. [공조 84회(10점)]
2. **열용량**(Heat Capacity) [건축 83회(10점)]

1. 열용량

① 어떤 물체의 온도를 1K(1℃) 높이는 데 필요한 열량을 그 물체의 열용량이라 한다.
② 물체의 온도가 얼마나 쉽게 변하는지를 알려주는 값으로 열용량이 작은 물체는 조금만 열을 가감해도 쉽게 온도 변화를 일으킨다. 따라서 열용량이 큰 것은 축열재 등으로 사용할 수 있다.
③ SI단위는 J/K 이며, 공학단위는 kcal/℃로 표시한다.
④ 열용량은 비열과 질량을 곱한 것이다.

> 열용량 = 비열 × 질량 = 열량/온도차

 밀도, 비체적, 비중 및 비중량

> **유사기출문제**
> 1. 비체적, 밀도가 무엇인지 간단히 설명하고 식과 단위를 쓰시오. [공조 83회(10점)]
> 2. 유체의 밀도, 비중, 비중량에 대한 정의를 설명하시오. [건축 81회(10점)]

1. 밀도

① 밀도는 단위체적이 차지하는 질량이다.
② SI단위계에서 (kg/m³)의 단위를 사용하며 ρ로 표기한다.

2. 비체적

① 비체적은 단위질량에 대한 체적으로 밀도의 역수이다.
② SI단위계에서 (m³/kg)의 단위를 사용하며 v로 표기한다.

3. 비중

① 표준물질의 밀도에 대한 어떤 물질의 밀도 비를 비중이라 한다.
② 보통 표준물질의 밀도로서 표준대기압(1atm), 4℃일 때의 물의 밀도 1,000(kg/m³)을 사용한다.
③ 무차원수로서 s로 표현한다.

4. 비중량

① 비중량은 단위체적당의 중량이다.
② SI단위계에서 (N/m³)의 단위를 사용하며 γ로 표기한다.
③ 비중량 γ와 밀도 ρ 사이의 관계는 다음과 같으며, g는 중력가속도로 9.807(m/s²)로 계산한다.

$$\gamma = \rho g$$

1.1 일과 열

> **유사기출문제**
> 1. 열량과 열용량을 간단히 설명하고 SI단위로 각각 기술하시오.   [공조 84회(10점)]

1. 일

① 물체에 힘 F가 작용하여 힘을 가한 방향으로 거리 S만큼 이동시켰을 때, 힘과 힘방향 변위의 곱 W를 일이라 한다.

$$W = F \times S$$

② SI단위에서는 J(Joule)을 사용하며, 그밖에 kg·m, ft·lb 등이 있다.

2. 열과 열량

(1) 열

① 물체를 구성하는 분자운동에 관계되는 에너지를 열 또는 열에너지라 한다.
② 열은 어떤 물질에 출입하여 그 물질의 온도변화를 일으키는 원인이 되므로, 분자운동이 활발한 물체는 온도가 높게 된다.
③ 따라서 온도는 열의 크기를 표시한다.
④ 물질에 열을 가하면 일부는 물질 내부에 축적(내부에너지)됨과 아울러 외부로 일(외부에너지)을 한다.

$$\text{열에너지} = \text{내부에너지} + \text{외부에너지}$$

(2) 열량

① 열은 에너지의 일종으로서 두 물체의 온도차가 클 때는 다량의 열이 이동하는데, 이와 같은 열의 이동량을 열량이라 한다.
② SI단위에서는 열량을 J(Joule, J = N·m)로 표시하며, 그밖에 kcal, Btu 등이 있다.
③ 1kcal는 표준대기압에서 순수한 물 1kg을 1℃ 상승시키는 데 필요한 열량이다.

$$\text{열량} = \text{비열} \times \text{질량} \times \text{변화된 온도차} \ [\ Q = GC(t_1 - t_2)\ ]$$

3. 일량과 열량

① 일과 열은 에너지라는 점에서 본질적으로 동일한 차원을 가지나 공학단위계에서는 관행상 일량의 단위로는 kgf·m, 열량의 단위로는 kcal로 구분한다.

② 열역학제1법칙은 「일과 열량은 어느 쪽으로도 변환될 수 있는 것으로 모두 에너지량이라는 것」을 나타내고 있으며, SI단위계에서 줄(J)로 단위가 동일하다.

4. 일량과 열량의 관계식

① 열은 일로 일은 열로 변하는데, 만약 일량 W를 소비하여 열량 Q를 발생한다고 하면 공학단위계에서는 다음과 같다.

$$Q = AW, \quad W = JQ, \quad J = \frac{1}{A}$$

여기서, $A = \dfrac{1}{427}$ (kcal/kgf·m) : 일의 열당량

$J = 427$ (kgf·m/kcal) : 열의 일당량

② SI단위계에서는 다음과 같다.

$$1J = 1N \cdot m = 0.24 \text{ cal} \qquad 1\text{kgf} \cdot m = 9.8J$$

공조냉동기계기술사 **냉동공학**

12 에너지 및 동력

1. 에너지

① 에너지란 일을 할 수 있는 능력을 말한다.
② 에너지는 위치에너지와 운동에너지로 나눌 수 있으며 이를 합하여 기계적 에너지라 한다.

$$1\text{kcal} = 4.2\text{kJ} = 427\text{kgf} \cdot \text{m}$$

2. 운동에너지(E_k) 및 위치에너지(E_p)

① 운동에너지는 m(kg)의 물체가 v(m/s)의 속도로 움직일 때의 에너지이다.
② 위치에너지는 m(kg)의 물체가 높이 h(m)에 있을 때의 에너지이다.

$$E_k = \frac{mv^2}{2}, \quad E_p = mgh$$

3. 동력

① 동력 P는 단위시간에 대한 일량으로 공학단위에서는 미터제 마력(PS), 영마력(ft·lb법) HP, kcal/h이고, SI단위에서는 W 또는 kW를 사용한다.
② 1W = 1J/s 이므로, 1초 동안에 1J의 일을 할 때 동력은 1W이다.

$$1\text{PS} = 735.5\text{W} = 75\text{kg} \cdot \text{m/s} = 632\text{kcal/h}$$
$$1\text{HP} = 746\text{W} = 76\text{kg} \cdot \text{m/s} = 641.6\text{kcal/h}$$
$$1\text{kW} = 1{,}000\text{J/s} = 1{,}000/9.8\text{kgf} \cdot \text{m/s} \fallingdotseq 102\text{kgf} \cdot \text{m/s} = 860\text{kcal/h}$$

13 이론마력계산

유사기출문제

1. 주어진 조건에서 이론마력을 계산하시오. [공조 57회(25점), 28회(25점)]

> 공조 57회(25점)
> 냉동효과 30kcal/kg, 압축기 일량 kcal/kg의 성능을 가지는 냉동기가 있다. 1시간에 500kg의 25℃ 물을 15℃까지 냉각하기 위하여 필요한 이론마력을 구하라.

1. 문제조건

- 냉동효과 $q_e = 30$ kcal/kg
- 압축기 일량 $AW = 3.3$ kcal/kg
- 물 $m = 500$ kcal/kg
- 냉각온도(Δt) 25℃ → 15℃

2. 문제풀이

압축기 이론마력 $PS = \dfrac{AWH}{632} = \dfrac{G \cdot Aw}{632} = \dfrac{Q_2}{q_2} \cdot \dfrac{Aw}{632} = \dfrac{mc\Delta t}{q_2} \cdot \dfrac{Aw}{632}$

냉동능력 $Q_2 = G \cdot q_2 = mc\Delta t$

AWH : 압축동력의 열당량(kcal/h), G : 냉매순환량(kg/h)
Aw : 압축기 열당량(kcal/kg), Q_2 : 냉동능력(kcal/h)
q_2 : 냉동효과(kcal/kg)

$PS = \dfrac{mc\Delta t}{q_2} \cdot \dfrac{Aw}{632} = \dfrac{500 \times 1 \times (25-15)}{30} \cdot \dfrac{3.3}{632} = 0.870 \, PS$

마력(馬力, Horse Power) **용어해설**

- 동력이나 일률을 측정하는 단위이다.
- 마력으로는 영국마력(기호 HP)과 미터마력(프랑스마력 : 기호 PS)이 있다.
- 영국마력은 영국식 단위계인 피트와 파운드로 정의된다.
- 우리나라의 경우 마력이라 하면 보통 미터마력(프랑스마력)을 사용한다.
  미터마력 PS = 632kcal/h = 735.5W = 75kgf · m/s
  영국마력 HP = 641kcal/h = 746W = 76kgf · m/s

14 힘의 단위와 질량의 단위

1. 힘과 질량의 공학단위

① 중력가속도가 표준중력가속도($9.80665 m/s^2$)인 지표면에서 1kg의 질량은 1kgf(킬로그램힘)의 무게를 갖는다.
② 따라서 공학단위계에서는 흔히 중력(무게, 힘)과 질량의 단위를 혼용한다.
③ 이에 따라 밀도(단위체적당의 질량)와 비중량(단위체적당의 무게)의 단위를 kg/m^3으로 같이 쓰기도 한다.

2. 힘과 질량의 SI단위

① 질량은 가속도에 관계없이 불변이지만 같은 질량의 무게는 중력가속도에 따라 달라진다.
② SI단위계에서는 질량의 단위로 kg(킬로그램), 무게의 단위로 N(뉴턴)을 사용한다.
③ 따라서 표준중력가속도하에서는 1kg의 질량은 9.80665 N의 무게를 갖는다.
④ 이 크기의 힘을 1kgf(킬로그램힘)로 정의한다.

3. 수두(Head)

① 비에너지를 단위질량당의 에너지로 정의하면 표준단위는 J/kg(줄매킬로그램)이다.
② 그러나 비중량을 단위중량당의 에너지로 정의하면 단위가 kgf·m/kgf, 즉 m이다.
③ 즉 단위중량당 에너지의 차원이 길이의 차원과 같은데 보통 이것을 수두라고 부른다.

15 EER(에너지 효율비)

유사기출문제

1. 에너지 효율비(Energy Efficiency Ratio)란 무엇인지 관계식을 포함하여 설명하시오.　　　　　　　　　　　　　　　　　　　　　　　　　　　　　[공조 80회(10점)]
2. EER(Energy Efficiency Ratio)에 관한 다음 사항을 설명하시오.　[공조 77회(10점)]
　① EER의 정의　　　　　② 10 EER은 몇 COP인가?
3. EER　　　　　　[공조 62회(10점), 49회(10점), 35회(5점)] [건축 58회(10점)]

1. EER(Energy Efficiency Ratio : 에너지 효율비)

① EER은 표준상태에서 단위소비전력당 얻어지는 냉각능력이다.
② EER은 무차원계수인 성능계수와 같으나 EER은 단위가 있는 계수이다.
③ EER은 에너지 효율비 또는 에너지 소비효율, 유효비 등으로 불린다.

2. EER 관계식

$$EER = \frac{기기로부터의\ 출력에너지(kcal/h)}{기기로의\ 입력에너지(W)}\ [kcal/Wh]$$

① EER의 단위로는 [kcal/Wh]와 [W/W]가 있는데 주로 전자를 사용한다.
② 예를 들면, S사 에어컨의 경우 「에너지소비효율 2.265 kcal/wh」, L사의 경우 「소비효율 3.08 W/W」로 명시되어 있다.

3. EER의 종류

① EERH : 난방 에너지 효율비
② EERC : 냉방 에너지 효율비

【예제】 10 EER은 몇 COP인가?
　1kW≒860kcal/h 이므로,
　$10\ EER = 10[kcal/Wh] = 10 \times \frac{1}{0.860} = 11.63$

해답 : 10 EER = 11.63 COP

16 SEER(계절에너지 효율비)

1. SEER(Seasonal Energy Efficiency Ratio)   [공조 72회(10점), 52회(10점)]

1. SEER(Seasonal Energy Efficiency Ratio : 계절에너지 효율비)

① SEER은 냉난방기간 공조부하를 기간소비 에너지로 나눈 값이다.
② SEER은 무차원계수인 SPF(Seasonal Performance Factor : 계절성능계수)와 같으나 SEER은 단위[kcal/Wh]가 있는 계수이다.

2. SEER 관계식

$$SEER = \frac{\text{총출력(kcal/h)}}{\text{총입력에너지(W)}}$$ 냉난방기간 동안의 열원기기

3. SEER의 종류

① SEERH : 난방 계절에너지 효율비
② SEERC : 냉방 계절에너지 효율비

4. EER과 SEER의 비교

① EER은 정격치를 이용하며 SEER은 부분부하효율이 반영된 값이다.
② 따라서 SEER은 실제 운전 상황에서의 기간에너지 소비효율을 나타낸다.

 **참고** SPF(Seasonal Performance Factor : **계절성능계수**)

냉난방기간 동안의 총 입력에너지에 대한 총 출력의 무차원수

$$SPF = \frac{\text{총출력}}{\text{총입력에너지}}$$ ‖ 냉난방기간 동안의 열원기기

제2장 열역학

1. 열역학 용어 ·· 28
2. 엔탈피(Enthalpy) ······························ 30
3. 엔트로피(Entropy) ···························· 32
4. 열역학 제0법칙 ································ 33
5. 열역학 제1법칙 ································ 34
6. 열역학 제2법칙 ································ 35
7. 열역학 제3법칙 ································ 37
8. 영구기관 ·· 38
9. 이상기체의 상태방정식 ···················· 39
10. 이상기체의 상태변화 ······················ 41
11. 이상기체의 계산문제 ······················ 43
12. 엑서지 ·· 44
13. 임계점 ·· 45
14. 잠열의 종류 ···································· 46
15. P-V 선도와 일량 ·························· 47
16. T-S 선도와 열량 ·························· 49
17. 삼중점 ·· 50

1 열역학 용어

 유사기출문제

1. 열역학 상태값 7가지를 열거하라.   [공조 43회(5점)]

1. 용 어

① 동작유체

　냉동기에서 온도가 낮은 저열원에서 온도가 높은 고열원으로 열을 이동시키려면 반드시 열을 일시적으로 저장하거나 운반하는 매개체가 필요한데, 이 매개체는 유동이 쉬운 유체이어야 하므로 동작유체라 한다.

② 계

　동작유체가 존재하는 구역을 계라고 하며, 계의 경계를 통해 물질의 이동이 없는 계를 밀폐계라 하며, 이동이 있는 계를 개방계 그리고 물질이나 에너지 전달이 없는 계를 절연계(고립계)라 한다.

③ 열역학적 상태

　동작유체는 열에 의해 쉽게 물리적 특성이 변화하는데, 이를 열역학적 상태라 한다.

④ 열역학적 상태량

　열역학적 상태는 압력, 체적, 절대온도, 엔탈피, 엔트로피, 내부에너지 등과 같은 양으로 표현될 수 있는데 이를 열역학적 상태량이라 한다.

⑤ 상태식(특성식)

　엔탈피, 엔트로피, 내부에너지 등은 압력-체적-절대온도의 함수로서 표시할 수 있으며, 이들은 서로 밀접한 관계를 가지고 있는데 압력-체적-절대온도 사이의 관계식을 상태식 또는 특성식이라 한다.

⑥ 상태변화와 과정

　동작유체가 한 열역학적 상태에서 다른 상태로 바뀌는 것을 상태변화라 하고 바뀌는 경로를 과정이라 한다.

⑦ 사이클

　동작유체가 한 상태로부터 다른 여러 상태로 변화하여 다시 처음 상태로 되돌아오는 상태변화를 반복적으로 하는 경우 한 번의 순환과정을 사이클이라 한다.

⑧ 가역변화와 비가역변화

상태변화는 변화한 상태에서 다시 처음의 상태로 되돌아갈 수 있는 가역변화와 되돌아갈 수 없는 비가역변화가 있으나 자연계에서는 없으나 역학적 분석을 위하여 가역변화에 가까운 상태변화는 가역변화로 취급한다.

⑨ 줄의 법칙

실험에 의해 완전가스의 내부에너지는 압력이나 체적과는 무관하며 절대온도만의 함수라는 사실이 밝혀졌는데 이를 완전가스에 대한 줄의 법칙이라 한다.

2 엔탈피(Enthalpy)

  유사기출문제

1. 엔탈피 용어 설명 　　　　　　　　[건축 48회(10점)], [공조 46회(10점), 42회(5점)]

1. 정 의

① 엔탈피란 물질이 그 상태에서 보유하고 있는 총에너지를 열량의 단위로 나타낸 것으로 총열량이라고도 한다.
② 엔탈피는 기호 H로 표시하며 단위는 kcal이다. 그러나 보통 단위중량인 1kg에 대한 값을 사용하는 데 kcal/kg의 단위로 나타내며 이를 비엔탈피[2](단순히 엔탈피)라 한다.
③ 냉매에 관하여 엔탈피의 표준상태(기점)를 0℃로 하며 이 온도에 대한 포화액의 엔탈피를 100kcal/kg으로 정의한다.
④ 엔탈피는 내부에너지와 유동에너지(압력 × 체적)와의 합을 말한다.

$$h = u + APv$$

　　여기서, $A = \dfrac{1}{427}$ (kcal/kgf·m) : 일의 열당량
　　　　　　P : 절대압력(kgf/m²)
　　　　　　v : 체적(m³)

2. 내부에너지

① 동작유체가 계에 저장할 수 있는 에너지에는 역학적 에너지, 전기에너지, 화학에너지, 분자의 운동 및 위치에 관계되는 에너지 등이 있다.
② 이 중 분자의 운동 및 위치에 관계되는 에너지를 내부에너지(U)라 한다.

3. 유동에너지(일에너지)

① 유체가 유동하는 데 필요한 에너지를 말하며, 그 값은 압력과 체적의 곱으로 나타낸다.
② 이 에너지는 그 체적을 유지하기 위하여 주위의 것을 밀어낸 일에너지이다.

---

[2] 단위중량인 1kg에 대한 값을 말할 때는 그 용어 앞에 "비"자를 넣으며 소문자로 표기한다.(H→h)

4. 냉동장치에서의 엔탈피

$$dh = du + Ad(Pv) = du + APdv + AvdP = dQ + AvdP$$

여기서, $dQ = du + APdv$

① 증발기와 응축기는 정압하에서 일어나므로 $dP=0$이므로, $dh=dQ$가 된다.
② 압축기에서는 $dQ=0$이므로, $dh=AvdP=h_2-h_1$이 된다.

3 엔트로피(Entropy)

 유사기출문제

1. 엔트로피 증가의 법칙에 대해 설명하시오.　　　　　　　　　　[건축 80회(10점)]
2. 엔트로피 용어 설명　　　　　　[건축 67회(10점)] [공조 45회(5점), 40회(2점)]

1. 정 의

① 엔트로피는 열역학적 해석을 편리하게 하기 위하여 Clausius가 열역학 제2법칙에 도입한 상태량이다.
② 엔트로피는 물질계의 열적 상태로부터 정해진 양으로 자연현상의 방향성을 설명한다.
③ 엔트로피는 물질계가 흡수하는 열량 dQ와 절대온도 T와의 비 $ds = \dfrac{dQ}{T}$로 정의한다.
④ 열의 출입이 없는 단열변화의 경우 $dQ=0$이므로, 등엔트로피 $ds=0$의 변화가 된다.
⑤ 어떤 물질이 일정한 온도하에서 얻은 열량 또는 잃은 열량을 그 물질의 절대온도로 나눈 값을 엔트로피의 증가 혹은 감소라고 말한다.
⑥ 냉매에 관하여 엔트로피의 표준상태(기점)를 0℃로 하며 이 온도에 대한 포화액의 엔트로피를 100kcal/kgK으로 정의한다.

2. 엔트로피 증가의 법칙

① 자연현상의 변화는 물질계의 엔트로피가 증가하는 방향으로 일어나는데 이를 엔트로피 증가의 법칙이라 한다.
② 카르노사이클과 같은 가역사이클에서는 $ds=0$인 등엔트로피 변화가 되지만, 실제 상태변화인 비가역사이클에서는 모든 변화시 엔트로피가 증가하게 된다.

(1) 엔트로피 증가의 법칙 설명

① 고온열원 T_1에서 저온열원 T_2로 미소열량 dQ가 이동할 때 엔트로피 변화 ds는

② 고온 측에서는 $\dfrac{dQ}{T_1}$ 만큼 엔트로피가 감소하고, 저온 측에서는 $\dfrac{dQ}{T_2}$ 만큼 증가한다.

③ 그런데, $T_1 > T_2$ 이므로 $\dfrac{dQ}{T_1} < \dfrac{dQ}{T_2}$가 되어, 이 계 전체에서 보면 열이동에 의한 엔트로피는 $\dfrac{dQ}{T_1} - \dfrac{dQ}{T_2}$ 만큼 증가하고 있다는 것을 알 수 있다.

열역학 제0법칙

1. 개요
① 열역학 제0법칙은 열평형의 개념을 정의한 법칙이다.
② 두 물체가 열평형상태에 있으면 온도는 같게 된다.
③ 물체 A와 B가 열평형에 있고 B와 C가 열평형에 있으면 A와 C도 열평형에 있다.
④ 온도계는 이 원리를 이용하여 열에너지의 크기를 측정하는 것이다.

2. 내용
온도가 다른 두 물체를 접촉시키면 온도가 높은 물체로부터 온도가 낮은 물체로 열이 이동하는데 일정한 시간이 지나면 열이동이 중지되고 두 물체의 온도가 같아지는 열평형을 이룬다.

5 열역학 제1법칙

  유사기출문제

1. 열역학 제1법칙　　　　　　　　　　[공조 68회(10점)], [건축 62회(10점)]

1. 개요

① 열역학 제1법칙은 에너지 보존의 법칙(또는 에너지 불멸의 법칙)이다.
② 열역학 제1법칙은 에너지 보존에 관한 법칙으로 일과 열의 본질적인 동일성과 변환 가능성에 기초한다.
③ 줄의 실험에 의하면 일과 열은 똑같은 에너지의 한 형태이며, 에너지보존 법칙에 따라 열은 일로, 일은 열로 변환가능하며 일정한 비례관계가 성립한다.
④ 열과 일은 상호 변환할 수 있으며 기본적으로 창조하거나 소멸하는 것이 아니다.

2. 열과 일의 상호변환

① 열과 일은 똑같은 에너지의 한 형태이므로 상호 변환할 수 있으며 이들 사이에는 일정한 비례관계가 성립한다.
② 열의 일당량 J는 1kcal의 열은 427kg·m의 일로 변환할 있다는 뜻이다.
③ 일량 W를 소비하여 열량 Q를 발생한다고 하면 다음과 같다.

$$Q = AW, \quad W = JQ, \quad J = \frac{1}{A}$$

여기서, $A = \dfrac{1}{427}$ (kcal/kgf·m) : 일의 열당량

$J = 427$ (kgf·m/kcal) : 열의 일당량

6 열역학 제2법칙

 유사기출문제

1. 열역학 제2법칙을 엔트로피를 이용하여 설명하시오.   [건축 70회(25점)]
2. 냉동기 및 열펌프에 대한 열역학 제2법칙인 Clausius 진술을 서술하고 설명하시오.
        [공조 50회(25점)]
2. 열역학 제2법칙 용어 설명   [건축 62회(10점)], [공조 72회(10점), 54회(10점), 38회(10점)]

1. 개요

① 열역학 제2법칙은 열과 일 사이의 방향성을 제시하는 법칙이다.
② 열역학 제1법칙에 의해 열과 일은 상호 변환이 가능하나 실제로 일은 쉽게 열로 바뀌지만 반대로 열은 쉽게 일로 바뀌지 않는다. 이것은 에너지 변환에 방향성이 있다는 뜻이다.
③ 또한 열은 스스로 고온에서 저온으로 이동하나 반대로는 이동할 수 없으므로 열이동에도 방향성이 있다는 뜻이다.
④ 이와 같이 자연계의 현상에는 일정한 방향성이 있어서 역행하는 경우에는 반드시 에너지의 손실이 따른다는 것을 명확히 한 것이 열역학 제2법칙이다.

2. 열역학 제2법칙의 적용

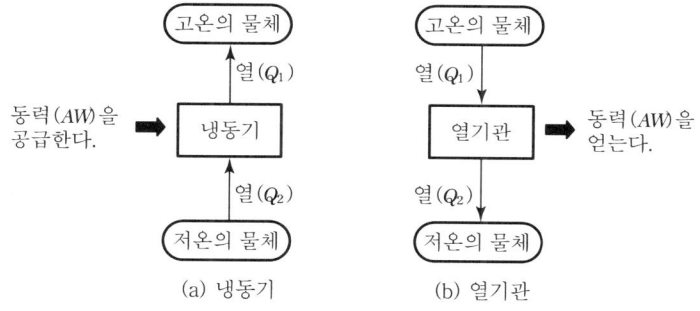

(a) 냉동기   (b) 열기관

열역학 제2법칙의 적용

(1) 열기관의 원리

① 열을 일로 바꾸려면 반드시 그 보다 낮은 저온의 물체로 열의 일부를 버려야만 한다.
② Kelvin의 표현
"열기관으로 일을 하게 하기 위해서는 이보다 더욱 저온의 물체를 필요로 한다."

③ Ostwald의 표현

"외부에 변화를 주지 않고 단지 한 개의 열원으로부터 열을 취해서 이것을 일로 변화시킬 수는 없다."

(2) 냉동기 또는 열펌프의 원리

① 열을 저온의 물체로부터 고온의 물체로 이동시키려면 에너지를 공급하여야 한다.
② Clausius의 표현

"주위에 변화를 남기지 않고 저온에서 고온으로 열을 이동시킬 수는 없다."

열역학 제3법칙

1. 개요

① 열역학 제3법칙의 내용은 "물체의 온도가 절대영도(0K)에 가까워짐에 따라 엔트로피 역시 0에 가까워진다."이다.
② 어떠한 방법으로도 물체의 온도를 절대영도까지 내릴 수 없다.
③ 절대영도에서 모든 순수한 고체 또는 액체의 엔트로피와 정압비열은 영이 된다.

2. 열역학 제3법칙의 의미

① 열역학 제2법칙에서 정해지는 엔트로피는 두 평형상태 간의 엔트로피의 차만이 정해진다. 다시 말해 상대적인 양으로서만 정해지고 어떤 절대적 기준이 존재하지 않는다.
② 이러한 문제를 해결하기 위해 등장하는 법칙이 열역학 제3법칙으로 절대영도에 대한 개념을 도입하여 엔트로피의 절대량에 관해 정의하였다.

8 영구기관

1. 제1종 영구기관 및 제2종 영구기관에 대하여 기술하시오. [공조 45회(20점)]

1. 영구기관의 필요조건
① 계속적으로 작동하여 운동이 끝나지 않을 것
② 순환과정으로 구성되어 과정을 한 번 마친 후 원상태와 똑같은 상태로 돌아올 것
③ 한 번 도는 동안 외부에 유한한 일을 창출할 것

2. 제1종 영구기관과 열역학 제1법칙
① 제1종 영구기관은 에너지 창출장치로서 열역학 제1법칙에 위배되어 실현 불가능하다.
② 외부에서 어떠한 에너지의 보충 없이도 영구히 일을 계속하는 기관을 제1종 영구기관이라 한다.
③ 어떤 열기관에 가해진 열에너지는 기계적 일로만 변환되는 것이 아니라, 내부에너지의 증가에도 사용된다.

$$dQ = du + dW$$

2. 제2종 영구기관과 열역학 제2법칙
① 제2종 영구기관은 일 변환장치로서 열역학 제2법칙에 위배되어 실현 불가능하다.
② 하나의 열원으로부터 열을 받아 이것을 모두 일로 바꾸고, 그 밖에 어떠한 변화도 남기지 않고 계속 작동하는 기관을 제2종 영구기관이라 한다.
③ "주위에 변화를 남기지 않고 저온에서 고온으로 열을 이동시킬 수는 없다."란 Clausius의 표현에 관계된 것으로 자연계에 다시는 돌이킬 수 없는 과정이 존재한다는 사실이다.
④ 예를 들면 뜨거운 물에 얼음을 넣으면 열평형이 되어 미지근한 물이 되는데, 미지근한 물을 방치하여 저절로 뜨거운 물과 얼음을 얻을 수 없는 것과 같다.

3. 제3종 영구기관과 열역학 제3법칙
① 제3종 영구기관은 절대영도에 도달하는 기관으로 열역학 제3법칙에 위배되어 실현 불가능하다.
② 절대영도에 도달한다는 것은 어떤 방법을 사용하여도 불가능하다.

9 이상기체의 상태방정식

> **유사기출문제**
> 1. 공기를 이상기체로 가정할 수 있는 이유(조건) [71회 공조(10점)]
> 2. 이상기체 상태식 [공조 59회(5점)]
> 3. 완전가스(Perfect Gas) [공조 51회(10점)]

1. 개요
① 기체 중에서 공기, 질소, 산소, 수소, 연소가스 등과 같이 쉽게 액화할 수 없는 것을 가스라 하고, 암모니아와 같은 냉매나 수증기는 쉽게 액화나 증발이 일어나므로 증기라 한다.
② 완전가스란 보일 – 샤를의 법칙 및 줄의 법칙과 같은 완전가스의 상태식(이상기체상태식)이 엄격히 성립되는 기체를 말한다.
③ 그러나 완전가스는 실제로는 존재하지 않으므로 이를 이상기체라 한다.

2. 이상기체의 가정
① 기체 분자는 불규칙한 직선운동을 한다.
② 충돌에 의한 에너지의 변화가 없는 완전탄성체이다.
③ 기체 분자가 차지하는 부피는 없다.
④ 기체 분자 사이에 인력 및 반발력이 없다.
⑤ 기체 분자들의 평균운동에너지는 절대온도(켈빈 온도)에 비례한다.

3. 이상기체의 상태방정식

(1) 보일의 법칙
① 모든 가스의 온도가 일정할 때 가스의 체적(비체적)은 절대압력에 반비례한다.

$$PV = C \text{ 또는 } P_1V_1 = P_2V_2 = C$$

(2) 샤를의 법칙
① 모든 가스의 절대압력이 일정할 때 가스의 체적(비체적)은 절대온도에 비례한다.

$$\frac{V}{T} = C \text{ 또는 } \frac{V_1}{T_1} = \frac{V_1}{T_2}$$

(3) 보일-샤를의 법칙

① 이상기체의 상태방정식 또는 완전가스의 상태식(특성식)이라 한다.
② 보일의 법칙과 샤를의 법칙으로부터 열역학적 상태량인 절대압력 P, 비체적 v, 절대온도 T의 관계를 나타내는 식이다.

$$Pv = RT$$

여기서 R은 기체마다 고유의 값을 가지며 기체상수(가스정수)라 한다.

10 이상기체의 상태변화

> **유사기출문제**
> 1. 폴리트로픽 변화   [공조 62회(10점)]

1. 개요

① 이상기체는 보일-샤를의 법칙 및 줄의 법칙과 같은 이상기체 상태식이 엄격히 성립되는 기체를 말하며,

② 이상기체의 상태변화에는 등압변화, 등온변화, 등적변화, 단열변화 및 폴리트로픽변화 등이 있다.

2. 이상기체의 상태변화

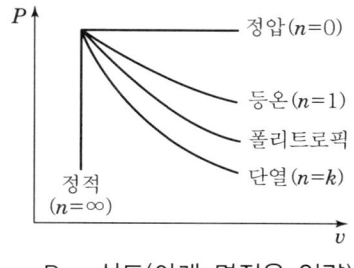

P-v선도(아래 면적은 일량)

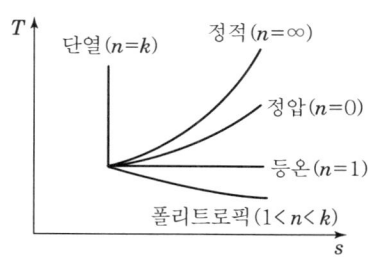

T-s선도(아래면적은 열량)

(1) 등압변화(정압변화)

① 상태변화를 하는 동안 압력이 일정한 변화이다.
② 샤를의 법칙에 의하면 기체는 압력이 일정할 경우 체적은 절대온도에 정비례한다.

$$\frac{V_1}{T_1} = \frac{V_2}{T_2}$$

(2) 등온변화(정적변화)

① 상태변화를 하는 동안 온도가 일정한 변화이다.
② 이상기체에서 온도를 일정하게 유지하며 기체가 팽창 혹은 압축을 행하는 것을 말한다.

③ 보일의 법칙에 의하면 기체의 온도가 일정할 경우 압력과 체적은 서로 반비례한다.

$$P_1 V_1 = P_2 V_2$$

(3) 등적변화(정적변화)

① 상태변화를 하는 동안 체적 또는 비체적이 일정한 변화이다.

$$\frac{P_1}{T_1} = \frac{P_2}{T_2}$$

(4) 단열변화(등엔트로피 변화)

① 상태변화를 하는 동안 계에 열출입이 없는 변화로 등엔트로피 변화라 한다.
② 기체가 팽창 또는 압축을 하는 데 있어서 열출입이 없는 변화로 다음 식으로 나타낸다.
③ k는 이상기체의 정압비열 C_p와 정적비열 C_v와의 비로 비열비 또는 단열지수라 한다.

$$PV^k = C, \qquad k = \frac{C_p}{C_v} \qquad \frac{T_2}{T_1} = \left(\frac{v_1}{v_2}\right)^{k-1} = \left(\frac{P_2}{P_1}\right)^{\frac{k-1}{k}}$$

(5) 등엔탈피 변화(교축변화)

① 유체 특히 기체가 밸브, 콕크, 오리피스 등에 의하여 유로의 일부가 좁아지면 압력과 온도가 감소하며 상태변화를 하는 동안 엔탈피가 일정하게 된다.
② 이와 같은 변화를 등엔탈피 변화라 하며 교축변화라고도 한다.

(6) 폴리트로픽 변화

① 기체가 팽창 또는 압축을 할 경우, 실제로는 등온변화도 단열변화도 아닌 그 중간의 변화가 생기는데 이와 같은 변화를 폴리트로픽 변화라 한다.
② 압축기의 경우 윤활유를 탄화 및 열화를 방지하고자 실린더 상부를 물로 냉각하는데, 이때 열의 일부가 외부로 방출되므로 단열압축이 되지 않는다. 이때의 압축상태를 폴리트로픽압축이라 한다.
③ 폴리트로픽 변화는 단열변화에서 k를 n으로 바꾼 식으로 표현되며, n은 폴리트로픽 지수로서 $1 < n < k$ 값을 가지며, C_n은 폴리트로픽 비열이다.

$$PV^n = C, \qquad C_n = \frac{n-k}{n-1} C_v \qquad \frac{T_2}{T_1} = \left(\frac{v_1}{v_2}\right)^{n-1} = \left(\frac{P_2}{P_1}\right)^{\frac{n-1}{n}}$$

이상기체의 계산문제

> **공조 74회(5점)**
> 체적 2m²의 탱크에 이상기체가 2kgf/cm² abs, 온도 20℃인 상태로 들어 있다. 이 기체의 압력을 3.5kgf/cm²로 올리려면 몇 kcal의 열량을 가해야 하는가?
> (단, R = 47kgf · m/kgfK, C_v = 0.334kcal/kgf℃)

1. 관련 공식

이상기체 상태방정식 $Pv = mRT$

보일 샤를의 법칙 $\dfrac{P_1 v_1}{T_1} = \dfrac{P_2 v_2}{T_2}$

〈문제조건〉
- $v_1 = 2\text{m}^3$
- $P_1 = 2\text{kgf/cm}^3\text{abs}$
- $T_1 = 20℃ = (273+20) = 293\text{K}$

$P_2 = 3.5\text{kgf/cm}^2$ 되기 위한 가열 열량 Q는?

2. 문제풀이

가열 열량 $Q = m C_v \triangle T$ ············ ①식

이상기체 상태방정식 $m = \dfrac{P_1 v_1}{R T_1}$ ············ ②식

체적 $v_1 = v_2$ 이므로,

보일 샤를의 법칙에서 $T_2 = \dfrac{P_2}{P_1} T_1$ ············ ③식

②식과 ③식을 ①식에 대입하면 다음과 같다.

$$Q = \dfrac{P_1 v_1}{R T_1} C_v \left(\dfrac{P_2}{P_1} T_1 - T_1 \right) = \dfrac{P_1 v_1 C_v}{R} \left(\dfrac{P_2}{P_1} - 1 \right)$$

$$= \dfrac{2 \times 10^4 \times 2 \times 0.334}{47} \left(\dfrac{3.5}{2} - 1 \right) = 213 \text{kcal}$$

12 엑서지

> **유사기출문제**
> 1. 엑서지(Exergy) 용어설명 　　　　[공조 77회(10점), 63회(10점), 58회(10점), 51회(10점)]
> 2. 유효에너지(Available Energy)와 아너지(Anergy) 　　　　[공조 69회(10점)]
> 3. 가용에너지 　　　　[공조 45회(5점)]

1. 개요
① 에너지는 유효에너지와 무효에너지, 그리고 가용에너지와 무용에너지로 분류할 수 있다.
② 동력발생기관을 이용하여 고온의 열원에서 대기와 열교환을 행하여 에너지를 발생할 수 있는데, 열에너지에서 최대로 낼 수 있는 기계적 일을 엑서지라 한다.

2. 최대의 유효에너지
① 잠재 에너지 중에는 일로 바꿀 수 있는 유효에너지와 일로 바꿀 수 없는 무효에너지가 있다.
② 최대의 유효에너지를 엑서지라 하며 무효에너지를 아너지(Anergy)라 부른다.

3. 최대의 가용에너지
① 가용에너지는 동력발생기관이 고온의 열원에서 대기와 열교환을 행하여 발생할 수 있는 이상적인 최대의 기계적인 일로 생각할 수 있다.
② 동력발생과정에서 가용에너지는 일로 변환할 수 있는 유용에너지보다 항상 크게 된다.
③ 이때 가용에너지의 최대값을 엑서지라 부른다.

4. 카르노사이클과 엑서지
① 고온부와 저온부 사이에서 최대 효율을 얻을 수 있는 열기관의 이상적인 사이클인 카르노사이클에서 얻을 수 있는 최대일이 엑서지이다.
② 엑서지는 고열원에서 저열원으로 열을 방출할 때 외부에 할 수 있는 최대일이다.
④ 엑서지(AW)를 카르노사이클의 효율(η_{carnot})로 표현하면 다음과 같다.

$$\eta_{carnot} = \frac{AW}{Q_1} = \frac{Q_1 - Q_2}{Q_1} = \frac{T_1 - T_2}{T_1} \text{ 이므로 } AW = \eta Q_1 = Q_1 \frac{(T_1 - T_2)}{T_1}$$

13 임계점

> **유사기출문제**
>
> 1. 물질의 임계온도(Critical Temperature)를 P-h(압력-엔탈피) 선도상에 나타내고 설명하시오. [공조 78회(10점)]
> 2. 상태량 선도상의 임계점(Critical Point) [공조 68회(10점)]

1. 개요

① 기체는 편의상 가스와 증기로 대별되는데 그 기준이 명확하지 않다.
② 보통 상온에서 이미 과열상태에 있는 이산화탄소, 산소 등과 같은 기체를 가스라 한다.
③ 반면에 프레온과 같이 상온에서 액화하기 쉬운 상태의 기체를 증기라 한다.

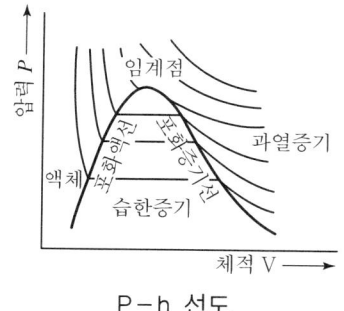

P-h 선도

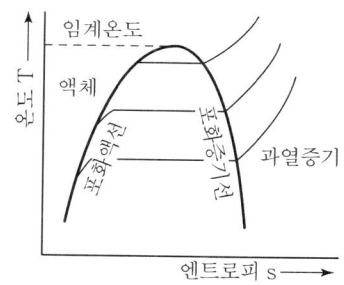

T-s 선도

2. 임계점(Critical Point)

① 기체는 어떤 온도 이하에서는 포화상태의 액체로 되지만, 특정 온도 이상에서는 아무리 압력을 높여도 액화가 되지 않는 한계가 있는데 이 점을 임계점이라 한다.
② P-h 선도상에서 온도와 압력을 높이면 포화액선과 포화증기선 간의 간격이 좁아져 한 점에서 만나게 되는데 이 점을 임계점이라 한다.

3. 임계온도(Critical Temperature)와 임계압력(Critical Pressure)

① 임계점에서의 온도를 임계온도라 하며, 압력을 임계압력이라 한다.
② 임계온도(임계압력)는 액체상태로 존재할 수 있는 최대 온도(압력)가 된다.
③ 임계온도 이상에서는 증기를 냉각시켜도 액화되지 않으므로 임계온도가 상온 이하인 공기(-140℃) 등은 냉매로 사용할 수 없다.[프레온 R-22의 임계온도 96℃]
④ 보통 이상기체는 임계온도가 낮고, 증기는 임계온도가 높다.

14 잠열의 종류

> **유사기출문제**
> 1. 잠열의 종류　　　　　　　　　　　　　　　　　　　[공조 71회(10점)]

1. 개요
① 잠열에는 증발, 융해, 승화가 있으며 자연냉동법에 이용된다.
② 고체, 액체, 기체의 상변화 시 잠열을 흡수 또는 방열하게 된다.

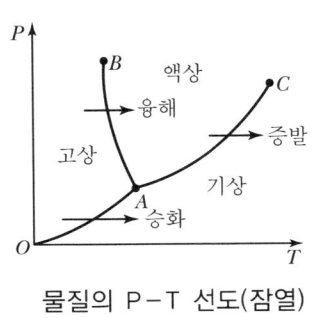
물질의 P-T 선도(잠열)

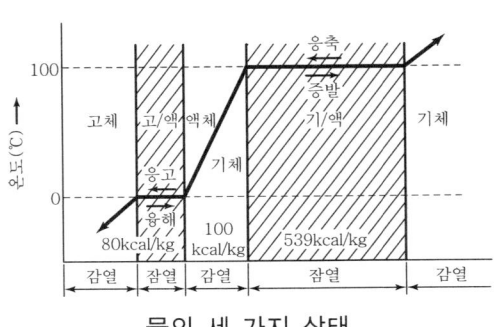
물의 세 가지 상태

2. 잠열(숨은 열, Latent Heat)의 종류

(1) 증발열(액체 → 기체)
① 증발열은 액체에서 기체로 될 때 필요한 열로 열을 흡수하며 주위를 냉각시킨다.
② 물은 100℃에서 1kg당 증발열이 539kcal이다.(0℃ 물의 증발열 → 597kcal/kg)

(2) 융해열(고체 → 액체)
① 융해열은 고체에서 액체로 될 때 필요한 열로 열을 흡수하며 주위를 냉각시킨다.
② 얼음은 0℃에서 79.68kcal/kg의 융해열을 흡수한다.

(3) 승화열(고체 → 기체)
① 승화열은 고체에서 기체로 될 때 필요한 열로 열을 흡수하며 주위를 냉각시킨다.
② 드라이아이스는 -78.5℃에서 137kcal/kg의 열을 주위로부터 흡수하여 승화한다.
③ 드라이아이스는 얼음에 비해서 냉동능력(승화잠열)이 크고 저온을 얻을 수 있어 식품의 동결이나 저온에서 화학반응을 촉진시키는 냉각제 등에 널리 사용된다.

15 P-V 선도와 일량

1. P-V 선도와 일량

① 열역학적 상태량 중에 둘 또는 세 개의 상태량의 변화를 직교좌표상에 축으로 잡아 이들의 관계를 나타낸 그림을 선도라 한다.
② P-V 선도란 동작유체의 절대압력과 체적의 변화를 나타낸 것으로 압력-체적선도라 한다.
③ 체적(V) 대신에 비체적(v)을 사용한 선도를 P-V 선도라 한다.
④ P-V 선도는 선도상의 면적을 알면 일량을 구할 수 있는 가장 기본적인 선도이다.

2. 절대일과 공업일

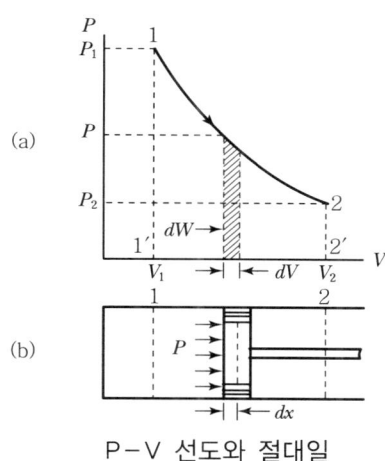

P-V 선도와 절대일

(1) 절대일

① 그림과 같이 실린더 내 동작유체의 압력이 P일 때 피스톤의 단면적 A에 작용하는 힘(PA)으로 인해 피스톤이 미소거리 dx만큼 움직였다면 가스가 한 미소일량 dW는

$$dW = PAdx = PdV \text{ 또는 } dw = PAdx = Pdv$$

② 따라서 동작유체가 상태 1에서 상태 2까지 팽창하는 동안 외부에 한 일 W는 다음과 같으며, 밀폐계의 일이므로 밀폐일, 비유동일, 팽창일 또는 절대일이라 한다.

$$W = \int_1^2 PdV = W_{122'1'} \text{ 또는 } w = \int_1^2 Pdv = w_{122'1'}$$

(2) 공업일

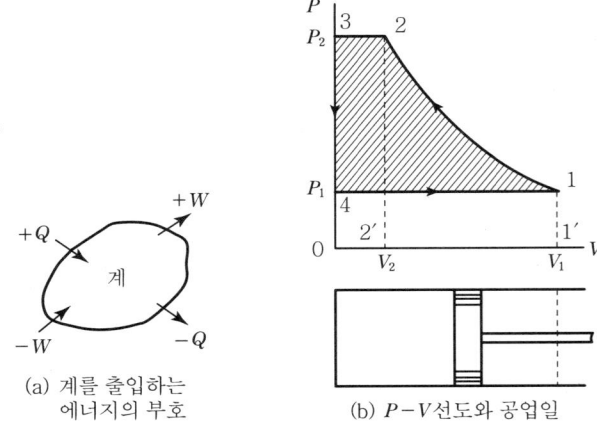

(a) 계를 출입하는 에너지의 부호
(b) $P-V$선도와 공업일

계를 출입하는 에너지의 부호와 공업일

① 동작유체에 의해 계에는 일과 열이 출입할 수 있으므로 일량과 열량에 대해 부호 정의가 필요하다.
② 부호 + : 계에 공급되는 열량과 계로부터 얻는 일량
③ 부호 - : 계로부터 방출되는 열량과 계에 공급되는 일량
④ 그림2와 같이 공기압축기의 흡입(4 → 1), 압축(1 → 2), 배기(2 → 3) 과정 동안의 일은 $_4W_1(+)$, $_1W_2(-)$, $_2W_3(-)$이므로, 한 사이클 동안의 전체 일량은 다음과 같다.

$$W_t = -\int_1^2 VdP = W_{1234} \text{ 또는 } w_t = -\int_1^2 vdP$$

⑤ 여기서 "-"면적은 절대일과는 다른 일량이 되는데, W_t로 표시하며 개방일, 유동과정의 일, 압축일 또는 공업일이라 하며 펌프, 터빈, 압축기의 일 등이 이에 속한다.

16 T-S 선도와 열량

1. T-S 선도와 열량

① 절대온도 T를 종축으로, 엔트로피 S(또는 비엔트로피 s)를 횡축으로 하는 선도를 T-S 선도 또는 엔트로피선도라 한다.

② T-S 선도상의 면적은 열량을 나타내므로 열선도라고도 한다.

2. T-S 선도상의 열량

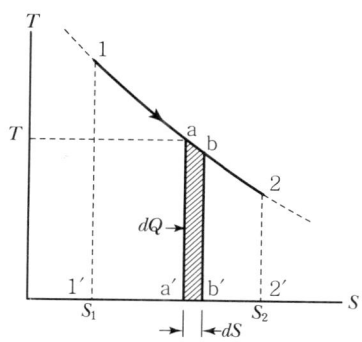

T-S 선도와 열량의 관계

① 상태1에서 상태2로 변화할 때 변화 중의 미소부분 a-b를 생각하면 빗금 친 부분의 면적 abb'a'는 엔트로피의 정의식 $dQ = Tds$에서 다음과 같다.

$$\text{면적 } abb'a' = dQ = TdS$$

② 따라서 상태변화 1 → 2 중 동작유체에 가해진 열량 Q는 다음과 같다.

$$Q = \int_1^2 TdS = \text{면적 } 122'1'$$

③ 그러므로 상태변화 중 동작유체에 가해진 열량은 T-S 선도상에 변화곡선 아래 부분의 면적과 같다.

17 삼중점

공조 74회(10점)
그림은 물에 대한 상태도이다. 26.8℃의 물이 액체물로 존재하기 위한 압력범위는 대략 얼마인가?

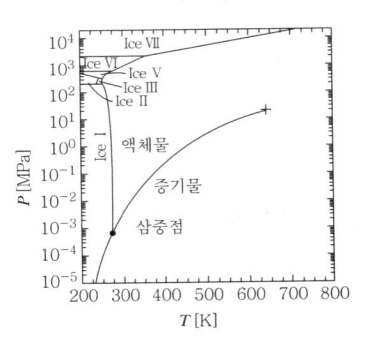

1. 삼중점

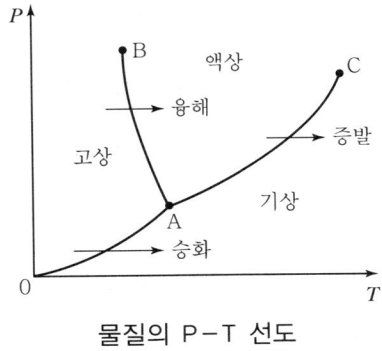

물질의 P-T 선도

① 물은 온도에 따라 고체, 액체, 기체의 3상이 존재한다.
② 삼중점은 3가지 상태의 상이 동시에 존재하는 점(A점)을 말한다.
③ 물의 경우 3중점에서의 온도는 0.01℃(273.01K), 압력은 0.6113kPa이 된다.

2. 문제풀이

① 온도가 섭씨온도 26.8℃이므로 절대온도는 273+26.8=299.8K가 된다.
② 문제의 물에 대한 상태도에서 온도 299.87K에서 직선을 그으면 액체물이 존재할 수 있는 압력은 다음과 같다.

압력범위 : $5 \times 10^{-3} \sim 9 \times 10^2$ MPa

제3장 열전달

1. 열전달 ··· 52
2. 증발관 단면의 냉매흐름 상황 ················· 55
3. 비등열전달 ·· 56
4. 응축열전달 ·· 58
5. 열관류율 ··· 60
6. 단층평면벽의 열관류율 ·························· 62
7. 단층평면벽의 중심온도 ·························· 64
8. 단층평면벽의 단열재 두께 계산 ············· 65
9. 다층평면벽의 열관류율 ·························· 66
10. 원통벽의 열관류율 ······························· 68
11. 열교환기의 분류 ··································· 71
12. 열교환기의 대수평균온도차 ·················· 73
13. 열교환기의 총열전달계수 ······················ 75
14. 오염계수(Fouling Factor) ····················· 77
15. 대류의 무차원수 ··································· 78
16. 누셀수(Nusselt Number) ······················ 80
17. 열확산계수 ··· 81
18. 천공복사 ·· 82
19. Langley와 태양상수 ····························· 83
20. NTU(Number of Heat Transfer Units) ······· 84
21. 진공유리창 ··· 86

1 열전달

> **유사기출문제**
> 1. 액체를 가열하면 대류작용을 일으키는데 이의 원리를 간단히 설명하시오. [건축 82회(10점)]
> 2. 복사난방 시 복사 열전달의 원리를 설명하시오. [공조 81회(10점)]
> 3. 열의 이동방식을 열거하고 각각에 대하여 설명하시오. [건축 77회(10점)]
> 4. 열의 이동에서 전열의 종류 3가지에 대하여 설명하시오. [건축 75회(25점)]
> 5. 3가지 열전달 양식(Mode) [공조 71회(10점)]
> 6. 열복사에 관한 스테판-볼츠만 법칙 [공조 53회(5점), 48회(10점)]
> 7. 열전달(Heat Transfer) [공조 40회(2점)]

1. 개요

① 열의 이동 즉 전열방식에는 기본적으로 전도, 대류, 복사 3가지가 있으며, 이들의 복합된 형태로 열전달과 열관류가 있다.
② 열전달은 고온에서 저온으로 열이 흐르므로 온도차가 클수록 열의 전달속도가 빨라진다.

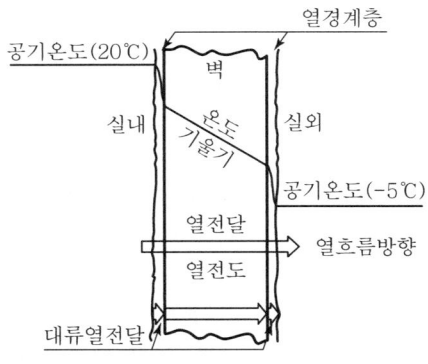

열전달의 기구 및 열흐름 방향

2. 열의 이동방식

(1) 전도열전달

① 전도란 물체 사이의 온도 차이에 의한 열의 이동현상을 말한다.
② 금속 등의 고체나 정지하고 있는 액체 및 기체 등의 내부에 온도차가 있으면 고온부로부터 저온부로 열의 흐름이 생기는데 열이 물질 속에서 이동하는 현상을 전도라고 한다.

③ 온도차를 가지고 있는 물체의 분자 사이의 직접적인 상호작용인 분자 간의 충돌 또는 진동에 의하여 나타난다.
④ Fourier(푸리에) 법칙이란 물질 내의 어느 위치에 있어 전도열전달에 의해 전달된 열의 이동량 q(kcal/h)는 그 위치의 온도구배($\frac{dT}{dx}$)에 의존한다는 것이다.
⑤ 여기서 k(kcal/mh℃)는 물질의 고유의 값인 열전도율이며, SI단위로는 (W/mK)이다.

$$q = kA \frac{T_h - T_c}{l}$$

(2) 대류열전달

① 유체의 운동 즉 액체 및 기체의 흐름에 의해서 열이 이동되는 것이다.
② 유체 상하부의 온도차에 따른 밀도 차이로 부력이 발생하여 유체가 순환되면서 열이 이동하게 된다.
③ 대류에는 유체 유동에 필요한 구동력을 외부에서 주어지는 강제대류와 유체 내부의 온도차에 따른 밀도차에 의한 부력으로 유동이 발생하는 자연대류가 있다.
④ 대류는 분자자신의 이동, 즉 유체의 분자가 순서대로 전열면까지 운동하여 직접 열이 전달되는 작용으로 온도차가 없다면 물론 열의 이동도 없다.
⑤ 고온 측의 온도를 T_h, 저온 측의 온도를 T_c라 할 때 전달열량 Q는 다음과 같다.
⑥ 여기에서 h(kcal/m²h℃)는 대류열전달계수라고 부르며, SI단위로는 (W/m²K)이다.
⑦ 유체의 종류, 유동조건 및 벽면의 형상에 의존하며 단위면적당, 단위온도차당 대류에 의한 열전달량을 나타낸다.

$$Q = hA(T_h - T_c)$$

(3) 복사열전달

① 전도열전달과 복사열전달은 매질을 통하여 열전달이 일어나지만 복사열전달은 전자파와 같이 진공 중에서도 열전달이 가능하다.
② 열에너지가 중간물질과는 관계없이 적외선이나 가시광선을 포함한 전자파인 열선의 형태를 갖고 전달되는 전열형식이다.
③ 복사선이 물체에 도달하면 일부는 물체로 흡수되고 (흡수율 α), 물체의 표면에서 반사되며(반사율 γ), 나머지는 물체를 투과한다(투과율 τ). 흡수율 $\alpha = 1$인 것을 흑체라 한다.

$$\alpha + \gamma + \tau = 1$$

④ Stefan-Boltzmann(스테판-볼츠만)의 법칙은 방출되는 복사에너지는 절대온도의 4승에 비례한다는 것이다. 따라서 온도가 높을수록 방출에너지는 많이 방출하게 된다.

$$E = \varepsilon \sigma T^4$$

    E : 표면복사에너지(kW/m^2)
    ε : 방사율
    ($0 < \varepsilon < 1$, $\varepsilon = 1$은 완전흑체(Black Body), $\varepsilon < 1$을 회체(Gray Body)라 한다.)
    σ : Stefan-Boltzmann 상수
    ($\sigma = 4.88 \times 10^{-8} kcal/m^2 hK^4 = 5.67 \times 10^{-8} W/m^2 K^4$)

건축 56회(25점)
복사난방 5m× 8m 넓이 바닥면 온도 30℃일 때 방사 전열량은?(단, $\varepsilon = 0.9$)
$E = \varepsilon \sigma T^4 A = 0.9 \times 4.88 \times 10^{-8} \times (273 + 30)^4 \times (5 \times 8) = 14,808(kcal/h)$

---

(4) 열전달

① 고체표면과 여기에 접촉하는 유체와의 사이에 온도차가 있을 때에 생기는 열이동이다.
② 열전달은 유체 내에 대류열전달과 전도열전달의 두 작용으로 이루어진다.
③ 면적이 A인 벽면의 온도를 T_s, 유체의 온도를 T_f라 할 때 대류에 의해 단위시간당 전달열량 Q는 뉴턴의 냉각법칙에 의해 다음과 같다.

$$Q = hA(T_s - T_f)$$

증발관 단면의 냉매흐름 상황

1. 개요

증발관 내부에서의 냉매흐름은 입구에서 출구 근처까지 액체와 증기의 혼합물이 흐르는데, 증기와 액의 혼합물인 기액 2상류 유동이 된다.

2. 증발관 단면의 냉매흐름 상황

  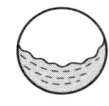  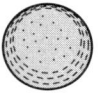 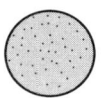

평면류   파상류1   파상류2   환상류1   환상류2   무상류

증발관 단면의 냉매흐름 상황

① 평면류
증발관 입구에서 과냉액이 관 내부에 흐른다.

② 파상류1
냉매액은 주변의 열전달로 인해 비등하기 시작하여 파장이 크게 된다.

③ 파상류2
파동이 큰 파상류1보다는 파장이 작게 되어 전열관을 따라 상승하게 된다.

④ 환상류1
냉매액은 전열관을 따라 환상으로 흐르게 된다.

⑤ 환상류2
냉매액은 전열관을 따라 환상으로 남고 증발된 기체는 관의 중앙부에 안개상의 무핵(霧核)이 발생하게 된다.

⑥ 무상류(霧狀類)
열전달이 진행되어 전열관 주변의 냉매액은 전량 비등하여 안개상의 무상류를 형상하여 증발관을 흐르게 된다.

3 비등열전달

> **유사기출문제**
>
> 1. 핵비등 　　　　　　　　　　　　　　　　　　　　　　　　　[공조 61회(10점)]
> 2. 관내 유체흐름에서 비등이 발생할 때, 열유속 증가에 따른 비등양상 [공조 54회(25점)]
> 3. 막비등 　　　　　　　　　　　　　　　　　　　　　　　　　[공조 53회(5점)]
> 4. 열교환기의 비등전열면 형상을 도시하고 비등전열의 특성을 설명하시오. [공조 33회(20점)]
> 5. 수관보일러에서의 비등을 비등곡선을 그려 설명하시오. 　　　[공조 25회(25점)]

1. 개요

① 증발관 내부에서의 냉매 흐름은 입구에서 출구 근처까지 액체와 증기의 혼합물이 흐르는데, 증기와 액의 혼합물인 기액 2상류 유동이 된다.

② 증발은 액체와 기체의 경계면인 액면에서 액체가 기체로 상변화하는 현상이다.

③ 비등은 액체 내부에서 액체와 전열면(고체)의 경계에서 기포가 발생하여 증발이 일어나는 현상이다.

④ 액체의 포화온도(T_s)보다 고온인 온도(T_w)의 전열면에서 가열되는 액체는 전열면 과열도($\Delta T = T_w - T_s$)가 어떤 값 이상으로 되면 비등하기 시작한다.

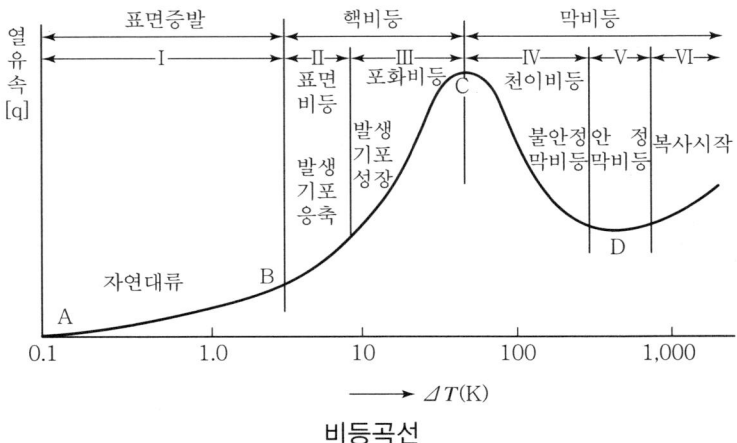

비등곡선

2. Ⅰ구역 표면증발

① 전열면(고체 표면)에서 액체가 가열되어 유체는 밀도차에 의해 자연대류로 순환된다.
② 액체의 온도는 포화온도 이하이므로 비등은 일어나지 않는다.
③ 기액면 표면에서 증발이 발생하기 시작한다.

3. 핵비등(Nucleate Boiling)

(1) Ⅱ구역 표면비등(Surface Boiling 또는 서브쿨드 비등)

① 전열면의 특정부분에서 기포가 발생하기 시작한다.
② 발생된 기포는 액의 온도가 포화온도 이하에서 곧 응축하게 된다.
③ 따라서 기포는 액면 위로 도달되지 못한다.
④ 냉동공조분야에서 사용되는 증발기에서는 Ⅱ구간인 표면비등을 이용한다.

(2) Ⅲ구역 포화비등

① 액체가 포화온도 이상으로 계속 상승하면 전열면에서 연속적으로 기포가 발생하게 된다.
② 발생된 기포는 액으로부터 열이 공급되어 기포가 성장하면서 액면으로 나온다.
③ 액의 교반작용과 기포의 상승으로 유체를 심하게 교란시키며 열유속을 증가시킨다.
④ C점은 열유속이 최대값이 되는 점으로 번아웃점(Burn out Point)이라 한다.

4. 막비등(Film Boiling)

(1) Ⅳ구역 천이비등

① 핵비등에서 막비등으로 천이되는 구역이다.
② 핵비등에서 표면온도가 더 상승하면 열유속이 급격하게 증가하여 순간적으로 증기가 다량 발생한다.
③ 발생한 증기는 0.2~0.5mm 두께의 증기막이 되어 전열면을 둘러싸게 된다.
④ 전열면이 증기막으로 둘러싸여 액이 유입되지 않아 열유속이 점차 감소하여 표면온도가 상승해도 열유속은 최저점에 도달한다.

(2) Ⅴ~Ⅵ구역 안정막비등 및 복사열전달

① 열유속은 최저점을 바닥으로 안정적으로 열유속이 증가한다.
② 전열면의 온도는 더욱 상승하여 복사열전달이 중요해진다.
③ 복사강도는 절대온도의 4승에 비례하므로 증기막을 통한 복사열전달이 증가하여 열유속이 증가한다.

4 응축열전달

1. 개요
① 증기가 저온의 벽면에 접하여 있으면 벽면상에서 응축이 일어난다.
② 응축현상에는 막상응축(막응축)과 적상응축(액적응축)의 두 가지 형태가 있다.

2. 막상응축
① 막상응축은 응축액이 막의 상태로 냉각면을 따라 강하하는 현상으로 냉각면이 쉽게 젖을 수 있는 경우에 발생한다.
② 액막의 두께는 상부에서 얇고 냉각면의 하부로 갈수록 두꺼워진다.
③ 액막은 전열저항이 되므로 액막의 두께가 얇을수록 열전달계수가 커진다.

3. 적상응축(액적응축)
① 차가운 창문유리에 수분이 응축하여 물방울이 흘러내리는 것은 적상응축의 예이다.
② 적상응축은 전열면이 액체에 젖기 어려운 경우에 응축액은 냉각면에 액적의 형태로 응축하고 점차 커지며 이웃한 액적과 합쳐져서 결국 중력의 영향으로 하강하게 된다.
③ 액적에 덮이지 않은 냉각면은 점차로 많아지며 대부분이 고온증기와 접하므로 평균열전달량은 막상응축에 비해 크므로 열교환 측면에서는 적상응축이 우수하다.
④ 그러나 적상응축을 장시간 유지하기 어려우므로 응축촉진제의 부착 및 박막의 피복 등 표면처리에 의한 시도가 행해지고 있다.

4. 막상응축의 열통과율 U

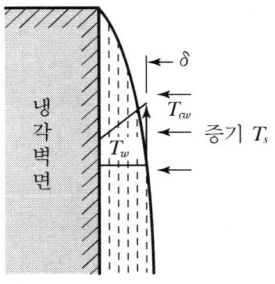

막상응축 열전달

① 상기 그림과 같이 정지된 포화증기가 포화온도 T_s보다 낮은 온도 T_w의 벽면에서 막상응축을 하고 있는 경우, h_m을 평균 열전달계수라 하면 벽면에서의 열유속은 다음과 같다.

$$q = h_m(T_s - T_w)$$

② 응축액막에서 두께를 l, 열전도율을 k, 증기와 접촉하는 액체막의 표면온도를 T_{cw}, 증기가 응축할 때의 열전달 계수를 h_c로 하면 증기로부터 액체막을 통과하여 벽면으로 전달되는 열통과율 U는 다음과 같다.

$$\frac{1}{U} = \frac{1}{h_c} + \frac{l}{k}$$

③ h_c는 매우 크므로 $\frac{1}{h_c}$은 $\frac{l}{k}$에 비해 무시할 수 있으며, U는 ①항의 평균열전달계수 h_m과 같은 뜻이므로 막상응축 열전달에서의 열통과율 U는 다음과 같다.

$$U = h_m = \frac{k}{l}$$

5 열관류율

> **유사기출문제**
>
> 1. 건물의 부하계산 시 총괄열전달계수 계산식을 쓰고, 벽체구성 그림을 그리고 설명하시오.
>   [공조 81회(10점)]
> 2. 벽체의 열관류율(K)에 관한 식과 열관류율을 줄일 수 있는 방법 4가지 [공조 77회(10점)]
> 3. 열관류율이란 무엇인가? [건축 75회(10점)]
> 4. 다음을 식으로 표현하시오. [공조 74회(10점)]
>   ① Fourier 법칙식 ② 뉴턴의 냉각법칙
>   ③ 엔트로파식 ④ 벽체의 열관류율식
> 5. 열관류율(K값)의 정의와 현재 건축법상 중부지방의 외벽과 천장의 열관류율
>   [건축 70회(10점)]

1. 열관류

① 한쪽의 유체로부터 고체벽을 지나서 다른 쪽의 유체에 열이 이동하는 전열작용으로 열통과라고도 한다.

② 열관류는 열전달, 열대류 및 열복사에 의해 전열작용이 조합된 것으로, 열관류율의 의미는 실내외온도차가 1℃가 있는 경우 단위면적 1㎡을 통하여 1시간에 통과하는 열량을 말한다.

③ 열관류율(Overall Heat Transfer Coefficient)은 열통과율, 열통과계수, 총괄열전달계수 등으로 불리며, 영문으로 K, U로 표기한다.

④ 열관류의 해석에는 단층평면벽, 다층평면벽 및 단층원통벽, 다층원통벽 등이 있다.

⑤ 열관류율의 단위는 (kcal/m²h℃)이며, SI단위로는 (W/m²K)이다.

⑥ 단열에 있어서 열관류율이 큰 것은 열손실이 발생하므로 열관류율을 줄여야 한다.

⑦ 고온 측의 유체온도를 T_h, 저온 측의 유체온도를 T_c라 할 때 전달열량 Q는 다음과 같으며, K는 열관류계수 혹은 열통과율이라 한다.

$$Q = KA(T_h - T_c)$$

2. 열관류율을 줄일 수 있는 방법

① 벽체의 두께를 두껍게 한다.
② 열전도율이 적은 단열재를 사용하고 단열시공법은 외단열공법으로 한다.
③ 벽체 내부에 중공층(공기층)을 두어 열전달저항을 증가시킨다.
④ 수증기분압이 높은 측(온도가 높은 측)의 벽면에 방습층을 설치하여 투습을 차단한다.
   - 주로 겨울철 기준으로 실내 측에 방습층을 설치하게 된다.

6 단층평면벽의 열관류율

유사기출문제

1. 벽체에 대한 열관류율 식을 유도하고 감소시킬 수 있는 방안을 설명하시오.
   [공조 84회(25점)]
2. 그림(본문그림)과 같은 슬래브를 통과하는 총합열전달계수 U를 유도하라.[공조 68회(25점)]
3. 그림(본문그림 유사)에서 열통과계수(K)를 구하는 식을 유도하라. [공조 66회(25점)]
4. 유사기출문제 [공조 34회(25점), 28회(20점)]

공조 68회(25점)
그림과 같은 슬래브를 통하여 전달되는 열전달량(q) 계산에 사용되는 총괄열전달계수 U를 유도하시오.

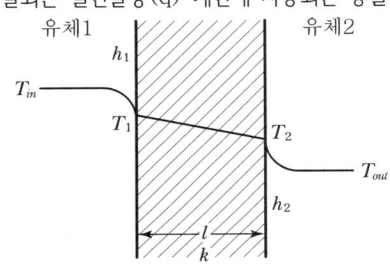

h : 대류열전달계수
k : 열전도율

1. 열이동 과정과 열통과량

번호	열이동 과정	열통과량
①	유체 1과 평면벽 사이	$q_1 = h_1 A(T_{in} - T_1)$
②	평면벽 내부	$q_2 = \dfrac{k}{l} A(T_1 - T_2)$
③	평면벽과 유체 2 사이	$q_3 = h_2 A(T_2 - T_{out})$

2. 온도항으로 정리

①식~③식의 열량은 모두 q로 같으므로 온도항으로 정리하면 다음과 같다.

$$q_1 = q_2 = q_3 = q$$

$$(T_{in} - T_1) = \frac{1}{h_1} \frac{q}{A} \quad \cdots\cdots\cdots\cdots\cdots ①식$$

$$(T_1 - T_2) = \frac{l}{k} \frac{q}{A} \quad \cdots\cdots\cdots\cdots\cdots ②식$$

$$(T_2 - T_{out}) = \frac{1}{h_2} \frac{q}{A} \quad \cdots\cdots\cdots\cdots\cdots ③식$$

①식~③식의 각 항을 더하여 정리하면 다음과 같다.

$$① + ② + ③ = (T_{in} - T_{out}) = (\frac{1}{h_1} + \frac{l}{k} + \frac{1}{h_2})\frac{q}{A}$$

3. 총괄열전달계수 U

열전달량 q의 항으로 정리하고 총합열전달계수 U는 다음과 같다.

$$q = \frac{A(T_{in} - T_{out})}{(\frac{1}{h_1} + \frac{l}{k} + \frac{1}{h_2})} = UA\varDelta t$$

따라서 총합열전달계수 U는 다음과 같다.

$$U = \frac{1}{(\frac{1}{h_1} + \frac{l}{k} + \frac{1}{h_2})} = \frac{1}{R} \, (\text{kcal/m}^2\text{h}^\circ\text{C})$$

여기서 R은 열저항계수이다.

7 단층평면벽의 중심온도

유사기출문제

1. 주어진 조건에서 벽체의 내부표면온도를 구하시오. [건축 81회(10점)]
2. 주어진 조건에서 단위면적당 열전달량과 벽의 중심온도를 구하시오. [공조 57회(25점)]

> **공조 57회(25점)**
> 벽두께 $l=100\,\mathrm{mm}$인 벽체 양표면의 온도가 각각 $T_1=300\,℃$, $T_2=30\,℃$인 경우 단위시간, 단위면적당 열 전달량과 벽의 중심에서의 온도를 구하라.
> (단, 벽체의 열 전도율은 $0.04\,\mathrm{kcal/mh℃}$이다.)

1. 열전달 열량

Fourier 법칙을 적용하면 열전달열량은 다음과 같다.

$$q = k\frac{A}{l}\Delta t = 0.04 \times \frac{1}{0.1} \times (300-30) = 108\,(\mathrm{kcal/m^2 h})$$

k : 열전도율(thermal conductivity)
A : 전열면적($\mathrm{m^2}$)
l : 열유동방향 두께(m)
Δt : 고온과 저온의 온도차(℃)

2. 벽체 중심에서의 온도

단일벽체이므로 온도분포는 선형이 되고 중앙면의 온도는 두 표면온도의 평균값이 된다.

$$t = \frac{T_1 + T_2}{2} = \frac{300+30}{2} = 165\,℃$$

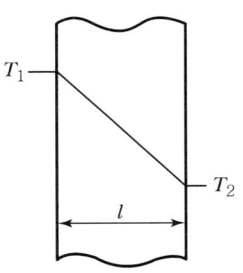

8 단층평면벽의 단열재 두께 계산

유사기출문제

1. 난방 시 기존의 벽재료와 동일한 재료를 사용하여 벽두께가 2배로 될 때 손실열량의 변화를 기술하시오.　　　　　　　　　　　　　　　　　　　　　　　　　[공조 41회(25점)]

> 건축 52회(10점)
> 어떤 벽체의 열관류율이 $0.90(kcal/m^2 \, h℃)$이다. 이 벽체의 열관류율을 $0.60(kcal/m^2 \, h℃)$으로 만들려고 할 때 추가하여야 할 단열재의 두께(mm)는 얼마인지 구하시오.
> (단, 추가할 단열재의 열전도율은 $0.033(kcal/mh℃)$이다.)

1. 열저항의 계산

열저항 $R = \dfrac{1}{K}$ 이므로,

열관류율 $K = 0.9$일 때, 열저항 $R = \dfrac{1}{0.90} = 1.111 (m^2 h℃/kcal)$

열관류율 $K = 0.6$일 때, 열저항 $R = \dfrac{1}{0.60} = 1.667 (m^2 h℃/kcal)$

추가하여야 할 단열재의 열저항 $R = (1.667 - 1.111) = 0.556$ 이어야 한다.

2. 추가하여야 할 단열재의 두께 계산

$$R = \frac{l}{\lambda} = \frac{1}{0.033} = 0.556 \text{이므로}, \quad l = 0.033 \times 0.556 = 0.018348 \text{m}$$

그러므로 18.35mm 이상이여야 하므로 시중에 판매되는 20mm 정도를 추가한다.

9 다층평면벽의 열관류율

유사기출문제

1. 그림(본문)과 같은 복층단층벽에 대한 총괄열전달계수 U를 유도하시오. [공조 72회(25점)]
2. 유사기출문제 [공조 57회(25점), 40회(25점)]

공조 72회(25점)
아래 복층단층벽(Composite multi-layer wall)에 대한 총괄열전달계수(Overall Heat Coefficient : U)를 유도하시오.

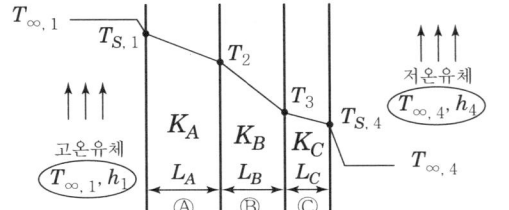

(이하 p295, 296~297 변경)

K : 각 층 재질(A, B, C)에 대한 열전도 계수
L : 각층의 두께
$T_{\infty,1}$, $T_{\infty,4}$: 고온, 저온 측 유체의 주위 온도
$T_{S,1}$, $T_{S,4}$: 고온, 저온 측 유체측의 벽체 표면 온도
h_1, h_4 : 고온, 저온측 유체 측의 대류열전달 계수

---

1. 열이동 과정과 열통과량

번호	열이동 과정	열통과량
①	고온유체 $(T_{\infty,1}) \to (T_{S,1})$	$q_1 = h_1 A(T_{\infty,1} - T_{S,1})$
②	A벽 내부 $(T_{S,1}) \to (T_2)$	$q_2 = \dfrac{k_A}{L_A}(T_{S,1} - T_2)$
③	B벽 내부 $(T_2) \to (T_3)$	$q_3 = \dfrac{k_B}{L_B} A(T_2 - T_3)$
④	C벽 내부 $(T_3) \to (T_{S,4})$	$q_4 = \dfrac{k_C}{L_C} A(T_3 - T_{S,4})$
⑤	C벽 외벽 $(T_{S,4}) \to (T_{\infty,4})$	$q_5 = h_4 A(T_{S,4} - T_{\infty,4})$

2. 온도항으로 정리

①식~⑤식의 열량은 모두 q로 같으므로 온도항으로 정리하면 다음과 같다.

$$q_1 = q_2 = q_3 = q_4 = q_5 = q$$

$$(T_{\infty,1} - T_{S,1}) = \frac{1}{h_1} \frac{q}{A} \quad \cdots\cdots\cdots\cdots ①식$$

$$(T_{S,1} - T_2) = \frac{L_A}{k_A} \frac{q}{A} \quad \cdots\cdots\cdots\cdots ②식$$

$$(T_2 - T_3) = \frac{L_B}{k_B} \frac{q}{A} \quad \cdots\cdots\cdots\cdots ③식$$

$$(T_3 - T_{S,4}) = \frac{L_C}{k_C} \frac{q}{A} \quad \cdots\cdots\cdots\cdots ④식$$

$$(T_{S,4} - T_{\infty,4}) = \frac{1}{h_4} \frac{q}{A} \quad \cdots\cdots\cdots\cdots ⑤식$$

①식~⑤식의 각 항을 더하여 정리하면 다음과 같다.

$$① + ② + ③ + ④ + ⑤ = (T_{\infty,1} - T_{\infty,4}) = \left(\frac{1}{h_1} + \frac{L_A}{k_A} + \frac{L_B}{k_B} + \frac{L_C}{k_C} + \frac{1}{h_4}\right)\frac{q}{A}$$

3. 총괄열전달계수 U

열전달량 q의 항으로 정리하고 총합열전달계수 U는 다음과 같다.

$$q = \frac{A(T_{\infty,1} - T_{\infty,4})}{\left(\frac{1}{h_1} + \frac{L_A}{k_A} + \frac{L_B}{k_B} + \frac{L_C}{k_C} + \frac{1}{h_4}\right)} = UA\Delta t$$

따라서, 총합열전달계수 U는 다음과 같다.

$$U = \frac{1}{\left(\frac{1}{h_1} + \frac{L_A}{k_A} + \frac{L_B}{k_B} + \frac{L_C}{k_C} + \frac{1}{h_4}\right)} = \frac{1}{R} \text{ (kcal/m}^2\text{h}^\circ\text{C)}$$

여기서 R은 열저항계수이다.

4. 다층평면벽 열관류율의 일반식

$$U = \frac{1}{\frac{1}{h_o} + \sum_{i=1}^{n} \frac{l_i}{k_i} + \frac{1}{h_i}}$$

10 원통벽의 열관류율

유사기출문제

1. 외경 220mm 강관에 두께 50mm의 보온재로 단열시공 시 열관류율을 계산하시오. 주어진 자료는 다음과 같다. [공조 71회(25점)]
   보온재 열전도율 0.03kcal/mh℃
   외부 표면열전달률 10kcal/m²h℃
   내부 표면열전달률 0kcal/m²h℃

2. 그림과 같은 관의 내경 $2R_1$(2cm), 외경 $2R_2$(4cm)인 스테인리스파이프($k_1 = 1.9$W/m℃)의 바깥면을 3cm 두께의 Asbestos($k_2 = 0.2$W/m℃)층으로 절연시켰다. 관 내부에 600℃의 증기가 흐르고, 외부에는 15℃ 대기와 접하고 있다. 외부표면으로부터 대기로의 열전달계수 $h = 15$W/m² ℃일 때, 단위길이당의 손실열량은 얼마인가? 내면 및 외면 기준 열관류율의 값은 얼마인가? [공조 28회(25점)]

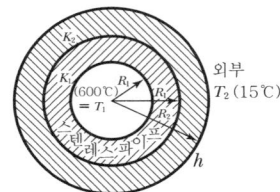

1. 다층원통벽의 열관류율

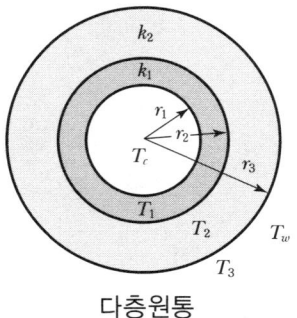

다층원통

(1) 문제조건

① 상기 그림과 같이 다층원통(축방향으로는 길이 L을 취한다.)을 통과하는 열전달의 경우
② 열전도율이 k_1, k_2인 2중 원통의 내부와 외부 측에 각각 온도 T_c, T_w인 유체가 있고,

③ 여기에 접하는 벽면의 열전달계수는 각각 h_c, h_w라고 한다.
④ 내통의 내면 반경 r_1, 내통과 외통의 경계면 반경 r_2, 외통 외면의 반경 r_3으로 하고,
⑤ 각 원통면의 온도를 각각 T_1, T_2, T_3로 할 때 각 원통면을 통과하는 열전달량 q는 같다.

(2) 각 원통면을 통과하는 열전달량

① 내통의 열전달 $\quad q = 2\pi r_1 L \cdot h_c (T_c - T_1)$

② 원통 1의 열전달 $\quad q = \dfrac{2\pi L k_1}{\ln(r_2/r_1)} (T_1 - T_2)$

③ 원통 2의 열전달 $\quad q = \dfrac{2\pi L k_2}{\ln(r_3/r_2)} (T_2 - T_3)$

④ 외통의 열전달 $\quad q = 2\pi r_3 L \cdot h_w (T_3 - T_w)$

(3) 온도항으로 정리

① 내통의 온도차 $\quad (T_c - T_1) = \dfrac{q}{2\pi r_1 L h_c}$

② 원통 1의 온도차 $\quad (T_1 - T_2) = \dfrac{q}{2\pi L k_1} \ln(r_2/r_1)$

③ 원통 2의 온도차 $\quad (T_2 - T_3) = \dfrac{q}{2\pi L k_2} \ln(r_3/r_2)$

④ 외통의 온도차 $\quad (T_3 - T_w) = \dfrac{q}{2\pi r_3 L h_w}$

(4) 열통과율 U 유도

① (3)항식의 각 변을 더하면 다음과 같다.

$$(T_c - T_w) = q \left(\dfrac{1}{2\pi r_1 L h_c} + \dfrac{1}{2\pi L k_1} \ln \dfrac{r_2}{r_1} + \dfrac{1}{2\pi L k_2} \ln \dfrac{r_3}{r_2} + \dfrac{1}{2\pi L h_w} \right)$$

② 상기식을 $q = UA \Delta T$로 정리하면 다음과 같다.

$$UA = \dfrac{2\pi L}{\dfrac{1}{h_c r_1} + \left(\dfrac{1}{k_1} \ln \dfrac{r_2}{r_1} + \dfrac{1}{k_2} \ln \dfrac{r_3}{r_2} \right) + \dfrac{1}{h_w r_3}}$$

2. 단층원통벽의 열관류율

① 1. 4)항식에서 원통 1만 있을 경우는 다음과 같다.

$$UA = \frac{2\pi L}{\dfrac{1}{h_c r_1} + \dfrac{1}{k_1}\ln\dfrac{r_2}{r_1} + \dfrac{1}{h_w r_2}}$$

3. 내면 및 외면기준 열관류율

(1) 내면기준 열관류율

내면의 원통면적에 해당하는 열전달량이므로 면적 $A = 2\pi r_1 L$이므로, 다층원통벽에 적용하면 다음과 같다.

$$UA = U(2\pi r_1 L) = \frac{2\pi L}{\dfrac{1}{h_c r_1} + \left(\dfrac{1}{k_1}\ln\dfrac{r_2}{r_1} + \dfrac{1}{k_2}\ln\dfrac{r_3}{r_2}\right) + \dfrac{1}{h_w r_3}} \text{이므로,}$$

$$U_{in} = \frac{1}{r_1} \cdot \frac{2\pi L}{\dfrac{1}{h_c r_1} + \left(\dfrac{1}{k_1}\ln\dfrac{r_2}{r_1} + \dfrac{1}{k_2}\ln\dfrac{r_3}{r_2}\right) + \dfrac{1}{h_w r_3}}$$

(2) 외면기준 열관류율

외면의 원통면적에 해당하는 열전달량이므로 면적 $A = 2\pi r_3 L$이므로, 다층원통벽에 적용하면 다음과 같다.

$$UA = U(2\pi r_3 L) = \frac{2\pi L}{\dfrac{1}{h_c r_1} + \left(\dfrac{1}{k_1}\ln\dfrac{r_2}{r_1} + \dfrac{1}{k_2}\ln\dfrac{r_3}{r_2}\right) + \dfrac{1}{h_w r_3}} \text{이므로,}$$

$$U_{out} = \frac{1}{r_3} \cdot \frac{2\pi L}{\dfrac{1}{h_c r_1} + \left(\dfrac{1}{k_1}\ln\dfrac{r_2}{r_1} + \dfrac{1}{k_2}\ln\dfrac{r_3}{r_2}\right) + \dfrac{1}{h_w r_3}}$$

11 열교환기의 분류

> **유사기출문제**
>
> 1. 열교환기를 열매체의 흐름방식에 따라 분류하고 각 LMTD를 구하라. [공조 54회(10점)]
> 2. Counter Flow, Parallel Flow, Cross Flow형 열교환기 온도변화특성 설명 [공조 50회(25점)]
> 3. 고온유체와 저온유체의 유동방향에 따른 열교환방식을 설명하고, 각 경우의 온도분포에 대한 곡선을 그리고 대수평균온도차를 구하라. [공조 28회(20점)]

1. 개요

① 열교환기는 두 유체의 흐름방향에 따라 평행유동과 대향유동, 직교류유동 등이 있다.
② 열교환기에서는 전열이 진행됨에 따라 온도분포가 달라지게 된다.

2. 열교환기의 분류

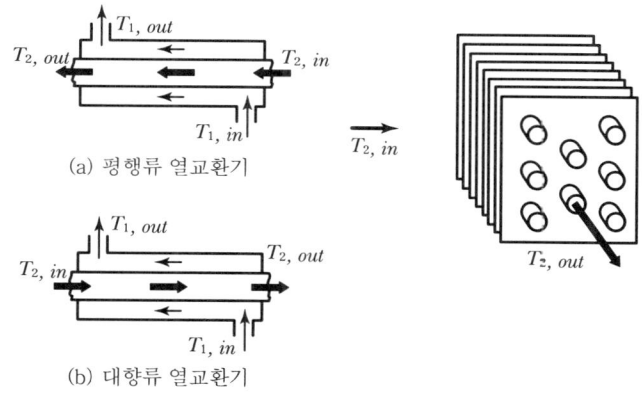

열교환기의 분류

(1) 팽행유동(Parallel Flow) 열교환기

① 저온유체와 고온유체가 동일방향으로 흐른다.
② 효율은 나쁘나 벽의 온도가 균일하게 요구될 때 사용한다.

(2) 대향유동(Counter Flow) 열교환기

① 저온유체와 고온유체가 서로 역방향으로 흐른다.
② 가장 효율이 좋은 열교환기로서 각 유체의 온도변화가 크게 요구될 때 사용한다.

(3) 직교유동(Cross Flow) 열교환기

① 저온유체와 고온유체의 유동방향이 서로 직교하여 흐른다.
② 제작하기 쉽고 효율은 평행류와 대향류의 중간정도이다.

12 열교환기의 대수평균온도차

유사기출문제

1. 대수평균온도차(LMTD) 용어설명   [건축 79회(10점), 76회(10점), 61회(10점), 54회(10점)]
2. 평행유동열교환기 및 대향유동열교환기의 온도분포를 그리고 대수평균온도차를 설명하시오.
   [공조 72회(25점), 47회(20점), 42회(25점), 28회(20점)]
3. 열교환기의 대수평균온도차   [공조 80회(10점), 68회(10점), 52회(10점), 46회(10점) 등]
4. LMTD 설명과 2가지 사례 설명   [공조 60회(10점)]
5. 열교환기의 대수평균온도차 및 온도효율 설명   [공조 52회(25점)]

1. 개요

① 열교환기는 두 유체의 흐름방향에 따라 평행유동과 대향유동, 직교류유동 등이 있다.
② 열교환기에서는 전열이 진행됨에 따라 온도분포가 달라지게 된다.

2. 열교환기의 온도분포

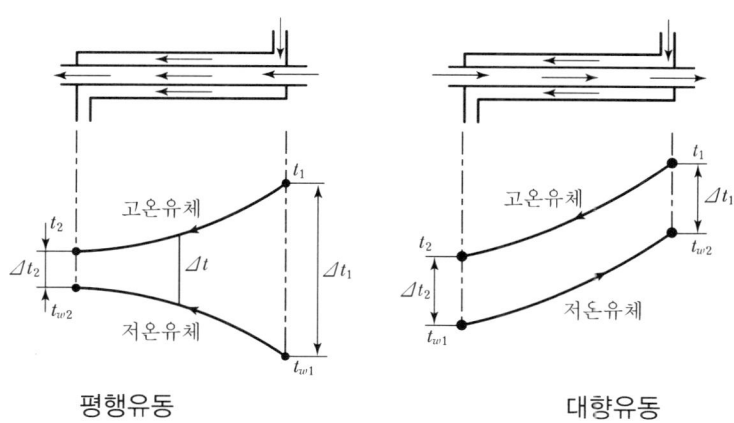

평행유동   대향유동

① 두 유체가 열교환하면서 고온유체는 온도가 내려가고 저온유체는 온도가 상승하게 된다.
② 따라서, 열교환기에서 두 유체의 온도차(Δt)는 위치에 따라서 달라지게 된다.
③ 동일한 입구조건에 대해서 평행유동보다 대향유동에서 LMTD가 크게 되므로, 전열면적 A가 작게 되어 열교환기 크기를 작게 할 수 있으므로 대향유동방식을 많이 사용한다.

3. 대수평균온도차(LMTD ; Logarithmic Mean Temperature Difference)

① 열교환기에 있어서 열관류열량 Q는 다음 식에 의하여 구해진다.

$$Q = KA\Delta t_m [\text{kcal/h}]$$

K : 열관류율(열통과율)[kcal/m²h℃]
A : 두 유체상호 간의 전열면적[m²]
Δt_m : 두 유체 간의 평균온도차[℃]

② 대수평균온도차 $\quad \Delta t_m = \dfrac{\Delta t_1 - \Delta t_2}{\ln \dfrac{\Delta t_1}{\Delta t_2}} = \dfrac{\Delta t_1 - \Delta t_2}{2.3 \log_{10} \dfrac{\Delta t_1}{\Delta t_2}}$

③ 평균온도차 Δt_m 을 구하는 방법에는 산술평균온도차와 대수평균온도차가 있다.

산술평균온도차 $\quad \Delta t_m = \dfrac{\Delta t_1 + \Delta t_2}{2}$

④ 열교환기(응축기와 증발기 등)의 온도차 산정은 대수평균온도차가 실제온도에 근접하여 산술평균온도차보다 많이 사용한다.

⑤ 열교환기 설계방법에는 LMTD방식과 NTU방식이 있는데, NTU방식은 입구조건만을 알고 출구조건을 구하여 열교환기를 설계할 때 유용한 방법이다.

⑥ LMTD방식은 모든 입출구온도와 유량을 알고 열교환기의 크기를 결정할 때 사용한다.

13 열교환기의 총열전달계수

1. 개요

① 서로 다른 온도에 있는 두 유체(또는 많은 유체) 사이의 열전달을 이용하는 장치를 열교환기라 한다.
② 열교환기를 설계하고 선택하는 경우에는 열전달량, 압력강하, 크기, 무게, 가격, 기계적 응력 및 정비 기능 등을 고려하여야 한다.
③ 열교환기 설계 시에는 평면벽은 별로 이용되지 않으며 두 관 사이의 환상공간에 서로 다른 유체가 흐르는 2중관이 주로 사용된다.

2. 총열전달계수 U

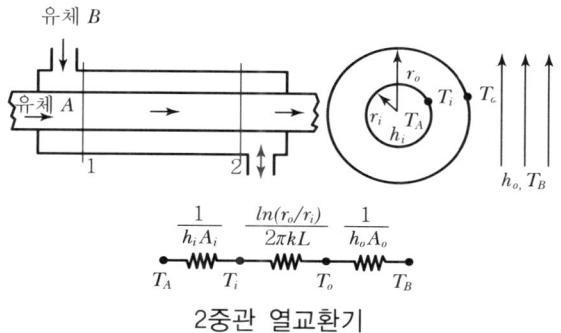

2중관 열교환기

① 총열전달량

$$q = \frac{T_A - T_B}{\dfrac{1}{h_i A_i} + \dfrac{\ln(r_o/r_i)}{2\pi k L} + \dfrac{1}{h_o A_o}} = U_i A_i (T_i - T_o) = U_o A_o (T_i - T_o)$$

여기서 하첨자 i와 o는 각각 내부관의 내부표면과 외부관의 외부표면을 나타낸다.

② 총열전달계수 U는 설계자의 선택에 따라 관의 내부표면적이나 외부표면적 중 어느 것을 기준으로 해서 계산해도 무방하다.

내부표면적기준 $\quad \dfrac{1}{U_i} = \dfrac{1}{h_i} + A_i \dfrac{\ln(r_o/r_i)}{2\pi k L} + \dfrac{A_i}{h_o A_o}$

외부표면적기준 $\quad \dfrac{1}{U_o} = \dfrac{A_o}{h_i A_i} + A_o \dfrac{\ln(r_o/r_i)}{2\pi k L} + \dfrac{1}{h_o}$

③ 총열전달계수는 열교환기 형식과 취급되는 유체의 종류 및 운전조건에 따라 달라진다.
④ 일반적으로 대류열전달계수들 중의 하나는 종종 다른 것보다 대단히 작으므로 이 한 개의 값에 의해서만 총열전달계수는 결정된다.
⑤ 예를 들어 한 유체가 기체이고 다른 유체가 액체, 또는 응축이나 비등을 하고 있는 액체·증기 혼합물이면 기체 측의 열전달계수가 훨씬 작으므로 이 값이 U의 식에서 가장 크게 기여한다.
⑥ ①항의 총열전달량은 다음과 같이 쓸 수 있는데 이때 U는 총열전달계수이며, ΔT_m은 평균온도차로서 대수평균온도차라 한다.

$$q = U_i A_i (T_i - T_o) = U_o A_o (T_i - T_o) = UA\Delta T_m$$

$$\Delta T_m = \frac{\Delta T_2 - \Delta T_1}{\ln(\Delta T_2 / \Delta T_1)}$$

 오염계수(Fouling Factor)

> **유사기출문제**
> 1. 오염계수(Fouling Factor) [공조 71회(10점)]
> 2. 열교환기 면에 생기는 Fouling의 종류 [공조 55회(10점)]

1. 오염계수(불결계수, Fouling Factor)

① 열교환기를 오랫동안 사용하면 유체의 불순물, 녹의 생성 또는 다른 유체와 벽 사이의 반응으로 퇴적물이 쌓이게 된다.
② 이러한 오염으로 인해 열전달에 부가적인 저항이 나타나게 되고 열교환기의 성능을 저하시키게 된다.
③ 오염계수는 오염에 의한 열저항으로 R_f 표시한다.
④ 오염계수의 값은 작동온도, 유체속도 및 사용시간에 따라 달라진다.

2. 오염계수 관계식

$$\frac{1}{U_f} = \frac{1}{U_c} + R_f \text{이므로, } R_f = \frac{1}{U_f} - \frac{1}{U_c} \text{이다.}$$

U_f : 오염된 후 총괄열전달계수
U_c : 오염되기 전 총괄열전달계수

3. 오염의 종류

① 유체 속의 용해성분이 석출하여 관벽에 부착한다.
② 유체 속의 부유물이 관내에 침적한다.
③ 관벽의 부식으로 인한 녹이 발생한다.
④ 물과 접촉하는 표면에 물때가 부착한다.
⑤ 냉매 중에 포함된 기름이 부착한다.

4. 오염의 영향

① 스케일이 부착되면 전도층이 하나 더 생기므로 열전달 효율이 낮아지게 된다.
② 또한 관로가 좁아지면서 압력손실도 더욱 크게 된다.

15 대류의 무차원수

 유사기출문제

1. Re수, Pr수, Nu수를 설명하고 Dittus-Boelter식을 나타내시오.   [공조 81회(10점)]
2. Archimedes Number를 설명하시오.   [건축 06년(78회) 면접]
3. 자연대류 및 강제대류에서의 무차원수를 설명하시오.   [공조 60회(10점), 45회(10점)]
4. Grashof Number   [건축 49회(10점)]

1. 개요

① 대류란 유체흐름으로 열이나 물질이 이동되는 것으로 자연대류와 강제대류가 있다.
② 유체 내 밀도차에 의한 부력에 의한 대류를 자연대류라 하며 송풍기 등을 사용하여 인위적으로 일으키는 대류를 강제대류라 한다.

2. 대류열전달

① 대류에 의해 전달되는 열량은 뉴턴의 냉각법칙 $q = \alpha \Delta t$으로 계산할 수 있다.
② 대류열전달계수 α는 유체의 종류, 흐름상태, 속도, 온도 등에 의해 달라지며, 그 값은 Nu를 구하여 알 수 있다.

3. 자연대류의 무차원수

자연대류에서 누셀수는 $Nu = \dfrac{\alpha L}{\lambda} = f(Pr, Gr)$의 함수이다.

(1) Grashof Nuber(Gr 그라스호프수)

자연대류 해석 시 이용되는 무차원수로 유체의 점성력에 대한 부력의 비이다.

$$Gr = \frac{부력}{점성력} = \frac{g\beta \Delta t L^3}{\nu^2}$$

여기서 g : 중력가속도
 β : 유체의 체적열팽창계수
 Δt : 벽면과 유체와의 온도차

(2) Rayleigh Number(Ra 레일리수)

자연대류 해석 시 사용되며, Gr, Pr의 곱으로 표시된다.

$$Ra = Gr \times Pr$$

4. 강제대류의 무차원수

강제대류에서 누셀수는 $Nu = \dfrac{aL}{\lambda} = f(Pr, Re)$의 함수이다.

(1) Prandtl Number(Pr 프란틀수)

유체 내부의 열확산속도에 대한 운동량 확산속도의 비이다.

$$Pr = \frac{\text{유체 내부의 운동량 확산속도}}{\text{유체 내부의 열 확산속도}} = \frac{\nu}{a} = \frac{\mu C_p}{\lambda}$$

여기서 $a = \dfrac{\lambda}{\rho C_p}$: 열확산계수

(2) Reynolds Number(Re 레이놀즈수)

유체의 점성력에 대한 관성력의 비로서 유체유동의 층류와 난류를 판단한다.

$$Re = \frac{\text{관성력}}{\text{점성력}} = \frac{\rho v L}{\mu} = \frac{vL}{\nu}$$

여기서 ρ : 밀도 v : 속도
μ : 점성계수 $\nu = \dfrac{\mu}{\rho}$: 동점성계수

(3) Archimedes Number(Ar 아르키메데스수)

유체에 작용하는 관성력에 대한 부력의 비로서 강제대류에서 널리 쓰인다.

$$Ar = \frac{\text{부력}}{\text{관성력}} = \frac{\Delta \rho g L}{\rho v^2} \qquad \Delta \rho : \text{유체의 밀도차}$$

(4) Peclet Number(Pe 페클리수)

강제대류 해석 시 사용되며, Re, Pr의 곱으로 표시된다.

$$Pe = Re \times Pr$$

16 누셀수(Nusselt Number)

> **유사기출문제**
> 1. Nusselt Number에 대하여 논하라. [건축 47회(20점)]

1. Nu(Nusselt Number)
① 무차원으로 대류열전달계수 a를 구하기 위해 사용된다.
② 자연대류와 강제대류 해석에 사용하며 Nu가 크면 열전달이 크다.

2. Nu 관계식

$$Nu = \frac{aL}{\lambda} = \frac{열전달에\ 의한\ 전열량}{열전도에\ 의한\ 전열량}$$

여기서 a : 열전달률
  λ : 열전도율
  L : 대표길이

3. 대류에서의 Nu의 함수

강제대류에서는 $Nu = \dfrac{aL}{\lambda} = f(Pr,\ Re)$의 함수이고,

자연대류에서는 $Nu = \dfrac{aL}{\lambda} = f(Pr,\ Gr)$의 함수이다.

17 열확산계수

> **유사기출문제**
> 1. 열확산계수에 대한 정의와 관계식, 이에 대한 SI단위를 기재하시오. [공조 78회(10점)]

1. 정의

① 열확산계수(a)는 열확산정도를 표시한다.
② 열이 반대편으로 완전히 전달될 때 최종 온도의 1/2이 되는 온도까지 걸린 시간에 대한 두께의 제곱으로 단위는 m^2/s을 사용한다.

2. 관계식

$$\text{열확산계수} \quad a = \frac{\lambda}{\rho C_p} \; (m^2/s)$$

λ : 열전도율(kcal/mh℃)
ρ : 밀도(kg/m³)
C : 비열(kcal/kg℃)

3. 물리적 의미

① 시간에 따라 온도가 변하는 동안 매체 내로 열이 전달되는 것과 관련된다.
② 열확산계수가 크면 클수록 물질 내로 열은 더 빨리 전파된다.
③ 내화벽돌과 나무 등 비금속의 열확산계수는 금속인 연강보다는 작게 되며, 금속재료의 열확산계수는 연강<주철<알루미늄<은 등의 순서로 커지게 된다.

4. 적용

열확산계수(a)는 전도 열전도율(λ)을 구하기 위한 계수로서, 강제대류의 무차원수인 Pr(프란틀수)를 구할 수 있다.

18 천공복사

> **유사기출문제**
> 1. 적외선(Infra-red)복사와 자외선(Ultra-violet)복사 [건축 83회(10점)]
> 2. 천공복사(Sky Radiation) [건축 78회(10점)]

1. 천공복사

① 태양에서 오는 복사에는 태양복사와 천공복사가 있다.
② 태양복사는 태양에서 직접 일사로 도달하는 태양광선을 말한다.
③ 천공복사는 천공의 먼지나 오존 등에 부딪친 태양광선이 산란되어 간접적으로 도달되는 복사를 말한다.

2. 천공복사의 영향

천공복사에 의해 직접 일사가 없는 북측 또는 건물 음지인 곳에도 복사열이 있다.

Langley와 태양상수

> **유사기출문제**
> 1. 태양상수 및 지면이 받는 일사량에 대해 설명하시오. [건축 81회(10점)]
> 2. Langley(Ly) [공조 72회(10점), 48회(10점)]

1. Langley(랑그리)

① 지표면에 도달하는 일사는 대기에 의한 산란과 반사로 인해 30% 감소된다.
② 지구 대기권 밖에서 태양의 전복사에너지의 입사량이 태양상수인 반면에, Langley는 태양으로부터 지표면의 단위면적당 수평면에 직접 입사하는 일사량을 말한다.
③ 랑그리는 태양에너지 변환장치 설계 등에 이용된다.
④ 단위로는 [ly] 또는 [la]를 사용한다.

$$1 < y(la) = 1 \text{cal/cm}^2 = 4.186 \text{J/cm}^2$$

2. 태양상수(태양정수, Solar Constant)

① 지구 대기권 밖에서 단위시간당 태양의 전복사에너지의 입사량을 태양상수라 한다.
② 태양상수는 대기와 오염물질의 영향을 받지 않는 태양의 입사량이다.

$$\text{태양상수} = 1.394 \text{kW/m}^2 = 2 \text{Ly/min}$$

20 NTU(Number of Heat Transfer Units)

유사기출문제

1. NTU(Number of Heat Transfer Unit)　　　[공조 72회(10점), 52회(10점)]

1. 개요

① 응축기나 증발기 등의 열교환기 설계방법으로 LMTD방식과 NTU방식이 있다.
② LMTD방식은 모든 입출구의 온도와 유량을 알고 열교환기의 크기를 결정할 때 사용하며, NTU방식은 입출구의 온도차를 모를 경우 사용한다.

2. NTU(전달단위수, Number of Heat Transfer Unit)

① NTU는 열교환기의 크기를 나타내는 무차원 파라미터이다.
② 동일용어 : 교환계수, 열전달단위수 등
③ 작업유체의 열수송능력에 대한 열교환기의 열이 얼마나 잘 전달되는지를 나타낸다.

$$NTU = \frac{U \cdot A}{C_m} = \frac{열전도성}{열용량유량}$$

④ 상기식에서 $\frac{U}{C_{min}}$는 물리적으로 정해진 값이므로, NTU는 전열면적 A에 비례하게 된다. 즉 열교환기의 크기에 비례하게 된다.
⑤ NTU가 증가하면 설비가 비대해지므로 응축기는 5, 냉각탑은 20 정도가 최적이다.

3. 유용도(Effectiveness)

① 열교환기의 최대 가능한 열전달률

$$q_{max} = C_{min}(T_{h,i} - T_{c,i})$$

　　여기서 C_{min}는 C_c와 C_h 중 작은 값이다.

② 유용도 ε는 열교환기에 대하여 최대 가능한 열전달률에 대한 실제 열전달률의 비이다.

$$\varepsilon = \frac{q_{actual}}{q_{max}}$$

③ 따라서 $T_{h,i}$와 $T_{c,i}$ 및 ε가 주어지면, 실제 전달된 열전달은 다음과 같이 쉽게 계산된다.

$$q_{max} = \varepsilon q_{max} = \varepsilon C_{min}(T_{h,i} - T_{c,i})$$

4. 유용도-NTU 법

① 유용도를 구하는 방법에는 공식 또는 유용도-NTU 그래프를 이용한다.
② 일반적으로 각종 열교환기에 대한 유용도 ε는 다음과 같이 표시된다.

$$\varepsilon = f\left(NTU, \frac{C_{min}}{C_{max}}\right)$$

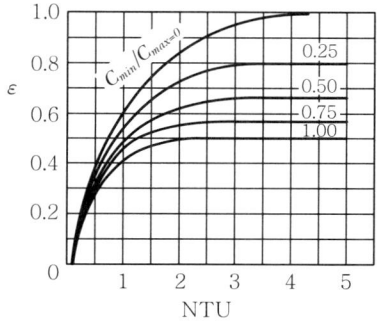
평행유동 열교환기의 유용도

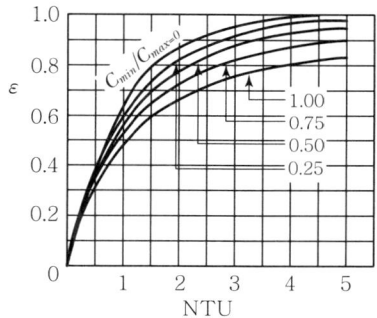
대향유동 열교환기의 유용도

21 진공유리창

  유사기출문제

1. 진공유리창의 열차단 효과   [공조 72회(10점), 68회(10점)]
2. 공기층 두께에 따른 열차단 성능에 대해 설명하시오.   [건축 52회(10점)]

1. 진공유리창

① 진공유리창은 복층유리 내부를 진공으로 밀폐한 고단열 유리창이다.
② 유리사이가 진공이므로 유리 사이 공간이 적어지거나 깨질 수 있으므로 유리 사이를 지지대 등으로 보완해주어야 한다.

2. 진공유리창의 열차단 효과

① 유리와 유리 사이를 진공으로 유지함으로써 일사는 투과하지만, 전도와 대류는 완전히 차단할 수 있어 열전달량을 감소시킬 수 있다.
② 일반 유리창보다 진공유리창은 10~20%의 열차단효과가 있다.
③ 따라서, 겨울철 실내 열이 방출되지 않아 난방비가 절약되며 유리창에 결로현상도 없어 김이 서리지 않으며, 여름철에는 냉방비를 상당히 줄일 수 있다.
④ 또한 유리창 사이가 진공이므로 공기밀도가 저하하여 방음효과가 우수하다.

제4장 유체역학

1. 점성계수와 동점성계수 ·········· 88
2. 체적탄성계수와 압축률 ·········· 90
3. 레이놀즈수 ·········· 91
4. 마하수(Mach Number) ·········· 92
5. 원관의 마찰손실 ·········· 93
6. 베르누이방정식 ·········· 95
7. 베르누이방정식의 적용 ·········· 97
8. 베르누이방정식의 계산 ·········· 99

점성계수와 동점성계수

> **유사기출문제**
> 1. 동점성계수 [공조 45회(5점)]

1. 점성계수 μ

(1) 정의
① 유체의 변형을 저해하려는 성질을 유체의 점성이라 한다.
② 이 점성의 크기를 나타내는 척도로서 점성계수 μ를 사용한다.

(2) 점성계수의 단위

SI 단위계	중력 공학단위계	CGS 절대단위계	단위환산
$N \cdot s/m^2 = kg/m \cdot s$	$kgf \cdot s/m^2$	$g/cm \cdot s$	$1P = 0.1 N \cdot s/m^2 = 0.1 kg/m \cdot s$ $1 kgf \cdot s/m^2 = 9.807 \ N \cdot s/m^2$

① $g/cm \cdot s = dyn \cdot s/cm^2$의 단위를 P로 표시하고, 프와즈라 읽는다.
② 또 1/100 P를 1 cP(Centipoise)라 말한다.

2. 동점성계수 ν

(1) 정의
① 유체 내에서 점성효과가 확산되어 나가는 속도의 척도로 사용한다.
② 확산 속도는 점성계수 μ에 비례하고, 밀도 ρ에 반비례한다.

$$\nu = \frac{\mu}{\rho}$$

(2) 동점성계수의 단위

SI 단위계	중력 공학단위계	CGS 절대단위계	단위환산
m^2/s	m^2/s	cm^2/s	$1 m^2/s = 10,000 \ St$

① cm^2/s를 '스토크스'라 칭하고 St로 표시한다.
② 또 1/100 St를 Centistokes라 읽고 cSt로 표시한다.

3. Newton의 점성법칙과 Newton 유체

① Newton 유체가 한 방향(x방향)으로만 흐를 때, 유체 내에 작용하는 전단응력 τ는 속도구배 $\dfrac{du}{dy}$(각변형 속도)에 비례한다. 이 관계를 Newton의 점성법칙이라 한다.

$$\tau = \mu \dfrac{du}{dy}$$

② 비례상수 μ는 유체의 점성에 따라 결정되는 상수이므로 점성계수라 말하고, 이 법칙을 만족시키는 유체를 Newton 유체라 한다.

③ Newton 유체는 같은 온도, 같은 압력하에서 점성계수의 값이 속도구배에 관계없이 일정하다는 특징을 갖는다.

② 체적탄성계수와 압축률

1. 체적탄성계수와 압축률

압력 p_1, 체적 V_1의 유체가 압력 p_2, 체적 V_2로 압축될 때, 압력증가(응력증가)는

$$\Delta p = K\varepsilon_v = K\frac{V_1 - V_2}{V_1} \text{ 이므로, } K = \frac{(V_1 - V_2)/V_1}{p_2 - p_1} \text{ 이다.}$$

이때 비례상수 K를 그 유체의 체적탄성계수라 정의하고, 그의 역수를 압축률이라 한다.

$$\beta = \frac{1}{K}$$

2. 이상기체의 적용

이상기체에 대하여 등온압축 시의 체적탄성계수는 $K = p$이고, 가역단열압축 시의 체적탄성계수는 $K = kp$이다. 여기서 p는 절대압력이고, k는 비열비 (c_p/c_v)이다.

레이놀즈수

유사기출문제

1. 레이놀즈수 [공조 61회(10점), 45회(10점)]

1. 레이놀즈수의 정의

유체의 점성력에 대한 관성력의 비로서 유체유동의 층류와 난류를 판단한다.

$$Re = \frac{관성력}{점성력} = \frac{\rho v L}{\mu} = \frac{vL}{\nu}$$

ρ : 밀도, v : 속도, μ : 점성계수, $\nu = \frac{\mu}{\rho}$: 동점성계수

2. 임계 레이놀즈수

① 임계 레이놀즈수는 층류와 난류를 판별하는 척도이다.
② 그 이하에서의 유동은 층류유동을 하며, 임계 값 이상에서는 난류가 된다.

【 공학에서 보통 사용하는 임계 레이놀즈수 】

원관	정사각형관	직사각형관
2,100	2,200~4,300	2,500~7,000

3. 층류와 난류

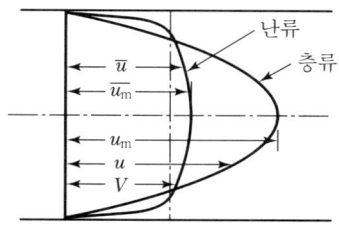

V : 흐름의 평균속도(난류 및 층류)
$\overline{u}$: 난류인 경우의 속도
$\overline{u}_m$: 난류인 경우의 최대속도
u : 층류인 경우의 속도
u_m : 층류인 경우의 최대속도

관내의 속도분포

층류:
$R_e < R_{e_C}$

난류: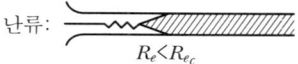
$R_e < R_{e_C}$

관내의 층류와 난류

4 마하수(Mach Number)

유사기출문제
1. 마하수(Mach Number)   [공조 60회(10점), 54회(6점)]

1. 마하수(Ma)
① 유체유동에 있어서 압축성을 결정짓는 중요한 무차원수이다.
② 탄성력(내부에너지)에 대한 관성력(운동에너지)의 비로 정의된다.
③ 음속에 대한 유체 유속의 비로서 유체의 압축성 척도로 사용된다.
④ Ma < 0.3 (100m/s 이하)이면 비압축성 유체로 간주한다.

2. 관계식

$$Ma = \frac{유속}{음속} = \frac{v}{c} = \frac{v}{\sqrt{\dfrac{dp}{d\rho}}} = \frac{관성력}{탄성력}$$

여기서 v : 유체의 유속
c : 유체 속에서의 음속
[공기속의 음속 c = 340m/s(at 15℃), c = 331.5 + 0.61t]

3. 아음속과 초음속
① $Ma < 1$인 흐름을 아음속, $Ma > 1$인 흐름을 초음속이라 한다.
② 축소확대노즐을 사용하여 아음속을 초음속으로 가속할 수 있다.
③ 아음속(Subsonic)이 노즐목에서 음속에 도달하고 확대노즐에서 초음속(Supersonic)으로 가속된다.

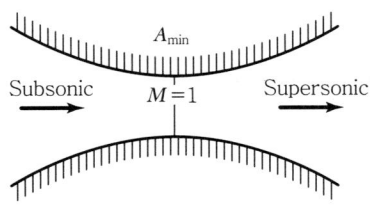

5 원관의 마찰손실

유사기출문제

1. Reynolds 수를 설명하고 아래 문제를 설명하라. [공조 05년(78회) 면접문제]
   ① 원관 내에서의 층류 및 난류의 유체 유동을 도시하라.
   ② 층류, 천이구역 및 난류를 설명하고 거친 관과 매끄러운 관 유동을 도표로 그려라.
2. 배관 마찰손실의 의미를 설명하시오. [건축 76회(25점)]
3. 냉매, 물, 공기가 관내에 흐를 때, 마찰저항을 설명하시오. [공조 45회(10점)]

1. 마찰손실의 의미

① 관로 속을 흐르는 유체의 점성에 의한 압력손실을 유체의 마찰손실이라 한다.
② 관로유동에서 생기는 마찰손실은 단위체적당의 유체가 잃어버리는 손실에너지 Δp(압력강하) 또는 단위중량당의 유체가 잃어버리는 손실에너지 h_L(손실수두)로 표시한다.
③ 원관의 마찰손실은 Darcy–Weisbach 식을 사용하여 계산한다. 특히 층류유동에 있어서는 Hagen–Poiseuille 식을 따른다.

2. 원관의 마찰손실

(1) Darcy–Weisbach 식

$$\Delta p = f \frac{L}{D} \frac{\rho v^2}{2} \quad \text{또는} \quad h_L = f \frac{L}{D} \frac{v^2}{2g}$$

Δp : 압력강하($Pa = N/m^2$) h_L : 손실수두(m)
f : 마찰계수(-) L : 직관길이(m)
D : 관 내경(m) ρ : 유체밀도(kg/m^3)
v : 평균속도(m/s) g : 중력가속도($9.807 m/s^2$)

(2) Hagen–Poiseuille 식

$$\Delta p = \frac{128 \mu Q L}{\pi D^4} \quad \text{또는} \quad h_L = \frac{128 \mu Q L}{\pi \gamma D^4}$$

Q : 유량 (m^3/s) γ : 비중량 (N/m^3)

층류유동에 대한 마찰계수는 $f = \dfrac{64}{Re}$, $Re = \dfrac{\rho v L}{\mu}$ 이다.

(3) 무디선도(Moody Diagram)

① Colbrook은 전 난류유동에서 적용할 수 있는 마찰계수공식을 제시하였는데, 이 식과 층류유동에 대한 마찰계수 $f = \dfrac{64}{Re}$ 를 토대로 작성한 선도가 무디선도이다.

② 이 선도는 레이놀즈수와 상대조도를 이용하여 관과 덕트 등의 마찰계수를 구할 수 있다.

【 마찰계수 f의 층류, 천이구역, 난류구역에서의 값 】

층류 ($Re < 2{,}100$)	천이구역 ($2{,}200 < Re < 4{,}300$)	난류구역 ($4{,}300 < Re$)
$f = (Re) = \dfrac{64}{Re}$ 상대조도와 무관	$f = (Re,\ \dfrac{\varepsilon}{d})$	• 매끈한 관 Re만 함수 $f = (Re) = \dfrac{0.316}{Re^{0.25}}$ • 거친 관 $\dfrac{\varepsilon}{d}$ 만의 함수 $f = (\dfrac{\varepsilon}{d})$

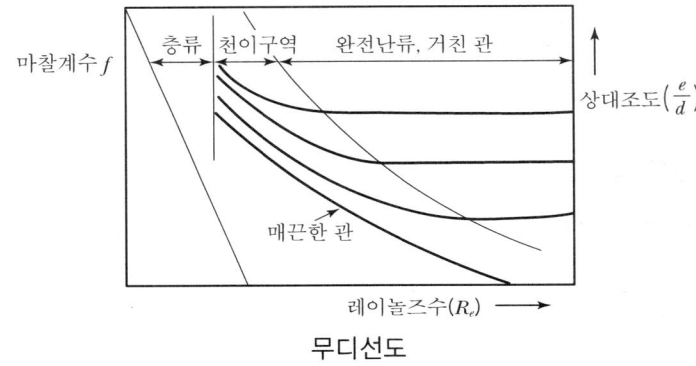

무디선도

베르누이방정식

> **유사기출문제**
> 1. 베르누이방정식을 기술하고 설명하시오. [공조 78회(10점)]
> 2. 베르누이방정식을 적용하기 위한 가정사항들을 열거하시오. [공조 68회(10점)]
> 3. 베르누이 정리 [공조 47회(10점)]

1. 개요
① Euler 방정식을 유선에 따라 적분한 식을 베르누이방정식이라 한다.
② 동일 유선상 각 지점에서의 총 기계적 에너지의 합은 일정함을 나타낸다.
③ 마찰손실이 없다고 가정하여 관내 유체의 에너지 보존의 법칙을 적용한 것이다.

2. 베르누이방정식을 적용하기 위한 가정
① 베르누이방정식이 적용되는 임의의 두 점은 동일 유선상에 있다.
② 임의의 한점 흐름의 특성값인 압력, 속도, 밀도, 온도 등이 시간에 따라서 변화하지 않는 정상상태의 흐름이다.
③ 비압축성 유체의 흐름이다.
④ 관내를 흐르는 유체는 마찰손실이 없는 비점성유체이다.

3. 베르누이방정식

$$H = \frac{p_1}{\gamma} + \frac{v_1^2}{2g} + h_2 = \frac{p_2}{\gamma} + \frac{v_2^2}{2g} = h_2$$

여기서, p : 압력(mmAq = kgf/m^2)
γ : 비중량(kgf/m^3) → 공기의 경우 약 1.2kgf/m^3
v : 평균유속(m/s)
g : 중력가속도(m/s^2) ≒ 9.8 m/s^2
h : 기준수평면에서의 높이(m)

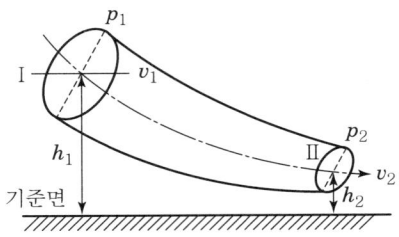

4. 베르누이방정식의 표현

단위질량당의 에너지 $\dfrac{p}{\rho} + gz + \dfrac{v^2}{2} = E(\text{일정})$

단위중량당의 에너지 $\dfrac{p}{\gamma} + z + \dfrac{v^2}{2g} = H(\text{일정})$ → 수력학에서 널리 사용

단위체적당의 에너지 $p + \gamma z + \dfrac{\rho v^2}{2} = E'(\text{일정})$

베르누이방정식의 적용

1. EL(Energy Line) [공조 48회(10점)]

1. 비압축성 유체(급수 등)에 대한 베르누이방정식 적용

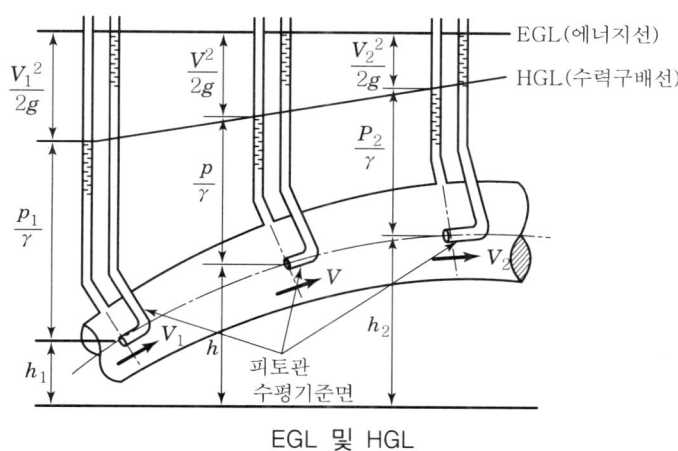

EGL 및 HGL

(1) 전수두선(Total head Line) 또는 에너지선(EL, EGL ; Energy Grade Line)

총기계적 에너지의 합으로서 압력수두, 속도수두, 위치수두의 합이다.

$$EL = \frac{p}{\gamma} + \frac{v^2}{2g} + h$$

(2) 수력구배선(HGL ; Hydraulic Grade Line) 또는 동수구배선(동수경사선)

에너지선에서 속도수두를 뺀 값이 이루는 선으로 유체의 표면 높이이다.

$$HGL = \frac{p}{\gamma} + h$$

2. 비압축성 유체(덕트설비의 공기 등)에 대한 베르누이방정식 적용

$H = \dfrac{p_1}{\gamma} + \dfrac{v_1^2}{2g} + h_2 = \dfrac{p_2}{\gamma} + \dfrac{v_2^2}{2g} + h_2$ 에서 양변에 γ을 곱하면 다음과 같다.

$$p_1 + \dfrac{\gamma \cdot v_1^2}{2g} + h_2 \cdot \gamma = p_1 + \dfrac{\gamma \cdot v_2^2}{2g} + h_2 \cdot \gamma = 일정$$

$h_2 \cdot \gamma$와 $h_2 \cdot \gamma$은 수평관이나 공기에서는 무시할 수 있으므로

$$\left[p_1 + \dfrac{\gamma \cdot v_1^2}{2g} = p_1 + \dfrac{\gamma \cdot v_2^2}{2g} = p_t = 일정 \right]\text{로 된다.}$$

여기서, p : 정압(p_s)

$\dfrac{\gamma \cdot v^2}{2g}$: 동압(p_v)

전압 p_t는 $p_s + p_v$이다.

전압 = 정압+동압+(마찰손실)의 관계를 그림으로 나타내면 다음과 같다.

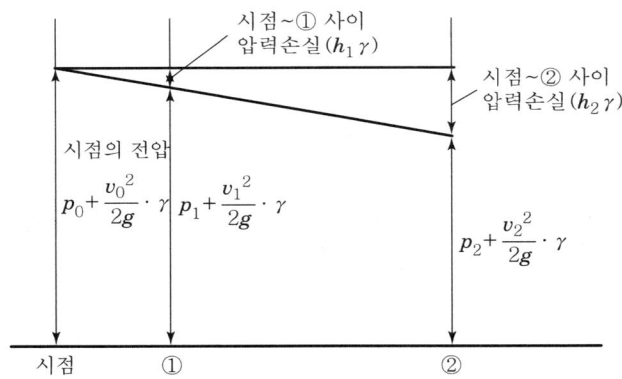

덕트 내 공기유동 시 압력관계

8 베르누이방정식의 계산

유사기출문제

1. 급수배관에서 두 높이 차가 10m 일 때 두 지점의 압력차를 베르누이방정식을 이용하여 계산하시오.(단, 물의 비중량은 1,000kg/m³) [건축 76회(10점), 52회(10점)]
2. 물탱크 수면 30m 아래에 위치한 C지점의 유속을 구하시오.(본문 내용) [건축 63회(25점)]
3. 수평관에서 A, B 지점의 유속과 이 관을 통과하는 유량을 계산하시오. [건축 29회(25점)]

건축 63회(25점)
물탱크의 수면(A지점)으로부터 30m 아래에 위치한 C지점에 물을 공급(옥외로 방출)하는 배관에서 마찰을 무시할 경우
① A지점 아래 15m에 위치한 B지점의 총 에너지를 구하시오.(10점)
② C지점에서의 유속을 구하시오.(15점)

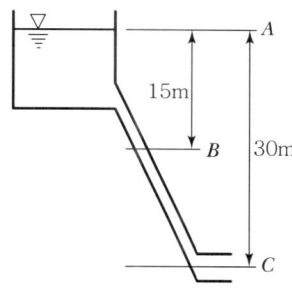

---

1. B지점의 총 에너지

① 마찰이 없는 경우 배관의 어느 지점에서나 총 에너지는 동일하다.
② 다시 말해서 압력수두+속도수두+위치수두=총 에너지이므로 다음과 같다.

$$E_B = E_A = 30\,\text{m}$$

2. C지점의 유속

$H = \dfrac{p}{\gamma} + z + \dfrac{v^2}{2g}$ 에서 C지점의 압력은 대기압이므로 $p=0$, $z=0$을 적용하면

$H = \dfrac{v^2}{2g}$ 에서, $v = \sqrt{2gh} = \sqrt{2 \times 9.8 \times 30} = 24.25\,\text{m/s}$

제5장 사이클

1. 열기관과 냉동기 ……………………… 102
2. 열효율과 성적계수 …………………… 103
3. 카르노사이클과 역카르노사이클 …… 105
4. 랭킨사이클 ……………………………… 108
5. 랭킨사이클 열효율 증대방안 ………… 111
6. 화력발전소 온배수 계산문제 ………… 113
7. 로렌츠사이클 …………………………… 115
8. 에릭슨사이클 …………………………… 116
9. 역디젤사이클 …………………………… 118
10. 브레이튼사이클 ………………………… 120
11. 역브레이튼사이클 ……………………… 123
12. 공기액화사이클 ………………………… 126

1 열기관과 냉동기

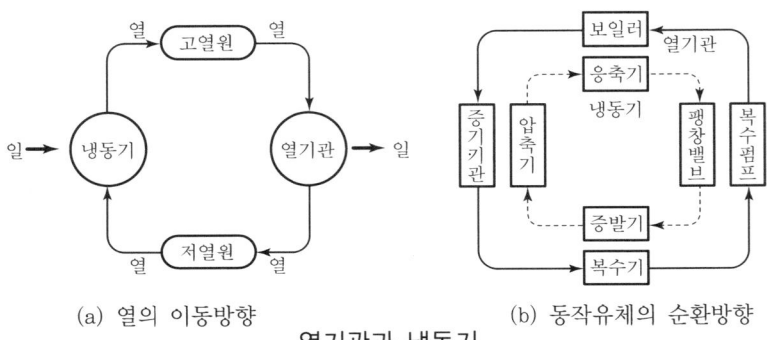

(a) 열의 이동방향   (b) 동작유체의 순환방향

열기관과 냉동기

1. 열기관

① 고온열원으로부터 열을 공급받아서 일부를 일로 변환하고 나머지를 저온부로 방출하는 장치를 열기관이라 한다.
② 열기관은 고열원(보일러)에서 열을 흡수하여 외부에 일을 하고(증기기관 또는 터빈) 그 나머지를 저열원(복수기)에 버리므로 냉동기와 반대의 기능을 하며 동작유체의 순환방향도 반대이다.
③ 열기관이 받아들인 열량을 Q_h, 배출한 열량을 Q_c라고 하면 생산한 일 W와 효율 η는

$$W = Q_h - Q_c \qquad \eta = \frac{W}{Q_h} = 1 - \frac{Q_c}{Q_h}$$

2. 냉동기

① 냉동기는 열기관과 달리 외부에서 일을 받아 열을 저온부에서 고온부로 이동시킨다.
② 냉동기는 동작유체인 냉매를 이용하여 열을 저열원에서 흡수하여 고열원으로 이동시켜 방출함으로써 저열원의 온도를 더 낮게 하는 장치로 압축기에 일을 가해 주어야 한다.
③ 냉동기에 가해진 일을 W, 저온부에서 흡수한 열량을 Q_c라고 하면 고온부에서 외부로 방출하는 열량 Q_h와 성능계수 ε는

$$Q_h = Q_c + W \qquad \varepsilon = \frac{Q_c}{W} = \frac{Q_c}{Q_h - Q_c}$$

④ 저열원의 온도를 더 낮추는 냉동기능을 수행하는 것을 냉동기라 하고 고열원의 온도를 더 높이는 가열기능을 수행하는 것을 열펌프라 한다.

$$\varepsilon = \frac{Q_h}{W} = \frac{Q_h}{Q_h - Q_c}$$

열효율과 성적계수

1. COP 용어설명 　　　　　　　　　　　　　　　　　　[공조 65회(5점), 61회(10점)]
2. 이상적인 열펌프 사이클의 성적계수 유도 　　　　　　　　　　[공조 59회(25점)]
3. 성적계수 　　　　　　　　　　　[건축 58회(10점), 55회(10점), 45회(10점), 31회(5점)]

1. 열효율

① 자동차나 증기터빈과 같은 열기관은 동작유체가 고열원에서 열(Q_1)을 받아 저열원으로 열(Q_2)을 버리고 나머지 에너지를 일(AW)로 변환시키는데

② 동일한 열을 공급받는다면 일을 많이 얻을수록 유리하므로 열기관의 좋고 나쁨을 나타내기 위하여 열효율을 사용한다.

③ 열효율은 열기관이 공급받은 열량에 대한 일량의 비로 정의되며 η로 표시한다.

$$\text{열효율}(\eta) = \frac{\text{열기관이 일로 전환시킨 열량}(AW)}{\text{열기관이 고열원으로부터 공급받은 열량}(Q_1)}$$

$$\eta = \frac{AW}{Q_1} = 1 - \frac{Q_2}{Q_1}$$

2. 성적계수

① 성적계수(COP : Coefficient of Performance)는 성능계수 또는 동작계수라고도 불린다.

② 냉동기나 열펌프는 동력(AW)을 공급받아 저열원(Q_2)으로부터 열을 흡수하여 고열원(Q_1)으로 방출하므로 열기관과 다르게 성적계수로 성능을 판단한다.

③ 냉동기는 열을 흡수함으로써 저열원의 온도를 내리게 하고 열펌프는 고열원으로 열을 공급함으로써 온도를 높이는 장치이므로 사용목적이 서로 달라 성적계수를 정의하는 방법도 다르게 된다.

④ 열펌프(히트펌프)의 성적계수는 냉동기의 성적계수보다 항상 1만큼 크다.

$$냉동기의\ 성적계수(\varepsilon_c) = \frac{냉동기가\ 저열원으로부터\ 흡수한\ 열량(Q_2)}{냉동기에\ 공급된\ 일의\ 열당량(AW)}$$

$$\varepsilon_c = \frac{Q_2}{AW} = \frac{Q_2}{Q_1 - Q_2}$$

$$열펌프의\ 성적계수(\varepsilon_h) = \frac{열펌프가\ 고열원으로\ 방출한\ 열량(Q_1)}{냉동기에\ 공급된\ 일의\ 열당량(AW)}$$

$$\varepsilon_h = \frac{Q_1}{AW} = \frac{Q_1}{Q_1 - Q_2} = 1 + \varepsilon_c$$

3 카르노사이클과 역카르노사이클

 유사기출문제

1. 역카르노사이클을 그리고 설명하시오. [공조 84회(10점)]
2. 역카르노사이클의 습압축과 그 문제점 [공조 69회(10점)]
3. 역카르노사이클의 P-V 선도와 COP 계산식 [공조 66회(10점)]
4. 카르노사이클의 구성 [공조 59회(10점), 57회(10점), 47회(10점)]
5. 이상적인 냉동사이클을 설명하고 성적계수를 구하라. [공조 53회(10점)]
6. 역카르노사이클의 성능계수가 온도만의 함수임을 증명하고 특징 열거 [공조 51회(25점)]

1. 개요

① 열역학 제2법칙은 열기관의 효율이 100%에 도달할 수 없음을 말하는데, 고온열원과 저온열원 사이에서 최대 효율을 가지는 열기관의 사이클이 카르노사이클이다.
② 마찬가지로 열역학 제2법칙은 성능계수가 무한대인 냉동기를 만들 수 없음을 나타내는데 최대의 성능계수를 가지는 냉동기 사이클은 카르노사이클을 반대방향으로 작동시키는 역카르노사이클(카르노의 냉동사이클)에 의해 가능하다.
③ 실제 열기관들이 카르노사이클의 성격을 따라가려는 노력이 효율향상과 관계된다.

2. 카르노사이클

(1) 카르노사이클의 특징

① 카르노사이클은 주어진 두 온도의 열원 사이에서 작동하는 가장 효율이 좋은 사이클이다.
② 높은 열원에서 에너지를 받아 일부분을 일로 바꾸고 나머지를 낮은 열원으로 방출하는 이상적인 사이클로서 현실적으로는 불가능하다.
③ 카르노사이클의 열효율은 동작유체와 관계없이 작동하는 열원의 절대온도에만 관계된다.

(2) 카르노사이클의 과정

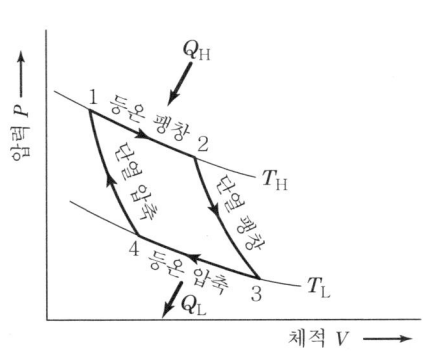
카르노사이클 P-V 선도

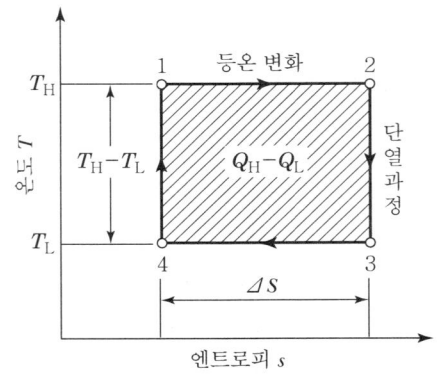
카르노사이클 T-S 선도

① 작동유체는 1 → 2 → 3 → 4 → 1 과정을 반복하는 사이클을 이룬다.
② 카르노사이클은 2개의 등온변화와 2개의 단열변화로 이루어져 있다.
③ 팽창과정은 주위에 일을 행하며, 압축과정은 주위에서 일을 받는 과정이다.
 - 1 → 2 과정 : 등온팽창
 - 2 → 3 과정 : 단열팽창
 - 3 → 4 과정 : 등온압축
 - 4 → 1 과정 : 단열압축

(3) 카르노사이클의 효율

효율향상방법은 고온부 온도 상승과 저온부 온도 강하이다.

$$\eta_c = \frac{\text{열기관이 일로 전환시킨 열량}(AW)}{\text{열기관이 고온부에서 공급받은 열량}(Q_H)}$$

$$\eta_c = \frac{AW}{Q_H} = \frac{Q_H - Q_L}{Q_H} = 1 - \frac{Q_L}{Q_H} = 1 - \frac{T_L}{T_H}$$

3. 역카르노사이클

(1) 역카르노사이클의 특징

① 역카르노사이클은 카르노사이클이 역으로 작동하는 사이클로서 다른 표현으로 「카르노 냉동사이클, 이상적인 냉동사이클, 이론적인 냉동사이클」로 불린다.
② 낮은 열원에서의 에너지를 높은 열원으로 전달하는 이상적인 사이클로서 이를 위해서는 외부에서 일을 가해주어야 한다.

③ 이 사이클은 냉동기나 열펌프의 가장 이상적인 사이클이 된다.

(2) 역카르노사이클의 효율

$$COP_c = \frac{Q_L}{W} = \frac{Q_L}{Q_H - Q_L} = \frac{T_L}{T_H - T_L}$$

4 랭킨사이클

유사기출문제

1. 증기동력 발생장치의 장치도를 그리고 T-S 선도상에 사이클을 그려 일치시켜라. 또한 각 과정에 대하여 간단히 설명하시오. [공조 54회(20점)]
2. 화력발전소 계통도를 설명하고 랭킨사이클과 비교 검토하시오. [공조 42회(25점)]

1. 랭킨사이클(Rankine Cycle) 장치도

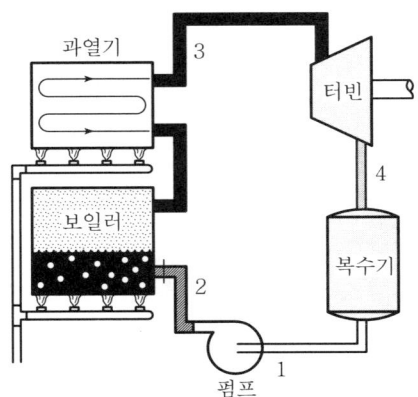

과열기가 부착된 랭킨사이클 기관

① 랭킨사이클은 증기원동소(증기동력 발생장치)의 가장 기본이 되는 사이클이다.
② 보일러에서 고온고압 증기를 발생시켜 증기터빈을 구동하여 전력을 생산하고 복수기에서 증기는 응축되어 다시 보일러로 급수된다.
③ 랭킨사이클은 2개의 단열과정과 2개의 등압과정으로 구성된다.

2. 랭킨사이클 구성과 T-S 선도

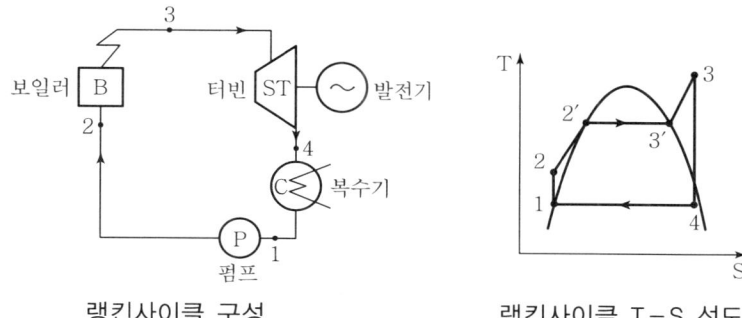

랭킨사이클 구성   랭킨사이클 T-S 선도

3. 랭킨사이클 과정 해설

(1) 1 → 2 단열과정

① 구성장치 : 급수펌프
② 물의 상태변화 : 포화수 → 압축수
③ 펌프에 의해 보일러 압력까지 가압하여 급수된다.
④ 물은 체적 변화가 거의 없어 등적변화로 볼 수 있다.

$$급수펌프가 \ 한 \ 열량 \quad AW_p = h_2 - h_1 - AV(P_2 - P_1)$$

(2) 2 → 2′ → 3′ 등압가열

① 구성장치 : 보일러
② 물의 상태변화 : 압축수 → 포화수 → 건포화증기
③ 등압하에서 압축수를 가열하여 포화수로 만든다.
④ 또한 등온하에서 포화수를 가열하여 엔탈피가 상승된 건포화증기가 된다.

$$보일러의 \ 공급 \ 열량 \quad Q_1 = h_3 - h_2$$

(3) 3′ → 3 등압가열

① 구성장치 : 보일러 과열기
② 물의 상태변화 : 건포화증기 → 과열증기
③ 등압하에서 건포화증기가 과열기 내에서 가열되어 과열증기로 된다.

(4) 3′ → 4 단열팽창

① 구성장치 : 터빈
② 물의 상태변화 : 과열증기 → 습포화증기
③ 과열증기가 터빈에서 일을 하고 팽창된 증기는 온도와 압력이 내려가 습증기로 된다.

터빈이 행한 일량 $AW_t = h_3 - h_4$

(5) 4′ → 1 등압냉각

① 구성장치 : 복수기
② 물의 상태변화 : 습포화증기 → 포화수
③ 등압하에서 습포화증기가 복수기 내에서 냉각되어 모두 처음의 포화수가 된다.

복수기에서 방출한 열량 $Q_2 = h_4 - h_1$

랭킨사이클 열효율 증대방안

1. 랭킨사이클을 설명하고 이 사이클의 열효율 증대방안을 기술하시오. [공조 68회(25점)]

1. 랭킨사이클의 효율

$$\text{이론열효율 } n_R = \frac{\text{사이클 과정에서 일로 변화한 열량}}{\text{사이클 과정에서 가해진 열량}}$$

공급열량 $Q_1 =$ 보일러 가열량$(h_3' - h_2)$ + 과열기 가열량$(h_3 - h_3')$

발생일량 $AW =$ 터빈 발생열량$(h_3 - h_4)$ - 급수펌프 공급열량$(h_2 - h_1)$

① 급수펌프 일을 고려할 경우의 열효율

$$\eta_1 = \frac{Q_1 - Q_2}{Q_1} = \frac{AW_t - AW_p}{Q_1} = \frac{AW}{Q_1} = \frac{(h_3 - h_4) - (h_2 - h_1)}{(h_3 - h_2)}$$

② 급수펌프 일을 무시할 경우의 열효율(보통 무시)

$h_2 = h_1$이므로, $\eta_1 = \dfrac{Q_1 - Q_2}{Q - 1} = \dfrac{AW_t - AW_p}{Q_1} = \dfrac{AW_t}{Q_1} = \dfrac{(h_3 - h_4)}{(h_3 - h_2)}$

2. 랭킨사이클 열효율 증대방안

(1) 보일러 증기 과열(Superheat)

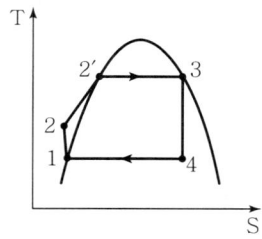
과열이 없는 랭킨사이클 T-S 선도

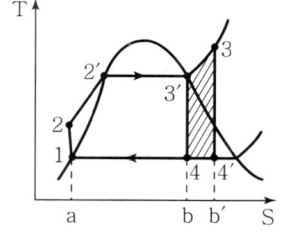
증기과열이 효율에 미치는 영향

① 보일러 공급열량은 면적 33'bb' 만큼 증가하고, 복수기에서 방열량은 면적 4'4bb' 증가하므로 면적 33'44'만큼의 순일이 증가하여 랭킨사이클의 효율이 향상하게 된다.

② 보일러 출구 증기 압력을 높이고 과열시켜 엔탈피를 높인다.

(2) 재열사이클(Reheat Cycle)

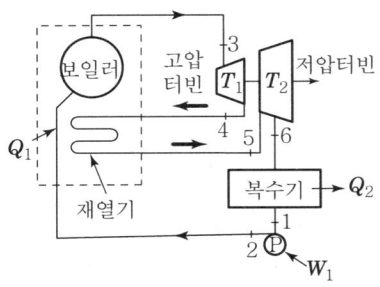
재열사이클 구성도

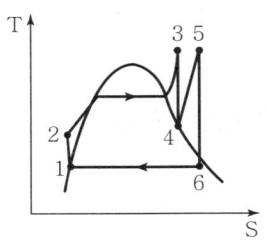
재열사이클 T-S 선도

① 랭킨사이클의 고압터빈 단열팽창 과정 후 증기를 재열기로 보내어 재열하고 다시 저압 터빈으로 증기를 공급하여 열효율 향상을 기한다.
② 재열을 하면 설비와 조작이 복잡해지나 사이클의 열효율을 향상시킨다.
③ 또한 저압터빈에서 증기의 습도를 감소시켜 터빈 날개의 부식을 방지한다.

(3) 재생사이클(Regenerative Cycle)

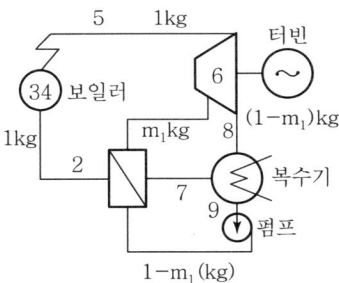
재생사이클 구성도

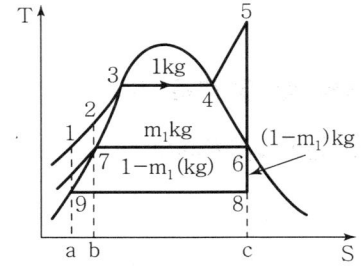
재생사이클 T-S 선도

① 재생사이클은 터빈에서 단열팽창 중인 증기의 일부를 추출하여 급수가열기 급수 예열에 사용하는 사이클이다.
② 재생사이클은 추기단수를 늘리는 만큼 열효율이 좋아지지만 설비가 복잡해지고 건설비 가 많이 드는 단점이 있다.
③ 화력발전소의 적정 추기 단수는 보통 7~10단이 사용된다.

화력발전소 온배수 계산문제

1. 화력발전소 온배수 계산문제   [공조 74회(25점), 51회(25점)]

> **공조 51회(25점)**
> 수증기를 작동매체로 하는 1,000MW 발전소를 건설하려 한다. 콘덴서(Condenser)는 그림과 같이 하천수로 냉각하려 한다. 수증기의 최고온도는 550℃ 콘덴서 압력은 10kPa이다. 당신이 기술 컨설턴트(Consultant)로서 원동소 하류에서의 하천수의 온도상승을 추정해 달라는 의뢰를 받았을 경우, 당신은 얼마라고 추정하겠는가?(단, 물의 상태량은 $p=10\text{kPa}$, $t=45.8℃$, $v_f=v'=0.00101\text{m}^3/\text{kg}$, $v_g=v''=14.67\text{m}^3/\text{kg}$, $h_f=h'=191.83\text{kJ/kg}$, $h_g=h''=2,584.7\text{kJ/kg}$ 이다.
>
>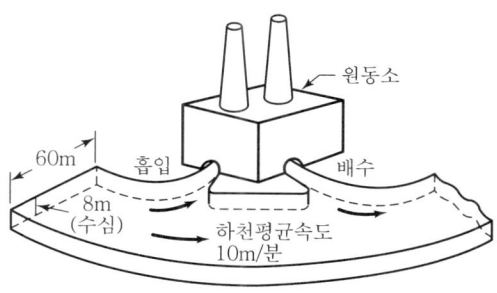

1. 열평형

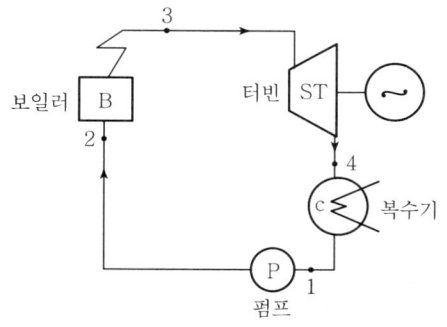

랭킨사이클 구성도

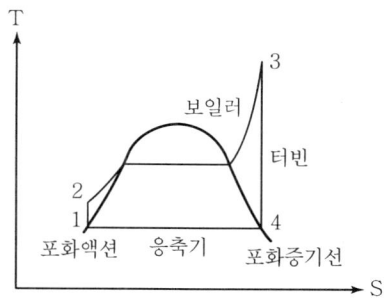

랭킨사이클 T-S 선도

① 응축기에서 수증기의 방열량(Q_{steam})과 하천수의 흡열량(Q_{river})은 같다.

$$Q_{team} = Q_{river} \quad \cdots\cdots\cdots\cdots\cdots\cdots\cdots ①식$$

② 응축기(복수기) 방열량은 4 → 1 과정으로 다음과 같다.

$$Q_{steam} = G_s(h_4 - h_1) = G_s(h_g - h_f)$$

③ 하천수 흡열량은 다음과 같다.

$$Q_{river} = G_w \cdot C \cdot \Delta t = \gamma \cdot Q \cdot C \cdot \Delta t = \gamma \cdot A \cdot v \cdot C \cdot \Delta t$$

C : 물의 비열(1kcal/kg℃ = 4.2kJ/kg℃)

④ 따라서, ①식에서 열평형은 다음과 같다.

$$G_s(h_g - h_f) = \gamma A v C \Delta t$$

2. 수증기량 G_s

① 보일러에서 발생한 수증기량은 터빈에서 생산된 전력이므로 다음과 같다.

$$1,000\,\text{mW} = G_s(h_3 - h_4)$$

② 복수기 고온수의 엔탈피 $h_4 = h_g = h'' = 2,584.7\,\text{kJ/kg}$

③ 보일러에서 발생한 수증기의 엔탈피 h_3

$$h_3 = 100 + 539 + 0.441(550 - 100) = 837.45\,\text{kcal/kg}$$
$$= 837.45\,\text{kcal/kg} \times 4.2\,\text{kJ/kcal} = 3,517.3\,\text{kJ/kg}$$
$$G_s = \frac{1,000 \times 1,000\,\text{kW}}{(h_3 - h_4)} = \frac{1,000 \times 1,000\,\text{kW}}{(3,517.3 - 2,584.7)\,\text{kJ/kg}} = 1,072.3\,\text{kg/s}$$

3. 해답

① 열평형식 $G_s(h_g - h_f) = \gamma A v C \Delta t$에서 Δt는 다음과 같다.

$$\Delta t = \frac{G_s(h_g - h_f)}{\gamma A v C} = \frac{1,072.3(2,584.7 - 191.83)}{1,000 \times 60 \times 8 \times 10/60 \times 4.2} = 7.63\,℃$$

② 그러므로 하천수의 온도 상승은 7.63℃이다.

7 로렌츠 사이클

> **유사기출문제**
> 1. 로렌츠(Lorentz)사이클을 설명하고 장점을 기술하시오. [공조 65회(25점)]
> 2. 역카르노 사이클과 로렌츠사이클의 T-s 선도와 차이점을 설명하시오. [공조 52회(25점)]

1. 개요

① 증발과정의 냉매는 열을 흡수하며 온도가 상승하고, 응축과정에서는 열을 방출하며 온도가 감소되는 온도구배현상이 발생하게 된다.

② 온도구배에 따른 열교환기 효율이 저하하게 되는데, 로렌츠사이클은 비공비혼합냉매를 이용하여 전열면마다 일정한 온도차를 유지하여 열교환 효율을 향상시킨 사이클이다.

2. 역카르노사이클과 로렌츠사이클의 T-s 선도 비교

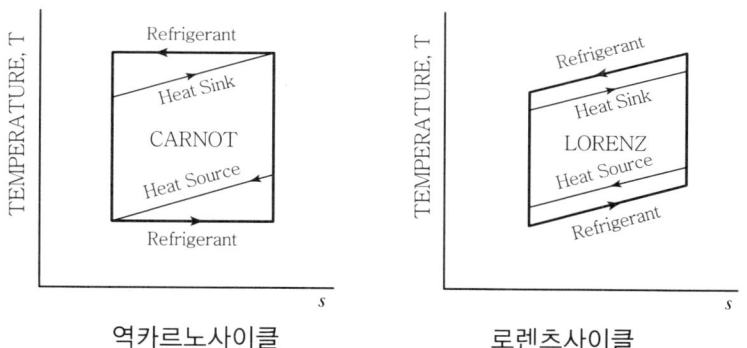

역카르노사이클 · 로렌츠사이클

(1) 역카르노사이클

① 증발과정과 응축과정에서 냉매는 온도가 일정한 등온과정을 이룬다.
② 온도구배로 인해 열교환기 효율의 저하가 발생한다.

(2) 로렌츠사이클

① 각각 개별적인 성격을 가진 비공비혼합냉매를 사용하여 열교환기 전열면마다 일정한 온도차를 유지하도록 하여 열교환기 효율을 향상시킨다.
② 비공비 혼합냉매로는 R-404, R-407a 등을 사용한다.

8 에릭슨사이클

유사기출문제

1. 에릭슨사이클(Ericsson Cycle) [공조 77회(10점), 72회(10점), 63회(10점)]

1. 개요
① 에릭슨사이클은 작동유체를 수증기에서 공기로 대치하고자 개발된 공기표준사이클이다.
② 2개의 등압과정과 2개의 등온과정으로 구성되며 열효율은 카르노사이클과 같다.

2. 에릭슨사이클 장치도

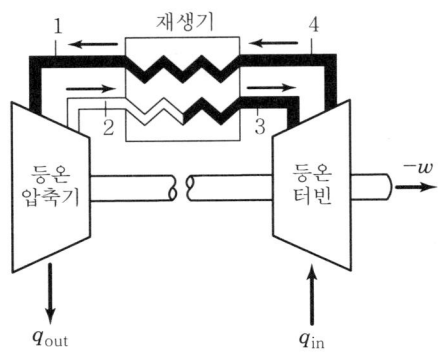

에릭슨사이클의 터보압축기

3. 에릭슨사이클 과정 해설

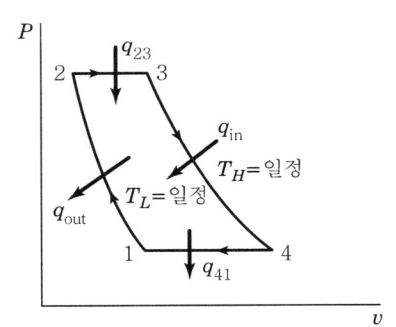
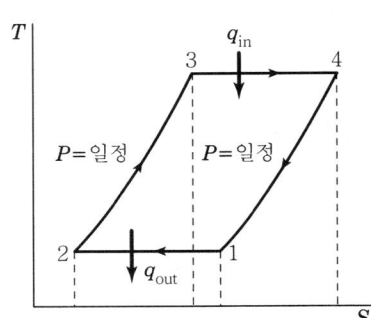

(1) 등온압축(1 → 2)

① 구성장치 : 압축기
② 등온하에서 압축하면서 열량 q_{out}을 방열한다.

(2) 등압가열 또는 등압재생(2 → 3)

① 구성장치 : 열교환기(재생기)
② 등압하에서 열교환기로부터 열량 q_{23}을 받는다.

(3) 등온팽창(3 → 4)

① 구성장치 : 터빈
② 외부로부터 열량 q_{in}을 공급받아 등온 팽창한다.

(4) 등압방열 또는 등압재생(4 → 1)

① 구성장치 : 열교환기(재생기)
② 등압하에서 열량 q_{41}을 방열한다.

4. 에릭슨사이클의 열효율

최저온도 T_L과 최고온도 T_H 사이에서 작동하는 카르노사이클 및 스터링사이클 효율과 같다.

$$\eta = 1 - \frac{q_{out}}{q_{in}} = 1 - \frac{T_L}{T_H}$$

9 역디젤사이클

유사기출문제

1. 열기관 사이클을 반대방향(역방향)으로 작동시키면 냉동기의 사이클이 된다. 역디젤사이클의 성적계수를 구하는 일반식을 유도하라. [공조 58회(25점)]
2. 모든 열기관을 반대방향으로 작동시키면 냉동사이클이 된다. 역디젤사이클의 성적계수를 구하는 일반식을 유도하라. [공조 51회(25점)]

1. 개요

① 디젤기관은 연료를 고압으로 분사하여 공기의 압축열로 자연 착화시키는 기관으로 오토사이클의 정적가열과정 → 정압가열과정으로 바꾼 사이클로 정압사이클이라 한다.
② 역디젤사이클은 디젤사이클을 역방향으로 작동시켜 만든 냉동사이클이다.

2. 역디젤사이클의 P-v 선도와 T-s 선도

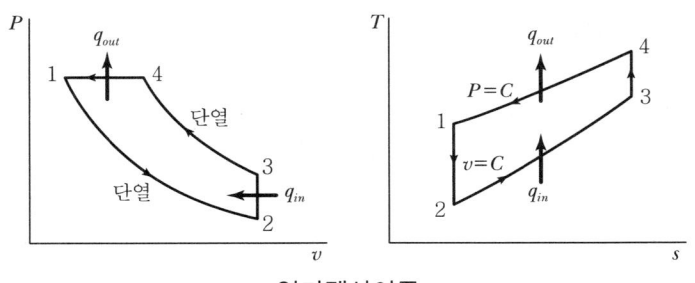

역디젤사이클

① 1 → 2 과정 : 단열팽창
② 2 → 3 과정 : 등적흡열
③ 3 → 4 과정 : 단열압축
④ 4 → 1 과정 : 등압방열

3. 성적계수

(1) 온도의 함수로 표현된 성적계수

$$COP = \frac{q_{in}}{AW} = \frac{q_{in}}{q_{out} - q_{in}} = \frac{1}{\frac{q_{out}}{q_{in}} - 1} = \frac{1}{\frac{c_p(T_4 - T_1)}{c_v(T_3 - T_2)}} = \frac{1}{k\frac{(T_4 - T_1)}{(T_3 - T_1)} - 1} \quad \cdots\cdots ①식$$

(2) 압축비와 체절비의 함수로 표현된 성적계수

① 1 → 2 과정 : 단열팽창

$$\frac{T_2}{T_1} = \left(\frac{v_1}{v_2}\right)^{k-1} = \left(\frac{1}{\gamma}\right)^{k-1} \rightarrow T_2 = T_1 \frac{1}{\gamma^{k-1}}$$

$\gamma = \frac{v_2}{v_1}$: 압축비

② 4 → 1 과정 : 등압방열

$$\frac{T_1}{T_4} = \frac{v_1}{v_4} = \frac{1}{\sigma} \quad\quad\quad \rightarrow T_4 = T_1 \sigma$$

$\sigma = \frac{v_4}{v_1}$: 체절비

③ 3 → 4 과정 : 단열압축

$$\frac{T_4}{T_3} = \left(\frac{v_3}{v_4}\right)^{k-1} = \left(\frac{v_3}{v_1} \cdot \frac{v_1}{v_4}\right)^{k-1} = \left(\gamma \cdot \frac{1}{\sigma}\right)^{k-1}$$

$$\rightarrow T_3 = T_4 \left(\frac{\sigma}{\gamma}\right)^{k-1} = (T_1 \sigma)\left(\frac{\sigma}{\gamma}\right)^{k-1} = T_1 \frac{\sigma^k}{\gamma^{k-1}}$$

그러므로, 압축비와 체절비로 표현된 T_2, T_3, T_4를 ①식의 성적계수에 대입하고 정리한다.

$$COP = \frac{1}{k\frac{(T_4 - T_1)}{(T_3 - T_2)} - 1} = \frac{1}{k\frac{(T_1\sigma - T_1)}{\left(\frac{T_1\sigma^k}{\gamma^{k-1}} - \frac{T_1}{\gamma^{k-1}}\right)} - 1}$$

$$= \frac{1}{k\gamma^{k-1}\frac{(\sigma-1)}{(\sigma^k-1)} - 1} = \frac{\sigma^k - 1}{k\gamma^{k-1}(\sigma-1) - (\sigma^k-1)}$$

10 브레이튼 사이클

 유사기출문제

1. 이상공기(理想空氣) 사이클에서 작동하는 브레이턴 사이클(Brayton Cycle)과 역브레이턴 사이클에(Counter Brayton Cycle)에 관하여 다음 사항을 답하시오. [공조 77회(25점)]
   ① 각각의 P-v 선도에 의한 비교설명
   ② 열효율 혹은 성적계수를 구하는 식 유도
   ③ 각각의 응용
2. 브레이튼 사이클을 T-s 및 P-v 선도를 그려 설명하고 COP를 기술하시오.
   [공조 61회(25점)]

1. 개요

① 브레이튼 사이클은 연소가스를 동작유체로 하는 내연기관의 공기표준사이클이다.
② 내연기관의 연소가스를 이상기체인 공기라 생각하고 공기표준사이클로 해석한다.
③ 공기표준사이클에는 브레이튼사이클, 오토사이클, 디젤사이클, 에릭슨사이클, 스털링 사이클 등이 있다.

2. 공기표준사이클의 가정

① 동작물질을 공기로 가정하고 이상기체로 간주하며 비열은 일정하다.
② 각 과정은 모두 가역과정이다.
③ 고열원에서 열을 받아 저열원에 열을 방출한다.
④ 압축 및 팽창과정은 등엔트로피 단열과정이며 단열지수는 서로 같다.
⑤ 연소중 열해리 현상은 없다고 본다.

3. 브레이튼 사이클(Brayton Cycle)

① 브레이트사이클은 가스터빈의 기본사이클로 줄사이클(Joule Cycle)이라고도 한다.
② 2개의 등압과정과 2개의 단열과정으로 구성된 가스터빈의 이상 사이클이다.

4. 브레이튼 사이클의 장치도(밀폐식과 개방식)

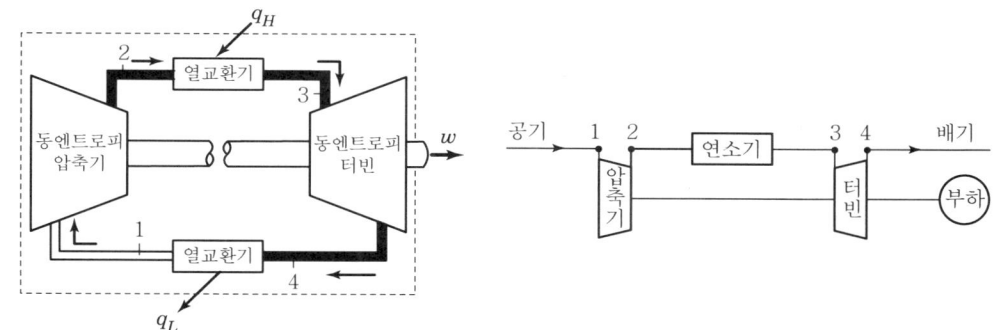

단순 브레이튼 사이클(밀폐식) 장치선도   브레이튼 사이클(개방식) 장치도

5. 브레이튼 사이클의 P-v 및 T-s 선도

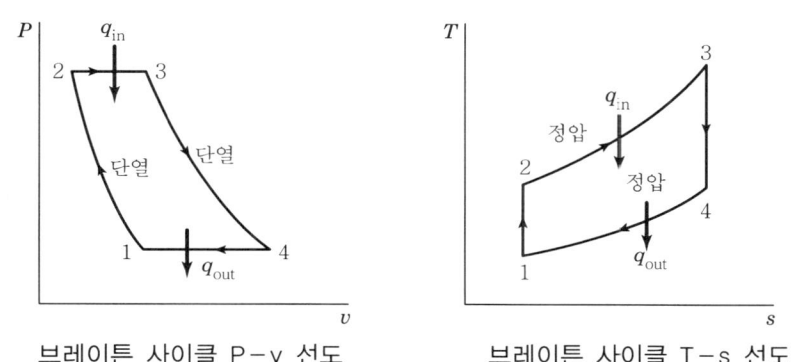

브레이튼 사이클 P-v 선도   브레이튼 사이클 T-s 선도

6. 브레이튼 사이클 과정 해설

(1) 1 → 2 단열압축

① 구성장치 : 압축기
② 압축기에서 공기를 흡입하여 압력 P_2로 가압한다.

(2) 2 → 3 등압가열

① 구성장치 : 연소기
② 연소기 내에서 공기와 연료를 일정 압력하에서 연소시킨다.

(3) 3 → 4 단열팽창

① 구성장치 : 터빈
② 터빈 내에서 연소가스를 단열팽창하여 일을 한다.

(4) 4 → 1 등압방열

① 구성장치 : 열교환기
② 등압하에서 방열한다.

7. 브레이튼 사이클의 열효율

$$\eta = 1 - \frac{q_{out}}{q_{in}} = 1 - \frac{C_p(T_4 - T_1)}{C_p(T_3 - T_2)} = 1 - \frac{T_4 - T_1}{T_3 - T_2} = 1 - \left(\frac{1}{\gamma}\right)^{\frac{k-1}{k}}$$

γ : 압축비 $\left(\gamma = \dfrac{P_2}{P_1}\right)$

압축비가 클수록 브레이튼사이클의 열효율은 높아진다.

11 역브레이튼 사이클

유사기출문제

1. 냉동기 사이클의 기본이 되는 공기냉동사이클은 역(逆) Brayton 사이클입니다. 완전가스의 작동으로 이루어지는 열기관 Brayton 사이클(공기냉동사이클)의 성적계수를 구하는 식을 유도(식을 설명하는 그림과 함께)하시오. [공조 63회(25점)]
2. 항공기 등에 사용되는 공기냉동사이클의 T-s 선도를 그리고 설명하시오. [공조 47회(20점)]

1. 역브레이튼 사이클(Counter Brayton Cycle)

① 역브레이튼 사이클은 역줄 사이클(Counter Joule Cycle)이라고도 부른다.
② 공기압축냉동기는 공기를 냉매로 사용하여 역브레이튼 사이클로 작동하는 냉동기이다.
③ 2개의 등압과정과 2개의 단열과정으로 구성된 공기압축냉동기의 이상 사이클이다.
④ 역브레이튼 사이클은 LNG, LPG 가스의 액화용 냉동기의 기본사이클이다.

2. 역브레이튼 사이클의 장치도

역브레이튼 사이클은 한번 사용한 공기를 재차 사용하지 않는 개방식과 동일한 공기를 반복해서 사용하는 밀폐식이 있다.

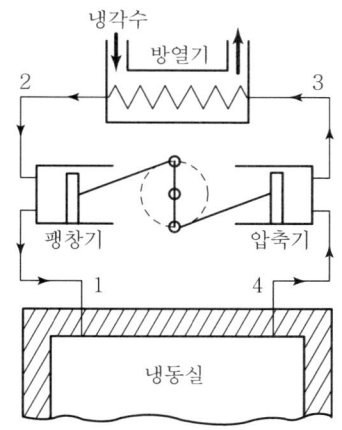 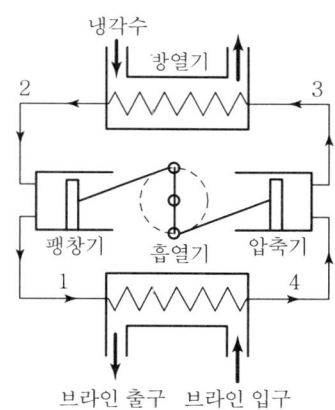

역브레이튼 사이클(공기압축냉동기)

(1) 개방식

① 팽창기에서 나온 저온 공기를 직접 냉동실로 보내고 냉동실 내에서 온도가 상승한 공기는 압축기로 흡입되므로 설비는 간단하게 된다.
② 그러나 공기 중에 함유된 수분이 응결해서 각종 장해의 원인이 된다.

(2) 밀폐식

① 공기의 압력을 높여서 비용적을 작게 할 수 있어 개방식에 비해 압축기, 팽창기를 소형으로 할 수 있다.
② 그러나 흡열기를 설치해서 물 또는 염화칼슘 등의 염화물 수용액을 저온으로 해서 냉동실로 보내 직접적으로 냉동효과를 올리도록 해야 하므로 구조가 복잡해진다.

3. 역브레이튼 사이클의 P-v 및 T-s 선도

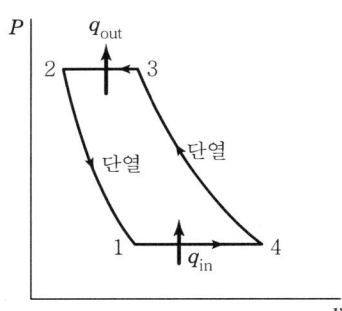
역브레이튼 사이클 P-v 선도

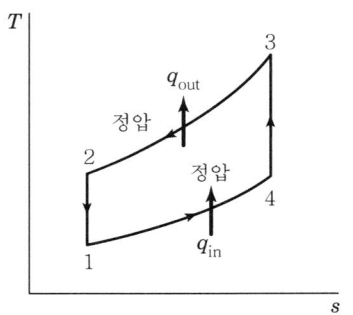
역브레이튼 사이클 T-s 선도

① 1 → 4 등압흡열

$$q_{in} = C_p(T_4 - T_1) \text{ kcal/kg}$$

C_p : 정압비열 kcal/kg°K

② 4 → 3 단열압축

$$\text{소요일} \quad AW = q_{out} - q_{in} = C_p(T_3 - T_2) - C_p(T_4 - T_1) \text{ kcal/kg}$$

③ 3 → 2 등압방열

$$q_{out} = C_p(T_3 - T_2) \text{ kcal/kg}$$

④ 2 → 1 단열팽창

4. 역브레이튼 사이클의 성적계수

$$COP = \frac{q_{in}}{q_{out} - q_{in}} = \frac{(T_4 - T_1)}{(T_3 - T_2) - (T_4 - T_1)} = \frac{T_1(\frac{T_4}{T_1} - 1)}{T_2(\frac{T_3}{T_2} - 1) - T_1(\frac{T_4}{T_1} - 1)}$$

$\frac{T_4}{T_1} = \frac{T_3}{T_2}$ 이므로, $COP = \frac{T_1}{T_2 - T_1} = \frac{T_4}{T_3 - T_4}$ 이다.

γ : 압축비 $\left(\gamma = \frac{P_2}{P_1}\right)$를 사용하면, ($P_2$: 압축기 압력, P_1 : 대기압)

$\gamma = \frac{P_2}{P_1} = \frac{T_2}{T_1} = \frac{T_3}{T_4}$ 이므로, $COP = \dfrac{1}{\left(\dfrac{P_2}{P_1}\right)^{\frac{k-1}{k}} - 1} = \dfrac{1}{\gamma^{\frac{k-1}{k}} - 1}$

12 공기액화사이클

유사기출문제
1. 공기액화사이클(4종류) [공조 55회(10점)]

1. 개요

① 보통 초저온이라 하면 −150℃ 이하를 말하며 이는 공기를 액화하여 산소나 알코올 등을 정류 및 분리하는 데 이용한다.
② 공기액화방법에는 줄-톰슨효과를 이용한 린데사이클과 클라우드사이클과 캐스케이드 사이클 그리고 밀폐 스틸링사이클 등이 있다.

2. 공기액화사이클

(1) 린데(Linde)사이클의 Linde-Hampson 냉동기

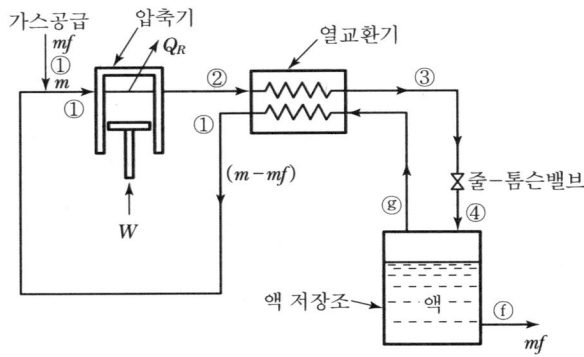

Linde-hampson 액화 시스템

① 줄톰슨 효과를 이용하여 공기액화를 연속적으로 수행하며 초기 공기액화에 사용하였다.
② 압축된 상온의 고압기체는 저온저압의 증기와 대향류로 열교환하여 냉각된 후 팽창밸브에서 줄-톰슨 팽창하며 액화된다.
③ 팽창과정은 등엔탈피과정이며 열역학적 비가역성을 동반하고 액화효율이 매우 낮다.
④ 현재는 소용량의 탄화수소가스의 액화와 수소가스의 정제 및 분리에 사용된다.
⑤ 줄-톰슨 냉동시스템은 팽창엔진을 사용하지 않는 것으로 줄-톰슨 효과를 이용한다.

(2) 클라우드(Claude)사이클의 팽창엔진 냉동기

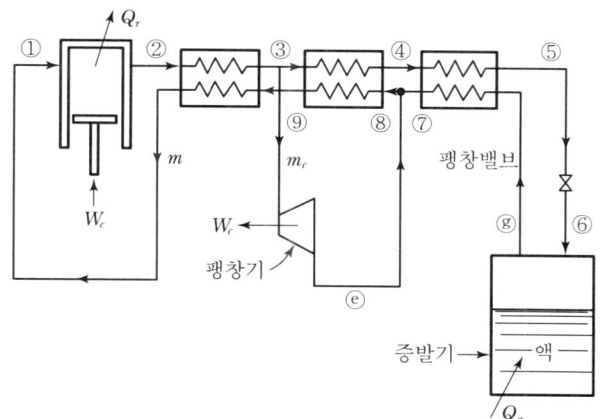

Claude 냉동기

① 현재 산업용 공기액화 설비의 대부분이 클라우드사이클로 운전되고 있다.
② 고압기체의 일부가 팽창엔진(팽창기)을 통하여 외부로 일을 수행하며 팽창하고, 나머지 기체만 열교환하여 저온으로 줄톰슨 팽창하며 액화된다.
③ 팽창엔진은 등엔트로피과정이므로 액화효율이 린데사이클보다 상당히 높다.

(3) 캐스케이드(Cascade)사이클

① 캐스케이드사이클은 여러 개의 린데사이클을 직렬로 연결한 구성을 하고 있다.
② 보통 가장 고온부의 암모니아사이클이 그 하부의 에틸렌사이클의 열을 흡수하고, 에틸렌사이클은 메탄사이클의 열을 흡수하며, 메탄사이클이 공기액화사이클의 열을 흡수한다.
③ 열역학적으로 가역사이클에 가까우므로 린데사이클이나 클라우드사이클보다 액화효율이 좋지만, 장치의 복합성으로 일부 설비를 제외하고는 실용화되지 못하고 있다.

(4) 스털링사이클의 필립스 냉동기

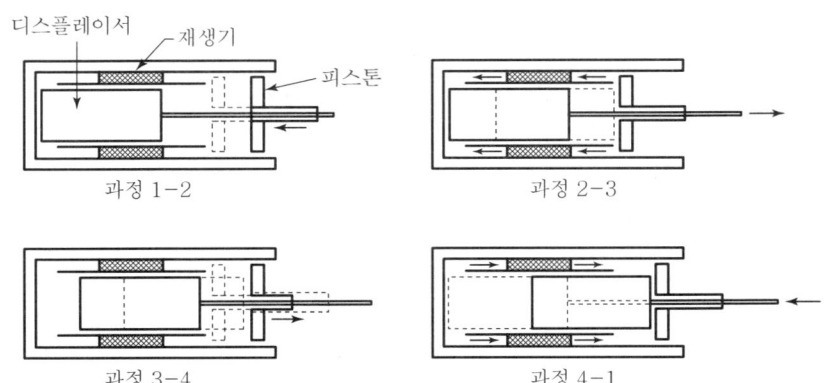

필립스 냉동기의 작동순서

① 필립스 냉동기는 피스톤을 포함한 실린더, Displacer 및 재생기로 구성되어 있다.
② 피스톤은 기체를 압축하고 Displacer는 부피 변화 없이 다른 실로 기체를 이동시킨다.
③ 사이클 동안에 기체는 가열되고, 과정 2-3에서 축적된 에너지는 다시 기체로 전달된다.

제6장 냉동이론

1. 냉동에 관한 단위 ·· 130
2. 냉동톤 ·· 131
3. 제빙톤 ·· 133
4. 제벡효과 ··· 134
5. 펠티에효과 ·· 136
6. 줄-톰슨효과 ·· 137
7. 톰슨효과 ··· 138

냉동에 관한 단위

1. 냉동효과(q_e)

① 단위중량(1kg)의 냉매가 증발기에서 흡수하는 열량(kcal/kg 또는 Btu/lb)
② 증발기 입출구에서 단위냉매의 엔탈피 차로 나타낸다.

$$q_e = h_i - h_o (\text{kcal/kg})$$

h_i : 증발기 출구의 엔탈피, h_o : 증발기 출구의 엔탈피

2. 체적냉동효과(q_{ev})

① 압축기 입구에서의 단위체적(1m³)의 냉매[건포화증기]가 증발기로부터 흡수하는 열량

$$q_{ev} = (h_i - h_o)/v (\text{kcal/m}^3)$$

v : 압축기 흡입측 냉매의 비체적

② 냉동효과와 체적냉동효과의 관계

$$q_e = q_{ev} \cdot v$$

3. 냉동능력(Q)

냉동기가 단위시간동안 증발기에서 흡수할 수 있는 열량(kcal/h 또는 냉동톤)

$$1RT = 3,320 \text{kcal/h}$$

4. 냉매순환량(G)

냉동작용을 하기 위해 단위시간당 순환하는 냉매의 양(kg/h 또는 m³/h)

5. 냉동능력(Q) vs 냉동효과(q_e) vs 냉매순환량(G)

$$Q = q_e \cdot G$$

❷ 냉동톤

유사기출문제

1. 냉동톤(RT)   [건축 78회(10점), 39회(5점)] [공조 65회(10점), 50회(10점), 46회(10점) 등]
2. CGSRT(미터단위냉동톤)과 USRT(영국단위냉동톤)을 정의하고 각각의 냉동톤 값을 계산하라.   [공조 77회(10점), 52회(10점) 등] [건축 70회(10점)]
3. USRT(또는 RT)를 MKS 단위(kcal/h)와 SI단위(Watt)로 표기
   [공조 72회(10점), 61회(25점) 등]

1. 개요

① 냉동능력을 나타낼 때 열량의 단위로 [kcal/h]를 사용하면 숫자가 커지게 되어 취급이 복잡하기 때문에 냉동능력을 나타내는 실용단위로 냉동톤을 사용한다.
② 냉동톤이란 단위시간당 냉동할 수 있는 열량으로 냉동능력을 표시할 때 사용한다.
③ 냉동톤은 미터제 냉동톤(RT)과 미국 냉동톤(USRT) 그리고 국제단위 냉동톤 등이 있다.

2. 미터제 냉동톤(RT ; Refrigeration Ton)

① RT의 정의 : 0℃의 순수한 물 1톤을 24시간(1일) 동안에 0℃의 얼음으로 만드는 냉동기의 능력
② RT의 동일용어 : 미터단위 냉동톤, MKS단위, CGSRT, 한국냉동톤, 일본냉동톤 등
③ RT의 계산식

$$1RT = 79.68(kcal/kg) \times 1,000(kg) \div 24(h) = 3,320(kcal/h)$$
(얼음의 융해잠열(물의 응고잠열) : 79.68(kcal/kg))

3. 미국 냉동톤(USRT, 영국단위 냉동톤 등)

① USRT의 정의 : 32°F(0℃)의 순수한 물 1USton(2,000lb)을 24시간 동안에 32°F의 얼음으로 만드는 냉동기의 능력
② USRT의 계산식

$$1USRT = 144(Btu/lb) \times 2,000(lb) \div 24(h) = 12,000(Btu/h) 이므로,$$
$$1USRT = 12,000(Btu/h) \times 0.252(kcal/Btu) = 3,024(kcal/h) = 0.911RT$$
(얼음의 융해잠열(물의 응고잠열) : 144(Btu/lb))

3. 국제단위 냉동톤(SI단위 냉동톤)의 계산식

$$1RT = 3,320(kcal/h) = 3,320(kcal/h) \times 4.1868(kJ) \div 1(kcal) = 13,900(kJ/h)$$
$$= 3.86(kW)$$
$$1RT = 3.86(kW) = 3.86 \times 10^{10}(erg/s)$$

제빙톤

| 1. 제빙톤 | [공조 83회(10점)] |

1. 제빙능력

① 얼음을 생산하는 제빙기의 냉동능력을 제빙능력이라 한다.
② 제빙기가 24시간(1일) 동안 생산할 수 있는 얼음의 톤수이며 제빙톤으로 나타낸다.
③ 제빙능력은 물의 온도와 얼음의 온도 및 열손실에 따라 달라진다.

2. 제빙톤

① 25℃의 순수한 물 1톤을 24시간(1일) 동안에 -9℃의 얼음으로 만드는 제빙기의 능력을 냉동톤(RT)으로 환산한 것이다.
② 제빙톤은 전도 및 복사열전달에 의한 외부열손실을 20% 감안한 값이다.
③ 1제빙톤 = 1.65RT

$$제빙톤 = \frac{1[\text{kcal/kg}℃] \times 25[℃] + 79.68[\text{kcal/kg}] + 0.5[\text{kcal/kg}℃] \times 9[℃]}{24[\text{h}]} \times 1,000[\text{kg}] \times 1.2$$

$$= 5,459[\text{kcal/h}] \times \frac{1\text{RT}}{3,320[\text{kcal/h}]} = 1.65\text{RT}$$

4 제벡효과

> **유사기출문제**
> 1. 제벡효과 [건축 70회(10점)]

1. 개요
① 제벡효과는 열전대의 원리로서 Seebeck이 발견하여 제벡효과라 부른다.
② 이종금속의 폐회로를 구성하여 양접점의 온도차가 다르면 기전력이 발생하는 현상이다.
③ 제벡효과(Seebeck 효과)는 Peltier 효과와 Thomson 효과의 기본이 된다.

2. 제벡효과의 발견
독일의 Seebeck은 구리선과 비스무스선 또는 비스무스선과 안티몬선의 양쪽 끝을 서로 용접하고 접합부를 가열하면 전위차가 발생하여 전류가 흐르는 현상을 발견하였다.

3. 제벡효과(열전대의 원리)

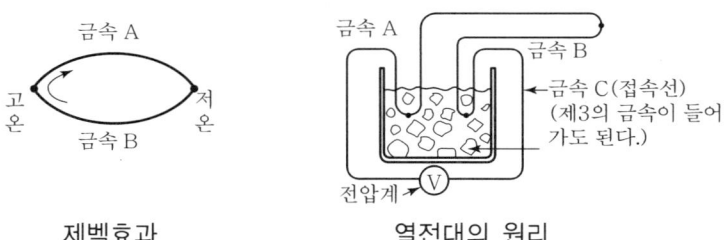

제벡효과   열전대의 원리

① 서로 다른 2종의 금속선의 끝을 접촉시켜 그 접합점에 온도를 가하면 온도차에 대응하는 열기전력이 발생하여 폐회로에 전류가 흐른다.
② 이때 발생된 전류를 열전류라 하며, 기전력을 열기전력이라 한다.
③ 금속선을 열전대(소선)라고 하며 열전대의 접속단을 측정 접점(온접점), 도선 또는 계기와의 접속단을 기준접점(냉접점)이라고 말한다.

4. 제벡효과의 특징

① 온도를 전기적으로 환산할 수 있어 측정 및 조절, 제어, 증폭, 변환 등이 용이하다.
② 가격이 저렴하고 측정 방법도 간단하다.
③ 측정 정밀도가 높고, 시간차의 비율이 적어 감도를 필요로 하는 경우 등에 사용한다.
④ 2,500℃까지 측정할 수 있어 측정온도 범위가 넓다.
⑤ 특정한 부분이나 좁은 장소, 원거리의 온도 측정이 가능하다.

5. 제벡효과의 응용

① 기전력은 온도에 비례하므로 온도를 측정할 수 있으므로 열전온도계로 사용된다.
② 다양한 종류의 열전반도체 개발로 폐열을 이용한 발전설비(열전변환장치)가 가능하다.

5 펠티에효과

유사기출문제

1. 펠티에효과(Peltier Effect) [공조 68회(10점), 51회(10점), 38회(5점)]

1. 펠티에효과의 발견

프랑스의 Peltier는 두 개의 서로 다른 금속선의 양끝을 접합하여 회로에 직류전기를 흘리면 한쪽 접합부에서 흡열, 다른 접합부에서는 발열이 일어나며, 전류의 방향을 반대로 하면 흡열과 발열이 반대로 일어나는 현상을 발견하였다.

2. 펠티에효과(Peltier Effect)

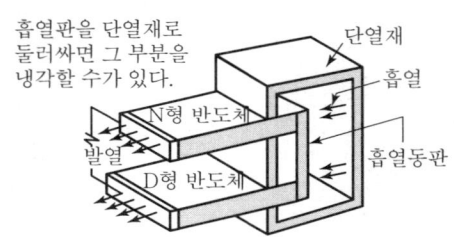

펠티에효과   펠티에효과에 의한 전자냉각의 원리

① 이종 금속의 접합점에 온도차를 주게 되면 기전력이 발생하는 현상을 제벡효과라 하는데 이 원리를 반대로 이용한 것이 펠티에효과이다.
② 이종의 금속을 연결하여 직류전류를 흐르게 하면 한쪽의 접점은 고온이 되고 다른 한쪽의 접점은 저온이 되는데 이것을 펠티에효과(Peltier Effect)라 한다.
③ 펠티에효과를 이용한 소자를 열전반도체 또는 열전모듈이라 한다.

3. 전자냉동기

① 펠티에효과의 원리를 이용한 것이 전자냉동기 또는 열전냉동기이다.
② 종래의 보통 재료로는 전기가 잘 통하면 열도 잘 통하여 고온 측으로부터 저온 측으로 전열에 의해 냉동작용을 얻을 수 없었다.
③ 그러나, 열은 잘 전달시키지 않고 전류는 잘 통과시키는 N형(Bi)과 P형(Bi2Te3) 반도체 등의 재료가 개발됨으로써 전자냉동기가 가능하게 되었다.

6 줄-톰슨효과

> **유사기출문제**
> 1. Joule-Thomson 효과의 원리를 설명하라. [공조 80회(10점), 42회(5점), 41회(5점)]
> 2. Joule-Thomson 계수 [공조 51회(10점)]
> 3. 극저온 냉동기술의 응용분야를 열거하고, Joule-Thomson 효과를 설명 [공조 35회(25점)]

1. 개요
① 압축한 기체를 단열된 좁은 구멍으로 분출시키면 온도가 변하는 현상이다.
② 교축과정 중 분자 간 상호작용에 의해 온도가 변하는 것으로, 공기를 액화시킬 때나 냉매 냉각에 응용되는 현상으로 극저온 냉동에 이용된다.

2. 줄-톰슨효과의 발견
줄과 톰슨은 압축한 기체를 단열된 좁은 통로를 통해서 빠져나가게 하면 빠져나가기 전후의 기체의 엔탈피는 같게 되나 온도가 변화는 것을 실험을 통하여 발견하였다.

3. 줄-톰슨효과(Joule-Thomsom Effect)
① 압축된 기체를 노즐과 같은 작은 구멍으로 분출시키면 교축작용으로 온도가 변화는 현상으로 줄-톰슨효과라 한다.
② 이상기체에서는 일어나지 않지만, 실제 기체에서는 분자 간 상호작용으로 부피가 절대온도에 비례하지 않기 때문에 일어난다.
③ 온도의 증가 및 감소는 일반적으로 그 기체의 온도에 따라 결정되며, 이 경계에 있는 점을 역점온도(逆點溫度)라 한다.
④ 교축과정 동안의 유체 온도변화를 측정하는 데 사용되는 비례계수를 줄-톰슨계수라 한다.

4. 줄-톰슨계수(μ)
① 등엔탈피 과정에 대한 온도변화와 압력변화의 비로 교축과정 동안의 유체 온도변화를 알 수 있다.
② 줄-톰슨계수가 0이 되는 모든 점(역점온도)들로 구성된 곡선을 전위곡선이라 한다.

$$\mu_J \equiv \left[\frac{\delta T}{\delta P}\right]_h$$

$\mu_J > 0$: 온도강하(냉각효과)
$\mu_J = 0$: 온도일정(역전온도) 또는 이상기체
$\mu_J < 0$: 온도상승(가열효과)

7 톰슨효과

1. 톰슨효과의 발견

영국의 톰슨은 1개의 금속도선의 각부에 온도차가 있을 때, 이것에 전류를 흘리면 부분적으로 전자의 운동에너지가 다르기 때문에 온도가 변화하는 곳에서 줄열 이외의 열이 발생하거나 흡수가 일어나는 현상을 발견하였다.

2. 톰슨효과(Thomson Effect)

① 구리나 은은 전류를 고온부에서 저온부로 흘리면 열이 발생하고, 철이나 백금에서는 열의 흡수가 일어난다.
② 또 전류를 반대로 흘리면, 열의 발생과 흡수는 반대가 된다.
③ 납에서는 이 효과가 거의 나타나지 않으므로 열기전력 측정 시 기준 물질로 사용된다.

3. 톰슨계수

① 대체로 이 효과에 의해 발생하는 열은 전류의 세기와 온도차에 비례한다.
② 단위시간을 취할 경우, 양자(兩者)의 비(比)는 도선의 재질에 따라 정해진 값을 취하는데 이 값을 톰슨계수 또는 전기의 비열(比熱)이라 한다.

$$\text{톰슨계수} \quad a = \frac{Q}{I \cdot \Delta T}$$

Q : 단위시간당 발열량
I : 전류
ΔT : 도체 양쪽의 온도차

제7장 냉동방식

1. 냉동방법 ········· 140
2. 증기압축식 냉동기 ········· 144
3. 증기분사냉동기 ········· 146
4. 증기분사냉동기의 Steam Ejector ········· 147
5. 흡수식 냉동기 ········· 148
6. 흡착식 냉동기 ········· 150
7. 전자냉동법 ········· 152
8. 공기압축냉동법 ········· 154
9. 볼텍스 튜브 냉동법 ········· 156
10. LNG 냉열이용의 개요 ········· 158
11. LNG 냉열이용 ········· 160

1 냉동방법

> **유사기출문제**
>
> 1. 기계식 냉동방법 6가지와 자연 냉동방법 4가지를 설명하라.   [공조 75회(25점)]
> 2. 자연냉동법 3가지를 설명하라.   [공조 63회(10점)]
> 3. 냉동의 원리와 냉매의 조건에 대해 설명하라.   [건축 61회(25점)]
> 4. 냉동과 냉각을 설명하고 냉동방법에 대하여 기술하라.   [공조 51회(25점)]
> 5. 냉동기의 종류 분류   [공조 44회(5점)]
> 6. 냉동기의 종류와 특성 및 용도, 냉동기 선정 시 고려사항을 기술하시오.[공조 23회(25점)]

1. 냉동과 냉장

① 인위적인 힘을 가하여 어떤 물체의 온도를 그 주위의 온도 이하로 낮추거나 동결상태로 유지하는 조작을 냉동이라 하며 냉각과 동결이 있다.
② 냉각(Cooling)은 물질의 온도를 빙점온도 전까지 낮추는 것이며, 동결(Freezing)은 물질을 빙점 이하의 온도로 낮추는 것이다.
③ 냉장이란 식품 등의 물질을 얼지 않을 정도의 낮은 온도로 저장하는 것이다.
④ 냉동방법(냉동의 원리)에는 증발, 융해, 승화 등을 이용한 자연냉동과 기계적인 일 등을 소비해서 저온에서 열을 흡수하여 고온으로 열을 방출하는 기계냉동이 있다.

2. 자연냉동법

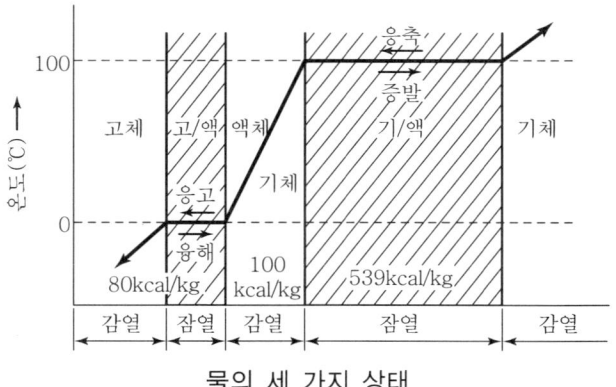

물의 세 가지 상태

(1) 증발열을 이용하는 방법(액체 → 기체)

① 액체가 증발하여 기체로 될 때 필요한 증발열을 주위에서 흡수하는 성질을 이용한다.
② 한여름 마당에 물을 뿌리면 물이 증발하면서 주위 열을 흡수하여 시원해진다.
③ 100℃ 물이 기체로 증발 시 539kcal/kg의 열을 주위에서 흡수한다.(0℃ 물의 증발열 → 597kcal/kg)

(2) 융해열을 이용하는 방법(고체 → 액체)

① 고체가 액체로 융해할 때 필요한 융해열을 주위에서 흡수하는 성질을 이용한다.
② 얼음은 0℃에서 주위로부터 79.68kcal/kg의 열을 흡수한다.

(3) 승화열을 이용하는 방법(고체 → 기체)

① 고체가 기체로 승화할 때 승화열을 주위에서 흡수하는 성질을 이용한다.
② 드라이아이스는 -78.5℃에서 약 137kcal/kg의 열을 주위로부터 흡수하여 승화한다.

(4) 기한제를 이용하는 방법

① 서로 다른 두 종류 이상의 물질을 혼합하면 한 종류만을 사용할 때보다 더 낮은 온도를 얻을 수 있다.
② 얼음의 융점은 0℃이나 소금을 혼합하면 -18℃~-20℃ 정도에서 융해되는 빙점강하가 일어나는데 이러한 혼합물을 기한제라고 부른다.

(5) 현열(감열)을 이용하는 방법

① 온도가 높아지는 데 필요한 현열을 주위로부터 흡수하는 성질을 이용한다.
② 온도가 다른 두 물질을 접촉시키면 열평형원리에 의해 온도가 높은 물질은 그 온도가 낮아지고 온도가 낮은 물질은 온도가 높아진다.
③ 한여름에 수박과 같은 과일을 찬물 속에 놓아두면 시원해지는 현상이 그 예이다.

3. 기계식 냉동법

(1) 증기압축식 냉동법

① 소형 및 중형냉동기에 널리 이용되는 냉동법으로 증발기, 압축기, 응축기, 팽창밸브 및 기타 부속기기 등으로 구성된다.
② 액화가스의 증발잠열을 이용하고, 증발한 가스를 압축하여 사이클을 구성한다.
③ 압축기의 종류에 따라 왕복식, 회전식, 원심식(터보식), 스크루식 등으로 분류한다.
④ 작동매체(냉매)는 암모니아와 프레온계 냉매가 주로 사용된다.

(2) 증기분사식 냉동법
① 보일러에 의해 생산된 고압 수증기를 증기이젝터(Steam Ejector)의 노즐을 통해 고속으로 분사시켜 증발기 안의 공기를 빨아올려 증발기 압력을 저압으로 만든다.
② 이때 증발기에 있는 냉매(물)는 포화온도가 낮아지면서 증발한다.
③ 증발에 필요한 증발열을 냉매인 물에서 흡수하므로 물은 냉각되어 냉수로 된다.

(3) 흡수식 냉동법
① 서로 친화력을 갖는 냉매와 흡수제의 용해 및 유리작용의 화학적 성질을 이용한다.
② 흡수식은 기계적인 일 대신에 열에너지를 이용하는 것으로 가열원으로 가스, 전기, 기름 및 폐열 등을 이용하여 냉방하므로 여름철 피크전기를 완화시키는 장점이 있다.
③ 널리 사용되고 있는 (냉매-흡수제)로는 (물-리튬브로마이드)와 (암모니아-물) 등이 있다.

(4) 흡착식 냉동법
① 고정된 흡착제와 순환하는 냉매의 흡착반응을 이용하여 냉매의 증발잠열로 냉동한다.
② 널리 사용되고 있는 (냉매-흡수제)로는 (물-제올라이트)와 (물-실리카겔), (메탄올-활성탄) 등이 있다.
③ 흡착식 냉동기는 흡수식 냉동기와 더불어 비프레온화 및 폐열이용의 큰 장점이 있다.

(5) 전자냉동법(열전냉동법)
① 서로 다른 금속을 연결하여 직류전류를 통하게 하면 한쪽의 접점은 고온이 되고 다른 쪽은 저온이 되는 펠티에효과의 원리를 이용한 냉동법이다.
② 반도체의 발달로 실용화는 되었으나 소비전력과 제작비 문제로 이용에 한계가 있다.

(6) 공기압축 냉동법
① 냉매인 공기를 압축하여 고온고압의 압축공기를 만들고 상온까지 냉각한 후 팽창시키면 저온의 공기를 얻을 수 있다.
② 이 저온의 공기를 이용하여 냉동작용을 행하는 것을 공기압축 냉동법이라 한다.
③ 효율은 낮지만 소형, 경량이기 때문에 주로 항공기 공조용으로 많이 사용된다.

(7) 단열소자법

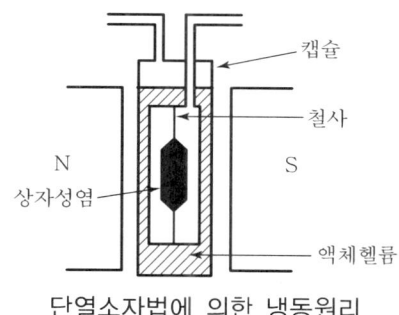

단열소자법에 의한 냉동원리

① 1K 이하의 극저온을 얻는 데 이용한다.
② 자장 내에 상자성염을 놓고 헬륨으로 둘러싼 후 자장을 갖게 하면 열이 발생한다.
③ 이 열을 흡수한 액체 헬륨은 증발하고 상자성염을 단열시킨 후 자장을 없애면 상자성염의 온도는 0K 가까이 떨어진다.

② 증기압축식 냉동기

1. 개요

① 증기압축식 냉동기는 증발열을 이용한 기계냉동법으로 흡수식 냉동기와 더불어 공기조화에 가장 많이 사용되고 있다.
② 이 냉동기는 압축기, 응축기, 팽창기구 그리고 증발기의 4대 구성요소로 되어 있다.
③ 압축기의 형식에 따라 왕복동, 로터리, 스크루, 스크롤, 터보냉동기 등이 있다.

2. 증기압축식 냉동기의 구성요소

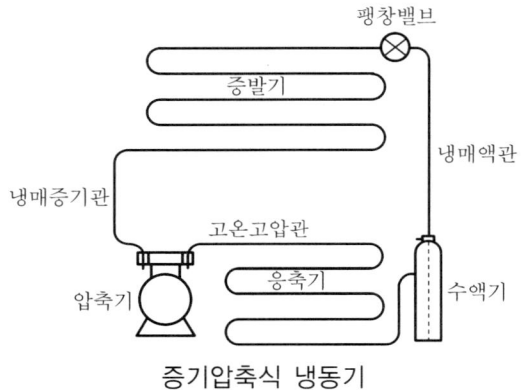

증기압축식 냉동기

① 증발기
   팽창밸브를 통과한 저온저압의 냉매액이 증발하면서 흡열작용을 행하고 기화된 냉매가스를 압축기로 보낸다.

② 압축기
   증발기에서 증발된 저온저압의 냉매증기를 흡입, 압축하여 고온고압의 냉매증기를 만들어 응축기로 보낸다.

③ 응축기
   압축기에서 압축된 고온, 고압의 냉매증기를 공랭식, 수랭식 또는 증발식으로 냉각시켜 열을 방출하고 고온고압의 냉매액으로 응축시킨다.

④ 수액기

응축된 냉매액을 일시 저장하는 용기로서 미처 응축되지 못한 냉매증기는 계속되는 방열로 다시 응축되며 응축된 냉매액만을 팽창밸브로 보낸다.

⑤ 팽창밸브

수액기의 고온고압의 냉매액을 교축밸브나 모세관을 이용하여 저온저압의 냉매액으로 만들어 증발이 쉽도록 하며 냉매의 유량도 조절한다.

3. 증기분사냉동기

> **유사기출문제**
> 1. 전자냉동기, 증기분사냉동기 및 공기압축냉동기 사용처 및 용도 등을 설명하시오.
> [건축 62회(25점)]

1. 개요

① 물과 공기가 있는 밀폐용기를 진공펌프로 진공시키면 압력저하와 동시에 물이 증발하면서 나머지 물은 증발열을 빼앗겨 냉각된다.
② 증기분사냉동기는 동력소요가 많은 진공펌프 대신에 증기이젝터(Steam Ejector)를 이용하여 다량의 증기를 분사시켜 진공을 만들어 냉동작용을 하게 하는 냉동기이다.
③ 증기분사냉동기는 증기압축냉동기와 유사한 기기로 구성되어 있으나 압축기 대신에 증기 이젝터를 사용하는 것이 차이점이다.

2. 증기분사냉동기의 작동원리

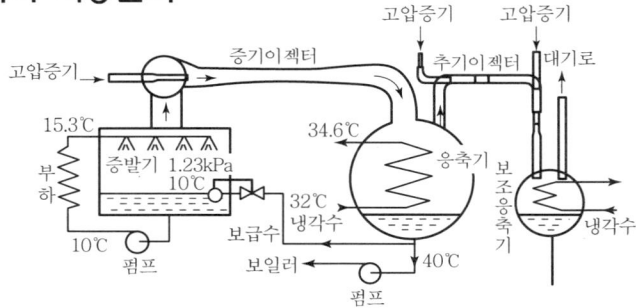

증기분사냉동기의 개략도

① 이젝터에 공급된 구동증기가 노즐에 의해서 고속으로 분출된다.
② 이로 인해 증발기 내는 저압으로 되어 물이 증발하고 그 증발잠열로 냉수는 냉각된다.
③ 증발된 수증기는 구동증기와 혼합해서 디퓨저에서 응축압력까지 압축된다.
④ 응축기에는 공기 등의 불응축가스를 방출시키기 위한 추기용 이젝터가 설치되어 있다.
⑤ 증발기에는 증발면적을 크게 하기 위해서 물은 적상 혹은 박막상태로 흐른다.

3. 증기분사냉동기의 특징

① 기밀이 잘 유지되고 구조가 비교적 간단해서 펌프 이외 구동원과 회전부분이 없다.
② 성능계수는 왕복동 압축기 또는 터보압축기에 비해 낮다.
③ 공조용 이외에 식품 및 약품의 건조, 냉각농축 장치 등에 사용된다.

증기분사냉동기의 Steam Ejector

1. 증기 이젝터(Steam Ejector)

① 증기 이젝터는 증기분사냉동기의 심장부에 해당되며, 성능은 그 형상 및 치수의 영향을 크게 받는다.
② 증기 이젝터의 구성은 노즐, 흡입실 그리고 디퓨저로 구성되어 있으며, 디퓨저는 혼합부, 목부분, 확대부로 구분된다.

2. 증기 이젝터 내의 구동증기와 흡입증기의 변화

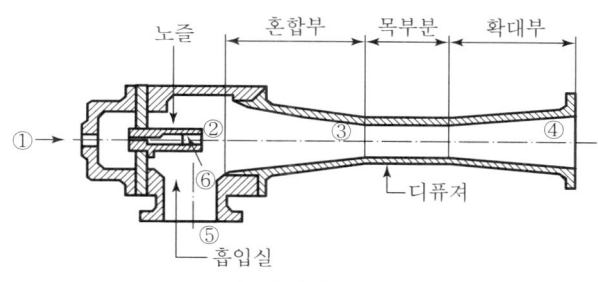

스팀 이젝터 개략도

① 구동증기 ①은 말단부분의 확대노즐부 내에서 초음속(1,000m/s 이상)으로 팽창 가속된다.
② 증발기에서 발생된 증기는 흡입실 ⑤로 흡입되고 혼합부에서 운동량을 교환하며 등압하에서 초음속의 흐름인 ③의 상태로 된다.
③ 디퓨저의 목부분에서 유사 충격파를 발생해서 급격한 압력상승을 일으킨다.
④ 구동증기와 발생증기는 아음속으로 확대부로 유입되어 속도가 감소해서 압력이 회복되는 ④의 상태가 된다.

5 흡수식 냉동기

유사기출문제
1. 흡수식 냉동장치에 대한 개략도를 그리고 작동원리를 설명하시오. [공조 71회(25점) 등]

1. 개요
① 서로 친화력을 갖는 냉매와 흡수제의 용해 및 유리작용의 화학적 성질을 이용한다.
② 흡수식은 기계적인 일 대신에 열에너지를 이용하는 것으로 가열원으로 가스, 전기, 기름 및 폐열 등을 이용하여 냉방하므로 여름철 피크전기를 완화시키는 장점이 있다.
③ 널리 사용되고 있는 냉매-흡수제로는 물-리튬브로마이드와 암모니아-물 등이 있다.
④ 흡수식 냉동기는 증발기, 흡수기, 발생기, 열교환기 그리고 응축기로 구성된다.

2. 흡수식 냉동기의 개략도 및 작동원리

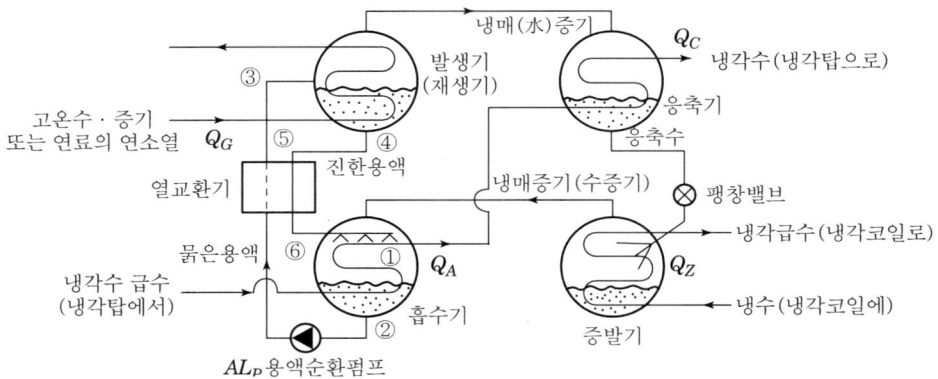

흡수식 냉동기의 개략도

① 증발기 내부를 절대압력 6.5mmHg 정도의 고진공을 유지하면 냉매인 물은 5℃ 정도에서 증발하며 증발잠열로 냉수를 7℃ 정도로 냉각시킨다.
② 흡수기의 리튬브로마이드 수용액이 증발기에서 발생된 냉매증기를 연속적으로 흡수하여 묽은 용액이 되면서, 증발기 내부를 고진공으로 유지시켜 준다.
③ 열교환기에서는 흡수기의 묽은 용액을 발생기에서 되돌아오는 고온의 진한 용액과 열교환시켜 발생기로 유입시킨다.

④ 발생기에서는 묽은 용액을 가열하여 냉매(물)의 일부를 증발시켜 응축기로 보내고, 묽은 용액은 진한 용액으로 되어 다시 열교환기를 거쳐 흡수기로 되돌아간다.
⑤ 응축기에서는 냉매증기가 냉각수로 응축되어 중력과 압력차에 의해 증발기로 유입된다.

3. 흡수식 냉동기의 특징

① 증기압축식 냉동기에 필요한 대용량의 전기설비를 생략할 수가 있다.
② 겨울철 난방에 사용하는 보일러를 연간 가동시킴으로써 투자효율을 향상시킬 수 있다.
③ 가스, 중유 등의 에너지 가격이 전력비보다 싸다.
④ 공장 폐열 등을 이용함으로써 전체 에너지 효율을 향상시킬 수 있다.
⑤ 최근에는 이중효용식의 채용으로 성능계수가 향상되어 공기조화용으로 널리 이용된다.

6 흡착식 냉동기

유사기출문제
1. 공기압축 냉동 및 흡착식 냉동의 원리와 특성을 기술하라. [공조 57회(25점)]
2. 흡착식 냉동기의 작동원리와 경제성에 대하여 기술하라. [공조 40회(25점)]

1. 개요
① 흡착식 냉동기는 흡수식 냉동기와 더불어 비프레온화 및 폐열이용의 큰 장점이 있다.
② 고정된 흡착제와 순환하는 냉매의 흡착반응을 이용하여 냉매의 증발잠열로 냉동한다.
③ 흡착식 냉동기는 흡착기, 응축기, 증발기, 흡착질(냉매) 용기로 구성된다.
④ 기본사이클은 흡착사이클과 재생(탈착)사이클이 반복 전환되면서 이루어진다.

2. 흡착식 냉동기의 작동원리

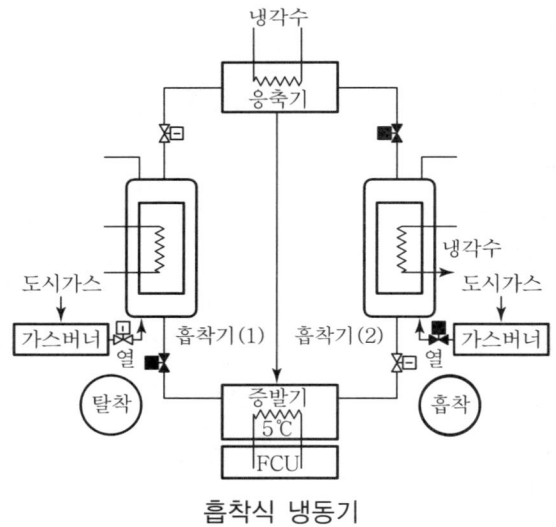

흡착식 냉동기

(1) 흡착사이클
① 흡수식 냉동기와 같이 저압(5~7mmHg)의 증발기 내에 물을 분사하면 물은 약 5℃에서 증발하게 되고, 증발잠열로 7℃ 정도의 냉수를 얻어 FCU에 순환시켜 냉방을 한다.
② 증발기에서 증발된 냉매증기는 흡착기(2)에 흡착되면서 증발이 계속 진행하게 된다.

③ 흡착기(2)에는 냉각수로 흡착열을 제거하여 흡착이 잘 되게 한다.
④ 흡착이 더 이상 진행이 되지 않으면 흡착기(2)는 재생(탈착)사이클로 전환된다.

(2) 재생(탈착)사이클

① 흡착기(2)가 흡착사이클일 때, 흡착기(1)에서는 재생사이클로 탈착이 진행된다.
② 탈착은 가스나 폐열 등을 이용하여 흡착이 완료된 흡착기(1)을 가열하여 냉매증기를 발생시켜 응축기로 유입시킨다.
③ 탈착된 냉매증기는 응축기에서 냉각수에 의해 응축되어 다시 증발기로 공급된다.
④ 흡착기(1)과 흡착기(2)는 흡수과정과 재생과정이 반복, 전환되면서 사이클을 이룬다.

3. 흡착식 냉동기의 장단점

(1) 장점

① 구동부분이 없어 진동, 소음이 적다.
② 물, 메탄올 등을 냉매로 사용하여 CFC와 같은 오존층 파괴 문제가 없다.
③ 흡수식 냉동기와 비교하여 용액결정의 우려가 없고 불응축가스의 발생이 적어 진공유지가 쉽다.

(2) 단점

① 흡착탑은 흡착과 탈착과정이 반복되므로 열팽창과 수축에 의한 누설발생 우려가 있다.
② 고효율 흡착제 개발 등으로 시스템을 콤팩트화할 필요가 있다.

4. 흡착제와 냉매의 종류

(1) 제올라이트 – 물

① 냉매로 물을 사용하여 독성과 가연성이 없다.
② 탈착온도가 약 250℃로 가스 직화식으로 가열하여 재생(탈착)한다.
③ 가정 및 건물 냉난방에 적합한 시스템이다.

(2) 활성탄 – 메탄올

① 독성 및 가연성인 메탄올을 냉매로 사용하여 누설 시 위험요소가 있다.
② 증발온도를 낮게 할 수 있어 냉방과 냉동시스템에 활용 가능하다.
③ 탈착온도는 약 120℃ 정도이다.

(3) 실리카겔 – 물

탈착온도는 약 80℃로 낮기 때문에 저온 폐열을 이용할 수 있어 운전경비가 절약된다.

7 전자냉동법

> **유사기출문제**
>
> 1. 전자냉동법 [공조 65회(10점)]
> 2. 열전냉동의 원리 및 용도 [공조 60회(10점), 54회(25점), 45회(10점), 36회(5점), 34회(25점)]
> 3. 전자냉동기, 증기분사냉동기 및 공기압축냉동기 사용처 및 용도 등을 설명 [건축 62회(25점)]

1. 개요

① 전자냉동법은 서로 다른 금속을 연결하여 직류전류를 통하게 하면 한쪽의 접점은 고온이 되고 다른 쪽은 저온이 되는 펠티에효과의 원리를 이용한 냉동법이다.
② 이 원리를 이용한 냉동기를 전자냉동기 또는 열전냉동기라 한다.

2. 전자냉동의 구성 및 원리

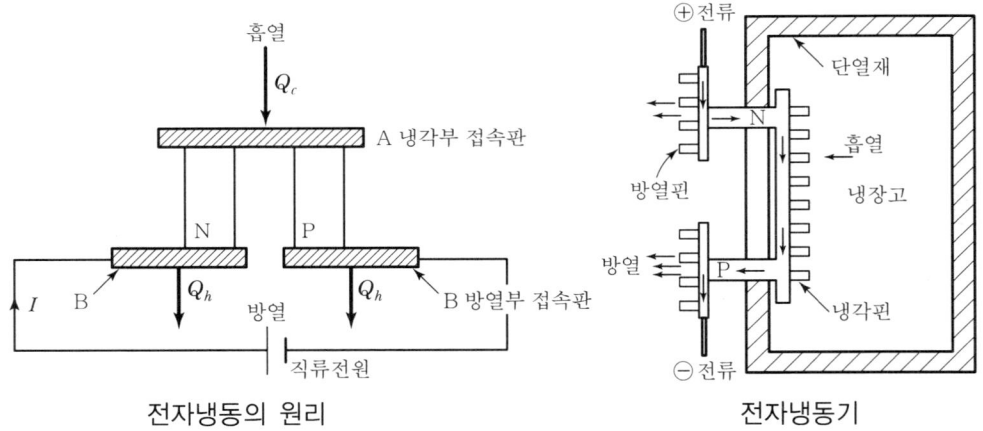

전자냉동의 원리   전자냉동기

① 그림과 같이 P형 및 N형 반도체를 π 형태로 접합시킨 것을 열전소자라 하는데 전자냉동기는 다수의 열전소자를 결합시켜 이용하고 있다.
② 전류를 흘리면 펠티에효과에 의해서 P-N 접합 전극 A는 흡열하고 B는 발열하는데 전류의 방향을 바꾸면 흡열과 발열은 역전되어 A 접합부는 발열하게 된다.
③ 과잉전자가 N형 반도체에 유입되기 위해서 주위의 열에너지를 흡수하기 때문이다.
④ 전자냉동기는 A극의 흡열을 이용한 것이다.

3. 전자냉동기의 특징

① 다른 냉동기와 달리 운전부분이 없어 소음이 없으며 냉매가 없으므로 배관이 필요 없다.
② 냉매 누설에 따른 독성, 폭발, 대기오염, 오존층 파괴 등 위험이 전혀 없다.
③ 소형이며 수리가 간단하고 수명이 반영구적이다.
④ 소형에서 대형까지 제작이 가능하고 용량을 간단히 조절할 수 있다.
⑤ 그러나 소비전력과 제작비 문제로 아직까지는 대중화되지 못하고 있다.
⑥ 전자냉동의 적합한 재료로는 펠티에효과에 의한 흡열량이 크고, 열량에 대한 전기저항이 낮으며, 열전도율이 작은 반도체가 바람직하다.
⑦ 보통 재료는 전기가 잘 통하면 열도 잘 통하여 고온 측과 저온 측의 전열작용으로 냉동작용을 얻을 수 없었으나 열은 잘 전달시키지 않고 전류는 잘 통과시키는 반도체의 개발로 전자냉동기가 가능하게 되었다.

4. 전자냉동기의 사용처

① 전자냉장고, 전자식 룸쿨러
② 광통신용 반도체 레이저의 냉각
③ 비디오카메라용 화상소자
④ 무중력하에서의 냉각 실험조
⑤ 의료 및 의학물성 실험장치 등

8 공기압축냉동법

유사기출문제

1. 전자냉동기, 증기분사냉동기 및 공기압축냉동기 사용처 및 용도 등을 설명 [건축 62회(25점)]
2. 공기압축 냉동 및 흡착식 냉동의 원리와 특성 기술 [공조 57회(25점)]

1. 개요

① 해면에서 높이가 1,000m씩 상승함에 따라 온도는 약 6℃ 정도씩 떨어지는 것은 기압 저하에 따른 기체의 팽창에 의한 결과이다.
② 공기압축냉동법은 이러한 원리를 이용하여 공기를 압축하고 상온으로 냉각한 후 팽창터빈에서 팽창시켜 압력저하와 동시에 온도가 저하된 공기를 냉동에 이용하는 것이다.

2. 공기압축냉동기의 개략도 및 T-s 선도

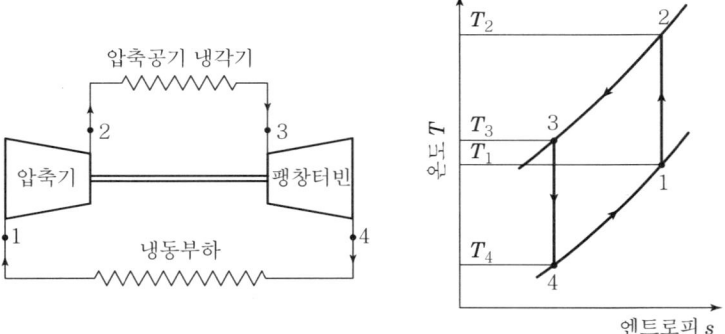

공기냉동 사이클의 개략도 및 T-s 선도

① 압축기에 유입된 공기는 고온고압의 압축공기가 된다.
② 압축공기 냉각기는 압축공기를 상온까지 냉각시킨다.
③ 팽창터빈 내에서 상온으로 냉각된 압축공기를 팽창시켜 저온의 공기를 얻는다.
④ 저온의 공기를 냉방부하에 이용한다.
⑤ 이때 팽창터빈에서 발생하는 일은 공기압축기 또는 냉각기의 송풍기에 이용한다.

3. 공기압축냉동기의 특징

① 주요기기는 압축기, 압축공기 냉각기 그리고 팽창터빈으로 구성된다.
② 효율은 낮지만 소형, 경량이기 때문에 항공기 객실 공조용으로 많이 사용된다.
③ 냉동온도가 약 $-150℃$ 이하로 되면 증기압축냉동기보다도 성능이 좋게 되므로 공기 및 메탄 등의 액화장치에도 이용할 수 있다.
④ 종류로는 열교환기를 설치해서 냉매인 공기를 순환시키는 밀폐식과 저온공기를 공조에 직접 이용하는 개방식 그리고 항공기 공조용과 같은 직접 팽창식이 있다.
⑤ 공기압축냉동기는 공기를 냉매로 사용하는 역브레이턴 사이클로 작동하는 냉동기이다.

9 볼텍스 튜브 냉동법

유사기출문제

1. Vortex Tube 냉동법　　　　　　　　　　　　　　　[공조 65회(10점)]

1. 개요

① 원형관 내 원주접선방향의 노즐에서 고속기류를 유입시켜 회전시키면 반경방향으로 외측의 압력은 높아지고 내측의 압력은 낮아져 저온이 된다.
② 이 효과를 이용한 장치를 볼텍스 튜브라 한다.

2. 볼텍스 튜브(Vortex Tube) 냉동의 원리

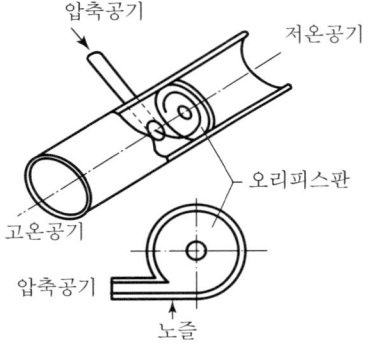

볼텍스 튜브 개략도

① 관의 접선방향으로 설치된 노즐에서 압축공기를 분출시킨다.
② 분출공기는 원심력에 의해서 관벽에서는 압력이 높게 되고 내측은 저압이 된다.
③ 관내벽 부근의 압력이 높은 공기는 원관의 오리피스에 방해를 받아 그림과 같이 좌측의 개방단을 향해서 고속으로 이동한다.
④ 원주속도가 작고 압력이 낮은 공기는 오리피스를 통해 우측으로 이동한다.
⑤ 이때 노즐 유입 시의 공기온도보다 저온의 냉기가 관 중앙의 오리피스를 통과하게 된다.
⑥ 관의 좌측에 밸브를 설치하여 유출되는 고온고압의 공기를 제어하면 저온공기의 온도를 제어할 수 있다.

3. 볼텍스 튜브의 특징

① 장치가 간단하다.
② 냉매를 사용하지 않는 냉동법이다.
③ 효율이 낮다.

4. 볼텍스 튜브의 응용

① 무더운 장소에서 일을 하는 작업자의 냉방복
② 공작기계 절삭면의 국부냉각 등
③ 물질분리 등 특수한 목적의 적용 가능성

10 LNG 냉열이용의 개요

1. 개요
① 우리나라는 1987년 LNG 공급을 시작으로 매년 증가하고 있다.
② LNG(Liquefied Natural Gas)는 메탄을 주성분으로 하는 천연가스를 액화시킨 것으로 -162℃의 초저온이므로 냉열회수를 위한 기술개발이 진행되고 있다.
③ LNG 냉열이용의 실용화는 일본이 활발하며 기술도 선도적 위치에 있다.

2. LNG의 환경우수성
① 환경부하가 가장 작은 화석연료이다.
② 천연가스의 주성분은 탄소의 함유율이 낮은 메탄이며, 유황분이 포함되어 있지 않다.
③ 연소에 따른 CO_2 배출량이 작고, SO_X와 NO_X 양이 적다.

3. LNG 수송
① LNG의 수송방법은 탱크로리나 기차의 육상수송과 LNG선의 해상수송이 있다.
② LNG 탱크재료는 -160℃의 초저온에 견딜 수 있는 금속재료(알루미늄합금, 스테인리스강 등)가 이용된다.
③ 지지재료는 목재나 경량발포 콘크리트가 사용된다.
④ 방열재료는 플라스틱 발포제(폴리우레탄폼 등)와 섬유방열재(그라스울 등) 등이 있다.
⑤ 메탄을 -162℃까지 냉각시키면 체적은 1/600로 되어 대량수송이 가능하게 된다.

4. LNG 저장
① LNG 저장 탱크는 천연가스 액화기지나 인수기지 등의 임시저장용으로 필요하다.
② 거대한 보온병과 같이 겉병과 안쪽의 내병으로 이루어져 있다.
③ 외부(겉병)는 콘크리트로 모든 힘을 받으며, 내부탱크는 액체와 기체상태인 LNG가 새어 나오지 못하도록 스테인리스강으로 밀폐되어 있다.

5. LNG 액화
① 채굴된 천연가스는 액체성분과 산성가스, 수분, 중질탄화수소 및 수은 등이 제거된다.
② 정제된 천연가스는 프로판으로 예냉된 후 열교환기에서 질소·탄화수소계 혼합냉매와 열교환 냉각되어 LNG로 되어 LNG 수송선에 선적되고 출하된다.
③ 액화과정의 프로판 예냉 → 혼합냉매방식은 많은 액화기지에서 이용되고 있다.

④ 이 방식은 시스템이 비교적 간단하고 설비비가 싸며 열전달손실이 작아 효율이 높다.

6. LNG 냉열이용 시 검토사항

① 신뢰성
② 경제성
③ 입지조건
④ LNG 부하변동
⑤ 이용온도 및 압력

7. LNG 냉열이용방법

(1) 직접이용방식(1차 이용방식)

① 생산기지 부근에서 LNG와 열교환 과정을 거친 냉매를 연속적으로 사용한다.
② 일반적으로 LNG 냉열이용이라 말하며 실용화된 산업으로는 다음과 같다.
③ 공기액화분리, 냉열발전, 식품동결 및 저장, 초저온 창고, 드라이아이스 및 액체탄산가스 제조, 저온분쇄산업 등이 있다.

(2) 간접이용방식(2차 이용방식)

직접이용방식에서 생산된 이동 가능한 냉매(액체질소, 액체탄산가스)를 생산기지에서 멀리 떨어진 곳으로 이동시켜 냉열을 이용한다.

11 LNG 냉열이용

> **유사기출문제**
> 1. LNG를 냉동 및 공기조화 설비에 이용할 수 있는 기술을 논하시오.
> [공조 53회(15점), 29회(25점), 25회(25점)]
> 2. LNG 기지 주위 냉동창고의 냉열이용 방안에 대하여 논하시오. [공조 41회(25점)]

1. 공기액화분리

① 공기를 액화시키면 산소는 -183℃, 질소는 -196℃에서 액체가 된다.
② 공기액화분리란 공기 중의 각 성분의 액화온도차를 이용하여 액체산소 및 액체질소를 생산하는 것을 말한다.
③ LNG 냉열을 이용함으로써 압축기가 소형화되고 전기사용량이 60% 정도 절감된다.

2. LNG 냉열발전

① LNG 냉열발전이란 수요처에 배관을 통해 공급하기 위해 -160℃의 초저온 상태인 LNG를 0℃의 가스로 기화시킬 때 발생하는 냉열을 이용하여 발전하는 것이다.
② 발생 전력은 보통 6,000kW 이하의 소형으로 인수기지 자체동력으로 소비된다.
③ 시동, 정지가 용이하고 LNG 부하변동이 큰 경우에도 적용이 가능하다.
④ LNG 소비량이 많은 주간에 냉열 엑서지를 회수하고 소비량이 적은 심야시간대에는 정지가 가능한 장점이 있다.

(1) 랭킨사이클 방식 냉열발전

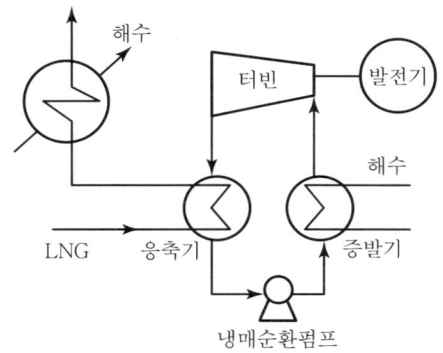

랭킨사이클 방식 냉열발전

① 프로판이 작동매체로 응축, 승압, 증발, 팽창과정을 거치며 순환하며, 팽창과정에서 터빈을 회전시켜 발전한다.
② 응축열원으로 LNG 냉열을, 증발열원으로 해수를 사용한다.
③ 해수온도가 높은 여름철에는 발전효율이 높으나 겨울철은 20% 정도 감소한다.

3. 냉동냉장창고

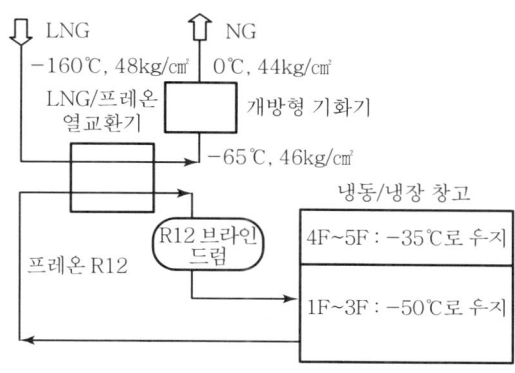

냉동창고 공정흐름도

① 이 방식은 공기 등 냉매를 직접 열교환시켜 이용하는 직접이용방식과 LNG 냉열을 이용하여 저렴하게 생산된 액체질소를 이용하는 간접이용방식이 있다.
② 상기 그림의 경우 LNG 냉열을 이용하여 프레온을 -65℃까지 냉각시킨 후 저장창고의 온도를 -55℃, -35℃로 유지시키며 각각 적절한 냉동어류 저장에 이용한다.
③ 그러나 이 방식은 생산기지와 근접한 곳에 있어야 하는 입지적 제약이 있다.
④ 장점으로는 냉동기, 냉각탑 등의 설비가 필요 없어 건설비가 적게 든다.
⑤ 또한 소음, 진동이 적고 전력비가 60% 정도 절감 가능하고 온도조절이 용이하다.

4. 액체탄산 및 드라이아이스 제조

① 액체탄산가스는 석유화학공업의 정제과정 중 부산물로 발생되어 대기로 방출되는 폐가스를 원료로 하여 액화시켜 제조하여 용접용, 주물용, 음료용으로 사용된다.
② 일반적인 제조방법은 냉동기를 사용하여 CO_2 가스를 압축, 예냉정제, 액화공정이 있다.
③ 그러나 LNG 냉열을 이용하면 -55℃의 저온저압 운전이 가능하여 동력비가 절감된다.
④ LNG와 직접 열교환할 경우 초저온으로 탄산가스가 고체화될 위험이 있으므로 중간열매체로 프레온을 사용한다.

5. 저온분쇄

① LNG 냉열을 이용하여 생산된 액체질소, 액체탄산 등을 사용하는 간접이용방식으로 물질을 취화점 이하로 냉각시키면 쉽게 부서지는 저온취성을 이용한 것이다.
② 고무, 플라스틱, 폐타이어 등 상온에서 분쇄하기 힘든 물질의 분쇄가 가능하다.
③ 동력비가 적게 들고 유동성이 좋은 분말형태가 가능하다.

6. 기타 이용분야

① 우주개발용, 연료전지, 자동차, 항공용 연료의 수소 액화에 이용
② 압축기 흡입온도 저하에 이용
③ 대규모 전력수송 시 발생되는 전기저항 감소를 위한 극저온 저항케이블
④ 초전도현상을 이용한 초저온케이블 개발
⑤ 해수를 냉각, 결빙시켜 담수를 분리 생산하는 해수담수화 기술
⑥ LNG 송출량이 많을 때 냉열을 저장하고 필요할 때 사용하기 위한 냉열저장기술 등

제8장 냉매와 브라인

1. 냉매의 정의 ……………………………………… 164
2. 냉매의 종류와 표기방법 ……………………… 165
3. 냉매의 구비조건 ………………………………… 167
4. 자연냉매 ………………………………………… 170
5. 프레온계 냉매 …………………………………… 173
6. 혼합냉매 ………………………………………… 175
7. 대체냉매 ………………………………………… 177
8. 브라인 …………………………………………… 179
9. 공융점 …………………………………………… 182
10. 냉동기유 ………………………………………… 184

1 냉매의 정의

유사기출문제

1. 1차 냉매 용어설명 　　　　　　　　　　　　　　　　　　　　　[공조 59회(5점)]
2. 냉매(1차 냉매와 2차 냉매)를 정의하고 CFC, HFC 냉매의 예를 들고, CFC 냉매가 오존 층을 파괴하는 원인을 반응식으로 설명 　　　　　　　　　　　[공조 51회(25점)]

1. 냉매(Refrigerant)의 정의

① 냉매란 넓은 의미에서 냉각작용을 일으키는 모든 물질을 가리킨다.
② 냉동기의 내부를 순환하여 냉동사이클을 형성하며 저온부의 열을 흡수하여 냉각작용을 하는 작동유체를 말한다.
③ 냉매는 증발 또는 응축의 상변화 과정을 통하여 열을 흡수 또는 방출하는 1차 냉매와 현열열전달을 통하여 열을 교환하는 2차 냉매가 있다.
④ 냉매로서 현재 널리 사용되고 있는 것은 암모니아 및 프레온계 냉매가 있다.

2. 1차 냉매와 2차 냉매

① 냉동기의 저온부에서 열을 흡수한 1차 냉매의 액체는 기체로 변하며, 이 냉매를 압축해서 고온부쪽에 열을 방출하여 다시 액체가 된다.
② 1차 냉매는 액체와 기체의 상태변화로 열을 흡수 및 방출하는 역할을 하게 된다.
③ 2차 냉매는 부동액 또는 브라인이라 한다.
④ 2차 냉매는 물질의 상태변화를 일으키지 않고 냉동사이클 중에 저온의 액체를 순환시켜 냉각하고자 하는 물질과 접촉함으로써 냉각역할을 하게 된다.

3. 암모니아와 프레온 냉매

(1) 암모니아 냉매

① 냉매로서 우수한 성질을 가지고 있다.
② 값이 싸기 때문에 공업용의 대형 냉동시스템에 많이 사용되고 있다.
③ 그러나 소형 및 가정용에는 압력이 높고, 독성으로 인한 위험성이 있어 사용되지 않는다.

(2) 프레온 냉매

① 프레온은 열적, 화학적 및 물리적으로 안정된 성질을 가지고 있다.
② 1930년대부터 냉매로 사용, 1940년대 후반부터는 발포제 및 세정제 등으로 널리 사용되어 왔다.
③ 지구온난화와 오존층을 파괴하는 프레온 냉매들은 세계적으로 규제되고 있다.

② 냉매의 종류와 표기방법

1. 개요
① 냉매는 일반적으로 할로카본, 탄화수소, 유기화합물, 무기화합물, 공비혼합물 및 비공비 혼합물로 나누어진다.
② 냉매를 표기할 때 화학명을 그대로 쓰면 너무 복잡하고 불편하기 때문에 국제표준화기구(ISO)에서 정하는 방법에 따라 번호를 부여하고 R-number의 형태로 표기한다.

2. 무기화합물냉매
① 무기화합물로서는 암모니아, 물, 탄산가스, 아황산가스 등이 있다.
② 냉매는 R-700으로 명명하며 뒤 두 자리는 분자량을 적는다.
③ 암모니아(NH_3, R-717)는 독성이 큰 단점을 빼고는 우수한 냉매로서 많이 사용된다.
④ 물(H_2O, R-718)은 증기분사 냉동기나 흡수식 냉동기의 냉매로 널리 쓰인다.
⑤ 탄산가스(CO_2, R-744)는 냉동장치를 소형으로 할 수 있으나 극히 고압이 필요하고 임계온도가 31℃로 낮아 거의 사용하지 않는다.

3. 유기화합물냉매
① 600번대의 번호로 표시하며, 개발된 순서대로 일련번호를 붙인다.
② 부탄계(R-60X), 산소화합물(R-61X), 유황화합물(R-62X), 질소화합물(R-63X)
③ 불포화 유기화합물 냉매는 1,000번대의 번호로 표시하되, 100단위 이하는 할로카본 냉매의 번호를 붙이는 방법을 따른다. 예를 들어 프로필렌은 R-1270이다.

4. 비공비혼합냉매
① 400번대의 번호로 표시하며 혼합냉매를 이루고 있는 구성냉매의 번호 및 질량 조성비를 명시한다.
② 비등점이 낮은 냉매부터 먼저 명시하는 것이 관례이다.
③ 조성비에 따라 오른쪽에 A, B, C 등을 붙인다. R-407C, R-410A 등

5. 공비혼합냉매
① 500번대의 번호로 표시하며 개발된 순서대로 일련번호를 붙인다.
② R-500, R-501, R-502 등

6. 할로카본(할로겐화 탄화수소)냉매

① 할로카본이란 한 개 또는 그 이상의 할로겐 원소(Cl, F, Br, I)를 포함하는 냉매로 보통 프레온이라 불린다.
② 할로카본은 탄화수소가 1개인 메탄(CH_4)과 2개인 에탄(C_2H_6)에 할로겐 원소들이 치환된 냉매로 대별된다.
③ 메탄계 할로겐 냉매는 R-12, 4-13, R-22 등이고 에탄계 냉매는 R-134a, R-142b 등이다.

(1) 할로카본 냉매의 표기방법

① 할로겐화합물의 일반화학식은 $C_kH_lCl_mF_n$이며, 냉매표기는 R-xyz의 세 자리로 나타낸다.
② 100단위 숫자인 x는 탄소 원자의 수에서 1을 뺀 값, 즉 x=k-1이다. 따라서 탄소가 1개인 메탄계는 2자리 숫자이며, 탄소가 2개인 에탄계는 3자리 숫자가 된다.
③ 10단위 숫자인 y는 수소 원자의 수에 1을 더한 값 즉 y=l+1
④ 1단위 숫자인 z은 불소 원자의 수 즉 z=n 이다.
⑤ 탄소, 수소, 불소 및 염소의 네 가지 원자로 구성된 냉매의 경우 염소 원자의 수는 (2x-y-z+5)가 된다.
⑥ 에탄계 냉매의 경우 수소 원자 대신에 할로겐원소로 치환하면 화학적 구성성분은 같으나 구조가 틀려 물성치가 다른 이성체가 존재하는데 안정도에 따라 끝에 a, b 등을 붙인다.
⑦ 특별한 경우로 R-13B1은 분자식이 $CBrF_3$으로 브롬원자 1개를 포함하고 있다는 뜻이다.
⑧ 예시 ($CHClF_2$→R22), (CCl_3F→R11), (CH_2FCF_3→R134a)

3 냉매의 구비조건

> **유사기출문제**
>
> 1. 냉매의 구비조건에 대하여 설명하시오. [공조 84회(25점), 61회(25점) 등] [건축 61회(25점)]
> 2. 증기압축식 냉동기 냉매가 갖추어야 할 특성에 대해 다음과 같이 분류하여 기술하시오.
>   [공조 80회(25점)]
>   ① 열역학적 특성   ② 열전달 특성
>   ③ 화학적 특성   ④ 안전 및 환경적 특성   ⑤ 기타 특성
> 3. 냉매가 갖추어야 할 열역학적 특성 5가지를 기술하시오. [공조 74회(10점)]
> 4. 냉매 구비조건 중 아래사항에 대하여 설명하시오. [공조 72회(25점), 60회(25점), 31회(25점)]
>   ① 열역학적 특성   ② 물리화학적 특성   ③ 안전 및 환경적 특성
>   기타 구분 : ④ 물리적 특성   ⑤ 화학적 특성   ⑥ 생물학적 특성   ⑦ 경제적 특성

1. 개요

① 냉매는 열역학적 특성 및 열전달, 화학적, 물리학적, 안전 및 환경적 특성 등이 구비되어야 하는데 모든 조건을 다 만족시키는 이상적인 냉매는 존재하지 않는다.

② 따라서 냉매는 그 사용목적에 따라 가장 적당한 냉매를 선택할 필요가 있다.

2. 냉매의 구비조건

(1) 열역학적 특성

① 임계온도가 높고 상온에서 반드시 액화할 것
   냉매의 임계온도가 낮으면 응축기에서 냉매가스가 액화하지 않는다.

② 증발압력이 대기압보다 약간 높을 것
   증발압력이 대기압 이하로 되면 공기가 침입하여 토출압력 상승 및 윤활유가 산화된다.

③ 응축압력이 될 수 있는 한 낮을 것
   응축압력이 높으면 축봉장치에서 냉매가 누설되거나 토출가스 온도가 상승한다.

④ 응고온도가 낮을 것
   냉매가 높은 온도에서 응고하면 유동성을 상실하여 냉동작용을 수행할 수 없다.

⑤ 증발잠열이 클 것
   증발잠열이 크면 적은 냉매량으로 큰 냉동능력을 얻을 수 있다.

⑥ 증기의 비열이 클 것
증기의 비열이 작으면 압축기에 흡입된 증기의 가열도가 높게 되며, 가스 팽창 시 비체적도 커져서 압축효율이 떨어진다.
⑦ 액체의 비열이 작을 것
액체 비열이 크면 팽창밸브 통과 시 플래시가스 발생이 많아 냉동효과가 작아지게 된다.
⑧ 증기의 비체적 및 비열비(단열지수)가 작을 것
비체적이 작으면 냉동장치를 작게 할 수 있으며 압축기 효율이 증가한다. 또한 비열비가 적을수록 압축기 토출가스 온도가 낮으므로 고온에 의한 윤활유 변질을 막을 수 있다.

$$\frac{T_2}{T_1} = \left(\frac{P_2}{P_1}\right)^{\frac{k-1}{k}}$$

(2) 열전달 특성

① 전열작용이 양호할 것
열전도율 및 열전달율이 크면 응축기, 증발기 및 열교환기의 전열면적과 온도차를 작게 할 수 있다.
② 표면장력이 작을 것
증발기에서 냉매가 증발할 때 전열작용을 양호하게 한다.

(3) 화학적 및 생물학적 특성

① 화학적 안정성
냉동기 내부에서 분해되거나 다른 물질과 결합하여 이물질을 만들지 않아야 한다.
② 금속에 대한 부식성이 없을 것
냉매에 접하고 있는 금속이나 패킹, 기타 재료를 부식 혹은 열화시키지 않아야 한다.
③ 인화성 및 폭발성이 없을 것
④ 윤활유와 냉매의 혼합으로 냉동작용에 영향을 미치지 않을 것
⑤ 인체에 해로움이 없어야 하고, 누설을 해도 냉장품을 손상하지 않을 것
⑥ 악취가 없을 것

(4) 물리적 특성

① 전기의 절연내역이 클 것
밀폐형 냉동기의 경우 냉매가스 속에서 전동기가 운전되므로 절연내역(저항)이 커야 한다.
② 점도가 작을 것
점도가 크면 밸브 통과 시 흐름저항이 커지며, 압축기에 대한 체적효율이 감소하여 냉동

능력의 저하를 가져온다.
③ 윤활에 대한 냉매의 용해도가 작을 것
　　냉매가 윤활유에 많이 녹으면 오일 점도가 감소하고 포밍을 일으킨다.
④ 증기 및 액체의 밀도가 작을 것
　　냉매의 밀도가 크면 관속을 흐르는 냉매의 마찰저항에 의한 압력강하가 크게 된다.
⑤ 비등점이 낮을 것
　　비등점이 낮은 냉매는 저온용에 적당하며 압축비가 적어져 냉동능력이 크게 된다.

(5) 기타 특성

① 환경에 대한 친화성, 즉 오존층파괴지수(ODP) 및 지구온난화지수(GWP)가 낮아야 한다.
② 성적계수가 커서 동일 냉동능력 대비 소요동력이 적어야 한다.
③ 누설을 쉽게 감지할 수 있어야 한다.
　　냉매 누설 시 전혀 냄새가 없으면 누설을 알 수 없으므로 냄새 나는 약품을 넣기도 한다.
④ 자동운전이 용이하여야 한다.
⑤ 냉매는 가격이 저렴하고 구입이 용이하여야 한다.
⑥ 독성 및 자극성이 없어야 한다.

4 자연냉매

유사기출문제
1. 자연냉매로서 이산화탄소, 물, 암모니아의 특성을 설명하라. [공조 83회(25점)]
2. 실용화된 자연냉매 3종류를 열거하고 그 특징을 설명하라. [공조 80회(10점)]
3. 자연냉매의 종류 5가지 설명 [공조 66회(10점)]
4. 천연냉매의 종류와 특징을 설명하고 사용 중인 사이클 하나를 설명하라. [공조 51회(25점)]
5. CFC의 대체냉매 구비조건과 암모니아를 대체냉매로 사용할 때의 장단점 [공조 43회(25점)]
6. 물이 증기압축식 냉동기의 냉매로서 사용되지 못하는 이유를 설명하라. [공조 39회(20점)]
7. CFC 냉매 문제점과 암모니아에서 프레온으로 냉매가 변천되어온 원인 [공조 35회(25점)]

1. 개요

① 물, 암모니아, 질소, 이산화탄소, 프로판, 부탄 등은 인공화합물이 아니고 지구상에 자연적으로 존재하는 물질이므로 자연냉매라 한다.

② 지구 환경에 악영향을 미치지 않으며, 지구온난화 및 CFC/HCFC의 사용이 규제를 받는 상황에서 자연냉매에 대한 관심이 고조되고 있다.

2. 자연냉매의 종류

(1) 탄화수소

① 탄화수소는 탄소와 수소만으로 구성된 냉매로서 메탄(R-50), 에탄(R-170), 프로판(R-290), 부탄(R-600), 이소부탄(R-600a), 프로필렌(R-1270) 등이 있다.

② 탄화수소는 독성이 없으며, 화학적으로 안정적이고 광유에서 적절한 용해도를 나타낸다.

③ 오존층파괴지수(ODP)가 0이며, 지구온난화지수(GWP)도 매우 낮다.

④ 액체의 비체적이 크기 때문에 동일한 냉동능력을 내는 다른 냉매에 비하여 냉매주입량을 감소시킬 수 있다.

⑤ 탄화수소는 우수한 열역학적 특성을 가지고 있으나 가연성이 문제점이 된다.

(2) 암모니아(Ammonia-NH_3, R-717)

① 암모니아는 현재까지 알려진 냉매 가운데 이상적인 냉매 구비조건을 대부분 만족시키고 있어 증기압축식 및 흡수식 냉동기 작동유체로 널리 사용되어 왔다.

② 증발열이 냉매 중 가장 크므로 냉동효과가 커서 냉매순환량을 줄일 수 있다.

③ 암모니아 증기가 수분을 함유하면 아연, 주석, 동 및 동합금을 부식시키므로 냉동기와 배관의 재료는 철이나 강을 사용하여야 한다.
④ 암모니아는 물에 잘 용해되지만 윤활유에는 잘 녹지 않는다.
⑤ ODP와 GWP는 각각 0이므로, 누설로 인해 환경을 오염시킬 염려가 없다.
⑥ 암모니아는 독성이 있어 누설량에 따라 인체에 치명적이 될 수 있다.
⑦ 또한 가연성이 있어 공기 중에 체적비가 13% 이상이면 폭발 위험이 있다.
⑧ 누설되어 식품 등과 접촉하면 품질을 떨어뜨린다.
⑨ 전기절연도가 떨어져 밀폐식 압축기에는 부적당하다.

(3) 물(Water-H_2O : R-718)
① 물은 환경에 대한 피해가 전혀 없으며 손쉽게 구할 수 있다는 장점을 갖고 있다.
② 가장 안전하고 투명한 무해, 무미, 무취의 냉매이다.
③ 빙점(응고점)이 너무 높고, 비체적이 크므로 증기압축식 냉동기 사용에는 제한적이다.
④ 그러나 흡수식 냉동기의 작동유체로 널리 사용되고 있다.

(4) 공기(Air : R-729)
① 물과 같이 투명한 무해, 무미, 무취의 냉매이다.
② 성적계수가 낮고 소요동력이 크므로 항공기 객실의 냉방과 같은 특수한 목적의 냉방용 공기냉동기 및 공기액화 등에 사용된다.

(5) 이산화탄소(Ccarbon Dioxide-CO_2 : R-744)
① 할로겐화탄화수소가 개발되기 전에는 선박용 냉동, 사무실이나 극장 등의 냉방용 냉매로 널리 사용되었으나 대부분 R-12로 대체되었으며, 현재는 특수한 용도로만 사용된다.
② 이산화탄소는 안정성이 뛰어나고, 무취, 무독하고 부식성이 없다.
③ 연소 및 폭발성이 없는 물질로서 냉매 회수가 필요 없으며 일반 윤활유와 양호한 상용성을 가지고 있다.
④ 이산화탄소는 포화압력이 높기 때문에 냉동기 설계 시 내압성 재료를 사용해야 한다.
⑤ 다른 냉매에 비하여 가스의 비체적이 매우 작기 때문에 체적유량이 적으며 냉동장치를 소형의 시스템으로 제작할 수 있는 장점이 있다.
⑥ 그러나 임계온도(31℃)가 낮으므로 냉각수 온도가 충분히 낮지 않으면 응축기에서 액화가 되지 않는 단점이 있으며, 냉동능력을 증가시키기 위해 추가압축사이클을 구성한다.

(6) 아황산가스(Sulfur Dioxide SO_2 : R-764)
① 아황산가스는 암모니아와 더불어 오래전부터 사용되어온 냉매이다.
② 냄새와 독성이 냉매 중 가장 강하다.

③ 소형냉동기에 적합한 특성이 있어 초기 가정용 냉장고 등에 널리 사용되었다.
④ 메틸클로라이드(R-40)로 대체되었다가 할로겐화탄화수소 냉매로 대체되었다.
⑤ 아황산가스는 동 및 동합금을 부식시키지는 않지만 가스 중에 수분이 50ppm을 초과하면 대부분의 금속을 침식시킨다.
⑥ 윤활유에는 소량 용해되며 연소하거나 폭발하지 않는다.

5 프레온계 냉매

> **유사기출문제**
>
> 1. 냉매를 1세대 냉매(CFC), 2세대 냉매(HCFC), 3세대 냉매(HFC)로 구분할 때 다음을 기술하라. [공조 69회(25점)]
>   ① 각각 세대별 냉매의 종류
>   ② 사용냉매의 규제사항 및 일정
>   ③ 사용냉매의 문제점 분석
>   ④ 대표적인 3세대 냉매의 경우 순냉매의 혼합비율
> 2. 냉매 R-123과 R-134a의 특성을 비교 설명하라. [공조 68회(25점), 49회(25점)]
> 3. HFC계 냉매의 대표적인 것 3가지를 열거하고 냉동기 종류에 따라 기존의 냉매가 어떠한 대체냉매로 변경될지 기술하라. [공조 65회(25점)]
> 4. CFC-12의 대체냉매로 HFC134a를 사용할 때 고려할 특성을 설명하라. [공조 47회(25점)]
> 5. R-12, R-22 냉매의 문제점과 논의되는 대체냉매의 종류와 기기 성능상 문제점을 기술하라. [공조 41회(25점), 40회(20점)]
> 6. CFC [건축 44회(25점), 37회(10점)] [공조 35회(5점)]

1. 개요

① 프레온은 미국 제조회사의 상품명으로 정식명칭은 플루오르화염화탄소(Chlorofloro Carbon)이다.

② 프레온은 CFC계, HCFC계 그리고 HFC계 등으로 나눌 수 있는데 이 중 CFC계 냉매에 의한 오존층 파괴문제가 국제적으로 심각하게 대두되어 생산과 사용을 금지하고 있다.

2. 프레온계 냉매의 특징

① 화학적으로 안정하여 연소성 및 폭발성이 없다.
② 독성과 냄새가 없다.
③ 전기절연물을 침식시키지 않으므로 밀폐형 압축기에도 적합하다.
④ 윤활유에는 잘 용해되지만 수분에는 잘 용해되지 않는다.

3. 프레온계 냉매

(1) CFC계

① CFC 냉매는 염소(Cl), 불소(F) 및 탄소(C)로 구성된 '염화불화탄소'이다.
② 종류로는 R-11, R-12, R-113, R-114, R-115, R-140a 등이 있다.
③ 오존층을 파괴하는 문제점이 있어 선진국은 1996년 1월부터, 개도국은 2010년 1월부터 사용금지 대상이다.

(2) HCFC계

① HCFC 냉매는 구성 원자 중에 최소한 수소가 한 개 이상 포함되어 있는 '수소화염화불화탄소'로 수소(H), 염소, 불소, 탄소로 구성된다.
② 종류로는 R-22, R-123, R-124, R-141b, R-142b 등이 있다.
③ 가장 많이 사용되는 R-22는 오존층파괴지수(ODP)는 1이나 GWP=1,700으로 매우 높아 지구온난화에 영향을 준다.
④ 선진국은 2030년 1월부터, 개도국은 2040년 1월부터 사용금지 대상이다.

(3) HFC계

① HFC 냉매는 수소, 불소 및 탄소로 구성된 '수소화불화탄소'로서 염소가 없으므로 오존층을 전혀 파괴시키지 않는다.
② 종류로는 R-32, R-125, R-134a, R-143a, R-152a 등이 있다.
③ 가장 많이 사용되는 R-134a는 오존층파괴지수(ODP)는 0이나 GWP=1,200으로 매우 높아 지구온난화에 영향을 준다.
④ 규제 대상에는 포함되어 있지 않다.

6 혼합냉매

> **유사기출문제**
> 1. 유사공비냉매 및 비공비혼합냉매 　　　　　　　　　　[공조 69회(10점)]
> 2. 공비혼합체인 R-502는 어떤 냉매들의 혼합물인가? 　　[공조 68회(10점)]
> 3. 공비혼합냉매 　　　　　　　[공조 65회(10점), 52회(10점), 33회(5점)]

1. 개요

① 혼합냉매란 단일냉매로 원하는 특성을 얻을 수 없는 경우 2개 이상의 순수냉매를 혼합한 냉매로 공비혼합냉매와 비공비혼합냉매가 있다.
② 특히 열펌프에 관한 가열능력과 성능계수 향상을 위해 혼합냉매를 연구하고 있다.

2. 혼합냉매

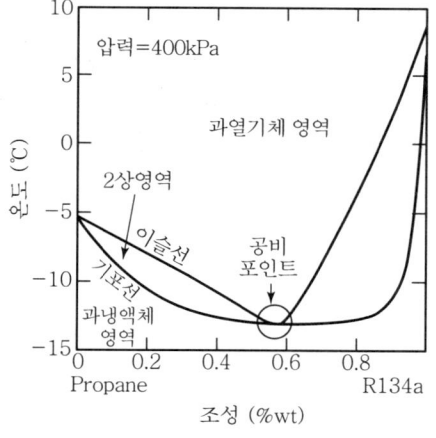

공비혼합냉매의 특성

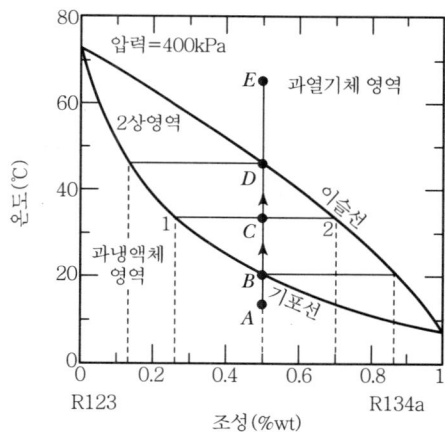

비공비혼합냉매의 특성

(1) 공비혼합냉매

① 서로 다른 두 개의 순수물질을 혼합하였는데도 등압의 증발 또는 응축 과정 중에 기체와 액체의 성분비와 온도가 변하지 않는다.
② 즉, 혼합냉매임에도 불구하고 순수냉매와 유사한 특성을 지니고 있다.
③ 그림에서 Propane/R134a와 같이 특정한 조성비에서 이슬선과 기포선이 서로 만나게 되어 기상과 액상에서의 성분이 서로 같아 순수냉매와 같이 행동하는 냉매이다.

④ 공비혼합냉매는 500번대의 번호로 표시하되, 개발된 순서대로 R500, R501, R502 등의 일련번호를 ASHRAE에서 냉매번호를 부여받아 사용되고 있다.
⑤ R-500은 밀폐형 소형압축기에 사용되고 있으며, 중량비로 R-12(73.8%)와 R-152(26.2%)로 구성되어 있다.
⑥ R-502는 저온용으로 사용되며, R-22(48.8%)와 R-115(51.2%)가 혼합된 냉매이다.

(2) 비공비혼합냉매

① 비공비혼합냉매는 오존층 붕괴에 대한 억제 효과가 있어 대체냉매로서 상업화되고 있다.
② 2개 이상의 냉매가 혼합되어 각각 개별적인 성격을 가진다.
③ 각 냉매의 액상과 기상의 조건이 다르기 때문에 증발과 응축과정 시 조성비가 변화하여 온도기울기를 가지는 냉매를 말한다.
④ 즉, 증발할 때는 비등점이 낮은 쪽이 먼저 많이 증발함으로써 비등점이 높은 쪽이 많이 남게 되어 운전상태가 조성에까지 영향을 미치게 된다.
⑤ 냉매와 열원 사이의 온도가 평형이 되게 하여 Lorenz 사이클을 구성할 수 있고 평균온도차를 줄일 수 있어 비가역성이 감소되며 효율을 향상시킬 수 있다.
⑥ 냉매가 누설되는 경우 혼합냉매의 조성비가 변하므로 냉매 누설에 의한 재충전을 할 경우 냉매 잔량을 전량 회수하고 새로이 냉매를 주입하여야 한다.
⑦ 냉매번호는 400번대의 번호로 표시하며, 혼합냉매를 이루고 있는 구성냉매의 번호 및 질량 조성비를 명시한다. 비등점이 낮은 냉매부터 먼저 명시하는 것이 관례이다.
⑧ 현재 R-22, R-502 등의 대체냉매로 고려하고 있는 주요 비공비혼합냉매에는 R-404A, R-407C, R-410A 등이 있다.

7 대체냉매

> **유사기출문제**
> 1. 대체냉매가 갖추어야 할 조건을 설명하라. [공조 46회(25점), 42회(25점)] [건축 41회(5점)]
> 2. R-12, R-22 냉매의 문제점 및 논의되는 대체냉매의 종류와 대치냉매 사용 시 기기 성능상 문제점을 설명하라. [공조 41회(25점)]

1. 개요

① CFC 냉매는 오존층파괴지수가 높고 HCFC 냉매는 지구온난화지수가 높은 단점이 있다.
② 따라서 대체냉매는 환경친화적이면서 냉매의 구비조건을 갖추어야 한다.
③ 대체냉매로 HFC 냉매와 혼합냉매 그리고 자연냉매가 검토되고 있다.

2. 대체냉매의 구비조건

① 우수한 열역학적, 물리화학적 특성 등 냉매의 구비조건을 갖추어야 한다.
② 오존층파괴지수가 0이고 지구온난화지수가 낮아야 한다.
③ 독성 및 가연성이 없어야 한다.
④ 에너지 효율이 높아야 한다.

3. 대체냉매의 종류

(1) 프레온계 냉매의 HFC계

① HFC 냉매는 수소, 불소 및 탄소로 구성된 냉매로 R-125, R-134a, R-152a 등이 있다.
② 몬트리올 의정서 등의 규제대상에는 포함되어 있지 않다.
③ 가정용 냉장고 및 자동차 에어컨에 사용되어온 R-12 대체냉매로 R-134a가 사용된다.
④ 가장 많이 사용되는 R-134a는 오존층파괴지수(ODP)는 1이나 GWP=1,200으로 매우 높아 지구온난화에 영향을 준다.

(2) 혼합냉매

① 혼합냉매란 단일냉매로 원하는 특성을 얻을 수 없는 경우 2개 이상의 순수냉매를 혼합한 냉매로 공비혼합냉매와 비공비혼합냉매가 있다.
② 저온냉매로 많이 사용되어온 R-502의 대체냉매로 R-404A와 R-507을, 열펌프 및 각종 공조기기에 사용되고 있는 R-22의 대체냉매로는 R-32를 포함한 HFC 혼합냉매들

이 고려되고 있다.
③ 주요 HFC 혼합냉매로는 R-407C와 R-410A 등을 들 수 있다.

(3) 자연냉매
① 지구상에 자연적으로 존재하므로 지구환경에 악영향을 미치지 않는다.
② 탄화수소, 암모니아, 물, 공기, 이산화탄소, 아황산가스 등이 있다.

브라인

> **유사기출문제**
>
> 1. 냉동장치에 사용되는 브라인의 구비조건을 기술하시오. [공조 84회(10점)]
> 2. 간접 냉각식 냉동장치에 사용하는 액상냉각 열매체인 브라인에 대하여 다음 사항을 설명하라.
>   [공조 77회(25점), 56회(20점)]
>   ① 브라인의 구비조건
>   ② 각 브라인의 종류를 열거하고 각각의 특징을 설명
> 3. 2차 냉매에 대한 설명과 이에 대한 3가지 예를 기재하시오. [공조 75(10점)]
> 4. 2차 냉매(부동액)를 사용하는 에틸렌글리콜 수용액의 냉각에 따른 성상변화와 혼합농도에 따른 특성을 정성적으로 설명하라. [공조 43회(20점)]

1. 개요

① 간접 냉각식 냉동장치에 사용하는 액상 냉각 열매체(부동액)를 브라인 또는 2차 냉매라 부른다.
② 현재 일반적으로 널리 사용되고 있는 것은 염화나트륨, 염화칼슘 등의 무기 브라인과 에틸렌글리콜, 프로필렌글리콜 등의 유기 브라인이 있다.
③ 브라인을 선택할 때에는 사용조건, 사용온도, 냉각방식 및 피냉각물의 종류 등을 검사한 후에 결정해야 한다.

2. 브라인의 구비조건

① 비열이 클 것
   비열이 크면 동일 냉동능력에 대한 브라인의 순환량을 적게 할 수 있으며 펌프, 배관 등의 장치용량을 줄일 수 있다.
② 열전도율이 클 것
   전열작용이 양호하면 열교환기를 소형으로 할 수 있다.
③ 점성이 적을 것
   브라인은 온도가 내려가면 점성이 증가하기 때문에 유동성의 악화로 전열 장해와 동력 손실을 가져온다.
④ 동결온도가 낮을 것
   동결온도가 낮으면 동결에 의한 장치의 파손 위험이 적어진다.

⑤ 응고점이 낮을 것
  응고점이 높은 브라인이 저온이 되면 응고되어 냉매작용을 할 수 없게 된다.
⑥ 비등점이 높을 것
  대기 중에서 비등점이 낮은 브라인을 사용할 때에는 기화되어 사용할 수 없다.
⑦ 비중이 적합할 것
  비중이 크면 펌프 동력이 크게 되며, 비중이 작으면 펌프 순환량이 증가한다.
⑧ 부식성이 적을 것
  브라인은 부식성이 있기에 탱크나 배관재료의 수명을 감소시킬 우려가 있으므로 공해를 일으키지 않는 방식제를 첨가할 필요가 있다.
⑨ 고약한 냄새 및 쓴맛이 없어야 하고 특히 독성이 없을 것
⑩ 다른 물건에 대한 변색 및 변질을 하지 않을 것
⑪ 구입이 용이하고 가격이 비싸지 않을 것
⑫ 불연성이고 사용이 용이할 것

3. 브라인의 종류

(1) 무기 브라인

1) 염화칼슘
① 부식성이 비교적 적고, 공정점도 아주 낮아(-55℃) 제빙, 동결 및 냉장에 널리 사용된다.
② 쓴맛이 있기 때문에 식품동결에 사용할 때에는 간접식 동결방법을 사용해야 한다.
③ 온도가 낮은 상태에서 공기 중의 수분을 응축시켜 흡수하여 점점 묽어지므로 비중을 측정하여 묽어진 브라인을 빼내고 염화칼슘을 보충하여 적절한 농도로 유지한다.

2) 염화나트륨(식염수)
① 염화칼슘 브라인보다 동결온도(-21℃)가 높으며 금속재료에 대한 부식성이 크다.
② 그러나 식품에 대해서 무해하기 때문에 침지냉각방식에 이용되고 있다.

3) 염화마그네슘
① 염화나트륨보다 공정점은 -33.6℃로 약간 낮다.
② 그러나 강에 대한 부식성은 염화칼슘보다 약간 많아 현재는 거의 사용하지 않는다.

(2) 유기브라인

1) 에틸렌글리콜
① 적은 부식성과 화학적 안정성, 저렴한 가격 등으로 널리 쓰인다.
② 물보다 무거우며 점성이 크고 단맛이 있는 무색의 액체이다.

③ 부동성이 있기 때문에 자동차, 항공기 엔진 등의 동절기에 대한 냉각액으로 사용된다.
④ 빙축열시스템의 브라인으로도 사용된다.

2) 프로필렌글리콜

① 거의 독성이 없으며 금속에 대한 부식성이 없고 응고점이 낮기 때문에 식품의 침지 냉각방식에 이용되고 있다.
② 가연성과 흡습성이 있으며 인화성은 없다.

3) 에틸알코올

① 점도, 열전도율 등이 적당하며 부식성도 없어서 −100℃까지 식품의 초저온 동결에 사용할 수 있다.
② 그러나 마취성이 있고 인화점이 +15.8℃로서 위험성이 높아 취급에 주의하여야 한다.
③ 선박에서는 냉매로 사용할 수 없다.

9 공융점

> **유사기출문제**
>
> 1. 공융점(Eutectic Point)   [공조 56회(10점)]
> 2. 2차 냉매(부동액) 농도에 따른 동결점의 변화특성과 공정점(Eutectic Point)을 설명하라.
>   [공조 53회(20점)]

1. 개요

① 브라인 수용액은 동결점이 낮은 염류를 물에 용해시켜 만들며, 이 수용액은 용액의 농도에 따라 동결온도가 달라지게 된다.
② 브라인 수용액은 어느 농도에서 동결온도가 최저가 되는데, 이 점을 공융점 또는 공정점이라 하며, 이 농도의 용액을 공융혼합물이라 한다.

2. 공융점(Eutectic Point)

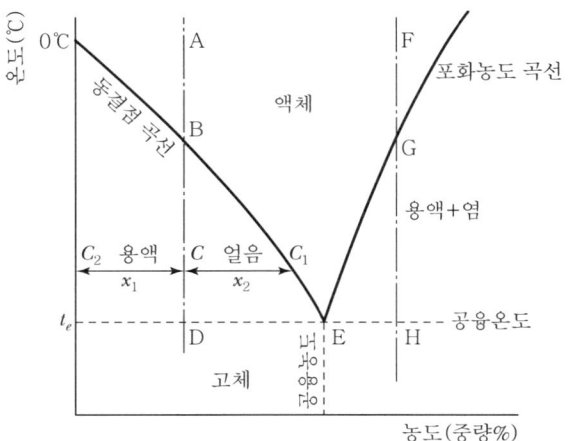

공융혼합물의 상태도

① 동결점 곡선은 브라인의 온도를 낮출 때 얼음을 석출하기 시작하는 온도를 연결한 선으로 이 곡선과 포화농도 곡선이 만나는 점이 공융점이 된다.
② 공융점은 용액이 응고되지 않고 액체상태를 유지할 수 있는 최저온도가 되는 점이다.
③ 공정점 온도 이하에서 브라인은 모두 동결되어 고체가 된다.

④ 공융점에서는 동결 혹은 융해가 마치 단일물질처럼 이루어진다.

3. 공융혼합물의 상태도 해석

(1) 공융점(E점)보다 낮은 농도의 경우

① A → B : A점의 용액온도를 점차로 내리면 B점에서 순수한 얼음이 동결되기 시작한다.

② B → C : C점에서는 얼음의 양이 증가하고 용액과 얼음이 분리된 혼합물이 되며, 나머지 용액은 농도가 증가하므로 BC1선을 따라 공융점으로 접근한다.

③ C점 : C점에서 용액의 농도는 점 C1에 해당하며, 얼음의 양은 $\dfrac{x_2}{x_1+x_2}$, 용액(브라인)의 양은 $\dfrac{x_1}{(x_1+x_2)}$이 된다.

④ D점 이하에서는 전부가 동결된다.

(2) 공융점(E점)보다 높은 농도의 경우

① 공융농도보다 진한 용액을 점 F로부터 온도를 내리면 얼음 대신 염이 석출되면서 농도가 감소하여 공융점에 도달한다.

② 온도를 공융온도보다 더 낮게 내리면 모두 동결하여 고체가 된다.

4. 공융혼합물의 응용

① 공융혼합물을 처음부터 동결시켜 놓고 그 융해열을 이용하면 0℃ 이하의 낮은 온도를 얻을 수 있다.

② 2차 냉매로서 냉동식품의 운송차량 등에 이용될 수 있다.

10. 냉동기유

> **유사기출문제**
> 1. 냉동기유(Oil)의 특성을 간단히 설명하시오. [건축 69회(10점)]
> 2. 저온냉동장치에 사용되는 냉동기유의 구비조건과 특징을 설명하시오. [공조 28회(15점)]

1. 개요
① 냉동용 압축기에 사용되는 윤활유를 일반적으로 냉동기유라 한다.
② 냉동기유 선정시 냉매의 종류, 압축기의 형식, 윤활방식 및 작동온도조건 등을 고려해서 결정해야 한다.

2. 냉동기유 사용목적
① **윤활작용** : 압축기의 베어링, 실린더와 피스톤 사이의 틈새 등에 마찰이나 마모를 줄인다.
③ **냉각작용** : 마찰에 의해 발생하는 열을 제거하여 기기 성능을 유지한다.
④ **밀봉작용** : 축봉장치나 피스톤 링을 밀봉한다.
⑤ **방청작용** : 녹 발생을 방지하여 압축기를 원활하게 운전시킨다.

3. 냉동기유 구비조건
① 점도가 적당하고 온도에 의한 점도의 변화가 적을 것
② 응고점이 낮고 저온에서도 유동성이 양호할 것
③ 열안정성이 좋을 것(히트펌프에 중요함)
④ 수분 및 산을 포함하지 않을 것
⑤ 쉽게 산화하지 않을 것
⑥ 저온에서 왁스를 석출하지 않을 것(저온장치에 중요함)
⑦ 유성(油性)이 양호하고, 유막 형성의 능력이 우수할 것
⑧ 거품이 적을 것
⑨ 유화하기 어려울 것
⑩ 냉매와 반응을 일으키지 않을 것
⑪ 밀폐형 압축기에 사용하는 것은 전기 절연성이 클 것

제9장 냉동사이클

1. 몰리에선도(P-h 선도) ················· 186
2. 표준냉동사이클 압력-엔탈피(P-h) 선도 ··· 188
3. 실제운전상태의 P-h 선도 ················· 191
4. 표준냉동사이클 온도-엔트로피(T-s) 선도 193
5. 단단압축 냉동사이클 ······················· 195
6. 단단압축 냉동사이클의 COP 향상방법 ········ 197
7. 단단압축 냉동사이클 계산문제 ············· 199
8. 부스터 사이클 ···························· 201
9. 이산화탄소 냉동사이클과
   추가압축 냉동사이클 ······················ 202
10. 다효압축 냉동사이클 ····················· 204
11. 다단압축 및 다원 냉동사이클 ············· 207
12. 2단압축 1단팽창 냉동사이클 ·············· 209
13. 2단압축 2단팽창 냉동사이클 ·············· 211
14. 2원 냉동사이클 ·························· 213
15. 3원 냉동사이클 ·························· 215
16. 액-가스 열교환기 부착 냉동장치 ·········· 216
17. 가스 냉각용 열교환기 부착
    2단압축 냉동장치 ························ 217
18. 냉매액 강제순환식 냉동장치 ·············· 218
19. 원심냉동기의 이코노마이저식 냉동사이클 ·· 219
20. EPR 부착 냉동사이클의 해석 ·············· 221

1 몰리에선도(P-h 선도)

> **유사기출문제**
> 1. 압력엔탈피(P-h) 선도에 있는 냉매 물성의 종류(예 : 압력 ……) [공조 66회(10점)]
> 2. Mollier 선도의 종축은 무엇을 표시한 것인가? [공조 49회(10점)]
> 3. 몰리에선도 [공조 46회(10점)]

1. 개요
① 냉매는 냉동기 내에서 액상-기상의 상변화를 반복하면서 냉동사이클을 수행하는데, 이때 냉매의 상태를 도시한 선도를 증기선도라 한다.
② 증기선도에는 P-h 선도와 T-s 선도가 있는데 특히 P-h 선도를 몰리에선도라 한다.
③ 몰리에선도는 압력과 온도의 변화에 따른 엔탈피의 차를 구하는 데 편리하기 때문에 현재 냉동기의 계산에 가장 많이 사용된다.

2. 몰리에선도의 특징
① 선도상에 종축은 압력(P), 횡축은 엔탈피(h)를 취하여 냉매의 상태변화를 잘 알 수 있다.
② 일정압력에 대한 상태변화와 교축작용이 직선으로 표시되어 엔탈피 계산이 편리하다.
③ 응축기나 증발기에서의 열량계산이 편리하다.
④ 냉동기 운전에 필요한 동력계산 및 냉동장치의 운전상태 파악 등에 편리하게 사용된다.

3. 몰리에선도의 냉매 물성

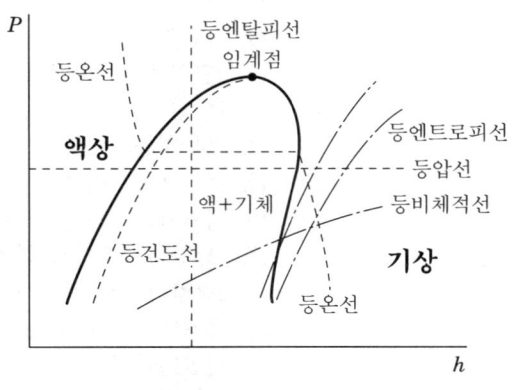

몰리에선도(P-h 선도)

① 포화액선
　포화액을 나타내는 선으로 이 선의 좌측은 과냉각액, 우측은 습증기를 나타내는 선이다.

② 포화증기선
　포화증기를 나타내는 선으로 이 선의 좌측은 습증기이고, 우측은 과열증기 영역이 된다.

③ 등온선
　등온선은 온도가 같은 점을 나타낸 선으로 과냉액 영역(Subcooling)에서는 수직선에 가깝고, 습증기부에서는 등압선에 일치해서 수평선이 되며, 과열부(Superheating)에서는 우측으로 하강하는 선이다.

④ 등엔트로피선
　조금 오른쪽으로 비스듬히 위로 그어져 있는 선으로 압축기에서 냉매가스를 압축할 때에 일어나는 과정을 단열압축이라 가정하면 압축과정은 등엔트로피선에 따라 변화한다.

⑤ 등비체적선
　냉매의 비체적, 즉 1kg당의 체적이 같은 점을 연결한 선이다.

⑥ 등건도선
　건도가 일정한 점을 이어서 나타낸 선으로서 건도 x=0.1은 습증기 중 10%가 건포화증기임을 의미하는데, 포화액선상에서의 건도는 0이며, 포화증기선상에서는 1이 된다.

⑦ 등압선
　선도의 세로축인 압력의 눈금에서 수평으로 표시되어 있는 선으로 모든 점은 동일한 압력이 되며 압력단위는 절대압력을 사용한다.

⑧ 등엔탈피선
　가로축에 있는 각 엔탈피 눈금으로부터 상하 수직으로 그은 다수의 선으로 이 엔탈피선은 냉매 1kg당 열량의 관계를 나타낸다.

❷ 표준냉동사이클 압력-엔탈피(P-h) 선도

유사기출문제

1. 냉동공조장치의 증발, 압축, 응축, 팽창 과정에서의 엔트로피 변화를 설명하시오.
   단, P-h 선도를 그리고 설명하시오.   [공조 81회(10점)]
2. 표준(기준)냉동사이클에 대한 장치구성도와 몰리에선도를 작성한 후 이들 과정에 대한 설명과 더불어 아래 사항을 기재하시오.   [공조 75회(25점), 28회(15점)]
   ① 압축기흡입가스온도   ② 응축온도
   ③ 팽창밸브 직전온도   ④ 증발온도
3. 표준냉동사이클 용어설명   [공조 54회(6점)]
4. 표준증기압축 냉동사이클의 압력-엔탈피 선도   [공조 50회(10점)] [건축 33회(30점)]

1. 개요

① 압축기(또는 냉동기)의 냉동능력과 소요동력은 증발온도, 응축온도 및 과열, 과냉각 등의 온도조건에 따라서 현저하게 좌우되므로, 냉동기의 능력 크기를 결정하는 데는 어떤 일정한 온도 기준이 필요하게 된다.
② 이 정해진 온도 조건에서 이루어지는 냉동사이클을 표준냉동사이클이라 하며 기준냉동사이클 또는 법정냉동사이클이라고 한다.

2. 표준냉동사이클의 장치구성도 및 몰리에선도

【 표준냉동사이클의 기준온도 】

증발온도	응축온도	압축기 흡입가스 온도	팽창밸브 직전 냉매액 온도
-15℃	+30℃	-15℃ (과열도 0℃)	+25℃ (과냉각도 5℃)

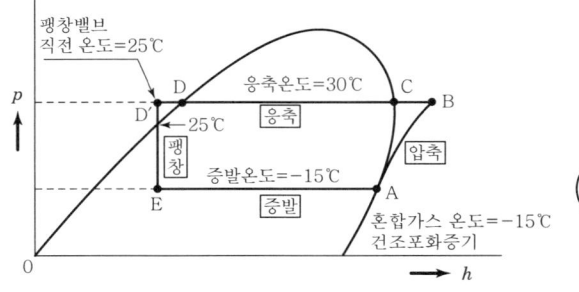
표준냉동사이클 P-h 선도

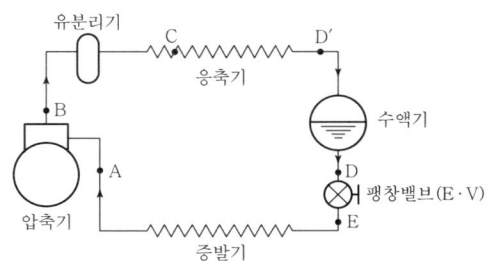
표준냉동사이클 장치도(1단 압축)

3. 표준냉동사이클의 과정

(1) 압축기의 단열압축

① 압축기 흡입가스는 건포화증기를 나타내는 포화증기선상에 있으며, -15℃의 등온선상인 A점이 흡입가스의 상태를 나타내는 점이다.
② 압축기 흡입가스 온도는 -15℃로 과열도가 0℃이다.
③ 압축기에서는 이상적인 단열압축이 이루어지므로 등엔트로피선을 따라 가스의 상태가 변화하며 등엔트로피선은 우측 상승선으로 표시된다.
④ 토출가스의 압력은 30℃의 포화압력이므로 이 점을 통하는 등엔트로피선과 30℃의 포화압력을 나타내는 등압선의 교점 B를 구하면 압축기의 토출가스상태가 된다.
⑤ 모리엘선도에서 포화증기선상에 눈금으로 표시한 30℃의 점에서 수평선을 그으면 이것이 30℃의 포화압력의 등압선이 된다.
⑥ 압축기 열당량

$$AW = h_B - h_A$$

(2) 응축기의 냉각작용

① 응축기의 냉각작용는 압력의 변화가 없다고 가정하므로 냉매가스는 B점을 통하는 등압선에 따라서 상태가 변화한다.
② 또한 냉매는 열을 빼앗기므로 그 엔탈피는 감소한다.
③ 몰리에선도에서 점차 등압선을 따라서 왼쪽으로 이동하면서 냉매가스는 포화증기선과 만나며 건포화증기 → 습증기 → 포화액선의 D´에서 전부 냉매액으로 된다.
④ 냉매액은 포화액 상태인 30℃에서 5℃가 더 냉각된 25℃의 과냉각 상태가 된다.
⑤ 응축기 방열량

$$Q = h_B - h_D = (h_A - h_D) + (h_B - h_A)$$

(3) 팽창밸브의 교축작용

① 과냉각점 D의 과냉각냉매는 팽창밸브를 통해 증발기로 유입된다.
② 팽창밸브는 교축작용이므로 엔탈피는 일정하며 냉매의 상태는 D점을 통하는 등엔탈피선을 따라서 변화한다.
③ D점을 통하는 등엔탈피선과 -15℃의 포화압력을 나타내는 등압선과의 교점 E가 증발기 입구의 냉매상태가 된다.
④ 습증기의 -15℃ 압력선은 등온선과 일치한 수평선으로 표시된다.
⑤ 팽창밸브를 통하면 냉매액의 일부는 증발해서 냉매가스가 된다.

⑥ 증발한 냉매액의 건도비율은 E점을 통과하는 건도선에서 구할 수 있다.

(4) 증발기의 흡열작용

① 증발기는 등압하에서 열을 흡수하여 냉매의 엔탈피가 증가한다.
② 엔탈피가 증가하므로 냉매의 상태는 E점을 통하는 등압선에 따라 오른쪽으로 이동하여 최후에 압축기 흡입가스 A점의 상태로 되며 사이클을 완료한다.
③ 냉동능력

$$Q = h_A - h_D$$

3 실제운전상태의 P-h 선도

1. 이상적인 냉동사이클의 P-h 선도가 아래 그림과 같을 때 실제 사이클을 그리고 차이가 나는 이유를 설명하시오. [공조 63회(25점)]
2. 표준냉동사이클과 실제냉동사이클의 차이를 비교하여 설명하시오. [공조 60회(25점)]
3. 냉동사이클은 냉매유동으로 인한 압력손실과 주위로부터의 열전달 때문에 이상사이클에서 벗어나는데 실제 냉동사이클을 T-s 선도에 표시하고 설명하시오. [공조 49회(30점), 34회(15점)]

1. 개요

실제냉동사이클는 냉매가 배관계통이나 각 장치 내를 흐를 때 유동저항에 의한 압력강하와 외부 열침입, 압축기 마찰손실 등이 있게 되어 표준냉동사이클과 다르게 된다.

2. 표준냉동사이클의 가정

① 압축기 및 팽창밸브를 지나갈 때 이외에는 냉매의 압력 변화는 없다.
② 응축기, 중간냉각기 및 증발기 이외의 장소에서는 열의 교환이 없다.
③ 압축과정 및 팽창과정은 각각 등엔트로피 변화와 등엔탈피 변화이다.

3. 실제냉동사이클의 과정 해석

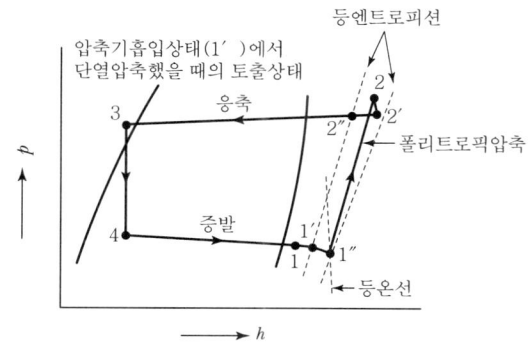

실제냉동사이클의 P-h 선도

(1) 증발기에서의 압력손실(4 → 1)

① 증발기 입구에서 출구로 갈수록 압력손실분만큼 압력과 온도가 약간씩 내려간다.
② 압력손실은 증발기의 설계사양에 따라 무시할 수 있을 정도로 작은 경우도 있으나

0.2kg/cm² 이상이 되는 경우에는 용량부족 등의 영향을 가져올 수 있다.

(2) 압축기 흡입배관에서의 압력손실과 열취득(1 → 1′)
① 흡입배관에서도 증발기기와 마찬가지로 압력손실이 발생한다.
② 흡입배관의 길이가 길거나 단열하지 않은 경우 증발기를 나와서 압축기로 들어가는 동안 냉매는 외부로부터 열을 받아 엔탈피가 증가한다.
③ 증발기 출구의 냉매 상태(점1)과 압축기 입구의 냉매 상태(점1′)가 다르게 된다.

(3) 압축기 내에서 압력손실과 냉각열에 의한 흡입가스 변화(1′ → 1″)
① 실린더 내에서 피스톤에 의해 압축되기 직전의 냉매상태를 점1″로 나타내면 1′ → 1″과정에서 압력손실과 열취득이 일어나게 된다.
② 왕복동 압축기와 같이 흡입밸브가 있는 경우 여기서 교축되어 압력손실이 발생한다.
③ 밀폐형 압축기에서 전동기의 냉각을 흡입냉매가스로 하는 경우, 전동기의 냉각열은 모두 흡입냉매의 열취득이 되어 냉매의 압력손실에 영향을 미친다.

(4) 압축과정(1″ → 2)
① 압축과정 중의 냉매변화는 압축기의 종류나 구조 등에 따라 다르다.
② 보통의 왕복동 압축기에서는 단열압축 또는 폴리트로픽압축이지만 스크루 압축기 등과 같이 다량의 냉각유와 함께 압축되는 경우는 등온압축에 가깝다.

(5) 압축기 흡입냉매가스의 변화가 냉동사이클에 미치는 영향
① 증발기를 나와서 압축될 때까지의 냉매상태는 압력이 저하하고 엔탈피가 증가하므로 냉매의 비체적이 증가하게 된다.
② 비체적이 증가하면 압축기가 흡입하는 냉매질량을 감소시켜 냉동능력이 감소한다.
③ 따라서 증발기 출구를 압축기 입구와 동일한 상태로 냉동사이클을 계산하면 냉동능력 부족이라는 착오를 일으킬 수 있으므로 이 점을 주의하여야 한다.

(6) 토출배관에서의 압력손실(2 → 2′)
① 토출밸브에서의 교축팽창에 의해 2 → 2′와 같이 압력이 낮아지며 배관에서의 열손실로 온도도 낮아진다.
② 이 때 2 → 2′의 압력손실만큼 여분의 압력을 높일 필요가 있는 것으로 생각해야 하므로 압축비는 커지고 토출가스온도도 그만큼 높아진다.

(7) 응축기에서의 압력손실(2, 2′, 2″ → 3)
① 응축기에서의 압력손실도 증발기의 경우와 같이 응축기의 구조 등에 따라 달라진다.
② P-h 선도상의 변화는 증발기의 경우와는 반대로 좌측으로 진행됨에 따라 선이 낮아진다.

4 표준냉동사이클 온도-엔트로피(T-s) 선도

유사기출문제
1. 표준증기압축사이클에 대한 온도-엔트로피 선도를 그리고 설명하시오. [공조 71회(25점)]
2. 이상적인 냉동사이클의 P-h 선도와 T-s 선도를 작성하시오. [공조 49회(30점), 26회(15점)]

1. 개요

① 온도-엔트로피 선도는 종축에 절대온도, 횡축에 엔트로피를 취한 것으로 이 선도를 사용하면 상태가 변화했을 때 수수된 열량이 그림에서 면적으로 표시되어 이론적 해석이 편리하게 된다.
② 그러나 압력이나 엔탈피의 값을 읽는 것이 불편하므로 실제 계산에는 별로 사용되지 않는다.

2. 표준냉동사이클의 온도-엔트로피(T-s) 선도

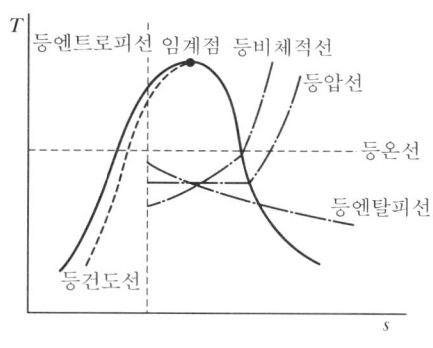

T-s 선도의 물성치

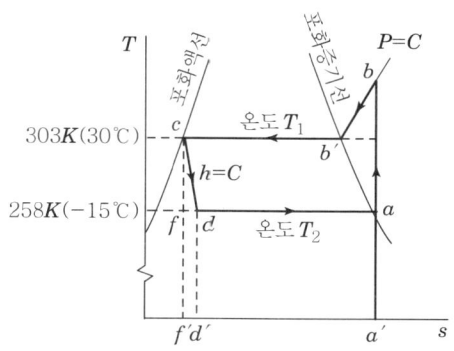

T-s 선도상의 표준냉동사이클

3. 표준냉동사이클의 과정

(1) 압축기의 단열압축(a → b)

① 압축기에서의 압축은 단열압축이 이루어지므로 등엔트로피선의 수직선을 따라서 가스상태가 된다.
② 압축기에서 토출가스의 압력은 30℃의 포화압력이므로 이 점을 통하는 등엔트로피선과 30℃의 포화온도가 갖는 등압선의 교점 b를 구하면 이것이 압축기의 토출가스상태가 된다.

(2) 응축기의 냉각작용(b → b′ → c)

응축기의 냉각작용에서는 압력의 변화가 없고 냉매가스는 열을 빼앗기므로 그 엔탈피 및 엔트로피는 $b-b'-c$로 감소한다.

(3) 팽창밸브의 교축작용(c → d)

① 팽창밸브는 교축작용이므로 엔탈피는 일정하므로, 냉매의 상태는 c점을 통하는 등엔탈피선을 따라서 변화한다.
② $T-s$선도에서는 교축작용에서 엔트로피가 증가하므로 등엔탈피선은 우측 하강선이다.
③ 이 c점을 통하는 등엔탈피선과 $-15℃$의 포화압력을 나타내는 등압선과의 교점 d가 증발기 입구의 냉매상태를 나타내게 된다.
④ $-15℃$의 포화압력의 압력선은 $T-s$ 선도에서 습증기를 나타내는 부분에 있으므로 등온선과 일치한 수평선으로 표시된다.

(4) 증발기의 흡열작용(d → a)

① 증발기에서는 등압하에서 열이 전달되는 것이므로 냉매는 d점을 통하는 등압선에 따라 변화한다.
② 또한 외부로부터 열을 흡수하여 냉매의 엔트로피는 증가하게 된다.

5 단단압축 냉동사이클

> 1. 압축기 흡입증기는 과열상태이며, 팽창밸브 직전의 냉매는 과냉상태일 때 주어진 조건에서
>   다음을 구하라.   [공조 74회(25점)]
>   ① P-h 선도   ② 냉동능력 계산식   ③ COP 계산식

1. 개요

① 단단압축 냉동사이클(1단압축 냉동사이클)은 가장 일반적으로 사용되는 냉동사이클로 냉매의 증발온도가 상온 이하로부터 보통 -25℃ 정도까지 사용된다.

② 냉동사이클은 증발과정 → 압축과정 → 응축과정 → 팽창과정의 4가지로 구성된다.

2. 단단압축 냉동사이클의 장치도와 P-h 선도

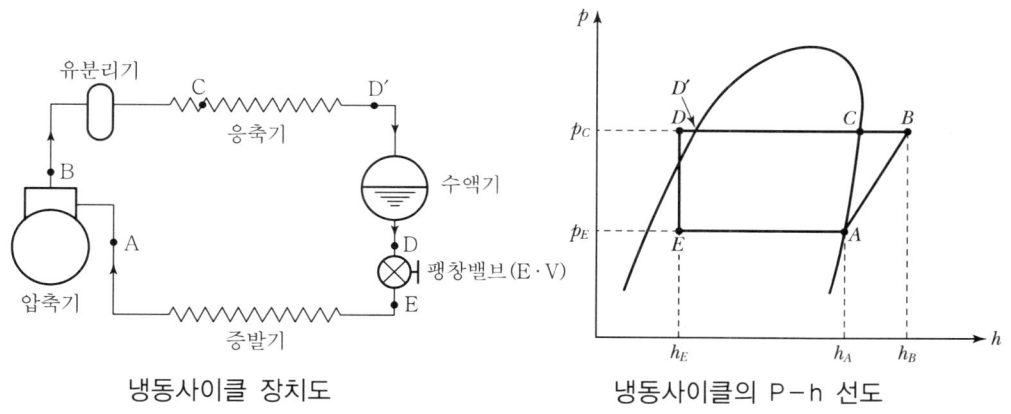

냉동사이클 장치도 / 냉동사이클의 P-h 선도

3. 냉동사이클의 과정

(1) 증발과정

① 냉매는 액체에서 기체로 변화하며, 증발기 속에 있는 냉매액은 점차 증발된다.

② 증발기 내의 냉매는 증발기 주위로부터 증발에 필요한 증발잠열을 흡수하여 연속적으로 증발하고, 주위는 냉각된다.

③ 냉매를 충분히 낮은 온도에서 증발시키기 위해 증발기 내의 압력을 저압으로 유지한다.

④ 증발온도의 조절은 압축기 흡입량과 팽창밸브의 개도에 의해 조절된다.

냉동능력 $q_E = h_A - h_E$

(2) 압축과정
① 냉매증기를 액화하기 쉬운 고온고압의 상태로 압축한다.
② 압축기는 증발기 내를 일정하게 저온으로 유지시키고 동시에 증기를 소정의 고온고압의 상태로 배출하는 2가지 기능을 가지고 있다.
③ 압축기에 의하여 흡입된 냉매증기는 실린더 내에서 압축되어 응축기 압력으로 상승한다.
④ 압축기 토출가스에 함유되어 있는 윤활유는 유분리기에서 분리되어 냉매증기는 응축기로 들어가고, 분리된 오일은 압축기 크랭크케이스로 회수된다.

압축기 열당량 $AW = h_B - h_A$

(3) 응축과정
① 압축기에서 토출된 냉매증기를 액체냉매로 만드는 과정으로 냉매증기 → 건증기 → 습증기 → 포화액이 된다.
② 응축기에 들어간 냉매증기는 냉각수(수랭식) 또는 공기(공냉식)에 의해 냉각, 액화되어 고압액의 상태로 수액기에 일시 저장된다.

응축기 방열량 $q_c = h_B - h_D = (h_B - h_A) + (h_A - h_E)$

(4) 팽창과정
① 냉매액을 증발하기 쉬운 상태로 만드는 과정이다.
② 응축기에서 나온 냉매는 팽창밸브에서 교축과정인 줄톰슨효과에 의해 압력과 온도가 떨어져 증발기에서 냉매의 증발이 용이하게 한다.
③ 팽창밸브는 교축밸브의 일종으로 감압작용과 유량제어의 2가지 기능을 한다.
④ 팽창과정은 등엔탈피 과정으로 증발기로 유입되어 사이클이 반복된다.

4. 냉동사이클의 성적계수(COP)

성정계수 $COP = \dfrac{q_E}{AW} = \dfrac{h_A - h_E}{h_B - h_A}$

6 단단압축 냉동사이클의 COP 향상방법

> **유사기출문제**
> 1. 냉동사이클을 P-h 선도에 그리고 COP 향상방법에 대하여 설명하시오. [공조 54회(10점)]

1. 개요
① 냉동사이클은 냉동, 공조, 육상, 선박 등 냉매의 증발온도가 -25℃ 이상인 경우에 일반적으로 사용되는 사이클이다.
② COP 향상 방법으로는 열교환기를 설치하거나 플래시가스 발생을 최소화한다. 또는 압축일을 적게 하는 방법이 있다.

2. 성적계수(COP)

$$COP = \frac{\text{열원기기 출력}}{\text{열원기기 입력에너지}} = \frac{\text{냉동효과}}{\text{압축일}}$$

$$\text{성적계수 } COP = \frac{q_E}{AW} = \frac{h_6 - h_5}{h_2 - h_1}$$

① 상기식에서 냉동효과 q_E를 크게 하거나 압축일 AW를 작게 한다.

3. COP 향상방법

(1) 냉동효과를 크게 하는 방법

1) 액-가스 열교환기 설치
① 증발기 출구 저온의 냉매가스와 팽창밸브로 공급되는 고온의 냉매액을 열교환시킨다.
② 열교환된 냉매액은 과냉각에 의한 성적계수 향상을 도모할 수 있다.
③ 팽창밸브 전에 과냉각도를 향상시켜 팽창밸브 통과 시 플래시가스 발생을 방지할 수 있다.
④ 액백(액복귀)이란 액냉매가 증발기에서 증발되지 않은 상태로 압축기로 유입되는 것으로 열교환된 냉매가스는 압축기로의 액백을 방지할 수 있다.
⑤ 그러나 비열비가 큰 냉매(암모니아, R-22 등)의 경우에는 압축기 흡입증기과열도가 커지므로 압축기 토출온도가 이상고온이 되므로 주의해야 한다.
⑥ 주위와의 열교환이 없으면 과냉각도와 과열도는 같게 된다.
⑦ 열교환기 종류에는 관접촉식, 이중관식, 셸앤튜브식 등이 있다.

2) 플래시가스 발생 최소화

① 플래시가스란 증발기 이외에 냉매액이 증발하여 냉매가스로 되는 것으로서 냉동효과를 저하하여 COP가 감소하게 된다.
② 특히 공냉응축기를 사용하는 냉동장치에서 냉매액을 높은 지점으로 보내는 경우 플래시가스 발생을 방지하기 위하여 열교환기를 사용해 과냉각도를 크게 한다.
③ 액관이나 밸브류의 크기를 냉매순환량에 대해 충분한 크기를 가지도록 한다.
④ 액펌프를 이용하여 액관 중에서 압력 손실을 보충하는 만큼의 압력을 준다.
⑤ 여과기나 필터의 점검 및 청소를 실시한다.
⑥ 열교환기를 이용하여 팽창밸브로 들어가는 냉매액의 과냉각도를 충분히 크게 한다.
⑦ 액관을 방열 시공한다.

(2) 압축일을 적게 하는 방법

① 응축기 용량, 냉각수량 등을 충분히 크게 하여 응축압력을 낮게 유지한다.
② 냉매 분배 및 냉매 흐름이 집중되어 압력손실이 큰지를 점검하여 증발기에서의 압력손실을 적게 한다.
③ 불필요한 굴곡부, 밸브, 스트레이너 등 저항이 되는 것을 점검하고 관경이 너무 가늘지 않은가 점검하여 압축기 흡입배관 압력손실을 적게 한다.
④ 충분한 단열로 압축기 흡입가스온도를 적게 하여 흡입배관에서의 침입열을 적게 한다.
⑤ 유분리기, 스톱밸브, 불필요한 굴곡부 등을 점검하여 토출배관의 저항을 적게 한다.
⑥ 압축기 흡입·토출가스의 압력손실을 적게 한다.

단단압축 냉동사이클 계산문제

1. 유사기출문제　　[공조 62회(25점), 52회(25점), 42회(25점), 40회(20점), 37회(25점) 등]

공조 52회(25점)
다음 그림의 단단압축기 몰리에르선도를 참조하여 아래 사항에 답하라.
(단, 냉동부하 : 233RT, 1RT=3,320kcal/h)

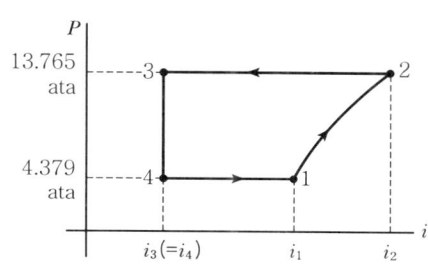

(i_1=401.52 kcal/kg, i_2=441.0 kcal/kg, i_3=133.84 kcal/kg)

(1) 냉매순환량(kg/h)　　　　　(2) 압축기 소요동력(kW)
(3) 응축열량(kcal/h)　　　　　(4) COP
(5) EER(Energy Efficiency Ratio : kcal/Wh)

---

(1) 냉매순환량 G(kg/h)

$$G = \frac{Q_e}{q_e} = \frac{233 \times 3,320}{267.68} \fallingdotseq 2,890 \text{kg/h}$$

냉동능력　$Q_e = 233\,\text{RT} = 233 \times 3,320\,(\text{kcal/h})$
냉동효과　$q_e = h_1 - h_4 = 401.52 - 133.84 = 267.68\,\text{kcal/kg}$

(2) 압축기 소요동력(kW)

$$\begin{aligned}
AW &= G(h_2 - h_1) = 2,890(441.0 - 401.52) \fallingdotseq 114,097\,\text{kcal/h} \\
&= 132.7\,\text{kW}\ (1\text{kW} = 860\,\text{kcal/h}) \\
&= 178.0\,H_p\ (1\,H_p = 641\,\text{kcal/h})
\end{aligned}$$

(3) 응축열량(kcal/h)

$$q_c = g(h_2 - h_3) = 2,890(441.0 - 133.84) = 887,692 \text{kcal/h}$$

(4) COP(성적계수)

$$COP = \frac{q_e}{AW_e} = \frac{(h_1 - h_4)}{(h_2 - h_1)} = \frac{(401.52 - 133.84)}{(441.0 - 401.52)} = 6.78$$

(5) EER(에너지효율비)(kcal/Wh)

$$EER = \frac{Q_e}{AW} = \frac{233 \times 3,320 \text{kcal/h}}{132.7 \times 10^3 W} \fallingdotseq 5.83 (\text{kcal/Wh})$$

8 부스터 사이클

1. Booster Cylce 부스터 사이클 　　　　　[공조 62회(10점), 40회(2점)]

1. 부스터 사이클(Booster Cycle)

① 부스터는 저온용 냉동기에 사용되는 보조적인 압축기를 말한다.
② 보통의 압축기 1대로는 필요한 저온을 얻을 수 없을 때에 증발기에서 발생한 냉매가스를 일단 저압의 압축기로 흡입해서, 주압축기의 흡입압력까지 압축해서 이것을 중간냉각기를 거쳐 주압축기로 보낸다.
③ 이와 같이 저온을 얻을 목적으로 사용되는 저압 압축기를 부스터라 부른다.
④ 극저온을 필요로 할 때나 응축온도가 높은 경우에 저압 압축기를 냉동기 보조로 사용하는 것이다.
⑤ 주로 회전압축기, 왕복동압축기가 사용되고 있다.
⑥ 부스터 사이클은 2단압축 1단팽창의 경우와 비슷한 사이클로서 이 사이클의 각종 계산은 2단압축 1단팽창 사이클과 같다.

2. 부스터 사이클과 2단압축1단팽창 사이클의 차이점

① 2단압축의 중간압력은 $P_3 = \sqrt{P_1 P_2}$로 결정한다.
② 부스터 사이클의 중간압력은 고압 압축기의 흡입압력을 중간압력으로 한다.

9 이산화탄소 냉동사이클과 추가압축 냉동사이클

유사기출문제

1. 이산화탄소를 냉매로 사용하는 초임계 냉동사이클을 P-h 선도에 표시하고 설명하라.
   [공조 83회(10점)]
2. 이산화탄소 냉동사이클 특성과 성능향상방안을 설명하라. [공조 74회(25점), 68회(25점)]
3. CO_2 냉동기의 냉동사이클을 도시하고 특징 및 용도 등을 설명하라. [공조 66회(25점)]

1. 개요

① 이산화탄소 냉동사이클은 응축기에서 액화되지 않은 상태로 팽창밸브를 통과하여 임계 압력 이상의 증기압축 단단 냉동사이클을 형성하여 초임계 냉동사이클로 불린다.
② 성능향상을 위하여 이산화탄소를 추가압축시킨 사이클이 추가압축 냉동사이클이다.

2. 이산화탄소 냉동사이클

(1) 이산화탄소 냉동사이클의 P-h 선도

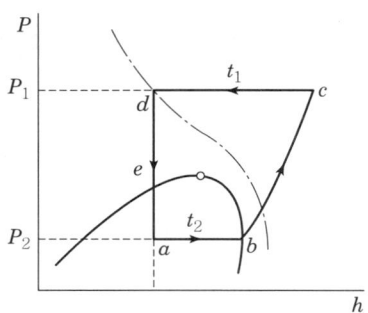

이산화탄소 냉동사이클 P-h 선도

(1) 이산화탄소 냉동사이클의 특징

① 자연냉매 CO_2(R-744)는 ODP=0이며, GWP=1이므로 환경에 부담이 없는 대체냉매이다.
② 이산화탄소 냉동사이클은 다른 냉동기에 비해 압축동력은 증가하고 냉동효과는 감소하므로 성적계수가 작아지게 된다.
③ 이산화탄소 냉매는 안정성이 뛰어나고, 무취, 무독하고 부식성이 없다.
④ 열전달 특성이 우수하여 냉동장치를 소형 시스템으로 제작할 수 있는 장점이 있다.

⑤ 임계온도(31℃)가 낮기 때문에 상온에서 액화가 안 되고 초임계사이클로 운전되므로 작동압력이 높다.

$$성적계수 \quad COP = \frac{h_b - h_a}{h_c - h_b}$$

(2) 이산화탄소 냉동사이클의 용도
① 기존의 CFC 및 HCFC계를 대신하는 자연냉매의 대체냉매이다.
② 소형경량화가 가능하여 자동차에어컨 등에 사용된다.

3. 추가압축 냉동사이클(Plank Cycle)

(1) 추가압축 냉동사이클의 장치도 및 P-h 선도

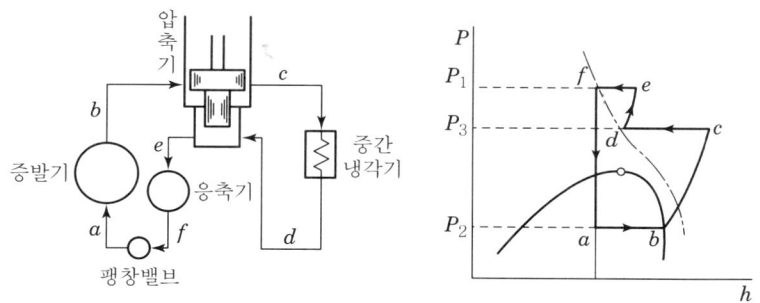

추가압축사이클

(2) 추가압축 냉동사이클의 특징
① 응축기를 나온 냉매를 d점에서 한 번 더 추가압축해서 다시 냉각시키면 증발기에 들어가는 냉매의 건도가 적어져서 냉동능력이 증가하게 된다.
② 추가압축사이클은 2단압축 1단팽창 사이클과 유사하다.

(3) 추가압축 냉동사이클의 계산

냉동효과 $q = (h_b - h_a) = (h_b - h_f)$

성적계수 $COP = \dfrac{(h_b - h_f)}{(h_c - h_b) + (h_e - h_d)}$

중간냉각기에서의 방열량 $q_m = (h_c - h_d)$

응축기에서의 방열량 $q_c (h_e - h_f)$

10 다효압축 냉동사이클

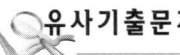

1. 다효압축 냉동사이클에서 다음을 구하시오.(본문 지문) [공조 78회(25점), 72회(25점)]
   ① 장치개략도　　　　　② P-h 선도
   ③ 증기냉매 x　　　　　④ 증발기 흡입열량
   ⑤ 응축기 방출열량　　　⑥ 압축기 소요열량
   ⑦ 성적계수
2. 다효압축 사이클의 구성도와 P-h 선도를 그리고 COP를 구하시오.[공조 52회(25점), 44회(10점)]

공조 78회(25점)
저압과 고압인 2개의 압축기를 1대로 조립한 다효압축기를 사용하는 다효압축 사이클(Multiple Effect Compression Cycle)에서 제1팽창 밸브로부터 유출된 액냉매 1kg이 다효분리기에서 증기냉매 x(x<1)kg과 액냉매 (1-x)kg으로 분리되는 경우에 대하여, 임의 번호를 기재한
(1) 장치 개략도
(2) 관련 P-h(i) 선도를 도시한 후, 이에 대한 선도로부터 아래 사항에 대하여 엔탈피 함수로서 답하시오.
　① 증기냉매 x(kg)
　② 증발기의 흡입열량 Q_2(kcal/h)
　③ 응축기의 방출열량 Q_1(kcal/h)
　④ 압축기 소요열량 AW(kcal/h)
　⑤ 성적계수(COP)

1. 개요

① 다효압축 냉동사이클(Multiple-effect Refrigeration Cycle)은 Voorhees Cycle이라고 불리며, 2단압축2단증발 냉동사이클과 구성이 유사하다.
② 다효압축 냉동사이클은 1대의 압축기로 압력이 서로 다른 상태의 냉매를 흡입하여 동시에 압축하도록 한 사이클로 주로 이산화탄소(탄산가스) 냉동기에 사용된다.

2. 다효압축 냉동사이클의 특징

① 압축기는 2개의 흡입구를 가지고 있어, 흡입하는 가스의 압력은 서로 다르지만 압축기 흡입위치를 달리하여 고저압가스를 혼합하여 동시에 압축한다.
② 냉동효과가 없는 기상냉매를 필요 이상으로 저압까지 팽창시키는 일이 없으므로 냉동능

력이 증가하고 동력이 감소하게 된다.
③ 단단압축 냉동사이클보다도 압축비가 적기 때문에 압축효율이 크게 되어 성능계수가 더욱 향상하게 되어 증발온도가 낮을수록 효과가 크다.

3. 다효압축 냉동사이클의 적용

① 다효압축 냉동사이클은 이산화탄소와 같이 팽창밸브 통과 직후에 플래시가스 발생이 높은 냉매일수록 유리하다.
② 따라서 암모니아 냉매는 그 효과가 적고, 프레온계 냉매의 경우는 플래시가스 발생이 비교적 크기 때문에 성능계수가 향상한다.
③ 증발온도가 낮고 냉각수온이 높은 경우에 적용하여 주로 이산화탄소 냉동기에 사용한다.

4. 다효압축 냉동사이클의 장치도 및 P-h 선도

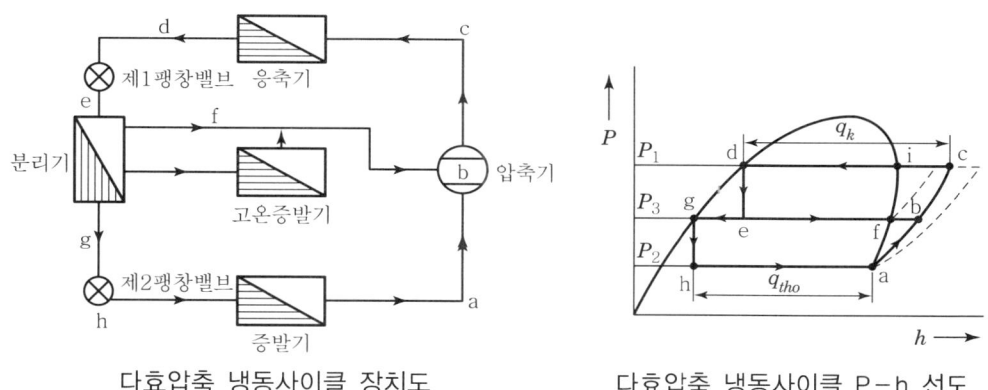

다효압축 냉동사이클 장치도 　　　　다효압축 냉동사이클 P-h 선도

5. 사이클 해석

① 제1팽창밸브에서 유출한 냉매 1kg은 분리기에 들어가서 냉매증기 x kg과 냉매액 $(1-x)$ kg으로 분리된다.
② 분리된 냉매액 $(1-x)$ kg은 제2팽창밸브로 유입되어 증발기 내에 들어가서 흡열작용을 하고 저압증기 상태 a가 되어 실린더 내에 흡입된다.
③ 또한 분리된 냉매증기 x kg은 압축 실린더의 흡입단에 설치된 세공으로부터 실린더 내에 유입되어 저압의 증발기로부터 흡입한 증기 $(1-x)$ kg과 함께 압축된다.
④ 상태 b점에서는 압력 P_2의 건포화 증기 $(1-x)$ kg과 압력 P_3의 건포화 증기 x kg이 돌입하여 1kg으로 채워지게 된다.

6. 다효압축 냉동사이클의 계산

① 증기냉매

$$x(\text{kg}) = \frac{(h_d - h_g)}{(h_f - h_g)}$$

② 증발기의 흡입열량 Q_2(냉동효과 q_{tho})

$$Q_2 = (1-x)(h_a - h_g) = \frac{(h_f - h_d)(h_a - h_g)}{(h_f - h_g)}$$

③ 응축기의 방출열량 $Q_1(q_k)$

$$Q_1 = (h_c - h_d)$$

④ 압축기 소요열량 AW

$$AW = q_k - q_{tho} = (h_c - h_d) - \frac{(h_f - h_d)(h_a - h_g)}{(h_f - h_g)}$$
$$= \frac{(h_c - h_d)(h_f - h_g) - (h_f - h_d)(h_a - h_g)}{(h_f - h_g)}$$

⑤ 성적계수

$$\varepsilon(COP) = \frac{q_{tho}}{AW} = \frac{(h_f - h_d)(h_a - h_g)}{(h_c - h_d)(h_f - h_g) - (h_f - h_d)(h_a - h_g)}$$

⑥ 상태 b의 증기 비체적

$$v_b = (1-x)v_a$$

⑦ 상태 b의 엔탈피 h_b는 다음과 같다.

h_b = 분리증기(점 f의 증기)의 엔탈피 + 저압증기(점 a의 증기)의 엔탈피 + 저압증기(압력 P_2의 증기)를 압력 P_3의 증기로 압축하는 데 필요한 일량
$= xh_f + (1-x)h_a + A(1-x)v_a(P_3 - P_2)$

11 다단압축 및 다원 냉동사이클

유사기출문제

1. 두 가지 냉매를 사용하는 캐스캐이드(Cascade) 사이클과 한 가지 냉매를 사용하는 다단압축 냉동사이클을 비교하여 논하시오. [공조 80회(10점)]
2. 다단압축 냉동사이클의 장점을 P-h, T-s 선도를 그려 설명하고 중간압력을 산출하시오. [공조 61회(25점), 50회(25점)]
3. 다단압축 냉동사이클 [공조 51회(10점), 41(5점)]

【 다단압축 및 다원 냉동사이클의 사용온도 범위 】

단단압축	2단압축 냉동사이클	2원 냉동사이클	3원 냉동사이클
-25℃	-30℃~-70℃	-70℃~-120℃	-130℃ 이하

1. 단단압축 냉동사이클

① 1단압축 냉동사이클은 가장 일반적으로 사용되는 냉동사이클이다.
② 냉매의 증발온도가 상온 이하로부터 보통 -25℃ 정도까지 사용된다.
③ 압축기 1대로 필요한 저온을 얻을 수 없을 때는 부스터 사이클을 형성하여 주압축기의 흡입압력까지 압축해서 이것을 중간냉각기를 거쳐 주압축기로 보낸다.

2. 다단압축 냉동사이클(Multistage Compression Cycle)

(1) 2단압축 냉동사이클

① -30℃ 정도 이하의 낮은 증발온도에서 단단압축방식을 사용하면 증발압력이 낮아, 압축기의 압축비가 증대하여 압축효율이 낮아지고,
② 냉동장치의 성능계수도 감소하며 압축기 토출가스 온도가 높아져서 윤활유 열화현상이 일어난다.
③ 윤활유는 120℃를 초과하면 탄화하기 시작하므로 증발온도가 -30℃~-70℃ 정도까지는 2단압축 냉동장치를 사용하여야 한다.
④ 동일 증발온도와 응축온도일 경우 단단압축을 하지 않고 2단압축을 하게 되면 압축비가 감소하므로 압축효율의 저하를 방지할 수 있고 압축기 토출가스의 온도상승을 방지할 수 있는 장점이 있다.
⑤ 중간압력은 고압 측과 저압 측 압축기의 압축비가 서로 같아지도록 결정한다.

(2) 3단압축 냉동사이클

① R-22를 사용할 경우 증발온도 -70℃ 정도까지는 2단압축방식을 사용할 수가 있으나, 더 낮은 증발온도를 얻고자 할 경우는 3단압축을 할 필요가 있다.
② -70℃ 이하에서 2단압축방식은 1단당 압축비가 8을 넘게 되고, 압축효율이 저하하여 성능계수도 저하하게 되므로 실제 공업에서는 2원 냉동장치를 사용한다.
③ R-22를 3단압축에 적용하면 증발온도가 고진공으로 되고, 증기의 비체적도 대단히 크게되어 부적합하다.
④ 따라서, 왕복동 압축기에 사용되는 냉매는 대단히 낮은 저압에서도 어느 정도의 압력이 있어야 하며, 동시에 비체적도 적당히 적은 냉매를 사용해야 한다.

3. 다원 냉동사이클(Multistage Cascade Refrigeration Cycle)

(1) 2원 냉동사이클(캐스캐이드 사이클)

① 2원 냉동사이클은 -70℃~-120℃ 정도의 저온을 얻기 위하여 사용한다.
② 저온 측 냉매로는 저온에서 어느 정도 압력이 유지되고, 포화증기의 비체적이 작은 냉매인 메탄, 에탄, R-13, R-14 등을 사용한다.
③ 고온 측 냉매로는 R-22 등을 사용한다.

(2) 3원 냉동사이클

① 3원 냉동사이클은 -130℃ 이하의 초저온 설비에 사용되며, 저온·중온·고온의 세 부분으로 서로 다른 냉매를 사용한다.
② 저온부의 응축기를 중온부의 증발기로, 중온부의 응축기를 고온부의 증발기에서 냉각하도록 한 것이다.

2단압축 1단팽창 냉동사이클

> **유사기출문제**
>
> 1. 2단압축 1단팽창 냉동사이클에서 다음을 구하라.[공조 77회(25점), 32회(25점), 26회(30점)]
>   ① P-h 선도   ② 중간냉각기의 냉매순환량
>   ③ 고단측 압축기의 냉매순환량   ④ COP 계산식
> 2. 2단압축 1단팽창 냉동사이클의 장치개략도와 P-i 선도를 그리고 COP를 기술하라.
>   [공조 56회(20점), 48회(25점), 45회(20점), 44회(25점)]
> 3. 2단압축 1단팽창 사이클의 P-h 선도를 그리고 각 상태점에 대해 설명하라.[공조 47회(20점)]

1. 2단압축 1단팽창 냉동사이클의 장치도 및 P-h 선도

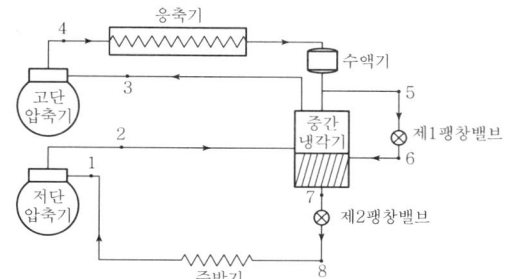
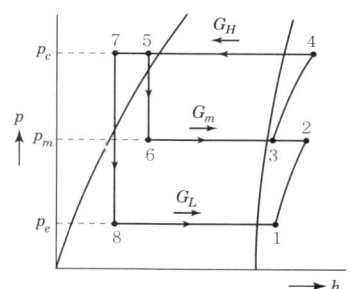

2단압축 1단팽창사이클 장치도   2단압축 1단팽창사이클 P-h 선도

2. 2단압축 1단팽창 냉동사이클 과정 해설

① 증발기에서 증발한 냉매증기 1은 저단 압축기에 흡입되어 중간 압력까지 압축된 후 2의 상태가 된다.
② 2의 과열냉매증기는 중간냉각기에 들어간다.
③ 수액기에서 공급되는 고압액 5의 일부가 바이패스되어 중간냉각기용 팽창밸브에 의해 중간압력까지 감압팽창되어 6이 된다.
④ 6의 냉매는 2의 냉매 증기를 3의 상태까지 냉각함과 동시에 중간냉각기를 통해 증발기로 들어가는 냉매인 고온고압 냉매액 5의 상태를 7의 상태가 될 때까지 냉각한다.
⑤ 6의 냉매는 3의 상태로 되어 저단압축기의 토출증기와 같이 고단압축기로 흡입된다.
⑥ 7의 냉매는 팽창밸브를 지나 8의 상태로 증발기에 유입된다.
⑦ 중간냉각기는 $h_5 - h_7$ 만큼 증발기에서의 냉동효과를 증가시키게 된다.
⑧ 고단압축기 토출되는 4의 냉매증기가 응축기에서 응축되어 5의 고압액이 된다.

3. 사이클의 계산

(1) 저단 측 압축기의 냉매순환량 G_L(kg/h)

$$\text{냉동능력} \quad Q_e = G_L(h_1 - h_7), \quad G_L = \frac{Q_e}{(h_1 - h_7)}$$

(2) 중간냉각기에서의 냉매순환량 G_m(kg/h)

$$G_m(h_3 - h_5) = G_L(h_2 - h_3) + G_L(h_5 - h_7)$$

$$G_m = \frac{G_L[(h_2 - h_3) - (h_5 - h_7)]}{(h_3 - h_5)} = \frac{Q_e}{(h_1 - h_7)} \cdot \frac{[(h_2 - h_3) - (h_5 - h_7)]}{(h_3 - h_5)}$$

(3) 고단 측 압축기의 냉매순환량 G_H(kg/h)

$$G_H = G_L + G_m$$

$$= G_L + \frac{G_L[(h_2 - h_3) - (h_5 - h_7)]}{(h_3 - h_5)} = G_L \frac{(h_3 - h_5) + (h_2 - h_3) + (h_5 - h_7)}{(h_3 - h_5)}$$

$$= G_L \frac{(h_2 - h_7)}{(h_3 - h_5)} = \frac{Q_e}{(h_1 - h_7)} \cdot \frac{(h_2 - h_7)}{((h_3 - h_5)}$$

(4) 압축일(AW)

$$AW = G_L(h_2 - h_1) + G_H(h_4 - h_3)$$

(5) 성능계수(COP)

$$COP = \frac{Q_e}{AW} = \frac{G_L(h_1 - h_7)}{G_L(h_2 - h_1) - G_H(h_4 - h_3)} = \frac{(h_1 - h_7)}{(h_2 - h_1) + \frac{(h_2 - h_7)}{(h_3 - h_5)}(h_4 - h_3)}$$

(6) 중간압력 p_m의 결정

일반적으로 고단 측과 저단 측의 압축비는 같게 하므로,

$$\frac{p_m}{p_e} = \frac{p_c}{p_m} \rightarrow p_m = \sqrt{p_e \cdot p_c} \quad p_m : \text{중간압력}, \quad p_c : \text{응축압력}, \quad p_e : \text{증발압력}$$

13 2단압축 2단팽창 냉동사이클

유사기출문제

1. 그림과 같은 장치도에서 2단압축 2단팽창 냉동사이클에서 다음을 구하라. [공조 81회(25점)]
   ① 냉동능력(R) ② 중간냉각기의 냉매순환량(G)
   ③ 압축기 소요동력 ④ 성능계수(COP)
   ⑤ P-h 선도 ⑥ 단단 압축방식의 장단점
2. 그림과 같은 2단압축 2단팽창 P-h 선도에서 다음을 구하라. [공조 75회(25점), 42회(25점)]
   ① 저단 측 냉매순환량 ② 중간냉각기의 냉매순환량
   ③ 저단 측 압축기 소요동력 ④ 고단 측 압축기 소요동력
   ⑤ 성적계수
3. 2단압축 2단팽창 냉동사이클의 개략적 장치도와 P-h 선도를 그리고 COP를 구하라.
   [공조 74회(25점), 36회(25점), 34회(25점)]
4. 2단압축 1단팽창 및 2단압축 2단팽창 사이클을 그리고 차이점을 설명하라.
   [공조 65회(25점), 61회(25점)]
5. 2단압축 2단팽창 냉동사이클(중간냉각이 불완전한 경우)의 장치도와 T-s 및 P-h 선도를 그리고 설명한 후 냉동효과, 성적계수, 중간냉각기 압력 및 냉각열량을 구하라.
   [공조 38회(25점)]

1. 2단압축1단팽창 vs 2단압축2단팽창 사이클의 차이점

① 2단압축1단팽창 사이클의 중간냉각기는 응축기 출구 고압액 일부를 바이패스시켜, 중각냉각기용 팽창밸브를 거쳐 증발기용 팽창밸브로 감압하여 증발기로 공급한다.

② 2단압축2단팽창 사이클에서는 고단 수액기를 나온 냉매의 전량을 제1팽창밸브(중간냉각기용 팽창밸브)에 의해 중간 압력까지 내리고, 중간냉각기의 냉매액을 다시 제2팽창밸브(증발기용 팽창밸브)로 감압해서 증발기로 보내는 사이클이다.

2. 2단압축 2단팽창 냉동사이클의 장치도 및 P-h 선도

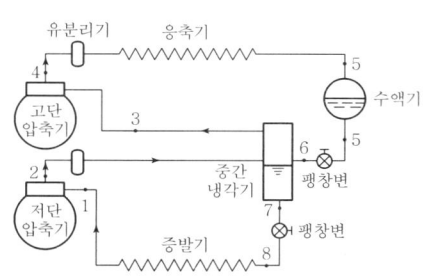

2단압축 2단팽창사이클 장치도

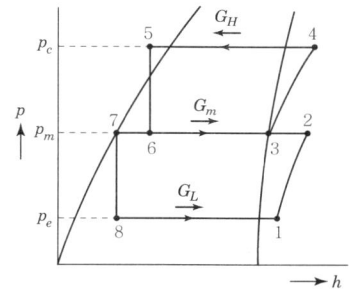

2단압축 2단팽창사이클 P-h 선도

3. 사이클의 계산(2단압축 1단팽창 냉동사이클과 동일)

(1) 저단측 압축기의 냉매순환량 G_L(kg/h)

$$\text{냉동능력} \quad Q_e = G_L(h_1 - h_7), \quad G_L = \frac{Q_e}{(h_1 - h_7)}$$

(2) 중간냉각기에서의 냉매순환량 G_m(kg/h)

$$G_m(h_3 - h_5) = G_L(h_2 - h_3) + G_L(h_5 - h_7)$$

$$G_m = \frac{G_L[(h_2 - h_3) - (h_5 - h_7)]}{(h_3 - h_5)} = \frac{Q_e}{(h_1 - h_7)} \cdot \frac{[(h_2 - h_3) - (h_5 - h_7)]}{(h_3 - h_5)}$$

(3) 고단측 압축기의 냉매순환량 G_H(kg/h)

$$G_H = G_L + G_m$$

$$= G_L + \frac{G_L[(h_2 - h_3) - (h_5 - h_7)]}{(h_3 - h_5)} = G_L \frac{(h_3 - h_5) + (h_2 - h_3) + (h_5 - h_7)}{(h_3 - h_5)}$$

$$= G_L \frac{(h_2 - h_7)}{(h_3 - h_5)} = \frac{Q_e}{(h_1 - h_7)} \cdot \frac{(h_2 - h_7)}{((h_3 - h_5)}$$

(4) 압축일 (AW)

$$AW = G_L(h_2 - h_1) + G_H(h_4 - h_3)$$

(5) 성능계수(COP)

$$COP = \frac{Q_e}{AW} = \frac{G_L(h_1 - h_7)}{G_L(h_2 - h_1) - G_H(h_4 - h_3)} = \frac{(h_1 - h_7)}{(h_2 - h_1) + \frac{(h_2 - h_7)}{(h_3 - h_5)}(h_4 - h_3)}$$

(6) 중간압력 p_m의 결정

일반적으로 고단 측과 저단 측의 압축비는 같게 하므로,

$$\frac{p_m}{p_e} = \frac{p_c}{p_m} \rightarrow p_m = \sqrt{p_e \cdot p_c} \quad p_m : \text{중간압력}, \quad p_c : \text{응축압력}, \quad p_e : \text{증발압력}$$

14 2원 냉동사이클

> **유사기출문제**
>
> 1. 이원 냉동사이클의 원리와 용도를 설명하라. [공조 83회(10점)]
> 2. 2원 냉동장치에서 다음을 구하라. [공조 77회(25점), 74회(25점), 66회(25점), 55회(20점)]
>   ① 용도 ② P-h 선도 ③ 장치도 ④ COP 계산식
> 3. 그림과 같은 2원 냉동사이클의 장치도와 P-h 선도에서 다음을 구하라. [공조 69회(25점)]
>   ① 저온부 냉매순환량 ② 고온부 냉매순환량
>   ③ 저온부 소요동력 ④ 고온부 소요동력
>   ⑤ 장치 전체의 소요동력 ⑥ 성능계수
> 4. 기타 출제 [공조 46회, 43회, 42회, 38회]

1. 개요

① 2원 냉동사이클은 -70℃ 이하의 아주 낮은 온도를 필요할 때 사용된다.
② 냉동기를 저온용과 고온용으로 만들어 저온냉동기 응축기의 냉각을 고온냉동기증발기로 행하는 것이 2원 냉동사이클이다.
③ 고온냉동기의 증발온도와 저온냉동기의 응축온도의 차이는 통상 5~10℃이다.
④ 2원 냉동사이클은 냉매로서 탄산가스, 아세틸렌 등과 같이 임계압이 낮은 냉매도 사용할 수가 있으므로 편리하다.
⑤ 일반적으로 고온용 냉동기 냉매는 R-22, 저온용 냉동기는 R-13이 사용된다.

2. 2원 냉동사이클의 장치도 및 P-h 선도

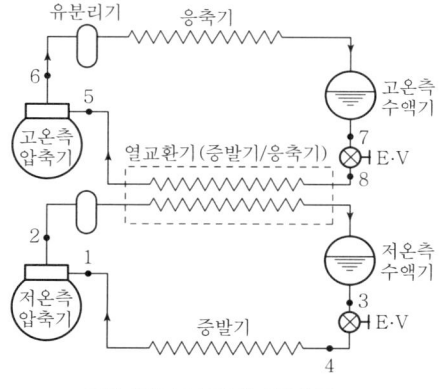

2원 냉동사이클 장치도

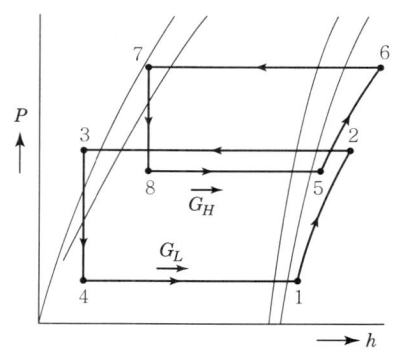

2원 냉동사이클 선도

3. 사이클의 계산

(1) 저온부 냉동장치의 냉매순환량 (G_L)

$$G_L = \frac{Q}{h_1 - h_4}$$

Q : 냉동능력

(2) 고온부 냉동장치의 냉매순환 (G_H)

고온측 냉동장치의 증발기에서 얻은 열량 ($h_5 - h_8$)과 저온 측 냉동장치의 응축기에서 잃은 열량 ($h_2 - h_3$)은 같아야 하므로,

$$G_H(h_6 - h_8) = G_L(h_2 - h_3) \text{에서} \quad G_H = G_L \frac{(h_2 - h_3)}{(h_5 - h_8)} = \frac{Q(h_2 - h_3)}{(h_5 - h_8)(h_1 - h_4)}$$

(3) 저온부 냉동장치의 소요동력 (AW_L)

$$AW_L = G_L(h_2 - h_1) = \frac{Q}{(h_1 - h_4)} \cdot (h_2 - h_1)$$

(4) 고온부 냉동장치의 소요동력 (AW_L)

$$AW_H = G_H(h_6 - h_5) = \frac{Q(h_2 - h_3)}{(h_5 - h_8)(h_1 - h_4)} \cdot (h_6 - h_5)$$

(5) 장치전체의 소요동력 (AW)

$$AW = AW_L + AW_H = \frac{Q}{(h_1 - h_4)} \left[(h_2 - h_1) + \frac{(h_2 - h_3)(h_6 - h_5)}{(h_5 - h_8)} \right]$$

$$= \frac{Q}{(h_1 - h_4)} \left[\frac{(h_2 - h_1)(h_5 - h_8) + (h_2 - h_3)(h_6 - h_5)}{(h_5 - h_8)} \right]$$

(6) 장치의 성능계수 (COP)

$$COP = \frac{Q}{AW} = \frac{(h_1 - h_4)(h_5 - h_8)}{(h_2 - h_1)(h_5 - h_8) + (h_2 - h_3)(h_6 - h_5)}$$

15 3원 냉동사이클

유사기출문제

1. 3원 냉동사이클 [공조 71회(10점)]

1. 개요

① 3원 냉동사이클은 −130℃ 이하의 초저온 설비에 사용되며, 저온·중온·고온의 세 부분으로 서로 다른 냉매를 사용한다.
② 저온부의 응축기를 중온부의 증발기로, 중온부의 응축기를 고온부의 증발기에서 냉각하도록 한 것이다.
③ 사이클 계산방법은 2원 냉동사이클과 동일하다.

2. 3원 냉동사이클의 장치도 및 P-h 선도

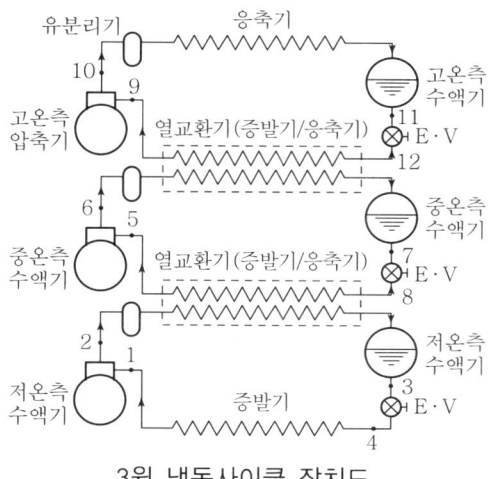

3원 냉동사이클 장치도

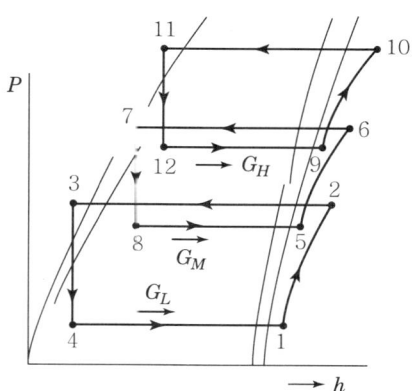

3원 냉동사이클 P-h 선도

16 액-가스 열교환기 부착 냉동장치

1. 개요
① R-134a 냉매는 비열비가 작기 때문에 압축기의 흡입증기가 과열되어 있으면 성능계수가 커지며 압축기의 토출온도도 우려할 만큼 높게 되지 않는다.
② 증발기를 나온 저온의 냉매증기와 고온의 응축액을 열교환시켜 압축기 흡입증기는 과열시키고 팽창밸브 입구 고압액은 과냉각도를 증가시켜 성능계수를 향상시킬 수 있다.

2. 장치도 및 P-h 선도

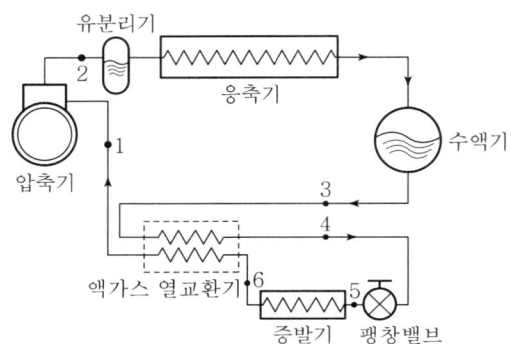

액-가스 열교환기 부착 냉동장치

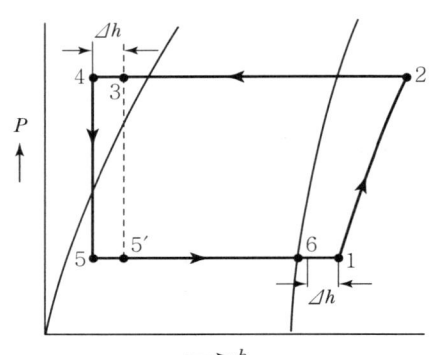

액-가스 열교환기 P-h 선도

3. 액-가스 열교환기 부착 냉동장치
① 액-가스 열교환기에서 외부로 열손실이 없다고 가정하면 다음 식이 성립한다.

$$h_1 - h_6 = h_3 - h_4 = \Delta h$$

② 액-가스 열교환에 2중관식 열교환기 등을 사용하면, 공기 냉각기용 증발기에서 냉매를 과열시키는 것보다 열교환 면적을 절감할 수 있어 유리하다.
③ R-22를 냉매로 사용하는 장치에서는 성능계수의 증대효과는 없지만, 압축기의 액압축(Liquid Back)을 피하기 위한 수단으로 액-가스 열교환을 사용하기도 한다.

17 가스 냉각용 열교환기 부착 2단압축 냉동장치

1. 개요

① 단단압축의 액-가스 열교환기 부착 냉동장치와 같이 2단압축에서는 가스 냉각용 열교환기 부착 냉동장치가 있다.
② 저단 측 압축기의 토출가스를 냉각할 때 중간냉각기와 더불어 열교환기를 설치한다.
③ 이 경우 액-가스 열교환이 아닌 가스 냉각용 열교환기가 된다.
④ 중간냉각기용 바이패스 액과 별도로 일부 고압액을 중간 압력까지 바이패스하여 팽창시켜 저단 측 압축기 토출가스의 대부분의 과열을 제거한다.
⑤ 고단 압축기 흡입 냉매증기량은 같으나, 중간냉각기용 바이패스 냉매량은 가스 냉각용 열교환기의 냉매량에 상당하는 만큼 감소하게 된다.

2. 장치도

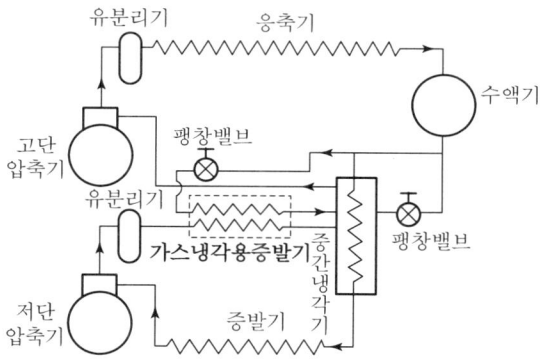

가스냉각용 열교환기부착 2단압축 1단팽창 장치

18 냉매액 강제순환식 냉동장치

1. 개요

증발기의 종류를 냉매액 공급방식에 따라 분류하면 건식증발기, 만액식 증발기, 반만액식 증발기, 냉매액 강제순환식 증발기(액펌프방식)로 나눌 수 있다.

2. 냉매액 강제순환식 장치도 및 P-h 선도

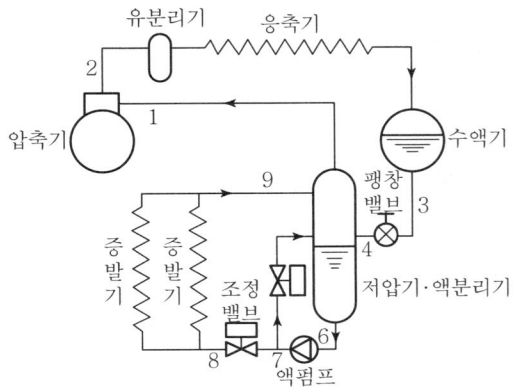

냉매액 강제 순환식 냉동장치

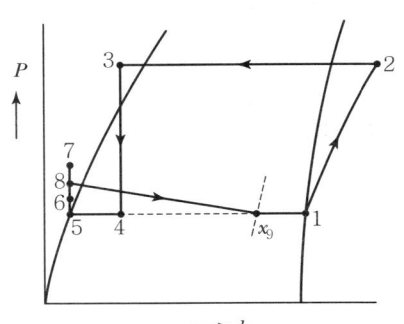

냉매액 강제 순환식 냉동사이클

건도 $x_9 = \dfrac{x_9 - x_5}{x_1 - x_5}$, 냉동능력 $q_e = G(h_1 - h_4)$

G : 냉매순환량

3. 냉매액 강제순환식 냉동장치의 특징

① 액분리기의 냉매액을 펌프로 증발기로 보내는 방식이다.
② 만액식 증발기와 같이 증발기 출구의 상태는 습증기 상태이므로 열통과율이 좋다.
③ 각 증발기의 분지관에서 모두 만액상태로 유지될 수 있는 장점이 있다.
④ 펌프 출구 측 과냉각 냉매액은 정압조정밸브에 의하여 정압으로 유지된다.

19 원심냉동기의 이코노마이저식 냉동사이클

유사기출문제

1. 이코노마이저를 설치한 이단압축 터보냉동장치의 장치도와 P-h 선도를 그리고 설명하라.
   [공조 24회(30점)]

1. 이코노마이저식 냉동사이클의 장치도 및 P-h 선도

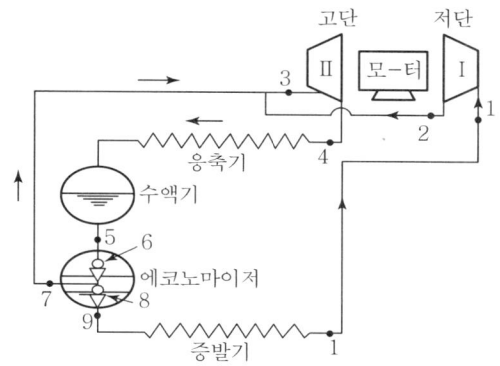
이코노마이저식 2단압축 원심냉동장치

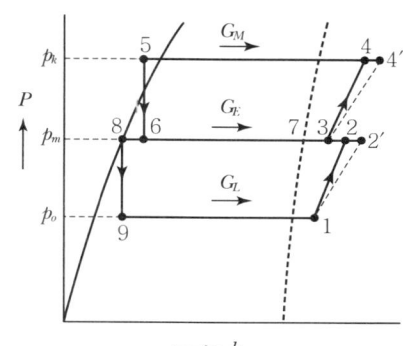
이코노마이저식 2단압축 원심냉동사이클

2. 이코노마이저식 냉동사이클

① 증발기를 나온 냉매증기는 제Ⅰ단 임펠러 1에서 압축된 후 2가 된다.

② 이코노마이저 내에서 고압액이 중간압력 P_m까지 팽창할 때 발생하는 플래시가스 점6과 저단 임펠러를 나온 냉매증기 점3이 혼합되어 고단 임펠러 Ⅱ로 유입된다.

③ 고단 임펠러에서 2차 압축되고 응축기, 수액기를 거쳐 다시 이코노마이저로 유입되는 사이클을 형성한다.

④ 이코노마이저 내에서 중간압력까지 팽창할 때의 액만이 다시 증발압력까지 팽창하여 증발기로 들어간다.

⑤ 2단압축 이상의 원심냉동기에서는 각 단마다 이코노마이저를 설치하여 성능계수를 향상시키고 있다.

3. 이코노마이저식 냉동사이클의 냉매량 계산

① 증발기로 흐르는 냉매순환량 G_L

$$G_L = \frac{R}{(h_1 - h_9)}$$

R : 냉동능력

② 이코노마이저에서의 냉매증발량 G_E

$$G_E = \frac{G(h_6 - h_8)}{(h_7 - h_6)}$$

③ 고단 임펠러 유입 냉매증발량 G_H

$$G_H = G_L + G_E = G_L\left(1 + \frac{h_6 - h_8}{h_7 - h_6}\right) = \frac{R}{(h_1 - h_9)} \cdot \frac{(h_7 - h_8)}{(h_7 - h_6)}$$

④ 압축기 흡입냉매증기의 엔탈피 h_3

$$h_3 = \frac{G_L h_2 + G_E h_7}{G_H}$$

20 EPR 부착 냉동사이클의 해석

유사기출문제

1. 1대의 실외기로 여러 대의 실내기를 운전하는 멀티 시스템에어컨에서 EPR 밸브를 사용하여 그림의 P-h 선도와 같이 증발온도가 서로 다르게 운전할 때 다음을 구하라.
   [공조 81회(25점)]
   ① 장치도   ② 증발기에 흐르는 냉매순환량
   ③ 압축기 흡입냉매 증기의 엔탈피
2. 1대 압축기를 사용하여 증발온도가 서로 다른 3개의 냉장고를 설계할 때 P-h 선도가 그림(본문 지문)과 같을 때 다음을 구하라.   [공조 77회(25점), 84회(25점)]
   ① 장치도   ② 압축기의 냉매순환량   ③ COP 계산식

1. 개요

① 온도가 각각 다른 2실 이상을 1대의 압축기로 냉각하고자 할 때, 고온실용 증발기의 출구를 좁히지 않으면 그 증발기의 실온은 낮은 쪽 증발기의 증발온도와 동일하게 된다.
② 이와 같은 경우 고온실 증발기의 전열면적은 작아도 되지만, 실온과의 온도차가 크게 되어 실내 저장품의 건조가 심하게 되어 그 품질 보존상 좋지 않다.
③ 따라서 최저 실온에 사용되는 증발기 이외의 증발기에는 출구밸브를 조금 닫아주거나, 증발압력조정밸브(EPR)를 설치하여 이들 증발기의 증발온도가 일정치 이하가 되지 않도록 할 필요가 있다.
④ EPR은 서로 다른 여러 대의 증발기를 한 대의 압축기로 운전하는 경우 증발기 측에 부착하여 고온 측의 증발압력이 저하되는 것을 방지하는 밸브이다.

2. 증발온도가 다른 2대 이상의 증발기에 압축기가 1대인 냉동장치

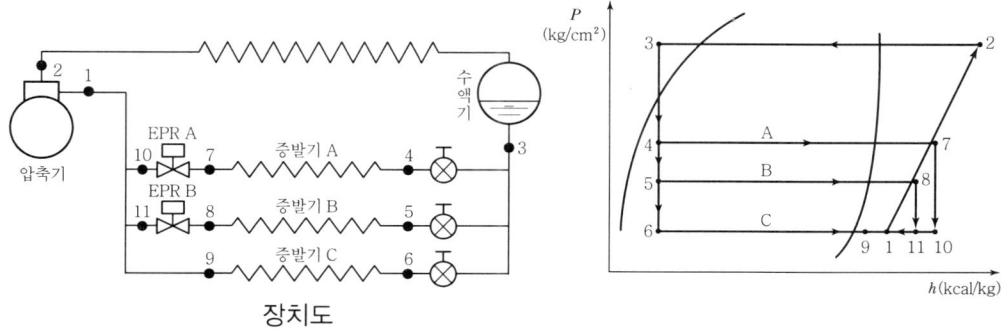

장치도

3. 냉동사이클의 계산

(1) 증발기와 압축기의 냉매순환량

① EPR에서 냉매는 교축팽창하므로 $h_7 = h_{10}$, $h_8 = h_{11}$로 된다.
② 팽창밸브 전후 엔탈피는 불변이므로 $h_3 = h_4 = h_5 = h_6$이 된다.
③ 각각의 증발기 냉동능력을 R_A, R_B, R_C라 한다.
④ 증발기 A, B, C의 각각의 냉매순환량을 G_A, G_B, G_C라 하면, 압축기 냉매순환량 $G = G_A + G_B + G_C$가 된다.

$$G_A = \frac{R_A}{(h_7 - h_3)} \text{ (kg/h)}, \quad G_B = \frac{R_B}{(h_8 - h_3)} \text{ (kg/h)}, \quad G_C = \frac{R_C}{(h_9 - h_3)} \text{ (kg/h)}$$

따라서 전체 냉매순환량은 다음과 같다.

$$G = \frac{R_A}{(h_7 - h_3)} + \frac{R_B}{(h_8 - h_3)} + \frac{R_C}{(h_9 - h_3)} \text{ (kg/h)}$$

(2) COP 계산식

$$COP = \frac{R}{AW} = \frac{G_A(h_7 - h_3) + G_B(h_8 - h_3) + G_C(h_9 - h_3)}{G(h_2 - h_1)}$$

냉동장치의 냉동능력 R은 다음과 같다.

$$R = R_A + R_B + R + C = G_A(h_7 - h_3) + G_B(h_8 - h_3) + G_C(h_9 - h_3)$$

(3) 압축기 흡입냉매 증기의 엔탈피

압축기 흡입구 1의 냉매증기 엔탈피 h_1은 상태점 9, 10, 11의 냉매증기를 혼합한 것으로 혼합 전과 혼합 후의 보유에너지는 외부와의 열이동이 없으므로 다음과 같다.

$$h_1 G = h_7 G_A + h_8 G_B + h_9 G_C$$

$$h_1 = \frac{h_7 G_A + h_8 G_B + h_9 G_C}{G}$$

제10장 압축기

1. 증기압축식 냉동기의 종류 …………………… 224
2. 이론소요동력과 냉동률 ………………………… 226
3. 왕복동 압축기 …………………………………… 227
4. 왕복동 압축기의 구성부품 …………………… 229
5. 축봉장치의 메커니컬실 ………………………… 231
6. 왕복동 압축기의 흡입밸브 및
   토출밸브에 필요한 조건 ……………………… 232
7. 왕복동 압축기의 피스톤 압출량 …………… 233
8. 왕복동 압축기의 기계효율 …………………… 234
9. 왕복동 압축기의 체적효율 …………………… 235
10. 왕복동 압축기의 압축효율 ………………… 237
11. 로터리 압축기 ………………………………… 238
12. 스크루 압축기 ………………………………… 240
13. 왕복동과 스크루 압축기 비교 ……………… 242
14. 스크루 압축기의 흡입, 압축, 토출행정 …… 243
15. 스크롤 압축기 ………………………………… 244
16. 원심식 압축기 ………………………………… 246
17. 증기압축식 냉동기의 용량제어 …………… 248
18. 왕복동 압축기의 용량제어 ………………… 250
19. 압축기에서 냉매압축과정의
    온도와 압력의 관계식 ……………………… 252
20. 냉매 변경 시 압축기 회전수 변화 계산 …… 253

1 증기압축식 냉동기의 종류

유사기출문제

1. 압축기의 종류와 그 장단점을 기술하라. [공조 71회(25점)]
2. 공조용 압축식 냉동기의 종류와 각각의 특성을 약술하라. [공조 68회(10점)]
3. 공기조화에 사용되는 냉동기의 종류 4가지를 기술하라. [건축 53회(10점)]
4. 냉동기를 압축기의 형식에 따라 분류하고, 각각에 대하여 용량범위, 용도, 특징 및 결점을 기술하라. [공조 26회(20점), 23회(25점)]

1. 개요

① 증기압축식 냉동기는 압축기의 형식에 따라 왕복동, 로터리, 스크루, 스크롤, 터보냉동기 등이 있으며, 압축기는 크게 용적식과 원심식으로 구분할 수 있다.
② 용적식은 냉매를 흡입하여 일정한 공간에 가두어 넣고 그 공간의 체적을 축소시켜 압축하는 방식으로 왕복동식, 로터리식, 스크롤식, 스크루식 압축기 등이 있다.
③ 원심식은 고속으로 회전하는 임펠러에 의해 냉매증기를 가속한 후, 디퓨저에서 속도를 압력으로 변환하여 압축하는 방식으로 원심식(터보식) 압축기가 있다.

2. 왕복동 냉동기

① 압축기는 실린더 안을 왕복 운동하는 피스톤에 의해 냉매를 흡입, 압축, 토출한다.
② 크랭크축으로부터 커넥팅로드로 동력을 전달받아 피스톤을 왕복시켜 압축한다.
③ 밀폐구조에 따라 개방형, 반밀폐형 및 밀폐형이 있으며 실린더의 설치위치에 따라 횡형과 입형이 있다.

3. 회전식 압축기

① 회전축에 대하여 편심된 회전자(로우터 또는 피스톤)의 회전에 의해 회전자와 실린더 사이에 냉매를 흡입하여 압축한다.
② 이 형식의 특징은 직결구동을 용이하게 할 수 있다.

4. 스크루 압축기

① 실린더 안에 설치된 암로터와 숫로터 사이의 공간으로 냉매를 흡입하여 압축시킨다.
② 냉동공조용, 저온냉동, 열펌프 및 산업용 냉동장치 등에 널리 적용되고 있다.

5. 스크롤 압축기

① 최근 가공기술 발전으로 실용화가 가능하여 현재 히트펌프의 압축기로 널리 쓰인다.
② 고정스크롤에 대한 선회스크롤이 공전하여 압축실을 형성하여 압축한다.

6. 터보 압축기(원심식 압축기)

① 케이싱 안에 설치된 임펠러의 고속 회전운동으로 냉매를 압축시킨다.
② 터보 압축기는 대형에 적합하며 소용량은 제작상의 제약이 있다.

② 이론소요동력과 냉동률

> **유사기출문제**
> 1. 주어진 조건에서 이론마력과 성적계수 등을 구하시오. [공조 28회(20점), 25회(30점) 등]

1. 압축기의 이론소요동력(P)

① 냉동기에 소요되는 일은 증발기에서 증발된 냉매 증기를 압축기에서 압축하는 데 필요한 일로서 이 일은 원동기나 전동기에 의해 공급된다.

② 이론소요일의 열당량 Aw(kcal/h)과 냉매순환량 G(kg/h)의 곱으로 나타낼 수 있다.

$$P = \frac{G \cdot Aw}{632}(PS), \quad P = \frac{G \cdot Aw}{860}(\text{kW})$$

③ 질량유량에 단열압축과정의 압축일, 즉 단위냉매당 엔탈피차를 곱한 값이다.

$$P = G(h_i - h_o)$$

(h_o, h_i : 압축기의 입출구 엔탈피)

2. 냉동률(K)

① 냉동기에 단위동력(1PS 또는 1kW)을 공급하여 얻을 수 있는 이론냉동능력이다.
② 냉동률을 K, 냉동능력을 Q로 표시하면 다음과 같다.

$$K = \frac{Q}{P}$$

3. 실소요동력(P_a)

① 실소요동력은 이론소요동력에 압축기의 효율을 고려한 값이다.
② 효율(η)은 1보다 항상 작으므로 실소요동력은 이론소요동력보다 증가하게 된다.

$$P_a = \frac{P}{\eta}$$

3 왕복동 압축기

> **유사기출문제**
> 1. 회전식 vs 왕복동식 압축기의 장단점 비교 [공조 65회(25점)]
> 2. 스크루식 vs 왕복동식 압축기의 구조 및 특성 비교 [공조 60회(25점), 38회(20점) 등]

1. 왕복동 압축기(Reciprocating Compressor)

① 압축기는 실린더 안을 왕복 운동하는 피스톤에 의해 냉매를 흡입, 압축, 토출한다.
② 크랭크축으로부터 커넥팅로드로 동력을 전달받아 피스톤을 왕복시켜 압축한다.
③ 소용량에서 대용량까지 가장 널리 사용되어 왔으나 중대형에 적절한 스크루식 압축기에 비해 소음이 크고 효율이 낮아 현재는 소용량에 주로 사용되고 있다.
④ 구조로는 실린더, 피스톤, 흡입밸브, 토출밸브, 크랭크실 등으로 구성되어 있다.

2. 왕복동식 압축기의 구분

(1) 실린더 배열에 따른 구분

① 횡형 : 실린더를 수평으로 설치한 압축기로 현재는 거의 사용을 않는다.
② 입형 : 실린더를 수직으로 설치한 압축기로 소형에 일부 사용되고 있다.
③ 고속다기통
　현재 가장 널리 사용되고 있으며, 1대의 압축기에 실린더 기통이 여러 개 있으며, V형, W형, VW형이 있다.

(2) 실린더 압축형태에 의한 구분

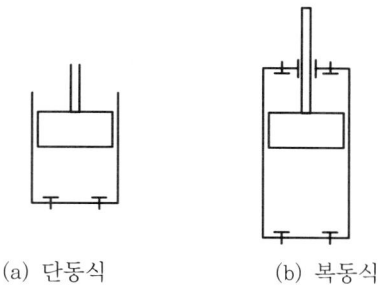

(a) 단동식   (b) 복동식

단동식과 복동식 압축기

① 단동식
　냉매를 실린더의 한 쪽 방향으로 압축시키는 방식이다.
② 복동식
　실린더 내 피스톤의 앞뒤 방향으로 압축시키는 방식이다.

(3) 구조에 따른 구분
① 개방형
　압축기와 전동기가 직결 또는 V 벨트로 연결되어 있으며, 냉매 누출을 방지하기 위하여 축봉장치가 필요하다.
② 밀폐형
　압축기와 전동기가 완전히 밀폐되어 냉매 누출이 없으나 수리가 곤란하다.
③ 반밀폐형
　압축기 밸브와 피스톤의 보수가 가능하도록 실린더 헤드가 볼트 조임되어 있다.

3. 왕복동 압축기의 장단점

(1) 장 점
① 가장 일반적인 냉동기로 부품 교환이 간단하고 보수와 정비가 용이하다.
② 대량생산으로 가격이 저렴하다.
③ 회전수가 빨라 소형 경량으로 제작할 수 있어 설치면적이 작아진다.
④ 압축기, 전동기, 응축기 등을 하나의 케이싱에 설치한 콘덴싱유닛으로 제작할 수 있다.

(2) 단 점
① 고압가스 안전관리법의 규제를 받아 설치와 운전관리가 번거롭다.
② 강제급유방식으로 윤활작용은 양호하나 윤활유 소비량이 비교적 많다.
③ 부품 수가 많고 수명이 짧으며 보수와 정비가 잦다.
④ 소용량에 적합하여 용량이 커지면 소음진동과 설치면적이 커진다.
⑤ 다른 압축기와 비교하여 체적효율이 작다.
⑥ 액백(Liquid Back)에 약하다.

왕복동 압축기의 구성부품

1. 실린더 본체

실린더와 크랭크실과는 별도로 주조하고 그 사이에 패킹을 넣어서 스테드 볼트로 조인 것 (대용량)과 일체로 주조한 것(소용량)이 있으며, 재질은 주철을 사용한다.

2. 피스톤 및 피스톤 링

① 피스톤에는 보통 3~4개의 피스톤 링을 장치한다.
② 피스톤 링의 최하부의 한 개는 오일링이며 나머지는 압축링으로 냉동기유가 토출 측으로 유출되는 것을 막는다.

3. 실린더 재킷

① 실린더 재킷은 실린더 외부를 감싸는 케이스이다.
② 토출압력이 큰 암모니아 압축기에는 수랭식 재킷을 설치한다.

4. 안전헤드

① 압축기 실린더 상부에는 안전장치로 안전헤드를 설치한다.
② 실린더 내 이물질 혼입 또는 액압축 등 토출압력이 이상 상승하면 토출밸브 시트 자체가 밀어 올려져 사고를 미연에 방지한다.

5. 커넥팅 로드

전동기의 회전부와 피스톤을 연결시키는 연결봉이다.

6. 크랭크축 및 크랭크실

① 크랭크축은 전동기의 회전운동을 피스톤의 왕복운동으로 전환시킨다.
② 크랭크실의 하부는 윤활유조의 역할을 하고 유면계가 장착되어 있다.

7. 크랭크실 가열기

① 압축기가 장시간 정지 시 크랭크실 내의 기름에 냉매가스가 많이 용해되어 있다.
② 윤활유 펌프가 기름을 흡입하면 기름 중의 포말이 분산되어 공동현상의 우려가 있다.
③ 전열기를 설치하여 크랭크실의 기름을 가열하여 용해되어 있는 프레온가스를 분리한다.

8. 축봉장치

① 크랭크축이 크랭크실을 관통하는 부분에는 냉매증기의 누설 또는 외부공기의 유입을 방지하기 위하여 축봉장치가 설치된다.
② 축봉장치에는 패킹글랜드식과 슬립링식(메커니컬실), 벨로스식이 사용된다.

9. 흡입밸브 및 토출밸브

① 압축효율을 크게 좌우하며 소음의 원인이 되는 것으로 가장 중요한 부분이다.
② 밸브의 종류로는 포핏, 플레이트, 페더, 막상, 리드밸브 등이 있다.

10. 윤활계통

① 비말식 급유법
　소형, 저속 압축기에 사용되며, 커넥팅로드에 의해 크랭크실 내에 고인 윤활유를 찍어 올려서 실린더나 베어링에 급유하는 방식이다.
② 강제급유법
　크랭크축에 의해 구동되는 윤활유펌프로써 모든 활동부에 압력유를 공급한다.

5 축봉장치의 메커니컬실

> **유사기출문제**
> 1. Mechanical Sea   [공조 66회(10점)]
> 2. 축봉장치   [공조 48회(10점)]

1. 개요

① 개방형 압축기는 외부로부터 구동되어 크랭크축의 끝이 크랭크실의 외부로 관통되어 있어 회전부분과 고정부분에서 냉매가스 누설을 방지하기 위해 축봉장치가 필요하게 된다.

② 축봉장치로는 저속회전에 주로 사용되는 스터핑 박스형과 고정링과 슬립링이 있는 슬립링형 축봉장치가 있는데 슬립링형 축봉장치의 메커니컬실이 많이 사용되고 있다.

2. 메커니컬실(Mechanical Seal)

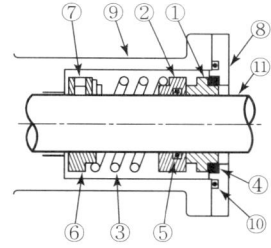

번호	부품명	번호	부품명
①	사이트링	⑦	세트 보울트
②	피동링	⑧	그랜드 커버
③	스프링	⑨	스터핑 박스
④	완충링	⑩	가스켓
⑤	축패킹	⑪	주축
⑥	스토퍼		

Mecharical Seal

① 2종의 정밀랩핑 다듬질이 된 고정링과 슬립링을 가볍게 접촉하여 고정링은 정지하고 슬립링은 크랭크축과 함께 회전시켜 습동하도록 하여 이 습동면에서 누설을 방지한다.

② 습동면의 재질은 인청동, 담금질강, 탄소와 특수주철 등의 조합으로 사용되고 있다.

③ 메커니컬실은 습동면 사이에 극히 얇은 유막을 형성시켜 마멸을 방지하고 오일과 냉매의 누설을 방지하고 있다.

④ 습동면의 면압을 적당히 유지하기 위해 면압비, 스프링 하중 등은 신중히 선택 결정한다.

⑤ 크랭크 축의 편심, 축방향 변위 등이 발생 때에도 습동면의 접촉이 변화하지 않도록 합성고무제의 고무벨로스를 사용하여 오정열을 흡수하는 방식이 가장 많이 채용되고 있다.

6 왕복동 압축기의 흡입밸브 및 토출밸브에 필요한 조건

1. 개요

① 왕복식 압축기에 있어서 밸브는 압축효율을 크게 좌우하며 소음의 원인이 되는 것으로서 압축기의 구성성분 중 가장 중요한 부품이다.
② 현재 사용되고 있는 밸브에는 포핏밸브, 플레이트밸브, 페더밸브, 막상밸브, 리드밸드 등이 있다.

2. 흡입밸브 및 토출밸브에 필요한 조건

① 밸브 개폐에 필요한 가스압이 작을 것. 즉 가스의 통과저항이 작을 것
② 밸브의 관성력이 작아서 운동이 경쾌하고 닫힘이 늦지 않을 것
③ 밸브가 파괴되거나 고장이 없을 것
④ 리드밸브의 경우 고정단은 확실하게 고정되어 마모의 원인이 되는 진동이 없을 것

3. 밸브의 재질로서 요구되는 주요한 특성

① 내피로강도가 높을 것
② 영속적인 탄성을 가지고 있을 것
③ 고경도를 가지고 있을 것
④ 표면이 치밀하고 두께가 균일할 것
⑤ 표면평활도가 대단히 좋을 것

7 왕복동 압축기의 피스톤 압출량

> **유사기출문제**
> 1. 왕복동 압축기의 피스톤 압출량 계산식을 나타내시오. [공조 74회(10점)]

1. 피스톤 압출량 V(m³/h)

① 왕복동 압축기의 크기를 나타낸 것으로 피스톤 배출량 또는 토출용량 등으로 불린다.
② 단위시간 동안 피스톤에 의해 배출된 실린더의 체적을 말한다.
③ 피스톤 압출량은 왕복동식 뿐만 아니라 피스톤이 없는 회전식, 터보식 등에도 적용한다.
④ 실제 피스톤 압출량은 이론 피스톤 압출량에 체적효율 η_v을 곱하여 구한다.
⑤ 압축기 입구에서 냉매순환량 G(kg/h), 냉매 비체적 v(m³/kg)라 하면 피스톤 압출량 V는

$$V = G_v$$

2. 이론 피스톤 압출량 V₀

$$V_o = 60 \cdot n \cdot N \cdot V_P = 60 \cdot n \cdot N \cdot \frac{\pi}{4} d^2 \cdot L$$

V_o : 이론 피스톤 압출량(m³/h)
n : 압축기의 회전수(rpm/min)
N : 실린더수
V_P : 피스톤 행정체적(m³)
d : 피스톤 지름(m)
L : 피스톤 행정의 길이(m)

3. 실제 피스톤 압출량 V_act

$$V_{act} = V_o \cdot \eta_v$$

8 왕복동 압축기의 기계효율

1. 체적효율 및 압축효율, 기계효율이 주어지고 실제소요동력을 구하는 문제 [공조 41회(25점)]

1. 기계효율 η_m (Mechanical Efficiency)

① 압축기가 운전될 때, 피스톤과 실린더 사이 및 베어링 부분 등에서는 마찰이 발생하여, 냉매가스를 압축하는 데 필요한 이론동력 이외에 추가적인 동력이 필요하게 된다.

② 기계효율은 압축기를 구동하는 데 필요한 이론적인 소요동력 AW(kcal/kg)과 실제 소요동력 AW_{act}(kcal/kg)의 비로 정의한다.

$$\eta_m = \frac{AW}{AW_{act}} = \frac{\text{이론적으로 소요되는 동력}}{\text{실제로 소요되는 동력}}$$

2. 압축효율(η_c) 및 기계효율(η_m)을 고려한 압축기의 실제 소요동력

$$AW_{act} = \frac{AW}{\eta_c} \cdot \eta_m$$

9 왕복동 압축기의 체적효율

유사기출문제

1. 왕복동 압축기의 체적효율 　　　　　　　　　　　　　　　　[공조 83회(10점)]
2. 체적효율 　　　　　　　　　　　　　　[공조 65회(5점), 42회(5점), 36회(5점)]
3. 압축기 체적효율에 영향을 미치는 요소 및 체적효율 향상을 위한 대책
　　　　　　　　　　　　　　　　　　　　　　　　　[공조 40회(20점), 38회(20점)]

1. 개요

① 압축기의 냉동능력과 소요동력은 압축기의 성능을 결정하는 중요한 결정인자이다.
② 이들은 압축기의 흡입압력과 토출압력에 크게 영향을 받으며, 이 두 압력의 효과와 압축기의 성능은 왕복식 압축기의 효율인 체적효율로 나타낼 수 있다.

2. 체적효율 η_v (Volumetric Efficiency)

① 왕복식 압축기의 성능 판단의 기준이 되며 충전효율이라고도 한다.
② 소형 왕복식 압축기의 체적효율은 평균 60% 정도이며, 대형은 70% 정도가 된다.
③ 체적효율은 압축기가 실제로 흡입하는 냉매증기의 체적 V_{act}(m³/s)와 피스톤의 행정체적 V_p(m³/s)의 비로 정의한다.

$$\eta_v = \frac{V_{act}}{A_p} = \frac{\text{실제로 흡입하는 냉매의 체적}}{\text{피스톤의 이론적인 행정체적}}$$

④ 또한 체적효율은 간극체적효율 η_c, 열체적효율 η_t, 누설체적효율 η_l의 3가지 효율에 영향을 받으며 이들의 곱으로 표시될 수 있다.

$$\eta_v = \eta_c \cdot \eta_t \cdot \eta_l$$

3. 체적효율에 영향을 미치는 요소

① 간극체적효율
　피스톤과 밸브 사이에 충격에 의한 손상이 없도록 작은 간극을 두고 있는데, 간극체적 내에 잔류가스가 재팽창하여 냉매가스 흡입을 방해한다.

② 열체적효율

밸브 저항에 의한 압력저하와 고온의 실린더 벽에 의한 흡입가스의 비체적이 흡입밸브에 들어가기 직전의 비체적보다 크게 되어 체적효율이 저하하게 된다.

③ 누설체적효율

흡토출밸브 및 피스톤링 등에서 냉매가스가 누설되어 효율이 저하하게 된다.

10 왕복동 압축기의 압축효율

> **유사기출문제**
> 1. 압축기의 등엔트로피 효율에 대해 설명하시오.　　　　　　[공조 80회(10점)]
> 2. 압축효율　　　　　　　　　　　　　　　　　　　[공조 65회(10점), 45회(5점)]

1. 개요

① 압축기 실린더로 흡입된 냉매가스는 고온의 실린더 벽과의 열교환으로 온도가 상승한다.
② 따라서 엔트로피가 변화하여 단열압축이 아닌 폴리트로픽압축을 하게 된다.
③ 또한 흡입압력은 밸브나 배관의 저항으로 증발압력보다 낮아지고, 배출압력은 응축압력보다 높아져 압축기가 실제로 소요되는 동력은 이론적인 소요동력보다 커지게 된다.

2. 압축효율 η_c(Compression Efficiency)

① 압축효율은 압축기를 구동하는 데 필요한 이론적인 소요동력 AW(kcal/kg)과 실제 소요동력 AW_{act}(kcal/kg)의 비로 정의한다.
② 압축기의 비가역성으로 인해 압축효율은 등엔트로피 효율 또는 단열효율이라 불리며 대략 0.6~0.85 정도가 된다.

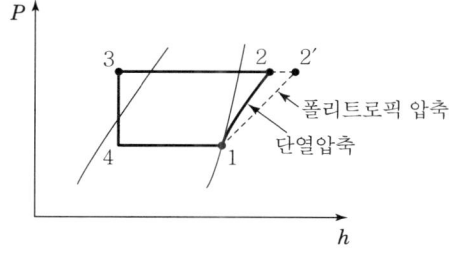

P-h 선도상에서의 압축효율

$$\eta_c = \frac{AW}{AW_{act}} = \frac{\text{이론적으로 소요되는 동력}}{\text{실제로 소요되는 동력}} = \frac{h_2 - h_1}{h_2' - h_1}$$

3. 압축효율에 영향을 미치는 요소

① 압축기의 종류
② 회전속도
③ 냉매의 종류 및 온도 등

11 로터리 압축기

> **유사기출문제**
> 1. 회전식 압축기(Rotary Comp)와 왕복동식 압축기의 장단점을 비교하시오. [공조 65회(25점)]
> 2. 에어컨용 로터리 압축기 제조에 관한 국내 기술현황과 핵심기술 설명 [공조 49회(20점)]

1. 로터리 압축기(Rotary Compressor)

① 왕복동 압축기와 다른 점은 전동기의 회전운동을 왕복운동으로 변환하지 않고 사용한다.
② 왕복운동 대신에 회전운동을 하는 회전자(피스톤)와 실린더와의 조합에 의해 압축한다.
③ 직결구동을 용이하게 할 수 있는 특징이 있으며, 피스톤식과 베인식 회전압축기가 있다.

2. 구조 및 작동원리

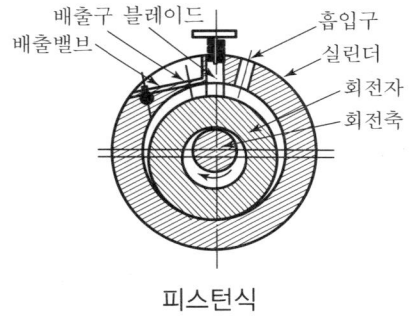

피스턴식

① 축에 편심으로 조립된 회전자가 편심축의 회전으로 실린더 내벽에 밀착하며 회전한다.
② 고압 측을 막는 베인은 실린더의 홈 속을 스프링 또는 가스의 압력으로 회전자에 접한다.
③ 회전자가 회전하면 냉매는 날개의 한쪽에 흡입, 압축되어 베인의 반대 측으로 토출된다.

3. 장 점

① 압축이 연속적이므로 왕복동식에 비해 압축작용이 원활하다.
② 운동이 정숙하고 진동이 작다.
③ 회전운동을 왕복으로 변환할 필요가 없어 부품수가 적다.
④ 회전축을 중심으로 한 원형부품으로 구성되어 소형 경량화가 가능하고 설치면적이 작다.
⑤ 흡입밸브가 없고 유로저항이 적어 체적효율 및 성능계수가 좋다.

4. 단 점

① 각부의 틈이 균일하지 않으면 압축가스가 저압 측으로 누설되어 성능이 저하된다.
② 분해조립 및 정비에 특수한 기술이 필요하다.
③ 비체적이 큰 냉매에만 적합하므로 사용냉매의 제한을 받는다.
④ 용량제어를 할 수 없다.

12 스크루 압축기

유사기출문제
1. 왕복동과 스크루 압축기의 구조 및 특징 비교   [공조 60회(25점), 38회(20점), 34회(25점)]

1. 스크루 압축기(Screw Compressor)
① 냉동용량은 11kW~375kW 까지 폭넓은 범위를 갖고 있다.
② 냉동공조용, 저온냉동, 열펌프 및 산업용 냉동장치 등에 널리 적용된다.
③ 케이싱의 압축측에 용량제어용 슬라이드 밸브가 내장되어 있고, 오일회수기, 오일냉각기, 윤활유 펌프 등이 있다.

2. 구조 및 작동원리

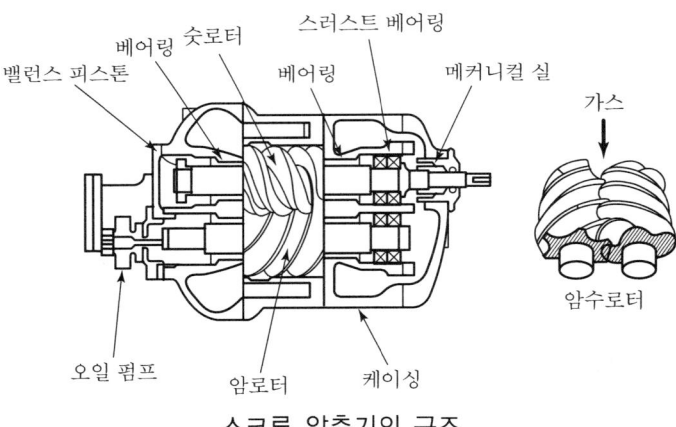

스크루 압축기의 구조

① 서로 맞물려 돌아가는 숫로터와 암로터가 일정한 방향으로 회전한다.
② 두 로터와 케이싱 속에 흡입된 냉매증기를 연속적으로 압축하고 토출시킨다.

3. 장 점
① 소형 경량으로 설치면적이 작다.
② 진동이 없고, 강고한 기초가 필요 없다.
③ 10~100%의 무단계 용량제어가 가능하며 자동운전에 적합하다.

④ 밸브와 피스턴이 없어 장시간의 연속운전이 가능하다.
⑤ 부품수가 적고 수명이 길다.

4. 단 점

① 오일펌프를 설치하여야 하며, 오일회수기 및 오일냉각기가 크다.
② 경부하 시 동력이 크다.
③ 소음이 비교적 크다.
④ 분해조립 및 정비에 특수한 기술이 필요하다.

13 왕복동과 스크루 압축기 비교

> **유사기출문제**
> 1. 왕복동과 스크루 압축기의 구조 및 특징 비교 [공조 60회(25점), 38회(20점), 34회(25점)]

1. 왕복동 압축기에 대한 스크루 압축기의 장점
① 체적효율과 단열효율이 높다.
② 흡입밸브와 토출밸브가 없다.
③ 소음과 진동이 적다.
④ 회전에 의한 체적감소형 압축방식으로 약간의 액압축에도 지장이 없다.
⑤ 원심식 압축기에서 발생하는 서징의 염려가 없다.

2. 왕복동식과 스크루식의 비교

항목	스크루식 냉동기	왕복동식 냉동기
압축원리	회전 용적형	왕복동 용적형
용적효율	압축비가 커져도 효율 저하가 적다.	압축비가 크면 클리어런스 체적의 재팽창으로 효율이 저하한다.
토출온도	오일에서 압축열을 제거하여 토출온도가 낮다.	소량의 액압축에도 흡토출밸브의 파손 등의 문제가 발생한다.
진동	회전식이므로 진동이 적다.	왕복동으로 진동이 크다.
소음	소음 레벨은 낮지만 고주파이므로 듣기 불편하다.	소음 레벨은 높지만 저주파이기 때문에 듣기가 그다지 불편하지 않다.
내구성	구동부가 작아 초기성능을 오래 보존할 수 있다.	피스톤링, 실린더라이너 등의 마모가 많아 성능이 저하한다.
용량제어	무단계 연속제어	Step 제어(단계 제어) 및 On-Off 제어

14 스크루 압축기의 흡입, 압축, 토출행정

> **유사기출문제**
> 1. 스크루 냉동기의 개략구조와 흡입, 압축, 토출행정을 설명하시오. [공조 66회(25점)]
> 2. 스크루 냉동기 행정에 대하여 설명하시오. [공조 52회(25점)]

흡입행정

압축행정

토출행정

스크루 압축기의 원리

1. 흡입행정

① 케이싱 내로 흡입된 가스는 흡입구를 통하여 밀폐공간으로 흡입된다.
② 숫로터의 회전각 증가에 따라 밀폐공간이 점차 커지면서 가스가 유입된다.
③ 흡입과정은 밀폐공간이 최대로 될 때까지 이루어진다.

2. 압축행정

① 숫로터의 회전으로 흡입구가 막히면서 밀폐공간의 체적은 점차 작아져 압축된다.
② 압축행정 도중에 로터와 케이싱이 이루는 공간으로 오일이 분사된다.
③ 오일은 가스 누설을 방지하고 압축가스의 냉각효과 및 밀봉선의 윤활작용을 한다.

3. 토출행정

① 압축행정이 끝나면 로터의 회전에 의해 냉매가스는 토출구를 통해 토출된다.
② 토출밸브의 저항이 없어 체적효율은 커진다.
③ 토출된 오일은 고압측에 설치된 유분리기를 통해 분리되어 다시 분사된다.

15 스크롤 압축기

> **유사기출문제**
> 1. 스크롤 압축기의 원리와 특징을 설명하시오.   [공조 68회(25점), 56회(10점), 54회(20점)]
> 2. 스크롤 압축기가 다른 압축기에 비하여 갖는 장점을 설명하시오.   [공조 65회(25점)]

1. 개요

① 제작상의 어려움으로 최근에 실용화되어 소형냉동장치 및 히트펌프 등에 사용이 확대되고 있으며, 흡입 → 압축 → 토출행정이 동시에 연속적으로 이루어진다.

② 고정스크롤에 선회스크롤이 궤도를 선회하면서 외부에서 주입된 가스를 적어지는 공간 내로 밀어 넣어 압축시키면서 중앙으로 배출한다.

2. 압축원리

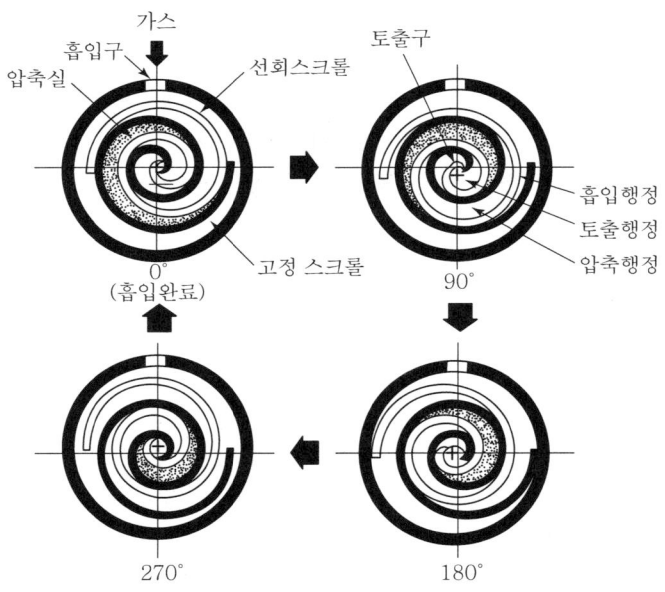

스크롤 압축기의 구조

① 선회스크롤이 고정스크롤에 대한 공전운동을 하여 압축실을 형성한다.
② 압축실의 용적이 선회스크롤의 회전에 따라 감소되며 유체의 압력이 상승한다.
③ 이 공간은 중심부로 이동하여 고정스크롤 중심부에 뚫려있는 토출구에서 토출된다.

3. 스크롤 압축기의 특징

① 스크루 압축기와 마찬가지로 압축비(체적비)가 정해져 있다.
② 왕복동식 또는 로터리식과 달리 토출밸브나 흡입밸브가 없다.
③ 가스를 역류시키지 않는 밸브의 작용은 스크롤 자체가 하며 누설이 적다.
④ 부품수가 적고 소형경량이며 고속회전이 가능하고 액압축에 강하다.
⑤ 가스 흐름이 연속류에 가까워 토출압력 변동이 적고 진동이나 소음이 작다.
⑥ 토크 변동이 적다.
⑦ 압축요소의 미끄럼 속도가 늦다.

16 원심식 압축기

유사기출문제
1. 터보냉동기와 흡수냉동기의 특징 및 장단점을 논하라.　　[공조 60회(25점), 31회(25점)]

1. 개요
① 원심력을 이용하여 냉매를 압축하는 원심식 압축기는 터보 압축기라고도 한다.
② 원심식 냉동기는 압축기, 응축기 및 증발기의 한 유닛으로 되어 있다.

2. 원심식압축기(터보압축기)의 특징

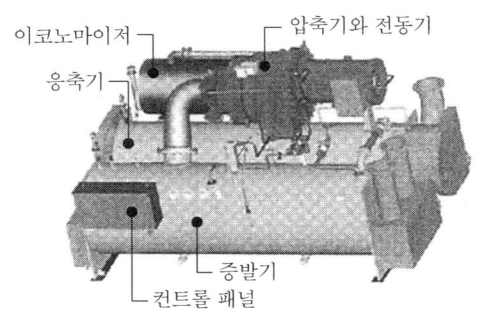

터보냉동기

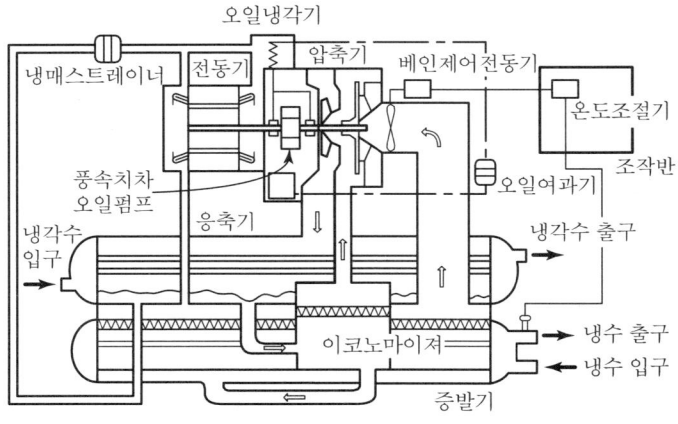

터보냉동기 사이클

① 흡입하는 냉매증기의 체적은 크지만 압축 압력을 크게 하는 것은 곤란하다.
② 냉매증기의 비중량이 작고 압축비가 큰 경우에는 다단압축을 하여야 한다.
③ R-11, R-123 등 저압 냉매가 사용되어 고압가스 안전관리법의 적용을 받지 않는다.
④ 여름철 전기수요 피크를 유발하므로 점차 흡수식냉동기로 대체되고 있다.

3. 장 점

① 중형 이상이 될 수록 효율이 좋고 가격도 저렴하게 된다.
② 냉매는 고압가스가 아니므로 자격자가 필요 없다.
③ 마찰부분이 없어 고장이 적어 신뢰성이 높다.
④ 수명이 길며 운전이 용이하다.
⑤ 냉수온도는 약 5℃ 정도로 낮게 할 수 있다.
⑥ 초기투자비가 저렴하다.
⑦ 용량제어가 용이하며 그 제어범위가 넓어 정밀한 제어가 가능하다.

4. 단 점

① 경부하 시에는 운전 불능이 되므로 중간기나 겨울 운전 시 주의한다.
② 부하가 감소하면 서징을 일으킨다.
③ 소음진동이 많고 수변전 용량이 크다.
④ 소용량의 압축기는 효율이 감소하므로 경제적이지 못하다.

17 증기압축식 냉동기의 용량제어

유사기출문제

1. 스크루압축기의 용량제어에 대하여 간단히 설명하시오. [공조 84회(25점)]
2. 흡수식냉동기, 터보냉동기, 왕복동식냉동기의 용량제어방법을 기술하라. [건축 51회(25점)]
3. 증기압축식 냉동기의 용량제어방법을 기술하라. [공조 43회(20점)]
4. 왕복동식, 스크루식, 터보식 냉동기의 용량제어방법을 기술하라. [공조 29회(25점)]
5. 터보냉동기의 용량제어 방식을 기술하라. [공조 23회(25점)]

1. 개요

① 냉동공조부하는 외기온도 및 시간·계절에 따라 변동범위가 넓기 때문에 부분부하로 운전될 때가 많으므로 압축기의 용량제어가 필요하게 된다.
② 증기압축식 냉동기에는 왕복동식, 로터리식, 스크루식, 스크롤식, 터보식이 있으며 용량제어가 불가능한 로터리식 이외에는 용량제어를 하여야 한다.

2. 용량제어의 필요성

① 경제적인 운전
　냉동공조부하 변동에 따라 압축기 용량을 제어함으로써 경제적인 운전을 할 수 있다.
② 안정된 운전
　냉동부하 감소 시 증발압력이 낮아져 장치 내부가 진공이 되면 불응축가스 혼입 및 액압축 우려가 있다.

3. 증기압축식 냉동기의 용량제어

(1) 왕복동식 압축기

① 전동기 회전수를 가감하는 방법
② 압축기 실린더를 클리어런스 포켓에 연결하는 방법
③ 토출측 과 흡입 측을 연결하는 핫가스 바이패스 방법 : 과도한 핫 가스로 압축기가 이상 과열되는 것을 방지하기 위해 바이패스량은 최대 40% 이상 되지 않도록 한다.
④ 압축기 흡입밸브 일부를 언로더(Unloader) 시키는 방법
⑤ 압축기 대수제어 방법 : 공동 냉매 배관일 경우 전부하의 40% 이하로 대수 제어를 하면 흡입배관의 가스 유속이 느려 오일 회수에 문제가 발생될 수 있다.

(2) 스크루식 압축기

① 용량제어 슬라이드 밸브에 의한 방법 : 암로터와 숫로터 사이의 압축과정에 있는 압축가스를 슬라이딩 밸브를 사용하여 비례식으로 바이패스 양을 조절한다.
밸브는 보통 유압으로 작동되어 반응속도가 빠르며 주로 전자식 제어기를 사용한다.
② 고압 측에서 저압 측으로 가스를 바이패스하는 방법 : 동력감소가 없고, 흡입가스온도가 상승하므로 토출가스온도가 높아질 우려가 있다.
③ 회전수를 조절하는 방법 : 동력을 절감하는 데는 매우 적합한 방식이나 인버터 장치가 고가이다.
④ 저압 측에서 교축하여 비체적을 키우는 방법 : 비체적이 커지므로 압축기에 흡입되는 질량유량이 적어진다.

(3) 스크롤 압축기

① 회전수제어
인버터 장치를 사용하여 압축기 전동기의 회전수를 변화시킨다.
② 바이패스제어
고정스크롤 바이패스 구멍에 설치된 밸브를 개폐하여 흡입된 가스를 바이패스시킨다.

(4) 터보식 압축기

① 가동흡입베인제어
터보식은 일반적으로 정속도 전동기를 사용하므로 가변속도방식보다는 압축기 흡입 측에 있는 흡입베인의 개도를 조절함으로써 용량을 제어하는 방법이 일반적으로 사용된다.
② 압축기 회전수제어
가장 경제적이나 증기터빈이나 가변전동기를 사용하여야 한다.
③ 디퓨저 가동 날개의 회전에 의한 방법
가동 기구가 복잡하여 잘 사용하지 않으나 가동흡입베인제어와 조합되어 사용된다.
④ 흡입댐퍼에 의한 흡입구에서의 교축제어
회전수가 일정한 전동기를 사용하는 경우에 사용한다.
⑤ 바이패스제어
압축된 가스를 저단 측으로 바이패스시켜 응축기로 보내는 가스량을 감소시키는 것으로 비효율적이나 서징을 예방하는 방법으로 사용된다.

18 왕복동 압축기의 용량제어

> **유사기출문제**
> 1. 압축기 용량제어방법 4가지 　　　　　　　　　[공조 66회(10점), 62회(25점), 48회(25점)]
> 2. 왕복동 압축기의 용량제어방법 　　　　　　　　　　　　[공조 36회(25점), 35회(25점)]

1. 전동기 회전수를 가감하는 방법

① 모터 회전수를 변화시켜 흡입냉매량을 조절함으로써 냉동능력을 제어하는 방법이다.
② 종래에는 전동기 극수 변화방식이 사용되었으나, 최근에는 인버터를 사용하여 회전수를 연속적으로 변화시키는 방법이 사용하고 있다.

2. 압축기 실린더를 클리어런스 포켓에 연결하는 방법

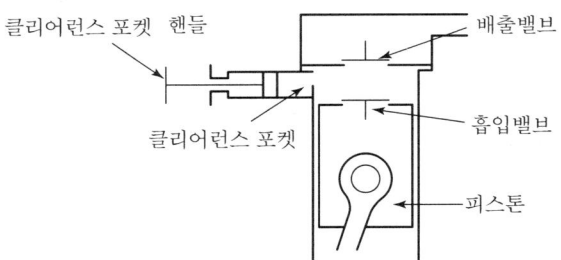

클리어런스 포켓에 의한 용량제어

① 실린더 헤드에 클리어런스 포켓을 설치하여 핸들로 클리어런스 포켓 내 피스톤을 움직여 간극비(Clearance Ratio)를 조절한다.
② 클리어런스를 크게하면 피스톤 하강 시 이 곳에 남아 있는 가스가 재팽창하여 저압 이하가 되기까지는 저압측 가스가 흡입되지 않으므로 용량을 조정할 수 있다.

3. 토출 측과 흡입 측을 연결하는 핫가스 바이패스 방법

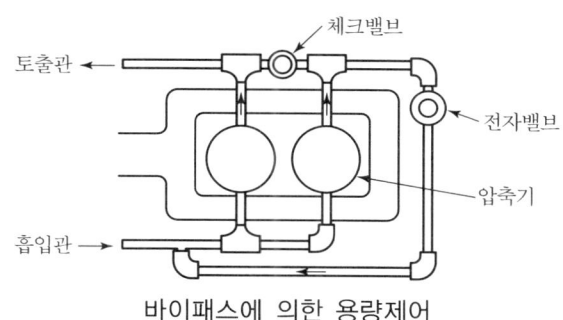

바이패스에 의한 용량제어

① 압축기의 토출 측과 흡입 측을 연결하면 압축된 고압의 가스가 다시 저압의 흡입 측에 보내지므로 흡입되는 가스량이 감소하여 압축기의 능력이 저하된다.
② 부하가 감소해도 동력은 전부하 시와 거의 같으므로 성능계수가 좋지 않다.
③ 다소 무리한 점이 있어 일반적으로 사용하지 않고 주로 다기통압축기에 쓰인다.

4. 압축기 흡입밸브 일부를 언로더(Unloader)시키는 방법

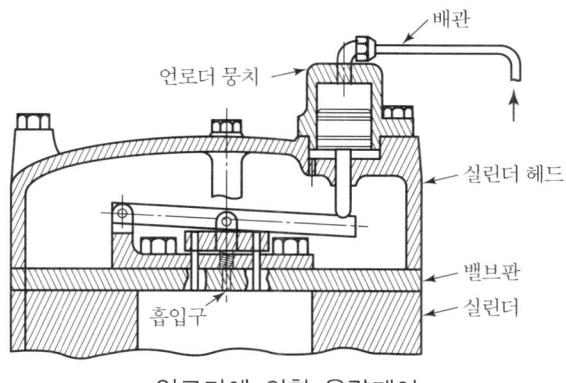

언로더에 의한 용량제어

① 고속다기통 압축기에 사용되고 있는 방법으로 실린더 흡입밸브를 개방시켜 가스가 압축되지 않도록 하는 방법이다.
② 냉동부하가 감소하면 언로더뭉치 내 피스턴이 레버를 움직여 흡입밸브가 열린다.
③ 부하가 증가하면 흡입가스압력이 다시 상승되고 흡입밸브는 정상작동을 한다.
④ 이 방법은 용량제어뿐만 아니라 압축기 기동 시 부하경감장치로도 이용된다.

19 압축기에서 냉매압축과정의 온도와 압력의 관계식

유사기출문제

1. 압축기 냉매압축과정을 가역단열과정이라 하면 온도와 압력 사이에는 $\dfrac{T_2}{T_1} = \left(\dfrac{P_2}{P_1}\right)^{\frac{k-1}{k}}$ 의 관계가 성립함을 설명하시오. [공조 66회(25점)]
2. 압축기 흡입증기온도와 압축 전후의 압력을 알고 있을 때 토출가스온도를 구하는 식을 유도하시오. [공조 40회(20점)]

(1) 단열압축의 일반식

$$p_1 v_1^k = p_2 v_2^k \quad \cdots\cdots ①식$$

①식에서 $\left(\dfrac{v_2}{v_1}\right)^k = \dfrac{p_1}{p_2}$

그러므로 $\dfrac{v_2}{v_1} = \left(\dfrac{p_1}{p_2}\right)^{\frac{1}{k}} = \left(\dfrac{p_2}{p_1}\right)^{-\frac{1}{k}} \quad \cdots\cdots ②식$

(2) 보일샤를의 법칙

$$\dfrac{p_1 v_1}{T_1} = \dfrac{p_2 v_2}{T_2}$$

따라서 $\dfrac{T_2}{T_1} = \dfrac{p_2 v_2}{p_1 v_1} \quad \cdots\cdots ③식$

(3) ②식을 ③식에 대입하여 정리하면 다음과 같다.

$$\dfrac{T_2}{T_1} = \dfrac{p_2}{p_1} \cdot \left(\dfrac{p_2}{p_1}\right)^{-\frac{1}{k}} = \left(\dfrac{p_2}{p_1}\right)^{\frac{k-1}{k}}$$

$$\therefore \dfrac{T_2}{T_1} = \left(\dfrac{p_2}{p_1}\right)^{\frac{k-1}{k}}$$

20 냉매 변경 시 압축기 회전수 변화 계산

유사기출문제

1. 압축기 소형화를 위한 냉매 변경 시 회전수 변화 계산   [공조 78회(25점), 56회(20점)]

78회(25점)
증발온도가 5℃, 응축온도가 40℃, 포화액에서 팽창하고 건포화증기에서 압축되며 압축효율이 80%, 비교속도가 35rpm의 조건으로 500USRT(미국냉동톤)의 원심식 압축기에서 프레온 12(R-12)냉매로서 압축기에 대한 소형화를 계획할 때, 프레온 11(R-11)냉매를 사용하는 경우에 비해 압축기 회전수는 몇 배 정도인지 계산하여 답하시오.
(단, 체적효율은 93%이고 아래 냉매에 대한 성능치를 참조하며, 답은 소수 셋째자리에서 반올림할 것)

내 용	R-11	R-12
① 응축액 엔탈피(kcal/kg)	108.1	109.2
② 압축기 입구 측 엔탈피(kcal/kg)	146.2	137.3
③ 압축기 출구 측 엔탈피(kcal/kg)	151.3	141.7
④ 압축기 입구 측 가스 비체적(m^3/kg)	0.34	0.05

1. 문제풀이를 위한 기본사항

(1) 몰리에선도

① 응축액 엔탈피 h_3
② 압축기 입구 측 엔탈피 h_1
③ 압축기 출구 측 엔탈피 h_2

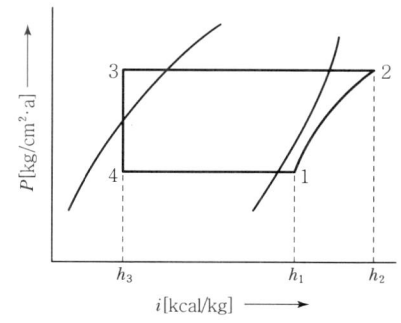

(2) 비교속도(비교회전도)

① 비교속도(비교회전도)는 회전기기를 상사하게 유지하면서 단위 양정(1m)에 대한 단위 송출량($1m^3$/min)을 내게 할 때 필요한 회전수를 의미한다.
② 비교회전도를 구하여 압축기 회전수를 구할 수 있다.

$$N_s = N \frac{Q^{\frac{1}{2}}}{H^{\frac{3}{4}}} [\text{rpm} \cdot (m^3/\text{min}) \cdot m]$$

N_s : 비교회전도(비속도)
N : 압축기 회전수(rpm)
Q : 이론 피스톤 압출량(m^3/min), 이 문제에서는 Q를 V_o로 적용한다.
H : 폴리트로픽 헤트(m)

(3) 피스톤 압출량

1) 이론 피스톤 압출량 (V_o)

$$V_o = 60 \cdot n \cdot N \cdot V_P = 60 \cdot n \cdot N \cdot \frac{\pi}{4} d^2 \cdot L \, (kg/h) \cdots\cdots ①식$$

V_o : 이론 피스톤 압출량(m^3/h)
n : 압축기의 회전수(rpm/min)
N : 실린더수
V_P : 피스톤 행정체적(m^3)
d : 피스톤 지름(m)
L : 피스톤 행정의 길이(m)

냉매순환량 G에서 유도하면 다음과 같으면 본 문제는 ②식을 사용한다.

$$G = \frac{Q_e}{q_e} = \frac{V_c \cdot \eta_v}{v} \, (kg/h) \cdots\cdots ②식$$

$$V_o = \frac{Q_e \cdot v}{q_e \cdot \eta_v} \, (kg/h)$$

2) 실제 피스톤 압출량 (V_{act})

$$V_{act} = V_o \cdot \eta_v$$

η_v : 체적효율(Volume Efficency)

3) 체적효율 (η_v)

$$\eta_v = \frac{V_{act}}{V_o} = \frac{실제 \; 피스톤 \; 압출량}{이론 \; 피스톤 \; 압출량}$$

2. 프레온 11(R-11)의 회전수 계산

회전수는 비교회전수에서 알 수 있다. 여기서 폴리트로픽 헤드 H와 이론피스톤 압출량 V_o를 구해야 한다.

$$N_{11} = N_2 \frac{H^{3/4}}{V_o^{1/2}}$$

① R-11의 이론 피스톤 압출량 ($V_{o(R-11)}$)

rpm으로 적용하기 위하여 60을 나눠주어야 한다.

$$V_{o(R-11)} = \frac{Q_e \cdot v}{q_e \cdot \eta_v \cdot 60} = \frac{500 \times 3,024 \times 0.34}{(146.2 - 108.1) \times 0.93 \times 60} = 241.80 \, (\text{m}^3/\text{min})$$

$$q_e = (h_1 - h_3)$$

② 폴리트로픽 헤드 (H_{R-11})

$$H_{R-11} = \frac{AW}{\eta_c} = \frac{A(h_2 - h_1)}{\eta_c} = \frac{427(151.3 - 146.2)}{0.8} = 2,722.13 \, (\text{m})$$

η_c : 압축효율
A : 일당량(1kcal = 427kgf·m)

③ R-11의 회전수

$$N_{11} = N_2 \frac{H^{3/4}}{V_o^{1/2}} = 35 \times \frac{2,722.13^{3/4}}{241.8^{1/2}} = 848.25 \, (\text{rpm})$$

3. 프레온 12(R-12)의 회전수 계산

① R-12의 이론 피스톤 압출량 ($V_{o(R-12)}$)

$$V_{o(R-12)} = \frac{Q_e \cdot v}{q_e \cdot \eta_c \cdot 60} = \frac{500 \times 3,024 \times 0.05}{(137.3 - 109.2) \times 0.93 \times 60} = 48.21 \, (\text{m}^3/\text{min})$$

$$q_e = (h_1 - h_3)$$

② 폴리트로픽 헤드 (H_{R-12})

$$H_{R-11} = \frac{AW}{\eta_c} = \frac{A \cdot (h_2 - h_1)}{\eta_c} = \frac{427(141.7 - 137.3)}{0.8} = 2,348.5 \, (\text{m})$$

η_c : 압축효율 A : 일당량(1kcal = 427kgf·m)

③ R-12의 회전수

$$N_{11} = N_s \frac{H^{3/4}}{V_o^{1/2}} = 35 \times \frac{2,348.5^{3/4}}{48.21^{1/2}} = 1,700.56 \, (\text{rpm})$$

4. 문제풀이

$$\frac{N_{12}}{N_{11}} = \frac{1,700.56}{848.25} = 2.00$$

∴ 회전수는 2.00배 증가한다.

제11장 응축기

1. 응축기의 개요 ·· 258
2. 수랭식 응축기 ·· 260
3. 공랭식 응축기 ·· 264
4. 증발식 응축기 ·· 266
5. 응축기 제어 ··· 268
6. 응축기 선정 계산문제 ······································ 270
7. 응축기의 총열전달량 ······································· 273

1. 응축기의 개요

유사기출문제

1. 응축기의 종류와 특징   [공조 66회(10점), 46회(25점), 34회(25점), 23회(25점)]

1. 개요

① 응축기는 압축에 의해 고온고압이 된 냉매가스를 냉각시켜 액냉매로 만드는 장치이다.
② 응축기 방출열량은 증발기의 냉동능력과 압축일에 상당하는 열량의 합이 된다.
③ 방열하기 위한 열교환매체에 따라 수랭식, 공랭식, 증발식으로 나뉜다.

2. 응축기의 종류와 특징

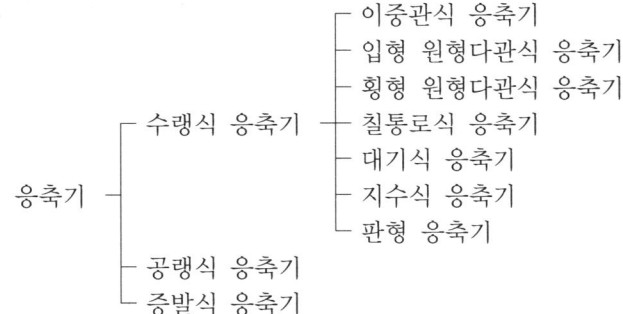

(1) 수랭식 응축기

① 냉각수의 현열을 이용해서 냉매를 냉각, 액화시키는데 보통 냉각탑과 조합하여 사용한다.
② 냉각수 계통은 수질처리, 스케일 제거 및 부식방지 등의 보수작업이 필요하다.

(2) 공랭식 응축기

① 응축기의 냉각매체로 대기의 현열을 이용하여 냉각, 액화한다.
② 간단한 구조와 쉬운 설치 등의 장점으로 중소형 프레온냉동장치에 널리 사용된다.

(3) 증발식 응축기

① 냉각수의 증발잠열을 이용하여 냉각, 액화한다.
② 물과 공기를 병용하는 데 따른 보수를 필요로 한다.

3. 응축온도에 영향을 주는 요인

① 냉매가 과충전되면 전열면적 중 냉매액의 접촉면적이 증가하여 응축온도가 높아진다.
② 불응축가스가 증가하면 냉매증기의 전열면적을 감소시켜 응축온도가 높아진다.

❷ 수랭식 응축기

> **유사기출문제**
> 1. 수랭식 응축기는 ① 입형셸앤드튜브식, ② 횡형셸앤드튜브식, ③ 2중관식, ④ 7통로식, ⑤ 대기식, ⑥ 증발식 응축기로 구분할 때 이 중 5가지를 선택하여 그림을 그리고 특징, 장단점을 기술하시오. [공조 75회(25점)]

1. 개요
① 냉각수의 현열을 이용해서 냉매를 냉각, 액화시키는데 보통 냉각탑과 조합하여 사용한다.
② 횡형셸앤드튜브식과 2중관식 응축기가 일반적으로 사용되고 있다.
③ 수랭식 응축기에서는 보통 냉각관에는 물이 흐르고, 비체적이 큰 냉매가스는 체적이 큰 셸(원통)에 유입시켜 냉각 후 냉매액을 만든다.

2. 수랭식 응축기의 종류

(1) 입형 셸앤드튜브식 응축기

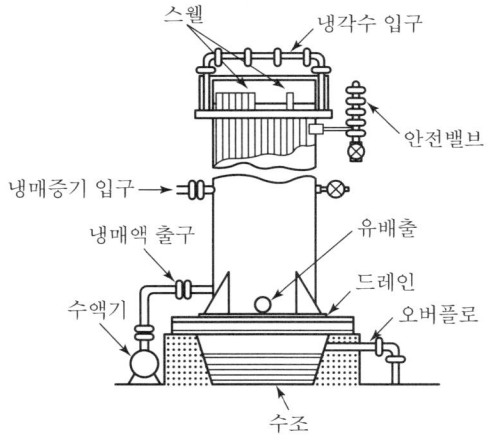

입형 셸앤튜브식 응축기

① 보통 대형 암모니아 냉동기의 수랭식 응축기로 널리 사용된다.
② 입형 원통 상하 경판에 다수의 냉각관을 부착하고 상부의 냉각수조의 냉각수가 냉각관 내면에 자연 유하된다.

③ 냉각관 입구에 주철제 물분배기(Swirl)를 부착시켜 냉각수가 관내 표면을 따라 선회하면서 흐르도록 하고 있다.
④ 관 외면 원통 내부의 고온고압의 냉매가스를 냉각시켜 냉매액으로 만든다.
⑤ 냉매가스와 냉각수가 평행류로 되어 냉각수가 많이 필요하고 과냉각이 잘 안 된다.
⑥ 소형 경량으로 설치장소가 좁아도 되며 옥외에 설치가 용이하다.
⑦ 냉각관이 부식되기 쉽다.

(2) 횡형 셸앤드튜브식 응축기

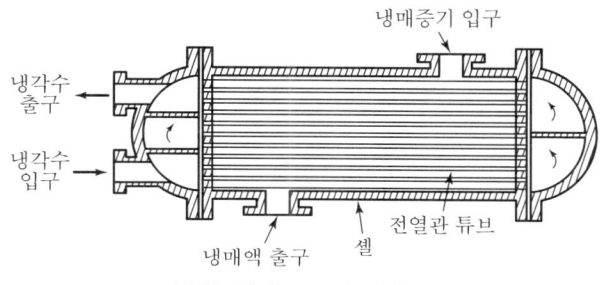

횡형 셸앤튜브식 응축기

① 양단에 설치한 경판에 다수의 냉각관을 설치하여 그 내부에 냉각수를 펌프로 압송한다.
② 관 외면의 원통 내부에는 고온고압의 냉매가스를 냉각시켜 냉매액으로 만든다.
③ 냉각관의 청소가 곤란하고 냉각관이 부식되기 쉬운 단점이 있으나 보수가 가능하다.
④ 설치장소가 작고 냉각수량도 입형에 비해 소량이며 냉각효과도 좋아 현재 냉동공조용이나 선박용 등에 널리 사용되고 있다.

(3) 2중관식 응축기

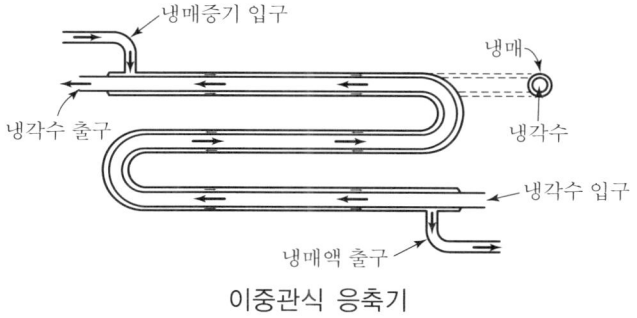

이중관식 응축기

① 지름이 작은 원형관을 지름이 큰 관 속에 설치한 대향류식 열교환기이다.
② 냉매증기는 상부에서 외부관으로 주입되고, 냉매액으로 냉각되어 하부로 배출된다.

③ 내부관 속에는 냉각수가 하부에서 주입되어 냉매증기를 응축시키고 상부로 배출된다.
④ 대향류 열교환기로 전열효과가 양호하며 외기와도 열교환되어 효율이 높다.
⑤ 소형 냉동기에 주로 사용되고 설치면적이 작아 공간이 협소한 시설에 적합하다.
⑥ 관의 보수는 불가능하다.

(4) 7통로식 응축기

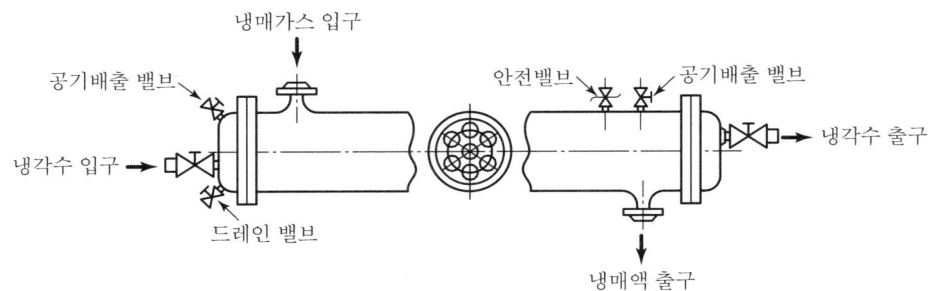

7통로식 응축기

① 횡형 셸앤드튜브식 응축기의 일종으로 원통 속에 냉각관 7개가 설치되어 있다.
② 냉각수는 아래에 있는 냉각관으로 유입되어 순차적으로 7개의 냉각관을 흐른다.
③ 냉매증기는 상부에서 유입되어 냉각관 외부를 통과하며 응축된다.
④ 1기당 10RT로 설계되며 대용량이 필요하면 병렬로 연결하여 사용한다.
⑤ 전열이 양호하여 냉각수량이 입형에 비하여 적어도 되며 설치면적이 적다.
⑥ 보통 암모니아 냉동기에 사용하며 1조로는 대용량에 사용할 수 없다.
⑦ 구조가 복잡하고 냉각관의 청소가 곤란하다.

(5) 대기식 응축기

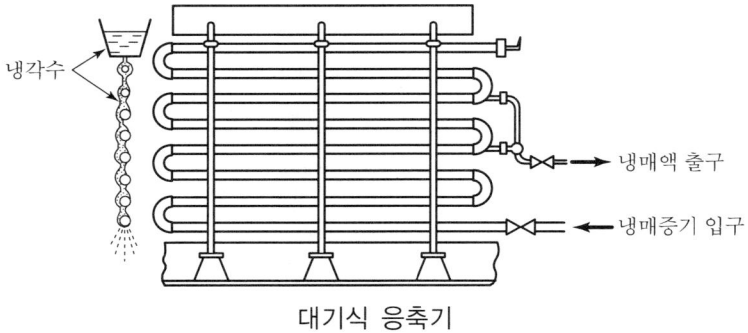

대기식 응축기

① 수평관을 상하로 직렬 연결하여 그 속에 하부에서 냉매증기를 유입시키고 응축된 냉매액도 하부에서 모아 유출한다.

② 냉각수는 상부의 냉각수조로부터 관 전체 길이에 걸쳐 균일하게 흐른다.
③ 냉각효과가 커 냉각수량이 적어도 되며 물의 증발에 의해서도 냉각된다.
④ 부식에 대한 내력이 커 수질이 나쁜 곳이나 해수를 사용할 수도 있다.
⑤ 냉각관의 청소가 쉽고 암모니아 냉동기에 사용된다.
⑥ 설치장소가 너무 크고 구조가 복잡하다.

(6) 지수식 응축기

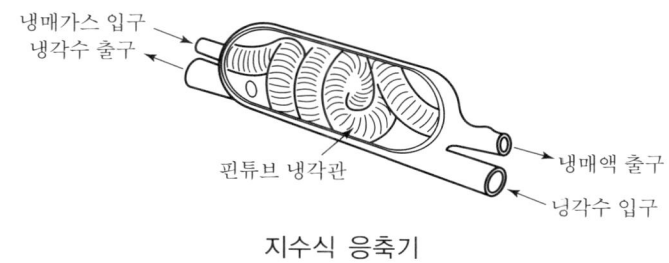

지수식 응축기

① 나선관에 냉매를 통하고, 나선관을 원형수조에 담아 물을 순환시켜 냉각한다.
② 고압에 잘 견디고 구조가 간단하여 제작이 용이하나 점검과 보수가 곤란하다.
③ 다량의 냉각수가 필요하며 전열효과도 나빠 현재는 거의 사용하지 않는다.

(7) 셸앤드코일식 응축기

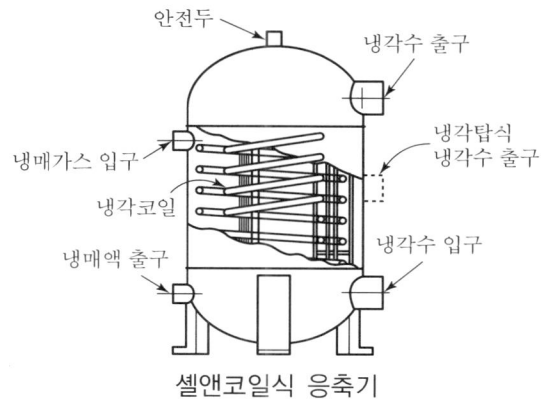

셸앤코일식 응축기

① 냉각수는 코일식 튜브 하부에서 상부로 흐르며 냉매증기는 셸 상부에서 주입되어 튜브 외벽을 흘러내리면서 응축된다.
② 응축기 하부는 냉매액이 고이므로 수액기 역할을 한다.

3 공랭식 응축기

> **유사기출문제**
> 1. 증발식 응축기와 공랭식 응축기를 비교하여 설명하시오. [공조 66회(25점)]
> 2. 수랭식과 공랭식 응축기의 경제성을 비교하시오. [공조 47회(20점)]
> 3. 공랭식 응축기의 일반적인 구조를 도시하고, 그 전열특성을 설명하시오. [공조 33회(25점)]

1. 개요

① 공랭식 응축기는 고온의 냉매증기와 공기가 열교환하는 방식이다.
② 공기순환방식에 따라 자연대류식과 송풍기를 사용하는 강제대류식으로 분류한다.
③ 압축기와 일체로 가설된 콘덴싱 유닛 방식과 응축기만 별도로 설치된 방식이 있다.

2. 공랭식 응축기의 구조 및 기능

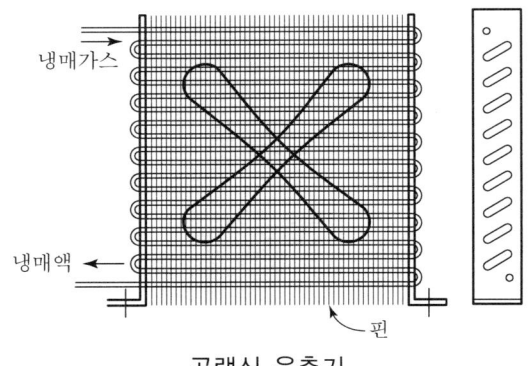

공랭식 응축기

① 관내의 냉매증기를 외부공기로 냉각 응축시키며 오직 프레온응축기로만 사용된다.
② 공기 측 표면의 열전달률을 보완하기 위해 외면에 핀을 설치하여 전열면적을 크게 한다.
③ 총 관길이를 길게 할 때 냉매의 압력손실이 허용범위 내에 있도록 해야 한다.
④ 팬은 코일의 공기저항이 적으므로 프로펠러 팬이 사용된다.
⑤ 일반적으로 관은 동관을 사용하며 판은 알루미늄판이 사용된다.

3. 수랭식과 공랭식의 경제성 비교(초기설치비 및 유지보수 관점에 따른 경제성 비교)

① 공랭식의 경우 수랭식에 비하여 약 20% 큰 압축기가 사용되어 전력비용이 커진다.
② 저렴한 용수가 공급되는 곳에서는 수랭식 응축기가 비용 측면에서 모두 유리하다.
③ 냉각탑 설치 시 초기비용과 운전비가 추가되므로 경제성 분석을 하여야 한다.
④ 경제성 비교에는 수랭식과 공랭식의 관 내부 및 외벽 핀 사이의 오염물질 제거 등에 소요되는 제반비용을 포함한다.
⑤ 실제 운전경험상 공랭식 응축기는 수랭식 유지비용의 25% 정도이다.
⑥ 공랭식 응축기는 관의 오염으로 인한 성능감소면에서 수랭식보다는 유리하다.

4 증발식 응축기

유사기출문제
1. 증발식 응축기 [공조 63회(10점), 41회(25점)]

1. 증발식 응축기의 원리

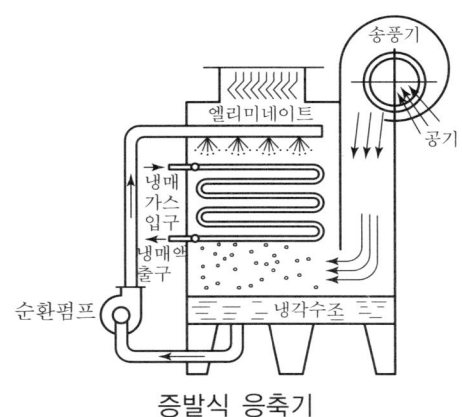

증발식 응축기

① 증발식 응축기는 수랭식과 공랭식 응축기의 원리를 혼합한 방식이다.
② 냉각관 내로 냉매증기를 통과시키고 관의 외면에 냉각수를 살포한다.
③ 냉각수는 관내 고온의 냉매증기로부터 열을 빼앗아 증발하고 냉매증기는 응축된다.
④ 관에 살포된 물은 일부만이 증발하고 증발하지 않은 물은 하부의 냉각수조로 되돌아가고 다시 펌프에 의해 관면에 살포된다.

2. 증발식 응축기의 구조 및 기능

① 냉각관은 스테인리스 또는 아연도금강관, 동관이 쓰인다.
② 증발현상이 열전달계수가 높기 때문에 청소가 번거로운 핀튜브 대신 나관을 사용한다.
③ 습구온도가 낮을수록 증발식 응축기는 보다 효과적이다.
④ 응축기 상부에는 엘리미네이터가 설치되어 다량의 물이 혼입되어 나가는 것을 방지한다.
⑤ 하부에서 공기를 송풍하는 삽입식과 상부에 팬이 있는 흡입식이 있다.

3. 증발식 응축기의 장단점

① 겨울철에는 공랭식으로 사용할 수 있어 연간 운전에 특히 우수한 응축기이다.
② 송풍기, 순환펌프, 수조, 전동기 등을 내장하여 외형과 설치면적이 커지고 값이 비싸다.
③ 기계실부터 설치된 옥상까지 냉매배관의 시공이 필요하다.
④ 재순환되는 물은 고형 불순물들의 농도가 커지면서 스케일이나 부식문제가 발생한다.
⑤ 대기중의 각종 미생물질이 서식하여 크게 오염되므로 적절한 수처리계획이 필요하다.
⑥ 청소와 보수가 곤란하고 냉각관 부식이 일어나기 쉽다.

5 응축기 제어

> **유사기출문제**
> 1. 냉동시스템 제어 중 펌프 다운과 응축기 제어에 대하여 간단히 설명하라. [공조 52회(25점)]

1. 개요
① 응축온도가 낮아지면 시스템의 효율이 상승되지만 응축온도가 너무 낮아질 경우 냉동시스템이 원활하게 작동되지 않으므로 응축압력 제어가 필요하다.
② 응축기 종류 수랭식, 증발식, 공랭식의 응축압력 제어는 다음과 같다.

2. 응축기 제어

(1) 수랭식 응축기

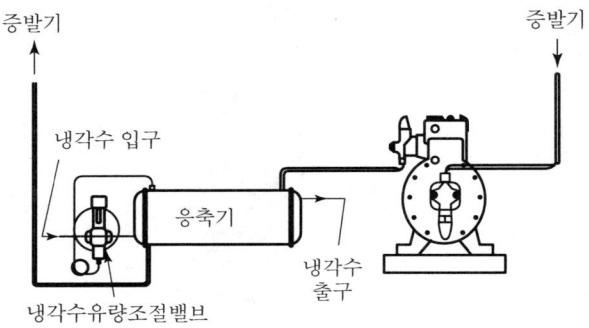

수랭식 응축기의 응축압력 제어

① 응축압력을 감지하여 냉각수 입구 측에 설치된 냉각수 유량조절밸브를 제어한다.
② 냉각수 출구온도를 감지하여 냉각수 시스템의 삼방밸브로 냉각수온을 제어한다.

(2) 증발식 응축기
① 증발식 응축기는 보통 고압스위치의 역접점을 이용하여 응축압력이 설정압력 이하로 낮아질 경우 응축기 팬을 제어한다.
② 제어방식에는 흡입공기량 제어방식과 바이패스 덕트방식이 있다.

3. 공랭식 응축기

① 공랭식 응축기는 표면적이 일정하므로 냉각능력은 응축기 표면온도와 외기의 온도차에 비례한다.
② 겨울에 온도차가 증가하면 응축기 냉각능력이 증발기 요구 능력보다 커져서 응축기 압력이 저하되므로 응축압력을 상승시킬 필요가 있다.
③ 응축기 출구에 자동 유량조절밸브를 설치하여 온도차가 증가하면 밸브를 닫아준다.

6 응축기 선정 계산문제

유사기출문제

1. 주어진 조건(본문)에서 ① 응축기 열통과율 ② 응축능력 ③ 응축기 사용 가능 여부

[공조 78회(25점), 56회(25점)]

공조 78회(25점)

증발온도가 5℃, 응축온도가 45℃인 경우에서 냉동능력이 70RT(CGS RT)이고, 축동력이 40kW인 프레온 12(R-12)로 구동되는 압축기에서 이와 조합되는 아래 표기의 응축기를 선정할 때, 상기의 냉동능력이 가능한지 다음 사항에 대해 계산식으로 표기하여 기재하시오.(단, 응축기에서 온도차는 산술평균온도차로 하고, 답은 소수 둘째 자리에서 반올림할 것)

응축기 해당사항	
1. 표면 열전달률(냉각수 측)	$\alpha_w = 1,800 \text{kcal}/(\text{m}^2 \cdot \text{h}℃)$
2. 표면 열전달률(냉매 측)	$\alpha_r = 1,600 \text{kcal}/(\text{m}^2 \cdot \text{h}℃)$
3. ① 물때 부착 두께 ② 물때 열전도율	$\delta_w = 0.3 \text{mm}$ $\lambda_w = 0.8 \text{kcal}/(\text{mh}℃)$
4. ① 냉각관 두께 ② 냉각관 열전도율	$\delta_t = 0.3 \text{mm}$ $\lambda_t = 280 \text{kcal}/(\text{mh}℃)$
5. ① 유막 부착 두께 ② 유막 열전도율	$\delta_o = 0.02 \text{mm}$ $\lambda_o = 0.12 \text{kcal}/(\text{mh}℃)$
6. 냉각 표면적	$A = 50 \text{m}^2$
7. ① 냉각수 입구온도 ② 냉각수 출구온도	$t_{w1} = 32℃$ $t_{w2} = 37℃$

(1) 응축기에서 열통과율(K)
(2) 응축능력(Q_c)
(3) 응축기 사용가능 여부

---

1. 응축기에서 열통과율(K)

① 응축기의 냉매 측에서 냉각수 측으로의 열전달 과정은 복합벽체의 열전달 과정과 동일하므로 다음과 같이 열통과율(총열전달계수)을 구한다.

② 냉매측에서 열전달 순서는 『냉매 → 유막 → 냉각관 → 물때 → 냉각수』이다.

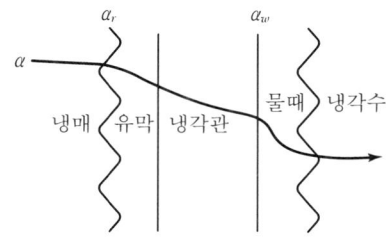

$$\frac{1}{K} = \frac{1}{\alpha_r} + \frac{1}{\sum \lambda} + \frac{1}{\alpha_w} = \frac{1}{\alpha_r} + \frac{\delta_o}{\lambda_o} + \frac{\delta_t}{\lambda_t} + \frac{\delta_w}{\lambda_w} + \frac{1}{\alpha_w}$$

$$= \frac{1}{1,600} + \frac{0.02 \times 10^{-3}}{0.12} + \frac{0.3 \times 10^{-3}}{280} + \frac{0.3 \times 10^{-3}}{0.8} + \frac{1}{2,000}$$

$$= 0.00167$$

따라서 $K = \dfrac{1}{0.00167} = 598.8 (\text{kcal/m}^2\text{h}℃)$

2. 응축기 능력(Q_c)

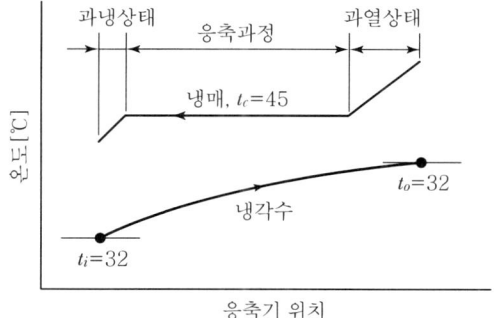

응축기 내 냉매의 전열상태

$$Q_c = KA\Delta t_m = 598.8 \times 50 \times \left(45 - \frac{32+37}{2}\right) = 314,370 \,(\text{kcal/h})$$

3. 응축기 사용 가능 여부

① 응축부하 = 냉동능력 + 압축부하
 냉동능력 = 70 × 3320 = 232,400(kcal/h)
 압축부하 = 40 × 860 = 34,400

$$Q_L = 323,400 + 34,400 = 266,800 \,(\text{kcal/h})$$

② 응축부하에 대하여

 응축능력은 $\dfrac{Q_c}{Q_L} = \dfrac{314,370}{266,800} = 1.2$ 배로 응축기 용량은 적절하게 설계되어 있다.

응축기의 총열전달량

유사기출문제
1. 증발식 응축기의 전열이론에 대하여 서술하시오. [공조 29회(25점)]

1. 응축기 전열상태

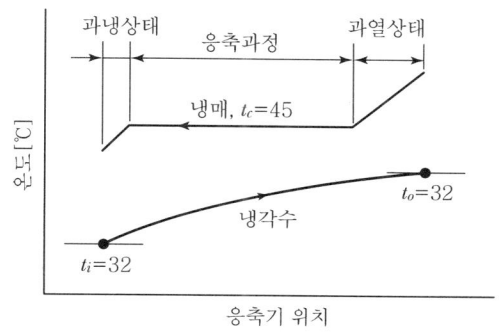

응축기 내 냉매의 전열상태

① 응축기 전열부분은 과열제거부분 → 응축부분 → 과냉각부분으로 나뉜다.
② 각 부분마다 전열작용이 다르므로 전열계수도 다르게 된다.
③ 그러나 응축기에서 제거해야 될 열량은 대부분 응축부분의 응축열이며, 과열부에서는 응축부보다 열전달계수는 적으나 온도차가 크고, 과냉각부분에서는 제거해야 될 열량은 적기 때문에 서로 오차가 상쇄되므로 전부를 응축부로 간주하여 전열계수를 구한다.

2. 응축기의 총열전달량

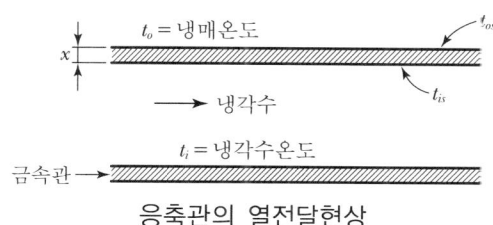

응축관의 열전달현상

(1) 응축기의 관을 통한 열전달량 일반식

$$q = UA(T_o - T_i) = U_o A_o (T_o - T_i) = U_i A_i (T_o - T_i) \cdots\cdots ①식$$

여기서 내외측의 열전달량은 동일하므로, $U_o A_o = U_i A_i$ 이다.

(2) 관내외벽 및 관의 열전달량

관외벽의 전달량 $q = h_o A_o (T_o - T_{os}) \cdots$ ②식

관내벽의 열전달량 $q = h_i A_i (T_{is} - T_i) \cdots$ ③식

관의 열전달량 $q = \dfrac{kA_m}{x}(T_{os} - T_{is}) \cdots$ ④식

(3) 응축기의 총열전달량

②~④식을 합하면,

$$\frac{q}{h_o A_o} + \frac{qx}{kA_m} + \frac{q}{h_i A_i} = (T_o - T_{os}) + (T_{os} - T_{is}) + (T_{is} - T_i) = T_o - T_i$$

①식에서

$$T_o - T_i = \frac{q}{U_o A_o} = \frac{q}{U_i A_i} \text{ 이므로,}$$

$$\frac{1}{U_o A_o} = \frac{1}{U_1 A_i} = \frac{1}{h_o A_o} + \frac{x}{kA_m} + \frac{1}{h_i A_i}$$

이 식에서 각각의 항은 저항의 값이며 총열전달량은 아래의 식과 같다.

$$q = \frac{\Delta T}{R} = \frac{T_o - T_i}{\dfrac{1}{h_o A_o} + \dfrac{x}{kA_m} + \dfrac{1}{h_i A_i}}$$

제12장 증발기

1. 냉동(냉각) 방법에 따른 증발기의 분류 ········ 276
2. 냉매액 순환방식에 따른 증발기의 분류 ········ 278
3. 피냉각물(용도)에 따른 증발기의 분류 ········· 281

냉동(냉각) 방법에 따른 증발기의 분류

> **유사기출문제**
> 1. 직접팽창식과 간접팽창식(브라인식) 냉동장치의 장단점을 설명하라.   [공조 56회(20점)]

1. 개요

증발기의 종류는 증발기로 유입되는 냉매의 상태, 증발방법, 사용목적 등에 따라 여러 가지로 분류할 수 있다.

【 증발기 분류 】

냉각 방법에 따라	냉매상태에 따라	증발기 구조에 따라	용도에 따라
간접팽창식 직접팽창식	건식 만액식 반만액식 냉매액순환식	나관코일식 핀코일식 셸앤튜브식 원통코일식 플레이트식 헤링본코일식	• 공기냉각용 - 나관코일식 - 핀코일식 • 액체냉각용 - 셸앤튜브식 - 원통코일식

2. 냉동(냉각) 방법에 따른 증발기의 분류

(1) 직접팽창식(Direct Expansion System)

① 증발기에 의해 냉동실이나 냉장실의 물체 또는 공기를 직접 냉동, 냉각시키는 방식으로 Dx Coil이라고도 한다.
② 소형 냉동기, 룸에너컨디셔너, 가정용 냉동기 등에 널리 사용된다.
③ 설비가 간단하고 같은 냉장실온에 대하여 냉매의 증발온도가 높은 장점이 있다.
④ 냉매 누설 시에는 냉장품을 손상시킨다.
⑤ 여러 개의 냉장실을 운영할 때는 팽창밸브수가 많아야 되며 냉장실온에 따라 직접팽창 밸브를 조정하므로 절차가 번거롭다.
⑥ 냉동능력 저장이 곤란하다.
⑦ 운전이 정지되면 냉장실온 상승이 빠르다.

(2) 간접팽창식(Indirect Expansion System)

① 증발기로 공기, 물 또는 브라인 등 2차 냉매를 냉각시키고, 2차 냉매가 다시 냉동실이나 냉각실의 물체를 냉동, 냉각시키는 방식이다.
② 간접팽창식은 브라인식(brine cooling system) 또는 칠러(Chiller)라고 한다.
③ 주로 냉동어선, 제빙, 양조 등의 산업용 대형냉동기나 대형공조기에 사용된다.
④ 냉매량은 적어도 되며 냉매가 누설되어도 냉장품을 손상시키지 않는다.
⑤ 냉동능력 저장이 가능하며 배관이 쉽다.
⑥ 냉장실온의 변동이 적으므로 팽창밸브 조정이 번거롭지 않아 여러 대 냉장실 운영이 능률적이다.
⑦ 운전이 정지되더라도 온도 상승이 느리다.
⑧ 냉매의 증발온도가 낮아야 하며 설비가 복잡한 단점이 있다.

❷ 냉매액 순환방식에 따른 증발기의 분류

 유사기출문제

1. 저압수액기와 액펌프 주위 배관도를 작성하고 유의사항을 설명하시오. [공조 83회(25점)]
2. 냉동용 증발기를 냉매액 순환방식에 따라 분류하고, 그 특징 및 용도에 대해 설명하고 간단한 장치도를 그리시오. [공조 62회(25점)]
3. 냉동장치의 증발기 종류와 액공급방식에 대해 기술하시오. [공조 38회(25점)]
4. 증발기 액공급방식의 종류와 그 특징을 설명하시오. [공조 34회(25점)]
5. 냉동장치의 액펌프 방식과 직접팽창 방식에 대한 계통도를 그려서 설명하고 장단점을 비교하시오. [공조 28회(20점)]

1. 개요

① 증발기는 내부에 흐르는 저온의 냉매가 증발하는 과정에서 공기, 물, 브라인 등의 유체 온도를 낮추는 장치이다.
② 증발기의 종류를 냉매액 공급방식에 따라 분류하면 건식증발기, 만액식증발기, 반만액식 증발기, 냉매액 강제순환식 증발기(액펌프방식)로 나눌 수 있다.

2. 냉매액 순환방식에 따른 증발기 분류

(1) 건식증발기(Dry Expansion Type Evaporator)

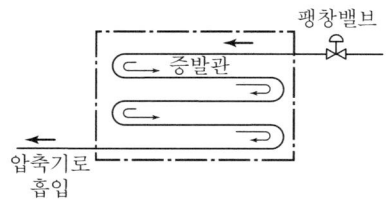

건식증발기

① 팽창밸브를 통과한 냉매액과 증기가 코일 내를 흐르면서 냉매액이 증발하는 것이다.
② 공급 냉매 중에 증기가 섞여 있어 증발기의 전열작용이 좋지 않다.
③ 냉매순환량을 적게 할 수 있고 프레온과 같이 윤활유를 용해하며 값이 비싼 냉매에 많이 사용되며 대표적인 것으로 관코일형 증발기가 있다.

④ 냉매유량 조절은 온도식 자동팽창밸브를 사용하여 증발기 출구 냉매를 과열상태로 하여 압축기에서 액압축을 방지한다.

(2) 만액식 증발기(Flooded Type Evaporator)

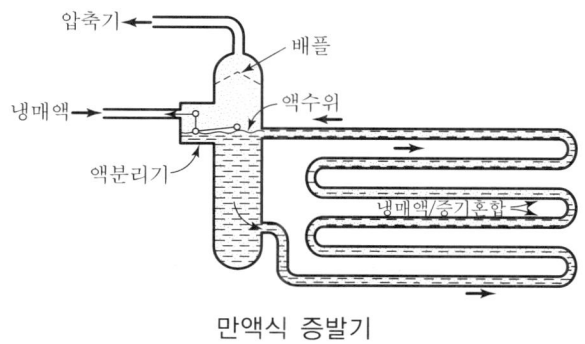

만액식 증발기

① 증발기 내에 냉매액이 항상 가득 차있어 전열면이 거의 액냉매와 접촉하기 때문에 전열 작용이 양호하다.
② 증발기 내 액을 가득 채우므로 냉매량이 많게 되며 액면제어장치가 필요하다.
③ 습증기를 냉매증기와 냉매액으로 분리하기 위하여 액분리기(Accumulator)로 보내 증기는 압축기로, 냉매액은 증발기로 공급하는 방식이다.
④ 암모니아 냉동기에 많이 사용되며 전열작용이 좋아 전열면적을 줄일 수 있다.
⑤ 프레온 냉매의 경우 증발기 내에 윤활유가 고일 염려가 있으므로 유회수장치가 필요하다.

(3) 반만액식 증발기(Semi-Flooded Evaporator)

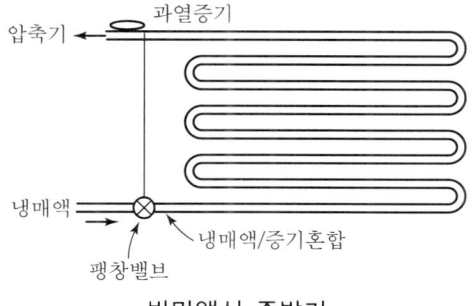

반만액식 증발기

① 증발기에 냉매가 어느 정도 고이게 한 것으로 건식과 만액식의 중간상태이다.
② 건식은 상부로부터 냉매를 공급하며, 반만액식은 하부에서 액을 공급한다.
③ 액유출을 방지하고자 증발기와 압축기 사이에 액분리기를 설치한다.

(4) 냉매액 강제순환식 증발기(액펌프방식 : Liquid Recirculating Type Evaporator)

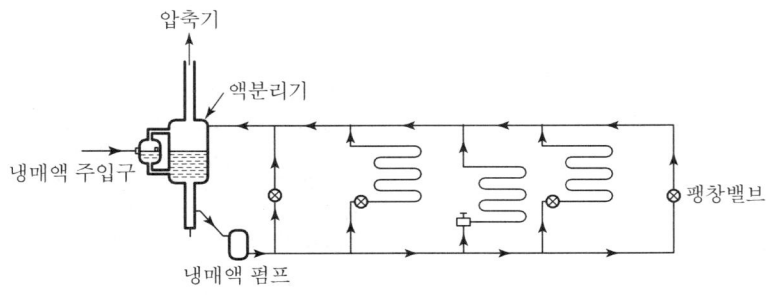

냉매액 강제순환식 증발기

① 증발기의 냉매액을 액펌프에 의해 강제적으로 순환시킨다.
② 응축기의 고압냉매액을 저압수액기에서 교축팽창하여 저압상태로 만든다.
③ 증발기에서 나온 냉매는 증기와 액의 혼합상태로 다시 저압수액기로 들어가며 여기서 증기는 압축기로 흡입되고 액은 재순환하게 된다.
④ 복수의 증발기로 균등하게 냉매를 공급할 수 있는 장점이 있다.
⑤ 저압수액기 및 액펌프 등 장치가 복잡하고 냉매보유량도 많아 대형장치에 이용한다.
⑥ 저압수액기는 냉매액 강제순환식 냉동장치에서 증발기로 액을 보내고 증발기로부터 돌아오는 액을 일시적으로 저장한다.

3 피냉각물(용도)에 따른 증발기의 분류

유사기출문제

1. 냉동설비 중 Unit Cooler(강제송풍식 냉각장치) 설계 시 고려사항 2가지와 기술적으로 검토해야 할 사항 6가지를 기술하라. [공조 78회(10점)]
2. 증기압축식 냉동기에 사용되는 증발기의 종류와 특징을 설명하라. [공조 50회(25점)]
3. 냉각장치 중 유닛 쿨러와 자연대류 코일 방식 [공조 48회(25점)]
4. Baudelot Cooler 용어설명 [공조 38회(5점)]

1. 개요

① 증발기는 냉매가 저온에서 증발할 경우 주위의 물질로부터 열을 흡수하여 냉동작용을 하는 저압용기이다.
② 증발기 용도로 볼 때 피냉각물에 따라 공기냉각용과 액체냉각용으로 구분된다.
③ 액체냉각용 증발기는 냉매액 순환방식에 따라 건식 증발기, 만액식 증발기, 반만액식 증발기, 냉매액 강제순환식 증발기(액펌프방식)로 나눌 수 있다.

2. 공기냉각용 증발기

(1) 관코일식 증발기(나관코일식 증발기 : Bare Tube Evaporator)

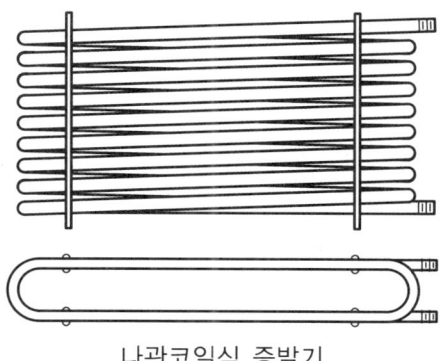

나관코일식 증발기

① 냉동고 유지온도가 0℃ 이하인 경우 자연대류의 나관식 코일이 흔히 사용된다.
② 냉장고의 천장, 벽, 바닥 및 선반 등에 설치해서 사용한다.

③ 나관(Bare Tube)을 사용함으로써 표면에 착상되더라도 전열효율 저하가 적으며, 제상도 비교적 간단하게 할 수 있다.
④ 자연대류에 의한 열전달이므로 공기냉각속도가 느리다.
⑤ 표면적이 작으므로 관이 길어지는 결점이 있으나 구조가 간단하고 보수가 필요 없다.
⑥ 프레온계 냉매는 비중이 크므로 상부에서 공급하여 기름 정체를 방지하고 암모니아 냉매는 하부에서 공급한다.

(2) 핀코일식 증발기(Finned Coil Evaporator)

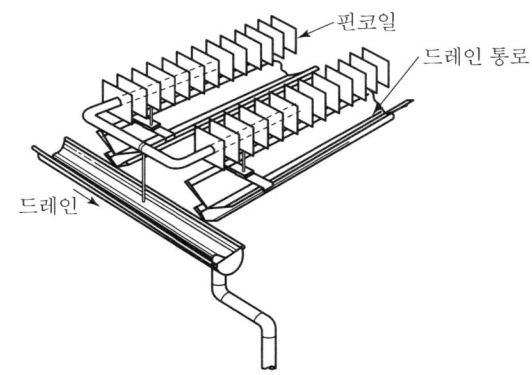

핀코일식 증발기(천장설치형)

① 나관코일식에 핀을 부착하여 공기측 전열면적을 크게 하여 전열량을 증가시킨 것이다.
② 냉각관 표면에 원형이나 4각형의 핀을 붙여 그 표면적을 크게 한 것으로 나관에 비하여 냉각효과가 좋으므로 관코일의 길이를 짧게 할 수 있다.
③ 그러나 핀부착으로 인해 외면의 서리를 제거하기 곤란하므로 0℃ 이상의 공기냉각에 많이 사용되며 공기와의 사이에 전열저항이 크다.

(3) 유닛쿨러(Unit Cooler 또는 Blower Coil)

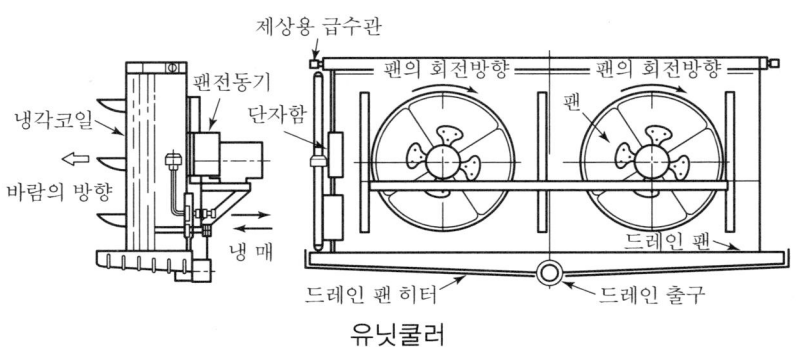

유닛쿨러

① 유닛쿨러는 핀코일과 팬코일의 조합으로 강제대류에 의한 냉각으로 열통과율이 크다.
② 일정시간 또는 착상두께를 검지하여 작동하는 제상장치를 부착하고 있다.
③ 핀부착으로 인해 외면의 서리를 제거하기 곤란하므로 0℃ 이상의 공기냉각에 많이 사용되며, 0℃ 이하의 경우에는 보통 브라인을 분무해서 제상한다.
④ 식품냉동용 냉장고나 냉장운반선, 공기조화용에 사용한다.

3. 액체냉각용 증발기

(1) 만액식 셸앤튜브형 증발기(원통다관식 증발기 : Shell And Tube Evaporator)

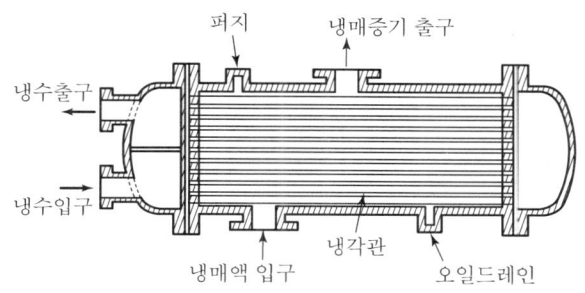

만액식 원통다관식 증발기

① 원통(Shell) 내에 다수의 관(Tube)이 설치되어 있다.
② 냉각해야 할 브라인이나 물을 관내에 순환시키는 동안에 원통 내에 있는 액상냉매가 증발함에 따라 냉각된다.
③ 브라인이나 물이 동결되면 관이 파손되는 수가 있고 다량의 냉매가 필요하다.

(2) 건식 셸앤튜브형 증발기

건식 원통다관식 증발기

① 냉매와 냉각되는 물체가 만액식과 반대로 U자형으로 만들어진 관내에 냉매가 흐르고, 관 외측에 냉수가 흐른다.

② 냉수 측에는 적당한 간극으로 배플 플레이트를 설치하여 냉각되는 액체의 흐름이 관에 직각이 되도록 하며, 적당한 속도를 유지하도록 한다.
③ 프레온용의 중간 규모 용량에 그 사용도가 증가하고 있다.

(3) 원통코일식 증발기(Shell and Coil Evaporator)

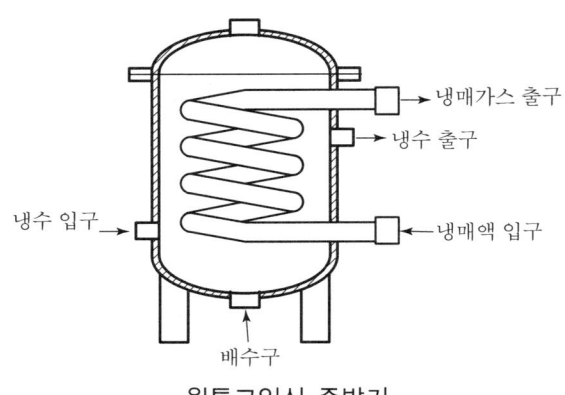

원통코일식 증발기

① 액체냉매를 담고 있는 용기 내에 코일 형태의 관을 잠기게 한 구조이다.
② 제과용, 사진 현상실용 또는 음료수용의 소용량에 적용된다.

4. 증발기 구조에 따른 분류

(1) 플레이트식 증발기(판냉각식 증발기 : Plate Type Evaporator)

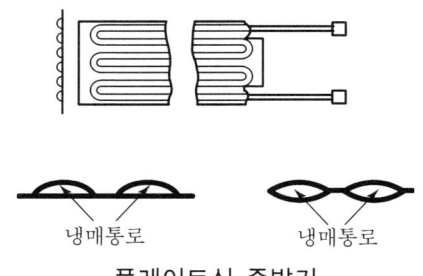

플레이트식 증발기

① 2장의 금속판을 맞붙이고 그 사이에 냉매가 통하는 요철의 냉매 통로를 만든 것이다.
② 금속판은 알루미늄이나 스테인리스 강판을 겹쳐 압접한다.
③ 구조가 간단하여 가정용 냉장고, 쇼케이스 및 물건진열 선반대에 주로 사용된다.

(2) 탱크식 증발기(Tank Type Evaporator)

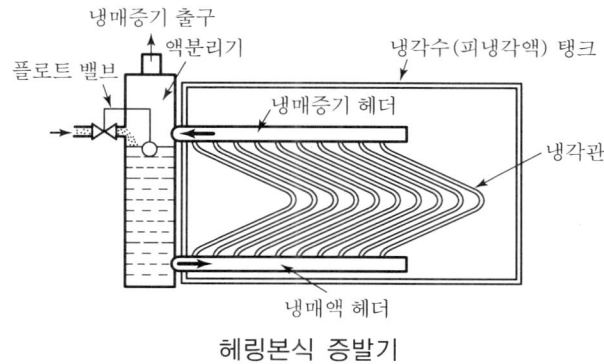

헤링본식 증발기

① 제빙용 대형 브라인이나 물의 냉각장치로 주로 사용된다.
② 냉각관 모양에 따라 헤링본식, 수직관식, 패러렐식이 있다.
③ 헤링본식 증발기는 기액분리기가 필요하며 상하헤더 사이에 청어뼈 모양("〉")의 관이 다수 배열되어 있다.

(3) Baudelot식 증발기

① 물이나 우유 등을 2℃ 이하의 낮은 온도로 냉각할 때처럼 냉각되는 액체가 동결되더라도 장치에 미치는 위험을 최소로 하고자 할 때 사용된다.
② 액체는 용기 상부에서 분배장치에 의해 균일하게 관의 외측에 공급되며 중력에 의해 하부의 팬에 모아지고 순환된다.
③ 장치 내 동결이 발생하더라도 외부 점검이 가능하므로 그 성장을 제어하기가 쉽다.
④ 이 방식의 냉매는 보통 암모니아가 사용된다.

제13장 냉동용 부속기기

1. 냉동용 부속기기 ………………………………… 288
2. 유분리기 …………………………………………… 289
3. 유분리기의 크기 결정방법 ……………………… 292
4. 액분리기(Accumulator) ………………………… 293
5. 유회수장치 ………………………………………… 294
6. 수액기(Receiver) ………………………………… 295
7. 수액기의 분류와 설치 …………………………… 297
8. 원통형 동체(수액기)에 작용하는 응력 ……… 299
9. 유냉각기 …………………………………………… 300
10. 냉매건조기 ……………………………………… 301
11. 중간냉각기 ……………………………………… 302
12. 액-가스 열교환기 ……………………………… 305
13. 여과기 …………………………………………… 307
14. 불응축가스 분리기(가스퍼저) ………………… 308
15. 불응축가스 분리기의 종류 …………………… 310
16. 제상 ……………………………………………… 312
17. 제상방식 ………………………………………… 314
18. 핫가스 제상방식(Hot Gas Defrost) ………… 318
19. Heat Bank Defrost 제상방식 ………………… 319

냉동용 부속기기

> **유사기출문제**
> 1. 냉동용 부속기기 5가지 설명 [공조 66회(10점)]

1. 개요
① 냉동장치의 주요 부분인 증발기, 압축기, 응축기, 팽창밸브를 제외한 나머지 기기를 부속기기라 한다.
② 부속장치의 대부분은 냉동장치의 안전을 도모하기 위한 것으로 압축기와 응축기 등에 설치되는 고압 측 부속장치와 증발기와 팽창밸브 등에 설치되는 저압 측 부속장치가 있다.

2. 냉동 부속기기의 종류
① 유분리기 : 압축기와 응축기 사이에 설치하며, 압축기로부터 토출된 냉매에 혼입된 냉동기유를 분리하는 용기이다.
② 액분리기 : 증발기와 압축기 사이에 설치하며, 흡입가스에 냉매액을 분리하여 증기만을 압축기에 흡입시켜 액압축을 방지하고 압축기를 보호하는 역할을 한다.
③ 유회수장치 : 프레온계 냉매 중에 혼합된 냉동기유를 분리하여 압축기 크랭크케이스로 돌려보낸다.
④ 수액기 : 응축기에서 액화한 냉매를 팽창밸브로 보내기 전에 일시적으로 저장하는 용기이다.
⑤ 유냉각기 : 압축기 윤활유를 냉각한다.
⑥ 드라이어(냉매건조기) : 프레온계 냉매와 물이 서로 분리되어 냉매 속의 수분이 팽창밸브에서 결빙되므로 수분을 제거해야 하는데 이 장치를 드라이어라 한다.
⑦ 중간냉각기 : 다단압축기에서 각 단의 압축기 흡입 전에 냉매증기를 냉각하여 윤활유 열화를 방지하여야 하는데 이 장치를 중간냉각기라 한다.
⑧ 불응축가스 분리기(가스퍼저) : 냉매계통에 공기 등 불응축가스가 존재하면 응축압력이 높아져 냉동능력 감소 등의 문제점이 발생하므로 불응축가스 분리기로 신속하게 제거한다.
⑨ 제상장치 : 냉각기 표면에 서리가 맺히면 열저항이 증대되어 열전달이 나빠지므로 제상장치를 사용하여 서리를 제거하여야 한다.

② 유분리기

유사기출문제
1. 유분리기의 종류와 용량의 결정방법에 대해 설명하라. [공조 38회(25점)]

1. 개요
① 압축기와 응축기 사이에 설치하며, 압축기로부터 토출된 냉매에 혼입된 냉동기유를 분리하는 용기이다.
② 분리된 냉동기유는 하부에 모이며 일정량이 되면 압축기 크랭크케이스로 회수된다.

2. 유분리기의 필요성
① 냉매에 유가 혼합되어 냉동장치 내를 순환하면 응축기, 증발기 등 전열면을 오염시켜 전열효과가 떨어진다.
② 압축기 토출 냉매증기 중에 혼입된 유를 분리하여 압축기로 회수하지 않으면 압축기 내에 윤활유 부족현상이 발생하여 윤활작용이 저하한다.
③ 왕복동압축기를 사용하는 암모니아 냉동장치에서는 오일의 열화비율이 높아 유분리기에서 오일을 모은 후 재사용하지 않고 배출시킨다.

3. 유분리기가 필요한 냉동장치

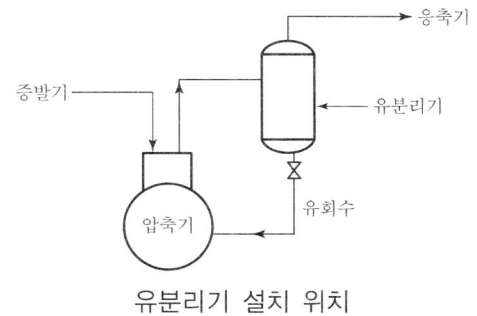

유분리기 설치 위치

① 프레온 냉동장치에서 오일 회수가 곤란한 만액식 증발기를 사용하는 경우
② 토출가스 배관이 길어지는 경우
③ -20℃ 이하의 저온 프레온 냉동장치나 초저온용 2원냉동장치 등 증발온도가 낮은 경우
④ 많은 양의 냉동기유가 토출가스에 혼합되는 것으로 생각되는 경우

4. 유분리기의 종류

(1) 격판식 유분리기

① 오일을 함유한 냉매증기를 유분리기 내의 격판에 부딪치게 하여 유를 분리시킨다.
② 현재는 거의 사용되고 있지 않다.

(2) 배플식 유분리기

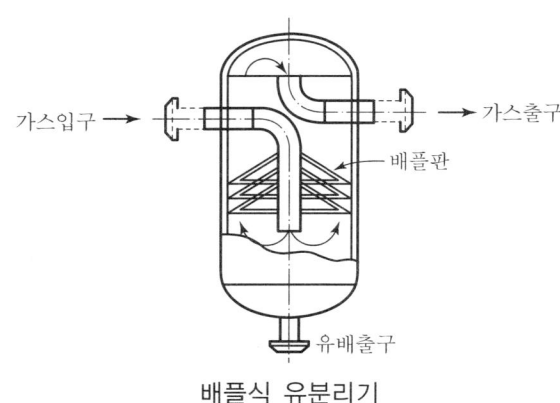

배플식 유분리기

① 용기 내에 작은 구멍이 많은 여러 개의 배플판이 겹쳐진 곳으로 냉매를 통과시킨다.
② 냉매가 배플을 통과할 때 중력에 의해 가스에 포함된 유가 용기 하부에 떨어지게 된다.
③ 원통 내면을 통과할 때 가스 속도는 억제된다.

(3) 철망식 유분리기

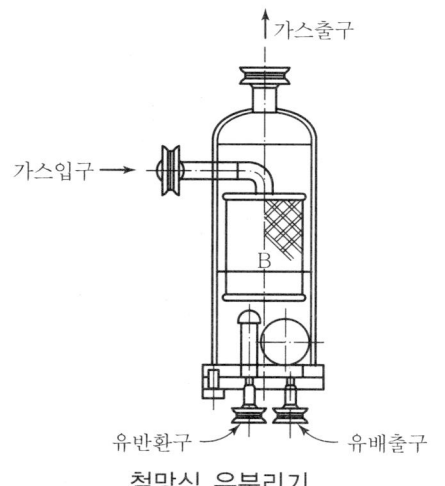

철망식 유분리기

① 용기 내에 원통형의 철망을 2~3겹으로 배치하여 냉매가스가 철망을 통과할 때 오일 액적이 분리된다.
② 그림은 자동 오일회수용 플로트밸브가 부착되어 있는 경우이다.

(4) 데미스터식 유분리기

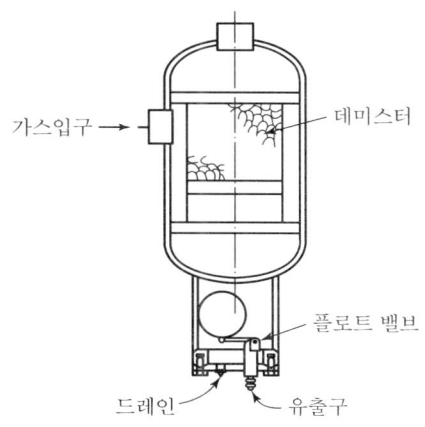

데미스터식 소형 유분리기

유를 포함한 냉매가스가 섬유상의 금속선으로 엮은 가는 망인 데미스터 내를 통과하면서 오일 액적이 분리 제거되는 방식이다.

3 유분리기의 크기 결정방법

1. 유분리기의 크기(용량) 결정방법

① 유분리기의 크기는 냉매가스 통과속도를 기준으로 선정한다.
② 토출온도 110℃ 이상인 암모니아 냉동장치에서는 가스속도를 0.5m/s 정도로 한다.
③ 토출온도 110℃ 미만인 프레온 냉동장치에서는 가스속도를 1.0m/s 정도로 한다.

2. 유분리기 지름 및 길이

① 압축기 토출량이 $V(\text{m}^3/\text{h})$일 때, 유속이 $v(\text{m/s})$가 되게 하려면, 유분리기 지름 $D(\text{m})$는

$$V = \frac{3{,}600 \cdot \pi \cdot D^2 \cdot v \cdot \eta_v}{4}$$

η_v : 체적효율

따라서, $D = \sqrt{\dfrac{4V}{3{,}600 \cdot \pi \cdot v \cdot \eta_v}}$

② 원통의 길이(L)는 일반적으로 원통 지름의 2.5~3배로 한다.

4 액분리기(Accumulator)

유사기출문제
1. 가정용 냉장고의 밀폐형 압축기 흡입 측에 액분리기를 설치하는 이유 [공조 43회(20점)]

1. 개요
증발기와 압축기 사이의 흡입가스 배관에 설치하여 냉매액을 분리하여 냉매증기만을 압축기에 흡입시켜 액압축(액백)을 방지하고 압축기를 보호하는 역할을 한다.

2. 액분리기가 필요한 냉동장치
① 냉동부하의 변동이 극심한 냉동장치, 제빙장치, 대형 냉장고, 동결장치, 브라인 쿨러 등에는 액분리기를 반드시 설치한다.
② 공기-공기 열펌프에서는 시동 시나 제상 시 액압축의 방지를 위해 설치한다.
③ 모세관을 사용하는 냉동장치에서 냉매량의 조정을 위해 흡입배관에 설치한다.
④ 로터리 압축기에서는 흡입증기가 직접 실린더로 들어가기 때문에 액압축의 방지를 위해 사용한다.

3. 액분리기(Accumulator)의 구조와 작동원리

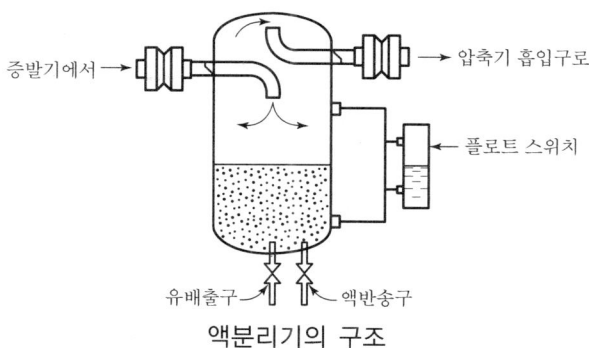

액분리기의 구조

① 액분리기의 구조와 작동원리는 유분리기와 비슷하다.
② 원통형의 동체를 가진 용기 내에 흡입가스를 도입하여 냉매의 유동방향을 바꾸거나 유동속도를 1m/s 이하로 낮추면 냉매증기 속의 액적이 분리된다.
③ 액분리기 하단에 고인 냉매액은 액반송장치를 통하여 수액기 또는 증발기로 보낸다.

5 유회수장치

1. 증발기 내의 유처리

(1) 프레온 냉동장치

① 만액식 증발기나 저압수액기 등에서는 냉매와 오일(유)이 혼합되어 있어 오일만을 냉동장치 외부로 배출할 수 없다.
② 따라서 오일의 농도가 점차 증가하면 장치의 냉각기능 저하 및 압축기 윤활부족에 의한 고장이 발생할 수 있으므로 유회수장치를 설치한다.

(2) 암모니아 냉동장치

① 증발기로 혼입된 오일은 암모니아보다 무겁기 때문에 증발기 바닥에 모이게 된다.
② 응축기와 수액기처럼 오일드럼으로 회수하면 운전 중에도 오일을 배출할 수 있다.

2. 유회수장치의 기능 및 장치도

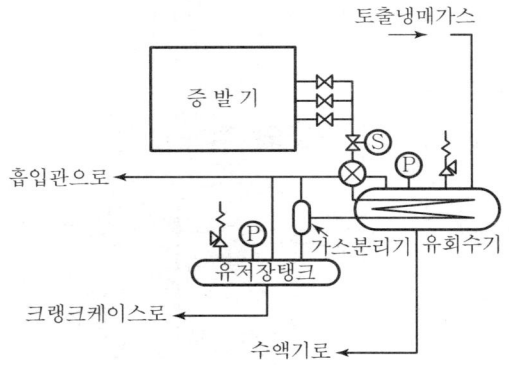

압축기 토출가스를 이용한 유회수장치

① 오일의 농도가 진해지지 않도록 항상 일정량의 오일을 추출한다.
② 유회수장치에서 냉매와 오일은 히터로 가열되고 냉매액은 증발되어 압축기에 흡입되며, 오일은 압축기 크랭크케이스로 되돌려진다.
③ 단단압축 냉동장치에서는 냉매액-가스 열교환기를 이용하기도 한다.
④ 증발기 등에서의 오일 추출은 오일의 농도가 가장 높은 층의 위치에 맞춘다.
⑤ 유회수장치에서 가열원은 증기, 온수 및 압축기 토출가스 등을 이용한다.

6 수액기(Receiver)

유사기출문제

1. 용량이 큰 냉동장치에서 수액기의 ① 개요(개념), ② 종류, ③ 용도, ④ 수용량, ⑤ 용적의 결정에 관한 사항을 기술하시오.   [공조 80회(25점), 24회(30점)]

1. 개요

① 수액기는 응축기에서 액화한 냉매를 팽창밸브로 보내기 전에 일시 저장하는 용기이다.
② 고온, 고압 냉매액을 저장하는 고압측 부속장치로 응축기와 팽창밸브 사이에 설치된다.

2. 종류

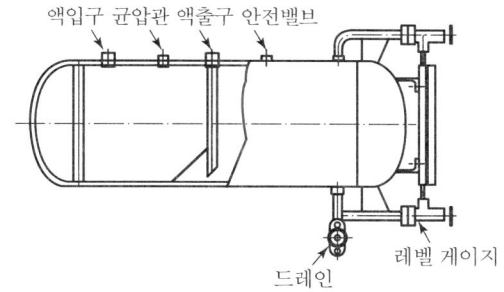

횡형수액기

① 수평으로 설치되는 횡형수액기와 수직으로 설치되는 입형수액기가 있다.
② 대용량은 횡형수액기, 소용량은 입형수액기가 사용되는데 수액기는 용량이 큰 냉동설비에 설치되므로 주로 횡형수액기를 사용하게 된다.

3. 용도

① 운전상태 변동 시 냉매량의 변동량을 흡수하여 안정한 운전상태가 되도록 유지한다.
② 액냉매를 여분으로 보유하여 냉매계통의 미소한 누설에 대비하기 위한 비축장치가 된다.
③ 냉매설비 수리 시 대기에 개방되는 냉매를 회수하여 작업이 쉽고 안전하게 한다.
④ 저압수액기를 냉매액펌프와 연결, 사용 시 필요한 흡입 액면을 확보한다.
⑤ 팽창밸브로 이물질 유입을 방지하기 위하여 배출관 입구에 여과장치를 한 것도 있다.

4. 수용량

① 액 저장량은 운전상태에 따른 냉매량 변동 시 항상 액이 수액기 내에 잔류하여 장치의 운전을 원활하게 할 수 있어야 한다.
② 냉동장치를 수리하거나 장시간 정지시키는 경우 장치 내의 모든 냉매를 응축기와 함께 회수할 수 있는 용량을 가지는 것이 좋다.
③ 암모니아 냉동장치에서는 1RT당 15kg의 냉매액이 소요되는 것으로 하여 수액기의 용량은 충전냉매의 1/2을 저장할 수 있어야 한다.
④ 대용량 프레온 냉동장치에서는 보통 충전량 전부를 회수할 수 있는 충분한 크기여야 한다.
⑤ 모세관을 팽창밸브로 쓰는 소형, 소용량 냉동기는 정지 중 냉매가 증발기에 저장되므로 수액기를 필요로 하지 않는다.
⑥ 소용량의 프레온 냉동기는 수랭식 응축기를 수액기로 겸용하여 생략할 수 있다.

5. 용적의 결정

수액기의 필요 용적은 냉매온도 35℃ 정도의 냉매액, 비체적으로 구한 냉매량을 내용적 80% 이하로 수용할 수 있어야 한다.

수액기의 분류와 설치

1. 수액기의 분류

(1) 고압수액기
① 보통 말하는 수액기이며 응축기 출구와 팽창밸브 사이에 설치한다.
② 횡형수액기와 입형수액기가 있으며 대용량에는 횡형수액기가 주로 사용된다.

(2) 콘덴서 리시버(Condenser Receiver)
① 수랭식 응축기의 동체 하부공간을 크게 하고 이 부분의 냉각관을 감소시켜 Sump 역할을 하도록 하여 응축기를 수액기 겸용으로 한 것이다.
② 주된 역할은 응축기이며 오직 소형 콘덴싱 유닛에만 사용된다.
③ 냉매액면보다 위에 설치된 냉각관만이 응축작용에 대한 유효 전열면이 되고 냉매액에 잠긴 냉각관은 냉매액을 과냉각시키는 전열면이 된다.

(3) 저압수액기
① 냉매액 강제순환식 냉동장치에서 증발기로 액을 보내고 증발기로부터 돌아오는 액을 일시적으로 저장한다.
② 저압수액기의 구조는 고압수액기와 큰 차이가 없으나 수직형이 많다.
③ 사용압력은 낮으며 0℃ 이하로 사용되므로 사용강재의 저온취성을 고려할 필요가 있다.

2. 수액기의 설치

(1) 수액기 설치 시 주의사항
① 응축기와의 연결은 응축기에서 응축된 냉매액이 수액기로 잘 가도록 응축기보다 낮은 곳에 설치한다.
② 냉매액은 반드시 수액기 상부에서 유입되도록 하고 직경이 굵은 관으로 배관한다.
③ 응축기 냉각수온이 높고 수액기가 설치된 실온이 높으면 응축기 압력보다 수액기 압력이 높아져 흐름이 원활하지 않으므로 가스압력을 균등하게 하기 위하여 균압관을 설치한다.
④ 균압관은 응축기 상부와 수액기 상부를 연결하는 관으로 응축기 하부에 액이 고이지 않고 수액기에 냉매액이 원활하게 흘러들어 간다.

(2) 수액기 설치 시 주위배관

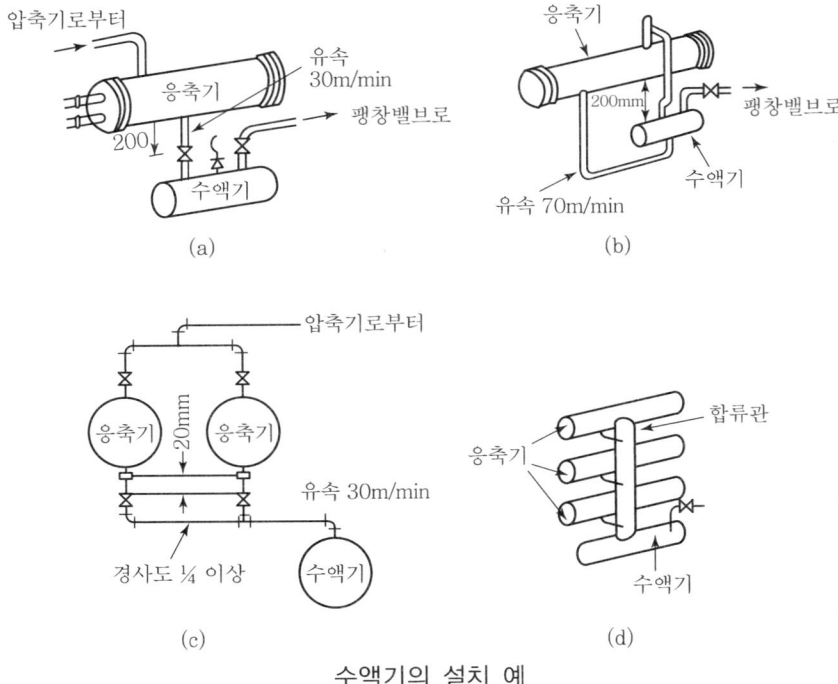

수액기의 설치 예

① (a) 수액기로 유입되는 냉매 유속은 30m/min 정도로 하는 것이 좋으며 균압관을 두지 않아도 된다.
② (b) 유속 70m/min로 하고 균압관을 설치할 때에는 유입관을 하부에 설치해도 된다.
③ (c) 응축기가 2조 이상 수평 설치의 경우 유입관에 연결되는 합류관에 경사를 준다.
④ (d) 응축기가 수직으로 설치된 경우 제일 아래에 있는 응축기 아래쪽에 수액기를 수평으로 설치하고 합류관의 직경은 각 응축기로부터 유출되는 관경의 합보다 크게 한다.

원통형 동체(수액기)에 작용하는 응력

> **공조 74회(5점)**
> 내경 800mm, 동판두께 16mm의 용접 구조용 탄소강판(SM41B)재 수액기에서 수압 30kgf/cm²의 압력을 가할 때 동판에 유기되는 인장응력은 허용인장 응력의 몇 %인가?

1. 원통형 동체에 작용하는 응력

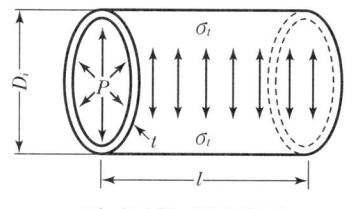

접선방향 인장응력 σ_t

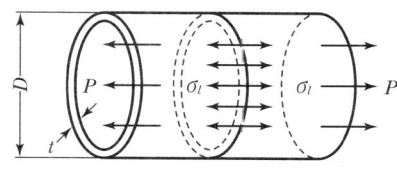

길이방향 인장응력 σ_l

원통형 동체에 발생되는 응력은 접선방향과 길이방향 인장응력이 있는데, $\sigma_t = 2\sigma_l$ 이므로 접선방향의 인장응력만을 고려하여 설계한다.

$$\text{접선방향 인장응력} \quad \sigma_t = \frac{pD_i}{200t} \, (\text{kgf/mm}^2)$$

$$\text{길이방향 인장응력} \quad \sigma_l = \frac{pD_i}{400t} \, (\text{kfg/mm}^2)$$

p : 동체 내부의 압력(kgf/cm²)
D_i : 원통형 동체의 내경(mm)
t : 원통형 동체의 두께(mm)

2. 문제풀이

① 접선방향의 인장응력 $\sigma_t = \frac{pD_i}{200t} = \frac{30 \times 800}{200 \times 16} = 7.5 \, (\text{kgf/mm}^2)$

② 용접구조용 탄소강판(SM41B)의 최저 인장강도는 41(kgf/mm²)이므로, 허용인장응력[3] (σ_a)은 최소 인장강도의 $\frac{1}{4}$ 이므로 $41 \times \frac{1}{4} = 10.3 \, (\text{kgf/mm}^2)$이 된다.

③ 따라서, $\frac{\sigma_t}{\sigma_a} = \frac{7.5}{10.3} = 0.728$ 동판에 유기되는 인장응력은 허용인장응력의 72.8%가 된다.

---
[3] 냉동공조기술 <한국설비기술협회>

9 유냉각기

1. 유냉각기의 용도

① 압축기 윤활유를 냉각시키는 용기로서 수랭식과 냉매 냉각식 2가지 방식이 있다.
② 선박용은 아연도금 등으로 방식되어 있으나 해수를 사용하므로 부식을 방지하고자 냉매 냉각식을 이용한다.
③ 냉매 냉각식은 압축기 냉동능력을 저하시키므로 에너지 절약 측면과 유지관리를 충분히 하면 수랭식이 유리하다.
④ 냉동기유의 온도는 45℃ 이하를 유지하도록 냉각수량과 팽창밸브를 조정한다.

2. 유냉각기의 구조

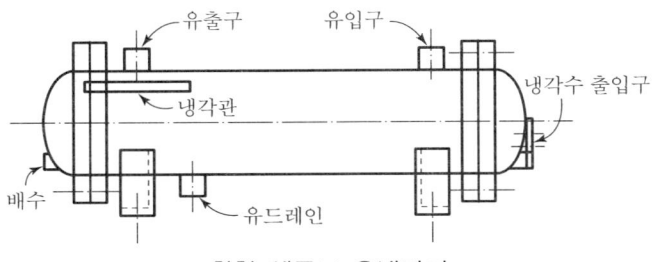

횡형 셸튜브 유냉각기

① 유냉각기의 구조는 다관식, 코일식, 2중관식이 있다.
② 다관식에서는 관외로 냉동기유를, 관내로 냉각수 또는 냉매를 통과시켜 열교환 한다.
③ 코일식에서는 코일 내에 냉동기유를 코일 외로 냉각수를 통과시킨다.
④ 2중관식에서는 내관에 냉각수를, 외관에 냉동기유를 통과시킨다.

10 냉매건조기

1. 냉매건조기(드라이어 : Dryer)의 용도
① 프레온계 냉매는 냉매와 물이 서로 분리되어 냉매 속의 수분을 제거하지 않으면 팽창밸브에서 수분이 결빙되므로 수분을 제거하여야 한다.
② 암모니아 냉매는 수분과 용해되면 동결점이 낮은 암모니아수가 되므로 팽창밸브 등에서 동결은 일어나지 않는다.
③ 소형유닛은 냉매 충진 전에 건조시키고 충진 후에는 습기 침입이 없어 설치를 생략한다.

2. 프레온 냉동장치에 수분 침입 시 발생되는 현상
① 저압부가 0℃ 이하이면 팽창밸브, 모세관, 플로트 스위치, 균압관 등의 좁은 냉매배관 내에서 수분빙결에 의해 냉매 순환이 원활하지 못하다.
② 동도금에 의한 압축기 고장의 원인이 된다.
③ 슬러지를 만들어 압축기 밸브 플레이트나 샤프트 실 등을 손상시키고 부식이 진행된다.
④ 윤활유의 일부를 열화시키고 윤활성을 저하시켜 압축기에 눌어붙게 한다.

3. 냉매건조기의 형식
① 건조기는 여과기와 병용되는 것이 일반적이다.
② 고정식은 소형냉동장치에 이용되며 흡습량이 적어 건조제를 교환할 필요가 없다.
③ 교환식은 중형냉동장치에 이용되며 건조제를 교환할 수 있는 구조이다.
④ 화학건조제로는 실리카겔이나 활성 알루미나 등을 사용한다.

11 중간냉각기

1. 개요

① 다단압축기에서는 저단측 압축기에서 토출된 냉매증기의 온도가 상당히 높아 윤활유 열화 등의 문제가 발생하므로 압축기 흡입 전에 냉매증기를 냉각할 필요가 있다.
② 각 단의 압축기 흡입 전에 냉매증기를 냉각시키는 열교환기가 중간냉각기이다.

2. 중간냉각기(Intercooler)의 역할

① 저단압축기 토출 냉매증기의 온도를 낮추어 고단측 토출 냉매증기의 온도를 낮춘다.
② 냉매액의 과냉각을 크게 하여 단위 냉매유량당 냉동효과를 크게 한다.
③ 냉매증기만을 고압측 압축기로 흡입되도록 하는 액분리기 역할을 한다.

3. 중간냉각기에서의 냉매 흐름

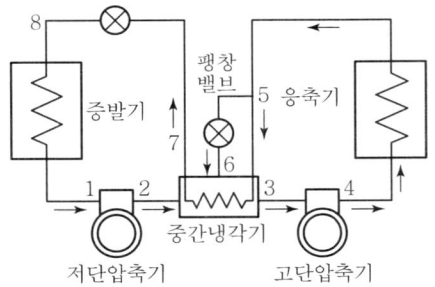
2단 압축 냉동사이클 계통도

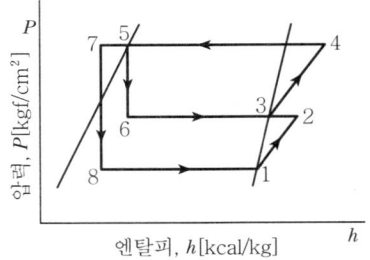
2단 압축 냉동사이클 P-h 선도

① 저단압축기의 토출냉매증기 2는 고단압축기에 흡입되기 전에 중간냉각기에 들어간다.
② 응축기를 나온 냉매액 5의 일부는 바이패스 팽창밸브에서 감압되어 6의 상태로 중간냉각기에 들어가 토출한 냉매증기 2와 혼합된다.
③ 중간냉각기에서 냉매 6은 토출증기 2의 온도를 낮춤과 동시에 중간냉각기를 통과하는 냉매액 5를 과냉각시킨다.

4. 중간냉각기 냉각방법에 따른 종류

(1) 액냉각형 중간냉각기

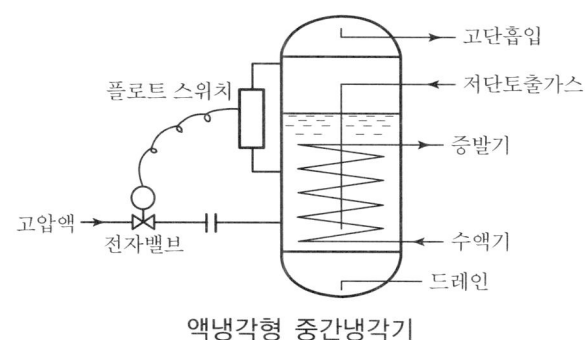

액냉각형 중간냉각기

① 입형 원통형 용기 내에 냉각코일을 설치한 것이다.
② 수액기로부터의 고압냉매액이 이 코일을 통해서 과냉각되어 증발기에 공급된다.
③ 냉매액은 냉각되어도 압력은 그대로 높은 상태이므로 배관저항이 높아도 지장이 적다.

(2) 플래시형 중간냉각기

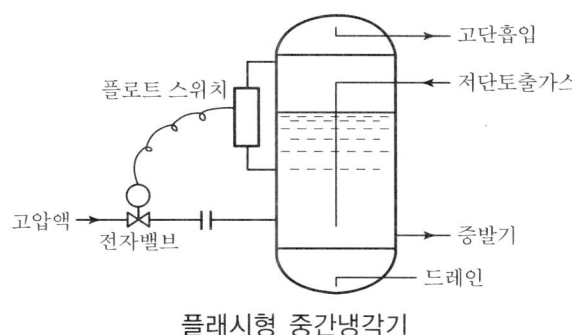

플래시형 중간냉각기

① 입형 원통형의 용기 내에서 냉매액의 액면이 플로트밸브에 의해 제어된다.
② 수액기로부터의 냉매액은 플로트밸브의 유량제어에 의해 중간압력까지 감압되어 용기 내로 들어간다.
③ 냉매액 일부는 증발해서 고압측 압축기로 흡입되며, 이때 증발잠열을 냉매액으로부터 빼앗기 때문에 액체는 과냉각되어 증발기로 보내진다.
④ 또한 저압측 압축기에서 나온 중간압력의 토출가스도 여기에 도입되어 냉각되고 거의 포화증기에 가까운 상태로 되어 고압측 압축기에 흡입된다.

(3) 직접팽창형 중간냉각기

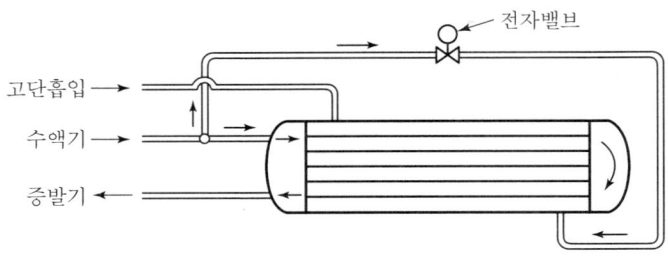

직접팽창형 중간냉각기

① 원통-관 열교환기로서 냉각관에는 외주부분에 핀을 부착한 튜브를 사용한다.
② 동체 내에는 온도자동 팽창밸브에 의해서 감압된 중간압력의 액이 공급된다.
③ 액공급량은 고압측 압축기에 흡입되는 냉매의 과열도가 0~5℃의 범위 내로 한다.
④ 직접팽창형 중간냉각기는 프레온 냉동장치에 많이 사용된다.

12 액-가스 열교환기

1. 개요

① 냉동장치에 사용되는 열교환기로는 액-가스 열교환기와 냉동기유 냉각기, 중간냉각기 등이 있는데 이들은 냉동장치의 안전과 사이클 효율 향상을 위해 사용되고 있다.
② 액-가스 열교환기는 프레온 냉동장치에서 응축기에서 나온 고압 냉매액을 과냉각하는 동시에 압축기로 들어가는 냉매가스를 과열시켜 냉동능력을 향상시킨다.
③ 액-가스 열교환기의 종류로는 관접촉식, 이중관식, 셸앤튜브식 등이 있다.

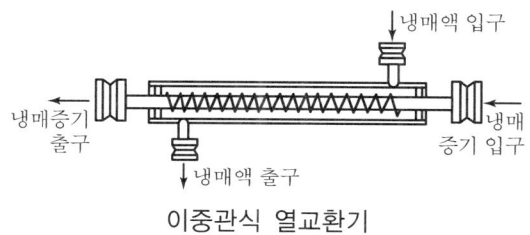

이중관식 열교환기

2. 액-가스 열교환기 부착 장치도 및 P-h 선도

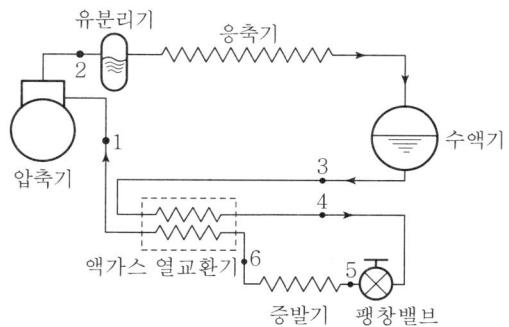

액-가스 열교환기 부착 냉동장치

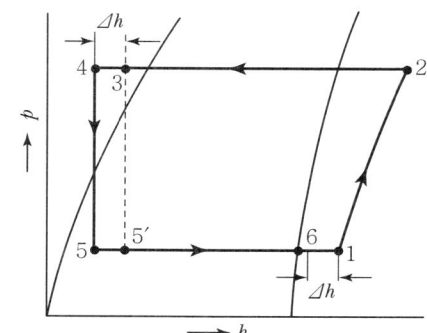

액-가스 열교환기 부착 P-h 선도

3. 액-가스 열교환기의 역할

(1) 플래시가스 발생 방지를 위한 냉매액의 과냉각
① 액관의 입상관이 긴 경우, 배관 내에서 냉매액의 압력손실이 생긴 경우, 액관에 열침입이 있으면 플래시가스가 발생될 우려가 있다.
② 플래시가스가 발생되면 배관저항이 급격히 증가하거나 팽창밸브에서의 통과유량이 감소하여 냉동능력이 급격히 떨어지게 되므로 고압 냉매액을 과냉각시킨다.

(2) 습압축 방지를 위한 냉매증기의 과열
① 만액식 증발기 또는 운전 조건 등에 따라 습증기가 압축기로 흡입되어 압축기 손상이 발생될 수 있으므로 흡입가스에 적당한 과열도를 주어야 한다.
② 암모니아 냉동장치에서는 흡입증기의 과열도 상승으로 토출가스 온도가 급격히 올라갈 수 있으므로 일반적으로 사용되지 않는다.

여과기

1. 여과기의 용도

① 냉동장치에서 모래, 용접찌꺼기 등의 이물질이 순환되면 전자밸브, 팽창밸브, 자동밸브 등의 작동불량 및 압축기 실린더 손상 등의 원인이 된다.
② 이러한 이물질을 제거하기 위해 여과기를 사용한다.

2. 여과기의 여재

① 재질은 스테인리스 강재가 많이 사용되며, 프레온용으로는 동재를 이용하기도 한다.
② 보통 80~100 메시 정도의 금속망을 1~2매 정도 겹쳐 이용한다.
③ 불순물을 제거하기 위해 미세한 그물눈을 사용하나, 여재의 표면적이 커야 냉매의 통과 저항이 작게 되어 냉동능력 저하를 방지할 수 있다.

3. 여과기의 종류

(1) 배관 내에 삽입하는 여과기

냉매액관 및 가스배관 내에 삽입하는 것으로 자동밸브 입구 직전에 설치한다.

(2) 기기 내에 삽입하는 여과기

1) 압축기 흡입가스 여과기

① 주로 대형 개방식 압축기에 설치되며 압축기 본체로부터 분리될 수 있다.
② 시운전 시에는 금속망 원통부에 무명천을 삽입하여 배관공사 중의 용접찌꺼기, 먼지 등을 제거하고 일정 시간 후에 무명천을 제거한다.

2) 압축기의 오일 여과기

크랭크케이스 내의 먼지를 여과시키기 위해 설치된다.

14 불응축가스 분리기(가스퍼저)

유사기출문제

1. 수랭응축식 냉동장치에서 불응축가스의 침입원인, 판별방법 및 배출방법을 기술하시오.
   [공조 59회(25점), 35회(25점)]
2. 냉동장치에 공기가 침입하는 원인과 이때에 나타나는 영향 및 대책 설명 [공조 56회(20점)]

1. 개요
① 불응축가스는 냉매나 윤활유가 분해된 가스나 공기 등을 말한다.
② 불응축가스는 고압부(응축기나 수액기)에 고이게 되어 응축압력과 토출가스 온도를 상승시켜 냉동장치에 장해를 준다.
③ 불응축가스 분리기(가스퍼저)는 수동식, 온도식, 액면식 불응축가스 분리기가 있다.

2. 불응축가스의 침입원인
① 냉매충전전 계통 내의 진공흡인이 불충분했기 때문에 공기가 남는다.
② 냉매나 윤활유를 충전할 때 공기가 침입한다.
③ 분해수리를 위해서 개방한 냉매계통을 복구할 때 공기배출이 불충분해서 공기가 남는다.
④ 냉동장치 운전 중 흡입가스 압력이 대기압 이하로 내려가 저압부에서 공기가 침입한다.
⑤ 냉매나 윤활유가 분해되어 불응축가스를 생성한다.

3. 불응축가스의 영향
① 냉동장치의 냉매계통에 불응축가스가 존재하면 그 분압만큼 응축압력이 높아지게 된다.
② 응축압력이 높아지면 냉동능력과 COP가 감소하고, 압축기 동력이 증가한다.
③ 또한 압축기 실린더 과열 등 악영향이 있으므로 신속히 장치 내에서 제거하여야 한다.

4. 불응축가스의 대책
① 냉동장치가 진공운전이 되지 않도록 한다.
② 기밀시험을 철저히 하여 공기 침입이 일어나지 않게 한다.
③ 운전 중 불응축가스는 장치의 고압부인 응축기나 수액기에 고이게 되므로 운전을 정지하여 응축기를 충분히 냉각한 후 응축기 상부의 에어퍼지밸브로부터 퍼지한다. 그러나 대형냉동장치에서는 주로 불응축가스분리기(가스퍼저)를 이용한다.
④ 공기 흡입 시는 가스퍼저를 이용하여 신속히 불응축가스를 배출한다.

5. 불응축가스 유무 판별방법

① 냉동장치를 운전할 때 토출압력이 이상하게 높아 냉각수량을 증가해도 압력이 정상으로 되돌아오지 않을 경우는 불응축가스의 유무를 확인해야 한다.
② 수랭식 응축기가 있는 냉동장치에서는 냉각수 출구온도와 응축압력으로 불응축가스의 유무를 판단할 수 있다.
③ 불응축가스 침입 우려가 있으면 압축기를 정지하고 응축기의 액출구 밸브를 닫는다.
④ 냉각수 혹은 냉각공기의 출입구 온도가 같아져 응축기 내 압력이 충분히 저하되는 것을 기다린다.
⑤ 그 다음 냉각수온에 상당하는 포화압력과 응축기 내 압력 사이에 차가 있으면 불응축가스가 존재함을 알 수 있다.

6. 불응축가스 배출방법

① 불응축가스 제거는 냉매를 펌프다운하고 압축기를 정지시켜 토출측 스톱밸브를 닫은 채 약 5분간 방치한다.
② 냉매증기가 가능한 한 응축시킨 퍼지밸브를 잠시 열어둔다.
③ 응축기 냉각을 최대로 하면서 이 조작을 3, 4분 간격으로 수회 반복하고 각 제거조작 후 압력계 눈금을 점검한다.
④ 제거조작을 하면 압력은 얼마간씩 저하된다.
⑤ 압력이 그때 온도에 상당하는 포화압력으로 저하되기까지 제거조작을 반복한다.
⑥ 이 작업은 응축기 온도가 낮을수록 불응축가스의 존재를 확인하기 쉽고, 제거할 때 필요 없는 냉매를 낭비하는 일이 적어진다.

15 불응축가스 분리기의 종류

1. 수동식 불응축가스 분리기

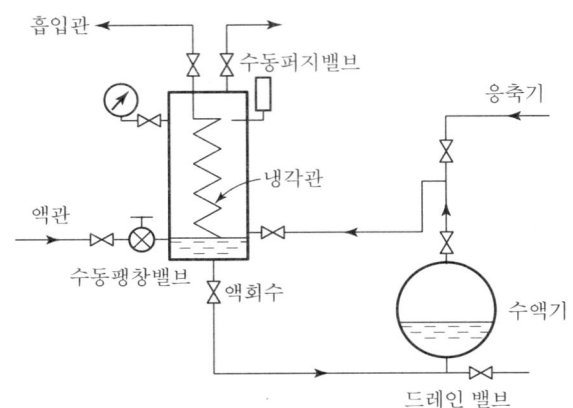

수동식 불응축가스 분리기

① 냉각관에 의해 혼합가스가 냉각된 후 냉매는 응축되어 기기 내 아랫부분에 모이고, 불응축가스는 기기 상부에 축적된다.
② 상부의 불응축가스를 수동밸브로 방출한다.

2. 온도식 불응축가스 분리기

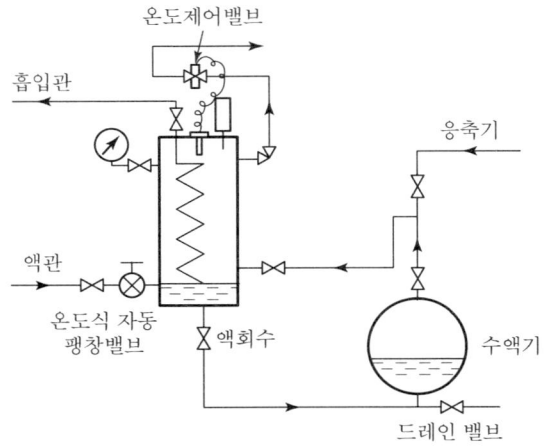

온도식 불응축가스 분리기

① 수동식 가스퍼저를 온도식 자동팽창밸브와 제어밸브로 자동화한 것이다.
② 기기 하부에 유입된 불응축가스를 포함한 냉매가스는 온도식 자동팽창밸브로 제어되고 있는 냉각관에 의해 냉각된다.
③ 냉매가스는 냉각, 응축되어 아래에 고이고, 불응축가스는 상부에 모인다.
④ 이때, 일정 온도 이하로 냉각되면 서모밸브가 작동하여 불응축가스가 배출된다.

3. 액면식 불응축가스 분리기

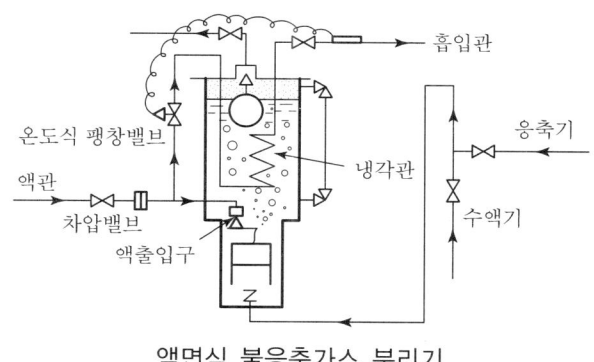

액면식 불응축가스 분리기

① 냉매액을 일정 높이까지 채워 냉각코일을 작동하여 냉각시킨다.
② 이 냉각된 냉매액에 불응축가스를 함유한 냉매를 유입시키면 불응축가스가 본체 위에 모이므로 액면이 내려가고, 플로트 밸브가 열려 불응축가스가 방출된다.

16 제상

> **유사기출문제**
> 1. 증발기 코일에 ① 서리가 부착되는 양에 영향을 주는 인자 4가지와 ② 관내를 유동하는 브라인이나 냉매 등의 냉각매체와 외부공간과 교환되는 열량에 영향을 미치는 인자 4가지를 기술하시오. [공조 78회(10점), 77회(10점), 62회(10점), 39회(20점)]

1. 개요
① 온도를 0℃보다 낮은 온도로 유지하는 공기냉각용 증발기의 경우 공기 중의 수증기가 증발기 표면에 응축, 동결하고 축적되어 서리가 부착하게 된다.
② 이러한 불필요한 냉각관 표면의 서리를 제거하는 장치를 제상장치라 하며, 살수식 제상, 부동액식 제상, 전기식 제상, 핫가스 제상, 공기식 제상, 축열조식 제상 등이 있다.

2. 제상(Defrost)의 필요성(냉동장치에 미치는 영향)
① 서리가 맺히면 열저항이 증대되어 열전달이 나빠진다.
② 공기통로를 막아서 송풍량을 감소시켜 결국 열교환이 되지 않으며 착상을 증가시킨다.
③ 냉각능력 저하로 냉동창고의 물품을 소정의 온도로 유지할 수 없게 된다.
④ 단위 냉동능력당 소요동력이 증대한다.
⑤ 증발기 열교환 감소에 의한 냉매액이 압축기로 유입되어 액압축 가능성이 증대한다.
⑥ 압축기 토출가스 온도 상승에 따른 실린더 과열, 윤활유 열화를 초래한다.
⑦ 증발온도 저하로 압축비 증가, 체적효율 감소, 냉동능력 감소, 성적계수가 저하한다.

3. 증발기 코일에 서리가 부착되는 양에 영향을 미치는 인자
① 증발기에 접촉하는 외부유체의 온도가 낮을수록 착상이 증가한다.
② 증발기에 접촉하는 외부유체의 습도가 높을수록 착상이 증가한다.
③ 증발기에 접촉하는 공기의 풍속이 느릴수록 착상이 증가한다.
④ 증발압력(온도)이 낮을수록 착상이 증가한다.
⑤ 압축비가 클수록 착상이 증가한다.

4. 제상 시 주의사항

① 착상이 두꺼워지면 제상이 어려우므로 일찍 제상해서 제상시간의 단축을 도모한다.
② 제상조작은 고내의 온도를 상승시키므로 가능한 단시간에 해야 한다.
③ 제상한 드레인(응축수)이 다시 동결해서 드레인의 배출을 방해하고 축적되어 팬의 회전에 지장을 일으키므로 주의한다.
④ 제상할 수 없는 부분이 남아서 차츰 단단한 얼음덩어리로 되지 않도록 한다.
⑤ 냉매압력의 이상 상승을 방지한다.

17 제상방식

유사기출문제

1. 제상방법 4가지 이상 설명 [건축 74회(10점)] [공조 66회(25점), 59회(25점), 58회(25점) 등]

1. 살수식 제상(Water Spray Defrost)

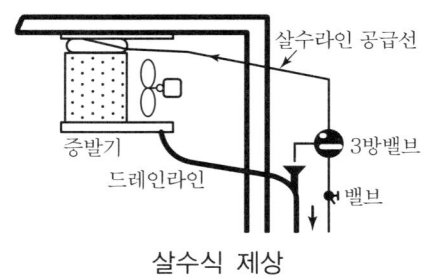

살수식 제상

(1) 살수식 제상의 특징

① 냉각기 내의 냉매를 회수하고 송풍기를 정지한 후 증발기 표면에 온수를 살포한다.
② 온수온도는 10~25℃ 정도로 하여 제상시간 단축과 안개발생을 방지한다.
③ 드레인팬에 모인 온수와 응축수가 동결하지 않도록 전기히터로 가열해야 한다.
④ 살수노즐이 먼지나 얼음으로 막히면 살포가 균일하게 되지 않으므로 제상종료 후에는 살수관과 노즐에 물이 남지 않아야 한다.
⑤ 온수는 물탱크에서 토출가스 등으로 가열하거나 응축수 출구 온수를 사용한다.
⑥ 지하수를 직접 제상용수로 공급할 수 있으나 일반적으로 사용하지 않는다.

(2) 살수식 제상의 장점

① 가장 간단하고 일반적인 방법이다.
② 살수량을 많게 하면 단시간에 제상할 수 있다.

(3) 살수식 제상의 단점

① 수배관설비가 필요하며 급수배관의 동결 방지조치가 필요하다.
② 물의 동결로 팬 회전이 방해되거나 팬이 정지되는 경우가 발생한다.
③ 제상 종료 후 송풍기 가동 시 코일에 부착된 물이 비산할 우려가 있다.

2. 부동액식 제상(Antifreezing Solution Defrost)

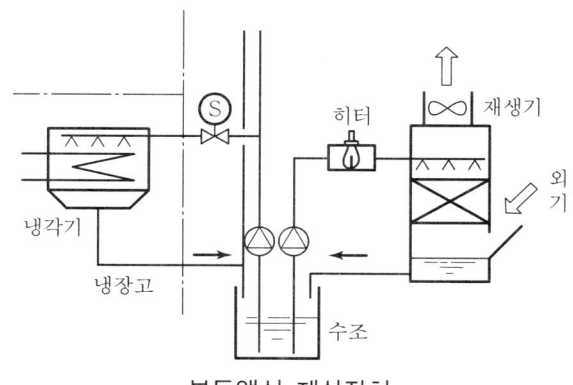

부동액식 제상장치

(1) 부동액식 제상의 특징

① 냉각관에 항상 부동액을 살포해서 서리가 생기지 않도록 한다.
② 부동액은 에틸렌글리콜이나 프로필렌글리콜 등의 수용액을 사용한다.
③ 공기 중에 포함된 수분과 서리가 부동액에 흡수되어 착상을 방지한다.
④ 희석된 부동액은 가열하여 수분을 증발시켜 재생한다.
⑤ 부동액을 항상 살포하는 방식과 제상 시에만 살포하는 방식이 있다.

(2) 부동액식 제상의 장점

① 제상시에도 운전이 가능하여 고내 온도가 제상 때문에 상승하지 않는다.
② 냉각관은 무착상과 젖은 전열면으로 전열성능이 우수하여 전열면적을 작게 해도 좋다.

(3) 부동액식 제상의 단점

① 부동액에 의한 부식에 주의해야 하며 재생기는 내식성 재료를 사용해야 한다.
② 부동액 사용 등 유지비가 많이 들고 재생기 설치 등 설비비가 고가이다.
③ 고내 보관물의 위생을 고려하여 부동액을 선정하여야 한다.
④ 저온에서 점도가 높아지는 부동액의 사용은 곤란하다.

3. 전기식(전열식) 제상(Electric Defrost)

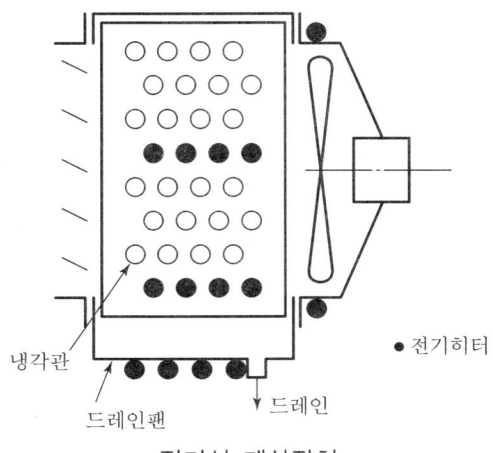

전기식 제상장치

(1) 전기식 제상의 특징

① 냉각기의 냉각관 사이에 전열관을 넣고 가열하여 제상한다.
② 제상 시에는 냉동기운전을 정지하고 드레인팬과 배수관도 함께 가열한다.
③ 냉각코일 내 전기히터를 적당한 수만큼 분산 설치한다.

(2) 전기식 제상의 장점

① 자동제어가 용이하여 소형유닛이나 가정용 냉장고 등에 사용된다.
② 히터설치를 적절히 배치하여 균일한 가열을 할 수 있다.
③ 장치가 간단하여 소형냉각기에 조립하기 쉽다.

(3) 전기식 제상의 단점

① 히터에 누전차단기, 서모스탯, 온도퓨즈 등을 설치하여 누전과 화재에 주의한다.
② 히터가 노후화되므로 일정기간 사용 후에는 전기히터를 교환해야 한다.
③ 전열량에 제한이 있어 제상시간이 고압가스 제상보다 길어진다.
④ 열손실이 많으므로 동력이 많이 소요된다.

4. 공기식 제상(Air Defrost)

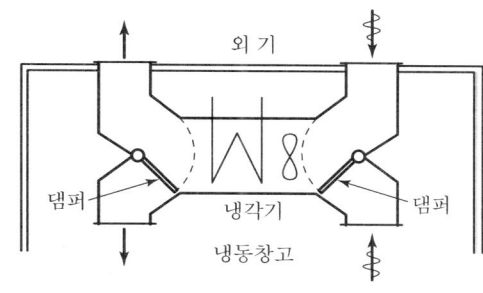

공기식 제상장치

(1) 공기식 제상의 특징

① 빙점 이상 온도의 공기를 냉각기의 착상 전열면에 송풍해서 제상한다.
② 냉장고의 창고 내 온도가 비교적 높은 경우 냉매를 보내지 않고 제상한다.
③ 외기를 이용해서 제상을 한다. 이때 노점온도가 높지 않아야 한다.
④ 댐퍼 누설이나 동결되지 않도록 주의한다.

(2) 공기식 제상의 장점

① 장치, 조작, 제어방법이 간단하다.
② 제상비도 송풍운전비 정도로 적게 든다.

(3) 공기식 제상의 단점

① 고내온도 유지 정밀도는 다소 나쁘다.
② 제상시간도 일반적으로 길다.
③ 고내온도가 높은 경우에 제한적으로 사용된다.

5. 오프사이클 제상(Off Cycle Defrost)

(1) 오프사이클 제상의 특징

① 냉동기를 정지하고 증발기의 송풍팬만을 가동시켜 주위의 고내온도에 의해 제상한다.
② 녹은 서리는 드레인팬에 떨어져서 배수된다.

(2) 오프사이클 제상의 장단점

① 장치와 조작, 제어가 간단하며 제상비용이 적게 든다.
② 제상시간이 길다.
③ 고내 온도가 높은 경우에만 적용되며 고내온도 유지성은 다소 불량하다.

18 핫가스 제상방식(Hot Gas Defrost)

유사기출문제
1. 핫가스제상방식의 개략도를 그리고 설명하라.   [공조 63회(25점)]

1. 핫 가스 제상방식의 개략도

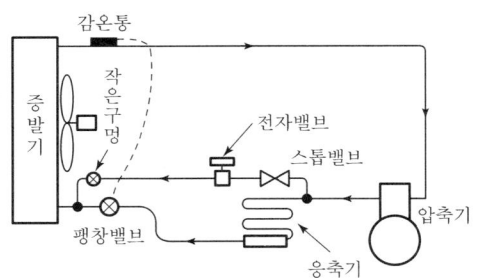

소형냉동기의 핫가스제상

2. 핫 가스 제상방식(고압가스 제상, 열가스식 제상)의 원리

① 핫가스 제상은 압축기에서 나온 고온고압 냉매증기를 증발기로 보내어 증발기 코일을 가열하여 제상한다.(고압가스 압력 6~7kg/cm²)
② 증발기로 보낸 고온고압의 냉매가스가 응축, 액화에 의해 제상한다.
③ 액화된 고압의 냉매액이 증발기 내에 충만되면 처리가 곤란하므로 다른 냉각관으로 보내든가 제상용 수액기를 따로 설치하여 그곳으로 보낸다.
④ 소형냉동기, 증발기가 1대인 경우와 2대인 경우, 제상용 수액기를 이용한 제상 등 장치에 따라 배관설비가 달라지게 된다.
⑤ 작은 구멍(소공)의 역할은 증발기로 유입되는 고압가스의 압력을 저하시켜 응축액화되지 않고 냉매가스의 감열에 의해 제상할 수 있도록 한다.

3. 장점

① 제상시간이 짧고 물배관 및 전기히터 등이 불필요하여, 장치가 간단하므로 일반적으로 많이 사용된다.
② 제상장치를 콤팩트하게 냉각장치 내에 조립할 수 있다.

4. 단점

서리 두께가 두꺼우면 제상이 곤란하다.

19 Heat Bank Defrost 제상방식

유사기출문제

1. Heat Bank Defrost 방식/Thermobank Defrost [공조 57회(10점)/48(10점), 38회(5점)]
2. 저온급기용 DX Coil 결빙 시 Water Defrost, Electric Defrost, Heatbank Defrost 방식 중 Heatbank Defrost를 그림을 그리고 설명하라.   [건축 59회(25점)]

1. Heat Bank Defrost(축열조식제상 : Thermo-Bank Defrost)의 개략도

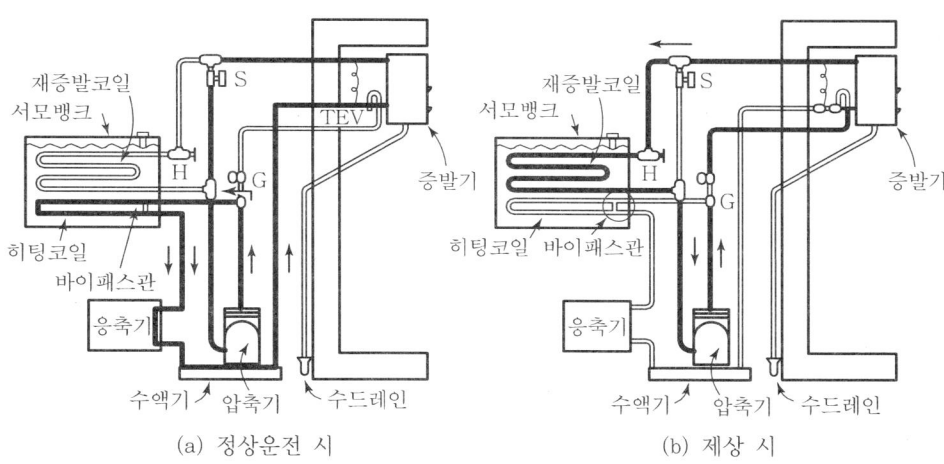

Heat Bank Defrost 제상

2. 정상운전 시

① 냉매가스는 압축기 → 서모뱅크(히팅코일) → 응축기 → 수액기 → 팽창기구 → 증발기 → 압축기 순으로 흐른다.
② 정상운전 중 압축기 토출측 전자밸브 G는 닫혀 있어 고온의 토출가스가 서모뱅크 내로 유입되어 물을 가열한다.
③ 증발기 토출측 H는 닫혀 있고, S는 열려 있어 증발기 냉매가스가 압축기로 유입된다.
④ 정상운전 시에는 압축기 토출가스를 축열조를 거쳐 응축기로 가도록 하여 축열조 내의 수온을 상승시킨다.

3. 제상운전 시

① 제상 중에는 압축기 토출가스를 증발기로 유입시키므로 냉매가스는 압축기 → 증발기 → 서모뱅크(재증발코일) → 압축기로 흐른다.

② 제상운전 중 압축기 흡입측 전자밸브 S가 닫히면서 고압가스 전자밸브 G와 서모뱅크 전자밸브 H가 열려 제상운전을 한다.

③ 압축기 고온고압의 토출가스가 G를 통해 증발기로 유입된 후 H를 지나 서모뱅크의 재증발코일에서 냉매가스가 다시 증발하여 압축기로 유입되므로 액백을 방지한다.

④ 서모뱅크 내에 설치된 바이패스관은 축열조 수온이 일정온도 상승 시 토출가스를 직접 응축기로 보내는 역할을 하여 축열조 내 과열을 방지한다.

제14장 냉매배관

1. 냉매배관 ·· 322
2. 흡입배관 ·· 324
3. 증발기와 압축기 위치에 따른
   흡입배관 시공 ·· 325
4. 흡입관의 배관형태 ································ 327
5. 증발기가 여러 대일 경우 흡입배관 시공 ······ 330
6. 토출배관 ·· 331
7. 액관 ·· 333

공조냉동기계기술사 냉동공학

1 냉매배관

 유사기출문제

1. 냉매배관 설계요령을 약술하고 배관 시 유의사항을 설명하시오. [공조 28회(20점), 25회(20점)]

1. 개요

① 냉매배관은 압축기, 응축기, 증발기, 팽창밸브 등을 연결하여 냉동사이클을 구성한다.
② 또한 냉동장치의 성능, 운전의 안정성 및 동력 소비량 등에 큰 영향을 준다.
③ 냉매배관은 흡입배관, 토출배관, 고압 액배관, 저압 액배관의 네 가지로 구분할 수 있다.

2. 냉매배관의 구분

① 흡입배관(증발기~압축기)
   증발기 출구에서 압축기 입구에 이르는 배관으로 저온저압의 냉매증기가 흐른다.
② 토출배관(압축기~응축기)
   압축기 출구에서 응축기 입구에 이르는 배관으로 고온고압의 냉매증기가 흐른다.
③ 고압 액배관(응축기~팽창밸브)
   응축기 출구에서 팽창밸브 입구에 이르는 배관으로 고온고압의 냉매액이 흐른다.
④ 저압 액배관(팽창밸브~증발기)
   팽창밸브 출구에서 증발기 입구에 이르는 배관으로 저온저압의 냉매액과 냉매증기가 공존하여 흐른다.

3. 냉매배관의 기본적인 유의사항

① 모든 사용조건에서 충분한 내압성능과 기밀성능을 확보해야 한다.
② 배관 재료는 용도, 냉매의 종류, 사용온도에 따라서 선택한다.
③ 전부하, 경부하, 시동 및 정지 등 운전상태에 따라 충분하게 기능을 발휘해야 한다.
④ 기기 상호 간의 배관길이는 가능한 짧게 해서 저항을 감소시키고 누설을 방지한다.
⑤ 배관의 굴곡부는 적게 하며 곡률반경을 크게 하여 가능한 한 저항을 작게 한다.
⑥ 스톱밸브는 압력손실이 크고 냉매누설의 원인이 되기 쉬우므로 적게 설치한다.
⑦ 배관은 이음, 용접 등 누설의 염려가 있는 곳은 적게 하는 동시에 누설이 없게 시공한다.
⑧ 배관은 보일러실 등 주위 온도가 높은 곳을 통하는 것을 피한다.
⑨ 온도변화에 따른 팽창과 수축으로 인한 지나친 응력발생이 없어야 한다.

⑩ 배관은 될 수 있는 한 직선으로 설치하고 수평배관은 흐르는 방향으로 구배를 준다.
⑪ 관 내부를 깨끗이 청소하여 불순물이 없도록 한다.
⑫ 하중이나 진동에 의해서 부적당한 응력이 발생하지 않도록 진동방지구를 설치한다.
⑬ 플렉시블관은 다른 것과 접촉하는 것을 피하고 직관부에 사용하고 굴곡하거나 비틀거나 하지 않는다.
⑭ 플레어이음, 플랜지접속부 등은 누설을 점검할 수 있도록 한다.

4. 냉매배관의 설계 및 시공의 유의사항

① 냉동사이클의 총괄 상태(부하변동, 기동, 정지) 및 기름의 회수에 대해 주의한다.
② 가능한 단순하고 짧으며 직선적인 배관으로 하고, 곡관의 곡률반경은 가능한 크게 하여 마찰손실이 최소가 되도록 한다.
③ 관 이음, 개폐밸브 등은 손실이 크면서 누설의 원인이 되기 쉬운 것을 가급적 사용해서는 안 되며, 부득이한 경우에도 마찰손실이 적은 것을 선정한다.
④ 압축기에 방진장치를 설치한 경우 배관 중에 플랙시블 튜브를 설치한다.
⑤ 암모니아 냉동장치에서 냉매가 접촉하는 부분은 동이나 동합금을 사용해서는 안 된다.
⑥ 횡관은 모두 냉매 흐름방향에 대해 1/200~1/250 정도의 내림 기울기로 한다.
⑦ 내압기밀시험에 사용하는 최소압력은 규정에 따른다.
⑧ 냉매배관 두께는 설계치의 최소두께 이상으로 한다.

2 흡입배관

> **유사기출문제**
> 1. 냉매 흡입배관 설계, 시공 시 고려사항과 증발기가 압축기보다 위에 있을 때와 아래에 있을 때의 배관방식을 간략하게 도시하시오. [공조 69회(25점)]

1. 개요
흡입배관의 관지름이 적당하지 않으면 액해머나 오일해머를 일으켜 밸브를 손상시키거나 냉동기 능력 부족 또는 기름이 돌아오지 않는 등의 문제가 발생하므로 냉매배관 중에서 가장 주의해야 할 배관이다.

2. 흡입배관의 설계 및 시공 시 고려사항
① 냉매증기 중에 용해되어 있는 오일이 확실하게 운반될 수 있는 속도를 확보한다.
② 과도한 압력손실이나 소음이 발생되지 않도록 유속을 20m/s 이하로 억제한다.
③ 설계 시 허용압력손실 이내가 되도록 배관 지름을 결정한다.
④ 용량제어가 있는 압축기의 경우 최소 부하 시 유회수에 필요한 유속을 확보하기 위하여 2중입상관을 설치한다.
⑤ 트랩은 경부하 시 또는 휴지 시에 기름이나 냉매가 고여 다음 기동 시에 한꺼번에 압축기로 흘러들어가 액압축의 원인이 되므로 횡관의 도중에는 가능한 트랩을 설치하지 않는다.
⑥ 압축기의 흡입주관은 기름이 압축기로 흐르도록 하향구배를 한다.
⑦ 압축기가 정지하고 있을 때 증발기의 액이 압축기로 흘러오지 않도록 흡입배관은 각각의 위치에 따라 주의하여 시공하여야 한다.

3 증발기와 압축기 위치에 따른 흡입배관 시공

유사기출문제

1. 냉매흡입관 설치 시 고려사항 5가지를 제시하고, 멀티에어컨 채택 시 증발기가 압축기보다 위에 있는 경우와 압축기보다 아래에 있는 경우의 냉매흡입관 배관형태를 그림을 그려 설명하시오.
   　　　　　　　　　　　　　　　　　　　　[건축 83회(25점), 77회(25점)] [공조 69회(25점)]

1. 증발기가 압축기보다 밑에 있는 경우의 냉매흡입관

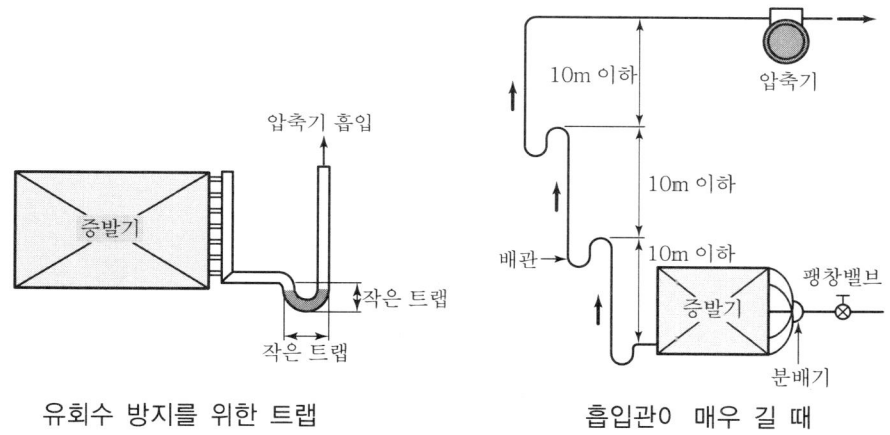

　　　유회수 방지를 위한 트랩　　　　　흡입관이 매우 길 때

① 운전 중에는 적당한 양의 기름을 포함한 냉매증기가 압축기로 흡입되도록 배관한다.
② 그러나 일시에 다량의 기름이 압축기로 유입되는 것을 방지하기 위해 입상관 하단부에 오일 트랩을 설치해야 한다.
③ 흡입관의 수직 입상부가 매우 길 때는 약 10m마다 중간에 트랩을 설치하여 유회수를 쉽게 해야 한다.

2. 증발기가 압축기보다 위에 있는 경우의 냉매흡입관

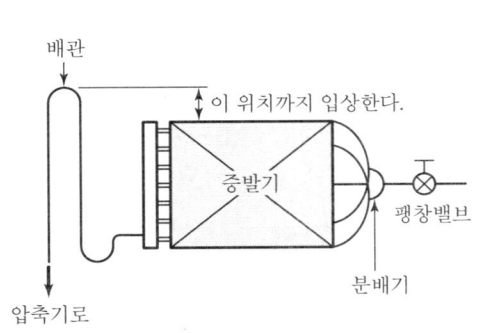
증발기 출구관 입상

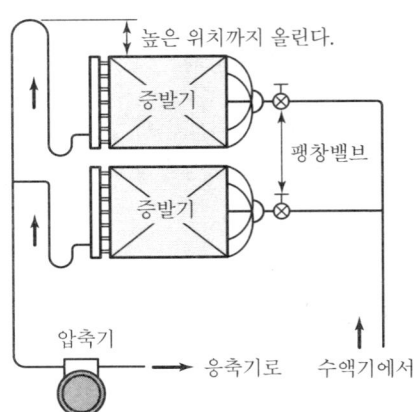
2대의 증발기 개별 입상관

냉동장치 정지 중에 냉매액이 압축기로 유입되는 것을 방지하기 위하여 작은 트랩을 통과한 흡입관을 증발기 상부까지 입상시킨 후 압축기로 향하도록 한다.

흡입관의 배관형태

1. 흡입관의 합류방법

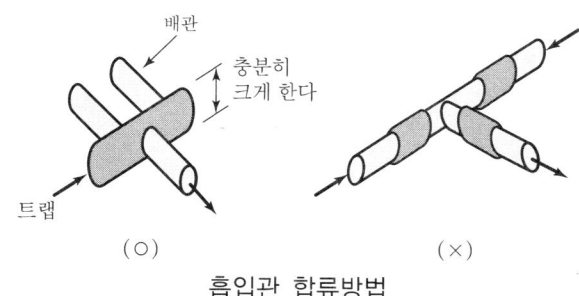

흡입관 합류방법

2개의 흐름이 합류하는 곳은 T 이음매로 하지 말고, 충분히 큰 트랩을 사용한다.

2. 흡입주관의 접속

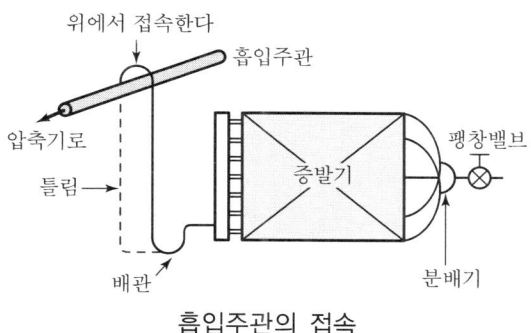

흡입주관의 접속

① 각각의 증발기로부터 흡입주관으로 들어가는 관은 주관 상부에 접속한다.
② 증발기 무부하 시 주관 내의 냉동기유와 냉매액이 증발기로 유입되는 것을 방지한다.

3. 이중입상관

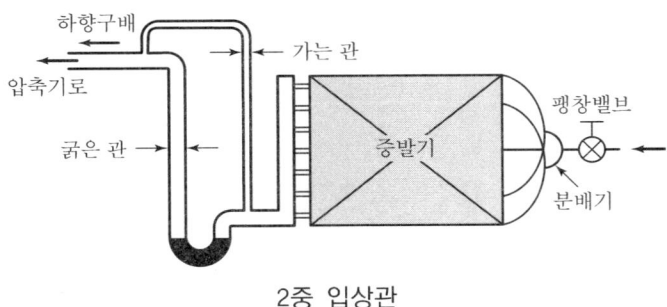

2중 입상관

① 용량제어가 있는 압축기의 경우, 최소부하 시 유회수에 필요한 유속을 확보하기 위해 2중입상관을 설치한다.
② 가는 관의 직경은 최소부하 시(압축기 무부하) 유속이 6~20m/s가 되도록 결정한다.
③ 굵은 관의 직경은 전부하 시 가스가 2개의 입상관을 통과할 때 양쪽 관내 속도가 6m/s 이상이 되도록 정한다.

4. 증발기가 여러 대일 경우의 입상관

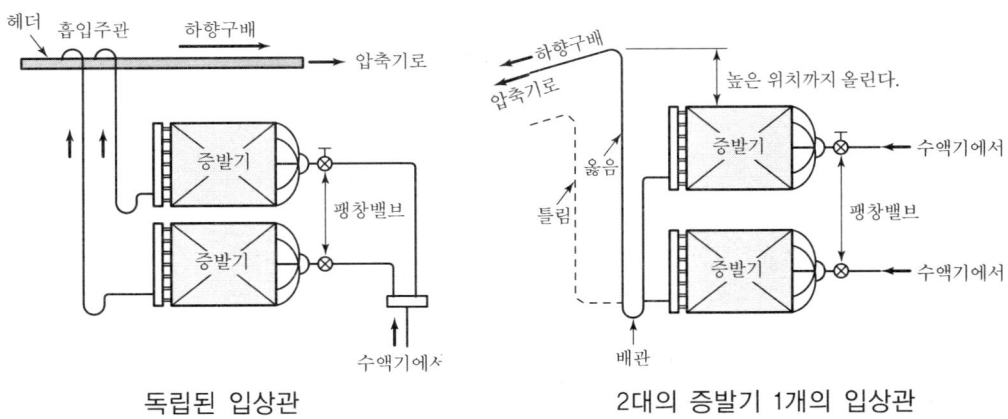

독립된 입상관   2대의 증발기 1개의 입상관

① 독립된 입상관을 설치하면 한쪽의 증발기가 무부하가 되어도 다른 쪽의 입상관 중의 유속이 변하지 않아 유회수가 확보된다.
② 부하변동이 심하지 않을 경우에는 1개의 입상관으로 해도 좋다.

5. 흡입관이 증발기의 상하에 있을 때

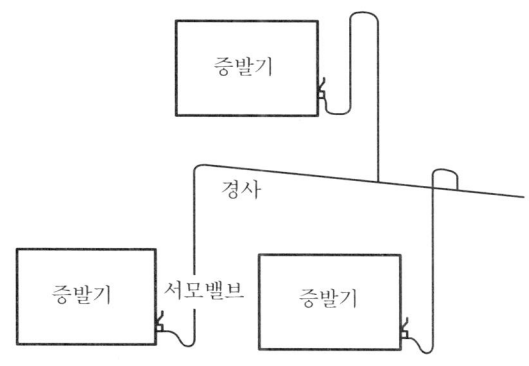

흡입관이 증발기의 상하에 있을 때

증발기가 설치되어 있는 각 층의 중간부분에 압축기가 있을 때는 기름이 압축기에 돌아올 수 있도록 흡입관에 경사를 준다.

5 증발기가 여러 대일 경우 흡입배관 시공

유사기출문제

1. 냉매의 흡입배관 설계, 시공 시 고려할 사항을 설명하고, Liquid Back(액냉매역류) 방지를 위한 배관(증발기↔압축기)을 그림(본문그림)에 각각 단선으로 도시하시오.

[공조 75회(25점)]

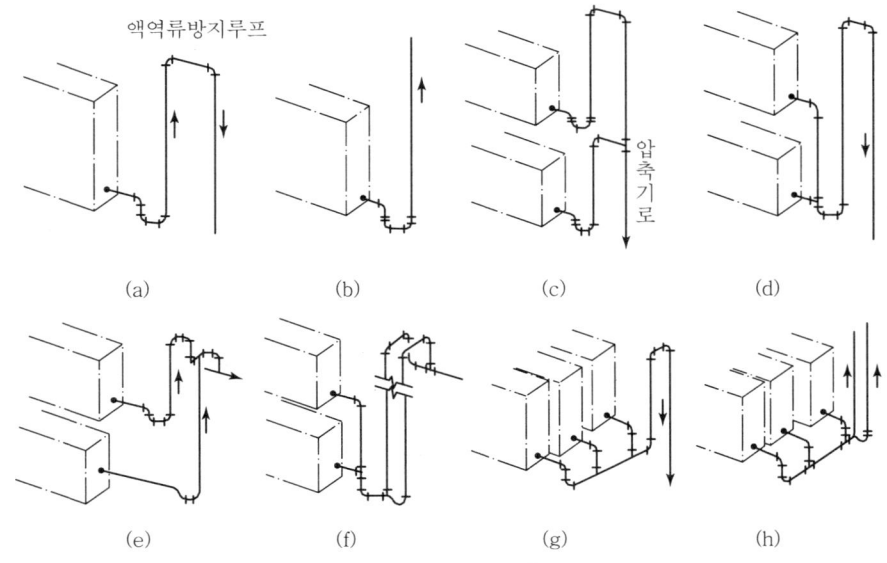

증발기와 연결되는 흡입관

1. 증발기와 압축기 위치에 따른 흡입관의 배관법

압축기가 정지했을 때 증발기의 액이 압축기 쪽으로 흘러오지 않도록 배관한다.

① (a)증발기가 압축기 상부에 설치되는 경우 : 흡입관은 증발기에서 역루프배관으로 한다.
② (b)증발기가 압축기 하부에 설치되는 경우 : 증발기가 1대일 때에는 흡입관을 역루프로 할 필요는 없으나, 증발기 자신이 트랩이 되므로 수직관의 관지름에 주의한다.
③ (c)증발기가 상하로 떨어져 있고 압축기가 밑에 있는 경우
④ (d), (e), (f)증발기가 상하로 겹쳐 있고 압축기가 밑에 있는 경우
  ㉠ (d)는 증발기의 흡입관을 모아서 단관 역루프배관으로 한다.
  ㉡ (e), (f)는 각 증발기별로 역루프배관으로 하여 단일 흡입수평관에 연결한다.
⑤ (g)증발기가 병렬이고 압축기가 밑에 있는 경우
⑥ (h)증발기가 병렬이고 압축기가 위에 있는 경우

토출배관

> **유사기출문제**
> 1. 증기압축식 냉동기의 압축기 토출관 관경 결정과 시공상 유의할 점 기술[공조 80회(25점)]

1. 개요

① 토출관은 대부분 공장에서 제작되는 콘덴싱유닛에 연결되어 있기 때문에 현장시공은 없지만, 흡입관처럼 냉동기유의 흐름에 주의해야 한다.
② 오일이 압축기로 되돌아오지 않도록 압축기 토출관은 수직관으로 하고 수평관은 응축기로 하향구배를 한다.

2. 토출배관 설계요령

① 냉매가스 중에 녹아있는 냉동기유가 확실하게 운반될 수 있는 유속을 확보한다.
  - 수평관 : 3.5m/s 이상, 수직관 : 6m/s 이상
② 지나친 압력손실 및 소음이 발생하지 않도록 속도를 25m/s 이하로 억제한다.
③ 토출관의 총 마찰손실은 $0.2 kg/m^2$ 이하로 한다.

3. 토출배관의 시공

(1) 응축기와 압축기가 같은 위치에 있을 경우

일단 입상관을 설치하고, 하향구배 배관으로 응축기에 연결시킨다.

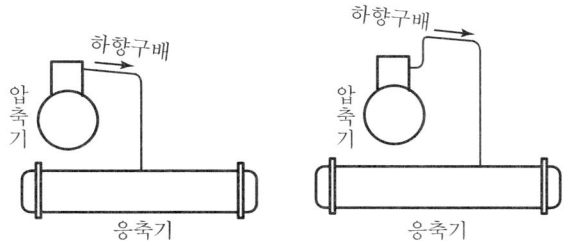

응축기와 압축기가 같은 위치에 있을 때의 토출배관

(2) 응축기가 압축기 위에 있을 경우

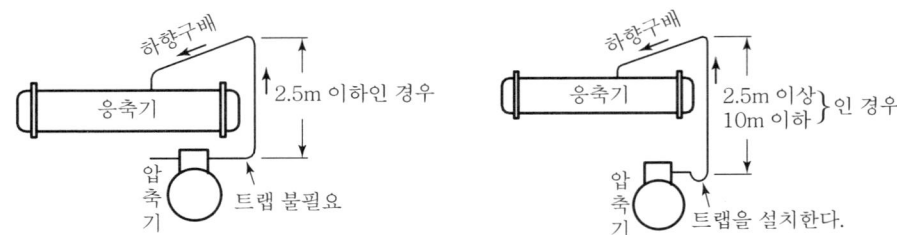

응축기가 압축기 위에 있을 때의 토출배관

(3) 균압관의 설치

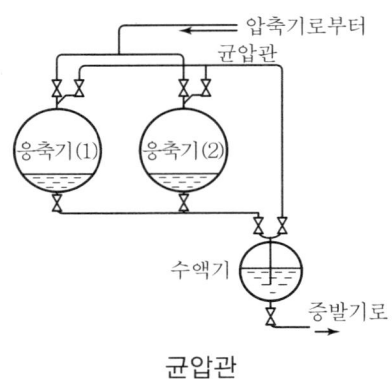

균압관

① 상기 그림은 1대의 압축기에 2대의 응축기를 설치한 경우의 균압관 설치방법이다.
② 2대 이상의 압축기가 각각 독립된 응축기를 가지고 있는 경우 가능한 한 응축기 입구 가까운 곳에 균압관을 설치한다.
③ 균압관은 될 수 있으면 짧게 하고 토출관과 같거나 또는 더 굵게 한다.

4. 토출배관 관경 결정

마찰저항에 의한 압력손실 $\Delta p = f \dfrac{l}{d} \dfrac{v^2}{2g} \gamma$

① 관 마찰계수 f는 레이놀즈수 Re와 관벽의 조도에 따른 함수이다.
② 배관계통의 전체저항은 직관과 굴곡부, 각종 이음, 밸브 등의 저항을 고려한다.

액관

1. 개요

① 액관은 흡입관이나 토출관에서 같은 유회수문제는 없으나 액냉매가 기화하는 것을 방지하도록 시공하여야 한다.
② 액관에서 주의할 일은 플래시가스 발생과 액관의 과대한 압력손실에 따른 팽창밸브 전후 압력차 부족으로 인한 팽창밸브의 유량부족현상이다.

2. 액관의 설계요령

① 액관의 마찰손실은 가능한 한 작게 한다.
② 팽창밸브 입구에서 플래시가스 발생을 방지하기 위하여 냉매액을 0.5℃ 이상 과냉시킨다.
③ 액관을 20m 이상 입상하는 것은 피하는 것이 좋지만, 입상한 경우 5m의 입상에 대해 5℃ 정도의 과냉각이 필요하다.
④ 액관의 마찰손실압력을 $0.2kg/cm^2$ 이하로 제한한다.
⑤ 액관 내의 유속은 0.5~1.5m/s 정도가 적당하다.

3. 액관시공 시 주의사항

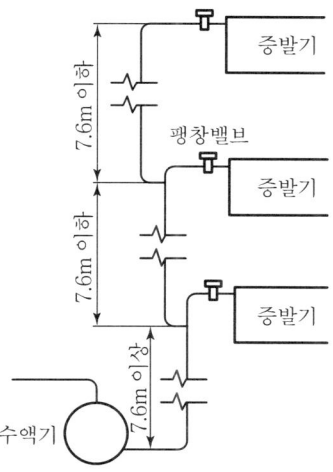

액관의 수직배관(증발가스의 균등분배)

① 액관에는 드라이어, 필터, 전자밸브 등 배관 부속품들이 많이 설치되어 있어 압력손실이 크므로 가능한 한 짧게 하여 냉매가 증발하는 것을 방지한다.
② 배관 도중에 다른 열원으로부터 열을 받지 않도록 한다.
③ 입상관이 길면 압력손실이 크므로 충분한 과냉각이 필요하다.
④ 증발기가 응축기에서 8m 이상 높은 위치에 설치되는 경우 응축기에서 충분한 과냉각을 할 수 없는 경우에는 열교환기 등을 부착한다.
⑤ 2대 이상의 증발기를 사용하는 경우, 불가피하게 액관에서 발생한 증발가스는 균등하게 분배되도록 그림과 같이 배관한다.

제15장 팽창밸브

1. 팽창밸브 ·· 336
2. 팽창밸브의 종류 ···································· 338
3. 모세관 ·· 342
4. 초킹흐름 ·· 344
5. 교축 ·· 345

1 팽창밸브

> **유사기출문제**
> 1. 팽창밸브의 역할과 과도한 밸브 개도 변화 시 발생되는 문제점을 설명하시오.
> [공조 63회(25점)]

1. 개요
① 팽창장치는 증기압축 냉동시스템의 4대 주요설비 중 하나로 냉매유량 조절기구라 한다.
② 주요 기능은 냉매의 압력강하와 증발기 내 냉매유량 조절이다.

2. 팽창밸브(Expansion Valve)의 원리

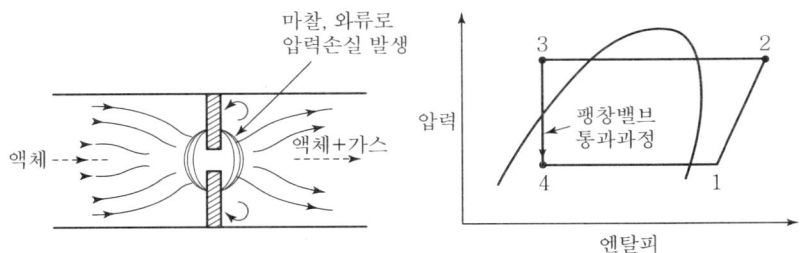

교축현상 및 P-h 선도 상의 팽창과정

① 교축현상(Throttling)
   유체가 노즐이나 오리피스 같은 좁은 유로를 통과할 때 외부와 열교환 없이도 압력이 감소하는 현상으로 교축전후의 엔탈피 변화는 없다.
② 압력감소
   유체가 유동 중에 교축되면 유체의 마찰과 와류의 증가로 압력손실이 발생하므로 고압의 냉매액을 저압의 냉매액과 냉매가스로 만들게 된다.
③ 온도강하
   액체가 교축되어 압력이 포화압력보다 낮아지면 액체의 일부가 증발하는 플래시가스가 발생하는데, 이때 증발열은 액체 자신으로부터 흡수하므로 액체의 온도는 감소하게 된다.

3. 팽창밸브의 역할

(1) 압력강하
① 응축기 내 고온고압의 증기를 좁은 통로를 통해서 팽창시켜 저온저압의 냉매액과 냉매 증기로 만들어 증발기에 공급한다.
② 이러한 압력강하 기능으로 팽창밸브를 압력조절밸브라고도 한다.

(2) 증발기 내 냉매유량 조절
① 냉매 공급이 지나치면 냉매액이 증발기를 넘쳐 나와 압축기에 액냉매가 흡입되어 압축기는 습압축이 되므로 안정된 운전을 할 수 없다.
② 냉매 공급이 부족하면 목적하는 증발온도를 유지하지 못해 압축기가 과열운전이 된다.

4. 팽창밸브의 과도한 개폐 시 문제점

밸브개도가 과도하게 닫혔을 경우	밸브개도가 과도하게 열렸을 경우
냉매량이 적어지는 문제점이 발생한다.	냉매량이 과다하게 되는 문제점이 발생한다.
증발기기 - 증발압력(온도)이 저하한다. - 증발기 진공운전으로 공기침입 우려가 있다. - 증발기 입구측 적상이 증가한다. - 냉동능력 감소로 고내 온도가 상승한다. 압축기기 - 압축기 흡입가스 과열도가 증가한다. - 압축기 토출가스 온도가 상승한다. - 압축기가 과열되어 소손될 우려가 있다. - 윤활유가 열화 및 탄화된다. 응축기기 - 응축압력(온도)이 저하한다.	증발기기 - 증발압력(온도)이 상승한다. 압축기기 - 액압축의 우려가 있다. - 토출가스 온도가 감소한다. 응축기기 - 응축압력(온도)이 상승한다.

❷ 팽창밸브의 종류

> **유사기출문제**
> 1. 온도식 팽창밸브(TEV)의 사용목적, 작동원리, 종류에 대하여 설명하시오. [공조 83회(25점)]
> 2. 팽창밸브(기구)의 종류(방식) 5가지를 제시하고 각각의 용도, 특징 등을 설명하시오.
>   [공조 74회(25점), 51회(25점), 38회(25점)]

1. 개요
① 팽창장치의 종류는 크게 수동식, 자동식, 모세관 3가지로 분류된다.
② 일반적으로 온도식 자동팽창밸브를 사용하며, 소형은 모세관을 많이 사용한다.

2. 팽창밸브의 종류

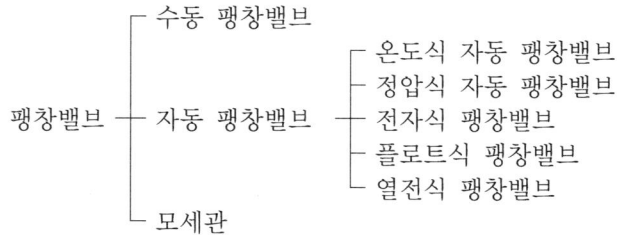

(1) 수동식 팽창밸브(MEV)

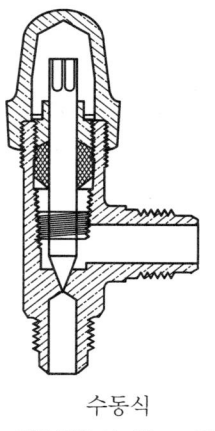
수동식
팽창밸브(바늘모양)

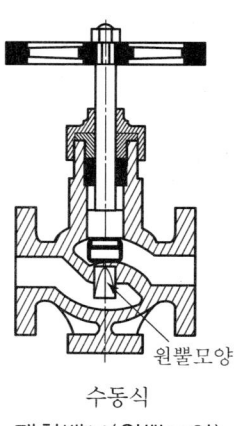
수동식
팽창밸브(원뿔모양)

① 냉매 유량조절
  수동으로 밸브 개폐에 따라 입출구 압력 차이에 의하여 조절된다.
② 구조
  밸브헤드가 바늘모양으로 된 것과 원뿔모양으로 된 것이 있으며, 밸브 스템에는 가는 나사가 패여 있어 적은 개폐에 의해 냉매량을 정밀하게 조절한다.
③ 용도
  최근에는 냉동장치의 운전자동화로 사용되는 경우는 작으나, 부하가 일정한 대형 냉동기 또는 간헐적 용도인 보조 냉매주입 설비 등에 사용한다.
④ 특징
  증발기 냉매부족 및 압축기 액백현상 발생 가능성이 높고, 압축기 기동정지 시 밸브 개폐를 수동으로 조작하여야 한다.

(2) 자동식 팽창밸브

1) 온도식 자동팽창밸브(TEV)

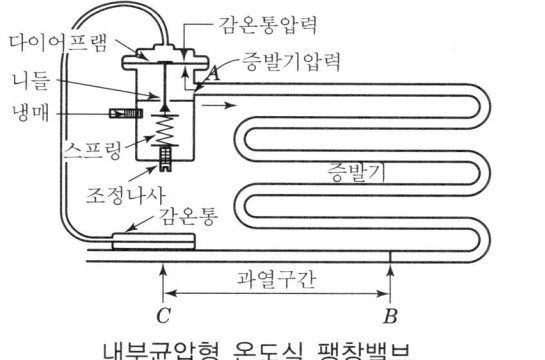
내부균압형 온도식 팽창밸브

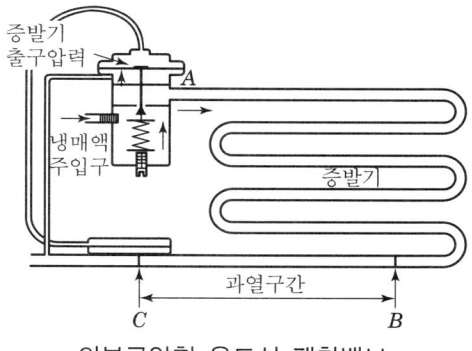
외부균압형 온도식 팽창밸브

① 냉매의 온도와 압력을 검출하여 과열도가 일정하도록 냉매유량을 조절한다.
  - 과열도 증가 시 밸브가 열리고 감소 시 밸브가 닫힌다.
② 온도식 자동팽창밸브는 내부균압형과 외부균압형이 있다.
  ㉠ 내부균압형 : 증발기 입구측 압력을 밸브 격막의 차압으로 유량을 조절한다.
  ㉡ 외부균압형 : 증발기 출구측의 압력을 튜브를 통해 밸브에 연결하여 조절한다.
③ 감온통에 봉입되는 가스의 봉입방식은 다음과 같다.
  ㉠ 액체봉입식 : 사용 냉매가스를 봉입하며 감온통의 내용적은 다이어프램과 모세관을 더한 체적보다도 크다.
  ㉡ 가스봉입식 : 사용 냉매가스를 봉입하며 감온통의 내용적은 비교적 작다.
  ㉢ 크로스봉입식 : 감온통에 냉동장치에 사용하는 냉매와 다른 가스를 봉입한다.

④ 온도식 자동팽창밸브, 조온팽창밸브, 수퍼히트 팽창밸브, TEV 등으로 불린다.
⑤ 프레온 냉동장치에 가장 많이 사용되고 있는 것으로 감온팽창밸브라 한다.

2) 정압식 팽창밸브(AEV)

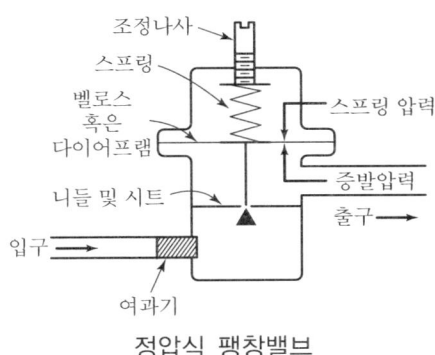

정압식 팽창밸브

① 정압식 팽창밸브는 자동팽창밸브(Automatic Expansion Vavle)라고도 한다.
② 구조 : 격막이나 벨로스 상부에 스프링이 설치되고 하부에는 증발기 입구관과 연결되어 증발기 내부 압력이 작용하며 입구 측에 여과기가 설치되어 있다.
③ 작동원리 : 증발기 부하변동에 따라 밸브스프링 설정 압력의 차이에 의해 격막이 상하로 움직여 밸브가 개폐되어 증발기 내부 압력을 일정하게 유지한다.

3) 저압플로트 팽창밸브

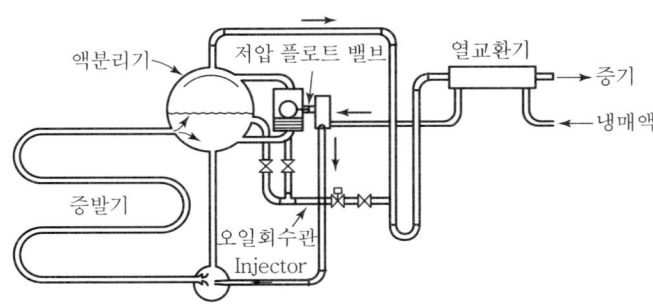

저압플로트 팽창밸브

① 증발기 온도와 압력에 무관하며 증발기 액면을 일정하게 유지하여 냉매유량을 조절한다.
② 액면감지 플로트가 설치되어 상승하강에 따라 수액기로부터 냉매액을 주입 및 차단한다.
③ 증발기 출구 저압측 액분리기에 설치한다.

4) 고압플로트 팽창밸브

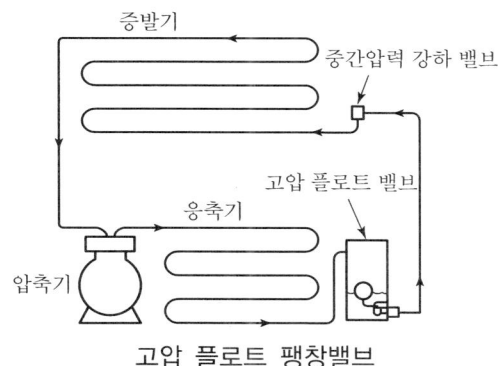

고압 플로트 팽창밸브

① 증발기와 분리되어 있는 고압 플로트 용기 내의 액면을 일정하게 유지하여 증발기 냉매유량을 조절한다.
② 응축기에서 냉매가 액화되어 플로트 용기 내로 흘러들어 플로트가 상승하면 밸브가 열려 증발기에 주입되고, 증발기에서 증발한 양만큼 응축량을 조절한다.
③ 응축기 출구와 증발기 입구 전에 설치한다.

(3) 모세관

냉매가 가는 관을 통과할 때 생기는 압력손실을 이용하여 증발압력까지 낮춘다.

3 모세관

> **유사기출문제**
> 1. 냉동기의 모세관 튜브의 특징 및 설치상 주의점을 설명하시오.   [공조 44회(25점)]

1. 개요
① 모세관은 실내공조기와 쇼케이스 등 소용량의 프레온 냉동장치에 주로 사용된다.
② 냉매가 가는 관을 통과할 때 생기는 압력손실을 이용하여 증발압력까지 낮춘다.

2. 모세관(Capillary Tube)의 작동원리

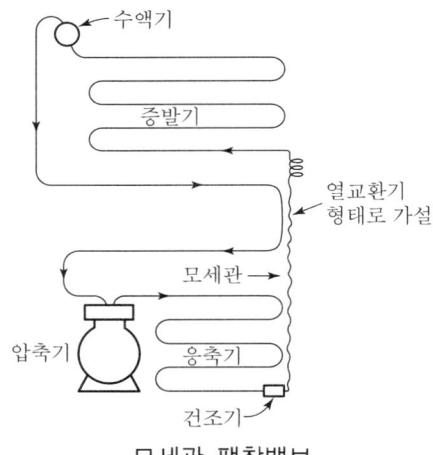

모세관 팽창밸브

① 냉동부하가 증가하면 압축기 흡입가스의 과열도가 증가하여 응축압력이 높아진다.
② 이에 따라 모세관 입구의 압력이 높아져 모세관을 통과하는 냉매유량이 많아진다.
③ 반대로 부하가 감소하면 응축압력이 낮아져 모세관을 통과하는 냉매유량이 감소된다.
④ 부하의 증감에 따라 냉매유량이 조절되는 데 이를 모세관의 자기조정기능이라 한다.

3. 모세관의 작용과 특성

① 모세관은 보통 길이 1m 전후, 내경 0.8~2.0mm 정도이다.
② 직경이나 길이는 냉동장치의 용량, 운전조건, 냉매 충전량에 의해서 정해진다.
③ 가격이 싸고 구조가 간단하여 고장 발생이 적다.
④ 모세관은 교축의 정도가 일정하므로 냉동장치의 고압과 저압의 압력차가 별로 변화하지 않는 경우에 사용할 수 있다.
⑤ 압축기 정지 중에 고압부와 저압부가 모세관을 통해서 압력이 평형되므로 압축기 기동을 쉽게 한다.

4. 모세관 설치 시 주의사항

① 모세관 크기와 냉매충전량은 실험을 통해 확인한 후 결정한다.
② 장치 내 이물질이 포함되어 있으면 모세관을 막을 우려가 있다.
③ 모세관의 자기조정기능에는 한계가 있으므로 사용 부하조건이 넓은 공조장치나 가변용량형 압축기에는 적용이 어렵다.

5. 모세관 사용상의 주의사항

① 냉동장치의 고압측 액부분에는 액이 고일 수 있는 부분을 가능한 한 설치하지 않는다.
② 수랭식 콘덴싱 유닛은 냉각수량, 수온 등 변화하는 요소가 많으므로 사용하지 않는다.
③ 고압이 높아지면 통과하는 냉매량이 증가해서 습운전이 된다.
④ 냉매충전량은 가능한 한 적게 해야 한다.
⑤ 모세관은 냉동장치에 적합한 것을 사용한다.
⑥ 취급에 주의해서 티끌이 막히지 않도록 한다.
⑦ 흡입관의 증발기에 가까운 부분과 모세관의 응축기에 가까운 부분에서 열교환시켜 냉매액을 충분히 과냉각시키는 것이 좋다.

④ 초킹흐름

> **유사기출문제**
> 1. 초킹흐름(Choking Flow)   [공조 53회(5점)]

1. 초킹흐름(초크흐름)
① 팽창밸브의 일종인 모세관 내에 냉매액이 흐르면서 냉매액의 일부가 증기가 된다.
② 모세관이 무한히 길어지면 증기발생량 증가와 함께 유속이 증가하여 음속이 되는데 이를 초킹흐름이라 한다.
③ 음속인 초킹흐름에서는 더 이상 유량이 증가하지 않고 일정한 흐름이 된다.

2. 냉동기 팽창장치인 모세관에서의 초킹흐름
① 응축기의 고압 액체냉매는 좁은 유로의 모세관을 지나면서 압력이 저하되고, 유속이 증가하여 증발기로 유입된다.
② 냉매증기는 모세관에서 속도가 증가하여 음속에 이르는데 이를 초킹흐름이라 한다.
③ 모세관은 초킹흐름이 될 때 시스템 운전이 안정화된다.

5 교축

> **유사기출문제**
> 1. 교축과정이 등엔탈피 과정이며 비가역임을 증명하시오. [공조 61회(10점)]
> 2. 교축(Throttling)의 특징 [공조 60회(10점), 59회(5점)]

1. 교축(Throttling)

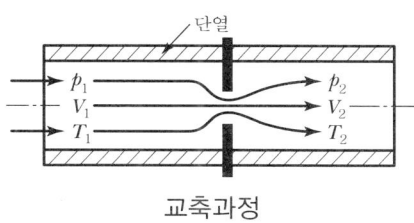

교축과정

① 유체의 유동 중 팽창밸브나 오리피스, 모세관 등에 의해 단면이 줄어들 때 유체는 단열상태에서 외부에 대해 일을 하지 않고 압력강하만 일어나는 현상이다.
② 교축과정은 교축 전후에서 엔탈피가 일정하게 유지되는 등엔탈피과정이다.
③ 압력이 높은 기체를 교축(단열팽창)시키면 일반적으로 온도가 강하하는데 이것을 줄·톰슨효과라 하며, 냉동장치나 액화분리공정에서 저온을 얻는 기본원리가 된다.

2. 교축작용의 응용

① 냉동기의 팽창밸브는 고압냉매액 또는 과냉각액을 교축팽창시켜 습증기로 만들며 압력과 온도를 낮추는 장치이다.
② 기체를 단열팽창시켜 온도와 압력을 저하시키는 것을 냉동장치에 반복하면 극저온을 얻을 수 있어 액상의 산소나 질소를 얻을 수 있다.

3. 교축의 등엔탈피 과정 증명

① 유체가 교축되면 압력과 속도가 감소되는데 감소된 속도에너지가 열에너지로 바뀌고 유체에 회수되어 엔탈피는 원래 상태로 복귀되는 등엔탈피 과정이 된다.
② 교축밸브 전후의 에너지 변화는 외부와 열교환이 없으므로 내부에너지의 변화와 같다.

$$u_2 - u_1 = p_1 V_1 - p_2 V_2$$
$$h_1 = u_1 + p_1 V_1 = u_2 + p_2 V_2 = h_2 \quad (h = u + pV)$$

즉, 교축밸브 전후의 엔탈피 변화는 없다. ($h_1 = h_2$)

4. 교축의 비가역과정

① 교축과정은 반드시 압력이 감소하는 방향으로 일어나므로 항상 팽창과정이 된다.
② 따라서 포화액을 교축시키면 습증기가 되며, 습증기를 교축시키면 건도가 증가하고 건포화증기를 교축시키면 과열증기가 된다.
③ 냉매나 공기 등의 실제가스는 교축시키면 압력강하와 함께 온도도 낮아진다. 그러나 완전가스를 교축시키면 온도가 변하지 않는다.

제16장 냉동기 제어

1. 냉매압력 조정밸브(CFR, EPR,SPR) ············ 348
2. 냉각수 조절밸브 ··· 351
3. 압력 스위치 ·· 352
4. Snap Switch ·· 354
5. 온도조절기 ·· 355
6. 습도조절기 ·· 356
7. 전자밸브 ··· 358
8. 유동 스위치 ·· 360
9. 방향전환밸브 ·· 361
10. 논리회로 ·· 362

1 냉매압력 조정밸브(CPR, EPR, SPR)

유사기출문제
1. EPR 용어설명 　　　　　　　　　　　　　　　　　　　　[공조 34회(5점)]

1. 개요
① 압축, 응축, 팽창, 증발 과정으로 구성되어 있는 냉동사이클에서 고압 측과 저압 측의 압력을 제어하기 위하여 각종 압력 조절밸브를 사용한다.
② 고압측 압력제어에는 응축압력 조정밸브와 차압조정밸브를 사용한다.
③ 저압측 압력제어에는 증발압력 조정밸브와 흡입압력 조정밸브, 정압밸브를 사용한다.

2. 고압측 압력제어
(1) 응축압력 조정밸브(CPR ; Condenser Pressure Regulator)

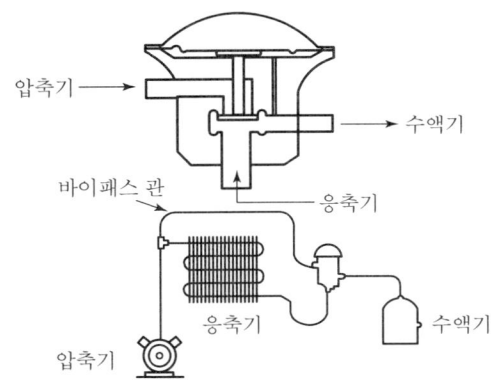

삼방형 응축압력 조정밸브

① 공랭식 응축기를 혹한기에 운전하면 응축압력이 상승하지 못하여 팽창밸브 전후에서 차압이 형성되지 않아 소요 냉매유량이 오리피스를 통과할 수 없어 냉동용량이 떨어진다.
② CPR은 기온이 낮아져 수액기 내의 압력이 낮아지면, 바이패스관의 통로를 열어 압축기 토출가스의 일부가 응축기를 통과하지 않고, 직접 수액기로 들어가 압력을 높인다.
③ CPR은 응축기 출구에 설치하여 일부 냉매를 바이패스시켜 응축압력을 상승시킨다.
④ 삼방형 응축압력 조정밸브는 CPR과 핫가스바이패스 조정밸브의 두 역할을 한다.

(2) 차압조정밸브

① 냉동기 제상에 핫가스냉매를 이용하는 경우 증발기와 응축기 역할이 바뀌게 된다.
② 이때 응축기와 증발기의 압력차가 매우 적어 증발기에서 액화된 냉매의 회수가 어렵다.
③ 이를 보완하기 위해 차압조정밸브를 사용하며 제상을 행한 후의 응축액은 팽창밸브와 병렬로 연결된 체크밸브를 거쳐 회수시킬 수 있다.

3. 저압측 압력제어

(1) 증발압력 조정밸브(EPR ; Evaporator Pressure Regulator)

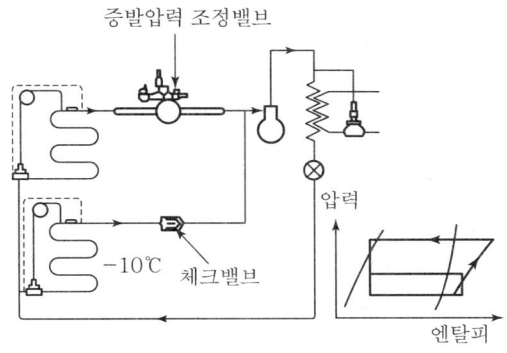

증발압력 조정밸브의 적용

① 증발기 출구배관에 설치하여 설정압력으로 증발압력을 일정하게 유지할 때 사용한다.
② 부하감소, 응축압력 저하로 압축기 용량이 상승하여 증발압력이 낮아질 때 밸브가 닫혀 저항을 증가시킴으로써 압축기 흡입압력에 관계없이 증발압력을 일정하게 유지시킨다.
③ EPR은 한 대의 증발기 또는 2대 이상의 증발기에 사용되며, 증발압력 저하를 방지한다.

1) 증발압력 조정밸브의 적용

① 물, 브라인 냉각 시 부하감소로 지나치게 냉각되어 동결되는 것을 방지할 때
② 야채냉장고 등의 동결을 방지하기 위해 0℃ 이상으로 증발온도를 높게 유지할 때
③ 냉동창고의 냉각코일에서 지나치게 제습되는 것을 방지하기 위해 사용할 때
④ 한 대의 압축기에 복수 대의 증발기를 각각 다른 증발압력으로 운전할 때
 - 압축기 정지 시 압축기 흡입가스가 저온 측으로 유입되어 증발기에서 응축되는 것을 방지하기 위하여 저온 측 압축기 흡입배관에 체크밸브를 사용한다.

(2) 흡입압력 조정밸브(SPR ; Suction Pressure Regulator)

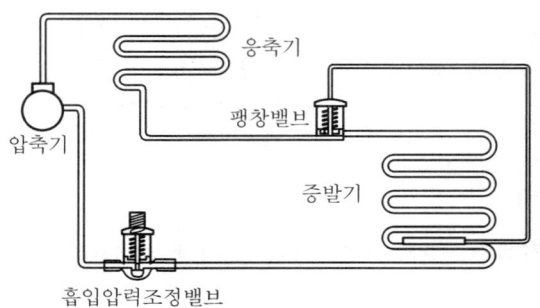

직동형 흡입압력 조정밸브

① 증발기와 압축기 사이의 흡입관 중간에 설치한다.
② 압축기 흡입압력이 설정압력 이상으로 상승하는 것을 방지하여 과부하를 방지한다.
③ 증발기로부터 액 유입으로 인한 압축기 파손을 방지한다.
④ 핫 가스 제상 후 또는 장기간 압축기 정지 후 기동 시에 증발기에 고여 있는 냉매에 의한 압축기 파손을 방지한다.
⑤ 흡입압력이 큰 폭으로 변동하는 것을 방지하여 압축기 운전을 안정시킨다.
⑥ 높은 흡입압력에서 장시간 운전될 때 과부하를 방지한다.

(3) 정압밸브

① 냉매의 압력을 일정하게 유지시키는 증발압력 조정밸브 역할을 하는 바이패스 밸브이다.
② 시스템 압력이 허용안전압력보다 높아 릴리프시켜야 하는 경우에 사용한다.
③ 핫가스 제상 시 증발기 압력을 일정하게 유지하고 조기 제상이 가능하도록 한다.
④ 액펌프 방식에서 펌프 압력을 일정하게 유지시킨다.

냉각수 조절밸브

1. 냉각수 조절밸브
① 냉각수 조절밸브는 냉각수량을 제어하고 냉각수 공급을 중단하는 밸브이다.
② 냉각수 조절밸브는 자동급수밸브 또는 절수밸브라고도 부른다.

2. 냉각수 조절밸브의 역할
① 수랭식 응축기에서 부하 변동에 관계없이 항상 응축압력을 일정하게 유지하도록 냉각수량을 제어하는 역할을 한다. ☞ **자동급수밸브**
② 정지 중에는 응축부하가 없으므로 냉각수 공급을 중단한다. ☞ **절수밸브**
③ 하나의 냉각수계통에 2대 이상의 냉동기가 접속되어 있는 경우 각각에 절수밸브를 설치하여 냉각수가 불필요하게 많이 흐르는 쪽을 조여서 편류를 방지한다.

3. 냉각수 조절밸브의 종류

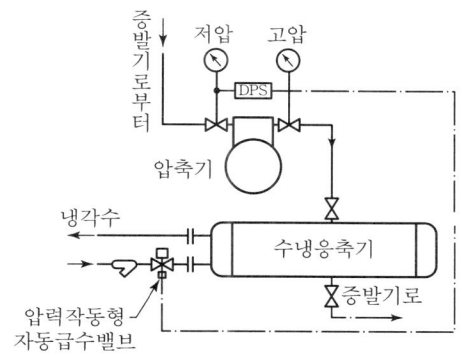

자동급수밸브의 설치

① **압력작동형**
응축압력을 감지해서 밸브를 개폐하는 것으로 압력상승 시 밸브는 열린다.
② **온도작동형**
감온통이 설치되어 검출부를 응축온도로 한 것으로 온도상승 시 밸브는 열린다.
③ **압력작동 3방밸브형**
냉각탑의 수량조절이 2방밸브로 충분치 않은 경우 항상 순환수량을 일정하게 하기 위해 바이패스할 수 있도록 3방밸브를 설치한다.

3 압력 스위치

유사기출문제
1. 압축기 압력제어 기기의 종류 및 설명 [공조 62회(10점)]

1. 개요
① 압력 스위치는 냉동시스템의 압력을 벨로스를 사용하여 감지하고 링크 기구를 통해 전기접점을 개폐시켜 냉동시스템을 보호하기 위한 안전장치에 사용한다.
② 접점의 손상과 방전을 방지하기 위하여 접점기구에는 스냅액션이 필요하다.

2. 압력 스위치

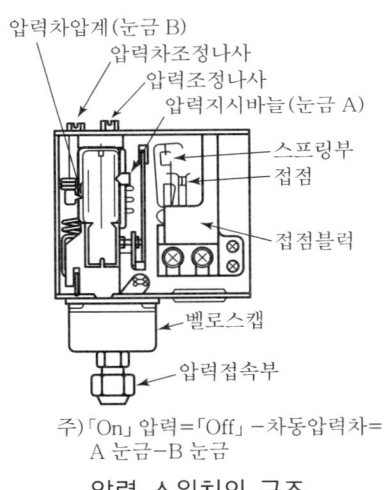

주)「On」압력=「Off」-차동압력차=
A 눈금-B 눈금

압력 스위치의 구조

(1) 고압차단 스위치
① 시스템에 이상 고압이 발생되면 압축기를 정지시키는 안전장치이다.
② 벨로스에 가해진 압력이 설정 압력보다 높아질 경우 회로를 차단한다.

(2) 저압차단 스위치
① 시스템에 이상 저압이 발생되면 저압 압력을 제어하는 안전장치이다.
② 벨로스에 가해진 압력이 설정 압력보다 낮아질 경우 회로를 차단한다.

(3) 고저압 압력 스위치

① 고압차단 및 저압차단 스위치를 한 케이스 내에 위치시켜 각각 독립적으로 작동한다.
② 고압차단용은 압축기 토출압력, 저압차단용은 흡입압력에 연결되어 작동한다.
③ 토출압력 또는 흡입압력이 정상이 아니면 압축기는 정지된다.

(4) 유압보호 압력 스위치

① 압축기 윤활 시스템의 고장으로부터 압축기를 보호하기 위한 안전장치이다.
② 크랭크케이스 내의 흡입압력을 감지하여 일정시간 동안(90초 전후) 유압이 한계치 이하로 저하되었을 때 전기접점을 차단하여 압축기 운전을 정지시킨다.
③ 압력검출용 벨로스를 2개 갖고 있으며 타이머 기구를 갖고 있는 것이 특징이다.

④ Snap Switch

> **유사기출문제**
> 1. Snap Switch　　　　　　　　　　　　　　　　　[공조 52회(10점)]

1. Snap Switch

① 압력 스위치의 접점기구에서는 스냅액션(Snap Action)이 필요하다.
② 스냅액션은 접점이 On(또는 Off)의 위치에 좀 더 가까이 오면, "찰깍"하고 On(또는 Off)으로 되는 동작을 하게 한다.
③ 그러나 벨로스나 바이메탈의 움직임과 같이 천천히 접점이 가까워지는 경우에는 양쪽의 접점이 아주 가까운 거리에서 접촉하지 않은 상태가 생기게 된다.
④ 이 경우에는 접점 사이에서 방전이 일어나 접점이 손상되고 용착을 일으키게 된다.
⑤ 이것을 방지하고자 스냅액션은 설정점보다도 지나쳐간 만큼의 에너지를 스프링에 저장해서 한꺼번에 동작시키는 것이다.
⑥ 스냅액션이 있는 스위치를 스냅스위치라 하며 보통 압력스위치에 사용된다.

5 온도조절기

> **유사기출문제**
> 1. 온도조절기(Thermostat)의 기본적 역할을 설명하시오. [건축 64회(10점)]
> 2. 냉동장치의 온도제어기기에 대하여 설명하시오. [공조 40회(20점)]

1. 개요
① 온도조절기는 온도의 변화를 감지해서 전기접점을 개폐하는 스위치이다.
② 냉동시스템의 온도 제어를 목적으로 하는 온도조절기는 바이메탈식, 벨로스식, 전기식 등이 있다.

2. 온도조절기의 종류

(1) 바이메탈식 온도조절기
① 온도 변화에 따라 서로 다른 신축작용을 하는 바이메탈을 이용한다.
② 열팽창률이 서로 다른 금속을 결합시켜 온도에 따른 상이한 휨의 변위를 이용한다.
③ 수은 스위치나 마이크로 스위치를 작동시켜 접점을 개폐시켜 온도를 조절한다.

(2) 벨로스식 온도조절기
① 감온통에서 감지되는 온도의 변화에 따라 벨로스를 움직여 전기 접점을 개폐시킨다.
② 감온통은 가스나 액 등이 봉입되어 있으며, 충진방식에 따라 고온, 중온, 저온용이 있다.

(3) 전기식 온도조절기
① 온도 변화에 따른 전기저항값의 변화를 휘스톤 브리지 회로와 연결하여 전압변화로 증폭시켜 릴레이를 움직이도록 한 조절기이다.
② 서로 다른 금속의 접합점에서 발생하는 열기전력을 이용한 열전대방식 등이 있다.
③ 전자회로를 보완하여 2위치식, 비례-적분식, 비례-적분-미분식 등으로 제작되어 정도 높은 온도제어에 사용한다.
④ 온도감지기로 백금 또는 니켈 감지기를 주로 사용한다.

6 습도조절기

> **유사기출문제**
> 1. 습도의 계측기법을 3개 이상 나열하고 원리와 특징을 기술하시오.   [공조 69회(25점)]

1. 모발식 습도조절기
① 사람의 모발을 사용하여 습도에 따른 모발의 신축현상을 이용한 방법이다.
② 습도가 증가할 경우 모발의 길이가 길어져 전기 접촉에 의해 전자밸브 등을 조작하여 습도를 제어한다.
③ 일반적으로 공기조화장치에 사용되며, 냉장이나 냉동장치에는 사용하지 않는다.
④ 상대습도 20~95% 범위에서 사용한다.

2. 건구습구식 습도조절기
① 건구와 습구의 감온통 내에 각각 측온저항을 넣어, 건구와 습구로 구성된 습도계와 브리지를 연결하여 전기적으로 습도를 측정하는 방법이다.
② 습도가 변하면 평형전동기가 움직여 균형을 잡으며 동시에 지침이 움직인다.
③ 습도조절기로서 수은 스위치가 개폐되어 습도를 제어한다.
④ 모발식과 마찬가지로 0℃ 이하에서는 사용하지 않는다.

3. Dewcel식 습도조절기

(1) 원리
① 습기에 따라 전기저항이 변하는 현상을 이용하여 노점을 계측할 수 있다.
② 노점온도와 대기온도를 알면 상대습도를 알 수 있는데 이를 응용한 것이 Dewcel식이다.

(2) 구조

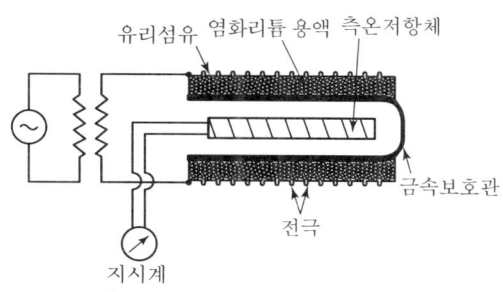

Dewcel의 구조

① 염화리튬의 흡습성을 응용한 노점계로 측온저항체는 금속보호관 안에 놓여 있다.
② 금속보호관은 염화리튬 수용액이 삼투된 유리섬유로 피복되어 있다.
③ 전극은 금속보호관을 나선상으로 감은 구조이며, 측온저항체의 습도를 감지한다.

7 전자밸브

유사기출문제

1. 전자밸브(Solenoid Valve) [공조 54회(6점)]

1. 개요
① 방향전환밸브를 작동시키기 위해 사용되며, 밸브의 개폐에 전자적을 이용한다.
② 전자밸브에는 직동형과 파일럿형 전자밸브가 있다.

2. 전자밸브의 작동원리

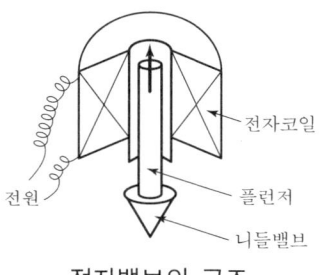

전자밸브의 구조

① 전자코일을 통전하면 자장을 만들어 플런저를 화살표 방향으로 밀어 올려 밸브를 연다.
② 전류가 끊어지면 플런저는 무게에 의해 하강하여 밸브를 닫는다.

3. 전자밸브의 종류

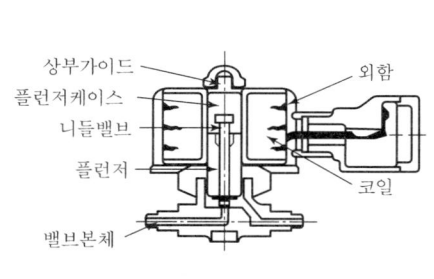

직동식 전자밸브

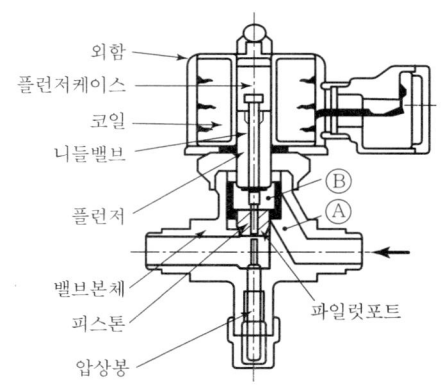

파일럿 작동식 전자밸브

(1) 직동식 전자밸브

① 플런저의 하단은 니들밸브로 되어 있으며, 비교적 소형에 사용된다.
② 대형에 사용할 경우에는 플런저 및 밸브 부분이 크게 되어, 전자코일로는 흡입력이 부족해서 정확하게 작동하지 않는다.

(2) 파일럿작동식 전자밸브

① 유체의 압력을 이용하여 밸브를 개폐하므로 대용량에 사용한다.
② 밸브와 플런저가 분리된 것으로 플런저는 직동식과 같이 동작한다.
③ 주밸브인 피스톤은 밸브 출입구의 압력차에 의해 밀어 올려진다.

8 유동 스위치

1. 유동 스위치(Flow Switch)

① 액체배관의 수평부분에 수직으로 설치한다.
② 배관 내 액체의 움직임에 의해 가동편이 작동하고 스위치가 작동하여 신호를 발생한다.
③ 배관 내의 흐름 속에 패들을 삽입한 것으로 유체 흐름에 직각이 되는 위치에 설치한다.

2. 적용

① 수랭응축기, 수냉각기, 브라인 냉각기의 단수, 감수차단용 스위치 등으로 사용된다.
② 냉각수 배관 등에 설치하여 유동 스위치가 작동하지 않으면 냉동기가 동작하지 않도록 인터록이 되어 있다.

3. 구조

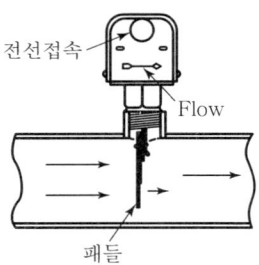

유동 스위치의 구조

방향전환밸브

 유사기출문제

1. 사방향 전환밸브(Reversing Valve) [건축 58회(10점)]

1. 개요
① 전자밸브를 이용한 각종 방향전환밸브는 냉동시스템의 자동화에 필수적인 부품이다.
② 냉매의 흐름을 정지 또는 통과시키거나 흐름 방향을 바꾸어 주는 역할을 한다.
③ 밸브의 용도에 따라 이방밸브, 삼방밸브, 사방밸브로 구분한다.

2. 이방밸브
① 가장 많이 사용되는 밸브로서 단일 관의 유체 흐름을 조절할 때 사용한다.
② 작동방법에 따라 직동형과 파일럿형으로 구분된다.
③ 적용 용도에 따라 통상닫힘(Normally Closed)형과 통상열림(Normally Open)형이 있다.

3. 삼방밸브
① 세 개의 배관을 연결할 때 사용한다.
② 합류형(2입구-1출구)과 분류형(2출구-1입구)로 나뉘며 파일럿관을 통해 연동 제어된다.

4. 사방밸브
① 열펌프의 냉난방 전환을 위해서 또는 핫가스 제상장치에 사용된다.
② 주로 파일럿 밸브에 의해 제어된다.

10 논리회로

유사기출문제

1. AND 회로, NOT 회로, OR 회로　　　　　　　　　　　　　[공조 59회(각 10점)]
2. AND 회로　　　　　　　　　　　　　　　　　　　　　　[공조 40회(2점)]

1. 개요

① 연속적인 데이터를 취급하는 아날로그 회로에 대해서 디지털 회로는 1과 0의 조합으로 구성되는 데이터를 취급하며 자리수를 많게 하여 정밀도를 향상할 수 있다.
② 디지털 정보처리를 하는 회로를 논리회로라 하며 AND, OR, NOT이 기본회로이다.
③ 기본회로를 기호로 나타낸 것을 게이트, 합성된 참과 거짓을 나타낸 표를 진리표라 한다.

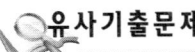

AND 회로　　　　NOT 회로　　　　OR 회로

A	B	Y
0	0	0
0	1	0
1	0	0
1	1	1

A	Y
0	1
0	1
1	0
1	0

A	B	Y
0	0	0
0	1	1
1	0	1
1	1	1

2. AND 회로

① 스위치를 직렬로 조합한 회로이다.
② 모든 입력이 동시에 1이 입력될 때만 출력이 1이 된다.
③ 회로에 있는 스위치를 전부 작동시키지 않으면 전류가 흐르지 않는다.
④ Start(On)하는 데 제약이 많은 회로로 일명 Start(On)회로라 한다.

3. NOT 회로

① 입력이 1이면 출력은 0이며, 입력이 0이면 출력은 1이 되는 회로이다.
② 논리부정회로라 하며 입력신호의 반대 출력을 낸다.

4. OR 회로

① 스위치를 병렬로 조합한 회로이다.
② 입력이 하나라도 1이 되면 출력은 1이 된다.
③ 회로에 있는 스위치 중 하나라도 작동되면 전류가 흐르는 회로이다.
④ Brake(Off)하는 데 제약이 많은 회로로 일명 Brake(Off)회로라고 한다.

제17장 냉동기 운전

1. 냉동장치의 정상적인 운전상태 확인방법 …… 364
2. 냉동기의 이상현상 ……………………………… 367
3. 냉매가스의 누설검지법 ………………………… 370
4. 플래시가스 ……………………………………… 371
5. 오일포밍 ………………………………………… 373
6. 액백 ……………………………………………… 375
7. 액봉현상 ………………………………………… 376
8. 냉동장치의 장기휴지 및
   장기휴지 후 기동 시 조치사항 ……………… 377
9. 팽창밸브의 고장 유형 ………………………… 378
10. 압축기 토출압력 및 흡입압력 이상 상승 및
    저하의 원인과 대책 …………………………… 379
11. 응축기 응축온도(압력) 이상 상승 및
    증발기 냉각 불충분 …………………………… 381
12. 증발온도가 냉동기 성능에 미치는 영향 …… 383
13. 응축온도가 냉동기 성능에 미치는 영향 …… 385

공조냉동기계기술사 냉동공학

Q1. 냉동장치의 정상적인 운전상태 확인방법

 유사기출문제

1. 증기압축식 냉동기의 정상 운전상태의 확인방법을 압축기, 응축기, 증발기, 액배관 등 주요 기기별로 기술하시오.   [공조 44회(25점), 43회(30점)]

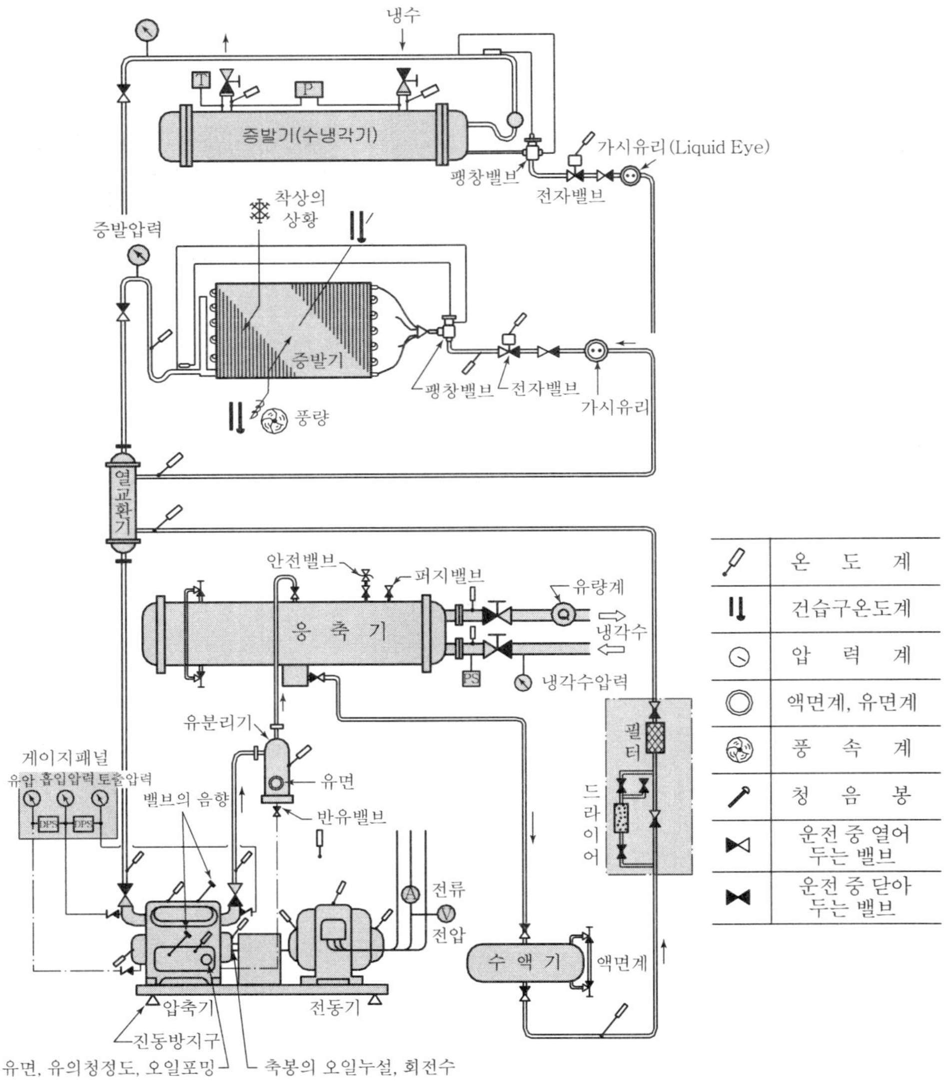

냉동장치의 운전점검개소

【냉동장치 각 부분의 정상적인 운전상태】

기기	점검할 곳	측정	정상적인 운전상태
압축기	흡입가스관	흡입압력 흡입온도	냉매증발온도에 상당하는 포화압력 흡입관에서의 압력강하 냉매의 증발온도+과열도, 과열도는 5℃ 전후가 좋다.
	토출관	토출압력 토출온도	냉매의 응축온도에 상당하는 포화압력+토출관에서의 압력강하 냉매의 종류와 운전조건에 따라서 다르지만 110℃ 이하
	윤활유펌프	유 압 유 온	흡입압력 +1.5~5kgf/cm² 사이가 되도록 조정 운전상황에 따라서 다르지만 50℃ 이하
	가시유리	유량유의 청정도	거의 중앙, 규정레벨까지 투명하고 탁하지 않을 것
	실린더헤드	헤드온도 밸브의 음향	냉매의 종류와 운전조건에 따라서 다르지만 110℃ 이하, 50℃ 이상, 차게 되지 않을 것, 밸브의 음향이 리드미컬하고 이상이 없을 것, 액압축이 없을 것
	크랭크케이스	케이스 온도음향	50℃ 이하, 이상하게 낮을 때는 액을 흡입하기 때문이다. 이상한 마찰음, 타격음이 없을 것
	베어링	온 도	외부에 손을 대서 따뜻한 정도 45℃(55℃ 이하로 확보)
	축밀봉	유의누설	유의 누설이 없을 것(유의 누설은 가스누설로 생각해도 좋다.)
	크랭크축	회 전 수	규정회전수(±5% 이상일 때는 풀리의 직경을 점검)
압축기가대	필요한 곳	진 동	이상한 진동이 없을 것
전동기	전원	전 압 전 류	규정된 전압(±10% 이내일 것) 규정된 운전전류치(전동기의 정격 이내일 것, 부하의 상황에 따라 판단)
	베어링	온 도	이상하게 높지 않을 것(70℃ 이하)
	케이싱	온 도	코일의 절연을 종류에 따른 허용상승치 이내(A종인 경우 105℃, E종인 경우 120℃)(케이싱과의 온도차 고려)
유분리기	동 체	온 도	극단으로 저온이 아닐 것(응축온도 이상) 반유관이 뜨겁지 않을 것
	가시유리	유 면	유가 정상으로 반유되고, 이상으로 유면이 높지 않을 것
응축기	냉각수	입구온도 출구온도 유 량 수 압	이상으로 높지 않을 것(설계치 참조) 정상적인 온도차(5~7℃ 정도)일 것 규정유량이 확보되어 있을 것 콘덴서, 배관 등의 저항을 이길 수 있는 규정수압
	액면계	냉매액면	겨우 액면이 남아있을 것, 이상하게 액면이 높을 때는 과잉충전
	액출구관	액출구온도	응축압력에 상당하는 온도, 과냉각도 약 5℃로 하는 일이 있다.
수액기	액면계	냉매액면	규정액면(이상하게 과부족되지 않을 것)

기기	점검할 곳	측정	정상적인 운전상태
액 배 관	필터출구관	액냉매온도	이상한 온도강하가 없을 것
	가시유리	기 포	기포의 발생이 없을 것(적온기포는 흘러가지만 다량일 때는 좋지 않다.)
	전자밸브코일	온도상승	절연의 종유에 따른 하용상승치 이내(A종의 경우 105℃)
	팽창밸브입구	액냉매온도	이상한 온도상승, 강하가 없을 것
증 발 기	피냉각체 (공기, 물, 브라인 등)	입구온도 출구온도 유 량	온도차와 유량으로부터 냉동능력을 산정해서 설계치와 비교검토한다.
	공기냉각 코 일	착상상황	평균한 착항이 있고, 이상으로 두꺼운 착상이 없을 것. 필요에 따라 제상한다.
	냉매출구	증발온도 증발압력	증발압력에 상당하는 포화온도와 비교해서 적당하게 과열도가 있을 것 규정압력치
	액면계 (만액식)	액 면	절반보다 조금 높은 액면(5/8~2/3의 높이)에 있을 것
	브라인출구	온 도	브라인 동결온도 +2~3℃
	브 라 인	농 도	요구냉각온도에 여유를 갖는 동결온도에 대응하는 농도 필요 이상으로 농도를 높이지 말 것

냉동기의 이상현상

> 유사기출문제
>
> 1. 프레온 냉매를 사용하는 장치에서 아래와 같은 기계적 현상 발생 시 원인과 대책을 서술하시오.
>   　　　　　　　　　　　　　　　　　　　　　　　　　　[공조 59회(25점)]
>   ① 고압 측의 이상고압현상　　② 냉동능력 저하현상
>   ③ 압축기 윤활부족현상　　　④ 압축기용 전동기 소손

1. 고압측의 이상고압현상

(1) 원인

① 응축기 내에 불응축가스가 고여 있다.
② 수액기 및 응축기 내에 냉매가 충만해 있다.
③ 응축기에 물때나 유막의 형성 등 오염계수가 높다.
④ 냉매의 과충전, 균압관 및 팽창밸브가 막혀 있다.
⑤ 수랭식 응축기의 경우 냉각수량이 부족하거나 냉각수 온도가 높다.
⑥ 공랭식 응축기의 경우 풍량이 부족하거나 공기 온도가 높다.

(2) 대책

① 불응축가스를 냉동장치 밖으로 배출한다.
② 냉각수 펌프 용량 및 수량을 점검한다.
③ 응축기 및 냉매배관의 스케일(물때, 유막 등)을 제거한다.
④ 냉매충전량을 점검한다.
⑤ 균압관을 점검하여 응축기에서 수액기 흐름을 원활히 한다.

2. 냉동능력 저하현상

(1) 원인

① 팽창밸브가 너무 조여 있다.
② 팽창밸브에 스케일이 쌓여 빙결하고 있다.
③ 여과기나 드라이어 등이 막혀 있다.
④ 고압 액관 내에서 플래시가스의 발생이 있다.
⑤ 냉매가 부족하다.

⑥ 증발기의 풍량이나 수량이 부족하다.
⑦ 증발압력 및 흡입압력 조정밸브의 조정이 불량하거나 작동이 불량하다.

(2) 대책
① 팽창밸브를 점검 및 조정한다.
② 팽창밸브의 액관이 막히지 않도록 보온한다.
③ 제습기(드라이어)를 설치한다.
④ 적당량의 냉매를 충전한다.
⑤ 증발기 냉각관을 제상한다.
⑥ 유분리기를 설치한다.

3. 압축기 윤활부족현상

(1) 원인
① 크랭크케이스 내에서 오일포밍을 일으키고 있다.
② 오일 여과기가 막혀 있다.
③ 압축기의 축봉이 마모되었다.
④ 오일쿨러 냉각이 부족하여 기름의 온도가 너무 높다.
⑤ 유압이 너무 낮다.
⑥ 오일링, 피스톤링이 마모되었다.

(2) 대책
① 냉동장치의 유압배관을 점검한다.
② 압축기를 분해하여 오일링과 피스톤링을 교환한다.
③ 유압보호 스위치를 설치한다.
④ 냉동기 제작회사에서 지정하는 적정 품질의 윤활유를 사용한다.

4. 압축기용 전동기 소손

(1) 원인
① 압축동력이 증가하여 압축기에 과부하가 걸렸다.
② 압축기가 과열되어 모터가 소손되었다.
③ 전압이 너무 낮아 과전류가 발생하였다.
④ V벨트가 끊어졌다.
⑤ 베어링이 파손되었다.

⑥ 전동기가 노후화되었다.

(2) 대책

① 과부하 차단기를 설치한다.
② 고압차단 스위치를 설치한다.
③ 유압보호 스위치를 설치한다.
④ 압축기 과부하 및 과열원인을 제거한다.
⑤ V벨트 및 베어링을 점검하여 교환한다.

3 냉매가스의 누설검지법

> **유사기출문제**
> 1. 암모니아 냉매의 누설시험방법을 나열하고 설명하시오.   [공조 71회(25점)]
> 2. 냉매가스의 누설 검지법   [공조 62회(10점)]

1. 개요
① 평상시 냉매 누설량은 비교적 미량이지만 이상상태 발생 시 대량 누설이 생길 수 있다.
② 냉매가 누설되면 경제적 손실은 물론 인명사고를 초래할 수 있으므로 주의하여야 한다.

2. 냉매가스의 누설 원인
① 사용기간이 오래되어 설비가 노후화된 곳
② 점검하기 어려운 관통부나 쉽게 접근할 수 없는 곳, 사용기간이 오래된 곳 등
③ 노후화로 방습층이 파손되어 보온재가 수분을 흡수하여 부식이 진행된 곳
④ 진동에 의한 절손이나 오조작 등

3. 암모니아 냉매의 누설검지법
① 암모니아는 심한 악취성 냄새가 나므로 누설 여부를 판단할 수 있다.
② 적색 리트머스 시험지가 청색으로 변한다.
③ 페놀프타인 시험지를 물에 적셔 누설 개소에 대면 홍색으로 변한다.
④ 유황초에 불을 붙여 누설 개소에 대면 흰 연기가 난다.
⑤ 브라인 또는 물에 누설될 때는 네슬러 시약을 떨어트리면 소량 누설 시에는 황색으로, 다량 누설 시에는 자색으로 변한다.
⑥ 액체나 가스 상태에서도 물에 잘 흡수되므로 다량 누설 시 살수 설비를 사용한다.

4. 프레온계 냉매의 누설검지법
① 프레온 냉매는 냄새가 없기 때문에 산소 결핍 사고를 일으킬 수 있다.
② 비눗물을 누설 개소에 대면 거품이 발생한다.
③ 할라이드 토치는 폭발위험이 없는 곳에 사용하며 정상 시에는 불꽃이 청색이나, 누설량에 따라 녹색 불꽃 → 자색 불꽃 → 다량 누설 시 불꽃이 꺼지게 된다.
④ 가스검지기 등을 사용한다.

플래시가스

> **유사기출문제**
> 1. 액관 중에 플래시가스(Flash Gas)가 발생하면 냉각작용에 현저한 영향을 미치는데, 이때 발생원인 및 방지대책에 대하여 기술하시오. [공조 75회(25점), 45회(25점)]
> 2. 팽창밸브 종류를 열거하고, 플래시가스 발생 시 영향을 엔탈피로 설명하시오. [공조 51회(25점)]

1. 플래시가스(Flash Gas)

① 플래시가스란 증발기 이외 장소에서 냉매액이 증발하여 냉매가스로 된 것을 말한다.
② 플래시가스가 발생하면 냉동효과가 저하되어 COP가 감소하게 된다.
③ 주요 발생 원인으로는 냉매액의 압력손실과 액관 도중의 열침입에 의한다.

2. 플래시가스 발생 원인

① 액관이 현저히 입상하여 압력손실이 클 때
② 액관이 주변 열원을 통과하면서 열침입이 있을 때
③ 액관의 굴곡부 등 부속기기가 많아 압력손실이 증가할 때
④ 액관 중 여과기나 드라이어(냉매건조기)가 막혔을 때

3. 플래시가스가 냉동장치에 미치는 영향

① 증발기 냉매순환량이 감소하므로 증발온도가 저하하고 냉동효과가 감소한다.
② 압축기 흡입가스량이 감소하여 압축기 냉동능력이 감소한다.
③ 압축기 흡입가스가 과열된다.
④ 압축기 토출가스 온도가 상승하고 오일이 열화·탄화된다.
⑤ 냉동효과 감소로 냉장실온이 상승한다.
⑥ 압축기 체적효율이 감소한다.
⑦ 압축기 실린더가 과열된다.

4. 플래시가스 발생 방지대책

① 액관이나 밸브류의 크기를 냉매순환량에 대해 충분한 크기를 가지도록 한다.
② 액펌프를 이용하여 액관 중에서 압력 손실을 보충하는 만큼의 압력을 준다.
③ 여과기나 필터의 점검 및 청소를 실시한다.
④ 액－가스 열교환기를 이용하여 팽창밸브로 들어가는 냉매액의 과냉각도를 크게 한다.
⑤ 액관을 방열 시공한다.

오일포밍

 유사기출문제

1. 오일포밍의 현상과 대책 　　　　　　　　　　　　　　[공조 77회(10점), 44회(10점)]
2. 프레온 냉매와 냉동기 오일의 관계 및 오일포밍을 설명하시오. 　　[공조 63회(25점)]

1. 오일포밍(Oil Foaming)

(1) 오일포밍 현상

압축기 정지 중 크랭크실 내의 윤활유에 냉매가 많이 혼입된 상태에서, 압축기가 기동되면 크랭크실 내의 압력이 급격히 내려가게 되어 윤활유 속의 냉매는 급격히 증발하면서 거품을 일으키는 현상이다.

(2) 오일포밍 영향

① 오일포밍은 오일(윤활유)면에 거품이 일어나 오일방울이 냉매증기와 함께 실린더에 흡입되어 오일해머링을 일으키게 된다.
② 실린더의 유막을 제거하여 윤활불량을 일으키게 된다.
③ 압축기에서 토출된 냉매가스 중에 혼합된 오일이 응축기와 증발기에 함께 운반되어 전열면을 부착하여 전열성능을 저하시키게 된다.
④ 윤활유는 냉매로 희석되어 점도의 저하로 윤활효과가 나빠진다.
⑤ 윤활유 분해로 인하여 슬러지 및 산도의 증가로 품질 열화를 가져온다.

(3) 오일포밍 대책

① 냉매가 윤활유에 용해되는 양은 오일온도가 낮을수록 증가하므로 동절기에는 히트펌프 운전에 주의할 필요가 있다.
② 오일포밍을 방지하기 위해서 압축기 오일받이 부분에 전열히터(크랭크케이스히터)를 삽입하고, 정지 중에 온도를 조절하면서 가열한다.
③ 압축기 기동 30분쯤 전에 히터를 가동시켜 냉매를 미리 증발시킨다.
④ 오일포밍이 적은 윤활유를 사용한다.

2. 프레온 냉매와 냉동기 오일의 관계

(1) 냉매계통에 윤활유가 과다 혼합될 때 나타나는 현상
① 증발압력이 내려가서 냉동능력에 영향을 미친다.
② 냉각기 및 응축기의 내면에 부착하여 전열효과를 저해한다.

(2) 윤활유계통에 냉매가 과다 혼합될 때 나타나는 현상
① 윤활유는 냉매로 희석되어 점도의 저하로 윤활효과가 나빠진다.
② 윤활유 분해로 인하여 슬러지 및 산도의 증가로 품질 열화를 가져온다.

액백

 유사기출문제

1. 액백(Liquid Back)의 발생원인, 영향, 대책에 대해 기술하시오. [공조 80회(25점), 45회(10점)]

1. 개요

액백은 냉매액이 압축기에 흡입되는 현상으로 액압축에 의한 압축기 손상이 발생한다.

2. 액백의 원인

① 유분리기가 불량일 때
② 팽창밸브 개도가 너무 클 때
③ 증발부하가 급격히 변동할 때
④ 적상 및 유막이 과대할 때
⑤ 냉매가 과충전되었을 때
⑥ 온도식 팽창밸브의 경우 감온통 부착이 불량할 때
⑦ 흡입배관이 불량할 때
⑧ 증발기 용량이 너무 작을 때

3. 액백의 영향

① 토출가스의 온도가 저하한다.
② 실린더에 서리가 발생한다.
③ 냉동능력이 감소한다.
④ 소요동력이 증가한다.
⑤ 압축기에 이상음이 발생한다.

4. 액백의 대책

① 정도에 따라 흡입밸브를 조이거나 닫는다.
② 팽창밸브를 닫는다.
③ ①, ②의 조치 후 운전을 계속하면 서리가 녹고 실린더는 따뜻해진다.
④ ③의 상태가 되면 흡입밸브를 서서히 연다.
⑤ 팽창밸브를 재조정한다.

7 액봉현상

> **유사기출문제**
> 1. 냉동사이클에서 액봉현상, 액봉 방지대책, 주로 액봉이 발생하는 장소 2곳 이상을 기술하시오. [공조 78회(10점), 62회(10점)]

1. 액봉현상

저압의 액배관이 만액상태로 봉쇄된 상태에서 주위 열침입에 의해 액체냉매가 체적팽창하여 이상고압이 발생되거나 밸브, 배관 등의 파괴사고를 초래하는 현상이다.

2. 액봉의 발생원인

① 냉동장치 정지 시 스톱밸브를 닫아서 냉매액이 가득 차 있는 부분이 밀봉될 때
② 응축기 및 수액기 등의 냉동장치 수리 시 펌프다운을 하지 않을 때

3. 액봉의 방지대책

① 냉동장치 정지 시 먼저 한쪽의 스톱밸브를 닫고 나서 다른 쪽의 스톱밸브를 닫아 액이 팽창할 수 있는 공간을 만든다.
② 액봉이 일어나기 쉬운 곳에 안전밸브, 파열판, 압력 바이패스장치 등을 설치한다.
③ 냉매배관계통의 주위온도가 과열되지 않도록 한다.

4. 액봉이 발생하기 쉬운 장소

① 액배관이나 액헤더 등 증기가 존재하지 않는 곳의 온도가 상온보다 상당히 낮은 곳
② 냉매액 배관 주위온도가 상당히 높은 곳

8 냉동장치의 장기휴지 및 장기휴지 후 기동 시 조치사항

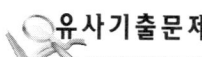유사기출문제

1. 냉동장치의 장기간 정지 시 조치사항　　　　　　　　　[공조 45회(10점)]

1. 개요
① 냉동장치를 장기간 휴지할 경우 배관 및 기기에 압력이 걸려 있어서는 안 된다.
② 압력이 걸리면 기기에 불필요한 부담이 되며 압축기 축봉에서 냉매 누설 우려가 있다.
③ 따라서 장기휴지 시에는 계통 내를 펌프다운한다.
④ 장기휴지 후 시동 시 운전준비 및 운전개시 순서에 따라 시동한다.

2. 냉동장치의 장기휴지시 조치사항
① 저압측 냉매를 전부 수액기에 회수한다. 수액기 용량부족 시 별도의 용기에 회수한다.
② 저압측 및 압축기 내에는 공기침입을 방지하기 위하여 대기압 정도의 압력을 남겨둔다.
③ 밸브류는 모두 그랜드로 굳게 조이며 폐쇄 밸브도 닫아 둔다. 이때 액봉이 일어나지 않도록 주의한다.
④ 냉각수 계통에 녹이 발생하지 않도록 드레인밸브 또는 플러그로부터 완전히 배수한다. 특히 겨울철 동결에 의한 수실, 자켓 등의 파손을 방지하기 위하여 반드시 배수한다.
⑤ 냉매계통 전체의 누설을 조사하여 누설 발견 시 수리하여 둔다.

3. 냉동장치의 장기휴지 후 시동 시 조치사항
① 반드시 운전 전에 각부의 누설을 조사하여 누설이 있으면 수리한다.
② 압축기를 손으로 돌려서 돌지 않을 때는 윤활유가 접동부에 고착되어 있거나 접동부가 녹이 슨 것으로 생각할 수 있으므로 분해 점검해야 한다.
③ 각 냉매배관 입상부에 냉매액이나 윤활유가 고여 있을 염려가 있으므로 밸브 개폐는 신중하게 한다. 특히 압축기 흡입측 스톱밸브의 조작에 주의해서 수격현상이 일어나지 않도록 밸브 조작은 시동 후 서서히 신중하게 한다.
④ 냉각수 계통을 통수하고 오염된 물은 배수한다. 또한 침입한 공기는 완전히 배기해서 물의 흐름에 방해가 되지 않도록 해 둔다.

9 팽창밸브의 고장 유형

유사기출문제

1. 아래와 같은 문제 발생 시 팽창밸브 측면에서 원인과 대책을 기술하시오. [예상 문제]
   ① 팽창밸브 작동 불량   ② 냉매흐름이 나쁨   ③ 액백 발생

【 팽창밸브 작동 불량 】

원인	대책	점검항목
감온통 가스 누설	감온통 교환	팽창밸브에 서리 생김
감온통 위치 부적합	적합한 위치에 밀착시켜 부착	-
감온통이 흡입가스관에 밀착되어 있지 않음	밀착시켜 부착	-
내부기구 및 감온통 충진가스 불량	교환 및 충진가스 확인 후 교체	-

【 냉매 흐름이 나쁨 】

원인	대책	점검항목
팽창밸브 부적합 (오리피스 구경이 적음)	오리피스 구경이 큰 것으로 교체	흡입가스 과열도가 큼
팽창밸브 전까지 압력손실이 크다.	• 팽창밸브를 크게 한다. • 압력손실을 없앤다.	팽창밸브 전까지 액이 차가움
응축압력이 너무 낮음	냉각수량(풍량)을 줄인다.(특히 겨울철)	-
팽창밸브 막힘	여과망 및 오리피스 청소 수분이 동결할 때는 냉매계통을 건조	팽창밸브에 서리가 생김

【 액백 발생 】

원인	대책	점검항목
팽창밸브 불량 또는 조절 불량	점검 후 조정 또는 교체	-
팽창밸브 구경이 너무 큼	점검 후 교체	-

10 압축기 토출압력 및 흡입압력 이상 상승 및 저하의 원인과 대책

 유사기출문제

1. 냉동기기에서 아래와 같은 문제가 발생 시 원인과 대책을 기술하시오. [공조 55회(25점)]
   ① 높은 토출압력   ② 낮은 토출압력
   ③ 높은 흡입압력   ④ 낮은 흡입압력
2. 압축기 토출압력이 너무 높게 되는 원인과 대책을 설명하시오. [공조 38회(25점)]

【 토출압력의 이상 상승 】

원인	대책	점검항목
공기가 장치에 혼입	응축기에서 에어퍼지를 한다.	응축기 온도에 대한 포화압력과 실제 압력과의 차
냉각수(공기) 온도가 높거나 수량이 부족	• 급배수관 밸브 닫힘 또는 스트레이너 막힘 여부를 확인 • 수압을 점검하여 절수밸브를 조절	냉각수(냉각공기) 입출구 온도 및 온도차
응축기 냉각관 스케일 누적 및 수로뚜껑의 벽이 부식	• 냉각관 청소 및 수로뚜껑 교체 • 전열 핀 청소	냉각수 입출구온도 및 온도차
냉매 과다로 냉각관이 액냉매에 잠겨 유효 전열면적이 감소	여분의 냉매를 제어한다.	응축기 또는 수액기의 액면
토출배관 중의 폐쇄밸브가 지나치게 조임	폐쇄밸브를 확실히 개방한다.	-

주) 냉각방식은 수랭식을 적용하며, 공랭식의 경우 냉각수 → 공기, 냉각수량 → 공기량을 적용할 것(이하 동일)

【 토출압력의 이상 저하 】

원인	대책	점검항목
냉각수량 과다 지나치게 낮은 수온	• 수입구밸브 또는 절수밸브 조절 • 풍량감소(공기식)	냉각수 입출구 온도 및 온도차
액냉매가 되돌아 나온다.	• 팽창밸브 조절 • 팽창밸브 감온통을 흡입관에 밀착 취부 • 바이패스용 수동팽창밸브 완전히 밀폐	압축기 전체의 온도가 낮다.
냉매량 부족	누수 개소 수리 후 냉매 보충	응축기 또는 수액기 액면
토출밸브 누설	토출밸브 수리 및 교체	전반적인 상황

【 흡입압력의 이상 상승 】

원인	대책	점검항목
냉동부하 증대	• 부하 조정	부하의 상황과 점검
팽창밸브 과대 개방	• 팽창밸브 조절 • 팽창밸브 감온통 확실히 관과 접촉시킴	-
흡입밸브, 피스톤, 링크 등의 파손 및 언로더 고장	• 흡입밸브, 피스톤, 링크 등을 검사하여 마모 시 교체 • 언로더 기구 점검	압축기 흡입용 체크밸브를 닫고 진공 형성 확인
유분리기 환유장치 누설	• 환유밸브 점검	환유관이 과열
언로더 관제장치의 설정치가 너무 높다.	• 작동압력(온도)을 내린다.	압력 스위치를 점검

【 흡입압력의 이상 저하 】

원인	대책	점검항목
흡입측 필터 막힘	청소	흡입압력과 증발압력의 차압이 크다.
액냉매 통과량이 제한되어 있다.	• 전자밸브 정상화 • 스트레이너 청소	팽창밸브 직전 액관이 차갑다.
냉매 충전량 부족	냉매 추가 충진	응축기 및 수액기 액면
팽창밸브가 지나치게 조여짐	팽창밸브를 열고, 수분의 동결을 제거	-
언로더 관제장치의 설정치가 너무 낮다.	작동압력(온도)을 높인다.	증발기와 압축기 관련

11 응축기 응축온도(압력) 이상 상승 및 증발기 냉각 불충분

유사기출문제

1. 응축온도가 비정상적으로 올라가는 이유와 영향을 각각 설명하시오. [공조 83회(10점)]
2. 냉동공조장치에서 응축기 압력이 높아지는 원인 4가지와 대책, 증발기 냉각이 불충분한 원인 7가지와 대책을 기술하시오. [공조 81회(25점)]
3. 수랭식 응축기를 사용하는 냉동장치에서 고압측 압력이 상승하는 원인 설명 [공조 45회(25점)]

【 응축온도(응축압력)가 지나치게 높을 때 】

원인	대책	점검항목
공기 혼입	• 응축기(수액기)에 의한 에어퍼지 • 진공운전이 되지 않도록 조정 • 흡입 측의 누설을 점검 및 수리	응축기 온도에 대응하는 포화압력과 실제압력과의 차 점검
냉각관 오염	• 청소 • 냉각수가 해수일 경우 아연판 점검	냉각수 입출구 온도차 점검
수로뚜껑의 칸막이 누설	부식 등에 의한 칸막이벽의 결손을 수리	냉각수 입출구 온도차 점검
냉각수량(풍량)부족	• 설계수량(풍량) 검토 • 냉각수배관(덕트)의 저항 검토 • 펌프양정(팬의 정압) 검토	냉각수(냉각공기) 입출구 온도차 점검
냉각면적 부족	• 냉매의 과충진일 경우 냉매를 뽑아낸다. • 설계 계산을 다시 한다.	응축기 액면이 높은지 점검

【 증발기 냉각이 불충분할 때 】

원인	대책	점검항목
냉매부족(증발기 냉각이 고르지 않다.)	냉매 보충	응축기 또는 수액기 액면 점검
윤활유가 증발기에 고인다.	• 압축기로 윤활유가 쉽게 되돌아오도록 운전한다. • 흡입배관이 윤활유를 쉽게 되돌아올 수 있도록 수리	
냉각 표면적 부족	설계검토	
냉매 분류기 불량	구조, 취부방법을 검토하여 수정	
공기냉각기 결상이 심하다.	• 냉매증발온도가 지나치게 낮은 것을 수정 • 제상 작동 간격을 줄인다. • 냉각기 핀피치를 검토 및 수리	
헤더형상 불량으로 냉매분포가 나쁘다.	헤더의 형상, 부착방법을 검토 및 보수	코일 결로 및 서리 부착의 분포를 확인
피냉각물 유량부족 (물, 공기, 브라인 등)	점검하여 정상 상태로 수리	

12 증발온도가 냉동기 성능에 미치는 영향

> 유사기출문제
>
> 1. 냉동공조장치 운전에서 증발압력 저하가 소요동력에 미치는 영향 설명 [공조 81회(10점)]
> 2. 흡입압력이 너무 높거나 낮을 때의 원인과 대책, 영향 설명 [공조 77회(25점)]
> 3. 압축기 입출구 온도가 압축비, 성적계수, 냉동능력에 미치는 영향 설명 [공조 61회(25점)]
> 4. 정지된 상태의 냉동기를 가동하여 증발기 온도를 낮출 때 소요동력의 변화 [공조 53회(20점)]
> 5. 증발온도와 응축온도가 냉동기 성능에 미치는 영향을 P-h 선도를 이용하여 설명
>   [공조 53회(20점), 46회(25점), 36회(25점), 33회(25점)]

1. 개요

① 냉동장치 운전 중 냉각수(또는 공기)의 온도와 유량변화 및 부하 변동, 냉매충전량 과다 과소, 불응축가스 혼입 등으로 인해 증발온도와 응축온도가 변화한다.

② 압축기 용량에 크게 영향을 미치는 인자 중의 하나는 증발기에서 액냉매가 기화되는 온도, 즉 압축기 흡입구 온도가 된다.

③ 보통 증발온도는 높을수록 응축온도는 낮을수록 냉동장치에 유리하게 된다.

2. 흡입압력이 너무 높거나 낮을 때의 원인과 대책

☞ 『압축기 토출압력 및 흡입압력 이상 상승 및 저하의 원인과 대책』 참고

3. 증발온도가 냉동기 성능에 미치는 영향

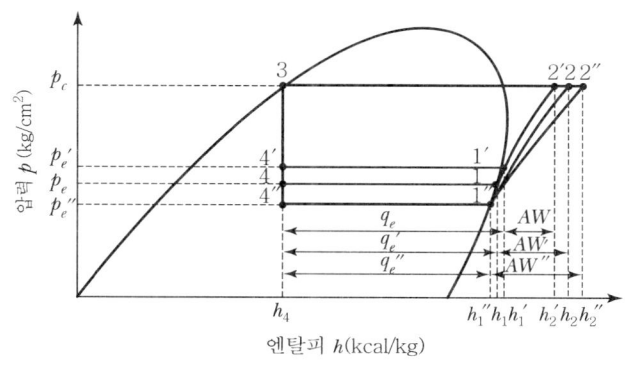

증발온도의 영향

【 냉동기 성능에 미치는 영향 I 】

항목	증발온도가 높을 때	증발온도가 낮을 때
비교조건	냉동사이클 : 1 → 2 → 3 → 4 및 응축온도 일정	
냉동사이클	$1' \to 2' \to 3 \to 4'$	$1'' \to 2'' \to 3 \to 4''$
압축비	$\dfrac{P_c}{P_e'} < \dfrac{P_c}{P_e}$ 이므로 감소	$\dfrac{P_c}{P_e''} > \dfrac{P_c}{P_e}$ 이므로 증가
토출가스온도	압축비 감소로 온도 강하	압축비 증가로 온도 상승
압축일량	$AW' < AW$ 이므로 감소	$AW'' > AW$ 이므로 증가
냉동효과	$q_e' > q_e$ 이므로 증가	$q_e'' < q_e$ 이므로 감소
성적계수 (COP)	$\dfrac{q_e'}{AW'} < \dfrac{q_e}{AW}$ 이므로 증가	$\dfrac{q_e''}{AW''} > \dfrac{q_e}{AW}$ 이므로 감소
냉매순환량	비체적 감소로 냉매순환량 증가	비체적 감소로 냉매순환량 감소
냉동기 성능	유리	불리

【 냉동기 성능에 미치는 영향 II 】

증발온도가 높을 때	증발온도가 낮을 때
① 압축기 압축비가 감소하여 체적효율과 압축효율이 증가한다. ② 비체적이 감소하여 냉매순환량이 증가한다. ③ 냉동효과 및 냉동능력, COP도 증가한다. ④ 증발온도가 너무 높으면 액냉매가 전부 증발되지 않고 습압축이 되므로 주의해야 한다.	① 냉동능력이 급감한다. ② 성능계수가 저하하여 전력이 낭비된다. ③ 압축기 토출가스 온도가 높아진다. ④ 압축기가 소손될 우려가 있다. ⑤ 압축기가 뜨거워져 오일이 열화된다. ⑥ 비체적이 증가하여 냉매순환량이 감소한다. ⑦ 냉동효과 및 냉동능력, COP도 감소한다.

13 응축온도가 냉동기 성능에 미치는 영향

유사기출문제

1. 단단압축 냉동장치에서 응축온도 차이에 따른 냉동능력 변화를 설명하시오. [공조 84회(10점)]
2. 증발온도와 응축온도가 냉동기 성능에 미치는 영향을 P-h 선도를 이용하여 설명하시오.
   [공조 53회(20점), 46회(25점), 41회(25점), 36회(25점), 33회(25점)]

1. 응축온도가 냉동기 성능에 미치는 영향

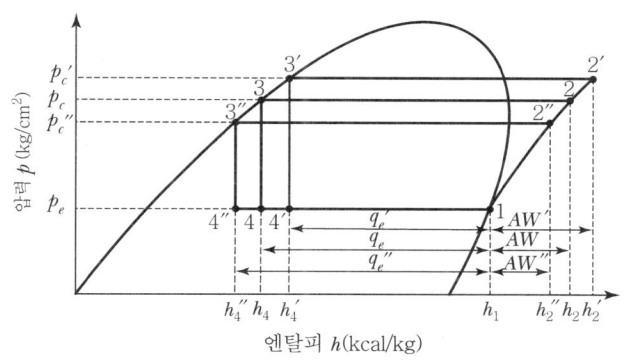

응축온도의 영향

【 냉동기 성능에 미치는 영향 I 】

항목	응축온도가 높을 때	응축온도가 낮을 때
비교조건	냉동사이클 : 1 → 2 → 3 → 4 및 증발온도 일정	
냉동사이클	1 → 2′ → 3′ → 4′	1″ → 2″ → 3 → 4″
압축비	$\dfrac{P_c'}{P_e} > \dfrac{P_c}{P_e}$ 이므로 증가	$\dfrac{P_c''}{P_e} < \dfrac{P_c}{P_e}$ 이므로 감소
토출가스온도	압축비 증가로 온도 상승	압축비 감소로 온도 강하
압축일량	$AW' > AW$ 이므로 증가	$AW'' < AW$ 이므로 감소
냉동효과	$q_e' < q_e$ 이므로 감소	$q_e'' > q_e$ 이므로 증가
성적계수 (COP)	$\dfrac{q_e'}{AW'} < \dfrac{q_e}{AW}$ 이므로 감소	$\dfrac{q_e''}{AW''} > \dfrac{q_e}{AW}$ 이므로 증가
비체적	동일	동일
냉동기 성능	불리	유리

【 냉동기 성능에 미치는 영향 Ⅱ 】

응축온도가 높을 때	응축온도가 낮을 때
① 압축기 압축비가 증가하여 체적효율과 압축효율이 감소한다. ② 토출가스 온도가 상승한다. ③ 냉동능력이 다소 감소한다. ④ 압축기 파손 및 전동기 소손의 우려가 있다. ⑤ 압축일량이 증가하고, 성적계수가 감소한다. ⑥ 성능계수가 저하하여 전력이 낭비된다.	① 압축비 감소로 토출가스 온도가 강하한다. ② 체적효율 증가로 냉동능력이 증가한다. ③ 냉동효과와 성적계수가 증가한다. ④ 냉동기 성능에 유리하다.

2. 결론

① 압축기에 유입되는 냉매의 비체적은 어느 경우나 같으므로 응축온도가 냉동기에 미치는 영향은 증발온도보다 적게 된다.
② 냉동기 성능향상을 위해서는 응축기에 되도록 낮은 온도의 공기나 물을 최대 유속으로 열교환시키는 것이 좋다.

제18장 냉동기 안전관리

1. 냉동장치의 안전시험(압력시험) ···················· 388
2. 냉동기의 안전장치 ···································· 391
3. 냉동기 안전장치의 설치 ···························· 394
4. 응축기의 불응축가스 제거 및
   수랭식 응축기의 누설검사 ························ 396
5. 압축기의 펌프아웃 및 에어퍼지 ················ 398
6. 펌프다운 ··· 400

1 냉동장치의 안전시험(압력시험)

> **유사기출문제**
> 1. 냉동장치 안전을 위해 Test 해야 할 안전시험을 기술하시오. [공조 62회(25점), 51회(25점)]
> 2. 냉동장치 설치 완료 후 실시하는 시험의 종류와 방법을 기술하시오. [공조 61회(25점)]

1. 개요
① 냉동장치 압축기 등의 기기와 냉매배관을 완성한 냉매설비에 대하여 내압성능과 기밀성능 등을 확인하는 시험의 총칭을 "압력시험"이라 한다.
② 내압시험과 강도시험, 기밀시험은 제작 공장에서 시행하고, 설치완료 후에는 냉매설비의 기밀시험과 진공방치시험을 행한다.

2. 냉동장치의 안전시험(압력시험)

(1) 내압시험

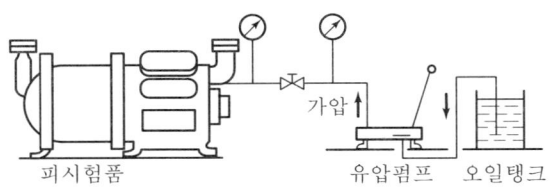

내압시험

① 목적 : 배관 이외의 부분으로 냉매설비 부속기기의 내압강도를 확인하기 위한 시험
② 대상 : 압축기, 열교환기, 압력용기 등 내압강도를 확보해야만 하는 부속기기와 부품
③ 방법 : 허용압력 또는 설계압력 중 낮은 압력의 1.5배 이상으로 5~20분 이상 유지한다.
④ 높은 압력을 유지하므로 물, 기름 등의 액압시험을 원칙으로 한다.

(2) 강도시험
① 목적 : 압축기나 용기 등 냉매설비 배관 이외 부분의 강도를 확인하는 시험이다.
② 적용 : 개별적으로 실시하는 내압시험과 달리 샘플을 채취하여 시험한다.
③ 방법 : 설계압력의 3배 이상으로 높아 내압시험 압력의 2배 이상이 된다.

(3) 기밀시험

1) 배관 이외 부분의 기밀시험

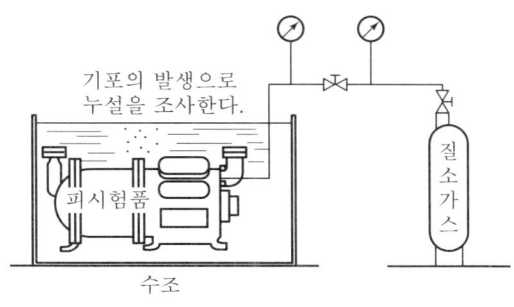

기밀시험

① 목적 : 압축기, 부스터, 냉매펌프 등 부속기기 기밀성능을 확인하기 위해 공장에서 실시
② 방법 : 시험품을 수조에 넣거나 외부에 비눗물을 도포하여 기포발생을 확인한다.
③ 누설 확인이 용이한 공기, 불연성 가스 등의 가스압 시험으로 행한다.
④ 시험압력은 허용압력 또는 설계압력 중 낮은 압력 이상으로 시험한다.

2) 냉매설비의 기밀시험(누설시험)

① 목적 : 최종 시험인 진공시험 전에 누설 개소를 발견하여 완전하게 기밀을 유지하고자 함
② 시기 : 방열공사 시공 및 냉매 충전 전
③ 냉매배관공사 완료 후 냉매배관 전계통에 걸쳐 누설 여부를 확인한다.
③ 누설개소 발견 시 가스를 배출한 후 용접 또는 조임을 한다.

(4) 진공시험(진공방치시험)

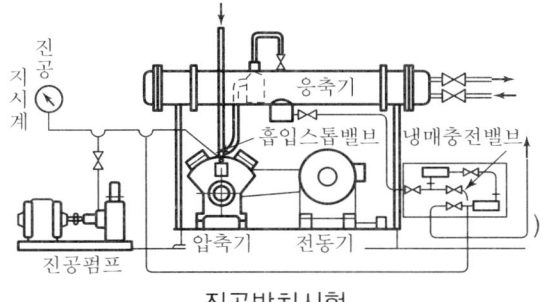

진공방치시험

① 목적 : 냉매설비의 최종 기밀 확인으로 진공상태에서는 미소한 누설도 판정할 수 있으나 누설 개소는 판별할 수 없는데 이를 진공방치시험이라 한다.
② 방법 : 기밀시험에서 사용한 가스를 배출하고 수분을 진공상태에서 완전히 증발시켜 냉매설비 내를 충분히 건조시킨다. 이것은 진공건조라 하며 밸브를 닫고 진공을 유지하는데 이 시험을 진공방치시험이라 한다.
③ 진공방치시험 후 압력상승이 있으면 누설 개소가 있거나 건조가 불충분한 원인 때문이다.
④ 진공방치시험으로 누설이 없거나 건조가 확인되면 이어서 냉매충전작업을 한다.

② 냉동기의 안전장치

> **유사기출문제**
> 1. 냉동기 안전장치를 4개 이상 나열하고 역할 및 작동원리를 기술하시오. [공조 69회(25점)]
> 2. 가용전(Fusible Plug) [공조 48회(10점), 38회(5점)]

1. 개요
① 냉매설비는 고압에 의한 재해를 방지하기 위해 법규로 안전장치 설치가 규정되어 있다.
② 안전장치란 허용압력 이하로 되돌릴 수 있는 장치로 아래와 같이 한정되어 있다.
  ㉠ 압력분출장치 : 안전밸브, 가용전 및 파열판
  ㉡ 압축기 정지장치 : 고저압차단 압력 스위치

2. 냉동기의 안전장치

(1) 안전밸브

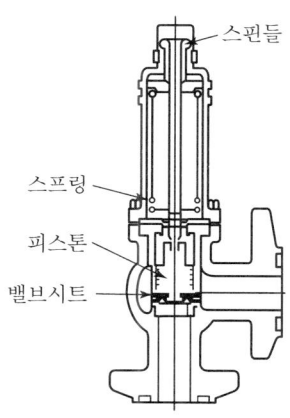

저양정 스프링 안전밸브

① 냉동장치에서 압축기 토출압력의 이상 상승을 방지한다.
② 냉매를 대기에 방출하는 대기방출식과 고압압축가스를 저압부로 바이패스시키는 압축기 내장형 등이 있다.
③ 안전밸브의 스프링통은 스테인리스강을 사용하고 밸브시트는 테프론 등을 사용한다.
④ 작동압력의 조절은 스핀들을 오른쪽방향(시계방향)으로 회전하면 토출압력이 상승한다.

⑤ 작동검사는 압축공기, 질소가스 등으로 하며 설정압력에 대한 다음 사항을 확인한다.
　㉠ 분출개시압력(95~105%) : 가압 시 미량의 가스가 분출하기 시작할 때의 압력
　㉡ 분출압력(110% 이하) : 가스가 심하게 분출할 때의 압력
　㉢ 분출정지압력(80% 이상) : 감압되어 가스의 분출이 정지되는 압력

(2) 고저압차단 압력스위치

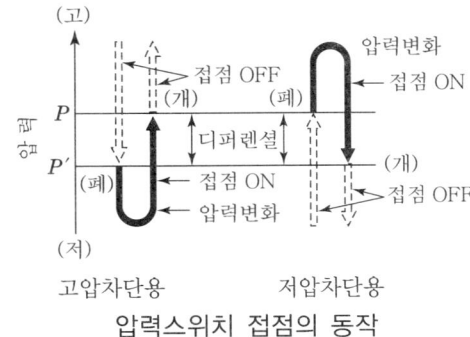

압력스위치 접점의 동작

① 감지한 압력이 설정압력보다 상승 또는 하강할 때 전기접점을 개폐하여 전원을 끊는다.
② 설정압력 이상 상승 시 끊는 것을 고압차단용, 반대의 것을 저압차단용이라 한다.
③ 고압차단용은 압축기 토출압력 이상 상승 시 압축기 전동기 전원을 끊어 정지시키며, 저압차단용은 흡입압력을 검지하여 이상 저하되면 압축기를 정지한다.
④ 작동압력차 압력폭이 부적당하거나 작동원인이 제거되지 않으면 압축기의 기동/정지가 반복되어 전동기 소손사고의 원인이 된다.

(3) 가용전

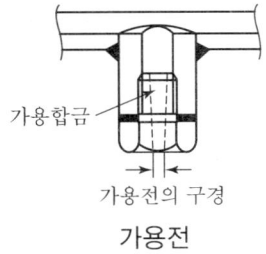

가용전

① 플러그 중공부 속에 낮은 온도에 용해되는 주석, 납 등의 금속을 넣은 것이다.
② 이상고압이 발생되면 냉매 온도도 상승되어 용융 온도에 도달하면 가용전이 용융되어 가스를 분출시켜 이상고압을 방지한다.

③ 가용전 작동온도인 용융온도는 75℃ 이하가 원칙이지만 그 이상의 온도를 사용할 경우에는 그에 맞는 내압시험을 실시해야 한다.
④ 응축기나 수액기 등 냉매액과 증기가 공존하는 부분에는 액체와 접촉되도록 설치한다.
⑤ 가용전은 독성, 가연성 냉매에는 사용할 수 없다.

(4) 파열판

파열판

① 파열판은 터보냉동기, 흡수식 냉동기 이외에는 일반적으로 사용하지 않는다.
② 파열판의 작동압력(파열압력)은 사용기간이 길어지면 낮아지는 경향이 있다.
③ 내압시험압력의 0.8배 이하의 압력에서 파열하는 파열판은 사용기간이 길어짐에 따라 사용압력에서 파열될 가능성이 있으므로 파열압력과 사용압력의 비를 정하여 사용한다.

③ 냉동기 안전장치의 설치

1. 압축기에 설치하는 안전장치
① 하루 냉동능력 70kW(20USRT) 이상의 압축기는 안전밸브와 고압차단장치를 설치한다.
② 냉동능력 70kW 미만인 압축기는 고압차단장치만 설치할 수 있다.
③ 압축기 토출측 스톱밸브의 상류측(실린더측)에 설치하여 스톱밸브가 닫힌 채로 압축기를 시동해도 토출가스량을 충분히 배출하여 압축기의 파괴를 방지할 수 있도록 한다.

2. 응축기 및 수액기에 설치하는 안전장치
① 고압부의 용기 중 비교적 큰 원통형 응축기와 수액기에도 안전밸브를 설치하여야 한다.
② 내용적이 작은 것은 안전밸브 대신 가용전을 사용할 수 있다.
③ 증발식이나 공랭식 응축기가 대용량일 경우에도 안전밸브를 설치하도록 규정되어 있다.

3. 저압부 용기에 설치하는 안전장치
① 만액식 증발기 등과 같은 저압부의 용기는 스톱밸브로 냉매가 봉쇄되어 있어 화재발생 시 내부 압력이 상승할 수 있다.
② 안전을 위해서 안전장치 또는 압력도피장치(바이패스장치)를 설치하도록 규정하고 있다.

4. 액봉방지를 위한 안전장치
① 액배관이나 액헤더 등 증기가 존재하는 공간이 없는 부분으로 온도가 상온보다 상당히 낮거나 또는 주위온도가 상당히 높을 때 그 부분이 만액상태로 봉쇄되면 주위에서의 열 침입에 의해 내부 액화냉매는 체적이 팽창하여 고압이 되는 액봉이 발생하게 된다.
② 액봉쇄에 따른 파열사고는 저압 액배관에서 많은데, 주로 오조작 등이 원인이 된다.
③ 액봉이 발생할 염려가 있는 부분에 안전밸브, 파열판 또는 압력도피장치를 설치한다.

5. 원심식 냉동설비에 설치하는 안전장치
① 용적식 압축기와 달리 설계치 이상의 토출압력 상승이 없어 특별히 규정되어 있지 않다.
② 그러나 응축기에는 안전밸브를 설치하는 것이 통례이다.
③ 또한 증발기의 경우 액화냉매가 대량으로 존재하면 안전밸브나 파열판을 설치한다.

6. 흡수식 냉동설비에 설치하는 안전장치

① 발생기는 압축기와 같은 심한 압력변동이 없으므로 파열판을 사용해도 된다.
② 발생기에 고압차단장치를 설치하여 열공급을 차단할 수 있으나 여열은 남기 때문에 이 점에 대해 설계상 배려를 하여야 한다.
③ 응축기, 증발기, 흡수기, 열교환기 등에도 스톱밸브 등으로 폐쇄되는 경우에는 안전밸브 또는 파열판을 설치하도록 규정되어 있다.

4 응축기의 불응축가스 제거 및 수랭식 응축기의 누설검사

1. 응축기의 불응축가스 제거

(1) 개요
① 냉동장치 운전 시 토출압력이 높아 냉각수량을 증가해도 압력이 정상으로 되돌아오지 않을 경우는 불응축가스의 유무를 확인해야 한다.
② 수랭식 응축기의 경우 냉각수 출구온도와 응축압력으로 불응축가스 유무를 판단할 수 있다. 그러나 냉각관의 오염으로 응축압력이 상승될 경우가 있으므로 주의하여 판단한다.

(2) 불응축가스의 유무 확인방법
① 압축기를 정지하고 응축기의 액출구 밸브를 닫는다.
② 냉각수(혹은 냉각공기)의 출입구 온도가 같아져 응축기 내 압력이 저하되도록 기다린다.
③ 냉각수온에 상당하는 포화압력과 응축기 내 압력 사이에 차가 있으면 불응축가스가 존재하는 것이다.

(3) 불응축가스 제거 실행방법
① 냉매를 펌프다운하고 압축기를 정지시켜 토출측 스톱밸브를 닫는다.
② 약 5분 간 방치하여 냉매증기를 가능한 한 응축시킨 후 퍼지밸브를 잠시 열어둔다.
③ 응축기 냉각을 최대로 하면서 이 조작을 3, 4분 간격으로 수회 반복하고 각 제거조작 후 압력계 눈금을 점검한다. 제거조작을 하면 압력은 얼마간씩 저하된다.
④ 압력이 그때 온도에 상당하는 포화압력으로 저하되기까지 제거조작을 반복하면 된다.

2. 수랭식 응축기의 누설검사

(1) 개요
① 냉매계통에서 프레온가스 누설이 있어도 배관계통에서의 누설이 검지되지 않을 때는 응축기의 냉각관과 관판의 확관부 누설을 조사해 볼 필요가 있다.
② 응축기 내에서 냉매가 누설된다고 여겨질 때는 아래와 같이 실행하여 확인한다.

(2) 실행방법
① 냉매 출입구를 가려 차단하고 누설검지를 한다.
② 냉각수 출입밸브를 닫고 물을 커버 하부에 있는 드레인 콕으로 배수한 다음, 여기에 할로겐 토치식 가스검지기 등으로 누설을 검지해 본다.

③ 가스 누설이 검지되면 커버를 분해하여 각 냉각관 및 관판의 확관부인지 냉각부 내부인지를 판정한다.
④ 판정 시에는 발포액을 확관부에 도포하든가 나무 콕 등으로 냉각관을 메우고, 우선 확관부의 누설을 조사하여 냉각관을 확인한다.

5 압축기의 펌프아웃 및 에어퍼지

유사기출문제

1. 냉동기 압축기의 펌프아웃(Pump-out)과 에어퍼지(Air-purge)의 목적과 실행방법을 기술하시오.   [공조 81회(25점)]

1. 개요

① 냉동장치의 점검 및 수리를 위해 냉매계통의 냉매를 응축기(또는 수액기)에 회수하는 작업을 펌프다운이라 한다.
② 압축기에 행하는 펌프다운을 특히 펌프아웃이라 한다.

2. 압축기의 펌프아웃

(1) 목적

① 압축기의 점검수리나 윤활유의 교환, 내부 청소를 할 경우는 압축기를 개방하여야 한다.
② 이때 압축기 내의 냉매를 회수한 후 개방하여야 한다.

(2) 실행방법

① 냉매회수는 압축기 토출측 스톱밸브를 열고, 흡입측 스톱밸브를 닫은 후 운전한다.
② 크랭크케이스 내의 압력이 600mmHg 정도 진공된 다음에 정지하고, 바로 토출측 스톱밸브를 닫는다.
③ 크랭크케이스에서 외기로 통하는 적당한 밸브를 열고 대기압이 되면 이 밸브를 닫는다.
④ 토출 측에 있는 공기제거밸브를 열어 토출실 내의 냉매를 방출한다.
⑤ 압축기 커버류를 분해할 때는 내부 압력이 대기압이 된 것을 확인한 후 분해한다.
⑥ 암모니아 냉동장치의 경우 밸브 출구에 고무호스를 연결하여 옥외로 유도하거나 수조 내로 유도한다.

3. 압축기의 에어퍼지(공기제거)

(1) 목적
압축기 개방 후 냉매를 유입하기 전에 크랭크케이스 내의 공기를 배출하여야 한다.

(2) 실행방법
① 압축기의 흡입 및 토출측 스톱밸브를 닫은 채 토출 측에 있는 퍼지밸브를 열어두고 압축기를 운전하여 크랭크케이스 내의 공기를 배출한다.
② 흡입측 압력이 700mmHg 이하 정도 진공이 되면 압축기를 정지하고 퍼지밸브를 닫는다.
③ 흡입측 스톱밸브를 약간 열고 흡입측 냉매가스를 기내에 넣는다.
④ 크랭크케이스 내의 압력이 $0.2kg/cm^2$가 되면 흡입측 스톱밸브를 닫는다.
⑤ 토출측 퍼지밸브를 열고, 토출실 내에 남아 있는 공기를 크랭크케이스 내의 냉매압력으로 배출한다.
⑥ 토출실 내의 공기가 제거되었으면 퍼지밸브를 닫고 압축기 개방작업을 완료한다.

6 펌프다운

유사기출문제

1. 냉동시스템 제어 중 펌프다운과 응축기 제어에 대하여 간단히 설명하시오. [공조 52회(25점)]

1. 개요

냉동장치의 점검 및 수리를 위해 냉매계통의 냉매를 응축기(또는 수액기)에 회수하는 작업을 펌프다운이라 한다.

2. 펌프다운(Pump Down)의 필요성

① 냉동장치 개방작업 시 안전을 확보할 수 있다.
② 냉동장치 수리 후 기동 시 액압축을 방지할 수 있다.
③ 냉매낭비를 줄일 수 있다.

3. 냉동장치의 펌프다운 작업방법

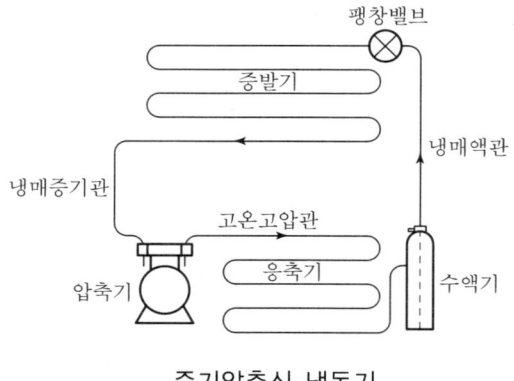

증기압축식 냉동기

① 압축기의 토출측 및 흡입측 스톱밸브를 연다.
② 응축기(또는 수액기)의 액출구 밸브를 닫는다. 이때 액배관의 전자밸브는 열어 놓는다.
③ 저압압력 스위치는 흡입가스압력이 진공이 되어도 작동되지 않도록 조절 또는 단락한다.
④ 응축기에 냉각수(또는 냉각공기)를 이송하고 압축기를 작동시킨다.
⑤ 냉매회수 운전을 계속하여 흡입가스압력이 $0kgf/cm^2(g)$보다 낮을 때 압축기를 정지하고 토출측 스톱밸브를 닫는다.
⑥ 잠시 방치하고 윤활유 중의 냉매증발을 위해 크랭크케이스 내의 압력이 상승하면, 다시 토출측 스톱밸브를 열고 시동한다.
⑦ 크랭크케이스 내의 압력이 약 $0.1kgf/cm^2(g)$로 되도록 ④, ⑤의 조작을 2~3회 반복한다.
⑧ 정지 후 토출측 스톱밸브, 유분리기 유귀환밸브, 응축기(수액기) 입구밸브를 닫는다.
⑨ 흡입측 스톱밸브를 닫으면 대부분의 냉매는 응축기(수액기)에 회수된다.

제19장 흡수식 냉동기

1. 흡수식 냉동기의 분류 ·············· 402
2. 흡수식 냉동기의 작동원리 ·············· 404
3. 흡수식 냉동기의 장단점 ·············· 406
4. 흡수식 냉동기의 구성기기 ·············· 408
5. 단효용과 이중효용의 비교 ·············· 410
6. 압축식과 흡수식의 비교 ·············· 412
7. 흡수식 냉동기의 용량 제어 ·············· 414
8. 1중효용(단효용) 흡수식 냉동사이클 ······ 416
9. 2중효용 흡수식 냉동사이클 ·············· 419
10. 3중효용 흡수식 냉동사이클 ·············· 422
11. 흡수식 냉온수기 ·············· 425
12. 2중효용 흡수식 냉동기의 효율 향상방법 ···· 427
13. 흡수식 냉온수기의 효율 향상방법 ·············· 429
14. 흡수식 히트펌프 ·············· 430
15. 흡수식 냉동기 시스템 설계 시 주의사항 ···· 433
16. 흡수식 냉동기의 설계방법과
    사이클 해석 순서 ·············· 434
17. 소형 흡수식 냉온수기 ·············· 436
18. 태양열 또는 폐열 이용 흡수식 냉동기 ······ 437
19. 태양열 흡수식 냉난방시스템 ·············· 438
20. 냉매와 흡수제의 구비조건 ·············· 440
21. 냉매와 흡수제의 조합 ·············· 442
22. 흡수액(LiBr) 관리 ·············· 444
23. 흡수식 냉동기의 LiBr 석출 ·············· 446

① 흡수식 냉동기의 분류

1. 흡수식 냉동기에 1중효용, 2중효용, 중온수, 냉온수 등의 종류가 있다. 각각의 기본 사이클을 도시하고, 구동용 열원에 대하여 기술하시오. [공조 62회(25점)]
2. 흡수식 냉동기의 종류와 특성을 설명하시오. [공조 49회(25점), 38회(25점)]

1. 흡수식 냉동기의 종류

① 1중효용 흡수식 냉동기
② 2중효용 흡수식 냉동기
③ 3중효용 흡수식 냉동기
④ 직화식 흡수 냉온수기

2. 흡수식의 기능에 따른 분류

【 흡수식의 기능에 따른 분류 】

종류	흡수식 냉동기	흡수식 냉온수기	흡수식 히트펌프
기능	냉수(4~15℃)	냉수(4~15℃) 온수(40~80℃)	온수(50~104℃) 증기(140℃ 이상)
운전열원	증기, 온수	연소열, 배가스	증기, 연소열 폐온수, 폐증기
용도	냉방, 프로세스 냉각	냉난방	

(1) 흡수식 냉동기

① 공조용으로 냉수 출구온도는 7℃가 표준이며, 냉수의 출입구 온도차는 5℃가 일반적이다.
② 용량은 100~1,500 냉동톤이 주류이며, 보일러와 같이 사용하여 병원이나 공장 등과 같이 공조용 이외에 증기를 필요로 하는 곳에 최적이다.

(2) 흡수식 냉온수기

① 도시가스 또는 LPG 등의 연소열을 구동열원으로 하여 하절기에 냉수를 생산하여 냉방을 행하고, 동절기에 온수를 생산하여 난방을 행하는 하나의 유닛이다.
② 냉수온도 7~12℃, 냉각수 32℃, 온수출구온도 50~60℃로 100냉동톤 이하가 일반적이다.

(3) 흡수식 히트펌프

① 폐열회수를 목적으로 흡수식 냉동사이클의 방출열을 이용한다.
② 온수흡수식 히트펌프(제1종)는 폐온수가 가진 열량의 회수와 신규로 가한 열원의 열량과 합하여 50~90℃의 온수를 취출하여 난방과 급탕에 이용한다.
③ 고온흡수식 히트펌프(제2종)는 신규 열에너지 투입 없이, 폐열만으로 고온수 또는 증기를 발생시키는 에너지절약 기기로 주목받고 있다.

3. 용액의 흐름방식에 따른 분류

(1) 용액의 직렬흐름방식

① 용액의 흐름이 단순하여 용액의 유량 제어가 비교적 쉽다.
② 용액의 흐름은 『흡수기 → 저온열교환기 → 고온열교환기 → 고온재생기 → 고온열교환기 → 저온재생기 → 저온열교환기 → 흡수기』로 흐른다.

(2) 용액의 병렬흐름방식

① 고온열교환기가 작아지고 저온열교환기에서 농도가 낮아 결정의 위험성이 감소한다.
② 그러나 저온재생기와 고온재생기로 균등하게 흡수액을 분배하여야 하며, 고온재생기에서 농도가 가장 높으므로 흡수액 온도도 높아 고온재생기의 부식이 발생하는 단점이 있다.
③ 흡수기에서 나온 묽은 용액은 용액펌프에 의해 저온열교환기를 거쳐 일부 용액은 고온열교환기에서 고온재생기로, 또 다른 일부는 직접 저온재생기로 가서 각각 냉매증기를 발생시킨다. 그 후 고온재생기의 진한 용액은 고온열교환기로, 저온재생기의 중간 용액은 직접 저온열교환기로 와서 묽은 용액과 열교환 후 흡수기로 되돌아간다.

② 흡수식 냉동기의 작동원리

 **유사기출문제**

1. 흡수식 냉동기의 작동원리를 설명하시오. [공조 46회(25점)] [건축 45회(25점), 44회(25점)]

1. 개요

① 대기압의 물은 100℃에서 증발하지만, 높은 산에서는 압력이 낮기 때문에 100℃ 이하에서 증발한다. 즉 물은 압력이 낮아지면 더 낮은 온도에서 주위를 냉각시키며 증발한다.
② 이 원리를 이용하여 증발기 내를 7mmHgabs의 진공상태에서 물을 6℃ 정도의 저온에서 증발시켜, 증발기로 유입되는 12℃의 냉수를 7℃로 만들어 냉방용에 이용한다.
③ 흡수식 냉동기는 증발기와 흡수기의 조합인 흡수과정과 재생기와 응축기의 조합인 재생과정을 연결하여 흡수사이클을 형성한다.

2. 흡수과정

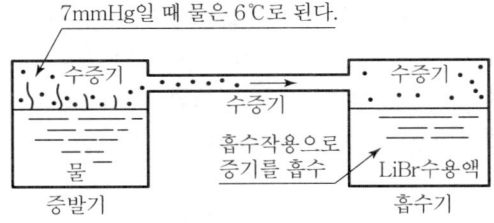

흡수식 냉동기의 원리

① 증발기에 물을 넣고 압력을 내리면 물이 증발하면서 증발기 내 물의 온도는 내려간다.
② 증발기 내의 압력을 7mmHgabs로 할 경우 물은 6℃의 냉수가 된다.
③ 한정되어 있는 용기는 증발한 수증기에 의해 쉽게 포화상태가 되므로 흡수기에 리튬브로마이드 용액을 넣어 냉매증기를 흡수하여 증발기의 냉각작용을 연속적으로 얻는다.
④ 흡수기의 LiBr 수용액이 점차 묽어지면 흡수 능력을 잃게 되므로 수용액을 가열시켜 농축, 재생시키는 재생과정이 필요하다.

3. 재생과정

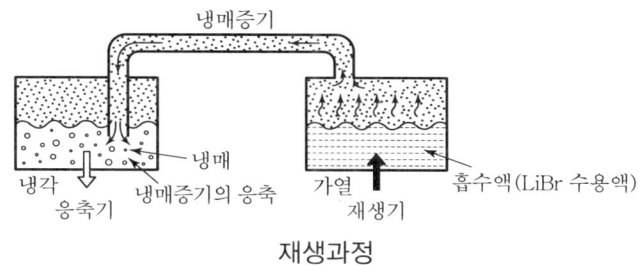

재생과정

① 재생기를 가열하면 수용액 중의 냉매인 물의 일부가 증발하여 응축기로 유입된다.
② 발생한 증기는 응축기 내에서 액화하게 된다.
③ 응축기는 냉각수에 의해 냉각되어 발생한 증기는 지속적으로 액화하게 된다.

3 흡수식 냉동기의 장단점

1. 흡수식 냉동기의 작동원리와 장단점을 논하시오. [건축 44회(25점)]
2. 흡수식 냉동기의 장점과 압축식 냉동기와 비교한 단점을 열거하시오. [공조 23회(25점)]

1. 개요

① 냉동, 냉장용과 공조용으로 증기압축식이 널리 사용되어 왔으나 여름철 전기수요 피크 해결방안으로 건물 냉방에 흡수식 냉동기가 많이 사용되고 있다.
② 증기압축식과 흡수식의 근본적인 차이점은, 증기압축식은 전기를 구동원으로 하고 흡수식은 가스나 폐열 등의 열에너지를 구동원으로 한다는 점이다.

2. 흡수식 냉동기의 특징

(1) 장점

① 운전비용이 저렴하며 전력단가에 비해 가스나 기름의 에너지 단가가 낮다.
② 용량제어 범위가 넓으며, 비례제어(25~100%)가 가능하다.
③ 부분부하 특성이 좋아 부하변동에 대한 추종성이 좋아 운전비용 절감효과가 뛰어나다.
④ 회전기기가 없으므로 진동, 소음이 작고 소모품이 적게 들며 보수관리가 용이하다.
⑤ 프레온을 사용하지 않으므로 오존층 파괴 우려가 없어 환경친화적이다.
⑥ 구동열원으로 가스나 폐열 등을 사용하므로 여름철 전기수요 피크를 해결할 수 있다.
⑦ 진공상태에서 운전되므로 취급에 자격요건이 불필요하다.
⑧ 전력 수요량이 적어 수전설비비가 적게 든다.

(2) 단점

① 소형일수록 증기압축식에 비해 경제성이 떨어진다.
② 설치면적과 중량이 크고 필요 천장 높이가 높다.
③ 배열량이 커서 냉각탑, 냉각수, 펌프 등의 장치용량이 증기압축식에 비해 크다.
④ 냉수온도를 7℃ 이상으로 유지하지 않으면 동결 우려가 있다.
⑤ 초기기동 후 정격성능에 도달까지 약 10~30분 소요되므로 예냉시간이 길다.
⑥ 진공유지가 어렵고 진공도 저하 시 용량이 급감한다.
⑦ 스팀해머링을 주의해야 한다.

⑧ 용액(LiBr, 암모니아)의 부식성이 크므로 부식억제제 보충과 기밀성 유지에 주의한다.
⑨ 증기압축식 성적계수는 3~4 정도이나, 단효용 0.68~0.72, 이중효용 1.1~1.25으로 낮다. 그러나 1차 에너지 환산 성적계수의 차이는 거의 없다.
⑩ 보일러 및 냉동기에서의 발열량이 많아 기계실 온도가 높아지고 연소용 공기가 필요하므로 기계실 급배기의 풍량을 크게 해야 한다.

4 흡수식 냉동기의 구성기기

유사기출문제
1. 2중효용 흡수식 냉동기의 개략도와 구조, 기능, 특징, 응용, 장단점 기술 [공조 75회(25점)]
2. 2중효용 흡수식 냉동기의 원리를 도시하고 각 부분의 작용 설명 [건축 58회(25점)]

1. 개요
① 단효용 흡수식 냉동기는 증발기, 흡수기, 열교환기, 재생기, 응축기로 구성되어 있다.
② 2중효용은 단효용에서 냉각수로 버려지던 냉매증기의 잠열을 다시 한 번 LiBr 수용액을 가열하는 데 이용하여 효율을 개선한 것이다.

2. 단효용 흡수식 냉동기의 구성기기

(1) 증발기
① 증발기 내부 냉각관 내를 흐르는 냉수로부터 열을 빼앗아 냉매(물)가 증발한다.
② 증발한 수증기는 흡수기에서 지속적으로 흡수되므로 증발기 내부 압력이 7mmHg 정도의 진공으로 유지되어 냉매인 물은 5℃ 전후의 온도에서 계속 증발할 수 있다.
③ AHU 등 부하 측에서 오는 냉수는 약 12℃ 정도로 증발기에 들어와 7℃ 정도까지 냉각된 후 공조기로 가서 냉방용 냉풍을 만들게 된다.
④ 냉매펌프를 사용하여 상부에서 스프레이처럼 뿌려주어 정지되어 있는 경우보다 증발이 더 잘되게 한다.

(2) 흡수기
① 흡수기 내부의 LiBr(리튬 브로마이드) 수용액이 증발기에서 들어오는 수증기를 연속적으로 흡수하여 희용액이 되며 증발기를 고진공으로 유지할 수 있게 한다.
② LiBr 용액은 수증기를 흡수하면서 흡수열이 발생되는데 냉각수에 의해 제거된다.
③ 농도가 낮아진 LiBr 희용액은 용액펌프(발생기 용액펌프, 순환펌프)를 사용하여 열교환기를 거쳐 재생기로 보내진다.

(3) 열교환기
① 흡수기에서 수증기를 흡수하여 희석된 묽은 용액은 재생기 용액 펌프에 의해서 열교환기에 보내져, 재생기에서 되돌아오는 고온의 진한 용액과 열교환하여 가열된 다음 재생기로 보내진다.
② 묽은 용액을 열교환함으로써 재생기에서의 가열량을 줄일 수 있다.
③ 또한 흡수기로 유입되는 농용액의 온도를 강하시켜 냉각수량을 감소시킬 수 있다.

(4) 재생기(발생기)

① 열교환기를 거쳐 재생기로 들어온 희용액을 가열하여 냉매(물)의 일부를 증발시켜 수증기는 응축기로 보내고 용액 자신은 농용액이 되어 다시 열교환기를 거쳐 흡수기로 되돌아간다.
② 발생기 가열원으로는 연소열, 증기, 고온수 또는 폐열 등을 이용한다.
③ 발생기와 흡수기는 증기압축식에서의 압축기 역할을 한다.

(5) 응축기

① 발생기에서 온 냉매증기(수증기)는 냉각관 내를 흐르는 냉각수에 의해 냉각 응축되어 중력과 압력차에 의해 증발기로 되돌아간다.
② 냉각수는 흡수기와 응축기를 냉각시킨 후 자신은 냉각탑에서 냉각된다.

3. 2중효용 흡수식 냉동기의 구성기기

① 단효용의 재생기에서 발생한 냉매증기의 잠열을 한 번 이용하기 위하여 2중효용의 재생기는 고온재생기와 저온재생기로 구분된다.
② 열교환기는 효율 향상을 위하여 고온열교환기와 저온열교환기를 가지고 있다.

(1) 저온열교환기 및 고온열교환기

① 흡수기에서 수증기를 흡수하여 희석된 묽은 용액을 고온발생기에서 되돌아오는 고온의 진한 용액과 열교환하여 가열시켜 발생기로 유입시킴으로써 가열량을 감소시킨다.
② 고온열교환기는 고온재생기의 중간농도 용액과 흡수기의 흡수펌프에 의하여 고온재생기로 가는 묽은 용액을 열교환시키는 기기로 고온발생기와 저온발생기 사이에 설치된다.
③ 저온열교환기는 저온재생기에서 흡수기로 흘러가는 농용액과 흡수기의 흡수액펌프에서 고온재생기로 가는 희용액을 열교환시키는 기기로 흡수기와 저온발생기 사이에 설치된다.

(2) 고온발생기

① 고온열교환기를 거쳐 발생기로 들어온 희용액을 가열하여 냉매(물)의 일부를 증발시켜 수증기는 저온발생기로 보내고 용액은 농용액이 되어 다시 고온열교환기를 거쳐 저온발생기로 보낸다.
② 고온발생기에서는 냉매 일부만 증기로 발생되어 중간농도의 용액이 만들어진다.

(3) 저온발생기

① 고온발생기에서 발생한 냉매증기를 이용하여 중간농도의 용액을 다시 농축(재생)시켜 농도가 높은 농용액으로 만든다.
② 고온발생기에서 발생한 냉매증기는 저온발생기에서 응축되어 응축기로 보내진다.

5 단효용과 이중효용의 비교

> **유사기출문제**
> 1. 흡수식 냉온수기의 기기를 그리고 일중효용과 이중효용의 차이점 등을 기술 [공조 77회(25점)]
> 2. 2중효용 흡수식 냉동기의 개략도와 구조, 기능, 특징, 응용, 장단점을 기술 [공조 75회(25점)]
> 3. 2중효용이 1중효용 흡수식 냉동기와 다른 점 기술 [건축 62회(10점)] [공조 58회(25점)]

1. 개요
① 단효용은 재생기에서 발생한 냉매증기가 가진 열량 모두 응축기에서 냉각수로 방열된다.
② 이중효용의 경우는 응축기에서 제거되어야 하는 응축열을 재생과정에서 활용하고자 고온재생기에서 발생한 냉매증기의 잠열을 저온재생기에서 수용액의 가열에 이용한다.

2. 듀링선도

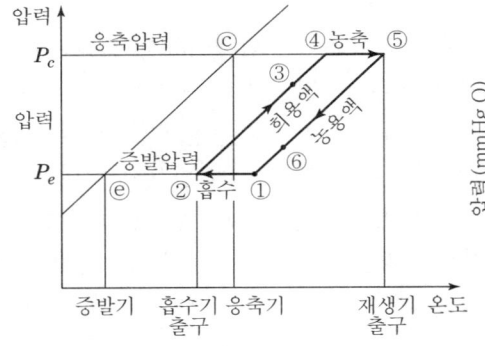
단효용 흡수식 냉동기의 듀링선도

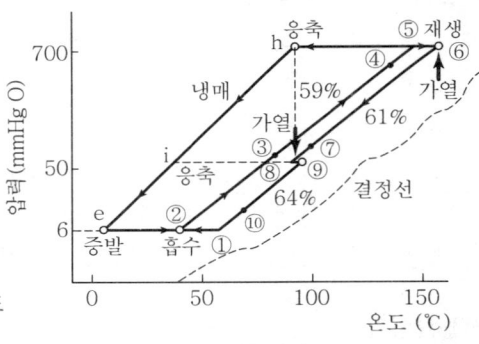
2중효용 흡수식 냉동기 듀링선도

3. 이중효용 흡수식 냉동기의 특징
① 고온재생기에서 중압증기(또는 직접 연소)로 흡수액을 가열하고, 흡수용액에서 발생한 냉매증기를 저온재생기에 공급하여 다시 흡수용액을 가열하여 냉매증기를 발생시킨다.
② 이 냉매증기는 저온재생기에서 응축된 냉매액과 함께 응축기로 보내져 응축된다.
③ 저온재생기의 냉매증기 발생을 위해 고온재생기는 중압증기 또는 직접 연소가 필요하다.

4. 이중효용의 효율 향상

① 연료소비량 감소

   재생기 가열에 소요되는 연료소비량이 약 40% 감소되어 효율이 높아진다.

② 응축열량 감소 및 냉각탑 용량 감소

   저온재생기에서 일부 응축하므로 약 30%의 폐기열량 감소로 냉각탑 용량 75% 선정 가능

③ 단효용에 비하여 대폭적으로 효율이 향상되어 약 50%의 COP가 증가한다.

6 압축식과 흡수식의 비교

유사기출문제

1. 흡수식 냉동과 기계압축식 냉동의 차이점을 기술하시오. [공조 58회(25점)]

1. 개요

① 흡수식 냉동기는 증발압축식 냉동장치에 비하여 증기를 발생시키는 에너지를 추가로 필요로 하기 때문에 성능계수는 낮다.
② 그러나 여름철 전기수요 피크를 해결할 수 있으며 에너지 절약 기기로 각광받고 있다.

2. 압축식 대비 흡수식의 특징

① 증기압축식 냉동장치에 필요한 대용량의 전기설비를 생략할 수 있가 있다.
② 겨울철 난방에 사용하는 보일러를 연간 가동시킴으로써 투자효율을 향상시킬 수 있다.
③ 가스, 중유 등의 에너지 가격이 전력비보다 싸다.
④ 공장 폐열 등을 이용함으로써 전체 에너지 효율을 향상시킬 수 있다.

3. 압축식과 흡수식의 비교

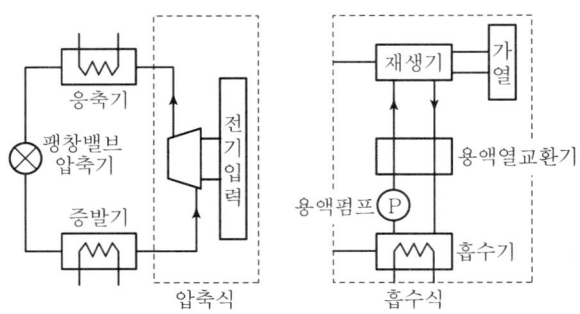

압축식과 흡수식 냉동기의 비교

(1) 증기압축식 냉동기

① 압축식에서는 터보식, 스크루식, 왕복동식 등의 각종 압축기를 사용한다.
② 압축기에서 압축한 고온고압의 냉매가 응축기에서 액화되어 고압의 액냉매로 된다.
③ 이 냉매는 팽창밸브 등의 감압장치에서 감압되어 저온냉매로 되어 증발기에서 증발한다.
④ 증발기에서 증발한 냉매는 증기로 되어 압축기에 흡입되어 사이클을 형성한다.

(2) 흡수식 냉동기

① 흡수식에서는 증기압축식에서의 압축기의 역할을 흡수기와 재생기가 대신하고 있다.
② 증발기에서 발생한 냉매증기를 압축기 대신 흡수기가 흡수한다.
③ 흡수기의 묽은 용액이 재생기에서 농축, 재생되어 흡수기로 돌아온다.

7 흡수식 냉동기의 용량 제어

유사기출문제

1. 흡수식 냉동기 용량제어방법 2가지를 기술하시오. [공조 63회(25점), 37회(25점)]
2. 흡수식 냉동기, 터보냉동기, 왕복동식 냉동기의 용량 제어방법을 기술하시오. [건축 51회(25점)]

1. 개요

① 냉방부하는 외기온도에 따라 시시각각 변하기 때문에 보통 부분부하 운전을 하게 된다.
② 흡수식 냉동기의 용량제어는 25~100%까지 비례제어가 가능하며, 그 외의 범위는 On-Off 제어를 하는 것이 일반적이다.
③ 용량제어방법으로는 가열량 제어, 용액량 제어와 응축온도 제어 등이 있는데, 이러한 방법은 냉매유량을 감소시켜 냉수의 온도를 일정하게 조절하기 위함이다.

2. 흡수식 냉동기의 용량 제어

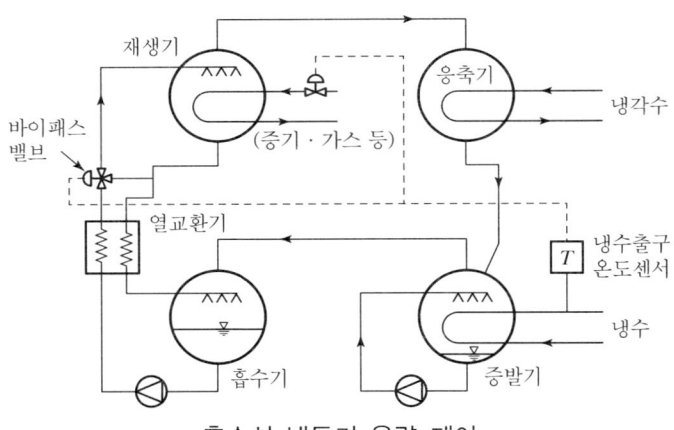

흡수식 냉동기 용량 제어

(1) 재생기 가열량 제어

① 재생기 가열원을 제어하여 냉매발생량을 조절하면 흡수용액의 농도가 변하게 된다.
② 흡수기로 유입되는 흡수액의 농도에 따라 냉매증기 흡수량이 조절되어 증발기에서 냉동능력이 제어된다.
③ 가열량은 냉수 출구온도 센서의 신호를 받아 제어된다.

1) 구동열원 입구 제어방법
   2중효용 흡수냉동기에서 증기 또는 고온수를 2방밸브 또는 3방밸브를 설치하여 부하에 따라 용량을 조절한다.

2) 버너 연소량 제어방법
   직화식에서 연료량과 공기량 비율을 조정하여 버너 연소량을 제어한다.

3) 증기 드레인 제어방법
   저압증기를 사용하는 단효용에서 정체된 증기 드레인 양에 따라 가열량을 제어한다.

(2) 재생기로 공급되는 용액량 제어
① 재생기로 공급되는 희용액과 흡수기로 돌아오는 농용액 라인에 바이패스를 설치한다.
② 희용액을 농용액에 바이패스시켜 재생기로 보내는 용액량이 제어된다.
③ 바이패스량의 조절은 냉수 출구온도 센서의 신호를 받아 조절된다.

(3) 응축온도 증가를 위한 냉각수 온도 제어
① 흡수기와 응축기에 공급되는 냉각수의 온도를 증가시켜 응축온도를 증가시킨다.
② 냉각수 온도는 냉각탑 주위에 물을 바이패스시켜 제어한다.
③ 흡수기 용액펌프로 공급되는 용액량은 일정하나 순환하는 냉매 유량은 감소하게 되어 냉동능력이 제어된다.

(4) 증발기와 흡수기 사이의 바이패스 제어방법
① 부하가 적어 발열을 소비할 수 없을 경우에 사용한다.
② 증발기와 흡수기 사이에 바이패스 밸브를 설치하여 밸브 개도 조정으로 용량 제어한다.

8 1중효용(단효용) 흡수식 냉동사이클

유사기출문제

1. 단효용 흡수식 냉동기(LiBr – 물)의 원리도를 도시하고 설명하시오. [공조 80회(25점)]
2. 기본적 흡수식 냉동장치에 대한 개략도를 그리고 작동원리를 설명하시오. [공조 71회(25점)]
3. 흡수식 냉동사이클을 도시하시오. [건축 56회(10점)]
4. 이상적 흡수식 냉동기 사이클 계통도를 설명하시오. [공조 43회(5점)]

1. 개요

① 단효용은 순환사이클이 단순하여 1945년 미국에서 개발된 이래 널리 사용되고 있다.
② 단효용은 성능계수가 0.7 정도로 2중효용의 1.2에 비해 매우 낮다.
③ 주요 기기는 증발기, 흡수기, 재생기, 응축기, 용액열교환기, 흡수액과 냉매펌프 등이다.
④ 구동열원으로는 압력 1atg의 저압증기나 80~120℃ 정도의 온수가 사용된다.

2. 흡수식 냉동사이클의 해석

① 냉매순환 과정 : 발생기 → 응축기 → 증발기 → 흡수기
② 혼합용액 순환 과정 : 흡수기 → 용액펌프 → 열교환기 → 발생기 → 열교환기 → 흡수기

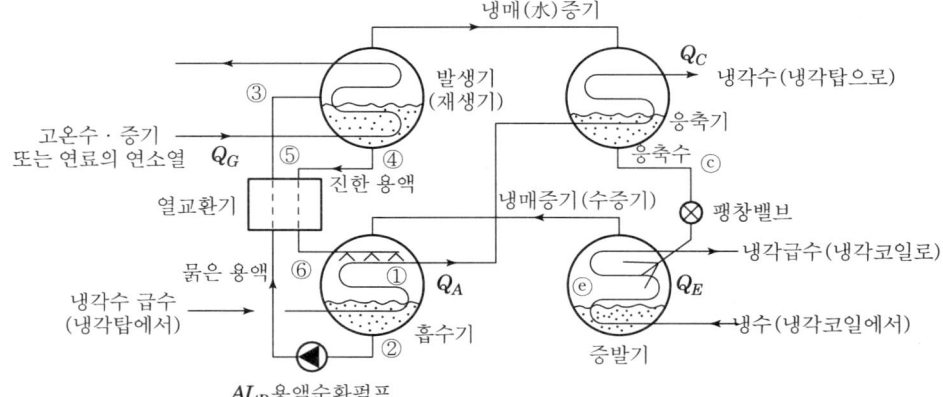

단효용 흡수식 냉동기

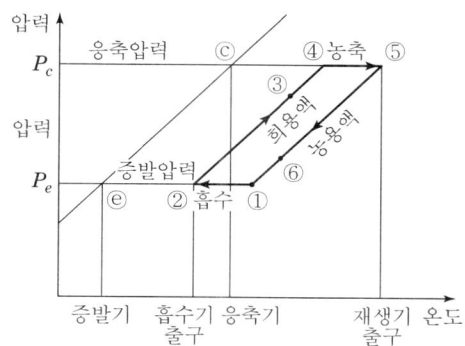

단효용 흡수식 냉동기의 듀링선도

(1) ① → ② 과정

① 흡수기에서 LiBr 용액(농용액)이 증발기에서 오는 수증기를 흡수하여 희용액이 된다.
② 이때 흡수열이 발생하는데 냉각수에 의해 흡수열은 제거된다.

(2) ② → ③ 과정

① 흡수기에서 재생기로 가는 희용액이 재생기에서 흡수기로 내려오는 고온의 농용액과 열교환하여 희용액의 온도가 상승한다.
② 희용액을 열교환함으로써 재생기에서의 가열량을 줄일 수 있다.

(3) ③ → ④ 과정

① 재생기 내에서 희용액의 비점까지 가열하여 수증기(냉매증기)를 발생한다.
② 발생된 수증기는 응축기로 유입된다.

(4) ④ → ⑤ 과정

LiBr 용액은 농축되어 다시 농용액이 된다.

(5) ⑤ → ⑥ 과정

고온의 농용액은 흡수기에서 재생기로 가는 희용액과 열교환하여 온도가 강하된다.

(6) ⑥ → ① 과정

온도가 저하된 농용액은 흡수기 내에 살포되면서 냉각수에 의해 온도가 강하된다.

(7) ④ → ⓒ 과정

재생기에서 발생된 수증기가 응축기로 유입, 냉각되어 응축된다.

(8) ⓔ → ② 과정

증발기에서 냉매(물)가 증발하여 흡수기로 흡수된다.

9 2중효용 흡수식 냉동사이클

> **유사기출문제**
> 1. 2중효용 흡수식 냉동기의 개략도와 구조, 기능, 특징, 응용, 장단점 기술 [공조 75회(25점)]
> 2. 2중효용 흡수식 냉동기의 원리를 도시하고 각 부분의 작용 설명 [건축 58회(25점)]

1. 개요

① 2중효용은 단효용에서 냉각수로 버려지던 냉매증기의 응축열을 다시 한 번 이용함으로써 효율을 개선한 것으로, 고온/저온재생기와 고온/저온열교환기가 설치되어 있다.

② 이중효용 흡수사이클에는 흡수기에서 유출하는 희용액의 일정량을 고온 및 저온재생기에 병렬로 흐르게 하는 병렬흐름과 전 용액을 고온재생기로 보내는 직렬흐름이 있다.

③ 2중효용 흡수식 냉동기의 구동열원으로는 압력 8atg의 고압증기나 180℃ 이상의 고온수가 사용되며, 성적계수는 1.2~1.3 정도이다.

2. 2중효용 흡수식 냉동사이클의 해석

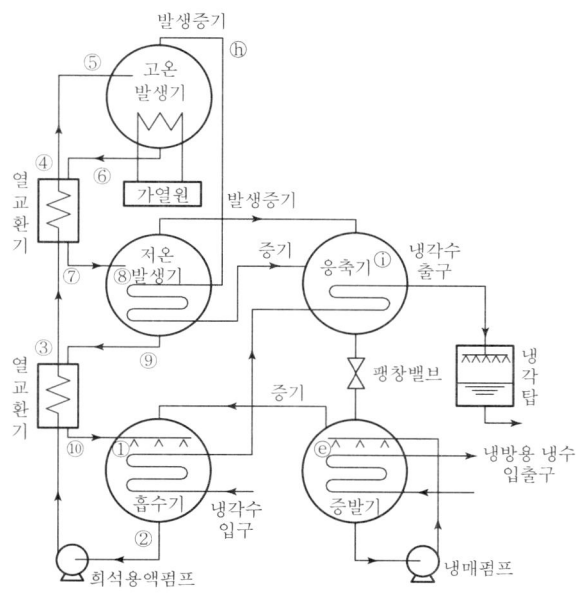

2중효용 흡수식 냉동기

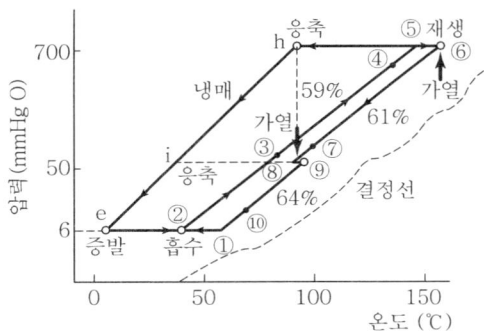

2중효용 흡수식 냉동기 듀링선도

(1) ① → ② 과정

① 흡수기에서 LiBr 용액(농용액)이 증발기에서 오는 수증기를 흡수하여 희용액이 된다.
② 이때 농용액(약 64%)은 냉매를 흡수하여 희용액(약 59%)으로 되며, 발생된 흡수열은 냉각수에 의해 제거된다.

(2) ② → ③ → ④ 과정

① 흡수기에서 재생기로 가는 희용액을 재생기에서 흡수기로 내려오는 고온의 농용액과 차례로 열교환하여 희용액의 온도를 상승시킨다.
② 희용액을 열교환함으로써 고온재생기에서의 가열량을 줄일 수 있다.

(3) ⑤ → ⑥ 과정

① 고온재생기 내에서 희용액의 비점까지 가열하여 수증기(냉매증기)를 이탈시켜 LiBr 용액이 농축되어 중간용액으로 된다.(약 61%)
② 발생된 수증기는 저온재생기로 유입된다.

(4) ⑥ → ⑦ 과정

중간용액은 흡수기에서 재생기로 가는 희용액과 열교환하여 온도가 강하된다.

(5) ⑦ → ⑧ → ⑨ 과정

저온재생기에서 중간용액(61%)이 고온재생기에서 온 고온의 냉매증기와 열교환하여 재농축되면서 농용액(64%)이 된다.

(6) ⑨ → ⑩ 과정

① 저온재생기를 나온 농용액이 저온열교환기를 거치면서 냉각된다.
② 열교환하여 열을 방출함으로써 흡수기에서의 냉각수량을 감소시킬 수 있다.

(7) ⑩ → ① 과정

온도가 저하된 농용액은 흡수기 내에 살포되면서 냉각수에 의해 온도가 강하된다.

(8) ⓗ → ⓘ 과정

고온재생기에서 발생된 고온의 수증기가 저온재생기로 유입되어 중간농액을 재차 가열하여 농용액으로 만든 후 응축기로 유입된다.

(9) ⓔ → ② 과정

증발기에서 냉매(물)가 증발하여 흡수기로 흡수된다.

10 3중효용 흡수식 냉동사이클

> **유사기출문제**
> 1. 삼중효용 흡수식 냉동기의 작동원리를 설명하고 기술적 문제점을 서술하시오. [공조 80회(25점)]
> 2. 이중효용 개략도와 삼중효용 흡수식 냉동기를 아는 바를 기술하시오. [공조 74회(25점)]

1. 개요

① 최근 제안되고 있는 냉방사이클로 이중효용에 재생기를 1개 더 설치하여 에너지 절약을 도모하고 냉매증기를 다단계로 이용하여 냉각수량을 줄일 수 있다.

② 제1재생기(고온재생기)에서 발생된 냉매증기(수증기)는 제2재생기(중온재생기)에서 용액을 가열, 농축시키고, 제3재생기(저온재생기)로 유입되어 열원으로 사용된다.

③ 삼중효용의 성적계수는 1.4~1.6 정도로 단효용 0.65~0.7, 이중효용 1.2~1.3에 비해 높다.

2. 3중효용 흡수식 냉동기의 사이클 해석

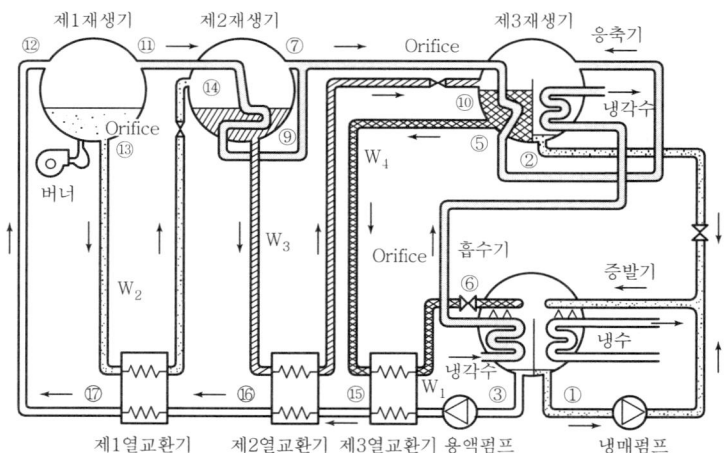

삼중효용 흡수식 냉동기 장치구성도

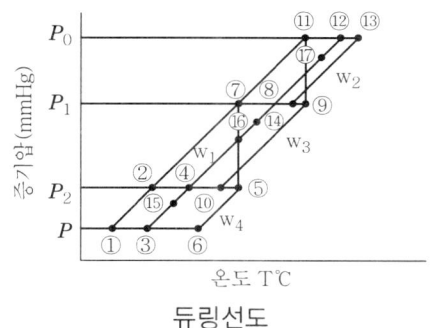

듀링선도

(1) 흡수기 ⑥ → ③ 과정

① 흡수기의 LiBr 농용액(64%)이 증발기에서 오는 수증기를 흡수하여 희용액(58%)이 된다.
② 이때 흡수열이 발생하는데 냉각수에 의해 제거된다.

(2) 열교환기[제1, 제2, 제3열교환기] ③ → ⑫ 과정

흡수기에서 재생기로 가는 희용액을 재생기에서 흡수기로 내려오는 고온의 농용액과 열교환하여 희용액의 온도를 상승시킨다.

(3) 고온재생기(제1재생기) ⑫ → ⑬ 과정

① 고온재생기 내에서 희용액의 비점까지 가열하여 수증기(냉매증기)를 이탈시켜 LiBr 용액이 농축(60%)되어 제2재생기로 유입된다.
② 발생된 수증기는 중온재생기로 유입되어 용액을 재차 농축시킨다.

(4) 중온재생기(제2재생기) ⑭ → ⑩ 과정

고온재생기에서 농축 유입된 용액과 수증기는 재차 농축(62%)되어 용액과 수증기는 중온재생기로 유입된다.

(5) 저온재생기(제3재생기) ⑩ → ⑥ 과정

저온재생기에서 농축 유입된 용액과 수증기는 최종 농축(64%)되어 용액은 흡수기로, 수증기는 응축기로 유입되어 응축된다.

(6) 흡수기 ⑥ → ③ 과정

온도가 저하된 농용액은 흡수기 내에 살포되면서 냉각수에 의해 온도가 강하된다.

(7) 응축기
제3재생기에서 발생한 냉매증기와 제2재생기에서 발생하여 제3재생기의 열원으로 사용된 냉매액이 함께 유입되어 응축된다.

(8) 증발기
증발기에서 냉매(물)가 증발하여 흡수기로 흡수된다.

3. 기술적으로 예상되는 문제점
① 재생기 3개와 열교환기 3개 등 설계가 복잡하고 제작이 어려워 제조단가가 비싸다.
② 응축온도가 하락되어 저온열교환기에서 결정이 석출되어 배관이 막히기 쉽다.
③ 부품수가 많고 제어가 복잡하여 고장 발생률이 증가할 수 있다.

11 흡수식 냉온수기

> **유사기출문제**
> 1. 가스흡수식 냉온수기의 성적계수 정의와 성적계수가 1.1 → 1.3으로 증가 시 이산화탄소의 배출량은 몇 % 감소되는지 구하시오. [공조 83회(10점)]
> 2. 흡수식 냉온수기의 원리, 사이클, 기본구조, 냉난방 이용방법 설명 [공조 51회(25점)]

1. 개요

① 흡수식 냉온수기는 여름에는 냉방용 냉수를 제조하고, 겨울에는 난방용 온수를 제조할 수 있는 냉난방 겸용 기기로 냉동기와 보일러(난방용+급탕용) 2대를 대체할 수 있다.
② 가열원으로 가스, 등유 등의 연료를 직접 연소시키므로 직화식 흡수식 냉온수기라 한다.
③ 냉수제조 사이클은 대부분 유사하나 난방용 온수제조 사이클은 온수전용 열교환기, 증발기, 흡수기-응축기를 이용한 온수제조방식이 있다.

2. 냉난방 사이클

(1) 냉방 사이클

① 고온재생기에서 버너에 의해 도시가스, 등유 등의 연료를 연소시킨다.
② 고온재생기 내부의 희용액은 가열 농축되어 중간농도로 되며, 저온재생기에서 한번 더 가열 농축되어 저온열교환기를 거쳐 흡수기 상부에서 산포되며 증발기에서 증발한 냉매 증기를 흡수하는 과정으로 기본적으로 2중효용 흡수식 냉동기와 동일하다.

(2) 난방 사이클

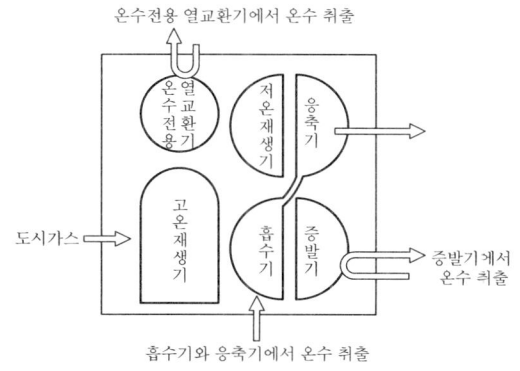

흡수식 냉온수기의 온수 취출방법

1) 온수전용 열교환기를 이용한 온수제조
   ① 온수는 전용으로 독립 설치된 온수열교환기에서 제조된다.
   ② 고온재생기와 연결된 배관을 밸브로 차단하여, 고온재생기와 온수기만으로 운전한다.
   ③ 버너에 의해 가열된 흡수액에 발생한 냉매증기는 온수열교환기 튜브 안을 흐르는 온수를 가열한 다음, 응축한 냉매액은 중력에 의해 고온재생기로 돌아오고 농축한 흡수액을 희석시켜 사이클을 반복한다.
   ④ 이 방법의 장점은 온수를 제조할 때 다른 기기를 정지한다는 점이다.

2) 증발기를 이용한 온수제조
   ① 냉방 시 냉수를 증발기에서 취출하는 것과 같이 온수를 증발기에서 만드는 방법이다.
   ② 고온재생기에서 발생한 냉매증기를 흡수액과 함께 흡수기로 보낸다.
   ③ 이 냉매증기가 증발기의 전열관에서 응축할 때 튜브 안을 흐르는 온수를 가열한다.
   ④ 냉수와 온수가 같은 증발기에서 제조되어 외부 배관을 교체할 필요가 없는 장점이 있다.

3) 흡수기-응축기를 이용한 온수제조
   ① 흡수기와 응축기에서 냉각수 대신에 온수를 얻는 방식이다.
   ② 흡수기에서 흡수열에 의해 1차 가열되고, 저온재생기에서 발생한 냉매증기에 의해 응축기에서 다시 가열된 냉각수를 온수로 사용한다.
   ③ 응축기에서 응축된 냉매액과 저온재생기에서 응축된 냉매는 증발기로 유입되고, 토출밸브를 통해 흡수기로 들어간다.
   ④ 저온재생기 내의 흡수액은 열교환기를 지나 흡수기의 전열관 내부를 흐르는 온수에 열을 전달한 후 흡수액펌프에 의해 고온재생기로 보내진다.

3. 흡수식 냉온수기의 특징

① 보일러와 냉동기의 역할을 겸하므로 설치면적이 작다.
② 취급자의 자격이 불필요하다.
③ 냉동수배관이 공용이므로 설비가 간단해진다.
④ 운전비용이 저렴하다.
⑤ 설치비용이 저렴하다.

12 2중효용 흡수식 냉동기의 효율 향상방법

유사기출문제
1. 일중효용과 이중효용의 차이점과 시스템 효율과 관련된 사항 설명   [공조 77회(25점)]

1. 2중효용 흡수식 냉동기의 효율 향상방법

(1) 고온열교환기의 열교환 효율 향상
① 고온열교환기는 고온재생기의 중간농도 용액과 흡수기의 흡수펌프에 의하여 고온재생기로 가는 묽은 용액을 열교환시키는 기기이다.
② 전열효율을 향상시키기 위해 스파이럴튜브와 같은 특수가공 전열관을 사용한다.

(2) 저온열교환기의 열교환 효율 향상
① 저온열교환기는 저온재생기에서 흡수기로 흘러가는 농용액과 흡수기의 흡수액 펌프에서 고온재생기로 가는 희용액을 열교환시키는 기기이다.
② 전열효율 향상은 고온열교환기와 같으나 농용액의 압력차가 적어 순환이 원활하지 않을 수 있으므로 농액순환펌프를 설치하는 경우도 있다.

(3) 흡수액 순환량의 감소
① 흡수기의 희용액은 저온과 고온열교환기에서 가열되고 재생기에서 가해진 열에 의해 재생온도에 이르나 이것은 결과적으로 흡수기에서 냉각수로 손실된다.
② 이 손실량을 줄이기 위해서는 흡수액의 순환량을 감소시켜야 한다.
③ 또한 순환량 감소와 성능유지를 위해서는 각 열교환기의 전열성능 향상과 전열면적 증가가 필요하게 된다.

(4) 냉수와 냉각수 조건의 변경
① 냉수온도는 가능한 한 높게 하는 것이 에너지 절약적이므로 건물의 부하 정도에 따라서 냉수온도를 조절한다.
② 냉각수 온도는 낮을수록 에너지 절약이 되므로 냉각수 온도범위는 가능한 한 크게 한다.

2. 흡수식 냉동기의 성적계수

① 냉각 효율은 성적계수로 표현되며 발생기 공급열에 대한 증발기 냉각열량이다.
② 단효용 0.6~0.7, 이중효용 1.2~1.3, 삼중효용 1.4~1.6 정도이다.

$$COP_C = \frac{출력}{입력} = \frac{증발기\ 냉각열량\ Q_E}{발생기\ 공급열\ Q_G + 펌프일(보통\ 무시)} = \frac{Q_E}{Q_G}$$

$$COP_C = \frac{Q_E}{G_F H}$$

G_F : 연료소비량[kg/h(기름), Nm³/h(가스)]
H : 연료발열량[kcal/kg(기름), kcal/Nm³(가스)]

13 흡수식 냉온수기의 효율 향상방법

1. 개요

흡수식 냉온수기의 효율 향상을 위하여 2중효용 흡수식 냉동기에서 효율 향상방법 이외에 다음과 같은 방법이 실행되고 있다.

2. 흡수식 냉온수기 효율 향상방법

(1) 2중효용 흡수식 냉동기의 효율 향상방법 동일 사항

① 고온열교환기의 열교환 효율 향상
② 저온열교환기의 열교환 효율 향상
③ 흡수액 순환량의 감소
④ 냉수와 냉각수 조건의 변경

(2) 고온재생기의 연소효율 향상

① 연소효율 향상은 연료의 직접적 절감으로 배기가스 온도를 200℃로 유지한다.
② 버너와 연소실의 개량, 연관제조의 개선, 연관면적의 증대, 전열계수 향상 등이 있다.

(3) 배기가스열의 회수

① 고온재생기에서 나오는 높은 온도의 배기가스를 이용하여 버너의 입구공기를 예열하거나, 흡수액을 가열하여 연소효율을 향상시킨다.
② 그러나 배기드래프트 또는 배기가스 중의 수분이 응축되어 부식이 발생할 우려가 있다.

(4) 냉각수 온도의 허용범위 확대

① 냉각수 온도가 낮을수록 에너지 절감효과가 크므로 최대한 낮은 온도를 이용한다.
② 냉각수 온도가 지나치게 낮으면 결정발생, 냉매펌프 공회전 등의 위험이 있다.
③ 상용화되고 있는 흡수식의 경우 냉각수 입구온도의 허용범위는 22~15℃ 정도이다.

14 흡수식 히트펌프

> **유사기출문제**
> 1. 흡수식 히트펌프는 제1종과 제2종으로 구분된다. 이들의 개념과 원리를 그림으로 그리고 각각의 성적계수를 서로 비교하여 설명하시오. [공조 77회(25점), 65회(25점), 51회(25점)]
> 2. 흡수식 Heat Pump의 특성 및 기능에 대하여 기술하시오.
> [건축 31회(30점)] [공조 29회(25점)]

1. 개요

① 흡수식 냉동기와 같은 사이클을 이용하여 증발기에 공급된 열을 승온하여 얻은 온수를 난방이나 급탕에 이용하며, 제1종과 제2종 흡수식 히트펌프가 있다.

② 제1종 흡수식 히트펌프는 흡수기와 응축기에서 승온된 물을 온수로 이용한다.

③ 제2종 흡수식 히트펌프는 흡수식 냉동기의 사이클을 역으로 돌려 고온의 온수를 얻는다.

2. 제1종 흡수식 히트펌프

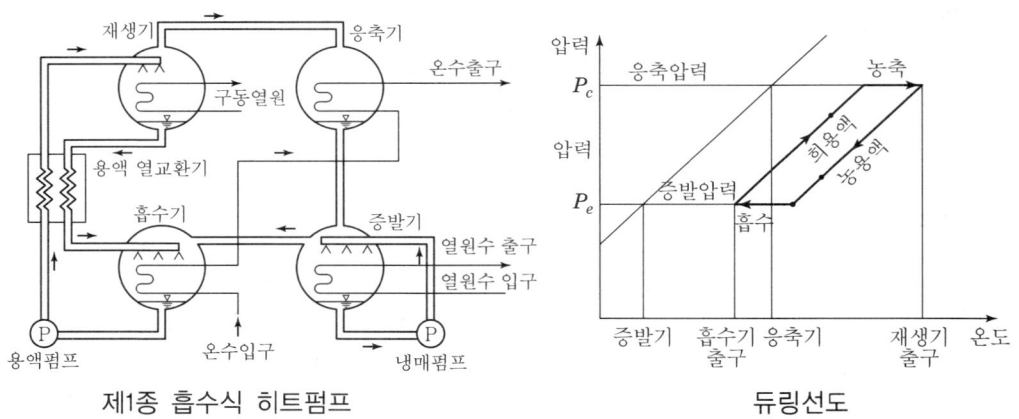

제1종 흡수식 히트펌프 　　　　　듀링선도

(1) 개념 및 원리

① 증발기에 온도가 낮은 온배수가 공급되고, 재생기는 가스나 증기의 구동열원이 공급된다.

② 온수는 흡수식 냉동기의 냉각수라인을 활용하여, 흡수기의 흡수열과 응축기의 응축열에 의해 얻어진 열량으로 온수를 취출한다.

③ 그러나 흡수기와 응축기의 배열을 온수 가열에 이용하기 때문에 공급된 구동열원의 열

량에 비하여 온수의 열량은 크지만, 온수의 승온 폭이 작아 온수의 온도가 낮다.

④ 건물이나 공장의 공정 중에 배출되는 냉수의 열을 회수하여, 난방이나 급탕 또는 공정 중의 온수를 공급하는 데 사용할 수 있다.

(2) 성적계수

① 보통 온수의 온도는 60℃ 정도로, 재생기 가열원의 온도보다 낮으나 증발기 흡열량만큼 에너지를 추가로 이용하므로 성적계수는 항상 1보다 크게 된다.

② 따라서 증발기에서 회수하는 열량이 많을수록 재생기에서의 가열량을 줄일 수 있으므로 증발기의 열원수(배수)를 가급적 많이 회수하면 성적계수를 높일 수 있다.

③ 성적계수(COP_H)

$$\text{흡수열 } Q_A + \text{응축열 } Q_C = \text{발생기 가열량 } Q_G + \text{증발기 취득 열량 } Q_E$$

$$COP_H = \frac{\text{출력(이용열량)}}{\text{입력(공급열량)}} = \frac{\text{흡수열}Q_A + \text{응축열}Q_C}{\text{발생기 공급열}Q_G} = \frac{Q_G + Q_E}{Q_G}$$

$$= 1 + \frac{Q_E}{Q_G} = 1 + COP_C$$

여기서, COP_H : 흡수식 히트펌프 성적계수
COP_C : 흡수식 냉동기 성적계수

④ 제1종의 성적계수는 $\frac{Q_E}{Q_G}$ 가 40~45% 이므로 COP_H=1.4~1.45 정도이다.

3. 제2종 흡수식 히트펌프

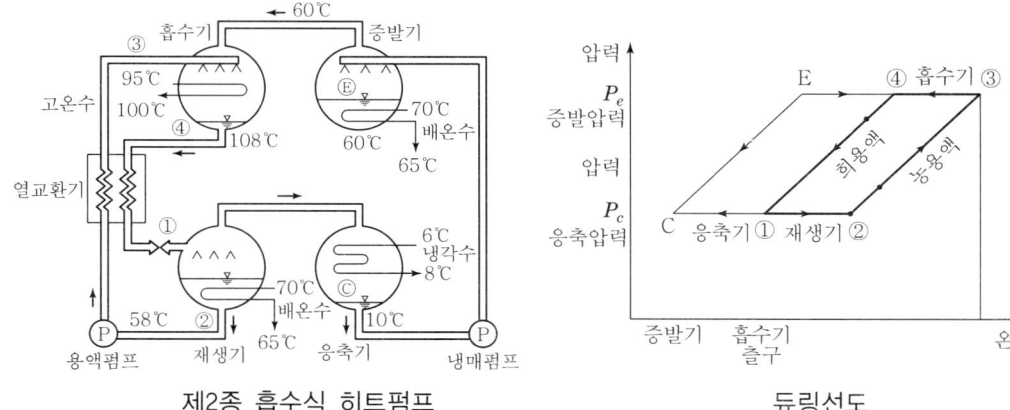

제2종 흡수식 히트펌프   듀링선도

(1) 개념

① 고온의 구동열원 없이 60℃ 정도의 배수나 폐열원을 이용하여 고온의 온수를 얻는다.
② 열회수는 증발기와 재생기에서 하며, 100℃ 정도의 온수는 흡수기로부터 취출한다.
③ 냉각수의 온도가 낮을수록 고온의 온수를 얻을 수 있다.
④ 구동열원인 온배수(폐수)보다 50℃ 가량 높은 온수를 얻을 수 있으므로 공업용으로 또는 지역냉난방용으로의 사용이 기대된다.

(2) 원리

① 증발기에 공급된 폐열의 열을 냉매(물)에 주고, 이 열에 의해 증발한 냉매증기는 흡수기에서 흡수액(LiBr 수용액)에 흡수된다.
② 이때 발생한 흡수열이 흡수기를 통하는 물을 가열하여 온수를 만든다.
③ 온수의 온도는 흡수되는 냉매의 포화온도보다 용액의 비점상승분만큼 높아진다.
④ 흡수기의 희용액은 교축밸브를 통해 발생기로 들어오며, 발생기에서는 배온수에 의해 가열되어 농축된다. 농용액은 펌프에 의해 흡수기로 공급된다.
⑤ 흡수식 냉동기나 제1종 흡수식 히트펌프와는 달리 증발기 및 흡수기의 압력이 재생기나 응축기보다 높은 압력에서 작동한다.
⑥ 또한 듀링선도로 나타낼 때 흡수 사이클의 흡수액의 순환방향이 제1종과 반대이다.

(3) 성적계수

흡수열 Q_A + 응축열 Q_C = 발생기 가열량 Q_G + 증발기 취득 열량 Q_E

$$COP_H = \frac{출력(이용열량)}{입력(공급열량)} = \frac{흡수열\,Q_A}{증발기\,Q_E + 발생기\,Q_G} = \frac{Q_E + Q_G - Q_C}{Q_E + Q_G}$$

$$= 1 - \frac{Q_C}{Q_E + Q_G} < 1$$

성적계수는 보통 0.5 정도로 항상 1보다 작지만, 공급열량을 폐열로 이용하면 성적계수는 무한대가 된다.

15 흡수식 냉동기 시스템 설계 시 주의사항

1. 결정화

① 용액이 일정한도의 농도가 되면 결정이 발생되며 일단 형성되면 급격히 진행된다.
② 배관 내에 결정이 형성되어 진전되면 결국 꽉 막히게 되어 우동이 정지된다.
③ 유동이 정지되고 배관 주위로 열손실에 의하여 냉각되면 딱딱한 고체상태로 된다.
④ 결정 발생은 온도가 낮고 농도가 진한 저온열교환기 출구에서 생기기 쉽다.
⑤ 용액의 결정화 현상은 LiBr를 사용하는 공랭식 흡수기를 만드는 데 가장 큰 장애물이다.

2. 부식문제

① LiBr 용액은 탄소강과 구리를 포함한 여러 가지 금속에 매우 부식성이 강하다.
② 그러나 흡수기 내부를 기밀유지한 경우 산소가 거의 없어 부식률이 매우 느리다.
③ 크롬산리튬 등과 같은 부식방지제는 금속 표면에 안정된 산화막을 형성하여 부식을 감소시킨다.
④ 또한, pH를 중성에 가깝게 유지하기 위하여 소량의 HBr을 첨가한다.

3. 진공의 필요성

① LiBr 흡수식 장치는 일반적으로 대기압 이하에서 작동되어 공기 혼입의 우려가 있으며, 냉동능력은 불응축가스의 혼입에 의해 급격히 감소한다.
② 가장 낮은 압력은 증발기와 흡수기이며, 보통 7mmHgabs로 운전된다.
③ 낮은 압력에 의한 증기의 비체적은 상당히 높기 때문에 장치의 크기가 커져야 한다.

16. 흡수식 냉동기의 설계방법과 사이클 해석 순서

유사기출문제

1. 흡수식 냉동기의 설계방법과 관련 사이클 해석 순서에 대해 기술하시오. [공조 52회(25점)]

1. 흡수식 냉동기의 설계방법

① 듀링선도와 엔탈피 – 농도(h – x) 선도, 에너지 및 질량평형식을 이용한다.
② 소요의 냉동능력을 얻기 위한 냉매순환량, 용액순환량, 구성요소의 열전달량을 구한다.
③ 냉매순환량과 용액순환량으로부터 각 구성요소를 연결하는 연결부의 냉매증기, 용액의 통로면적, 배관의 크기가 정해지며 펌프의 토출량이 결정된다.
④ 교환열량으로부터 전열면적이 계산되고 전체의 크기가 결정된다.
⑤ 액적분리의 문제와 각 구성요소에서 허용압력강하범위에 있는가를 검토한다.
⑥ 실제로 상업용에서는 응축기와 발생기가 같은 압력에서 운전되므로 한 용기에 넣고, 증발기와 흡수기도 같은 저압으로 한 용기에 설치하여 연결관에 의한 압력강하를 줄인다.

2. 흡수사이클의 해석 순서

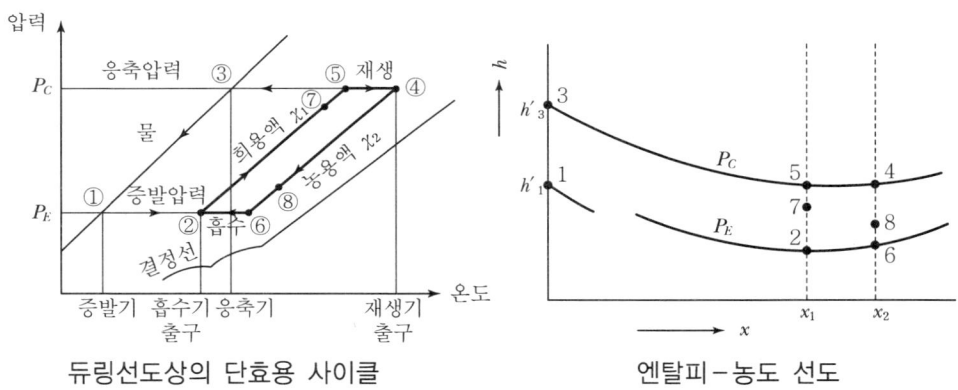

듀링선도상의 단효용 사이클   엔탈피 – 농도 선도

① 냉각수 출구온도에 적당한 출구온도차(응축온도 – 냉각수 출구온도)를 가산하여 그 온도에 상당하는 응축압력(P_C)을 결정한다.
② 냉각수 출구온도에서 적절한 온도차를 빼어 증발온도를 정하고 증발압력(P_E)을 정한다.

③ 흡수기와 응축기에서 제거열량의 비(Q_A/Q_C)를 적당히 정하여 냉각수의 흡수기 출구온도를 정하고 이것에 적당한 온도차를 합하여 흡수기 출구 용액온도 (t_2)를 결정한다.

④ h-x 선도상에서 P_E와 t_2와의 교점 2를 구하여 흡수기 출구 희용액 농도 (x_1)를 결정한다.

⑤ 적당한 농도폭 x를 정하여 x_1에 더하여 발생기 출구 농용액의 농도 (x_2)를 결정한다.

⑥ 등농도곡선 x_2와 P_C와의 교점 4를 정하고, 이 교점을 통과하는 등온곡선으로부터 발생기 출구 농용액온도 t_4를 구한다.

⑦ 등농도곡선 x_2와 P_E의 교점 6을 정하여 이 점으로부터 결정선까지 충분히 분리되어 있는지 검토한다. 일반적으로 결정선까지 온도로 5~6℃ 이상 분리되는 것이 좋다.

17 소형 흡수식 냉온수기

유사기출문제
1. 소용량 공랭식 흡수식 에어컨을 개발할 때 기술적 문제와 해결방안을 제시[공조 41회(25점)]

1. 개요
① 소형 흡수식 냉온수기는 50 냉동톤 미만에 사용되어 패키지화된 유닛 또는 공랭화 기종이 일본에서 보급되고 있다.
② 냉방부하에 따라 2~3대를 조합하여 병렬 설치할 수 있으며 옥외설치가 가능하여 중소형 빌딩과 고급주택 공조용으로 적합하다.

2. 소형 흡수식 냉온수기
① 도시가스, 등유를 열원으로 하며 대형과 거의 동일한 시기에 개발되었다.
② 냉매-흡수제로는 물-LiBr 수용액과 암모니아-물을 이용하나, 암모니아 독성과 폭발에 대한 위험성이 있어 빌딩 공조용으로 물-LiBr 방식이 주로 이용되고 있다.
③ 외형상 길이에 비해 높이가 높은 입형 구조이므로 설치면적을 축소할 수 있다.
④ 흡수액과 냉매의 순환방식으로 기내의 저진공부와 고진공부 사이의 압력차를 재생가열 과정에서 발생하는 기포류 이용 극복하여 동력이 불필요한 자연순환방식이다.

3. 냉난방 사이클

(1) 냉방 사이클
① 흡수액은 순환펌프로 흡수기에서 저온/고온 열교환기를 거쳐 고온재생기로 보내진다.
② 고온재생기에서 가열에 의해 발생된 기포와 함께 흡수액은 분리기로 상승한다.
③ 분리기에서 냉매증기와 분리된 후 흡수액은 고온열교환기 → 저온재생기 → 저온열교환기를 거쳐 흡수기로 유입된다.
④ 미증발냉매는 응축냉매에 의해 가열되어 발생된 기포와 함께 증발기로 보내진다.

(2) 난방 사이클
① 흡수기에서 분리기까지 냉방 사이클과 동일하나, 분리기와 흡수기 사이의 배관에 설치된 냉난방 전환밸브를 열어 흡수액과 냉매증기를 흡수기로 보낸다.
② 단효용형에서는 흡수액과 냉매를 모두 기포펌프에 의해 자연순환방식으로 유동하며, 냉난방전환도 U자형 트랩에 의한 자동전환방식을 사용하나 2중효용보다 효율이 낮다.

18 태양열 또는 폐열 이용 흡수식 냉동기

1. 개요

① 흡수식 냉동기는 태양열과 폐열 등의 이용이 가능하여 80~90℃의 저온수를 열원으로 하는 저온수 흡수식 냉동기가 가능하다.
② 또한 공업로나 발전기 또는 소각로 등의 배기가스열 등을 이용하는 배기가스 흡수식 냉동기 등이 개발되고 있다.
③ 흡수식 냉동기는 폐열을 회수하여 온도가 높은 증기나 증기를 제조할 수 있는 열펌프로도 널리 이용되고 있다.

2. 저온수 흡수식 냉동기

(1) 개요

① 태양열 이용의 목적으로 개발되었으나, 태양열집열기가 고가이고 태양열 이용 시간이 일정하지 않아 발전기 냉각수와 같은 저온수(80~90℃)를 이용하고 있다.
② 저온수를 이용하므로 기기 크기를 작게 하는 것이 초기투자비를 줄일 수 있는 방법이다.
③ 열병합 발전설비의 배기가스 열을 이용하는 시스템에 적용된다.

(2) 저온수 흡수식 냉동기의 고려사항

① 냉수 출구온도를 8~10℃ 정도로 높게 한다.
② 냉각수 입출구온도를 낮게 한다.(입구온도 30~31℃, 출구온도 34~38℃ 정도)
③ 저온수 온도를 높게 한다.(입구온도 85~95℃, 출구온도 80~85℃ 정도)

3. 배기가스 흡수식 냉온수기

① 흡수식 냉온수기와 비슷한 구조이나 고온재생기만이 구조가 다르다.
② 각종 노에서 나온 고온의 배기가스를 이용하므로 고온재생기에는 연소실이 없고 그 전열면적만큼의 연관이 있다.
③ 직화식의 경우 약 1,000℃ 정도의 연소가스가 열교환을 하지만, 배기가스 흡수식은 온도가 낮아 고온재생기의 전열면적이 크게 된다.
④ 문제점으로는 배기가스가 고온재생기를 부식시킬 수 있으며, 냉온수기를 사용하지 않을 때 고온의 배기가스로부터 냉온수기를 보호하는 방법이 필요하게 된다.
⑤ 가스엔진 또는 가스터빈 등과 같은 효율 낮은 장치에서 배기가스 흡수식은 효과적이다.

19 태양열 흡수식 냉난방시스템

1. 태양열을 이용한 흡수식 냉난방시스템을 개략도를 포함하여 논하시오. [공조 62회(25점)]

1. 개요

① 태양열 냉난방시스템은 흡수식 냉동기를 설치하여 진공관식 집열기에서 생산된 온수를 동절기에는 온수로 사용하며, 하절기에는 재생기 열원으로 사용하여 냉방에 이용한다.
② 소음과 진동이 적으며, 여름철 전력수급에 도움을 주고 환경오염이 적은 장점이 있다.

2. 태양열 흡수식 난방시스템

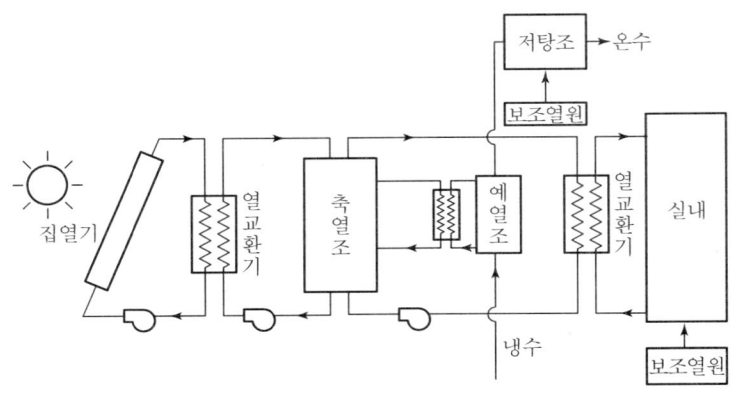

태양열 난방시스템

① 집열기에서 얻은 열을 직접 건물로 공급하거나 축열조로 보내어 축열한다.
② 동절기에 집열기에서의 동파를 방지하기 위하여 자동배수방식이나 부동액을 사용한다.

3. 태양열 흡수식 냉방시스템

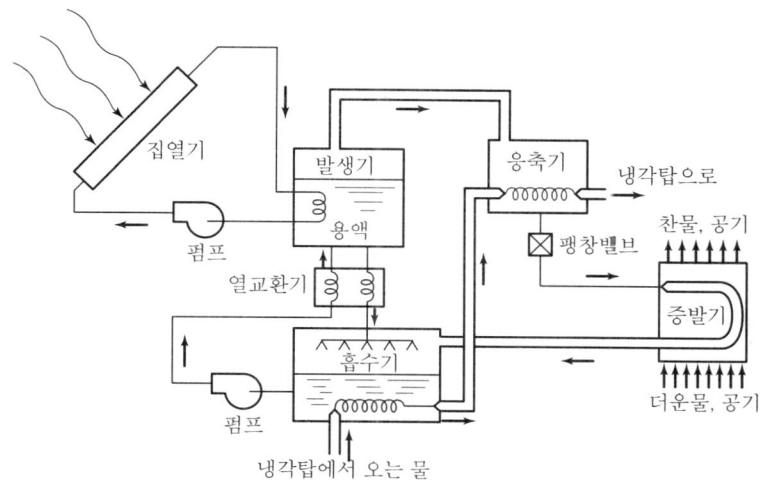

태양열 흡수식 냉방시스템

① 여름철 냉방을 위해 집열기에서 만들어진 온수를 재생기의 구동열원으로 이용한다.
② 재생기에서 가열된 냉매인 물은 증기로 되어 응축기로 유입되고 응축되어, 팽창밸브를 거쳐 증발기로 들어간다.

20 냉매와 흡수제의 구비조건

유사기출문제

1. 흡수식에 사용되는 흡수제 – 작동매체로는 $H_2O - NH_3$ 및 $LiBr - H_2O$가 있다. [공조 54회(20점)]
   ① 흡수제 – 작동매체의 단점을 기술하고
   ② 작동매체와 흡수제가 갖추어야 할 조건을 설명하시오.

1. 냉매(작동매체)의 구비조건

냉동장치가 경제적으로 쉽게 제작 가능하고, 효율이 좋으며 안전한 운전이 되어야 한다.
① 응축압력이 너무 높지 않을 것
② 증발압력이 너무 낮지 않을 것
③ 증발잠열이 커서, 냉매순환량이 작을 것
④ 비체적이 작을 것
⑤ 성적계수가 양호할 것
⑥ 열전도율이 높을 것
⑦ 불활성으로 금속 등과 화합하지 않고, 안정할 것
⑧ 액상 및 기상의 점성이 작을 것
⑨ 독성 및 자극성이 없을 것
⑩ 가연성 및 폭발성이 없을 것
⑪ 누설 시 감지가 쉬울 것
⑫ 가격이 싸고, 구입이 쉬울 것

2. 흡수제의 구비조건

흡수제는 냉매증기와의 친화력에 의해 냉매증기를 계속 흡수하여 증발기에서 일정한 진공도를 유지하도록 하는 것으로, 흡수효율이 좋고 안정된 운전이 되어야 한다.
① 냉매와 비점 차이가 클 것(냉매와 흡수제의 분리가 잘 됨)
② 냉매의 용해도가 높을 것
③ 재생에 많은 열이 소요되지 않을 것
④ 점성이 적을 것
⑤ 열전도율이 높을 것
⑥ 결정이 잘 되지 않을 것

⑦ 불활성으로 금속 등과 화합하지 않고 안정적일 것
⑧ 독성이나 부식성 및 가연성이 없을 것
⑨ 가격이 싸고, 구입이 용이할 것

21 냉매와 흡수제의 조합

유사기출문제

1. 흡수식 냉동기에 사용되는 LiBr-물과 물-암모니아의 특징 비교
[공조 80회(25점), 56회(10점)]
2. 흡수식 냉동장치에서 암모니아를 냉매로 사용할 때의 장단점 기술 [공조 45회(20점)]

1. 물(냉매) – LiBr(흡수제)의 조합

(1) 장점

① 흡수효율이 다른 조합에 비해 우수하다.
② 안전하고 무해하여 누설 시에도 큰 피해가 없다.
③ 일반적으로 사용되어 기술의 안정성이 높다.
④ 물은 증발잠열이 크고, 성적계수가 좋으며 쉽게 구할 수 있다.

(2) 단점

① 비점이 높은 물이 냉매이기 때문에 응축면에서도 비체적이 크다.
② 증발온도를 물의 응고점인 0℃ 이하로 얻는 것이 불가능하다.
③ 리튬브로마이드 수용액은 성질이 소금물과 유사하여 부식성의 문제가 있다.
④ 결정문제로 공랭화가 곤란하다.
⑤ 고농도로 하면 수용액은 결정이 석출된다.

2. 암모니아(냉매) – 물(흡수제)의 조합

(1) 장점

① 환경친화적 자연냉매이다.
② 암모니아를 냉매로 사용하므로 저온을 얻을 수 있어 저온의 냉동냉장용으로 사용된다.
③ 결정화 문제가 없어 공랭화가 가능하며 소형으로 만들 수 있다.
④ 비점이 낮고 증발잠열이 커서 열역학적으로 뛰어난 냉매의 특성이 있다.

(2) 단점

① 독성, 가연성 등의 치명적인 단점으로 특수한 공업용 이외에는 사용하지 않는다.
② 냉매와 흡수제의 비점차가 적어 물도 일부 증발하므로 정류기가 필요하다.

③ 공기와 혼합하면 폭발한다.
④ 누설에 의한 손실과 위험이 따른다.
⑤ 취급 시 전문가의 지식이 필요하다.
⑥ 작동압력이 높아서 압력용기를 필요로 한다.

22 흡수액(LiBr) 관리

유사기출문제
1. 흡수액(LiBr) 관리의 필요성과 오염된 흡수액으로 발생되는 문제점 기술 [공조 68회(25점)]

1. 개요
① LiBr를 흡수제로 사용하는 흡수식 냉동기와 흡수냉온수기는 기밀유지와 흡수액 관리가 유지관리에 있어서 가장 중요한 요소이다.
② 따라서 누설 여부의 진단 및 흡수액과 냉매의 정기적인 추출 분석으로 고장과 운전불능을 사전에 예방하고 기기의 수명을 연장할 수 있도록 해야 한다.

2. LiBr의 제조방법
① Hydrobromic Acid(HBr)와 Lithium Carbonate(Li_2CO_3)와 반응시켜 합성한다.
② 합성된 용액을 농축한 후 조절조에서 농도 및 알칼리도를 조절함과 동시에 부식억제제를 첨가하여 최종 제품화한다.

3. 흡수액 관리의 필요성
① 부식성
  소금물과 유사한 특성으로 부식성이 강하므로 부식억제제를 투입하여야 하며, 부식억제제로는 크롬산리튬, 몰리브덴산리튬, 질산리튬 등을 사용한다.
② 계면활성제
  흡수기의 흡수능력을 향상시키기 위해 계면활성제로 옥틸알코올을 투입한다.
③ 점도
  농도가 증가함에 따라 점도는 급격히 증가하며, 온도가 낮을수록 증가 비율이 크기 때문에 유동하는 데 저항이 증가하여 결정이 생기게 된다.
④ 용해도
  LiBr는 물에 용해되기 쉬우나 수용액으로부터 물을 증발시키거나 온도를 낮추면 수염이 석출되므로 운전 중 용액의 농도에 주의한다.

4. 오염된 흡수액으로 일어나는 현상

① 부식성이 증가하면 흡수액과 접촉하는 금속면이 부식된다.

② 재생기에서 흡수기로 돌아오는 농용액의 점도가 증가하여 스프레이 노즐이 막히거나 용액 유로의 저항을 증가시켜 저온열교환기 출구에서 결정이 생기게 된다.

③ 고온 및 저온열교환기 전열면의 오염으로 국부부식 발생과 효율이 저하하게 된다.

23 흡수식 냉동기의 LiBr 석출

> **유사기출문제**
> 1. 흡수식 냉동기에서 LiBr의 석출이 가장 일어나기 쉬운 곳을 설명하시오. [공조 63회(10점)]

1. 개요
① 흡수제는 농도가 높을수록 온도가 낮을수록 냉매 흡수능력이 커진다.
② 그러나 흡수용액의 농도가 진하고 온도가 낮은 곳에서 고형성분이 석출되어 문제가 발생하게 되므로 운전에 주의하여야 한다.

2. LiBr 석출이 일어나기 쉬운 곳
재생기에서 나온 농용액이 저온열교환기에서 온도가 강하되어 흡수기로 들어가는 열교환기 출구에서 LiBr 석출이 발생될 가능성이 크다.

3. 결정발생의 문제점 및 대책
① 결정이 생성되면 용액의 유로를 폐쇄시켜 유동을 방해하고 냉동능력을 저하시키게 되며 비정상 운전상태로 된다.
② 운전정지 후에도 일정시간 용액펌프를 운전해서 장치 내의 용액이 균일한 농도가 되도록 희석운전을 해야 한다.

4. 결정 발생의 원인

(1) 용액의 농도가 과도하게 높아질 때
① 재생기의 연료공급량 또는 증기압력 상승으로 과도한 과열이 이루어질 때
② 용액펌프의 순환량이 감소할 때
③ 공기가 침입할 때
④ 냉각수 온도가 상승할 때

(2) 용액의 온도가 과도하게 낮아질 때
① 냉각수 온도가 너무 낮을 때
② 정전 등으로 갑자기 정지하여 용액이 냉각될 때
③ 운전정지 후 희석사이클 운전을 하지 않을 때

제20장 냉동창고

1. 냉동창고 설계의 고려사항 ···················· 448
2. 냉동창고 부하종류 ···························· 451
3. 냉동창고 부하계산 ···························· 454
4. 냉동창고의 설비시스템 및 단열방식 ········ 457
5. 동상현상 ······································ 460
6. 동결장치의 분류 ······························ 462
7. 공기냉각식 동결장치 ························ 463
8. 송풍동결장치(Air Blast Freezer) ············ 466
9. 브라인 동결장치 ······························ 468
10. 접촉동결장치 ································ 469
11. 액화가스 동결장치 ·························· 470
12. 단열재와 방습재의 종류 ···················· 471
13. 단열재의 특징 ································ 473
14. 방열 및 방습재의 시공 ······················ 474
15. 단열층 두께 선정기준 및 방습층 ············ 477
16. 단열성능 평가방법 ·························· 479
17. 복합냉장 ······································ 480
18. CA 저장 ······································ 482
19. 쇼케이스 ······································ 484
20. 제빙고의 부하종류 ·························· 486
21. 동결실 부하종류 ···························· 488

1 냉동창고 설계의 고려사항

> **유사기출문제**
> 1. 농산물창고(0℃ 기준)를 포장되지 않은 수산물의 보관(-25℃)창고로 개조하고자 할 때, 건축 및 기계설비 면에서 검토되어야 할 사항을 기술하시오.　[공조 74회(25점)]
> 2. 폐광지역에 냉동창고시설 건축 시 유리한 점과 유의할 사항을 기술하시오.[공조 74회(25점)]
> 3. -20℃용 냉동창고와 상온용 창고가 한 건물에 설치될 때의 문제점과 관리대책을 기술하시오.　[공조 48회(25점)]
> 4. 대형 냉장고 설계방법에 대하여 기술하시오.　[공조 53회(15점)]
> 5. 축산물 저장 냉동창고의 설계순서와 유의사항을 제시하시오.　[공조 41회(25점)]
> 6. 제빙 100톤, 동결 5톤, 냉장 1,000톤의 냉동공장을 계획설계 시 기초검토사항, 부지산출, 냉동부하산출, 기기선정에 대해 기술하시오.　[공조 40회(20점)]

1. 기본계획

(1) 입지조건

냉장고 입지는 경영에 상당한 영향을 미치는 인자이며 교통이 편리한 곳이어야 한다.
① 생산지 냉장고
　집하와 출하가 원활하도록 산지의 중심부에 있어야 하므로 공판장 부근이 유리하다.
② 집산지 냉장고
　생산지와 소비지 냉장고의 중개를 목적으로 식품을 비축시키므로 교통의 중심부로 한다.
③ 소비지 냉장고
　중매인이나 상인들의 편리를 도모하기 위해서 트럭의 출입이 편리한 장소를 선정한다.

(2) 건설지의 땅값

도심지에 부지를 선정 시 경제성을 검토하여 부적절할 경우 도로망이 좋은 변두리를 선정하여 건설비용과 운영경비를 절감할 수 있도록 한다.

(3) 부근의 환경조사

① 주택지와의 거리 및 공공건축물 유무 등
② 공해대책 및 공해방지 조례에 따른 대책의 필요성
③ 건축법에 의한 용도지역, 방화지역의 지정과 건폐율

(4) 부지조사
① 토지측량
② 지질조사
③ 형상조사(부지의 고저, 도로의 넓이 등)
④ 부근의 상황조사(부지 인근 공장 및 주유소 유무, 전력공급 상황 및 전신주 위치 등)

(5) 급배수 및 가스설비조사
① 수도관, 하수도, 도시가스관 부설 상황
② 지하수 사용 가능성
③ 배수처리 정화조 필요성과 사용 배수량 등

(6) 방재조사
① 방재설비 필요성 유무
② 소화설비 및 소화전의 조건
③ 소방법에 의한 불연성 가스 소화설비 적용 유무 등

2. 건축계획
① 설비능력 : 냉장수용능력과 유지온도
② 동결실 : 동결실 유무와 능력 및 동결실 수
③ 플랫폼 : 저상식, 고상식 결정
④ 층수
⑤ 구조 : 철골조, 철근콘크리트조 결정 및 외벽재료와 지붕재료의 결정
⑥ 처리장 : 동결준비실 계획
⑦ 식품가공장 : 냉동제조 등의 부대설비
⑧ 하역설비 : 인력하역, 기계하역 결정 및 기계하역이면 지게차와 대수, 팰릿 등 결정
⑨ 인원구성과 휴식시설 : 사무실, 작업장, 식당, 주방, 화장실, 욕실, 숙직실, 탈의실 등
⑩ 기타 : 주차장, 팰릿 하치장, 구내 방송, 보통창고, 동결 팬 필요 대수 등 결정

3. 냉동창고 부하계산
① 외부 침입열
② 물품 냉각열
③ 발생열(송풍기, 하역기계, 작업원 및 전등)
④ 환기열
⑤ 기타(물품 호흡열)

4. 냉각방식

① 중앙집중식
대용량의 냉동기를 기계실에 설치하고 복수의 냉장실을 냉각하는 방식

② 개별식
각 냉장실마다 냉동기를 단독으로 설치하여 냉각하는 방식

② 냉동창고 부하종류

> **유사기출문제**
> 1. 축산물 가공공장 급속동결실(-35℃) 설계 시 다음을 설명하시오. [공조 59회(25점)]
>   ① 단단압축 및 2단압축방식 비교 설명 ② 동결실 부하산정 시 고려사항
> 2. 냉동창고 설계 시 고려해야 할 부하요소를 ① 침입열, ② 냉각열, ③ 발생열, ④ 환기열,
>   ⑤ 기타 부하열 등으로 나누어 산출 근거에 대하여 설명하시오. [공조 58회(25점)]
> 3. 냉장고 부하계산 시 고려해야 할 항목에 대해 기술하시오. [공조 38회(25점)]

1. 개요

① 냉장고는 주로 농축산물 및 수산물 등을 신선도를 유지하며 저장하는 것이 목적이다.
② 열손실은 외부침입열, 냉각열, 발생열, 환기열, 기타(물품 호흡열) 등으로 대별되며, 환기열과 기타 열량은 (침입열+냉각열+발생열)×35%에 근사한다.

【 식품 냉장고의 구분 】

구분	냉각(Cooling)	동결(Freezing)	냉동(Refrigeration)
저장	냉각저장	동결저장	냉동저장
창고	저온저장고(냉각저장창고)	동결고(동결저장창고)	냉장고(냉동저장창고)
비고	• 동결점 이상에서 동결 없이 저장 • 주로 생체식품과 일부 비생체식품	• 동결점 이하에서 동결 저장 • 주로 비생체식품	냉각과 동결을 포함

2. 냉동창고 부하계산[4]

(1) 외부 침입열 (Q_1)

천장, 외벽, 내벽, 바닥 등을 통해 침입하는 외부 침입열이다.

$$Q_1 = K \cdot A \cdot \Delta t$$

K : 열통과율(총합열전달계수)(kcal/m²h℃)
A : 외벽의 표면적(m²)
Δt : 외기와 고내 온도차(℃)

---
[4] 부하종류의 분류는 전문서에 따라 분류 방법이 다르나 『설비공학편람』 냉동창고 부하계산을 인용한다.

(2) 물품 냉각열 (Q_2)

입고된 물품을 보관온도까지 냉각시키는 냉각열량으로 보통 잠열은 무시하며, 입고품은 24시간 안에 냉장실 온도까지 도달하는 것으로 계산한다.

$$Q_2 = \frac{G \cdot c \cdot \Delta t}{24}$$

G : 1일 입고량(kg/24h)
c : 물품비열(kcal/kg℃)
Δt : 물품온도와 고내 온도차(℃)

(3) 발생열 (Q_3)

냉동창고 내 송풍기는 1일 16시간, 작업에 의한 발생열인 하역기계, 작업원 및 전등의 사용시간은 3시간으로 한다.

① 송풍기에 의한 발생열
　냉동창고 내에 설치된 송풍기 전동모터의 발열량으로 1일 16시간 사용으로 계산한다.

$$Q_{3F} = 860 \cdot 송풍기\ 총동력\ kW \cdot \frac{16}{24}$$

② 하역기계(지게차)에 의한 발생열
　하역기계의 사용 시간은 1일 3시간을 표준으로 하며, 이 발생열은 보통 무시한다.

$$Q_{3M} = 860 \cdot 하역기계\ 총동력\ kW \cdot \frac{3}{24}$$

③ 작업원의 발생열
　인체 발열량은 냉장실 온도에 따라 다르며, 1일 3시간 정도 작업하는 것으로 계산한다.

$$Q_{3H} = 작업\ 인원수 \cdot 인체\ 발열량 \cdot \frac{3}{24}$$

④ 전등(작업등)에 의한 발생열
　제품의 입출고 시 작업을 용이하게 하기 위한 조명기구로 1일 3시간으로 계산한다.

$$Q_{3L} = 860 \cdot 전등\ 총와트\ kW \cdot \frac{3}{24}$$

(4) 환기열 (Q_4)

입출고 시 문을 통해 들어오는 외기의 환기열로 일본 창고업법은 침입열, 발생열, 냉각열에 의한 열부하의 35%로 약산한다고 규정하고 있다.

$$Q_4 = \frac{E \cdot V \cdot n}{24}$$

   E : 단위체적당 환기열량(kcal/m³)
    [고내 $-20°C$일 경우 환기열량 환산표에 의해 31kcal/m³]
   V : 냉장실 유효내용적(m³)
   n : 24시간당 환기횟수(냉장실 체적에 의해 결정 200m³ → 5.8회/24h)

(5) 기타 발생열(물품 호흡열) (Q_5)

청과물은 수확 후에도 호흡작용을 하여 발열이 발생하는데, 호흡열(R)은 1톤(1,000kg)당 24시간동안 발생하는 열량으로 계산한다.

$$Q_5 = \frac{물품량 \cdot 호흡열}{1,000 \cdot 24}$$

   물품량 : W (kg/h)
   호흡열 : R (kcal/1,000kg · 24h)
    [사과 0°C 보관 200kcal/1,000kg · 24h, 4°C보관 230kcal/1,000kg · 24h]

(6) 안전율

일반적으로 안전율은 상기 부하 합의 10%로 계산한다.

3. 냉동창고 총 냉동부하 (Q_T)

$$Q_T = (Q_1 + Q_2 + Q_3 + Q_4 + Q_5) \times 1.1$$

3 냉동창고 부하계산

```
공조 66회(25점)
다음은 어느 냉동공장의 냉동실이다. 다음 자료에 의한 냉동용량을 계산하시오.

저장물질 : 돼지고기      인체 : 380kcal/인      건물조건
입고량 : 18,535kg        동력 : 1,000kcal/kw     동 : 8m
비열 : -0.51kcal/kg      안전율 : 10%           서 : 8m
입고온도 : -15℃                                남 : 6m
고내온도 : -25℃          방열두께              북 : 6m
외기온도 : 35℃           동 : 150mm            방위계수 : 무시
작업시간 : 3hr/day        서 : 150mm            벽체 : k값 0.1933kcal/h.m.℃
운전시간 : 16hr/day       남 : 150mm            바닥 : k값 0.2900kcal/h.m.℃
동력 : 0.75kw×2set       북 : 150mm            천장 : k값 0.2900kcal/h.m.℃
환기횟수 : 4.8회/day      천장 : 100mm          실용적 : 288m³
공기엔탈피 : 34.3         바닥 : 100mm          전등부하 : 무시
물품 입고량 : 100%                              주위온도 : 25℃
```

1. 냉동창고 부하종류

① 외부 침입열
② 물품 냉각열
③ 발생열(송풍기, 하역기계, 작업원 및 전등)
④ 환기열
⑤ 기타(물품 호흡열)

2. 냉동창고 부하계산

(1) 외부 침입열량

1) 문제조건

건물조건 : 동 8m, 서 8m, 남 6m, 북 8m, 실용적 288m³
방열두께 : 동서남북 150mm, 천장 및 바닥 100mm

건물높이 : $\dfrac{V}{A} = \dfrac{288}{6 \times 8} = 6m$

열관류율 : 벽체 0.1933kcal/hm℃, 바닥 및 천장 0.2900kcal/hm℃
주위온도 : 25℃

2) **침입열량 풀이**

① 벽체 전도 침입열량

$$Q_1 = \frac{kA\Delta t}{l} = 0.1933 \times [(8+8+6+6+] \times [25-(-25)] \times \frac{1}{0.150}$$
$$= 10,824.8 \text{kcal/h}$$

② 바닥 및 천장 전도 침입열량

$$Q_2 = \frac{kA\Delta t}{l} = 0.2900 \times 6 \times 8 \times 2 \times [25-(-25)] \times \frac{1}{0.100} = 13,920 \text{kcal/h}$$

침입열량은 ①+② = 24,744.8kca/h

(2) 물품 냉각열량

1) **문제조건**

입고량 : 18,535kg/day 물품입고량 : 100% 비열 : 0.51kcal/kg℃
입고온도 : -15℃ 고내온도 : -15℃ 운전시간 : 16hr/day

2) **냉각열량 풀이**

$$Q_2 = \frac{G \cdot c \cdot \Delta t}{24} = 18,535 \times \frac{1}{24} \times 0.51 \times [(-15)-(-25)] = 3,938.69 \text{kcal/h}$$

(3) 내부 발생열량

1) **문제조건**

인체부하 : 380kcal/h인 작업인원수 : 1인(가정) 작업시간 : 3시간
동력기기 : 0.75kW×2sec 동력 : 1,000kcal/kW

2) **발생열량 풀이**

① 작업인원 발생열량

$$Q_{3H} = \text{작업인원수} \cdot \text{인체 발열량} \cdot \frac{3}{24} = 380 \times 1 \times \frac{3}{24} = 47.5 \text{kcal/h}$$

② 송풍기에 의한 동력기기의 발생열량

$$Q_{3F} = 1,000 \cdot \text{송풍기 총동력 kW} \cdot \frac{16}{24} = 1,000 \times 0.75 \times 2 \times \frac{16}{24} = 1,000 \text{kcal/h}$$

발생열량은 ①+② = 1,047.5kcal/h

(4) 환기열량

1) 문제조건

   환기횟수 : 4.8회/day, 실용적 : 288m³, 공기엔탈피차 : 34.3kcal/kg

2) 환기열량 풀이

$$Q = 1.2 Q_a \Delta h = 1.2 \times \frac{4.8}{24} \times 288 \times 34.3 = 2,370.82$$

3. 냉동창고 총 냉동부하

냉동창고 총 냉동부하

부하종류	침입열량	냉각열량	발생열량	환기열량	합계
열량(kcal/h)	24,744.8	3,938.69	1,047.5	2,370.82	32,101.81

냉동용량은 각 열량 합에 안전율 10%를 계산하면 다음과 같다.

냉동용량 = 32,101.81 × 1.1 = 35,312kcal/h

냉동창고의 설비시스템 및 단열방식

 **유사기출문제**

1. 냉동냉장창고에서 내방열방식과 외방열방식의 장단점을 비교하시오. [공조 84회(25점)]
2. 대형 냉동창고 계획 시 설비시스템의 중앙집중식과 개별식 및 방열방식의 내방열과 외방열 방식을 비교하시오. [공조 74회(25점), 37회(25점)]

1. 개요
에너지절약과 안전운전과 시공의 편리성으로 개별식과 외부단열방식이 주로 사용된다.

2. 냉동창고의 설비시스템
(1) 중앙집중식

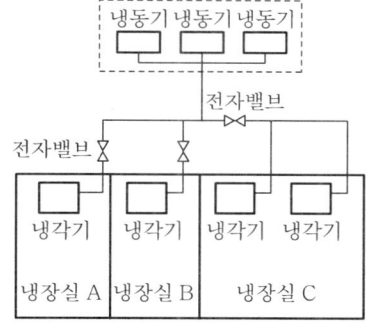

중앙집중식 개요도

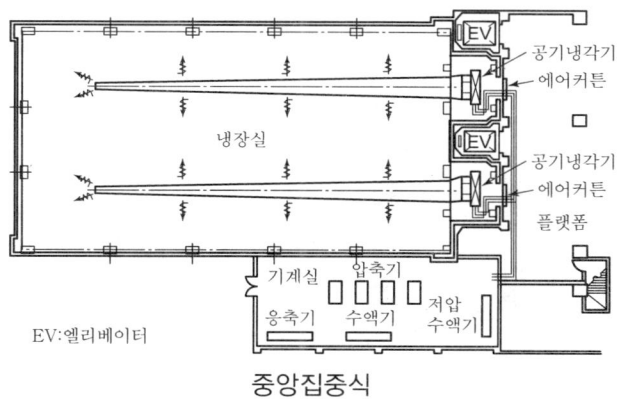

중앙집중식

① 기계실을 설치하고 압축기를 여러 대 설치하여 배관을 창고 내 냉각기에 연결한다.
② 압축기류의 집중관리가 쉽고 부하 증가 시 지원 운전이 가능하다.
③ 공사기간이 길고 공사비가 많이 든다.
④ 냉매충전량이 많아 안전면에서 불리하고 지진 등의 사고 발생 시 냉매누설 피해가 크다.
⑤ 에너지절약상 불리하며 고장 발생 시 냉장품 손상이 우려된다.

(2) 개별식

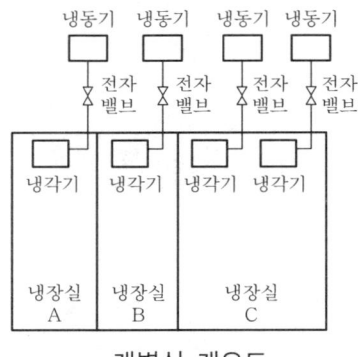

개별식 개요도

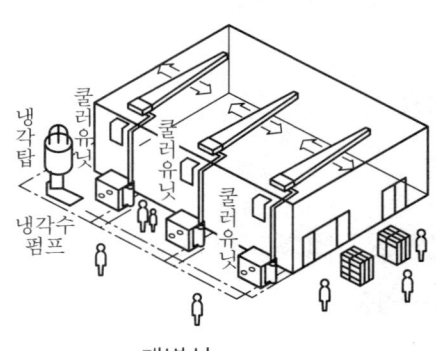

개별식

① 기계실이 필요 없으며, 건설공기도 짧아지며 설치 및 배관공사비도 적게 든다.
② 냉매충전량이 적어 냉매 누설 등에 의한 피해는 비교적 적다.
③ 부하 감소 시에는 압축기를 정지해서 에너지절약을 도모할 수 있다.
④ 콘덴싱 유닛을 냉장실 부근에 설치하여 냉매배관이 짧아 흡입압력 저하가 방지된다.
⑤ 유닛의 수가 많아 데이터의 채취, 분석 등은 컴퓨터 관리로 인력절감을 고려해야 한다.

3. 냉동창고의 단열방식(방열방식)

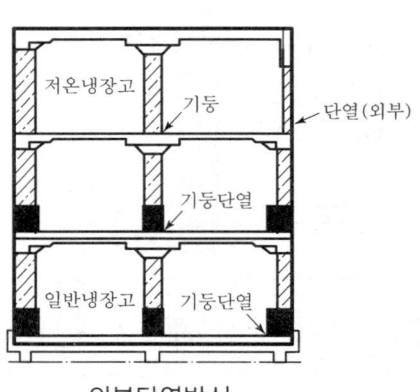

외부단열방식

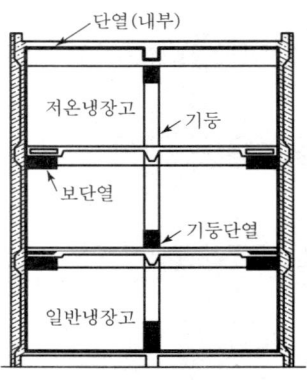

내부단열방식

(1) 외부단열방식

① 건축물의 구조체가 단열층으로 둘러싸여 구조체가 보호되고 온도변화가 적다.
② 에너지 절약효과가 크고, 철근콘크리트 건축이 가능하다.
③ 단열의 내구성이 좋고 시공하기가 쉬워 불량 시공이 적다.
④ 창고 내 벽면에서의 온도차가 거의 없으므로 벽면의 온도가 균일해진다.
⑤ 단일조건의 온도를 요구하는 대형 고층 냉장고와 층별로 구획된 냉장고에 적합하다.
⑥ 그러나 각 층별 온도 구획은 가능하나 개조 공사는 쉽지 않다.

(2) 내부단열방식

① 외단열방식과 달리 구조체의 내측에 단열재를 시공하는 방식으로 개조가 쉽다.
② 열손실이 많아 열교현상이 일어나기 쉽다.
③ 특히 모서리 부분에서의 방열에 주의해야 한다.
④ 사용조건이 서로 다른 여러 종류의 냉장실이 있는 냉장창고에 적합하다.
⑤ 도매시장 냉장고, 자가용 냉장고, 식품 가공공장의 저온실에 적합하다.

5 동상현상

> **유사기출문제**
> 1. 동상현상[凍上現象(Frost Heave)] [공조 75회(10점)]
> 2. 냉동창고의 동상 방지대책의 종류를 열거하고 비교 설명하시오. [공조 25회(25점)]

1. 개요
① 냉동창고 내 온도가 0℃ 이상인 경우에는 동상 방지를 위한 공사는 필요하지 않으나 고내 온도가 0℃ 이하인 경우에는 동상대책이 필요하다.
② 수산물이나 축산물은 장기간 보존하기 위해서는 -18℃ 이하로 동결하여 고내 온도를 유지하므로 동상현상에 대해 주의하여야 한다.

2. 동상현상

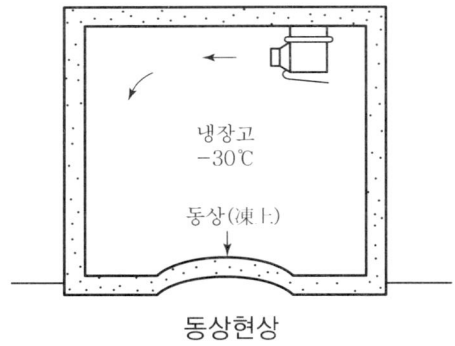

동상현상

① 동상현상이란 냉동창고 바닥 밑 토양 중의 수분이 빙점 이하로 되면 얼어서 점점 팽창하여 냉동창고 바닥을 밀어 올리는 현상이다.
② 동상현상이 심하면 건물에 금이 가거나 기울어지기도 한다.

3. 동상현상 방지대책
① 냉동창고 바닥 밑에 자갈을 넣어서 배수가 좋게 한다.
② 동결방지용 통기관을 넣어서 외기를 통하게 한다.
③ 바닥콘크리트에 Heater(전기, 증기 또는 온수)를 매설한다.
④ 온풍배관이나 온수배관을 시공한다.
⑤ 바닥을 2중 Slab 구조로 한다.

4. 동상방지 시공

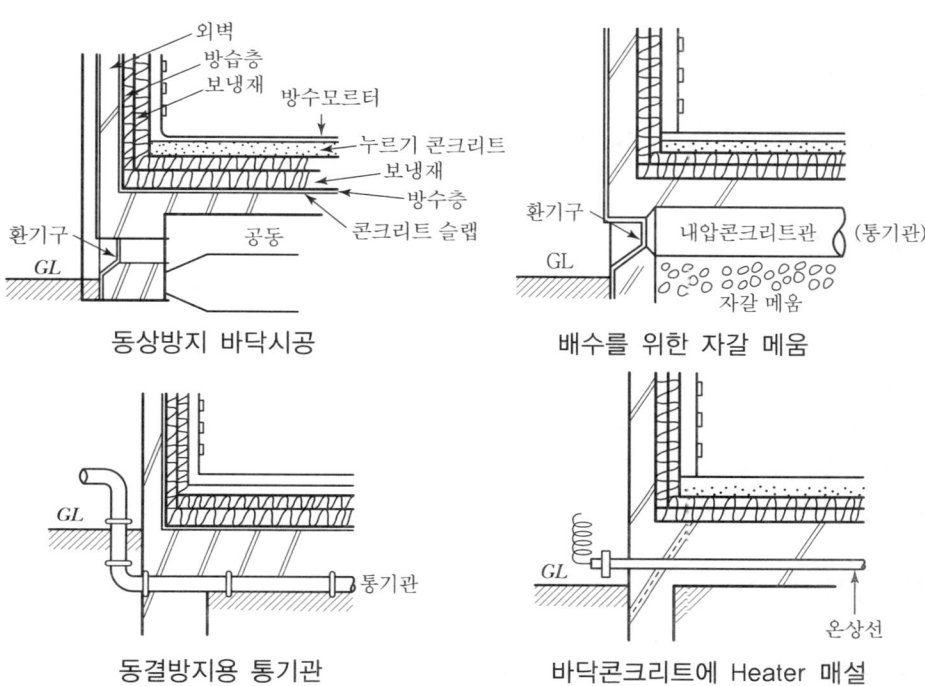

동상방지 바닥시공   배수를 위한 자갈 메움

동결방지용 통기관   바닥콘크리트에 Heater 매설

6 동결장치의 분류

 유사기출문제

1. 급속동결의 목적 및 방법을 기술하시오.　　　　　　　　　　[공조 57회(25점)]

1. 개요

① 식품을 신선상태로 장기간 저장하려면 냉장은 불충분하기 때문에 동결하여 저장하는데, 세포조직 변화 및 해동 후 완전하게 동결 전의 상태로 회복되지 않는 단점이 있었다.
② 이러한 문제점을 해소하기 위하여 급속동결법이 널리 채용되고 있다.
③ 동결매체에 따라 공기냉각식 동결장치, 브라인 동결장치, 접촉 동결장치 및 액화가스 동결장치가 있다.
④ 목적에 따라 배치식은 냉동식품의 동결에, 연속식은 연속적인 생산용에 사용한다.

2. 동결장치의 분류

【 동결매체에 따른 분류 】

공기냉각식 동결장치	브라인동결장치	접촉동결장치	액화가스 동결장치
정지공기 동결장치 송풍동결장치 반송풍 동결장치 컨베이어식 동결장치 스파이럴식 동결장치 유동식 동결장치	브라인 침지식 동결장치 브라인 살포식 동결장치	배치식 콘택트 프리저 연속식 싱글 스틸벨트 연속식 더블 콘택트	액체질소 동결장치 액화탄산가스 동결장치 LNG 냉열이용 동결장치

【 냉동식품의 동결 목적에 따른 분류 】

배치식 동결장치	연속식 동결장치
정지공기 동결장치 송풍동결장치 반송풍 동결장치 브라인 침지 동결장치 브라인 살포식 동결장치	터널식 송풍동결장치 브라인 침지 동결장치 액화가스 동결장치 스틸벨트식 동결장치 유동식 동결장치

7 공기냉각식 동결장치

1. 정지공기 동결장치(Sharp Freezer)

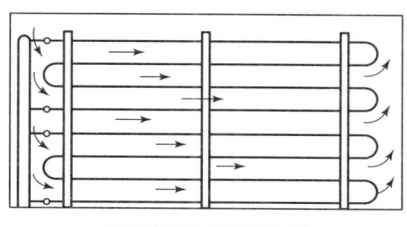

정지공기 동결장치

① 선반 위나 천장에 냉각코일을 설치하여 자연대류에 의해 공기를 냉각하여 선반 위 또는 실내의 식품을 동결시킨다.
② 규모에 맞게 여러 개의 방을 설치하며, 온도는 $-25 \sim -30℃$ 정도로 유지한다.
③ 구조나 취급이 간단하며 한번에 대량을 수용하여 동결할 수 있다.
④ 피 동결물의 형상이나 규격에 제약을 받지 않는다.
⑤ 동결속도가 느린 완만동결이 되어 설비가 커지며, 제품의 품질은 좋지 않다.

2. 송풍동결장치(Air Blast Freezer)

① 동결실 상부를 막고 냉각코일을 설치하여 송풍기로 공기를 강제순환시킨다.
② 팰릿식과 대차식이 있다.

3. 반송풍 동결장치(Semi-Air Blast Freezer)

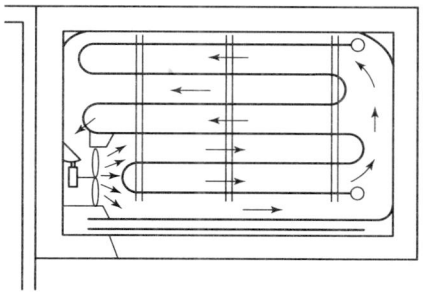

반송풍 동결장치

① 정지공기 동결장치에 송풍기를 설치하여 공기에 유동을 주어 동결시킨다.
② 장점은 정지공기 동결장치와 같으며 동결속도가 빨라 제품의 품질이 양호하다.
③ 구조상 실내풍속이 균일하지 못하여 동결 불균일을 일으킨다.

4. 터널식 컨베이어 송풍동결장치(Tunnel Freezer)

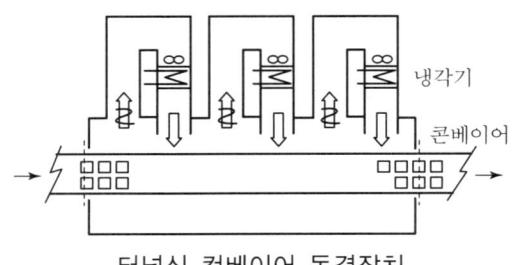

터널식 컨베이어 동결장치

① 수평이동의 컨베이어를 설치하여 한쪽 끝에서 넣은 식품은 다른 쪽 끝에서 동결된다.
② 냉동식품 공장에서 가장 일반적으로 사용하는 연속식 동결장치로 터널 프리저라 한다.
③ 설치면적을 작게 하기 위해 컨베이어를 다단이나 스파이럴형으로 한 것도 있다.

(1) 설계 시 유의사항
① 식품을 컨베이어로부터 컨베이어로 바꿔 싣는 이적 기구를 적절하게 제작할 것
② 터널 출입구에서 외기 차단방법을 고려할 것
③ 1일의 작업시간이 중도에 중단되지 않도록 작업순서를 잘 배분할 것 등

5. 스파이럴식 컨베이어 송풍동결장치(Spiral Conveyor Freezer)

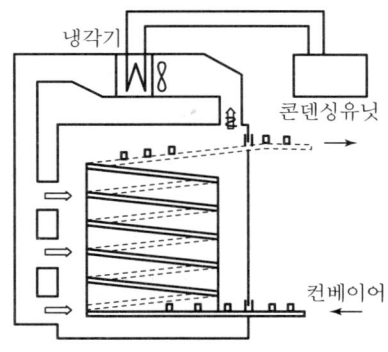

스파이럴식 컨베이어 동결장치

① 송풍동결장치의 대표적인 방식으로 메시를 나선형의 입체식으로 조립한 것이다.
② 설치면적이 작고 출입구의 레이아웃이 비교적 자유로워 전후 생산라인이 쉽게 연결된다.
③ 생산공정의 연속화, 라인화에 부응하기 쉽고 대용량에 적절하다.

6. 스틸벨트식 컨베이어 동결장치

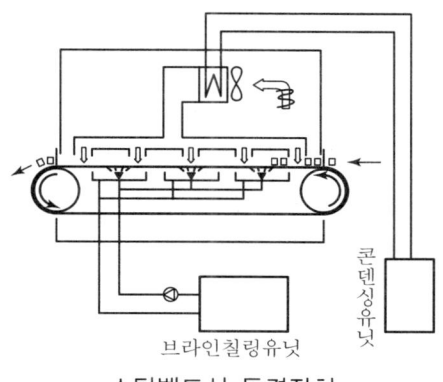

스틸벨트식 동결장치

① 스테인리스강제 컨베이어벨트의 밑면에 브라인을 살포하거나 냉매가 흐르는 냉동판과 접촉 냉각시켜 그 윗면에 얹힌 식품을 동결한다.
② 비교적 두께가 얇고 모양이 같은 대량의 식품처리에 적당하다.

7. 유동식 동결장치

① 냉풍에 의해 식품의 운반과 동결을 동시에 하며, 식품은 아주 쉽게 동결된다.
② 가늘고 긴 박스 모양의 트레이 밑에 다수의 작은 구멍에서 분출되는 고속냉풍에 의해 입상의 식품은 불려 올라가서 유동층을 만들며 동결되어 다른 쪽 끝에서 취출된다.

8 송풍동결장치(Air Blast Freezer)

유사기출문제

1. Air Blast Freezer　　　　　　　　　　[공조 74회(10점), 45회(5점)]

1. 송풍동결장치

① 동결속도가 느린 공기동결장치의 보완으로 동결실 상부를 막아 냉각코일을 설치하고 송풍기로 공기를 강제순환시켜 동결속도를 빨리한 것이다.
② 공기유속을 3~5m/s 정도로 하여 공기동결에 비하여 2~4배의 동결속도를 얻는다.
③ 공기온도를 -30~-40℃로 낮게 할 수 있어 동결속도는 더욱 빨라진다.

2. 종류

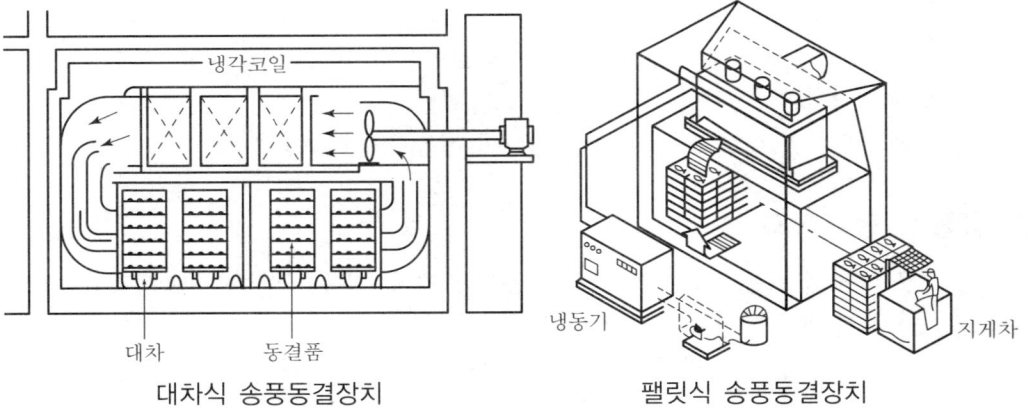

대차식 송풍동결장치　　　　　　　팰릿식 송풍동결장치

① 대차식
　동결실은 터널형으로 되어 있어 피동결물을 대차에 얹어 밀어 넣었다가 동결이 끝나면 꺼내고 다음 대차를 넣는다.
② 팰릿식
　팰릿에 피동결물을 상자마다 각목으로 간격을 두어 바람이 통하게 쌓고 지게차로 넣었다가 동결이 끝나면 꺼내는 방식이다.

3. 장점

① 원료를 계획적이고 대량으로 공급받을 수 있는 곳에서는 유리하게 사용된다.
② 동결속도가 빨라 제품의 품질이 양호하고 작업이 연속적 또는 반연속적이다.
③ 피동결물의 형상이나 크기에 제약이 적다.

4. 단점

① 건설비가 비싸다.
② 피동결물에 따라 건조로 인한 중량 감소나 표면의 퇴색 등의 단점이 있다.
③ 풍속분포 불균일화 및 부분부하 시 공기가 바이패스되는 단점이 있다.

9 브라인 동결장치

1. 브라인 동결장치

① 저온의 브라인과 직접 접촉하여 표면 열전달이 매우 크므로 동결시간이 짧다.
② 브라인은 알코올, 프로필렌 글리콜, 염화나트륨 및 염화칼슘 브라인 등을 사용한다.
③ 식염브라인에 직접 접촉시켜 동결하므로 식품을 밀봉 포장해야 한다.

2. 종류

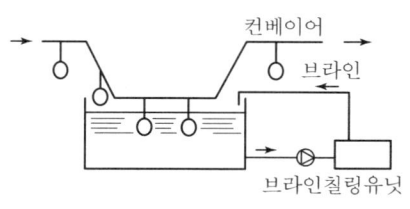
브라인 침지 동결장치

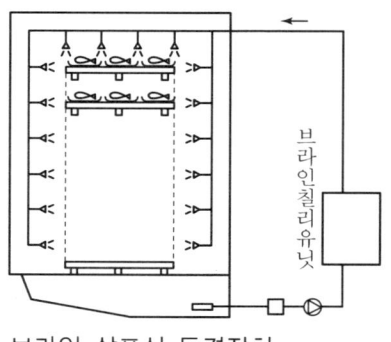
브라인 살포식 동결장치

① 브라인 침지식
대표적인 방식으로 브라인을 넣은 탱크 내에 식품을 침지시켜 동결시킨다.
② 브라인 살포식
천장이나 벽면에 설치한 다수의 노즐로부터 브라인을 살포해서 동결시키므로, 브라인 보유량이 적고 완성된 제품도 산뜻하다.

3. 장점

① 식품을 브라인에 직접 접촉시키므로 동결시간이 짧아 빙결정이 작은 것이 특징이다.
② 한번에 대량 동결을 할 수 있으며, 개체 동결에 알맞다.
③ 동결 작업하는 데 노동력이 많이 들지 않는다.
④ 냉동설비가 간단하고 운전이 안정되어 조작이 쉽고 운전경비가 적게 든다.

4. 단점

① 브라인이 식품에 침투하여 품질이나 상품가치를 하락시키므로 밀봉포장해야 한다.
② 제품에 부착된 브라인을 제거하는 것이 번거롭다.
③ 브라인의 농도관리가 번거로워 유지관리하는 데 어려움이 많다.

10 접촉동결장치

1. 접촉동결장치(Contact Freezer)

① 동결 매체로 고체 금속판(알루미늄판)을 저온으로 만들어 식품에 접하여 동결시킨다.
② 배치식이 주로 사용되었으나, 연속식의 요구로 배치식의 자동화 장치가 개발되었다.
③ 냉매 또는 브라인이 통과하는 냉동판 사이에 식품을 두고 냉동판을 압착시켜 동결한다.
④ 동결면의 열전달계수가 높아 동결시간은 2~4시간으로 짧다.

2. 개략도

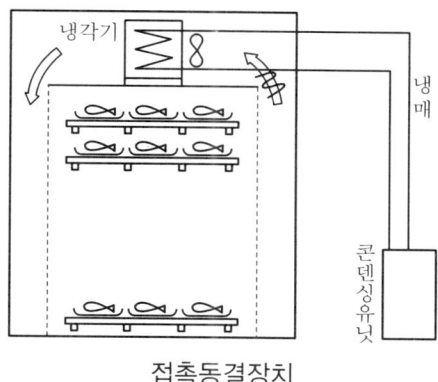

접촉동결장치

3. 장점

① 동결이 빠르고 품질이 좋으며 스페이스당 동결처리능력이 크다.
② 취급량에 비해 장치의 바닥면적이 작다.

4. 단점

① 가압접촉에 의한 변형으로 구형이나 두께가 얇은 식품은 부적당하다.
② 충전율이 낮고 두께가 두꺼운 것이나 방추형인 것은 동결시간이 오래 걸린다.
③ 따라서 적용할 수 있는 식품의 형상 및 치수에 제약을 받으며 조작이 다소 번거롭다.

11 액화가스 동결장치

1. 액화가스 동결장치

① 동결매체로 액화가스를 사용하여 컨베이어상의 식품에 분무하여 동결시킨다.
② 액화가스가 증발 또는 승화할 때의 흡열작용을 이용한 것으로 냉동기가 필요 없는 대신 액화가스의 공급이 필요하다.
③ 대기압에서 비점은 액체질소 -196℃, 액체탄산가스 -78.5℃, 액체천연가스(LNG) -162℃ 이므로 동결시간은 극히 짧다.
④ 액화가스는 사용 후 버리므로 운전비가 많이 들어 값비싼 냉동식품 등에 국한된다.

2. 개요도

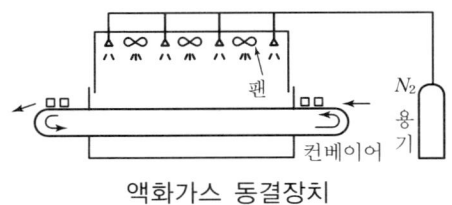

액화가스 동결장치

3. LNG 냉열이용 동결장치

LNG 냉열이용 동결장치

① LNG로부터 중간냉매를 통하여 저온공기를 만들어 식품과 직접 접촉시켜 동결한다.
② 외기가 흡입되는 것을 방지하고 공기에 분산되어 있는 먼지를 철저히 제거해야 한다.
③ 저온공기의 풍속을 일정하게 확보하여 식품과의 열전달계수를 향상시켜야 한다.

12 단열재와 방습재의 종류

유사기출문제

1. 단열재의 필요한 성질과 단열재의 종류를 최소 5개 이상 나열하시오. [공조 65회(25점)]
2. 냉동창고 단열방식에 대하여 ① 일반 보온단열과 다른 특징, ② 단열 및 방습재료, ③ 단열장치, ④ 경제성을 고려하는 방법, ⑤ 성능평가방법 등을 상세히 설명하시오. [공조 63회(25점)]
3. 방열 및 방습 시공 시 주의점과 방열재와 방습재의 종류를 나열하시오. [공조 62회(25점)]

【 단열재의 종류 】

종류	장점	단점
폴리스티렌폼	경량이고 가격이 싸다. 열전도율이 낮다.	연소하기 쉽다. 수축률이 약간 크다.
글라스울	열전도율이 적당하다. 비수축성·시공성 및 흡음성이 우수하다. 사용온도 범위가 넓다. 흡음효과가 크다. 만곡면에 사용이 가능하다. 불연하고 가격이 싸다. 일반건축, 주택 등에 널리 사용된다.	흡수 및 흡습성이 있다. 물리적 강도가 부족하다.
폴리우레판폼	열전도율은 가장 낮다. 안전사용온도가 높다. 흡습률이 적다. 현장발포가 가능하여 편리하다. 냉동창고 보냉재로 사용한다.	프레온을 사용하여 환경문제가 있다. 가연성이다. 가격이 비싸다.
로크울(저온용)	불연재이다. 안전사용온도가 높다. 흡음성이 있다. 가격이 싸다.	물리적 강도가 떨어진다. 흡수성이 크다. 구조강도가 낮다. 섬유가 피부를 자극시킨다.
염비폼(경질)	비중에 대한 기계적 강도가 크다. 압축 및 진동에 강하다. 내약품성·내유성이 있다. 난연성이 있다.	내열성이 적다. 40℃보다 내압강도가 떨어진다. 온도에 의하여 수축한다.

【 방습재의 종류 】

구분	비닐필름	폴리에틸렌필름	아스팔트루핑	FRP
원료	비닐	폴리에틸렌	아스팔트유기성섬유	유리섬유 · 플라스틱
외관	필름 모양	필름 모양	종이 모양	판 모양
최고사용온도(℃)	90	120	80	140
최저사용온도(℃)	가소제에 의한다.	-50		-50
연소성	자기발화성	완만한 연소	가연	가연
흡습성 및 내유성	양호	양호	양호	양호

13 단열재의 특징

유사기출문제
1. 냉동창고용 단열재가 갖추어야 할 특징을 설명하시오. [공조 75회(10점), 69회(25점)]

1. 개요
① 단열(방열)의 목적은 열손실을 최소한으로 줄이기 위한 것으로 냉동기 불시 고장으로 고내 온도가 급상승하는 것을 방지하는 완충작용도 한다.
② 최소 두께로 필요한 성능이 얻어져야 하며, 시공비가 싸고 내구성이 있어야 한다.

2. 단열재 선정의 고려사항
① 냉동창고 단열재는 저온에서 사용하므로 저온에 의한 수축을 고려해야 한다.
② 벽이나 천장 단열재와 달리 바닥 단열은 하중에 견딜 수 있는 단열재를 사용해야 한다.

3. 단열재의 구비조건
① 방열성과 방습성이 클 것
② 투습저항이 크고 흡습성이 작을 것
③ 불연성(난연성) 및 내구성이 클 것
④ 수축팽창하지 않을 것
⑤ 가격이 저렴하고 구입이 용이할 것
⑥ 취급이 편리하고 시공이 간단할 것
⑦ 바닥 단열재는 강도가 클 것

14 방열 및 방습재의 시공

> **유사기출문제**
> 1. 냉동창고의 방열 및 방습시공 시 주의점을 기술하고 방열재와 방습재의 종류를 나열하시오.
> [공조 62회(25점)]

1. 단열재의 시공

(1) 단열재 위치에 따른 시공 시 주의점

① 천장 : 가벼운 방열재를 사용하고 천장 매입 볼트를 사용한다.
② 측벽 : 투습저항이 적은 베니어판을 첨부한다.
③ 바닥 : 입고물 하중이 가해지므로 내압강도가 높은 방열재를 사용한다.
④ 칸막이벽 : 칸막이벽 한 면만 방열시공한다.
⑤ 배관 관통부 : 벽 관통부는 슬리브를 설치하여 배관을 넣고 보온한다.
⑥ 냉매 배관 : 배관에 페인트 및 아스팔트 등의 도료를 도포해서 방수한다.

(2) 단열재 형태에 따른 시공 시 주의점

1) 판상 단열재

판상 단열재

① 단열면을 청소하고 단열면에 불규칙면이 있을 경우 평면으로 만든 후 시공한다.

② 보온재를 아스팔트질 유성 매스틱으로 밀착시켜, 밴드나 와이어로 결속한다.
③ 보온재 두께가 75mm를 넘을 경우는 되도록 두 층으로 구분해서 시공한다.
④ 모서리 등 수축이나 손상을 받기 쉬운 곳은 유리면포, 보강재를 넣어 보강한다.
⑤ 보온판을 천장이나 수직벽에 고정시킬 경우 나무틀 등을 사용한다.

2) 입상 또는 섬유상 단열재

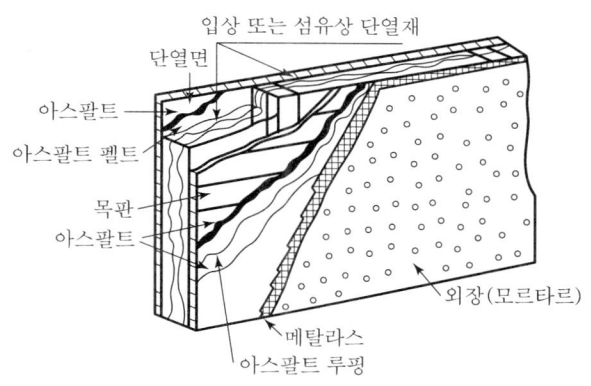

입상 또는 섬유상 단열재

① 바깥 틀을 적당한 재료로 하여 입상 또는 섬유상 단열재를 충전한다.
② 진동 등에 의한 틈이 생기지 않도록 충전하고 외기 침입이 없도록 단열 시공한다.
③ 바깥 틀이 나무일 경우 아스팔트로 루핑을 두 층으로 하고 메탈라스로 둘러싸고 시멘트 모르타르를 바른다.

3) 펠트상 단열재

① 단열면에 펠트를 아스팔트로 고정시키고 와이어 또는 나사로 결속한다.
② 펠트는 1개의 두께가 5~15mm인 것을 사용하고, 아스팔트 펠트를 고정시킨다.
③ 외표면은 아스팔트 루핑을 2층으로 한 다음 외피복을 한다.

4) 외피복

① 실외 설치는 얇은 강판을 사용한다.
② 얇은 판은 아연도금이 된 것이나 양면에 적당한 방청재를 칠한 것을 사용한다.
③ 실내에 설치하는 것은 육각무늬 메시 철망이나 메탈라스로 보강한 다음 시멘트 모르타르를 10mm 두께로 바른다.
④ 필요에 따라 방수마포를 피복한 다음 아스팔트로 마무리해도 좋다.

2. 방습시공

① 냉장창고 내부는 외부에 대하여 완전하게 기밀구조가 되도록 방습시공한다.
② 방습시공이 완전하다면 창고 문을 닫아 냉각하면 창고 내는 진공이 된다.
③ 천장과 벽면, 바닥과 벽면, 벽면과 벽면에 직교하는 벽면 등의 모서리부를 주의한다.
④ 주의가 필요한 장소나 취약부는 충분한 아스팔트·루핑을 겹쳐 바른다.
⑤ 모서리부에서 단열재를 강하게 압축하여 루핑을 파단하는 일이 없도록 한다.
⑥ 진동발생의 위험이 있는 장소에는 적정한 루핑 보강을 해야 한다.
⑦ 방습층 접속부, 수직부 및 콘크리트부 등에 방습층이 시공 중 끊기지 않아야 한다.

3. 방열 및 방습시공의 실례

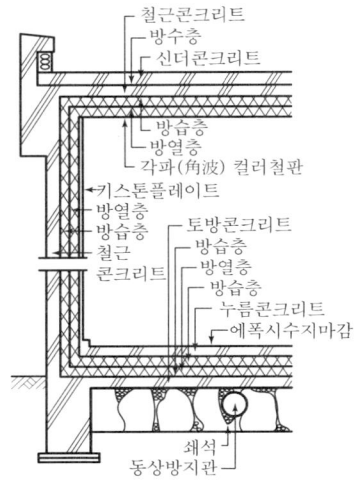

냉동창고 방습방열

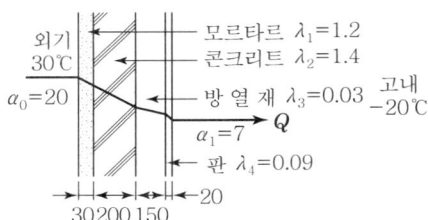

냉동창고 벽체

15 단열층 두께 선정기준 및 방습층

> **유사기출문제**
> 1. 단열층 두께를 계산하는 식을 유도하고 단열층 설계기준을 제시하시오. [공조 81회(25점)]
> 2. 냉장고 단열층 두께 선정기준을 설명하시오.
>   [공조 66회(25점), 59회(25점), 45회(25점), 40회(20점), 34회(25점)]
> 3. 냉동창고의 방열 및 방습에 대하여 설명하시오. [공조 53회(15점)]

1. 개요

① 외부 침입열은 냉동부하의 25% 정도를 차지하므로 단열은 냉동장치의 용량이나 운전경비에 크게 영향을 미친다.
② 그러나 방습층이 완벽하지 못하면 단열효과는 크게 감소하므로 방열방습을 고려한다.
③ 단열층 두께 선정기준은 보통 외벽면에 결로가 생기지 않도록 하거나, 경제성을 고려한 두께를 결정하게 된다.

2. 단열층 두께 선정기준

(1) 외벽면에 결로가 생기지 않는 단열층 두께 결정

① 단열층 외벽에 이슬이 생기면 방열효과 저하와 구조체 손상 및 외관상 좋지 못하다.
② 따라서 외벽의 노점온도를 기준으로 단열재 두께를 산정한다.
③ 냉장고 외벽 표면에서의 열전달량은 벽을 통해 냉장고 내로 전도되는 열량과 같으므로 다음 식이 성립하며, 방열재 두께는 이 식에서 구한 두께 이상으로 해야 한다.

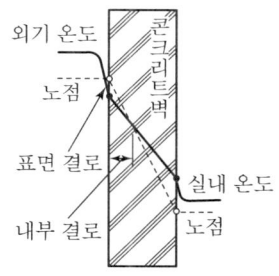

$$Q = KA(t_o - t_r) - a_o A(t_o t_s'')$$

여기서, $K = \dfrac{\lambda}{l}$ 라고 두면

$$l = \dfrac{\lambda}{a_o} \dfrac{(t_o - t_r)}{(t_o - t_s'')}$$

여기서, l : 외벽의 노점을 기준으로 한 단열층 두께(m)
 λ : 단열재의 열전도율(kcal/mh℃)
 a_o : 외벽표면의 열전달계수(kcal/m²h℃)
 t_o : 외기온도(℃)
 t_r : 냉장실 내 온도(℃)
 t_s'' : 외벽표면의 노점온도(℃)

(2) 경제성을 고려한 두께 결정

① 단열층 두께를 두껍게 하면 운전경비는 절약되나 재료비와 시공비는 증가하게 된다.
② 일반 냉동산업에는 단열재의 두께를 표준형과 에너지절약형으로 구분하여 단열재의 열전도율에 따른 두께를 표로 만들어 활용하고 있다.
③ 단위시간당 단위면적을 통과하는 열량 $K(t_o - t_r)$을 다음과 같이 결정한다.
 ㉠ 표준형 : 7.3kcal/m²h 이하
 ㉡ 에너지절약형 : 6.1kcal/m²h 이하

3. 방습층

(1) 불안전한 방습층에 의한 단열효과 저하

① 냉동창고 내외부 수증기 분압의 차이로 수분이 단열층으로 침입하게 되면, 단열재 안에서 응축되어 열전도율을 증가시키며 이 수분이 결빙하면 열전도율은 더욱 더 증가한다.
② 이렇듯 단열층으로의 수분침투는 열전도율을 증가시키는 매개체가 된다.

(2) 방습층 위치

① 단열층 양쪽에 방습층을 시공하면 외벽면의 방습층을 통과한 수증기가 고내로 빠져 나오지 못해 단열층 내에서 결빙되어 방열효과를 저하시킨다.
② 따라서 방습층은 온도가 높은(수증기 분압이 높은) 외벽에만 시공한다.

16 단열성능 평가방법

> **유사기출문제**
> 1. 건물체에 포함된 단열벽의 단열성능 평가방법을 열거하고 각 방법의 특징을 설명하시오.
> [공조 77회(25점)]

1. 열관류율 값에 의한 방법

$$K = \frac{Q}{A \Delta t}$$

K : 열관류율(kcal/m²h℃)
Q : 냉동기 정상운전에서의 냉동능력(kcal/h)
A : 외기에 접하는 벽면적(외표면 기준)(m²)
Δt : 냉장고 내외의 온도차(℃)

① 열관류율은 국부 열수지가 아닌 냉장고 전체의 방열벽 성능을 정량적으로 평가한다.
② 냉장창고는 구조체의 열부하가 크고 일사의 영향 때문에 현실적으로 계측이 어렵다.
③ 현재 평가방법의 기준치로서는 최적의 방법이다.

2. 고내온도의 상승을 측정하는 방법

① 냉장고 내를 차게 하여 고내 및 구조체, 방열벽을 일정한 운전상태로 한 후, 냉동기를 정지시켜 고내의 온도상승을 계측한다.
② 냉장고 보온성능의 표준이나 건축물의 공법 및 방열방법에 다라 결과가 다르다.

3. 열전대, 열류계를 사용한 추정방법

① 열침입이 발생하는 대표적인 장소를 선택하여 열전대 및 열류계 등에 의해 온도분포, 열유량을 실측하고 해석하여 방열벽 전체의 보온성능을 조사한다.
② 이 방법의 가장 중요한 것은 계측점이 방열벽면, 그 외 방열장소의 대표점이 되는가를 확인하는 것이다.
③ 대표 온도의 확인으로 적외선 방사온도계를 사용하여 온도분포를 계측 측정한다.
④ 정량적 판단이 곤란한 경우에는 컴퓨터 등을 이용하여 온도분포 시뮬레이션을 하여 실측결과와 비교할 필요가 있다.

17 복합냉장

> **유사기출문제**
> 1. CA 저장, 옥시토롤 저장, 필름포장 저장을 설명하시오. [공조 75회(면접문제)]

1. 개요
① 저온저장을 기본으로 해서 농산물의 호흡작용을 조절하는 병용하는 것이 복합냉장이다.
② 복합냉장에는 CA 저장, 옥시토롤 저장, 필름포장 저장, 감압저장, 방사선조사 등이 있다.

2. CA 저장(Controlled Atmosphere Storage)
① 저장고 내의 공기조성을 바꿔서 산소를 감소시키고 탄산가스를 증가시켜 냉장한다.
② 저온저장과 함께 가스조성을 변경하면 호흡작용을 효과적으로 억제할 수 있다.
③ 탄산가스 농도가 한계를 넘으면 장해과실이 발생하여 단기간에 열화된다.

3. 옥시토롤 저장(Oxytorol Storage)
① CA 저장과 다른 점은 탄산가스 농도를 조절대상으로 하지 않는 점이다.
② 냉장고 내에 질소가스를 주입하여 산소량을 감소시킨다.
③ 저장하는 청과물에 따라 산소와 질소의 비율을 조절하여 저장효과를 높인다.
④ 표고버섯의 단기 출하조절용으로 사용된다.

4. 필름포장 저장
① 산소, 탄산가스, 수증기 등 가스투과성이 있는 폴리에틸렌, 폴리염화비닐, 폴리스티렌, 폴리프로필렌 등의 플라스틱 필름을 사용하여 청과물을 포장하여 저장한다.
② 청과물은 포장 내에서 저산소, 고탄산가스가 되어 CA저장 효과와 증산방지효과가 있다.
③ 가스 내성이 약한 야채는 밀봉하지 않고 접어서 포장하거나 미공성 필름포장을 한다.

5. 감압저장(Hypobaric Storage)
① 밀봉용기 중에 야채를 넣고 진공펌프로 0.1기압 정도로 감압한다.
② 가습공기를 서서히 주입하여 에틸렌가스를 제거함으로써 저온, 저산소 상태로 유지한다.
③ 감압법은 여러 종류의 청과물의 혼합저장이 가능하고 예냉도 동시에 할 수 있으나, 실용화되지 않은 방법이다.

6. 방사선조사

① 살균, 살충, 발아억제 및 속도조절의 효과가 있다.
② 방사선은 코발트 60의 α 선, 가속전자선의 β 선이 사용된다.
③ 일본에서는 감자의 발아방지용으로 허가되었으며 냉장과 병용하여 1년간 저장 가능하다.
④ 앞으로 양파, 마늘, 밤 등에 대한 응용이 기대된다.

18 CA 저장

> **유사기출문제**
> 1. CA 저장(Controlled Atmosphere Storage) [공조 72회(10점), 71회(10점), 53회(10점)]
> 2. CA 저장 ① 원리와 효과, ② CA 장치의 방식, ③ CA 장치의 구조와 특성을 설명하시오.
> [공조 54회(25점)]

1. 개요

① 저장고 내의 공기조성을 바꿔서 산소를 감소시키고 탄산가스를 증가시켜 저장한다.
② 청과물의 CA 저장법은 저온과 병용하여 실용화되었으며, 이 저장법은 품온을 너무 내린 경우에 저온장해를 일으키는 과실이나 야채에 특히 좋은 방법이다.

2. CA 저장의 원리(CA 저장의 가스조성 제어방식)

① 청과물의 호흡작용을 이용하여 산소를 소비시키고 탄산가스 농도를 높이고 과잉의 탄산가스는 흡수제로 제거하는 방법
② Tectrol Generator를 사용하여 최적 조성의 인공공기를 연속적으로 송풍하는 방법
③ 고내에서 연료(프로판)를 연소시켜 저산소로 하는 방법
④ 폴리에스테르, 나일론필름에 실리콘 고무를 코팅한 가스반투막을 사용하여 소정의 공기조성을 유지하는 방법 등

3. CA 저장에 공통된 품질 보존 효과

① 추숙의 억제
  배, 바나나, 사과 등 과실의 추숙을 억제하여 저장기간을 연장시킨다.
② 녹색의 보존
  엽록소의 분해를 탄산가스가 억제하는데, 탄산가스의 농도가 높을수록 효과가 크다.
③ 산의 감소 억제
  저장 중에 유기산의 감소를 억제하여 신맛이 나는 과실의 맛을 보존한다.
④ 연화의 억제
  사과, 단감 같은 과실의 저장 중에 육질이 물렁해지는 연화가 억제되며, 최적 탄산가스의 농도에서 효과가 가장 크다.

3. 적용 실례

① 사과, 감, 배, 마늘은 실용화되었으나 양상치, 배추는 고비용으로 실시하고 있지 않다.
② 사과의 경우 가스조성은 산소 3%, 탄산가스 2.5~3%가 일반적이고, 온도 0℃, 습도 90~95%RH에서 6~9개월 저장할 수 있다.

※ Tectrol Generator System의 소개

(1) 개요

① 필요한 인공공기를 저장고 외부에서 만들어 CA 저장고에 공급한다.
② 인공공기를 만드는 제너레이터에서 연료(프로판)을 연소시켜 산소를 줄이고 탄산가스를 증가시킨 연소가스를 냉각수로 냉각시켜 저장고로 유입시킨다.
③ 시간 경과에 따라 고내에 축적된 탄산가스는 제거장치를 통해 제거시킨다.

(2) 구성도

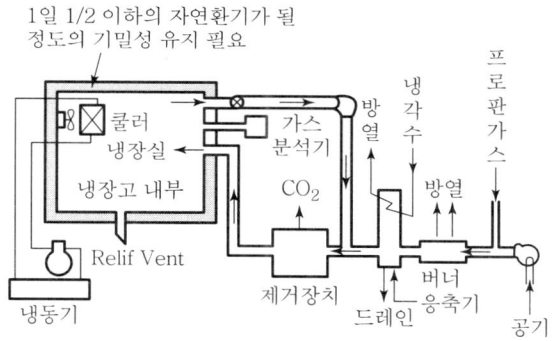

Tectrol Generator System 구성도

(3) 장점

① 목적하는 인공공기의 조성을 단시간에 만들 수 있다.
② 인공공기는 새로운 공기로 만들어지므로 호흡작용에서 생기는 에틸렌과 휘발성가스를 제거시켜 중독적 병해와 성숙촉진 등을 예방할 수 있다.
③ 필요 정도에 따라 인공공기를 공급하므로 저장고의 기밀성은 크게 문제되지 않는다.
④ 재고량의 많고 적음과 출입문의 개폐가 냉장효과에 영향을 주지 않는다.
⑤ 입출고를 간헐적으로 할 수 있다.

(4) 단점

① 인공공기 발생장치인 제너레이터와 부속설비가 필요하여 설비비가 많이 든다.
② 연료비와 전력비가 많이 든다.
③ 유입되는 인공공기는 냉장온도보다 높아 냉동부하가 증가된다.

19 쇼케이스

1. 개요
① 냉동·냉장 쇼케이스는 진열상품의 품질을 유지하여 판매하기 위한 기기이다.
② 초기 쇼케이스는 아이스크림 및 음료 보관에 한정됐으나, 대형할인점 등의 개점으로 상품에 대한 적절한 온습도 및 조도 유지뿐만 아니라 인테리어 등의 조화가 필요하다.

2. 쇼케이스의 분류

(1) 진열상품 및 온도에 따른 분류

분류	온장	냉장	빙온	칠드	냉동
온도범위[℃]	55~60	20~-2	-3~0	-8~-5	-18 이하
진열상품	캔음료	야채, 우유 등	정육, 생선	생선	냉동식품

① 상품의 종류에 따라 필요로 하는 적정 온도를 유지하여 신선도와 상품가치를 유지한다.
② 쇼케이스의 구조는 적절한 온도를 유지할 수 있어야 한다.

(2) 판매 점포 및 판매 형태에 따른 분류
① 소형 점포, 편의점, 슈퍼마켓, 대형 할인점, 백화점 등으로 구분된다.
② 소형 점포의 쇼케이스는 음료수와 아이스크림 등에 한정되나 대형 할인점은 대형 오픈 케이스가 주류로 냉동기는 별도의 기계실에 설치 관리된다.

(3) 형식에 따른 분류

1) 평형 개방식
① 복사열이 식품에 직접 영향을 미치므로 식품의 포장재료까지 주의한다.
② 외기 침입은 열부하를 증가시키고 수증기가 냉각기에 착상되는 단점이 있다.
③ 따라서 점포 내 공조장치의 급배기 영향을 충분히 고려하여 배치한다.

2) 다단형 개방식
① 대량판매를 가능하게 한 쇼케이스로 냉기유지는 평형에 비해서 어렵고 저온으로 되면 에어커튼을 이중, 삼중으로 설치할 필요가 있다.
② 평형에 비해 대용량의 냉동기와 에어커튼을 필요로 하며 복사열과 외기 영향이 적다.

3) 평형 밀폐식
① 본체 상부에 유리뚜껑 등을 설치하고 냉장고벽을 냉각기로 구성한다.
② 고내 상부에 냉각기를 다시 설치할 수 있으며 값이 싸므로 가장 많이 사용된다.

4) 다단형 밀폐식
① 보냉성능이 좋고 설치면적에 대한 저장량도 많아 점차 증가하고 있다.
② 전면 유리문은 결로방지용 히터가 들어있고, 냉기를 순환시켜 에어커튼 효과를 낸다.

3. 쇼케이스의 구성부품
① 외장은 컬러강판, 스테인리스강판 등이 많고 경질 우레탄폼의 방열재를 사용한다.
② 냉각유닛은 소형은 공랭응축기, 대형은 냉각탑과 수랭응축기의 조합을 사용한다.
③ 제상은 전기히터, 정지사이클시스템 및 핫가스 제상 등을 이용한다.

4. 전력절감대책

(1) 야간 덮개
① 야간에 쇼케이스의 개구부에 비닐 등으로 만든 커버를 씌워 냉기 유출을 방지한다.
② 냉동기 운전시간을 적게 할 수 있으며 커버는 결로되지 않도록 처리해야 한다.

(2) 책임제어기능
① 쇼케이스 냉동기기를 주기적으로 일정시간 강제 정지시켜 전력을 절약한다.
② 쇼케이스 온도가 일정치 이상이 되면 자동적으로 운전을 시켜야 한다.

(3) 수요제어기능
① 계약전력에 대한 설정치를 넘을 때는 기기에 대한 운전정지 순서를 정한다.
② 운전정지 시 영향이 적은 기기부터 차례로 정지시켜 수요가 계약전력을 넘지 않도록 하여 기본요금의 절약을 도모한다.

(4) 야간 전용치의 설정
① 쇼케이스 주위 조건이 부하를 감소시키면 자동운전의 설정치를 변경한다.
② 책임제어의 정지시간을 길게 하거나 공기 송출구 온도를 상승시켜 케이스 내 온도와 취출구 온도와의 차를 작게 해서 냉동기부하를 경감한다.

(5) 열회수 시스템
① 쇼케이스 주위의 냉기를 덕트 등으로 회수하여 냉동기의 응축기 냉각에 사용한다.
② 공랭응축기용 팬 동력 절약 및 응축온도 저하 등에 도움이 된다.

20 제빙고의 부하종류

유사기출문제

1. 10RT급 제빙공장을 설비할 때 그 냉동부하를 계산하고, 제빙고의 부하계산방법(부하의 종류)을 서술하시오.(단, 30℃의 원수를 −19℃까지 냉각한다.) [공조 59회(25점)]

1. 제빙장치의 종류

① 제빙장치는 각빙제조장치와 자동제빙장치로 크게 나눌 수 있다.
② 각빙은 주로 135kg의 얼음 덩어리로 생산되어 수산용으로 어선용 및 어시장의 보존용에 사용된다.
③ 자동제빙장치는 인력 절약화를 위하여 많이 설비되는데, Plate Ice, Flake Ice가 많이 사용되고 있으며, 이외에 Tube Ice, Shell Ice, Rapid Ice 등이 있다.

2. 제빙장치의 용도

① 식품공업 : 수산, 식육, 식조, 유업, 빵의 제조
② 수송과 저장 : 수산, 식육, 식조, 유업
③ 공장 : 화학, 제약
④ 식용음료 : 유업, 음료, 시판 얼음
⑤ 토목 : 댐공사 등에서의 콘크리트 냉각

3. 제빙고의 부하종류

(1) 외부 침입열 (Q_1)

천장, 외벽, 내벽, 바닥 등을 통해 침입하는 외부 침입열이다.

$$Q_1 = K \cdot A \cdot \Delta t$$

K : 열통과율(총합열전달계수)(kcal/m²h℃)
A : 외벽의 표면적(m²)
Δt : 외기와 고내 온도차(℃)

(2) 제빙열 (Q_2)

원료수를 소정온도의 얼음으로 만드는 데 필요한 열부하이다.

$$Q_2 = G[C_{p1}(T_1 - T_f) + h_L + C_{p2}(T_f - T_2)]/24$$

G : 제빙량(kg/h)
C_{p1} : 얼음의 정압비열(Wh/(kgK))
T_1 : 원료수의 초기온도(℃)
T_f : 물의 결빙온도(℃)
h_L : 얼음의 응결잠열(Wh/kg)
C_{p2} : 물의 정압비열(Wh/(kgK))
T_2 : 얼음의 과냉각 온도(℃)

(3) 발생열 (Q_3)

① 교반기의 동력 발생열

$$Q_{3-1} = P \cdot \phi_1 \cdot \phi_2$$

P : 정격출력(kW)
ϕ_1 : 소요동력/정격출력
ϕ_2 : 가동률

② 원료수 교반용 공기에 의한 열부하

$$Q_{3-2} = G_a(h_i - h_w)$$

G_a : 교반 공기량(kg/h)
h_o : 송풍기 출구 공기의 엔탈피(Wh/kg)
h_w : 제빙 캔 중의 수온에 상당하는 포화공기의 엔탈피(Wh/kg)

(4) 안전율 (Q_4)

일반적으로 안전율은 상기 부하 합의 10%로 계산한다.

3. 냉동창고 총 냉동부하 (Q_T)

$$Q_T = (Q_1 + Q_2 + Q_3 + Q_4) \times 1.1$$

21 동결실 부하종류

1. 냉장부하

① 동결을 위한 저장고는 예냉과 동결실의 급격한 부하변동에 의한 설비의 과부하 및 산물의 급속한 동결에 의한 제품 손상을 최소화하기 위하여 냉장실을 동시에 운영한다.
② 동결품목이 반입되면 냉장실에 입고하여 보통 0℃까지 냉장시킨 후 동결실로 옮긴다.
③ 그러므로 동결실 부하계산에는 냉장부하와 동결부하가 있게 되며, 냉장부하는 냉동창고 부하계산과 동일하다.

2. 동결부하

(1) 외부 침입열 (Q_1)

천장, 외벽, 내벽, 바닥 등을 통해 침입하는 외부 침입열이다.

$$Q_1 = K \cdot A \cdot \Delta t$$

K : 열통과율(총합열전달계수)(kcal/m²h℃)
A : 외벽의 표면적(m²)
Δt : 외기와 고내 온도차(℃)

(2) 식품 동결

① 식품을 동결점 온도까지 냉각하기 위해 소요되는 동결점 건열량

$$Q_{2-1} = W C_{p1} (T_1 - T_f)$$

W : 동결식품의 중량(kg)　　C_{p1} : 동결 전 식품의 비열(Wh/kgK))
T_1 : 외기온도(℃)　　　　　T_f : 동결점 온도(℃)

② 식품의 잠열을 고려한 동결온도까지 냉각하기 위해 소요되는 동결열량

$$Q_{2-1} = W h_L \delta$$

W : 동결식품의 중량(kg)
h_L : 동결 잠열(Wh/kgK))
δ : 동결률

③ 동결된 식품을 더욱 낮은 온도까지 냉각하기 위해 소요되는 동결최종 건열량

$$Q_{2-2} = WC_{p2}(T_f - T_2)$$

W : 동결식품의 중량(kg)
C_{p2} : 동결 후 식품의 비열(Wh/kgK))
T_2 : 동결최종온도(℃)
T_f : 동결점 온도(℃)

(3) 동력부하

동결고의 동력부하열량은 증발기측 냉기를 동결 수산물에 균일하게 뿌려주는 데 사용되는 전동 송풍기 가동 및 동결수산물의 입고 및 출하에 사용되는 하역기기의 발생열

$$Q_3 = CNG$$

C : 정격용량(kW)
N : 원동기 대수
G : 열 발생률

(4) 발생열

① 작업원의 발생열

인체 발열량은 냉장실 온도에 따라 다르며, 1일 3시간 정도 작업하는 것으로 계산한다.
(냉장고 내 온도가 −25℃일 경우 0.41kW(353kcal/h) 정도이다.)

$$Q_{4H} = 작업인원\ 수 \cdot 인체\ 발열량 \cdot \frac{3}{24}$$

② 전등(작업등)에 의한 발생열

제품의 입출고 시 작업을 용이하게 하기 위한 조명기구로 1일 3시간으로 계산한다.

$$Q_{4L} = 860 \cdot 전등\ 총\ 와트\ kW \cdot \frac{3}{24}$$

(5) 환기열

$$Q_5 = V\Delta h n / 24$$

V : 동결실의 유효내용적(m³)[외형 용적에 90% 계산 : 길이×폭×높이×0.9]
Δh : 동결실 및 냉장실 공기의 엔탈피차(Wh/m³)
n : 24시간당 환기 횟수

(6) 안전율
일반적으로 안전율은 상기 부하 합의 10%로 계산한다.

3. 냉동창고 총 냉동부하 (Q_T)

$$Q_T = (Q_1 + Q_2 + Q_3 + Q_4 + Q_5) \times 1.1$$

제21장 식품냉동

1. 식품냉동의 개요 ············· 492
2. 냉동식품 ············· 494
3. 식품의 저온유통 콜드체인 ············· 495
4. TTT(Time-Temperature-Tolerance) ········ 497
5. 저온저장의 효과 ············· 499
6. 농산물의 저온저장 ············· 501
7. 식육류의 저온저장 ············· 504
8. 예냉의 필요성과 목적 ············· 505
9. 예냉방식 ············· 507
10. 동결곡선 ············· 509
11. 최대빙결정생성대 ············· 511
12. 동결시간 및 동결속도 ············· 512
13. 식품의 동결점 및 동결률 ············· 514
14. 공정점, IQF, 충전율 ············· 515
15. 동결건조 ············· 516
16. 함수율 ············· 518
17. 해동방법의 종류와 특징 ············· 519

1 식품냉동의 개요

1. 식품냉동의 목적

식품냉동이란 식품으로부터 열을 빼앗아서 냉각(Cooling 또는 Chilling) 또는 동결(Freezing)하거나, 냉각 또는 동결된 상태에서 식품을 취급하는 것이다.

(1) 저장

① 수산, 축산 및 농산식품은 상온에 방치하게 되면 급속하게 부패한다.
② 저온저장의 목적은 식품의 변질을 늦추어 품질유지기간의 연장을 도모하는 것이다.
③ 식품냉동에서 산업적으로 가장 중요한 것은 저장을 목적으로 한 것이다.

(2) 가공

동결건조 및 동결농축 등의 가공기술로서 이용된다.

(3) 제조조건의 조정

발효 및 숙성 등의 제조조건의 조정으로 이용된다.

2. 식품냉동의 이용온도

(1) 온도범위

① 식품냉동의 목적으로 가공 및 제조조건의 조정을 목적으로 하는 경우 각각의 제품에 따라 적용되는 온도가 다르게 된다.
② 저장이 목적인 경우는 냉각저장과 동결저장으로 크게 나누어진다.
③ 냉각저장은 식품을 동결점 이상에서 얼리지 않고 저장한다.
④ 동결저장은 동결점 이하(보통 −18℃)에서 식품을 얼려 저장한다.

(2) 온도의 선택

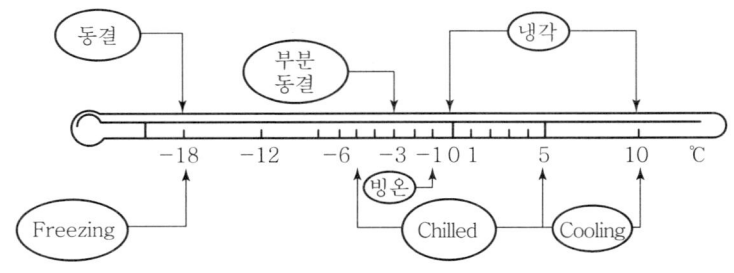

식품냉동의 저온 이용범위

① 식품 저장의 온도는 식품의 성상 및 종류, 저장기간, 온도 등을 고려하여 결정한다.
② 온도에 따라 냉각, 빙온, 부분동결 및 동결로 나누어진다.
③ 일반적으로 저장성은 온도가 낮을수록 좋으므로 장기간 저장의 경우 동결저장을 한다.
④ 동결저장 시 상품의 가치를 잃어버리는 경우는 냉각저장을 선택한다.

2 냉동식품

1. 냉동식품의 정의
① 제조, 가공된 식품 및 전처리된 식품을 동결 후 포장한 제품
② 품온이 −18℃ 이하로 급속동결하여 소비자에게 판매되는 것을 목적으로 포장된 것
③ 또한 냉동식품의 4가지 조건이 충족되었을 때만이 냉동식품이라 말할 수 있다.

2. 냉동식품의 4가지 충족 조건

(1) 전처리한 것
① 동결 전에 전처리를 하여야 하고, 조리냉동식품은 동결 전에 조리공정을 거쳐야 한다.
② 어류 등의 냉동식품은 수세하거나 불가식 부분 제거 등의 처리를 한 것이어야 한다.

(2) 급속동결된 것
① 수분이 결빙되는 0~−5℃의 온도대를 단시간에 통과하는 급속동결이어야 한다.
② 급속동결은 최대빙결정생성대를 약 30분 이내에 통과하여야 한다.

(3) 품온이 −18℃ 이하일 것
냉동식품은 다음 수확기까지인 1년간 품질유지가 가능한 온도가 −18℃이다.

(4) 포장되어 있을 것
① 식품의 품온이 −18℃라도 그것만으로는 품질유지가 되지 않는다.
② 건조 및 지방의 산화, 외부의 충격이나 오염 등을 방지하는 적절한 포장이 필요하다.

3. 냉동식품의 보존기준
① 냉동식품은 −15℃ 이하로 보존하여야 한다.
② 청결하고 위생적인 합성수지, 알루미늄박 또는 내수성의 가공지로 포장하여 보존한다.

4. 냉동식품의 분류
① 수산냉동식품
② 농산냉동식품
③ 축산냉동식품

3 식품의 저온유통 콜드체인

유사기출문제

1. 콜드체인(Cold Chain) [공조 53회(5점)]

1. 콜드체인의 개념

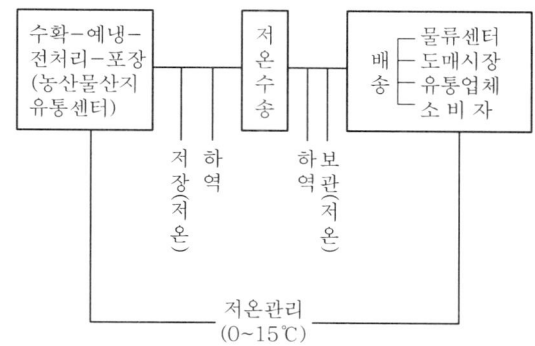

농산물의 Cold Chain 시스템

① 콜드체인이란 생식료품을 생산자로부터 소비자에게 저온으로 유지하며 유통을 도모하는 저온유통체계를 말한다. 수확 → 예냉 → 저장 → 수송 → 판매
② 콜드체인은 TTT를 기반으로 화물취급과 저온수송설비의 실용화가 이루어져야 한다.

2. 콜드체인의 목적

① 국민보건의 확립
② 식생활의 합리화와 근대화
③ 생산자의 풍작빈곤과 소비자의 과작빈곤의 배제
④ 유통의 합리화와 식생활 과학화의 확립
⑤ 가격의 안정과 저렴화 도모

3. 콜드체인 유통의 온도범위

① 냉장(Cooling)은 10~2℃의 신선한 야채, 과일 따위의 날식품을 말한다.
② 빙온냉장(Chilling)은 2~-2℃의 신선한 식육, 야채류, 우유, 계란 등을 말한다.
③ 동결(Freezing)은 -18℃ 이하의 동결한 야채, 과일, 어패류, 계란 등을 말한다.

4. Cold Chain과 냉동설비

① 냉동설비는 냉각, 동결, 냉장, 제빙의 제반설비를 말한다.
② 수송수단은 냉장트럭, 냉장콘테이너, 냉동화차 등을 말한다.
③ 판매설비는 냉장 진열케이스, 가정용 냉장고 등을 말한다.

④ TTT(Time-Temperature-Tolerance)

유사기출문제

1. TTT(Time-Temperature-Tolerance) 개념 설명 　　　　　[공조 74회(10점)]
2. 냉동식품의 TTT 　　　　　[공조 62회(10점), 59회(5점)]

1. TTT의 개념

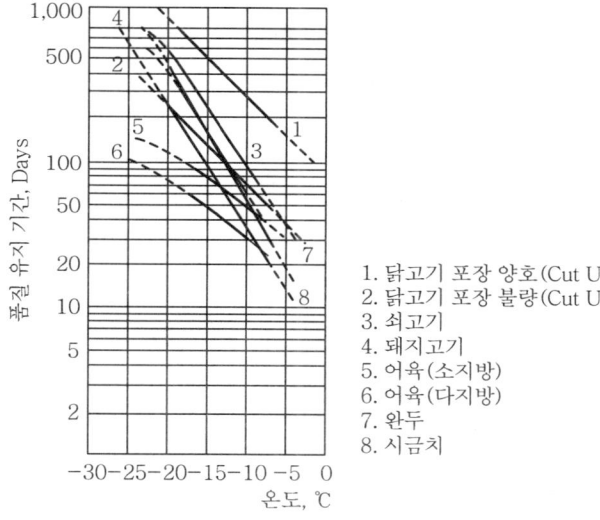

동결식품의 품질유지 특성

① 일정 시점에 있어서 동결식품에 상품가치를 유지하기 위해 허용되는 경과시간과 품온의 관계를 수치적으로 연관시킨 것이 TTT의 개념이다.
② TTT에 의해 저온유통(Cold Chain) 과정 중 수송이나 냉장에 필요한 온도조건을 아는 지침을 얻을 수 있으며, 유통 시 여러 조건을 개선하는 재료를 얻을 수 있다.
③ 저장기간과 물품온도 사이에는 식품에 따라서 각각 품질 유지상의 허용범위가 존재하는데, TTT는 동결식품의 저장온도와 기간을 규정하는 데 사용되는 개념이다.
④ 어떤 식품이라도 식품온도가 낮아질수록 품질유지기간이 길어짐을 알 수 있다.

2. 냉각식품의 TTT

① 동결식품의 품질유지에 있어서는 온도와 경과시간이 중요한 변수가 된다.
② 그러나 냉각식품의 경우는 식품온도 이외에 공기의 습도나 성분조성 등이 품질에 많은 영향을 주므로 동결식품과 같이 온도와 시간만으로 정할 수 없다.
③ 특히 채소나 과일 등 공기의 습도나 성분의 영향이 큰 것은 저온으로 오래 저장할 경우 생리적 기능에 이상이 생기는 저온장해 증상이 나타나게 된다.
④ 어육이나 식육 등의 동결식품은 저온이 될수록 품질저하량이 적어진다.

5 저온저장의 효과

> **유사기출문제**
> 1. 청과물의 저온저장에 대해 아는 바를 기술하시오. [공조 47회(20점)]

1. 개요
① 농산물, 수산물, 축산물 등의 식품은 시간의 경과에 따라 품질이 저하된다.
② 저온저장의 효과로 생물학적 및 화학적, 물리적, 미생물학적 과정으로 분류할 수 있다.

2. 저온저장의 효과

(1) 생물학적 과정(생체식품에서 대사 및 숙성)
① 야채나 과일과 같은 생체식품에서는 온도저하에 따라 대사기능이 억제된다.
② 동결상태로 되면 조직 변질이 크게 되므로, 동결점 이상으로 저온저장을 한다.

(2) 물리적 과정(건조, 흡습, 조직의 변화 등)
① 물리적 과정의 대표적인 것은 식품의 표면건조이다.
② 포화수증기압은 온도강하에 따라 수증기압이 감소하기 때문에 건조가 늦어진다.
③ 동결점 이하에서 식품 내에 빙결정이 생성되기 시작하면 미동결한 액상 중의 염류 농도가 증가하여 식품에 악영향을 미치게 된다.

(3) 화학적 과정(지질의 산화, 효소적 및 비효소적 갈변, 단백질의 변성)
① 화학반응 속도와 온도 사이에는 온도계수의 관계가 있다.
② 일반적으로 온도가 10℃ 저하하면 반응속도는 1/2~1/3로 저하한다.

(4) 미생물학적 과정(세균, 곰팡이 등)
① 미생물학적 과정은 온도에 매우 민감하며, 위생적 조건, 습도, 공기 흐름 및 조사 등에 따른 영향도 크다.
② 식중독의 원인이 되는 중온세균은 0℃에서, 부패의 원인이 되는 저온세균은 -10℃에서 번식을 거의 정지한다.

3. 각 과정에 따른 효과

① 야채나 과실과 같은 생체식품에서는 생물학적 과정에 의한 영향이 가장 크다.
② 어육 및 축육 등과 같은 비생체 식품에서는 화학적 및 미생물학적 영향이 크다.
③ -10℃ 이하의 동결상태에서는 생물학적 및 미생물학적인 과정은 실질적으로 정지한다.
④ 물리적 및 화학적 과정은 억제되지만 정지되지 않고 서서히 변질이 진행된다.

농산물의 저온저장

> **유사기출문제**
> 1. 청과물의 저온유통 필요성을 저온이용효과를 중심으로 기술하시오. [공조 74회(25점)]
> 2. 농산물 냉장에서의 유의사항과 주요 농산물별 저장방법에 대하여 기술하시오.
>   [공조 53회(20점)]
> 3. 청과물의 저온저장에 대해 아는 바를 기술하시오. [공조 47회(20점)]
> 4. 냉동장치를 이용하여 쌀을 장기저장할 수 있는 저온저장법을 설명하시오. [공조 35회(25점)]

1. 개요

① 농산물의 저장온도는 보통 0~1℃, 습도는 85~95%가 기준이다.
② 농산물 저장은 저온저장이 가장 효과적이고 일반적이며, CA 저장, 옥시토롤 저장, 필름 포장 저장 등의 복합냉장을 병용하여 보존효과를 높이고 있다.
③ 청과물의 저온유통 목적은 생체작용을 유지하여 신선도를 최대로 유지하는 것이다.

2. 청과물의 생활작용

① 호흡작용
   수확 후에도 일정기간 동안 살아 있는 상태를 유지하며 대사작용을 한다.
② 생장작용
   수확 후 적절한 온도와 습도가 되면 경미하나마 생장을 계속한다.
③ 추숙작용
   미숙한 것을 수확해도 그 후 성숙이 진행되므로 수확시기를 고려해야 한다.
④ 증산작용
   수확 직후 청과물이 보유한 수분과 호흡작용으로 생긴 수분도 함께 증산(증발)하여 증발잠열에 의해 자체는 냉각되어 체온도 조절된다.

3. 농산물 저장에 있어서 저온의 이용

① 농산물 수확 후 생리현상인 호흡작용, 갈변현상, 증산작용, 에틸렌의 생합성 등의 반응속도는 온도에 크게 의존한다.
② 그 이유는 생체의 반응속도가 온도 의존성이 높은 효소반응과 연관되어 있기 때문이다.

4. 저온저장에 의한 농산물의 선도유지 효과

① 호흡 및 대사작용의 억제
② 증산작용의 억제
③ 부패의 억제
④ 발아 및 발근의 억제

5. 저온저장 중 장해 현상

(1) 가스장해(Gas Injury)

① 청과물의 저온저장에 있어서 가장 주의할 것은 고내의 가스 농도이다.
② 기밀성이 좋은 저장고에서 장기저장을 할 경우 청과물 호흡에 의해 이산화탄소의 농도가 상승하여 피해를 입게 된다. 특히 귤의 장기 저장에서 종종 발생한다.
③ 기밀성은 온도 유지에 좋지만 가스장해 발생의 원인이 되므로 주의한다.
④ CA 저장, 필름포장 저장 시에 저산소, 저탄산가스 등에 따른 가스장해가 발생한다.

(2) 동결장해(Freezing Injury)

① 많은 청과물의 저장 온도는 0℃로 동결 온도에 거의 가까운데, 냉동기 기동/정지에 따라 고내 온도가 내려가고 올라가게 되므로 어느 정도의 폭이 생긴다.
② 온도 폭을 고려하여 청과물이 동결하지 않도록 주의해야 하는데, 청과물이 동결하면 조직내 생성된 얼음으로 인해 세포가 파괴되어 사멸하는 등의 해가 생긴다.
③ 동결에 의하여 생기는 장해를 동결장해라고 부른다.

(3) 저온장해(Chilling Injury, Cold Injury)

① 동결점보다도 훨씬 높은 온도에서 발생하는 생리적인 장해를 저온장해라 한다.
② 청과물에 따라 장해의 발생온도와 증상이 다르며 열대 및 아열대 원산이 많고, 발생온도는 대략 0~15℃ 정도이다.
③ 저온장해가 발생하면 미생물에 대한 저항성이 약해져 병원균 침입과 번식이 쉬워지므로 저장 기간이 제한을 받는다.

6. 주요 농산물별 저장방법

(1) 곡류

① 쌀의 저장조건은 10~15℃, 습도 70~80%RH 정도이나 품질유지상 0℃가 이상적이다.
② 0℃로 저장할 경우 설비관리비용 증가와 상온으로 다시 될 때 결로가 문제된다.
③ 10~15℃ 저장 시에는 발아율도 좋고 화학적 변질도 완만하여 신선도를 유지할 수 있다.

그러나 해충 및 미생물 피해를 막는 훈증이 필요하게 된다.
④ 기타의 곡물, 콩류는 상온에서 보존성이 좋아 저온저장은 하고 있지 않다.

(2) 과실류

① 사과 : 저장온도 0~4℃, 습도 85~95%RH이며, 완숙기 직전 수확하는 것이 적당하다.
② 밀감 : 저장온도 7~8℃, 습도 75~80%RH이며, 호흡을 억제하는 예비처리가 필요하다.
③ 배 : 저장온도 0~1℃, 습도 90%RH이며, 당분이 많은 품종은 -1℃에 보존한다.
④ 복숭아 : 저장온도 10℃에서 2주, 성숙한 과일은 0~1℃에서 1개월 저장한다.

(3) 근채류

① 감자는 수확 직후 호흡작용이 활발해서 발열량, 증산량이 많아 급속한 부패의 위험이 있으므로, 2~4주간 통풍을 좋게 해서 온도 상승을 방지한다.
② 양파는 0℃, 65%RH 저장하며, 당근은 0℃에서 4~5개월 보존한다.

(4) 과채류

① 일반적으로 저온에 약하고 0℃에 저장할 수 있는 것은 완숙 토마토와 딸기뿐이다.
② 오이, 피망, 토란 등은 8~10℃로 저장한다.

(5) 엽채류

① 시금치, 낭아초, 쑥갓, 부추, 양배추, 양상치 등의 엽채류는 0℃에 견딘다.
② 호흡열의 발산이 많으므로 퇴적이나 박스 넣기에는 주의해야 한다.

(6) 콩류

① 청대완두, 강낭콩, 풋콩 등은 미숙한 곡물이므로 호흡이 활발하고 품질변화가 빠르다.
② 강낭콩 이외에는 모두 0℃에서 저장할 수 있다.

7 식육류의 저온저장

유사기출문제
1. 냉장육(Chilled Meat)　　　　　　　　　　　　　　　　　　　　　　[공조 48회(10점)]

1. 개요
식육류를 저온저장으로 구분했을 때 냉각육, 동결육 및 반동결육으로 나눈다.

2. 식육류의 저온저장

(1) 냉각육(Cooled Meat, Refrigerated Meat)
① 식육 빙결점 이상의 온도에서 단순히 냉각된 식육으로 보통 0~5℃에서 저장한다.
② 0~5℃의 냉장온도에서는 식육의 자가소화, 미생물 번식, 건조, 산화 등을 억제하기 어려우므로 저장기간이 연장되면 품질이 저하된다.

(2) 동결육(Frozen Meat)
① 식육의 상태가 고체형태로 동결된 것으로 변질억제효과가 커서 장기간 저장이 가능하다.
② 식육이 동결상태로 저장되어 물리적 화학적인 변화가 발생한다.
③ 일반적으로 -18℃ 이하인 것을 심온동결육(Deep Frozen Meat)이라 부른다.

(3) 반동결육 또는 냉장육(Chilled Meat)
식육의 중심온도가 -3℃ 전후로 냉각육과 동결육 중간상태의 반동결 저장육이다.

예냉의 필요성과 목적

유사기출문제

1. 농산물 저장의 전처리인 예냉에 대하여 다음 사항을 설명하시오. [공조 77회(25점)]
   ① 예냉의 필요성 ② 예냉의 목적 ③ 예냉방식과 특징
2. 야채, 과일, 배추를 수확 후 상온유통(15~20℃)할 경우, 품질이 저하하는 것을 방지하기 위해 예냉(Pre-cooling : 4~5℃)을 필요로 한다. 예냉방법으로 공기냉각, 수냉각, 진공냉각법 중 진공 예냉에 대하여 아래 사항을 설명하시오. [공조 72회(25점)]
   ① 수확 후 예냉의 필요성
   ② 진공냉각의 원리와 특징(기본원리도)
   ③ Cold Trap의 설치 필요성
3. 농산물 수확 후 신선도 유지를 위한 예방방식의 종류 및 특징을 열거하시오. [공조 68회(25점)]

1. 개요

① 야채, 과실을 수확한 후 단시간에 온도를 낮추어 호흡량을 감소시키는 것이 선도 유지상 필요한데 이 조작을 예냉이라 한다.
② 예냉방식으로 냉각매체에 따라 공기냉각과 냉수냉각이 있으며, 감압하에서 야채의 수분을 증발시켜 냉각하는 진공냉각법이 있다.

2. 예냉의 필요성

① 농산물의 특징은 수확된 후 계속 호흡작용을 하여 부패, 건조, 영양성분 감소 및 시듦 등 품질저하가 발생한다.
② 호흡작용은 온도, 습도, 가스, 미생물, 빛, 바람의 환경요인 중 온도의 영향이 가장 크다.
③ 호흡작용은 당분이 분해되어 탄산가스와 물을 생성시키며 발열이 발생한다.
④ 따라서 품질 유지를 위해 수확 후 빨리 품온을 낮추어 호흡작용을 억제할 필요가 있다.

3. 예냉의 목적

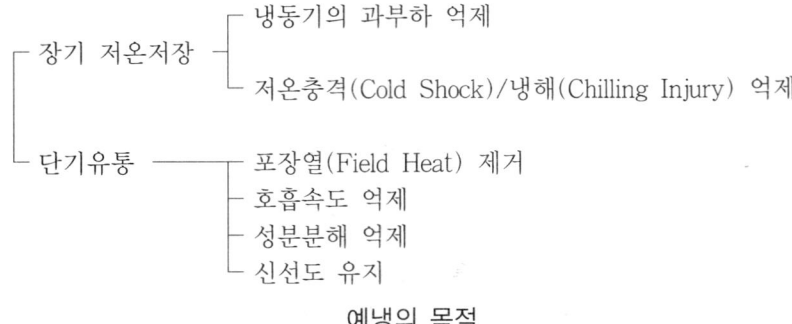

예냉의 목적

① 예냉의 목적으로는 장기저온저장과 단기유통이 있으며, 이 중 포장열 제거가 주이다.
② 예냉은 냉장저장, 저온수송 등에 앞서 행해지며, 예냉을 생략하면 저장과 수송에 있어서 소정의 온도까지 저하시키는 데 장시간을 요하며, 때로는 온도상승을 가져온다.
③ 청과물의 선도유지를 위해 콜드체인 시스템이 필수적이며 예냉은 이를 위한 시발점이다.

9 예냉방식

1. 공기예냉(Air Cooling)

① 냉각매체로 저온 공기를 사용하여 농산물 표면과 냉기 사이의 열전달에 의해 냉각한다.
② 공기예냉은 냉기를 단순히 순환시키는 실내냉각과 강제순환시키는 급속통풍냉각이 있으며, 급속통풍냉각에는 강제통풍냉각과 차압통풍냉각이 있다.

(1) 실내냉각 또는 통풍예냉(Room Cooling)

① 일반 저온저장고를 이용하여 구조가 간단하고 조작에 특별한 기술이 필요 없다.
② 예냉시간이 하루 이상으로 느려 예냉 중 품질 저하를 일으킬 우려가 있다.
③ 냉각불균일이 일어나기 쉽고 소규모 생산 농가용으로 사용된다.

(2) 강제통풍예냉(Forced Air Cooling)

① 통풍예냉의 결점을 보완하기 위해 강제적으로 적하물 사이에 냉풍을 통과시킨다.
② 냉풍은 저항이 최소가 되는 경로를 통과하므로 냉각 불균일과 바이패스의 결점이 있다.
③ 예냉시간은 10~15시간으로 장시간을 요하므로 산지의 소규모 예냉시설로 이용된다.

(3) 차압통풍예냉(Pessure Cooling)

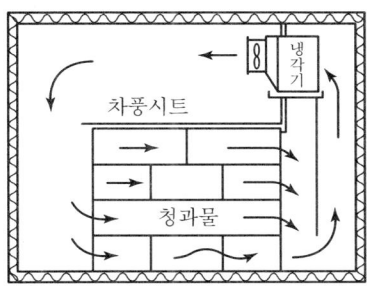

차압통풍예냉장치

① 냉기를 용기의 통기공을 통하여 냉풍과 물품을 직접 접촉시킨다.
② 냉각속도가 빠르며 바이패스 흐름을 가능한 적게 하여 유효 접촉풍량을 많게 한다.
③ 온도차를 너무 크게 하여 물품에 동결장해가 일어나지 않도록 한다.
④ 예냉시간은 2~5시간 정도로 짧고 어떠한 농산물도 적용 가능하다.

2. 냉수냉각(Hydro Cooling)

① 물은 공기보다 열전달계수가 높으므로 냉각속도가 빨라 예냉시간은 1시간 이내이다.
② 구조가 간단하고 경제성이 우수하여 에너지 절약형 예냉장치이다.
③ 탈수시간이 오래 걸리고 특수 포장이 필요하며 미생물 오염의 우려가 있다.
④ 종류로는 침지식, 살수식, 분무식 및 침지식과 살수식의 조합인 벌크식이 있다.

3. 진공예냉

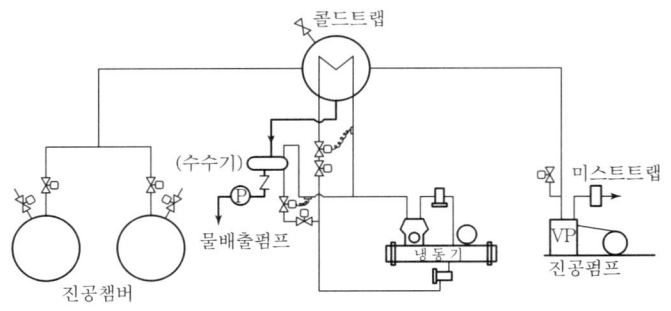

진공예냉장치

(1) 원리

① 농산물 주위의 압력을 낮춰 수분증발에 의한 증발잠열로 품온을 낮춘다.
② 진공장치로 압력을 낮추면 진공챔버 내의 야채로부터 수분이 증발하면서 냉각된다.
③ 물을 냉각매체로 감압하에서 증발시켜 농산물로부터 열을 빼앗아 냉각시킨다.
④ 냉각시간이 약 30분으로 아주 빠르므로 예냉이라는 목적에서 매우 우수하다.

(2) 구성

① 진공챔버 : 농산물을 넣는 용기로 컨베이어 등의 수송장치가 설치되어 있다.
② 배기계통 : 유회전펌프, 스팀 이젝터와 같은 진공펌프와 배관으로 구성되어 있다.
③ 콜드트랩 : 냉각코일과 냉열원기로 구성되어 수증기를 물의 형태로 포집한다.
④ 수송장치 : 팰릿 압입장치, 위치수정장치, 연결 컨베이어 등으로 구성되어 있다.
⑤ 제어계통 : 진공예냉장치 전체를 제어하며 감시용계기, 자동제어기기가 설치되어 있다.

(3) 콜드트랩(Cold Trap)의 역할

① 진공챔버에서 발생된 수증기가 직접 진공펌프로 유입되면 윤활유에 수증기가 녹아들어가 열화되고 그 결과 윤활작용이 나빠져 마모가 발생한다.
② 또한 펌프 내부 틈새의 밀봉성도 나빠지기 때문에 진공펌프 성능도 저하한다.
③ 콜드트랩은 수증기를 물의 형태로 포집하여 공기만 진공펌프로 배기할 수 있도록 한다.

10 동결곡선

1. 개요

① 식품을 동결시킬 때 한점에서의 시간별 온도를 기록하면 하나의 곡선을 얻게 되는데 이 곡선을 동결곡선 또는 냉동곡선이라 한다.
② 동결곡선을 통하여 식품의 냉각과 동결시간을 알 수 있으며, 경과시간에 따른 동결상태를 관찰할 수 있다.
③ 동결은 식품의 외부에서 내부로 향하며 품온의 변화에 따라 3단계로 나누어진다.

2. 동결곡선의 3단계

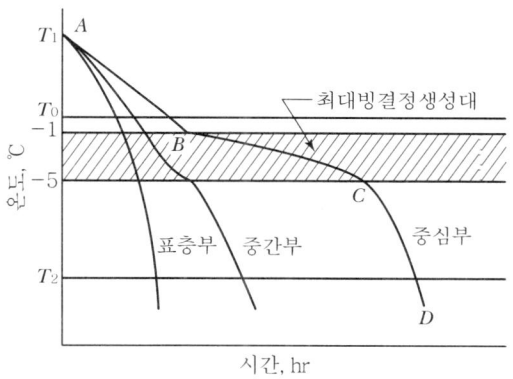

식품의 동결곡선(Freezing Curve)

(1) 동결 전의 단계

① 식품을 동결 장치에 넣은 시점(초온)부터 동결점까지의 온도가 강하되는 곡선이다.
② 식품에서 감열을 제거하는 단순한 냉각이다.
③ 미생물이나 효소의 영향을 최소화하기 위하여 시간을 단축시켜야 한다.

(2) 동결 단계(최대빙결정생성대)

① 경사가 완만한 곡선으로 온도강하에 시간이 많이 걸리는 구간이다.
② 이 구간에서 수분의 약 80%가 빙결정으로 변하므로 잠열을 제거해야 한다.
③ 이 구간을 가능한 한 빨리 통과시키는 것이 동결에 따른 품질저하를 최소로 할 수 있다.
④ 일반적으로 약 30분 이내인 것을 급속동결이라 하며 그 이상을 완만동결이라 한다.
⑤ 동일 식품 중에서도 표면은 급속동결, 중심부는 완만동결이 되므로 식품의 두께가 가능한 한 얇아야 한다.

(3) 동결저장 온도까지 품온이 강하하는 단계

① -5℃ 이하부터 동결 저장온도까지 품온이 강하하는 구간이다.
② 식품을 동결 저장할 때는 적어도 -18℃ 이하의 저온으로 유지하도록 한다.
③ 빙결정 생성은 동결 단계와 비교하여 대단히 적으므로 곡선은 다시 급하게 된다.

11 최대빙결정생성대

> **유사기출문제**
> 1. 최대빙결정생성대와 냉동식품의 품질에 대해 설명하시오. [공조 81회(10점)]

1. 최대빙결정생성대

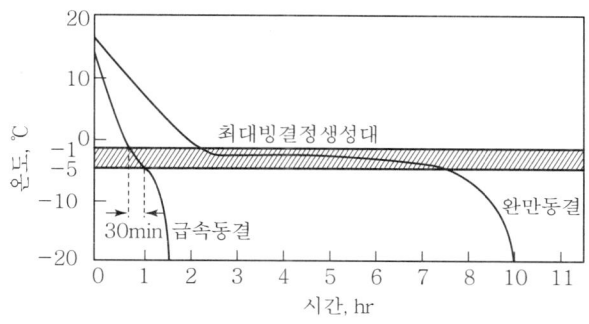

급속동결과 완만동결 곡선

① 말 그대로 식품을 동결하는 과정에서 빙결정이 최대로 생성되는 온도대를 말한다.
② 일반적으로 동결점이 -1℃인 경우 -1~-5℃ 사이를 말하며 빙결 석출이 가장 많다.
③ 최대빙결정생성대에서 많은 빙결 잠열을 방출하므로 동결곡선상에서 시간이 경과해도 식품의 온도가 거의 일정한 평탄부로 나타난다.
④ 이 온도대에서 식품 수분의 함량이 약 80%가 빙결정으로 석출되므로 식품 내에 얼음 결정을 크게 해서 품질을 떨어뜨리는 요인이 된다.

2. 최대빙결정생성대와 냉동식품의 품질

① 동결식품의 품질은 식품 중에 생성되는 빙결정의 크기, 모양, 분포 등에 영향을 받는다.
② 빙결정의 대부분이 이 온도대에서 생성되므로 식품의 조직세포 손상, 식품체액의 분리적 손상 및 근육단백의 변화 등이 이 구간에서 일어나게 된다.
③ 그러므로 이 생성대를 급속하게 통과시켜 그 피해를 없애기 위한 급속동결이 필요하다.
④ 급속동결을 하면 해동 시 드립유실이 적고 복원성도 좋아지게 된다.

12 동결시간 및 동결속도

> **유사기출문제**
> 1. 공칭동결시간　　　　　　　　　　　　　　　　　　　　　　　[공조 53회(5점)]

1. 동결시간

① 동결시간
　동결점의 초온부터 동결이 종료되기까지 경과하는 시간
　동결시간은 동결되는 식품 자체와 동결장치에 의해 걸리는 시간이 달라지게 된다.

② 공칭동결시간
　초온이 0℃인 식품의 온도중심점이 동결점 보다 10℃ 낮은 온도에 도달할 때까지의 시간

③ 유효동결시간
　초온이 T_a℃의 식품을 동결시켜 T_b℃까지 내리는 데 필요한 시간으로 보통 동결시간

(1) 동결시간에 관계되는 인자

① 식품의 대소와 형상, 특히 두께
② 식품의 초온(동결 전)과 종온(동결 후)
③ 동결 매체의 온도
④ 식품의 표면 열전달률
⑤ 식품의 열전도율
⑥ 엔탈피의 변화 등

2. 동결속도

① 동결속도
　식품 표면에서 온도중심점까지의 최단거리를 표면온도가 0℃에 도달한 때로부터 온도중심점이 동결점보다 10℃ 낮은 온도에 도달할 때까지의 시간으로 나눈 값으로 정의한다.

② 공칭동결속도
　식품의 온도중심점을 통과하는 절단면 두께의 1/2을 공칭동결시간으로 나눈 값

③ 유효동결속도
　식품의 온도중심점을 지나는 절단면 두께의 1/2을 유효동결시간으로 나눈 값

3. 식품의 동결속도에 관한 용어

① 온도중심점
   식품을 동결할 때 품온강하가 가장 늦은 점으로 기하학적인 중심점과는 다름
② 급속동결
   최대빙결정생성대를 급속하게 통과시켜 식품의 평균온도가 −18℃에 도달하여 완료될 때
③ 심온동결식품
   식품의 평균품온을 −18℃ 이하로 낮추어 동결냉장한 동결식품

13 식품의 동결점 및 동결률

유사기출문제

1. 다음은 동결에 관한 용어이다. 간단히 설명하시오. [공조 75회(10점)]
   ① 동결점   ② 공정점   ③ 동결률   ④ IQF   ⑤ 충전율

1. 식품의 동결점(Initial Freezing)

(1) 정의
① 식품의 품온(물품의 온도)이 점점 내려가면, 빙결정이 생성되게 된다.
② 처음으로 빙결정이 생성되는 온도를 그 식품의 동결점이라 한다.

(2) 특징
① 동결점은 반드시 0℃보다 낮으며, 식품 종류별로 차이가 있다.
② 식품에 따라 동결점에 차이가 있는 것은 식품 중의 수용액 농도가 다르기 때문이다.
③ 동결점에서 빙결정이 석출되지 않고 더 저온으로 내려가는 현상을 과냉각이라 한다.
④ 과냉각은 불안정한 상태이므로 단시간에 파괴되어 빙결정이 석출될 수 있다.

2. 식품의 동결률

① 동결이 진행하는 과정에서 처음의 수분량에 대한 빙결 부분이 차지하는 중량비를 동결률이라 하며, Heiss가 제안한 동결률 M의 식은 다음과 같다.

$$M = 1 - \frac{동결점}{식품의\ 품온}$$

② 동결점이 −1℃인 경우 최대빙결정생성대 하한온도인 −5℃에서의 동결률은 80%가 된다.

14 공정점, IQF, 충전율

> **유사기출문제**
>
> 1. 다음은 동결에 관한 용어이다. 간단히 설명하시오.   [공조 75회(10점)]
>   ① 동결점   ② 공정점   ③ 동결률   ④ IQF   ⑤ 충전율

1. 식품의 공정점(Eutectic Point)

① 동결점은 수분이 동결하기 시작하는 온도이고, 공정점은 동결이 완료되는 온도이다.
② 식품 중의 수분은 순수한 물이 아니고 각종 염류나 당류가 녹은 용액상태로 되어 있다.
③ 순수한 물은 0℃에서 동결하여 0℃에서 동결이 끝나나 용액의 동결점은 0℃보다 내려가고 농도 수준에 따라 그 온도는 달라지게 된다.
④ 이와 마찬가지로 식품 중의 수분이 빙결정으로 석출하게 되면 잔존용액의 농도는 점점 농축되어 동결점은 더욱 하강하게 된다.
⑤ 식품 중 모든 수분의 동결이 완료되는 저온의 온도를 식품의 공정점이라 한다.
⑥ 공정점의 온도로 되었을 때 식품의 동결률은 100%로 완전동결상태로 된다.
⑦ 실제로 어육, 축육, 야채 등의 생체식품의 공정점은 −55∼−65℃의 범위에 있다.

2. IQF(Individually Quick Freezing : 개별급속 냉동방식)

① 동결품의 상태가 하나로 굳어진 동결(BQF : Block Quick Freezing)이 아니라 흩어진 동결(IQF)의 약칭으로 BQF는 보통의 동결법으로 사용되어 왔다.
② IQF는 개별급속 냉동방식으로 식품을 한개씩 동결하므로 설치비와 운영비가 비싸지만, 냉동품의 품질이 우수하여 고급 냉동방식으로 많이 사용된다.
③ 액화가스를 이용하여 순간적으로 동결하거나 컨베이어를 이용하여 연속적으로 동결한다.
④ 초급속 동결 및 연속 작업이 가능하며 식품 외형이 그대로 유지된다.
⑤ 급속동결로 인하여 제품에 균열이 생길 수 있다.

3. 충전율(Packing Density or Filling Up Density)

① 용기에 충전한 물품의 용적과 용기의 내부용적의 비이다.
② 또는 용기에 충전한 실제 물품의 중량과 용기에 간극 없이 충전한 경우의 이론적 중량과의 비이다.

15 동결건조

> **유사기출문제**
> 1. 진공동결건조기의 열역학적 건조 원리를 설명하시오. [공조 74회(10점)]
> 2. 동결건조의 개요와 장단점을 기술하시오. [공조 55회(20점)]

1. 개요

① 축육 및 어육, 가공 및 조리식품과 같은 비생체식품은 품온이 낮을수록 품질변화가 작다.
② 식품의 안정적인 저장과 수송을 위해서 잔여수분이 2% 이하로 유지되어야 한다.
③ 동결건조는 식품을 동결하여 수증기분압을 낮추어 얼음을 승화시켜 건조하는 방법이다.
④ 특히 진공동결건조는 수증기분압을 물의 3중점 압력인 4.5mmHg 이하의 압력에서 냉동식품의 얼음을 승화시켜 동결건조하는 방법이다.

2. 장점

① 얼음은 많은 틈을 남기며 승화하여 해동 시 수분흡수가 용이해서 원형복원이 쉽다.
② 동결상태로 승화, 건조되어 탈수에 수반되는 조직수축이나 표면경화 등의 현상이 없다.
③ 미생물 등에 의한 오염이 적다.
④ 고유 향기가 보존되고 복원성이 우수하며 비타민 C 등의 손실이 적다.

3. 단점

① 다른 건조방법에 비하여 설비비가 3배 이상으로 고가이며 높은 에너지비용이 든다.
② 공정시간은 보통 24시간 정도로 길다.
③ 함수율이 낮고 다공질이므로 흡습성과 산화성이 높아 진공기밀포장이 필요하다.
④ 충격에 부서지기 쉬운 상태가 된다.

4. 진공동결건조의 열역학적 해석

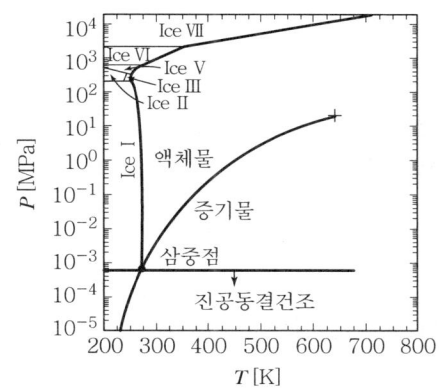

① 물의 3중점 이하 압력에서 얼음은 드라이아이스처럼 승화에 의하여 직접 수증기가 된다.
② 물의 3중점 : 온도 0.01℃(273.16K), 압력 4.58mmHg

16 함수율

> **유사기출문제**
> 1. 함수율 80%인 농산물 1,000kg을 함수율 20%의 농산물로 건조시키고자 한다. 제거하여야 할 수분량을 계산하시오. [공조 77회(10점)]

1. 개요

함수율은 농산물에 포함된 수분 함량을 말한다.

$$\text{함수율} = \frac{\text{수분량}}{\text{농산물 무게}}$$

2. 제거해야 할 수분량 $x(\text{kg})$

① 건조 전 수분량 $= 1,000 \times 80\% = 800\text{kg}$

② 건조 후 함수량 $= \dfrac{800-x}{1,000-x} = 20\% = 0.2$

③ 상기 식을 정리하면 다음과 같다.

$$(800-x) = 0.2(1,000-x) = 200 - 0.2x$$
$$0.8x = 600$$
$$x = \frac{600}{0.8} = 750(\text{kg})$$

17 해동방법의 종류와 특징

> **유사기출문제**
>
> 1. 동결생선의 해동장치에서 ① 공기 이용, ② 물 이용, ③ 진공상태의 저온수증기 이용, ④ 전기가열이나 전자파 이용 등이 있는데, 기계(열)공학, 환경공학 및 생선 해동 후 고품질 유지 측면에서 각각의 원리와 문제점(설계 시 유의사항)에 대하여 기술하시오. [공조 72회(25점)]
> 2. 육류의 해동방법을 열거하고 특징을 설명하시오. [공조 60회(25점), 54회(20점)]
> 3. 냉동식품의 해동방법을 설명하고, 해동 시 주의사항을 기술하시오. [공조 29회(25점)]

1. 개요

① 해동 후 품질에 영향을 미치는 인자로는 해동 전 품질, 해동속도, 해동종온도 및 해동방법 등이 있다.
② 해동은 품질에 대한 장해(드립, 변색, 변패 등)가 비교적 적은 10℃ 이하의 온도에서 공기 또는 물로 1~2시간 내에 해동을 끝낸다.
③ 해동방법으로는 공기해동, 물해동, 전기해동, 접촉해동 등이 있다.

2. 해동방법의 종류

(1) 공기해동

① 공기해동은 특별한 설비가 필요 없어 널리 이용되고 있다.
② 그러나 해동시간이 길어 표면건조나 변질이 일어나기 쉬우므로 가습장치를 설치한다.
③ 동결식품의 두께가 적당하고 공기온도를 15℃ 부근으로 조정하면 실용성이 높으며, 반해동을 하는 경우에 적당하다.
④ 종류로는 정지공기형, 가습송풍형 및 가압송풍형 등이 있다.

(2) 물해동

① 10~15℃ 정도의 수중에서 해동시킨다.
② 공기해동법에 비하여 해동시간이 크게 단축되고 표면변질이 적다.
③ 육성분의 용출이 있는 식품은 포장처리하는 것이 바람직하다.
④ 종류로는 수침지형, 스프레이형 및 수증기형 등이 있다.
⑤ 수증기형은 장치내부 바닥의 온수에서 수증기를 발생시켜, 동결품 표면에 결로될 때 필요한 잠열을 이용하는 것으로 해동속도가 빠르며 위생적이다.

(3) 전기해동

① 공기나 물에 의한 해동방법은 전도에 의하여 중심부까지 해동시키는 외부가열방식이지만, 전기 발열을 이용한 전기해동은 동결품 내부에서 가열하는 내부가열방식이다.
② 국부과열에 의한 해동 불균일이 생기는 단점이 있으나 단시간에 해동이 가능하다.
③ 교류 전원의 줄열을 이용한 전기저항형과 고주파 진동에 의한 유전가열형이 있다.
④ 해동장치와 전력소비가 많이 들어 일반적인 방법이 되지 못한다.

(4) 접촉해동

① 열전도가 좋은 금속판에 접촉시켜 해동하는 것으로 접촉형과 알루미늄판 접촉형이 있다.
② 접촉형은 접촉식 동결장치와 구조적으로 거의 동일한데, 내부에 약 25℃의 온수가 흐르는 금속가열판 사이에 동결품을 삽입, 접촉시켜 해동한다.
③ 알루미늄판 접촉형은 공기에 비해 8,500배 정도 열전도가 뛰어난 알루미늄을 소재로 한 해동장치로 급속해동이 가능하고, 가격도 적당하며, 청소 및 취급이 간편하여 횟집 등을 중심으로 급속하게 판매되고 있다.

3. 해동장치가 갖추어야 할 조건

① 처리능력 : 필요한 물량의 해동이 가능할 것
② 해동 후 식품의 품질 : 부분적으로 뛰어날 뿐 아니라 전체가 균일하게 우수할 것
③ 해동속도 : 해동속도가 빠를 뿐 아니라 제어가 가능할 것
④ 설비비, 운전비, 유지비, 인건비 : 가격이 저렴할수록 좋지만 능력에 맞을 것
⑤ 조작, 보수점검, 사용 후 청소 : 쉬울 것
⑥ 대응성 : 여러 가지 형태 및 종류의 식품에 대해서도 가능할 것
⑦ 적응성 : 생산라인에 적응이 가능할 것
⑧ 점유면적 : 크지 않을 것

제2편
건축기계설비기술사 | 위생설비

제1장 건축기계설비 개요

1. 건축기계설비계획 기본사항 및 계획순서 …… 524
2. 건축기계설비계획의 현장조사 …………………… 526
3. 건축기계설비 관련법규 …………………………… 528
4. 건축기계설비 배관자재 …………………………… 529
5. 배수 및 통기관의 배관재료 ……………………… 532
6. 위생설비에서의 에너지절약 ……………………… 534

1 건축기계설비계획 기본사항 및 계획순서

유사기출문제
1. 건축기계설비 설계과정을 각 단계별로 구분하고 고려사항을 기술하시오.[건축 61회(25점)]

1. 개요
① 건축기계설비계획은 기본구상 → 기본계획 → 기본설계 → 실시설계의 순서로 진행된다.
② 설비계획은 계획건물의 종별, 규모, 내용, 예산 등의 계획조건과 현장조사 사항 및 제반 관련법규 등의 여러 조건들에 의해 결정된다.

2. 설비계획 기본사항
① 건물의 사용상황이나 관리체제에 적합하며 건축의 디자인과 조화를 이룬 시스템
② 예상되는 최대부하에 대처할 수 있는 시스템
③ 주변 환경에 주는 영향에 대해 충분히 고려
④ 자원절약 및 에너지절약에 대한 고려
⑤ 오염방지대책에 만전을 기하고 또한 보수관리면을 고려한 시스템
⑥ 사고나 고장이 적고 예상되는 재해 및 2차 재해에 대한 대책이 충분할 것
⑦ 시공이나 보수운전관리상의 합리화나 에너지절약에 대해 충분히 고려
⑧ 설비기자재의 보수 및 교환에 대한 고려

3. 건축기계설비 계획순서

(1) 기본구상
① 현장조사
 기후조건, 지역특성, 주변건물, 급수설비, 배수설비, 오수 및 분뇨처리설비, 가스설비, 급탕설비, 소방설비 등

② 프로젝트의 성격파악
 시설과 건물의 목적, 용도, 사용방법, 사업주의 성격 등 파악

③ 필요한 설비의 도출과 제반조건의 정리
 프로젝트의 성격파악을 기초로 시설에 필요한 설비를 도출하고 검토하여 설비의 안전성, 경제성, 관련법규 제약 및 지형적 제약 등을 검토

(2) 기본계획

기본계획은 설비전체의 개요를 나타내는 것으로 기본구상의 내용을 구체적으로 입안하는 작업이다.
① 물이용 계획과 급수시스템
② 급수계획, 급탕계획 및 배수계획
③ 자원·에너지절약 계획
④ 공법계획
⑤ 경제성 검토

(3) 기본설계

기본설계의 목적은 다른 설비계획과의 검토에 의해, 설비공간과 건축공간과의 조정을 실시하고 급배수 및 위생설비에 필요한 공간을 확보함은 물론, 도면화하는 것이다.
① 기본계획의 수정
② 기계실과 배관용 공간의 결정
③ 설비시스템의 결정
④ 기기·배관 재료의 사용과 내구성의 검토
⑤ 유지관리성의 검토
⑥ 기본설계서의 작성

(4) 실시설계

개략 설계계산서를 수정하여 설계계획서를 완성하고, 프로젝트를 공표, 실시하기 위한 실시설계도, 특기시방서, 설계계산서, 공사예산서를 작성한다.

② 건축기계설비계획의 현장조사

유사기출문제
1. 건축기계설비계획 시 주변 대지의 조사 항목을 기술하시오. [건축 60회(25점)]

1. 현장조사

(1) 기후조건
지역의 최고 및 최저온도, 풍향, 풍속, 강우량, 강설량, 습도 등

(2) 지역특성
주거지역, 상업지역, 공업지역, 재개발지역, 개발제한지역 등

(3) 주변건물
건물의 규모, 용도, 구조, 높이, 급기구 및 배기구 위치 등

(4) 급수설비
상수도 유무와 매설위치, 수압, 관 종류와 관경, 수도 본관의 인입방법과 공사범위, 지하수 개발과 비상용 지하수 사용가능 여부, 상수도의 장래 예상계획 등

(5) 배수설비
공공 하수도의 위치, 관경, 관의 종류, 매설깊이, 배수방법(합류식 또는 분류식) 및 방류가능 여부

(6) 오수 및 분뇨처리설비
지역 종말하수처리 설비의 유무 및 처리방법, 방류수질, 부지 내 정화조 설치위치 및 정화방법 등

(7) 가스설비
도시가스관의 부설유무, 압력, 관경, 관종류, 가스발열량, 가스공급규정과 인입방법, 가스관 공사의 범위, 가스공급 장래계획, 공사분담금 및 조건 등

(8) 급탕설비
그 지역에서 구할 수 있는 연료(유료, 가스, 전기 등)의 종류

(9) 소방설비
지역 관할소방서의 담당자와 소방에 대하여 검토

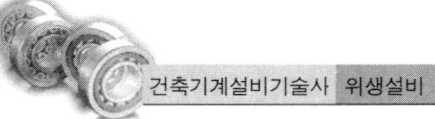

3 건축기계설비 관련법규

 유사기출문제

1. 건축기계설비 설계 및 시공 관련법규를 열거하고 검토내용을 논하시오. [건축 47회(25점)]

【 건축기계설비 관련 주요법규 】

관련법규 \ 설비항목	급수설비	급탕설비	배수설비	위생기구	오수처리설비	소방설비	가스설비	환경공해설비	쓰레기처리설비	상수도설비
건축법, 건축법시행령, 건축법시행규칙	○		○	○	○					
주택건설기준 등에 관한 규칙	○					○	○			
도시계획시설기준 규칙	○					○	○		○	
학교시설, 동법시행령 및 시행규칙	○			○		○				
공중위생법, 동법시행령 및 시행규칙	○	○	○			○	○			
수도법, 동법시행령	○									○
하수도법, 동법시행령			○							
환경정책기본법, 동법시행령			○		○			○	○	
대기환경보전법, 동법시행령 및 시행규칙								○		
수질환경보전법, 동법시행령 및 시행규칙			○		○					○
오수, 분뇨 및 축산폐수의 처리에 관한 법률					○					
폐기물관리법, 동법시행령 및 시행규칙									○	
소음, 진동규제법, 동법시행령 및 시행규칙								○		
소방법 동법시행령 및 시행규칙						○				○
고압가스안전관리법, 동법시행령							○			
도시가스사업법, 동법시행령 및 시행규칙							○			
액화석유가스의 안전 및 사업관리법							○			
보일러설치, 시공 및 검사기준		○								
압력용기제조 및 설치검사기준		○								
가스보일러의 설치기준							○			
에너지이용합리화법, 동법시행령		○								
건축물의 설비기준 등에 관한 규칙	○	○	○	○						
공업용수 공급규칙	○									○

4 건축기계설비 배관자재

유사기출문제

1. 급수설비의 배관자재인 동관, 플라스틱관, 아연도강관, 스테인리스강관의 일반적인 사항과 장점을 열거하시오. [건축 73회(25점)]
2. 급수 및 배수설비에서 사용하는 배관재를 열거하고 장단점을 기술하시오. [건축 56회(20점)]
3. 건물 기계설비에 사용되는 각종 배관재료의 검토사항을 열거하시오. [공조 39회(20점)]

1. 배관용 탄소강강관

① 급수, 급탕, 배수 및 통기, 증기배관 등에 사용하며 SGP의 기호로 표시한다.
② 관의 사용압력은 $10kg/cm^2$ 이하이며 통칭 가스관이라 불리며 가장 많이 사용된다.
③ 부식방지를 위해 강관의 내외면에 아연도금한 것을 아연도금강관(백관)이라 하며, 하지 않은 것을 흑관이라 하는데 주로 증기배관이나 도시가스 배관에 사용된다.
④ 비교적 값이 싸며 인장강도가 아주 크고, 충격에 강한 장점이 있다.
⑤ 다른 관보다 내표면이 거칠어 유체 흐름의 마찰저항이 크다.
⑥ 내구연수가 비교적 짧다.

2. 스테인리스강관

① 고온, 저온특성 및 내식성에 있어 배관용 탄소강강관보다 뛰어나 폭넓게 이용된다.
② 인장강도가 크고 시공이 어렵다.
③ 접합에는 용접 및 나사접합, 압축식 또는 프레스식 이음쇠 등을 사용한다.
④ 동관과 같이 위생성이 뛰어나 급수설비 등에 많이 사용된다.

3. 주철관

① 주철관은 내식성 및 내압성이 우수하여 수도관, 화학공업용 배관 이외에 건물배수관 등에 널리 사용되고 있다.
② 특히 내구성이 좋고, 관두께도 다른 금속관에 비해 두꺼우므로 수도용 배수관 또는 대지 내 지중매설관으로 널리 사용된다.
③ 관 접합에는 소켓접합을 많이 사용하며 플랜지접합, 메커니컬접합, 빅토리접합, 고무링접합 등이 있다.
④ 종류에는 수도용 주철관, 배수용 주철관, 가스압송관, 화학공업용 배관 등이 있다.

4. 연관

① 연관은 굴곡이 용이하며 절단, 접합이 비교적 쉽다.
② 부식성이 적지만(내산재료) 알칼리에는 쉽게 침식되므로 콘크리트 속에 매설할 때는 방식피복을 한다.
③ 연관은 중량이 크고 연수에 의해 내부 침식이 생기는 결점이 있다.
④ 연관의 종류에는 수도용 연관, 배수용 연관, 가스용 연관, 일반공업용 연관 등이 있다.

5. 동관

① 동관은 많은 장점이 있어 급수, 급탕, 난방, 가스 및 배수배관에 널리 사용된다.
② 동에 아연, 주석 등을 첨가하여 내열성과 내식성을 향상시킨 황동과 청동 등이 있다.
③ 우수한 내식성이 있다.
④ 고장력강도를 갖고 있어 얇은 두께를 가지므로 무게가 가벼워진다.
⑤ 매끄러운 내부표면으로 유체의 마찰저항이 적고 스케일 형성이 없다.
⑥ 관을 굴곡하거나 확장이 쉬우므로 뛰어난 가공성으로 시공이 용이하다.
⑦ 동관의 접합에는 압축접합(플레어접합), 납땜접합, 용접 등이 있다.

6. 플라스틱관

① 플라스틱관 중 염화비닐관(혹은 염비관)이 널리 사용된다.
② 급수관, 배수관 외에 전선용관, 약품수송관, 해수수송관 등 사용범위가 넓다.
③ 내식성이 크다.(내산, 내알칼리성)
④ 전기절연성이 크고, 열의 불량도체이다.
⑤ 대단히 가볍고 단단하며 운반 및 취급이 편리하다.
⑥ 관내면이 매끄러워 스케일이 잘 생기지 않는다.
⑦ 다른 관 종류에 비해 배관시공비가 매우 싸게 든다.
⑧ 열에 약하고 온도 상승에 따라 기계적 강도도 약해진다.
⑨ 저온에 약하며 한랭지에서는 약간의 충격에도 파괴되기 쉽다.
⑩ 열팽창률이 크므로 온도변화의 신축(50℃ 이상 고온장소 사용 불가)이 심하다.

7. 콘크리트관

① 내식성이 강해 해수 등의 수송관 또는 지중매설관 등에 적합하다.
② 그러나 금속관에 비해 탄력성이 없어 외압, 충격에 약하다.
③ 재질상 운반 및 시공 등에 주의가 필요하다.
④ 용도 및 제조방법에 따라 원심력 철근콘크리트관(흄관), 석면시멘트관(에터니트관), 철

근콘크리트관의 3가지가 있다.
⑤ 흄관은 대지 내 지중매설관으로 급수용, 배수용에 널리 사용되나 옥내 배관은 부적합하다.
⑥ 에터니트관도 수도관과 배수관에 널리 사용된다.
⑦ 철근콘크리트관은 오직 옥외 배수관에만 사용된다.

5 배수 및 통기관의 배관재료

1. 개요
① 배수 및 통기용 배관재료로는 주철관, 탄소강 강관, 연관 등이 일반적으로 사용된다.
② 실외 지중처리용으로는 흄관, 석면시멘트관, 도관 및 플라스틱관 등도 사용된다.

2. 배수 및 통기관의 배관재료

(1) 주철관
① 배수용 주철관은 시험압력 $3.5kg/cm^2$의 저압에 견디면 되므로 수도용 보다는 얇다.
② 최소관경은 50mm이며, 내구력 및 내식성이 높아 많이 사용된다.
③ 관의 접합은 코킹접합법(혹은 소켓접합)이 일반적이며, 메커니컬조인트 접합도 있다.

(2) 탄소강 강관
① 배수 및 통기관에 사용되는 강관은 아연도금을 실시한 배관용 탄소강 강관이다.
② 이것은 주철관에 비해 경량이며 충격에 강하지만 부식되기 쉽다.
③ 배수용 이음에는 턱이 생기는 수도용 이음이 아닌 나사박기형 배수관 이음으로 한다.

(3) 연관
① 연관은 내식성이 크며 유연성이 좋다.
② 값이 고가이고 배관 후 쳐져서 변형이 생기는 단점이 있다.
③ 도기와 배관과의 접속개소에 사용하면 편리하다.
④ 관의 접합은 땜납접합 및 플라스턴 접합법 등으로 한다.

(4) 철근콘크리트관
① 흔히 콘크리트관이라 하며 옥외 배수관으로 사용된다.
② 관의 접합은 시멘트모르타르 접합법으로 한다.
③ 크기는 규격화되어 있다.

(5) 도관
① 도관은 주로 옥외 매설용으로 사용된다.
② 관의 길이가 짧아(600mm) 접합부가 많이 생기므로 접합부 손상 등이 발생하기 쉽다.
③ 오수계통의 배관에는 부적합하며 주로 우수배수에 사용된다.

(6) 플라스틱관

① 플라스틱관에는 경질염화비닐관과 폴리에틸렌관이 있는데 주로 전자가 많이 사용된다.
② 플라스틱은 경량이며 관내면이 매끄럽고 내식성이 큰 장점이 있다.
③ 내열성이 낮고 충격에 약한 결점이 있다.
④ 관의 접합은 용접이나 접착제에 의한 방법을 사용한다.

건축기계설비기술사 위생설비

6 위생설비에서의 에너지절약

유사기출문제

1. 건물의 위생용수 및 공조용수 절수방안에 대하여 설명하시오.   [건축 71회(25점)]
2. 위생설비에서의 에너지절약 기술을 설명하시오.   [건축 60회(25점)]

1. 개요
① 우리나라는 물 부족국가로 상수도관의 누수 방지뿐만 아니라 건축물 내에서 배수재이용과 물 절약을 하여야 한다.
② 건축물 위생설비에서의 에너지절약은 ㉠건축물 내에서의 물 절약 ㉡급탕설비에서의 절약 ㉢실무에서의 절수기법 등이 있다.

2. 건축물 내에서의 물 절약

(1) 급수계통 조닝으로 급수압력 조정
① 세면기 등의 수도꼭지에서 토출되는 물은 급수압력이 높을수록 유량이 많아진다.
② 고가수조나 펌프직송방식에서 각층 감압밸브방식을 적용하여 급수압력을 낮춘다.

(2) 절수기 설치
① 물 다량 사용업소에 대한 절수기 설치를 법으로 의무화하였다.(수도법 제11조)
② 절수기는 절수설비와 절수기기로 구분되며, 별도의 부속이나 기기 없이도 물을 적게 사용하도록 생산된 수도꼭지 및 변기를 절수설비라 하고, 절수기기는 수도꼭지 또는 변기에 추가로 장착하는 부속이나 기기를 말한다.
③ 유사음을 이용한 물 절약(여성의 프라이버시 보호를 위한 세척음을 발생시키는 장치)

(3) 급수용 금구
① 정유량 밸브를 사용하여 토수량 교축으로 물 절약
② 온수의 혼합조절을 용이하게 하여 물 절약
③ 스프링의 복원력을 이용하여 자동적으로 지수하는 자폐식 기기 설치
④ 토수와 지수가 즉시 이루어지는 즉시지수방식 채용

(4) 자동제어에 의한 물 절약

① 수도꼭지 핸들 접촉 없이 토수구에 손을 내밀면 적외선 센서가 감지하여 물을 토수하고 손이 멀어지면 자동적으로 지수한다.
② 위생성과 쾌적성을 갖춘 수도꼭지로 토수시간을 50% 정도 줄일 수 있다.

(5) 냉각탑

① 기기본체 및 운전관리에 의한 물 절약
② 구조개선에 의한 물 절약

(6) 물 사용 습관의 변경

① 양치할 때 컵으로 물을 받아 사용한다.
② 화장실에서 용변 중에 변기의 물을 먼저 내리지 않는다.
③ 부엌, 세탁, 욕실, 일상생활 등에서 물 사용 습관을 변경한다.

3. 급탕설비에서의 절약

① 급탕 공급온도의 조정
② 급탕 사용량의 감소
③ 급탕설비의 개선(건축주 및 위생설비 설계자의 관점)
④ 기기의 개선
⑤ 급탕가열에 폐열 이용

4. 실무에서의 절수기법

(1) 정책적인 대책 및 기술적인 대책

① 정책적인 대책으로 수도요금 인상, 절수 홍보, 노후 수도배관 교체, 절수형 설비 개발 및 절수형 설비 설치 시 자금 및 세제지원 등이 있다.
② 기술적인 대책으로 중수도, 절수형 양변기, 압력조절에 의한 절수기법, 정유량 밸브, 전자 감응식 자동수전, 절수형 금구, 냉각수의 절수 등이 있다.

(2) 압력조절에 의한 절수기법

① 급수압력이 높으면 토수량이 증가한다.
② 급수조닝 및 감압밸브를 설치한다.

(3) 정유량 밸브 설치
① 정유량 밸브는 수압 변동에 관계없이 항시 일정한 유량을 토출하게 하는 밸브이다.
② 수격작용 및 소음방지, 물 사용량 감소로 수도 및 하수도 비용절감 등의 장점이 있다.

(4) 전자감응식 자동수도전
① 자동식 수전은 필요시 손을 토수구 밑에 넣는 순간 토수가 시작되고 자동 차단된다.
② 센서 감지로 소형 모터를 제어하여 급수 밸브를 개폐한다.

제2장 저수조

1. 저수조의 종류와 재질 ········· 538
2. 저수조 및 주위 배관 ········· 540
3. 저수조의 위생상 문제점과 오염방지 방안 및 설치지침 ········· 542
4. 수수조의 용량 ········· 544
5. 고가수조의 용량 ········· 546

1 저수조의 종류와 재질

1. 저수조의 종류

① 지하저수조
건축물 지하층에 설치하여 위생용수 및 소방용수까지 저수하므로 용량이 비교적 크다.

② 고가수조
건물 옥상에 설치된 저수조로 지하저수조의 물을 양수하여 중력을 이용하여 급수한다.

③ 중간수조
고층건물에서 수압을 조절하기 위하여 건물 중간층에 중간수조를 설치한다.

④ 지상저수조
건축물 바닥 위에 설치하는 것으로 관리 및 점검이 용이하다.

2. 저수조의 재질

(1) 강판
① 절단, 절곡, 용접 등의 가공성이 뛰어나고 가격이 저렴하여 큰 규모에 적합하다.
② 염소가 함유된 수돗물에 쉽게 부식되고 내구성이 떨어지며 적수가 발생한다.

(2) 스테인리스 강판
① 다른 종류에 비해 고가이나 내식성, 내구성, 위생성이 우수하고 외관이 좋다.
② 수압에 견디기 위해 수평과 수직방향으로 저수조 내부에 보강재를 설치한다.

(3) FRP
① 플라스틱과 보강재인 유리섬유로 제조한 것이다.
② 경량이고 성형이 쉬우며 착색이 용이하고 내식성과 위생성이 우수하다.
③ 빛의 투과성으로 조류발생 우려가 있으며 자외선에 약하다.

(4) 철근콘크리트 구조물
① 완전 방수가 어렵고 철근 부식으로 균열이 발생하며 누수 우려가 있다.
② 공동주택이나 대형 건축물 저수용으로 주로 지하에 설치한다.
③ 시공 후에 방수와 에폭시 도장을 하여야 하며 정기적인 도장 등 보수가 필요하다.

(5) SMC

① SMC 원료를 유압프레스로 고온고압 성형하여 패킹을 끼우고 볼트로 조립한 구조이다.
② 경량화로 시공성이 우수하고 규격화된 패널은 자재반입 및 이설작업이 용이하다.
③ 외부의 빛을 완전히 차단시켜 미생물 증식을 억제하므로 위생적이다.

(6) PE(폴리에틸렌)

일반 주택의 소형 저수조로 많이 이용되며 빛이 투과하는 단점이 있다.

❷ 저수조 및 주위 배관

유사기출문제
1. 지하저수조의 구조와 배관방법 [건축 46회(20점)]
2. 고가수조의 주위 배관을 그리고 설명하시오. [건축 45회(25점)]
3. 음료수용 탱크를 건물 내에 설치할 경우 단면을 그리고 거리를 쓰시오. [건축 66회(10점)]

1. 저수조(지하저수조 및 고가수조)의 구조

지하저수조와 고가수조의 설치기준은 「수도시설의청소및위생관리등에관한규칙」을 따른다.

2. 지하저수조 주위 배관 및 주의사항

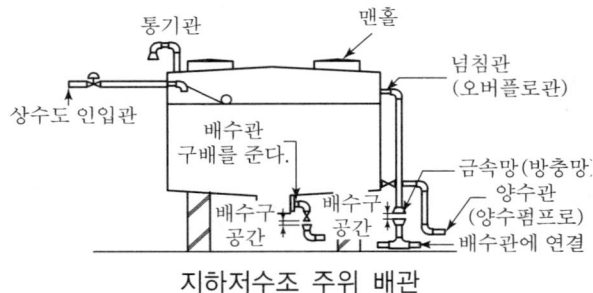

지하저수조 주위 배관

① 지하저수조에는 상수도 인입관, 양수관, 넘침관, 배수관 및 통기관을 설치한다.
② 상수도 인입관 정수위 밸브 개폐용 전극봉 외에 고장에 대비하여 볼탭을 설치한다.
③ 넘침관의 관경은 인입관 보다 두 단계 큰 관으로 하고 간접배수가 되도록 한다.
④ 통기관 관경은 인입관보다 한 단계 작은 관으로 하며 40~100A로 선정한다.
⑤ 넘침관과 통기관에는 밸브를 설치하지 않으며 관의 끝은 방충망을 씌운다.
⑥ 지하저수조실은 환기가 되도록 하고, 공중통로 등 유지보수 공간을 확보한다.
⑦ 맨홀은 탱크 상부에 설치하고 내부확인 및 청소가 용이한 구조로 하며 잠금장치를 한다.
⑧ 외부 사다리는 구조용 강관을 사용하며 맨홀의 접근이 용이한 곳에 설치한다.

3. 고가수조 주위 배관 및 주의사항

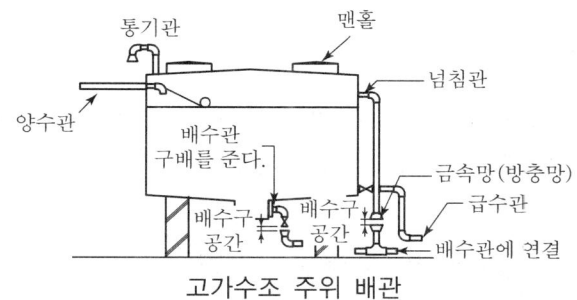

고가수조 주위 배관

① 고가수조에는 양수관, 급수관, 넘침관, 배수관 및 통기관을 설치한다.
② 양수관은 정수위 밸브는 설치하지 않으나 오작동에 대비하여 볼탭을 설치한다.
③ 넘침관과 통기관의 관경 및 실환기와 공중통로, 맨홀의 설치는 지하저수조와 같다.

4. 음료수용 탱크를 건물 내에 설치할 때 각부 거리

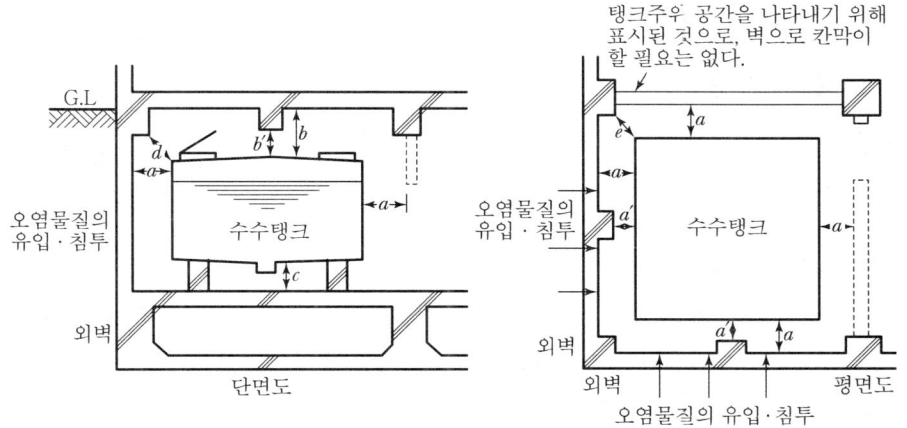

음료수용 탱크를 건물 내에 설치할 때 각부 거리

① a, b, c는 탱크의 보수점검이 용이한 거리임(a, c ≥ 60cm, b ≥ 100cm)
② 기둥, 보 등은 맨홀 출입에 지장이 없어야 한다.
③ a′, b′, d, e는 보수점검에 지장이 없는 거리로 한다.

건축기계설비기술사 위생설비

3 저수조의 위생상 문제점과 오염방지 방안 및 설치지침

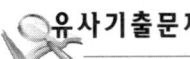

유사기출문제

1. 저수조 수질이 변하는 원인 3가지와 오염방지 방안 4가지를 제시하시오.[건축 83회(25점)]
2. 저수조 위생상 문제점, 설치지침 및 오염방지 방안[건축 77회(25점), 72회(25점), 39회(20점)]

1. 저수조의 위생상 문제점 및 오염방지 방안

① 정체수(사수) 발생 방지
저수조 입출구가 근접하여 정체수가 발생하면 미생물에 의한 슬라임 및 조류가 발생되므로 입출구를 멀리하여 물을 우회시키고 주기적으로 물탱크를 청소한다.

② 먼지 및 곤충 침입 방지
맨홀 및 오버플로관을 통해 먼지 및 곤충이 침입하지 못하도록 방지망을 설치한다.

③ 저수조 내면은 위생상 지장이 없는 도료 또는 공법으로 처리한다.

④ 저수조에는 다른 목적의 물을 공급하거나 배관을 하지 않는다.

⑤ 물을 장시간 보관하면 부패하기 쉬우므로 필요 이상 다량의 물을 저장하지 않는다.

2. 저수조 설치기준

(1) 관련근거

「수도시설의청소및위생관리등에관한규칙」의 별표1 저수조 설치기준(2008. 2. 26)

(2) 저수조 설치기준 요약

① 저수조와 주위 벽과는 일정 간격을 띄운다.(상부 100cm, 주위 벽 60cm 이상 간격)

② 유출구는 바닥 침전물이 유출하지 않도록 저수조 바닥에 띄워서 유입구 반대편에 설치하고, 정체수 방지를 위해 물칸막이 등을 설치한다.

③ 점검 및 청소용 맨홀을 설치한다.(원형 지름 90cm, 사각형 한 변 90cm 이상)

④ 저수조 바닥은 1/100 이상 구배를 주고 침전찌꺼기 배출구를 설치한다.

⑤ 청소, 위생점검 및 보수 등을 위해 저수조를 2개 이상 구획하거나 설치한다.

⑥ 저수조 물이 일정 수준 이상이거나 이하일 때 울리는 경보장치를 설치하고, 그 수신기는 관리실에 설치한다.

⑦ 땅 밑에 저수조를 설치하는 경우 분뇨, 쓰레기 등의 유해물질로부터 5m 이상 띄운다.

⑧ 저수조에 설치하는 사다리 등은 내식성 재료를 사용한다.

⑨ 공기정화를 위한 통기관과 수위조절을 위한 월류관을 설치한다.
⑩ 저수조 유입배관에는 단수 후 오수나 이물질 유입 방지를 위한 배수용 밸브를 설치한다.
⑪ 저수조 설치장소는 분진 등으로 인한 오염을 방지하기 위해 적절한 자재를 사용한다.
⑫ 저수조 내부 높이는 1.8m 이상으로 한다.
⑬ 맨홀은 잠금장치를 하고, 출입구는 이물질이 들어가지 않도록 한다.

4 수수조의 용량

유사기출문제

1. 300세대 공동주택 급수계획에서 수도 인입관에서 평균 $300\,\ell/\min$ 수량이 연중 24시간 확보 가능한 경우 수수조의 용량을 수식을 나열하면서 구하시오. (단, 1세대 당 4인 거주, 1인 1일 평균 사용수량은 $250\,\ell$, 1일 평균 사용시간은 10시간) [건축 79회(10점)]

1. 개요

① 수수조(지하저수조)의 용량은 단수 등을 고려하면 클수록 좋으나, 너무 크게 하면 물 속의 잔류염소가 감소되어 부패하기 쉽다.
② 저수탱크의 용량은 수원의 급수능력에 따라 달라지며, 일반적으로 1일 사용량의 1/3~1/2 정도로 계획하며, 관계법규나 해당 지역의 조례 등을 검토한다.
③ 수수조를 소화용수와 겸용할 경우에는 이를 감안하여야 한다.
④ 용량이 너무 크면 탱크 내에 사수가 생기지 않도록 탱크 내 별도의 배관을 설치한다.
⑤ 특히, 잔류염소 확보를 위하여 급수펌프와 연동하는 염소주입장치를 설치한다.

2. 수수조 용량 계산

① 수수조 용량

$$V_s \geq Q_d - Q_x T_{ime}$$

V_s : 수수조의 유효용량(m^3)
Q_d : 1일 사용수량(m^3/d)
Q_s : 수원의 급수능력(m^3/h)
T_{ime} : 1일 평균 물 사용시간(h)

② 야간에 수수조를 만수로 할 수 있는가 여부 검토

$$V_{s\,\max} \leq Q_s(24 - T_{ime})$$

3. 소방용수와 겸용할 경우의 수수조 유효용량 개략치

$$V_s = \left(\frac{1}{3} \sim \frac{1}{2}\right)Q_s + V_f$$

4. 기출문제 해설

> **건축 79회(10점)**
> 300세대 공동주택 급수계획에서 수도 인입관에서 평균 300ℓ/min 수량이 연중 24시간 확보 가능한 경우 수수조의 용량을 수식을 나열하면서 구하시오.(단, 1세대당 4인 거주, 1인 1일 평균 사용수량은 250ℓ, 1일 평균 사용시간은 10시간)

(1) 상수도의 능력 검토

① Q_d : 1일 사용수량(m^3/d)

$$Q_d = 300 \times 4 \times 250 = 300{,}000(\ell/d) = 300(m^3/d)$$

② Q_s : 수원의 급수능력(m^3/h)

$$Q_s = 300 \times 60 \times 24 = 432{,}000(\ell/d) = 432(m^3/d)$$

③ $Q_d(300m^3/d) < Q_s(432m^3/d)$ 이므로 수원(수도인입관)의 급수능력은 충분하다.

(2) 수수조의 용량

① 수수조의 용량은 1일 평균사용 시간 $T_{ime} = 10$ 이므로

$$Q_s = 300 \times 60 = 18{,}000(\ell/h) = 18(m^3/h) \text{이므로},$$
$$V_s \geq Q_d - Q_s T_{ime} = 300 - 18 \times 10 = 120(m^3) \text{이 된다}.$$

② 한편, 야간에 대한 상수도관의 능력(저수탱크가 만수되었을 때) 검토

$$V_s \leq Q_s(24 - T_{ime}) = 18(24 - 10) = 252(m^3) \text{이므로},$$

수수조 용량이 $120(m^3)$ 이면 이상이 없다.

5 고가수조의 용량

1. 개요
① 고가탱크의 용량도 저수탱크 용량과 같이 관계법규나 해당지역 급수 조례를 검토한다.
② 고가수조의 유효용량은 대개 시간평균 예상급수량의 1~3시간분으로 한다.
③ 급수펌프의 양수량은 고가수조에 30분 이내에 양수할 수 있는 용량으로 한다.

2. 고가수조의 용량 계산
고가수조 용량은 급수가압펌프의 토출량에 관계된다.

$$V_h = (Q_p - Q_{pu})T_p + Q_{pu}T_{pr}$$

V_h : 고가수조의 유효용량(ℓ)
Q_p : 순간최대 예상급수량(ℓ/min)
Q_{pu} : 급수가압펌프의 토출량(ℓ/min) → 일반적으로, 순간최대 예상급수량 Q_p 정도
T_p : 순간최대 예상급수량의 계속시간(min) → 일반적으로, 30분 정도
T_{pr} : 급수가압펌프의 최단운전시간(min) → 일반적으로, 10~15분 정도

① 고가수조의 용량은 급수가압펌프의 기동정지 역할로만 사용한다.
② 또한 고층건물에서 고가수조 용량을 적게 하기 위해서는 Q_{pu}를 Q_p에 근접시킨다.

3. 고가수조 용량 계산식의 그림 표시

$$V_h = (Q_p - Q_{pu})T_p + Q_{pu}T_{pr}$$

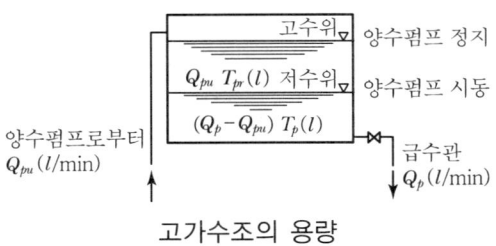

고가수조의 용량

① 탱크 전체용량이 충분하더라도 저수위 이하의 수량($Q_p - Q_{pu}T_p$)이 확보되도록 펌프의 기동정지용 전극봉을 설치한다.
② 이렇게 함으로써 저수위 때에 순간최대유량이 되어도 급수량이 부족하지 않게 된다.

4. 고가수조 및 펌프의 선정 예제

> 2,000세대 공동주택 급수계획에서 상수도관에서 평균 2,000 ℓ/min 수량이 연중 24시간 확보 가능한 경우 고가수조의 용량 및 급수가압펌프의 성능을 구하시오.
> (단, 1세대당 4인 거주, 1인 1일 평균 사용수량은 200ℓ, 1일 평균 사용시간은 10시간으로 하며, 펌프의 실양정은 35m로 하고, 총 관마찰손실은 10mAq로 한다. 속도수두는 생략하며, 펌프의 형식은 볼류트 펌프로 한다.)

(1) 각 예상급수량

① 1일 사용수량

$$Q_d = 2,000 \times 4 \times 200 = 1,600,000(\ell/d) = 1,600(m^3/d)$$

② 시간평균 예상급수량

$$Q_h = Q_d/T = 1,600 \div 10 = 160(m^3/h) = 160,000(\ell/h)$$

③ 시간최대 예상급수량

$$Q_m(1.5 \sim 2.0)Q_h = 2 \times 160,000 = 320,000(\ell/h)$$

④ 순간최대 예상급수량

$$Q_p = (3 \sim 4)Q_h/60 = (3 \times 160,000) \div 60 = 8,000(\ell/min)$$

(2) 펌프의 토출량

가압펌프의 토출량을 시간최대 예상급수량으로 하면,

$$Q_{pu} = 32,000(\ell/h) = 5,333(\ell/min) ≒ 5,400(\ell/min)$$

(3) 고가수조의 용량

순간최대 예상급수량의 계속시간을 30분, 펌프의 최단운전시간을 10분으로 하면,

$$V_h(Q_p - Q_{pu})T_p + Q_{pu}T_{pr} = (8,000 - 5,400) \times 30 + 5,400 \times 10$$
$$= 132,000(\ell) = 132(m^3)$$

(4) 가압펌프의 소요동력

적절한 효율 값 대입

$$L_m = \frac{0.163QH(1+\alpha)}{E_p E_t} = \frac{0.163 \times 5.4 \times 45 \times (1+0.2)}{0.65 \times 1} = 73.2(\text{kW})$$

(5) 펌프 및 고가수조 선정결과

1) 펌프 선정

   ① 시판되는 펌프를 고려하여 모터는 75kW

   ② 펌프의 규격은 150A

   ③ 유량 5,400(ℓ/min)

   ④ 양정 45m

2) 고가수조 용량은 132m³ 선정

제3장 급수설비

1. 급수방식 ··· 550
2. 고가수조방식과 부스터펌프방식 비교 ············ 553
3. 부스터펌프방식의 제어방식 ···························· 556
4. 급수설비 공급압력 ··· 559
5. 고층건물의 급수조닝방식 ································ 560
6. 급수설비의 설계순서 ······································· 562
7. 기구의 필요 급수압력 ····································· 563
8. 급수량 추정방법 ··· 564
9. 급수량 산정방법 ··· 565
10. 급수관경 산정방법 ··· 568
11. 급수배관 설계 및 시공 시 주의사항 ············ 570
12. 급수설비의 오염방지 ····································· 572
13. 급수설비의 동절기 동파예방대책 ················ 575
14. 워터해머 ··· 576
15. 워터해머 흡수기 ··· 578

건축기계설비기술사 위생설비

1 급수방식

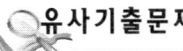

1. 상수압이 낮은(0.7kg/cm² 이하) 지하층이 있는 2층 주택에 적용 가능한 급수공급방식 3가지를 들어 장단점을 서로 비교하시오. [건축 82회(25점)]
2. 위생설비의 급수방식 4가지에 대한 개요를 설명하고 각 방식별 장단점을 비교하시오.
   [건축 75회(25점), 57회(25점), 55회(25점), 51회(10점), 42회(25점)]
3. 급수방식 중 수도직결방식, 고가수조방식, 압력탱크방식, 부스터펌프방식을 설명하고 장단점을 비교하시오. [건축 37회(25점)]

1. 개요

① 급수방식을 선정할 때는 건축규모, 구조, 입지조건, 관리조건 및 코스트 등을 검토한다.
② 급수방식에는 수도직결방식, 고가수조방식, 압력탱크방식, 부스터펌프방식이 있는데, 어느 방식이나 위생기구에서 필요로 하는 압력을 공급하여야 한다.

2. 급수방식의 종류

(1) 수도직결방식

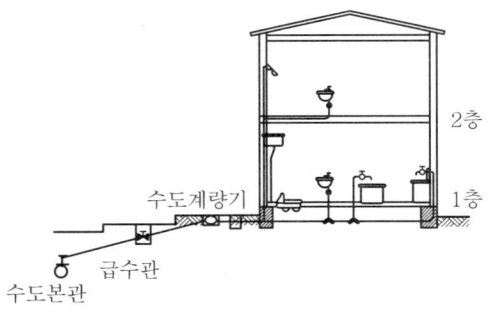

수도직결방식

① 도로에 매설되어 있는 수도 본관에서 급수관을 분기하여 건물에 급수하는 방식이다.
② 건물 제일 높은 곳의 위생기구에 이상 없이 급수될 수 있어야 적용될 수 있다.
③ 과거에는 수도압력이 높지 않아 주택이나 2층 이하 소형건물에 적용이 제한되었으나, 수도시설의 현대화로 적용할 수 있는 범위가 넓어졌다.
④ 설치비가 싸고 정전시 단수가 안 되고 위생관리 및 유지관리가 쉽다.
⑤ 단수 시 급수가 불가하고 상황에 따라 수압이 변동한다.

(2) 고가수조방식

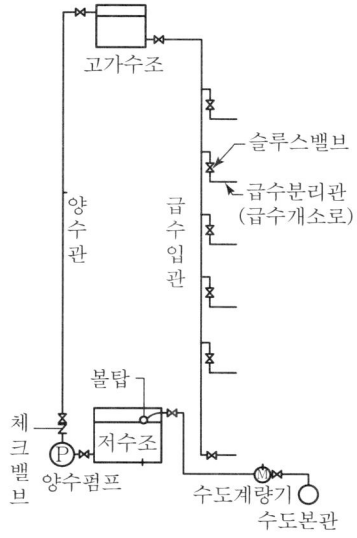

고가수조방식

① 수도 본관에서 시수를 저수조에 일단 저장하고, 펌프로 옥상이나 별도로 설치된 고가수조에 송수하여, 중력에 의해 건물 내 필요한 곳에 급수하는 방식이다.
② 저수조, 고가수조, 펌프 등이 필요하고 위생관리가 취약하여 수질오염 가능성이 높다.
③ 설치비가 비싸고 건축구조 및 미관적 문제가 있다.
④ 정전 및 단수 시에도 고가수조 용량에 따라 일정시간 급수가 가능하며 수압이 일정하다.

(3) 압력탱크방식

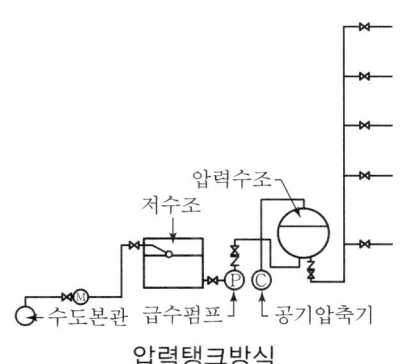

압력탱크방식

① 건물의 구조상, 외관상 이유로 고가수조 대신에 압력수조를 사용하는 방식이다.
② 수도 본관의 시수를 지하 저수조에 저수시킨 후 급수펌프로 압력탱크에 송수하고, 공기 압축기로 탱크 내 공기를 압축, 물을 가압하여 건물 내 높은 위치까지 급수한다.
③ 전기부품의 고장이 많고, 탱크 내 공기를 재충전해야 하며 급수압이 항상 변동된다.
④ 고가수조방식에서 최상층이나 동일층의 위생기구에 필요압력을 얻을 수 없을 때 고가수조방식과 병용하거나, 소규모 주택이나 건물에 주로 사용된다.

(4) 부스터펌프방식

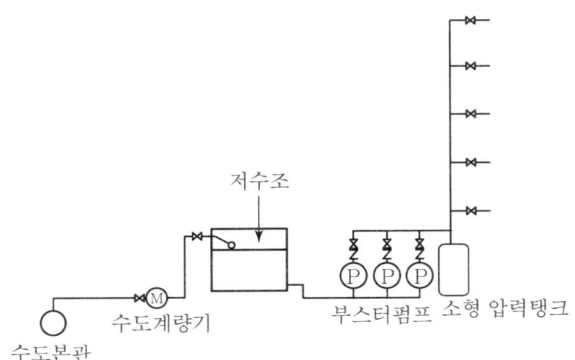

부스터펌프방식

① 이 방식은 탱크 없는 부스터방식 또는 탱크 없는 압송방식, 펌프직송방식 등으로 불린다.
② 수도 본관의 시수를 지하 저수조에 저수시킨 후 부스터펌프만으로 직접 급수한다.
③ 급수량이 펌프 1대의 유량 이하일 때는 인버터에 의해 회전수가 제어되며, 급수량이 증가하면 대수제어와 회전수제어가 병용된다.
④ 급수량이 감소하면 펌프는 차례로 정지되고 변속운전으로 항상 일정수압을 유지한다.
⑤ 적은 유량 시 펌프의 빈번한 기동과 정지를 방지하기 위해 소형 압력탱크를 설치한다.

❷ 고가수조방식과 부스터펌프방식 비교

유사기출문제

1. 초고층 공동주택의 급수설비 시스템에서 고가탱크방식과 펌프직송방식에 대하여 다음을 설명하시오. [건축 78회(25점)]
   ① 펌프직송방식이 유리한 점
   ② 고가탱크방식의 양수펌프 크기
   ③ 각 시스템의 적정 필요 급수압과 급수압을 유지하기 위한 방안
2. 공동주택 급수설비에서 고가탱크방식과 부스터방식의 장단점과 문제점을 설명하시오.
   [건축 72회(25점), 63회(25점), 50회(10점)]

1. 고가수조방식(고가탱크방식)

(1) 장점
① 수도 본관의 수압과는 관계없이 항시 일정한 수압으로 급수가 가능하다.
② 단수, 정전 및 급수펌프의 고장 시에도 고가수조 보유량만큼 일정시간 급수가 가능하다.
③ 고가수조를 설치하여 중력에 의해 급수하므로 운전비가 적게 든다.

(2) 단점
① 저수조와 고가수조의 설치공간이 필요하며 수질관리 및 청소가 필요하다.
② 고가수조 및 배관에 따르는 기기 등의 설치비가 비싸다.
③ 건물 자체에 걸리는 하중 등 건축구조 및 미관적 문제가 발생한다.
④ 최상층에서는 수압부족현상이 발생하므로 별도 조치를 취해야 한다.

(3) 초고층 건물의 급수압 유지
초고층 건물로서 수압이 높아질 때에는 급수압력이 0.4MPa(4kg/cm^2) 정도를 넘지 않도록 중간수조를 설치하거나 감압장치에 의해서 급수압을 조절한다.

(4) 고가수조 최소설치 높이 H

$$H \geq H_1 + H_2$$

여기서, H : 제일 높은 곳(최악의 조건)에 설치된 수도꼭지나 기구로부터 고가수조 저수위까지의 수직높이(m)
H_1 : 제일 높은 곳에 설치된 수도꼭지나 기구에서 필요로 하는 압력에 상당하는 높이(m)
H_2 : 고가수조로부터 제일 높은 곳 또는 최악의 조건에 설치된 수도꼭지나 기구까지의 관마찰손실(m)

(5) 고가수조의 용량 V

$$V = 1시간\ 최대사용수량 \times 1 \sim 3시간(m^3)$$

① 정전을 고려하여 피크로드의 지속시간이 클수록 좋다.
② 원칙적으로 대규모 급수설비에는 1시간 이상, 중소규모는 2~3시간으로 한다.

(6) 양수펌프 크기

펌프의 양수량 Q는 고가수조에 30분 이내에 양수할 수 있는 용량으로 한다.

양수량 $Q = \dfrac{시간최대사용수량 \times (3 \sim 4Hr)}{60}$ (ℓ/min)

양정 H = 흡입양정 + 토출양정 + 마찰손실수두 + 토출구 속도수두(m)

펌프 구경 $d = \sqrt{\dfrac{4Q}{v\pi}} = 1.13\sqrt{\dfrac{Q}{v}}$

양수펌프 축동력 $P = \dfrac{\gamma QH}{0.102 \times 60\eta} = \dfrac{0.163\gamma QH}{\eta}$

2. 부스터펌프방식

(1) 장점

① 고가수조실이 불필요하므로 수질오염 가능성이 적다.
② 옥상 물탱크실이 없으므로 건축하중 경감과 공간이 절약된다.
③ 정전 시에는 발전기로 급수가 가능하다.

(2) 단점

① 고장 시 즉시 수리해야 하므로 대처가 어렵다.
② 펌프 등 설치비가 비싸다.

(3) 급수방법

① 적은 유량은 펌프의 빈번한 기동과 정지를 방지하기 위해 소형 압력탱크를 이용한다.
② 급수 사용량이 작을 때는 1대의 펌프만 운전된다.
③ 급수량이 증가하면 압력센서에 의해 필요 대수만큼 운전된다.
④ 급수량이 감소하면 순차적으로 펌프가 자동정지되고, 최종으로 정지되는 펌프는 소형 압력탱크를 축압시킨 후 정지한다.

(4) 제어방식

① 대수제어
② 회전수제어
③ 대수제어 및 회전수 병용제어

건축기계설비기술사 위생설비

③ 부스터펌프방식의 제어방식

유사기출문제

1. 탱크리스 부스터펌프 급수방식에서 급수량 제어방식을 기술하시오. [건축 74회(25점)]
2. 고가수조방식과 부스터펌프방식의 제어방식을 설명하시오. [건축 51회(25점)]
3. 급수방식에서 탱크 없는 부스터 방식에 대해 논하시오. [건축 48회(10점)]

1. 개요

① 부스터펌프방식은 고가수조를 설치하지 않고, 지하저수조로부터 여러 대의 펌프를 급수 사용량에 따라 대수제어 및 회전수제어를 하여 항상 일정한 압력으로 공급한다.

② 제어방식에는 급수관 내 압력 또는 유량을 검지하여 펌프의 대수를 제어하는 방법과 회전수를 제어하는 방법이 있으며, 두 가지 제어방식을 병용하기도 한다.

【 펌프직송방식의 분류 】

종별	방식
펌프의 운전방식	• 정속방식(펌프의 대수제어) ·················· 범용전동기 • 변속방식(펌프의 회전수 제어) ┌ 가변속전동기 ································· 전기제어 ├ 정속전동기 + 전자이음 ······················ 전기제어 ├ 정속전동기 + 유체이음 ······················ 기계제어 └ 정속전동기 + 변속커플링 ···················· 기계제어
검지방식	• 압력검지식 ┌ 토출압 일정제어 　　　　　　└ 말단압 일정제어 • 유량검지식 • 수위검지식

2. 펌프의 운전방식

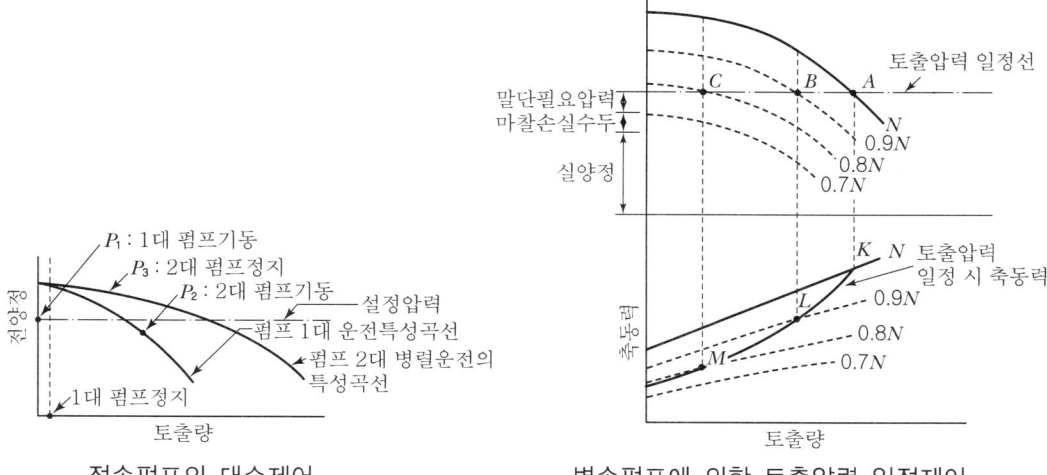

정속펌프의 대수제어 　　　변속펌프에 의한 토출압력 일정제어

(1) 정속방식

① 압력스위치, 유량계, 미소유량 검출기, 압력조절밸브, 소형 압력탱크 등의 장치가 있다.
② 부속장치에 의해 펌프의 대수를 제어하거나 토출압력이 일정하도록 제어한다.
③ 압력조절밸브는 토출압력이 일정하게 유지되도록 제어한다.
④ 소형 압력탱크는 적은 유량이 필요할 때 펌프의 기동정지가 빈번하지 않도록 한다.
⑤ 정속방식은 물 사용량에 따라 펌프의 대수를 제어하며 각 펌프의 수명이 동일하도록 자동 교체운전이 되도록 한다.

(2) 변속방식

① 변속방식은 토출압력을 검지하여 펌프의 회전수를 제어한다.
② 토출압력을 일정하게 유지하면 펌프는 A~C 선상에서 연속적으로 운전되며, 축동력은 K~M 선상에서 연속적으로 변화된다.
③ 가변속펌프의 회전수 제어정도는 최대회전수(100%)로부터 80%까지의 범위이다.

3. 부스터펌프방식의 압력검지방식

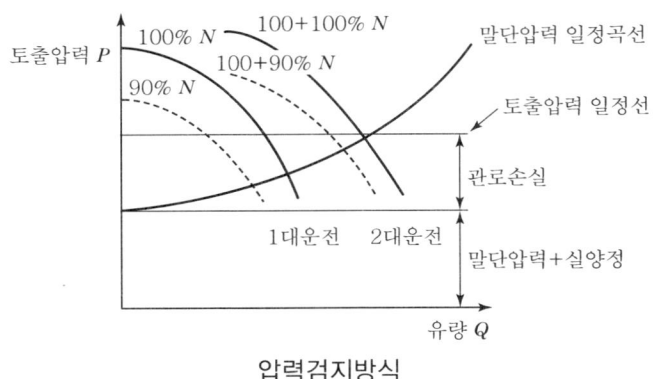

압력검지방식

(1) 토출압력 일정제어

① 관로가 짧은 경우처럼 유량변화가 관로의 압력손실에 미치는 영향이 적을 때 적용한다.
② 펌프의 토출압력이 일정하게 되도록 제어하는 방식이다.
③ 유량이 적으면 펌프 1대만으로 회전수 제어를 하고, 유량이 더욱 증가하면 1대는 정속운전을 하고 2번째 펌프가 기동하여 토출압력 일정선상을 따라 회전수 제어를 한다.

(2) 말단압력 일정제어

① 펌프의 양정은 배관 내 유량이 최대일 때의 마찰압력손실을 감안하여 선정하는데, 급수 유량이 변동하면 유속이 변동되고 마찰압력손실 변동이 발생한다.
② 관로가 긴 경우처럼 유량변화가 관로의 압력손실에 미치는 영향이 클 때 적용한다.
③ 말단압력 일정제어방식은 말단수전에서의 압력이 일정하도록 유량 감소에 따른 펌프 토출압력을 감소시켜 펌프 동력비를 절감할 수 있는 방식이다.
④ 이 방식은 유량변화에 따라 말단압력 일정선상을 움직인다.

4 급수설비 공급압력

> **유사기출문제**
> 1. 고층건물 저층부와 지하층을 수도 직결식으로 설계할 때, 계통도, 급수시스템의 장단점, 적정 운영방안에 대하여 논하시오. [건축 53회(25점)]
> 2. 상수도 공급 시 공급압력에 대한 설명을 하시오. [건축 43회(10점)]

1. 수도직결방식의 공급압력

$$P \geq P_1 + P_2 + P_3$$

P : 상수도 본관에서의 압력
P_1 : 분기점으로부터 제일 높은 곳(최악의 조건)에 설치된 위생기구까지의 높이에 해당하는 압력 → 최상단 수전까지의 압력
P_2 : 분기점으로부터 제일 높은 곳에 설치된 위생기구까지의 관마찰손실(부차적 손실 포함) → 급수배관의 관마찰손실
P_3 : 분기점으로부터 제일 높은 곳에 설치된 위생기구에서 필요로 하는 압력 → 기구의 소요압력

2. 고가수조방식의 공급압력

$$H \geq H_1 + H_2$$

H : 제일 높은 곳(최악의 조건)에 설치된 위생기구로부터 고가수조 저수위까지의 수직높이
H_1 : 제일 높은 곳에 설치된 위생기구에서 필요로 하는 압력에 상당하는 높이
H_2 : 고가수조로부터 제일 높은 곳에 설치된 위생기구까지의 관마찰손실

건축기계설비기술사 위생설비

5 고층건물의 급수조닝방식

유사기출문제
1. 초고층 위생설비에서 사용되는 급수방식과 감압방법을 설명하시오. [건축 79회(25점)]
2. 초고층 설비에서 적합한 급수방식을 선정하고 계통도를 작성, 설명하시오.[건축 52회(25점)]
3. 초고층(100층 이상) 건물의 고가수조방식에서 급수조닝방식을 설명하시오.[건축 48회(25점)]

1. 개요
① 고층건물에서 급수를 단일 계통으로 공급하면 하층에서는 급수압이 과대하게 되어 소음, 진동, 워터해머 등이 발생하고 위생기구의 최고사용압력을 초과하여 문제가 발생한다.
② 급수계통을 2계통 이상으로 나누는 것을 조닝이라 하는데, 중간탱크에 의한 조닝, 감압밸브에 의한 조닝, 펌프직송방식에 의한 조닝이 있다.

2. 고층건물에 대한 급수방식

(1) 중간탱크에 의한 급수설비의 조닝

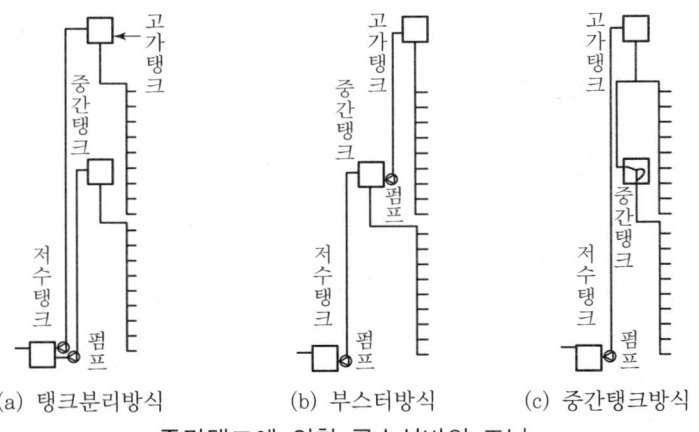

(a) 탱크분리방식 (b) 부스터방식 (c) 중간탱크방식

중간탱크에 의한 급수설비의 조닝

① 각 존마다 중간탱크를 설치하여 급수하는 방식으로 급수압을 5kg/cm² 유지하기 위해 10층씩(50m) 조닝한다.
② 중간층에 탱크를 설치할 수 있는 면적이 확보되어야 하고 구조적인 검토가 필요하다.
③ 탱크분리방식은 고가탱크나 중간탱크 용량 차이가 없으나, 부스터방식은 중간탱크 용량이 커지며, 중간탱크방식은 고가탱크 용량이 커져야 한다.

(2) 감압밸브에 의한 급수설비의 조닝

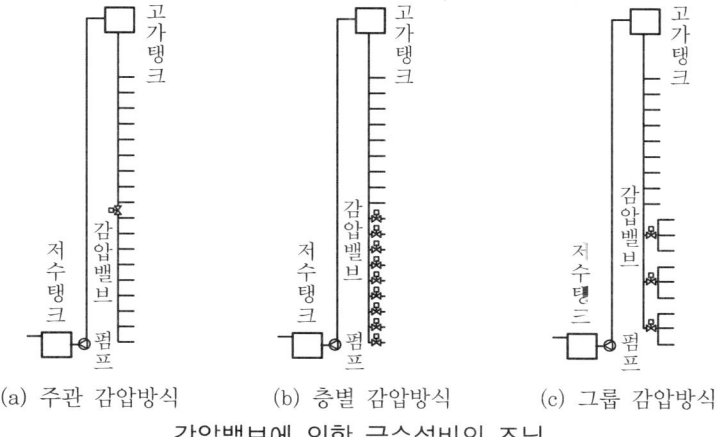

감압밸브에 의한 급수설비의 조닝

① 아파트 등 중간탱크를 둘 수 없는 경우에 감압밸브를 사용하여 급수압을 낮춘다.
② 주관 감압방식은 주관에 대형의 감압밸브를 설치한다.
③ 층별 감압방식은 수압이 높은 저층구간의 각 층별로 감압밸브를 설치한다.
④ 그룹 감압방식은 저층구간의 2~3개 층을 묶어서 감압밸브를 설치한다.
⑤ 이 방식은 감압밸브가 고장나면 높은 수압이 기구에 걸려 파손될 우려가 있다.

(3) 펌프직송방식 급수설비의 조닝

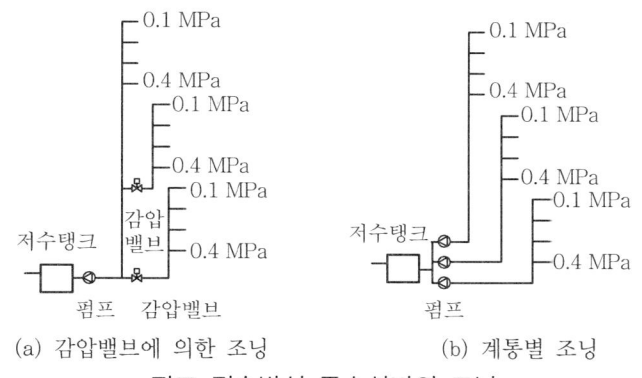

펌프 직송방식 급수설비의 조닝

① 감압밸브에 의한 조닝은 단일 펌프를 사용하고 고층부, 중층부 및 하층부로 구분한 후 중층부와 저층부에만 감압밸브를 두어 일정범위로 압력이 유지되도록 한 것이다.
② 계통별 조닝은 펌프와 배관계통을 완전히 분리하여 구간별 압력을 일정범위로 유지한다.

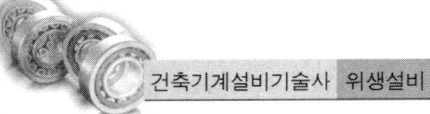

6 급수설비의 설계순서

🔍 유사기출문제

1. 급수설비의 설계순서와 각 단계에서의 설계방법 및 유의사항을 설명하시오. [건축 33회(25점)]

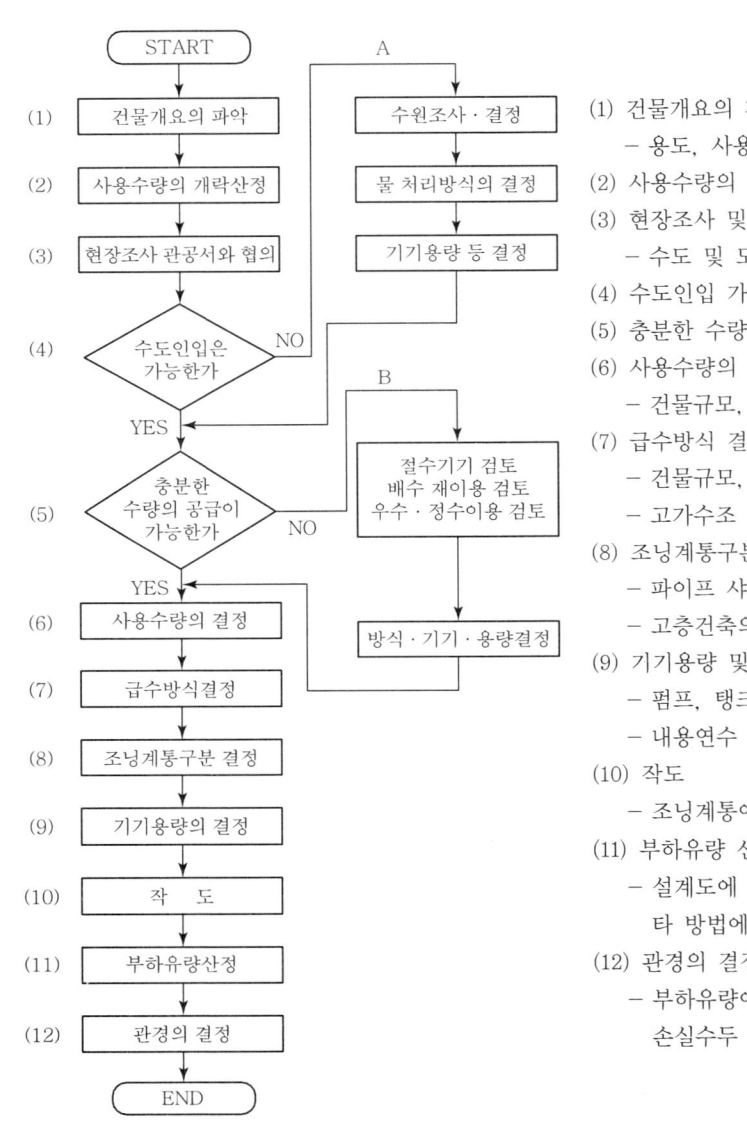

(1) 건물개요의 파악
   - 용도, 사용인원 및 사용시간 등
(2) 사용수량의 개략계산
(3) 현장조사 및 관공서와 협의
   - 수도 및 도로관계
(4) 수도인입 가능성
(5) 충분한 수량의 공급 여부
(6) 사용수량의 결정
   - 건물규모, 인원, 기구 수 등
(7) 급수방식 결정
   - 건물규모, 층수, 구조 등의 건물조건
   - 고가수조 및 부스터방식 등
(8) 조닝계통구분 결정
   - 파이프 샤프트 및 용도, 보수관리 등
   - 고층건축의 경우 조닝
(9) 기기용량 및 배관재료의 결정
   - 펌프, 탱크 등 기기의 용량 및 대수
   - 내용연수 등을 감안한 배관재료 결정
(10) 작도
   - 조닝계통에 따라 설계도 작성
(11) 부하유량 산정
   - 설계도에 따라 기구급수부하 단위법 또는 기타 방법에 의해 산정
(12) 관경의 결정
   - 부하유량에 의해 유량선도를 이용, 허용마찰 손실수두 또는 유속에 따라 배관 관경을 결정

급수설비의 설계순서

기구의 필요 급수압력

>
> 1. 일반 수전의 최소 압력에 대하여 기술하시오.   [건축 42회(10점)]
> 2. 플러시 수전의 급수압력을 기술하시오.   [건축 42회(10점)]

1. 개요
① 건물 내의 각종 급수기구는 그 기능과 사용목적에 따라 항상 일정한 압력이 필요하다.
② 일반적으로 급수압력은 보통 3~5kg/cm² 정도이며, 배관 내 유속은 2m/s 이내로 한다.

2. 급수압력의 필요성
① 급수압력이 높으면 워터해머링 같은 소음과 진동이 일어나 수전의 패킹이나 와셔 등의 손상이 커지고 누수가 우려된다.
② 수압이 높으면 급수량이 많아져 물 소비가 많아진다.
③ 기구의 최저필요압력이 유지되지 않으면 그 기능이 충분히 발휘될 수가 없다.

3. 건물 용도에 따른 최대 급수압력
① 주택이나 호텔, 오피스텔 등 사람의 사생활이 보장되어야 하는 건물 : 3~5kg/cm²
② 사무소, 공장, 기타 건축물 : 4~5kg/cm²

4. 기구별 최저 필요압력
① 대변기 및 소변기 세척밸브는 일정한 시간 내에 필요한 수량을 토수해야만 변기의 세척효과가 있다. 이를 위해서는 규정된 수압이 유지되어야 한다.
② 급수압력이 높으면 급수기기 수명이 단축되므로 내압성능이 좋은 자재를 사용해야 한다.
③ 기구를 적절하게 작동시키고, 제기능을 발휘하기 위한 기구별 최저 필요압력은 필요하다.

【 기구별 최저 필요압력 】
(단위:kg/cm²)

기구	필요압력	기구	필요압력	기구	필요압력
일반 수도꼭지	0.3	대변기 세척밸브		소변기 세척밸브	
샤워	0.7	일반 대변기용	0.7	벽걸이형 소변기용	0.3
가스순간온수기	0.4~0.8	블로 아웃 대변기용	1.0	벽걸이형 스톨형	0.5
				스톨형 소변기용	0.8

8 급수량 추정방법

1. 개요
① 급수설비의 설계에서는 우선 건물의 사용수량 즉 급수량을 추정하여야 한다.
② 급수량은 도시의 성격이나 기후조건에 따라 다르며, 건물의 사용목적에 따라 달라진다.
③ 급수량 추정방법에는 ㉠급수인원수에 의한 방법, ㉡건물의 유효면적에 의한 방법, ㉢위생기구수에 의한 방법 등이 있다.

2. 급수량 산정의 추정

(1) 급수인원수에 의한 방법

$$급수량/일 = 거주인원수 \times 급수량/인$$

① 거주자의 1일 사용수량을 설정하고 여기에 거주인원 수를 곱하여 급수량을 결정한다.
② 건물종류별로 (급수량/인)이 구분되어 있다.

(2) 건물의 유효면적에 의한 방법

$$급수량/일 = (유효면적/연면적)\% \times 건물연면적 \times 단위유효면적당 인원 \times 사용수량/인$$

① 급수대상인원수를 추정하기 어려울 때는 유효면적당 거주인원 수를 곱하여 구한다.
② 유효면적은 전바닥면적에서 복도, 계단, 화장실, 기계실, 창고 등을 제외한 면적으로 보통 연면적의 45~60% 정도이다.
③ 건물종류별로 (급수량/인)이 구분되어 있다.

(3) 위생기구수에 의한 방법
① 위생기구의 사용수량은 그 종류 및 수압, 사용상태에 따라 다르다.
② 건물종류별로 위생기구 1개당 1일 급수량을 합산하여 추정한다.

급수량 산정방법

유사기출문제

1. 건물 급수량 산정과 양수펌프의 크기 결정방법   [건축 83회(25점), 40회(20점)]
2. 사무소 건물의 급수량 산정방식   [건축 71회(25점), 39회(25점)]
3. 위생기구 기구급수부하단위(FU)에 대하여 설명하시오.   [건축 64회(10점), 32회(5점)]
4. 순시 최대유량(급수)의 개념   [건축 46회(20점)]

1. 개요

① 급수량은 급수관경, 저수조나 양수펌프 등의 장비 용량을 구하는 데 사용된다.
② 급수량은 순간최대유량을 기준으로 하며, ㉠물 사용시간과 기구급수단위에 의한 방법, ㉡기구급수부하단위에 의한 방법, ㉢기구이용으로부터 예측하는 방법 등이 있다.

2. 부하유량(급수량, 급수부하)의 산정

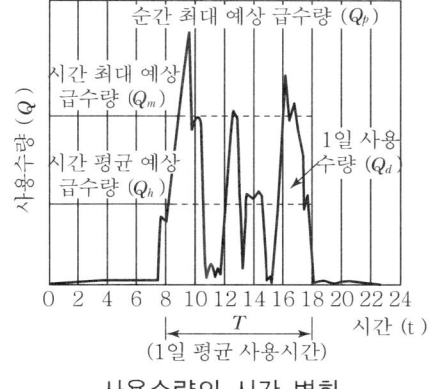

사용수량의 시간 변화

(1) 기구급수부하단위(FU)에 의한 방법

【 기구급수부하단위(FU) 요약 】

기구명	수도꼭지	기구급수부하단위		기구명	수도꼭지	기구급수부하단위	
		공중용	개인용			공중용	개인용
대변기	세척밸브	10	6	세면기	수도꼭지	2	1
	세척탱크	5	3	수세기	수도꼭지	1	-
소변기	세척밸브	5	-	욕조	수도꼭지	4	2
	세척탱크	3	-	샤워	수도꼭지	4	2

① 위생기구 종류에 따라 사용빈도와 사용시간 등을 고려하여 급수유량을 정량화한 것이다.
② 개인용 세면기의 사용수량을 기준유량으로 기구급수 부하단위 1로 정하고, 1에서 10까지 숫자를 부여하였다.(수압 1기압에서 세면기 1FU는 14LPM)
③ 표를 이용하여 기구급수 부하단위를 적산하고 선도를 이용하여 동시사용유량을 구한다.
④ 현재까지 널리 이용되고 있으며, 공동주택 등의 급수량 산정으로 주로 사용된다.

(2) 물 사용시간율과 기구급수단위에 의한 방법

① 계산의 단순화를 위해 도입한 개념으로 기구급수부하단위와 혼동하지 않도록 주의한다.
② 기구급수단위는 0.1MPa(1kg/cm^2)의 압력에서 세면기용 수도꼭지의 토수량을 14 L/min 를 1로 하고, 다른 기구의 토수량을 이 값의 배수(최소 0.5)로 표시한 것이다.
③ 계산방법은 표를 이용하여 기구 설치개수에서 동시최대 사용기구수를 구한다.
④ 기구급수단위와 물 사용시간율을 구하여 선도에서 순간최대유량을 결정한다.

(3) 기구 이용으로부터 예측하는 방법

【 표1. 기구의 동시사용률 】   (단위:%)

기구수	1	2	4	8	12	16	24	32	40	50	70	100
대변기	100	50	50	40	30	27	23	19	17	15	12	10
일반기구	100	100	70	55	48	45	42	40	39	38	35	33

【 표2. 각종 위생기구, 수도꼭지의 유량 및 접속관경 】

기구종류	1회마다 사용량(L)	1회마다 사용횟수(회)	순간최대유량 (L/min)	접속관경 (mm)	비고
대변기(세척밸브)	13.5~16.5	6~12	110~180	25	평균 15L/회/10s
대변기(세척탱크)	15	6~12	10	15	
소변기(세척밸브)	4~6	12~20	30~60	20	
소변기(세척탱크)	9~18	12	8	15	
이하 생략					

① 간편법으로 이용되며, 방법(1)과 (2)가 실정에 맞지 않을 경우에 이용한다.
② 표1의 동시사용률을 기구수로 곱하여 동시사용 기구수를 구한다.
③ 이 동시사용 기구수에 표2에 의하여 기구별 순간최대유량을 곱하여 부하유량을 구한다.

10 급수관경 산정방법

> **유사기출문제**
> 1. 급수관경 산정방법에서 관경 균등표 [건축 83회(10점)]
> 2. 냉온수배관의 관경결정법 2가지를 쓰시오. [건축 42회(10점)]

1. 개요
① 구간별 급수량이 결정되면 급수관경을 결정한다.
② 급수관경의 산정방법에는 관경 균등표에 의한 방법과 유량선도에 의한 방법이 있다.

2. 급수관경 산정방법

(1) 관경 균등표에 의한 방법

【동관 균등표(예)】

호칭지름	15	20	25	32	40	50	65	80	100	125	150
15	1										
20	2.5	1									
					생 략						
80	77.8	30.6	15.4	9.0	5.8	2.8	1.6	1			
100	162	63.6	31.9			이 하 생 략					

주) 동관 80A에 흐르는 유량은 15A로 환산했을 때 균등본수 N은 77.8개임을 나타낸다.

① 기구수가 적은 지관의 관경 결정에 사용되는 간편법으로 배관재에 따라 균등표가 있다.
② 관 균등표는 Williams-Hazen 공식을 적용하여 직경 D인 큰 관과 직경 d인 작은 관의 관마찰손실이 일정하다고 할 때 균등본수 N을 관경별로 계산해 놓은 것이다.

$$N = \left(\frac{D}{d}\right)^{2.63}$$

③ 즉 균등표는 관경 d에 흐르는 유량을 기준으로 마찰손실이 같은 큰 관경 D에 흐르는 유량이 기본관의 몇 개분(N)에 상당하는가를 나타낸다.
④ 급수관과 같이 한번 분기된 관이 다시 큰 관에 집합되지 않으므로 제한적으로 사용되는 방식이다.

⑤ 균등표에 의한 관경결정 순서는 각 기구의 접속관경을 구하고, 균등표를 이용하여 15A 관 상당개수로 환산, 누계하고 각각에 기구 동시사용률을 곱하여 동시사용 개수를 구한 후 균등표에 의해 관경을 결정한다.

(2) 유량선도에 의한 방법

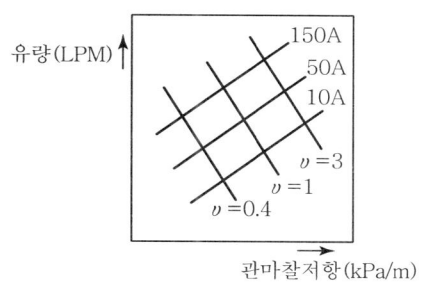

경질염화비닐관 유량선도(예)

① 관경을 결정하고자 하는 구간의 부하유량과 배관 종류에 따른 유량선도를 이용한다.
② 결정된 구간의 유량과 허용마찰손실 또는 최대유속을 이용하면 관경이 구해진다.
③ 최대유속은 유수 소음이나 워터해머 등을 고려하여 결정한다.

 급수배관 설계 및 시공 시 주의사항

> **유사기출문제**
> 1. 급수배관 설계 시 유의사항에 대해 기술하시오.   [건축 62회(25점)]

1. 개요
① 배관시공에 있어서 가장 중요한 점은 배관길이를 짧게 하여 마찰손실을 줄이는 것이다.
② 이음쇠 접합부의 누수는 건물, 기기, 비품 등의 파손원인이 되므로 시공에 주의한다.

2. 급수배관 시공 시 주의사항

(1) 배관의 구배
① 급수관은 수리 등 관 속의 물을 완전히 뺄 수 있도록 배관구배를 주어야 한다.
② 공기가 정체하지 않도록 시공하고 정체 개소에는 공기빼기밸브를 설치한다.

(2) 옥외배관과 옥내배관
① 옥외배관은 녹막이를 하고 동파방지를 위해 동결선 이하에 매설한다.
② 옥내배관의 주관은 파이프샤프트 내에 배관하고 횡주관 등은 바닥이나 천장에 배관한다.

(3) 방동보온과 방로피복
① 옥외배관은 동결을 방지하기 위해 방동보온피복을 하며, 그 두께는 최초의 관내 온도를 5℃로 했을 때, 그 물이 5시간 정지된 상태에서 0℃까지 낮아지지 않는 두께로 한다.
② 옥내배관에서는 하절기에 습기가 많고 실온이 높은 곳의 배관에 온도가 낮은 물이 흐르면, 관의 외벽에 습기가 결로되어 건물 천장이나 벽에 얼룩이 생기므로 방로피복을 한다.

(4) 배관 슬리브
① 바닥이나 벽을 관통해서 배관하는 경우에는 콘크리트를 타설하기 전에 철판이나 직경이 큰 파이프를 넣어 슬리브를 만들고 이 속으로 배관한다.
② 슬리브는 관의 교체, 수리, 보수에 편리하며, 관의 신축을 흡수할 수 있다.

(5) 워터해머(수격작용)의 방지
① 배관 내 물의 흐름을 갑자기 열고 닫을 때 순간적으로 발생하는 충격압으로 인해 발생하는 소음과 진동을 수격작용이라 한다.
② 수격작용의 방지를 위해 워터해머 흡수기나 공기실을 설치한다.

(6) 지수밸브(Stop Valve)

① 수평 주관에서의 각 수직관의 분기점, 각층 수평관의 분기점, 집단 기구에의 분기점에는 반드시 슬루스밸브나 글로브밸브 등의 지수밸브를 설치한다.
② 지수밸브는 국부적 단수로 급수 계통의 수량과 수압을 조정할 수 있도록 한다.
③ 배관의 교체, 수리, 증설 등을 용이하게 하기 위하여 소구경(50mm 이하)은 유니언을, 큰 구경에는 플랜지를 부착한다.

(7) 수압시험

① 급수배관공사가 끝나면 이음 및 접합부의 누수유무를 검사하기 위해 수압시험을 한다.
② 시험압력은 수도직결식의 경우 17.5kg/cm^2, 탱크 및 급수관은 10.5kg/cm^{2}의 압력을 30분간 유지하여 누수가 없어야 한다.

12 급수설비의 오염방지

유사기출문제

1. 급수설비에서 수질오염원인과 방지대책에 대하여 설명하시오.
   [건축 76회(25점), 69회(25점), 68회(25점), 65회(25점), 40회(25점)]
2. 위생설비(급수설비)에서 발생할 수 있는 크로스커넥션의 사례를 들고 설명하시오.
   [건축 80회(10점), 75회(10점), 65회(10점), 46회(20점), 35회(5점)]
3. 급수설비에서 수질오염에 대비하여 역류를 방지하기 위한 수단을 열거하시오.
   [건축 73회(25점)]

1. 개요

급수설비의 수원인 수돗물을 최종 급수전 등에 공급하기 전까지 저수탱크, 고가탱크, 배관 등을 거치면서 물이 오염되지 않도록 주의하여야 한다.

2. 급수설비의 오염원인

① 저수조에서의 오염
② 배수의 급수설비로의 역류(역사이펀작용)
③ 크로스커넥션(Cross Connection)
④ 배관부식
⑤ 배수 재이용 시스템에 의한 오염

3. 급수설비의 오염원인 및 방지책

(1) 저수조에서의 오염방지책

① 정체수(사수) 발생방지
   저수조 입출구가 근접하여 정체수가 발생하면 미생물에 의한 슬라임 및 조류가 발생되므로 입출구를 멀리하여 물을 우회시키고 주기적으로 물탱크를 청소한다.
② 먼지 및 곤충 침입방지
   맨홀 및 오버플로관을 통해 먼지 및 곤충이 침입하지 못하도록 방지망을 설치한다.
③ 저수조 내면은 위생상 지장이 없는 도료 또는 공법으로 처리한다.
④ 저수조에는 다른 목적의 물을 공급하거나 배관을 하지 않는다.
⑤ 물을 장시간 보관하면 부패하기 쉬우므로 필요 이상 다량의 물을 저장하지 않는다.

(2) 배수의 급수설비로의 역류 방지책

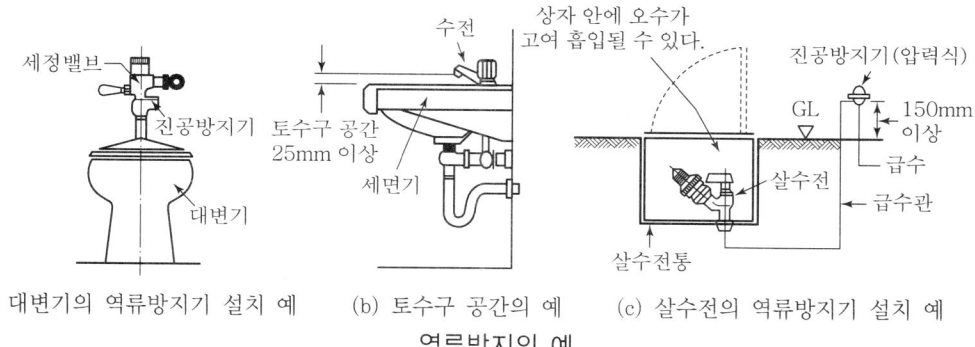

역류방지의 예

① 단수 등 급수관 내 부압이 된 상태에서 수전 말단에 오염된 물이 잠겨 있으면 역사이펀 작용으로 급수관으로 물이 역류하므로 토수구 공간을 확보하여야 한다.
② 대변기의 세척밸브, 호스를 연결하여 사용하는 수도꼭지 등의 토수구 공간을 둘 수 없는 위생기구에는 역류방지밸브나 진공방지기(진공브레이커)를 설치한다.

(3) 크로스커넥션 방지

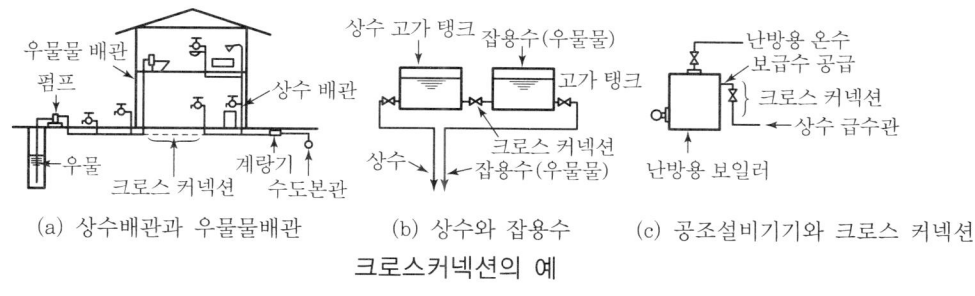

크로스커넥션의 예

① 급수배관을 다른 계통의 배관에 접속하는 것으로 배관 계통별로 다른 색깔로 구분하여 오접을 방지해야 한다.(급수-청색, 소화-적색, 가스-노란색 등)
② 크로스커넥션은 특히 중수도나 잡배수 계통을 설치하면서 오배관을 하는 경우가 많다.
③ 시공완료 후 통수시험을 시행한다.

(4) 배관의 부식

① 부식이란 금속이 주위 환경과 작용해서 산화되는 현상으로, 여기서 생성된 산화물이 녹이다.

② 내식성 재료를 사용하거나 배관을 세정한다.
③ 불침투성 재질을 사용하거나 녹 생성, 부식이 용이한 재료는 피복 또는 코팅을 한다.
④ 동관은 내식성, 시공 용이성, 소구경 및 경량화의 장점이 있어 사용이 증가하고 있다.
⑤ 급수배관에서 아연도금강관을 사용하면 백수나 적수가 유출되는 문제가 있다.

(5) 배수재이용 시스템에서의 오염방지
① 수배관설비는 타 배관설비와 겸용하지 않는다.
② 타 배관설비와 구별이 용이하도록 색상 등으로 구분한다.
③ 세면기나 수세기와 같이 음료수로 사용되는 위생기구에는 배수 재이용을 하지 않는다.

(6) 기타
① 음료수 배관과 타 용도 배관은 수평으로 500mm 이상 띄우고 급수관이 상부에 위치하도록 배관을 시공한다.
② 급수 수직관의 분기관에는 접근과 조작이 용이한 위치에 차단밸브를 설치하여 수량조절, 고장수리, 증설 시 급수차단 및 계통 간 구분, 타 급수계통과의 오접 확인에 사용한다.

13 급수설비의 동절기 동파예방대책

1. 수도계량기를 포함한 급배수관 동파방지에 대한 대책을 설명하시오. [건축 63회(25점)]
2. 급수설비의 방동설해대책을 논하시오. [건축 40회(25점)]

1. 개요

배수관은 만수상태로 흐르지 않으므로 특별한 대책이 필요하지 않으나, 급수관은 동절기 외기온도 저하에 따른 화장실 등의 동파가 예상된다.

2. 급수설비의 동절기 동파예방대책

① 각종 배관노출 및 동파가 우려되는 개소를 사전에 철저히 점검하여 보온조치한다.
② 건물의 지반침하로 지하피트 내부에 찬 공기가 유입되어 배관이 동파되지 않도록 한다.
③ 건물 지하피트와 수직덕트의 밀폐유무를 점검하여 보완하고, 지하피트 출입문 및 현관출입, 계단실 창문을 반드시 닫아둔다.
④ 단지 내 급수간선 제수밸브 박스 내에 물이 고여 있는지 사전점검하고 방수조치를 한다.
⑤ 시 수압이 양호하여 직수공급이 가능한 지구는 옥상탱크를 사용하지 않고 수직관의 물을 완전 퇴수하고 직접 공급한다.
⑥ 기상변화에 유의하여 기온이 강하할 경우에는 방송 등을 통하여 입주자에게 동파예방에 대한 홍보를 한다.
⑦ 이미 동결된 배관은 미지근한 물로부터 점차 뜨거운 물을 사용해야 하며, 헤어드라이, 토치램프, 해빙기 등 적절한 방법으로 해빙조치한다.
⑧ 세대가 비어 있는 세대보일러 및 각종 배관 내의 물을 완전히 퇴수해야 하며, 특히 계량기 내부에 고인물의 퇴수는 반드시 한다.

14 워터해머

> **유사기출문제**
> 1. 배관 내 워터해머 현상의 원인 4가지와 방지법 6가지를 기술하시오. [공조 77회(10점)]
> 2. 워터해머(Water Hammer) [공조 66회(25점), 55회(20점), 53회(15점), 42회(5점) 등]
> 3. 위생설비 배관의 수격작용 [건축 70회(10점), 67회(10점), 64회(25점), 45회(10점) 등]

1. 개요

① 배관계통에 워터해머가 발생하면 차단점으로부터 높은 압력파가 발생하여 관경이 큰 수직관이나 주관에 이르러 압력이 감쇠될 때까지 운동을 반복하게 된다.
② 수격작용은 배관계에 소음과 진동을 유발하고 배관계를 파손시킨다.

2. 워터해머의 도해

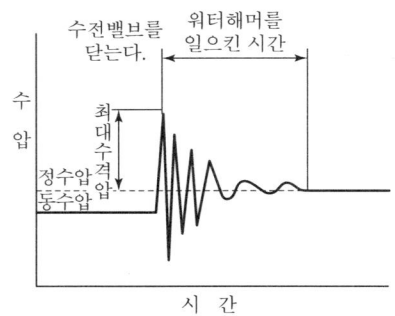

워터해머의 도해

① 급수관 내를 흐르는 물이 밸브 등에 의해 순간적으로 멈추게 되면, 그 운동에너지가 압력에너지로 변하여 밸브 전후에 급격한 정(+), 부(-)압이 발생한다.
② 이때 생기는 압력파가 배관계 내를 일정한 속도로 전달되어 관단에 도달하여 반사되고 이후 이 현상을 되풀이하는 워터해머가 발생하게 된다.
③ 워터해머가 발생하면 배관계에 소음과 진동을 유발하고 기기나 배관이 파손, 누수된다.

3. 워터해머의 영향

① 배관계를 파손시킨다.
② 접합부를 약하게 만들고 누수의 원인이 된다.

③ 배관에 소음과 진동을 발생시킨다.
④ 각종 밸브류 및 수도계량기, 압력조절기 및 게이지류, 기록계 등의 장치를 파손시킨다.
⑤ 행거나 서포트 등을 이완시켜 지지를 약하게 만든다.
⑥ 용기류와 보일러를 파손시킨다.
⑦ 기타 장비 및 장비류를 조기에 파손시킨다.

4. 워터해머 발생원인

① 펌프 기동 시 큰 부피의 공기가 존재하여 급격한 압착으로 높은 압력상승이 발생할 때
② 펌프가 정전 등의 이유로 급정지 시 체크밸브가 급폐쇄되어 유체압력이 상승할 때
③ 펌프 토출 측 체크밸브가 완전히 닫히기 전에 역류가 발생될 때
④ 관내 유체의 급격한 유량이나 유속 변화를 유발시킬 때
⑤ 관내 유속이 빠를 때
⑥ 관경이 과소하거나 급격히 축소될 때
⑦ 관내의 급격한 온도변화가 있을 때
⑧ 관내 캐비테이션의 발생과 소멸이 반복될 때

5. 워터해머 방지대책

① 수격압은 유속에 비례하므로 유속을 작게 한다.
② 에어챔버나 워터해머 흡수기를 밸브 등 가까운 곳에 설치하여 수격압을 공기로 흡수한다.
③ 펌프 토출측 체크밸브는 수격방지형 체크밸브를 사용한다.
④ 대구경 볼탭은 탱크 내 물이 출렁거려 워터해머를 발생시키므로 소구경 볼탭 2개를 설치하고 탱크에 출렁임 방지판 등을 설치한다.
⑤ 압력이 낮은 개소의 가로로 긴 양수관은 수주분리에 의한 워터해머를 발생하므로 될 수 있는 한 낮은 층에서 횡주배관을 한다.

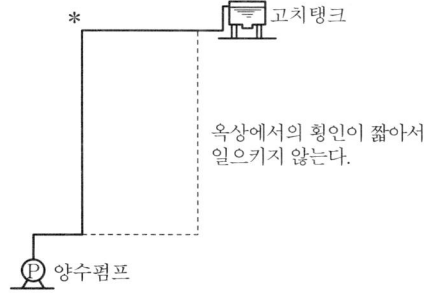

수주분리가 일어나기 쉬운 배관부분의 일례

15 워터해머 흡수기

1. 개요
① 워터해머로 높은 충격압이 발생할 때 압축성 공기로 흡수하는 방법이 가장 효과적이다.
② 워터해머 흡수기는 미국에서 규격화하여 광범위하게 사용하고 있다.

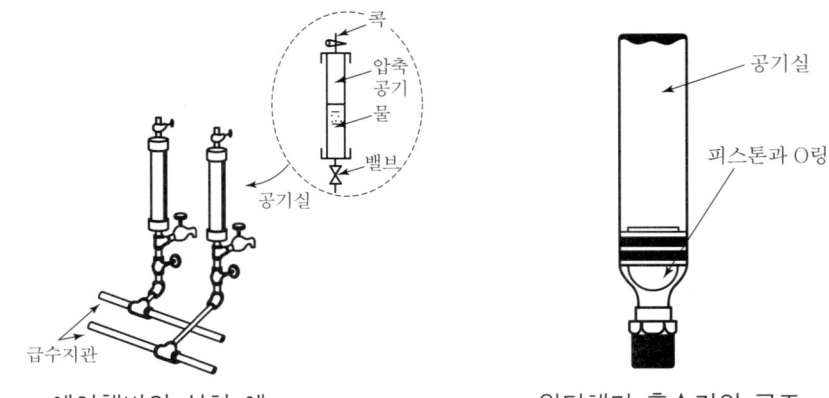

에어챔버의 설치 예   워터해머 흡수기의 구조

2. 에어챔버(Air Chamber)와 서지탱크의 단점
① 에어챔버는 구조상 물과 공기가 직접 접촉하여 공기실이 물로 채워지면 효과가 없다.
② 서지탱크 또한 내부에 공기나 다른 기체를 채워 이 공기나 기체의 체적변화로 에너지를 흡수하는 용도이지만, 급수계통에는 실용적이지 못하다.

3. 워터해머 흡수기의 구조
① 워터해머 흡수기도 충격압을 흡수하기 위해서 공기나 기타 기체를 이용한다.
② 다만 에어챔버와 달리 챔버에 충전된 공기가 밀폐되어 영구적으로 소멸되지 않는다.
③ 공기실을 밀폐시키는 방법으로 벨로스, 다이어프램 또는 피스톤 등이 사용되고 있으나 성능이나 내구성 측면에서 피스톤이 주로 사용된다.

4. 워터해머 흡수기의 규격 및 설치기준
① 워터해머 흡수기 국제규격은 PDI WH-201(1965년 제정) 등이 있으며 7개 규격이 있다.
② 위생기구에 연결되는 배관 내 압력은 0.4MPa를 넘지 않아야 한다.
③ 설치하는 데는 배관 내 압력과 배관길이를 기준한 두 가지 기준이 적용된다.
④ 수압이 0.4MPa를 넘을 때는 표준규격보다 1단계 큰 규격을 선택한다.
⑤ 지관 길이가 6m 이하일 때는 관말의 위생기구 전에 설치하고, 6m를 초과하는 배관은 구간을 나누어 2개의 워터해머 흡수기를 설치한다.

제4장 급탕설비

1. 급탕방식 ································· 580
2. 고층건물에서의 급탕방식 ·················· 583
3. 급탕배관의 분류 ·························· 585
4. 급탕순환펌프(온수순환펌프) ················ 588
5. 급탕설비의 안전장치 ······················ 590
6. 급탕가열장치 ···························· 592
7. 급탕배관의 관경 결정 ····················· 595
8. 건물용도별 가열량(가열능력)과 저탕용량 ···· 596
9. 급탕배관 시공상 주의사항 ·················· 597
10. 헤더배관방식의 급탕시스템 ················ 598
11. 급탕설비의 에너지절약 방안 ··············· 599

1 급탕방식

> **유사기출문제**
> 1. 급탕공급 시설방식의 종류와 시설방법을 기술하고 각각의 계통도를 그리시오.
>   [건축 57회(25점)]
> 2. 중앙식 급탕방식에 대해 논하시오.   [건축 48회(10점)]

1. 개요

① 온수는 건물 내에서 목욕, 세면, 세탁, 조리, 음료용 등으로 사용된다.
② 급탕방식은 국소식과 중앙식으로 나뉘며, 급탕방식을 결정할 때는 건물의 종류, 규모, 용도 이외에 온수의 사용목적이나 유지관리 등에 의해서 결정된다.

2. 급탕방식

(1) 국소식

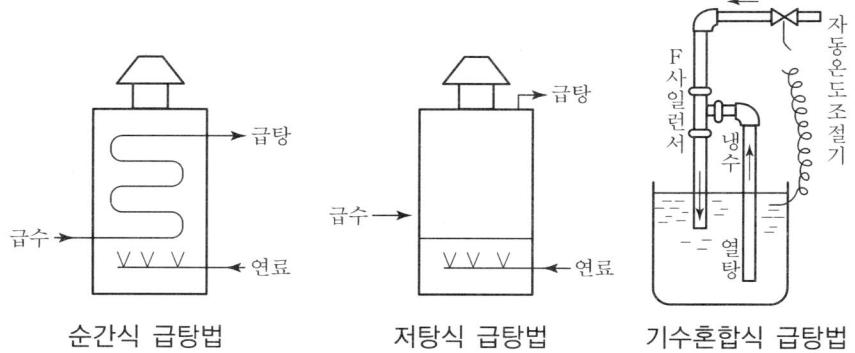

순간식 급탕법   저탕식 급탕법   기수혼합식 급탕법

① 국소식은 건물 내에서 온수를 필요로 하는 개소에 소형 가열기를 설치하여 급탕한다.
② 단독주택이나 사무소, 공장 등의 세면장이나 탕비실 등에 적용된다.
③ 가열장치로는 가스온수기, 석유온수기, 전기온수기 등이 사용된다.
④ 보통 소규모 건물에 사용되며 급탕배관 길이가 짧고 온수가 순환되지 않는다.
⑤ 사용목적에 따라 순간식, 저탕식(일반용), 저탕식(음료용), 기수혼합식 등으로 분류된다.

1) **장점**
   ① 용도에 따라 필요개소에서 탕을 비교적 쉽게 얻을 수 있다.
   ② 급탕개소가 작아 배관, 가열기, 열손실 등이 적다.
   ③ 건물 완공 후 급탕개소의 증설이 비교적 용이하다.

2) **단점**
   ① 급탕규모가 크면 가열기 개소가 많아 번거롭다.
   ② 급탕개소에 가열기 설치공간이 필요하다.
   ③ 싼 연료를 사용하기 어렵다.

(2) **중앙식**

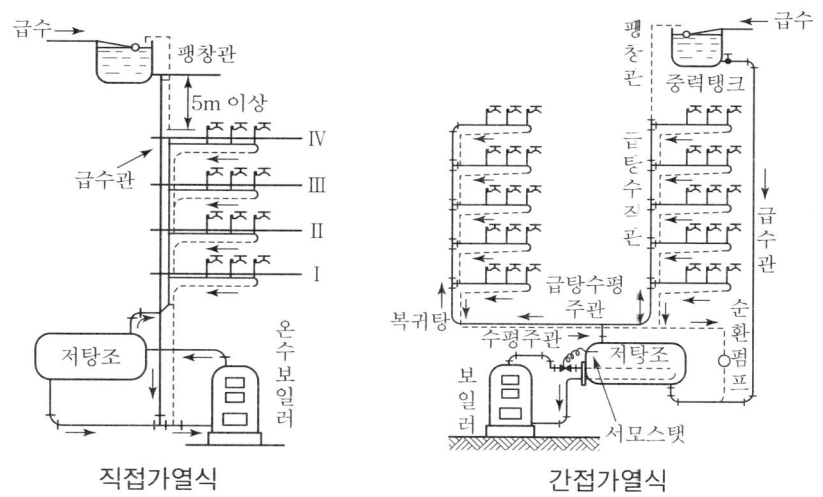

직접가열식   간접가열식

① 기계실에 대형 가열장치와 저탕탱크를 두어 배관을 통해 건물 전체에 급탕한다.
② 급탕개소가 많은 중규모 이상 건물에 적용한다.
③ 기계실 등에 가열장치, 저탕탱크, 순환펌프 등의 기기류를 집중설치하고 탕을 공급한다.
④ 가열장치로는 보일러와 저탕탱크를 직결하여 순환 가열하는 직접가열식과 저탕탱크 내에 가열코일을 설치하여 증기 또는 고온수 등의 열원을 공급하는 간접가열식이 있다.
⑤ 환탕관을 설치하여 탕을 항상 순환시켜 온도저하를 방지하고 밸브를 열면 즉시 온수가 나오도록 한 복관식을 사용한다.

1) **장점**
   ① 기구의 동시사용률을 고려하여 가열장치의 총 용량을 적게 하는 것이 가능하다.
   ② 열원장치는 공조설비와 겸용 설치되므로 열원단가가 저렴해진다.
   ③ 기계실 등에 집중설치되어 집중관리가 용이하다.
   ④ 배관에 의하여 필요개소 어디든지 급탕이 가능하다.

2) **단점**
   ① 설비규모가 크고 또 복잡하기 때문에 설비비가 고가이고 전임 취급자가 필요하다.
   ② 배관 및 기기에서의 열손실이 크다.
   ③ 준공 후 기구증설에 따른 배관의 변경공사가 어렵다.

고층건물에서의 급탕방식

1. 개요
① 고층건물의 급탕에는 급수설비와 마찬가지로 과대한 급탕 압력으로 인하여 워터해머링 등의 문제가 발생하므로 급탕조닝을 하게 된다.
② 급탕조닝은 가열기기류의 배치에 따른 방법과 감압밸브를 설치하는 방법이 있다.

2. 고층건물에서의 급탕방식

(1) 가열기기류의 배치에 따른 방법

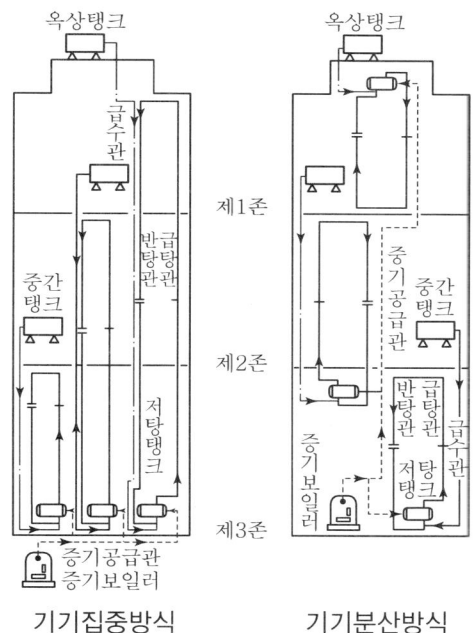

기기집중방식   기기분산방식

1) 기기집중방식
① 각 존의 장치를 1개소에 집중 설치하고 열공급과 유지관리의 용이성이 좋다.
② 상층부 존의 저탕탱크는 고압이 걸리고 급탕배관의 연장이 길어진다.

2) 기기분산방식

① 각 존의 최하층이나 최상층 부근에 기구를 분산하여 설치한 방식이다.
② 각각의 조닝마다 기기의 설치공간이 필요하지만, 기기에 과대한 압력이 걸리지 않는다.
③ 급수 및 급탕, 환탕배관의 길이를 절약하여 공사비를 절약하는 데 목적이 있다.
④ 각 존의 저탕탱크까지 증기보일러에서 증기공급관을 배관해야 한다.
⑤ 저탕탱크가 분산되어 보수관리상 불리하다.

(2) 감압밸브를 설치하는 방법

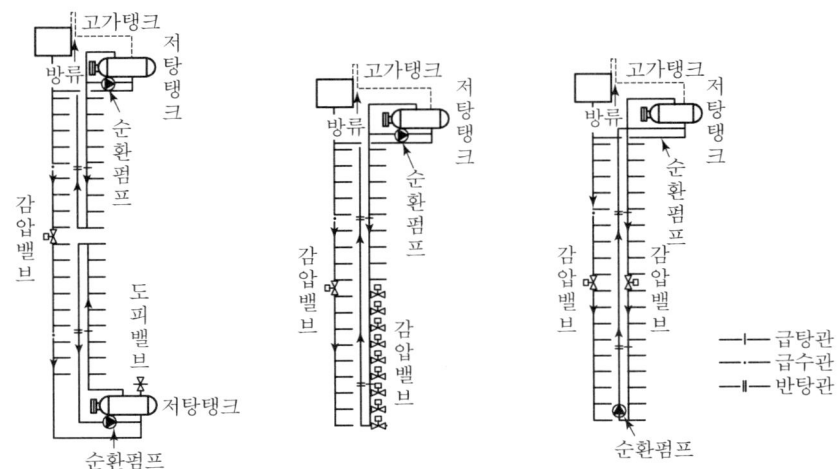

(a) 급수배관에 부착   (b) 급탕배관의 지관에 부착   (c) 급탕배관 중간에 부착

급탕배관계통의 감압밸브 부착 위치

① 급탕배관계에 설치하는 감압밸브는 순환계통에 설치하지 않고 각각 일개의 관으로 분기하는 지관부에 설치한다.
② 또는 급수계통에 감압밸브를 설치하고 급탕배관에는 설치하지 않는 방법도 있다.
③ 급탕설비에 설치하는 감압밸브는 공기가 모이기 쉽고 워터해머의 발생원인이 되므로 시공 시 주의가 필요하다.

3 급탕배관의 분류

> **유사기출문제**
> 1. 중앙식 급탕시스템의 배관방식, 공급방식, 순환방식, 순환수량(환탕량) 산정방법, 팽창량 처리방법에 대하여 설명하시오. [건축 74회(25점), 52회(25점)]

1. 급탕배관의 분류

① 배관방식 : 단관식, 복관식
② 공급방식 : 상향식, 하향식
③ 순환방식 : 중력식, 강제식

2. 배관방식

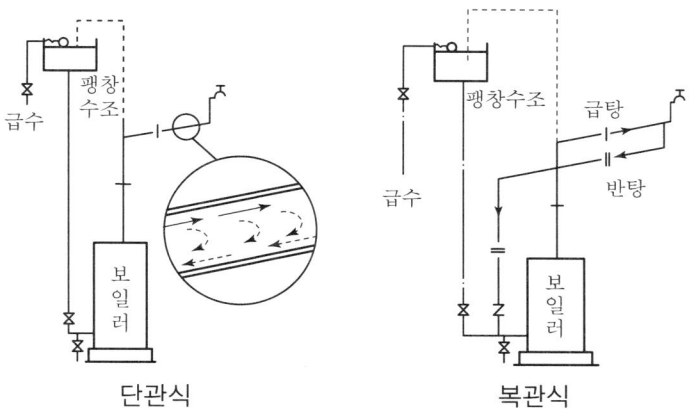

단관식   복관식

(1) 단관식

① 가열장치(보일러)로부터 공급장소까지 하나의 배관으로 된 것이다.
② 처음 한동안은 냉수가 나오고 나서 온수가 나오므로 배관이 길면 다량의 냉수를 낭비하여 경제성 및 사용의 편리성이 좋지 않다.
③ 배관 거리가 짧은 소규모 주택이나 온수를 연속적으로 사용하는 곳에 적당하다.

(2) 복관식(순환식, 이관식)

① 환탕관이 있어 배관계통 내의 온수를 순환시키는 방식이다.
② 설비비는 고가이나 급탕전을 열면 곧 온수가 나오므로 대규모 건축에 적당하다.

3. 공급방식

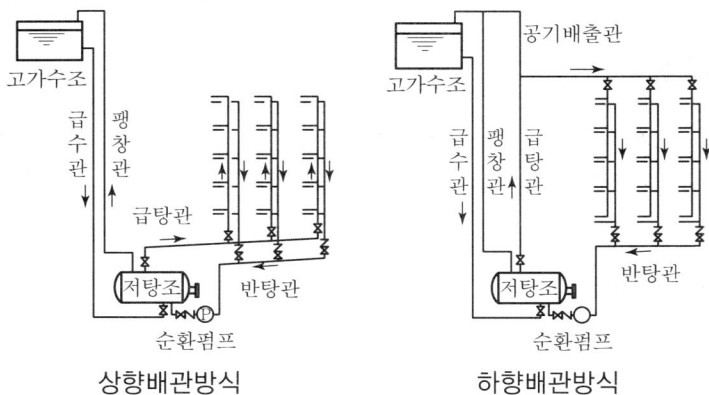

상향배관방식   하향배관방식

(1) 상향식
① 급탕전에 이르는 배관 내의 유수방향이 상향이고 공기가 빠지는 방향이 일치한다.
② 기계실에서 만든 급탕을 상부로 공급하고 환탕관은 저탕조와 접속된다.
③ 공사비가 고가이나 탕의 온도강하가 적어 가장 널리 사용된다.

(2) 하향식
① 유수방향이 하향이고 관내에서 발생한 공기의 흐름과 역방향이다.
② 급탕관을 최상층까지 세우고 최상층부터 아래로 각층의 급탕전에 탕을 공급한다.

4. 순환방식

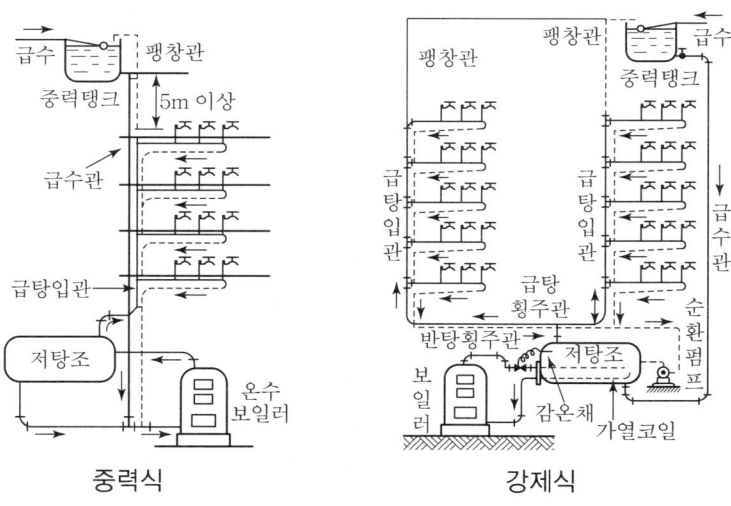

중력식   강제식

(1) 중력식

① 배관 내의 물의 온도차에 따른 밀도차에 의해서 자연순환시키는 방식이다.
② 마찰손실수두를 적게 하기 위해 관경이 굵어지므로 소규모 건물의 국소식에 사용된다.

(2) 강제식

① 환탕관의 말단과 저탕조 사이에 온수순환펌프를 설치하여 강제적으로 순환시킨다.
② 대규모 급탕설비에서 자연순환수두로는 관내의 탕이 순환되지 못하므로 사용된다.
③ 관내의 온수는 온도가 낮아지면 펌프가 작동하여 순환에 항상 적절한 온도가 공급된다.

4 급탕순환펌프(온수순환펌프)

유사기출문제

1. 급탕순환펌프의 유량, 양정 산정방법을 설명하시오. [건축 76회(10점), 54회(10점)]
2. 급탕설비의 온수순환펌프에 대하여 논하시오. [건축 55회(25점)]
3. 급탕순환펌프의 양정이 과대한 경우 발생하는 현상을 기술하시오. [건축 46회(40점)]
4. 중앙식 급탕시스템의 배관방식, 공급방식, 순환방식, 순환수량(환탕량) 산정방법, 팽창량 처리방법에 대하여 설명하시오. [건축 74회(25점), 52회(25점)]
5. 중앙공급 급탕설비에서 자연순환수두, 강제순환수두, 팽창관, 팽창탱크에 대하여 간략하게 설명하시오. [건축 80회(10점)]

1. 급탕순환펌프의 개요

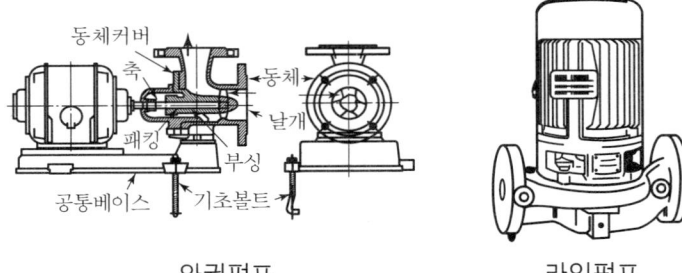

와권펌프   라인펌프

① 펌프는 내식성, 내열성 구조가 요구된다.
② 대규모 건축물은 와권펌프가, 소규모는 배관도중에 설치하는 라인펌프를 사용한다.
③ 펌프의 기동정지는 저탕조의 출구온도와 반탕구의 온도차가 일정치 이상이 되면 자동온도조절기에 따라 자동적으로 이루어진다.

2. 자연순환수두 H

자연수두 $H = h(\gamma_1 - \gamma_2)$ (mmAq)

여기서, H : 자연순환수두(mmAq, kg/m²)
h : 급탕 최고 위치까지의 높이(m)
γ_1 : 가열장치로 복귀되는 환탕의 비중량(kg/m³)
γ_2 : 가열장치 출구 급탕의 비중량(kg/m³)

3. 강제순환수두(급탕순환펌프의 양정) H

전양정은 급탕 주관에서 반탕(환탕)주관의 전 손실수두를 구해서 구하나, 아래와 같이 간편하게 계산하며, 일반적으로 그 양정은 0.5~5m 정도로 한다.

$$H = 0.01\left(\frac{L}{2} + l\right)(m)$$

여기서, H : 순환펌프 양정(m)
L : 급탕주관의 길이(m)
l : 반탕주관의 길이(m)

4. 급탕순환펌프의 순환량(유량) Q

$$Q = \frac{H_{loss}}{60 \cdot \Delta t} \, (l/min)$$

여기서, Q : 순환펌프의 순환량(l/min)
H_{loss} : 순환관로의 열손실(kcal/h)
Δt : 급탕과 환탕의 온도차(℃) (보통 5℃로 한다.)

5. 급탕순환펌프의 동력 L(kW)

$$L(kW) = \frac{Q \cdot H}{60 \times 102 \times \eta}$$

여기서, Q : 순환펌프의 순환량(l/min)
H : 급탕순환펌프의 양정(m)
102 : 1kW = 102kg·m/s
η : 펌프 효율

5 급탕설비의 안전장치

> **유사기출문제**
> 1. 중앙공급 급탕설비에서 자연순환수두, 강제순환수두, 팽창관, 팽창탱크에 대하여 간략하게 설명하시오. [건축 80회(10점)]

1. 개요
① 물의 가열에 의한 팽창에 의해서 기기나 배관 내가 과대한 압력으로 되는 것을 방지한다.
② 안전장치에는 팽창관, 도피밸브 및 팽창탱크가 있다.

2. 급탕설비의 안전장치

(1) 팽창관(도피관)

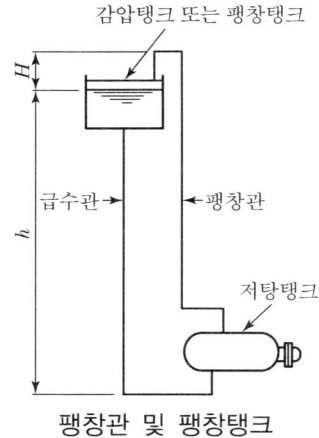

팽창관 및 팽창탱크

① 급탕계통 내의 체적팽창을 도피시키고 배관 내에 분리된 공기나 증기를 배출시킨다.
② 온수보일러나 저탕탱크에서 단독으로 위로 세우며 도중에 밸브를 설치하지 않는다.

(2) 도피밸브(안전밸브)
① 급탕 배관계통에서 팽창관과 팽창탱크를 설치할 수 없는 경우에 설치한다.
② 배관 내의 압력이 일정압력에 도달하면 밸브가 열려서 온수를 도피시킨다.

(3) 팽창탱크

① 급탕장치 내 물의 팽창에 의하여 팽창관에서 유출하는 물을 받는 탱크이다.
② 고가탱크를 팽창탱크와 겸용하는 경우도 있지만, 별도로 설치하는 것이 좋다.
③ 팽창탱크는 개방형이 일반적이지만 최근에는 밀폐형도 사용되고 있다.
④ 밀폐식 팽창탱크는 격막식과 브래더식이 많이 사용된다.

6 급탕가열장치

유사기출문제
1. 급탕가열장치의 가열방식별 분류에 대하여 설명하시오. [건축 64회(25점), 52회(25점)]

1. 개요
① 급탕용 가열장치는 크게 직접가열장치, 간접가열장치, 기수혼합장치가 있다.
② 가열장치는 그 목적, 에너지 절약성, 열원의 선정, 유지관리 등을 고려하여 선정한다.

2. 가열장치의 종류

(1) 직접가열장치

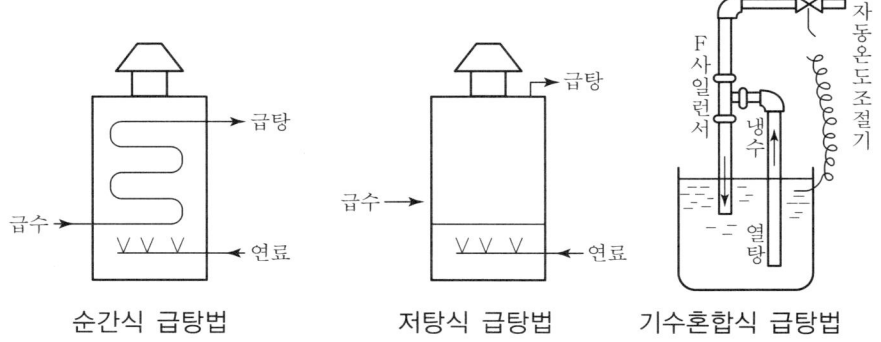

순간식 급탕법 　저탕식 급탕법 　기수혼합식 급탕법

① 가스, 기름, 전기 등을 열원으로 하여 직접 물에 열을 전달하여 가열하는 장치이다.
② 가열된 온수가 상부에서 송출되고 물은 끊임없이 하부로 공급되기 때문에, 보일러는 수온의 영향이 크고 스케일 부착에 의한 열효율 저하 및 부식의 촉진 등이 있다.
③ 보일러 본체는 건물높이에 따른 수두압이 걸리므로 보일러 안전규칙에 따라야 한다.

1) 급탕보일러
① 각종 건물의 급탕설비에 사용되며 급탕보일러 크기는 정격출력으로 표시한다.
② 보일러 본체 내부에 다량의 물을 저탕하고 급탕하는 저탕식 급탕보일러와 순간식 급탕보일러가 있다.
③ 순간식 급탕보일러는 출탕온도가 변하므로 샤워설비나 온도조건이 엄격한 급탕설비에는 적합하지 않다.

2) 온수기
① 가정용 소규모 급탕설비에 이용되며 보일러 등의 법규제에 적용받지 않는다.
② 종류에는 순간식 가스온수기, 저탕식 가스온수기, 석유온수기, 전기온수기 등이 있다.

(2) 간접가열장치

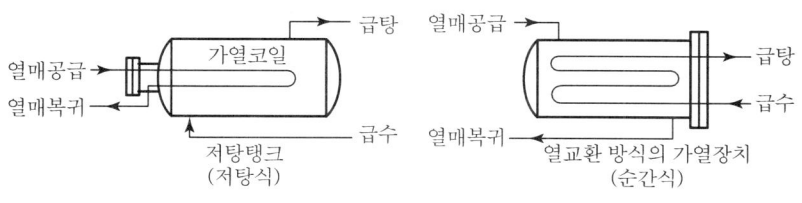

간접가열장치

① 직접가열장치로 만든 증기 또는 온수를 1차측 회로의 열매로 하여 2차측 회로의 물을 가열하여 급탕한다.
② 간접가열장치는 저탕탱크를 사용하여 증기코일 또는 온수코일로 가열하는 것과 열교환기와 같이 물을 코일 내에 통하고 코일 주변에 열매를 통하는 수코일방식이 있다.

1) 저탕탱크
① 저탕탱크의 종류는 가열장치가 내장되어 있는 것(전열관)과 없는 것이 있다.
② 전열관이 있는 저탕탱크는 탱크 내에 U자형의 전열관을 조립하여 그 관내에 증기나 온수 등의 열원을 통과시켜 물을 간접 가열하여 필요한 곳에 급탕한다.
③ 전열관이 없는 저탕탱크는 온수보일러 등에 직결하여 온수를 순환시키며 물을 가열한다.

2) 열교환기
① 코일 내부로 물을 통하게 하고 코일주변에 증기 또는 온수를 통해 열교환한다.
② 열교환기는 저탕식이 아니므로 급탕량 변화에 적응성이 적고, 순간최대급탕부하에 대응하는 큰 열공급장치를 요하며 유수저항도 큰 단점이 있다.

(3) 기수혼합장치
① 증기를 열원으로 하는 경우 저탕조에 증기를 직접 불어넣어 가열하는 방식이다.
② 열효율은 100%이지만 소음이 따르는 결점이 있어 소음을 줄이기 위한 스팀 사일런서를 사용해야 한다.

1) **사일런서**
   ① 사일런서는 물통이나 욕조 내로 직접 증기를 불어넣어 물을 가열하는 장치이다.
   ② 사용증기압력은 1~4kg/cm² 정도이고, 학교, 공장 등의 욕조에 사용된다.

2) **기수혼합밸브**
   증기와 물을 혼합해서 온수를 공급하는 밸브이다.

7 급탕배관의 관경 결정

유사기출문제
1. 급탕설비의 환탕배관 사이즈를 결정하는 방식 [건축 71회(10점)]

1. 급탕부하 산정방법
① 사용인원수, 세대수, 실수, 면적 등에 의한 방법
② 설치기구수에 의한 방법

2. 급탕관경의 결정
① 급탕배관에 흐르는 유량은 부하유량에 순환온수량을 더한 유량이다.
② 급탕배관의 관경결정은 급수관의 경우와 같다.
③ 수압이 충분한 경우에는 유속을 1.5m/s 이하가 되도록 유량선도에서 관경을 구한다.

3. 환탕관경의 결정
① 환탕관은 급탕순환펌프의 순환량이 적절한 유속으로 순환되는 관경으로 한다.
② 그러나 유속을 조사하여 유속이 과대하면 관지름을 크게 할 필요가 있다.
③ 특히 동관의 경우 침식을 방지하기 위해 유속을 1.5m/s 이하로 해야 한다.
④ 환탕관경이 지나치게 가늘면 유속이 빨라져 마찰손실수두가 증가하고 부식 원인이 된다.
⑤ 일반적으로 급탕배관 호칭경의 1/2 정도의 관경으로 한다.

【 환탕관 관경의 표준 】

급탕관경	20~25	32	40	50	65~80	100
환탕관경	20	20	25	32	40	50

8 건물용도별 가열량(가열능력)과 저탕용량

> **유사기출문제**
> 1. 중앙급탕공급방식에서 건물용도별 가열량(가열능력)과 저탕량과의 연관성을 기술하시오.
> [건축 79회(25점)]

1. 개요

① 가열장치의 능력에는 단위시간 내에 물을 가열할 수 있는 가열능력과 피크 사용 시에 대비해 온수를 저장하는 저탕용량이 있다.

② 일반적으로 가열능력과 저탕용량은 반비례 관계가 있어 가열능력을 크게 하면 저탕용량을 작게 할 있으므로, 연속적으로 다량의 온수를 사용하는 곳에는 이 방식을 적용한다.

2. 건물용도별 가열능력과 저탕용량

(1) 최대 동시사용률이 높은 건물

① 연속적으로 다량의 온수를 사용하므로 가열부하와 최대부하가 거의 일치한다.
② 따라서 가열능력을 크게 하고 저탕탱크는 소용량으로 한다.
③ 해당 건물로는 체육관, 일부의 호텔, 세탁소, 목욕탕, 스포츠센터 등이 있다.

(2) 최대 동시사용률이 낮은 건물

① 최대부하가 짧거나 일정시간 사용하므로 가열능력을 적게 하고 저탕탱크를 크게 한다.
② 해당 건물로는 주택, 아파트, 사무소, 일부의 호텔 등이 있다.

(3) 최대 동시사용률이 중간 정도의 건물

① 가열능력과 저탕탱크 용량을 (1)과 (2)의 중간으로 한다.
② 해당 건물로는 클럽, 병원, 공장, 학교, 일반 호텔 등이 있다.

급탕배관 시공상 주의사항

1. 급탕배관 시공상 유의사항에 대하여 열거하시오.　　　　　　［건축 79회(10점)］

1. 배관의 구배
① 배관구배는 온수의 순환을 원활하게 하도록 급구배로 한다.
② 배관구배는 중력순환식은 1/150, 강제순환식은 1/200 이상으로 한다.

2. 공기빼기
① 물이 가열되면 공기가 분리되어 급탕의 순환을 저해하므로 공기빼기밸브를 설치한다.
② 배관 도중의 스톱밸브와 글로브밸브 등은 공기가 체류하므로 슬루스밸브를 사용한다.

3. 배관 지지
① 배관의 유지관리나 누수방지 및 장치의 안전을 위해 배관 지지는 중요하다.
② 배관 자체 무게로 처지는 것을 방지하기 위해 적당한 간격으로 배관을 지지한다.

4. 배관 슬리브
벽이나 바닥 등을 배관이 관통하는 경우에는 급수설비와 마찬가지로 슬리브를 설치한다.

5. 배관의 신축
① 배관의 신축, 팽창량을 흡수하기 위하여 신축이음쇠를 사용한다.
② 신축이음쇠에는 스위블 조인트, 신축곡관, 슬리브형, 벨로스형 등이 있다.

6. 수압시험
① 급수배관과 같은 방식으로 하되 보온피복에 앞서 수압시험을 한다.
② 실제 사용압력의 2배 이상의 압력에서 10분 이상 유지될 수 있어야 한다.

7. 보온 및 마무리
① 배관계통은 완벽하게 보온 피복하여 열손실을 최소한도로 막는다.
② 보온재를 선택할 때에는 안전사용 온도범위, 열전도율, 시공성 등을 고려한다.

10 헤더배관방식의 급탕시스템

유사기출문제

1. 헤더배관방식의 급탕시스템　　　　　　　　　　[건축 57회(10점)]

1. 개요

① 공동주택 등의 경우 배관의 누수 원인이 되는 이음쇠 사용을 피하기 위한 방식이다.
② 배관설치용 보호관을 먼저 설치한 후 본 배관을 보호관 내에 시공한다.

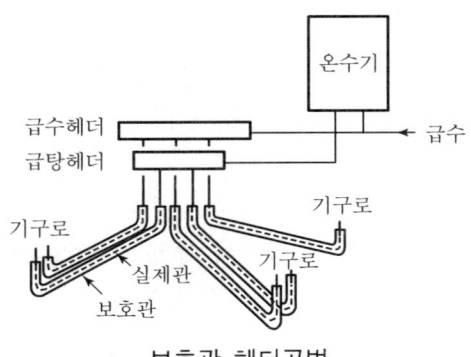

보호관 헤더공법

2. 헤더공법의 장점

① 후일 배관의 부식 등이 발생되면 배관교체가 용이하다.
② 헤더로에서 각 기구까지 단독배관으로 되어 있어 1세대 내에서는 다른 기구의 사용에 따른 압력강하나 온도강하 등의 영향이 적다.

3. 급탕배관 및 보호관 재료

① 급탕배관재료는 20mm 이하의 연질동관, 가교폴리에틸렌관, 폴리부틸렌관 등이 사용된다.
② 보호관은 폴리에틸렌제의 주름관이 사용된다.
③ 보호관을 사용하지 않는 헤더공법에는 동관, 배관용 스테인리스강관 및 주름관이 있다.
④ 헤더공법을 채용하면 일반적인 경우보다 소구경의 배관이 사용된다.
⑤ 그러나 유속이 빨라지므로 워터해머가 발생되지 않도록 주의한다.

11 급탕설비의 에너지절약 방안

1. 급탕설비의 에너지절약 방안 　　　[건축 84회(25점), 77회(25점), 63회(25점), 44회(25점)]
2. 급탕설비의 에너지절약을 위한 다음 사항을 설명하시오. 　　　[건축 28회(25점)]
    ① 급탕 공급온도　　② 급탕 사용량
    ③ 시스템 손실　　　④ 기기의 개선　　⑤ 폐열 이용

1. 급탕 공급온도의 조정

① 급탕시스템은 사용온도가 40℃임에도 불구하고 공급온도를 60℃로 설계되고 있다.
② 사무소건축물의 에너지절약 설계기준에 따라 급탕온도는 43℃ 이하로 하며, 80℃의 급탕을 필요로 하는 식기세척기 등의 특수계통은 부스터히터 등으로 승온하여 사용한다.

2. 급탕 사용량의 감소

① 위생기구에 대한 최대사용수량을 제한하고 절수형 기구를 설치한다.
② 유량 감소에 따라 관경이 줄어들어 반송동력이 절감되고, 배관의 열손실이 감소한다.
③ 위생기구 사용유량은 위생기구의 부속품 설계와 수압에 따라 변화한다.
④ 절수장치의 설치로 정수장 처리수와 하수처리장에서 처리할 오배수가 줄어든다.

3. 급탕설비의 개선

(1) 건축주의 관점

① 급수설비 점검과 수전을 포함한 모든 누수부분의 보수
② 정상작동 판단을 위한 온수제어장치의 점검과 보수
③ 급탕탱크 및 파이프 단열부위 점검과 보수

(2) 위생설비 설계자의 관점

① 급탕 파이프와 급탕탱크의 단열 강화
② 온수 흐름을 제한할 수 있는 온수수전의 특징 고려
③ 수압이 300kPa을 초과하는 온수수전설비에 감압밸브 사용
④ 최저급탕온도의 급탕시스템 설계와 높은 온도의 급탕을 위한 보조급탕장치 고려
⑤ 온수기는 가능한 한 사용장소에 가까이 설치
⑥ 생활용수 예열에 폐열 사용

4. 기기의 개선

① 건물 내 재실자가 없을 때 급탕온수기와 순환시스템의 자동차단
② 고효율장비의 사용
③ 배수재이용시스템
④ 물을 가열하고 순환시키는 동력을 전력 피크부하 시간대를 피해 사용

5. 급탕가열에 폐열 이용

① 냉동기 응축기의 폐열 이용
② 스팀 응축수의 폐열 이용
③ 열병합 발전설비의 냉각수 및 배기열 이용
④ 히트펌프와 열회수시스템 이용
⑤ 태양열, 지열, 쓰레기 소각열 등의 신재생에너지 이용

제5장 배수설비

1. 배수시스템의 분류 …………………………… 602
2. 배수의 목적과 종류 …………………………… 603
3. 배수배관의 명칭 ……………………………… 605
4. 간접배수 ……………………………………… 606
5. 배수관경 결정의 기본원칙 …………………… 608
6. 배수관경의 결정 ……………………………… 609
7. 배수관의 기울기와 관내의 흐름 ……………… 611
8. 배수수직관의 오프셋(Offset) ………………… 613
9. 세제거품의 영향 발포 존 …………………… 615
10. 종국유속과 종국길이 ………………………… 616
11. 배수탱크와 배수펌프 ………………………… 618
12. 배수탱크 및 배수펌프의 용량 ……………… 620
13. 배수배관 시공의 주의사항 …………………… 623
14. 배수 및 통기배관시험 ………………………… 625
15. 바닥배수구와 소제구 ………………………… 627
16. 포집기 ………………………………………… 629
17. 배수트랩의 목적, 구비조건 및 종류 ………… 631
18. 배수트랩의 자정작용 ………………………… 633
19. 배수트랩과 증기트랩의 비교 ………………… 634
20. 배수트랩의 종류 ……………………………… 635
21. 트랩의 명칭과 봉수깊이 ……………………… 638
22. 트랩의 봉수 파괴원인 및 대책 ……………… 639

배수시스템의 분류

1. 옥내외의 구분
① 옥내배수와 부지배수
② 건물 내 배수계통과 부지배수계통의 경계는 건물외벽으로부터 1m인 지점이다.

2. 지상과 지하의 구분
① 지상배수와 지하배수
② 지하배수는 중력식 배수가 불가능하므로 기계식 배수방식을 이용한다.

3. 반송방식에 따른 배수방식
① 중력식과 기계식
② 중력작용에 의한 배수방법을 중력식 또는 자연유하식이라고 한다.
③ 펌프 등의 기계력에 의한 배수방법을 기계식 배수라 한다.

4. 배수종류에 따른 구분
오수, 잡배수, 우수 및 특수배수의 4종류가 있다.

5. 배수종류에 따른 배수방식
① 합류식과 분류식
② 오수와 잡배수를 대상으로 합류식은 양자를 동일한 배수계통으로 배수한다.
③ 합류식은 공용하수도나 오수처리시설이 있는 경우에 사용한다.
④ 분류식은 별도의 배수계통으로 배수하는 방식이다.

6. 기구용도에 따른 구분
① 세면기, 세탁기, 싱크 등의 기구나 주방, 욕실, 화장실 등의 물 사용장소의 명칭에 "배수"라는 용어를 붙인다.
② 예를 들면 세면기배수, 화장실배수, 욕실배수 등이 있다.

7. 배수와 통기의 구분
① 명확히 구분되어 있으며 배수계통 및 통기계통이라고 한다.
② 습통기관처럼 배수가 없을 때 통기관의 역할을 겸하는 배수관도 있다.

② 배수의 목적과 종류

> **유사기출문제**
> 1. 건물과 부지 내 배수종류 5가지를 열거하고 설명하시오. [건축 79회(25점)]

1. 배수의 목적
① 부지 내에서 발생한 배수를 위생적이고 신속하게 부지 밖의 하수도로 배출하는 것이다.
② 실내에 하수가스 등이 침입하지 않도록 트랩의 봉수를 유지한다.
③ 배수의 누설, 막힘 및 체류에 의한 악취발생 등이 일어나지 않도록 한다.

2. 배수의 종류

(1) 오수
① 대소변기 및 이것과 유사한 용도를 갖는 기구로부터 배출되는 배수이다.
② 유사 기구로는 오물 싱크, 비데 등이다.

(2) 잡배수
오수, 우수 및 특수배수를 제외한 배수를 말한다.
① 주방배수
부유물질 및 유지류 함유량이 많아 하수관을 폐쇄하므로 그리스 포집기 등을 설치한다.
② 생활계 배수
세면, 목욕, 샤워, 세탁, 청소 싱크 등의 배수를 말하며, 배수 수질은 양호하다.
③ 기계실계 배수
건축설비 기기 등의 운전이나 유지관리에서 발생하는 드레인 및 오버플로 수 등이다.
④ 주차장 배수
주차장의 청소나 우수의 침입 등에 의한 배수로 가솔린 등이 함유될 위험성이 있으므로 오일 포집기 등을 설치한다.
⑤ 용수
지하의 2중 슬래브나 2중벽으로부터 침입해 들어오는 용수이며 수질은 양호하다.

(3) 우수

① 우수를 일반배수계통과 동일계통으로 하면 기구 트랩의 봉수유지에 악영향을 미친다.
② 합류방식의 경우에도 옥외에서 합류시키는 것을 원칙으로 한다.

(4) 특수배수

① 화학계 배수, 세탁장 배수, 방사성 배수, 전염병동 배수 등이 있다.
② 일반배수계통 또는 하수도에 직접 방류할 수 없는 유해유독 위험성을 갖고 있다.
③ 적절한 처리장치를 설치하여 처리한 후 일반배수계통에 방류한다.

(5) 중수도(배수재이용수)

사용된 물을 재생하여 이용하기 위한 배수로서 일반 잡배수와 구별하여 취급한다.

배수배관의 명칭

1. 배수배관의 명칭

① 기구배수관
   트랩을 막 경유한 직후의 관으로 관내 유수는 거의 만수상태가 되기 쉽다.

② 배수수평지관
   기구배수관의 배수를 배수수직관 또는 배수수평주관에 인도하는 수평관

③ 배수수평주관
   배수수평지관에서 배수수직관에 배수를 인도하는 관 및 배수수직관 또는 배수수평지관이나 기구배수관으로부터 배수를 모아 부지배수관에 인도하는 관

④ 배수수직관
   수직으로 배관되어 배수수평지관이나 배수수평주관의 배수를 인도하는 관

⑤ 부지배수관
   배수수평주관의 종점, 즉 건물 외벽면에서 1m 떨어진 지점에서 시작되어 배수본관 또는 공공하수도, 타 배수처리 개소로의 유입점까지의 배관부분

4 간접배수

1. 개요
① 세면기, 욕조 등과 같이 기구배수관을 직접 배수관에 연결하는 것을 직접배수라 한다.
② 간접배수는 배수구 공간을 두어 일단 수수용기에 배수를 받은 뒤 배수관에 접속한다.

2. 간접배수(Indirect Drain)의 필요성
① 직접배수의 경우 배수관이 막히거나 봉수가 파괴되면 오수나 하수가스가 역류하여 위생상 위험하게 된다. 음식물 저장 냉장고의 경우는 식품류를 오염시키게 된다.
② 음식물 저장이나 의료기구 등은 일반 배수계통의 역류나 하수가스 및 해충 침입을 방지하기 위해 간접배수로 하여 오염을 방지한다.

3. 간접배수로 해야 하는 기구
① 냉장고, 쇼케이스 등의 식품냉장 및 냉동기기
② 식기세척기, 제빙기, 소독기 등의 주방기기
③ 세탁기, 탈수기 등 세탁기기의 배수관 및 오버플로관
④ 물탱크 및 팽창탱크 등의 배관장치 기기의 배수관 및 오버플로관

4. 간접배수 배관방법

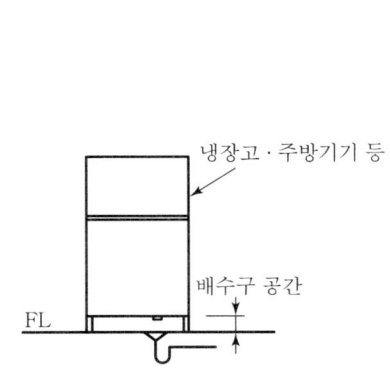

물받이 용기를 근접하여 설치한 예

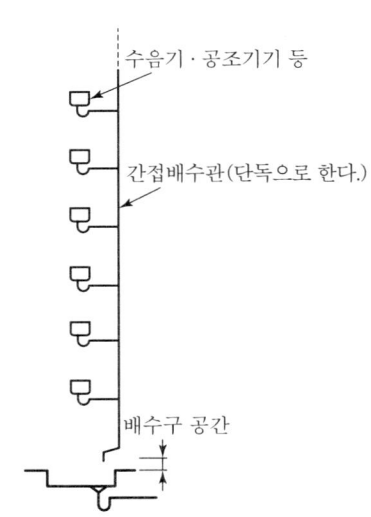

동일한 종류의 기구를 모아 배관하는 예

① 간접배수관이 길게 되면 오물 등이 부착하여 악취발생의 우려가 있으므로 500mm가 넘는 경우는 기기 및 장치에 근접하여 트랩을 설치한다.
② 간접배수관은 수수용기에 개방하기 때문에 악취 등이 발생하지 않도록 관내를 위생적으로 유지하기 위해 청소가 용이한 배관방법으로 한다.
③ 위생면을 고려하여 배수 수질이 동일한 것마다 계통을 분리한다.
④ 간접배수를 받는 수수용기는 환기와 접근이 용이한 곳에 설치하고 트랩을 설치한다.
⑤ 수수용기로 세면기나 조리용 기구 등을 사용해서는 안 된다.
⑥ 배수구공간은 간접배수관 관경에 따라 25mm → 50mm, 30~50 → 100, 65 이상 → 150으로 한다.

5 배수관경 결정의 기본원칙

1. 개요
① 배수관경은 부하유량에 따라 결정하는 "기구배수부하단위법"과 "정상유량법"이 있다.
② 일반적으로 부하유량에 따라 관경을 결정하고 기본원칙을 통해 불합리한 부분을 수정하는 방법을 통해 관경을 결정하게 된다.

2. 배수관경 결정의 기본원칙

(1) 배수관의 최소관경
① 배수관의 최소관경은 30mm로 한다.(이때의 관경은 내경 기준임)
② 위생기구별 트랩구경 이상으로 한다.

(2) 지하매설 배수관의 관경
지하매설 배수관경은 50mm 이상으로 한다.

(3) 관경의 축소금지
배수관은 수직관, 수평주관의 경우 어느 경우라도 배수가 흐르는 방향으로 관경을 축소시키지 않는다.

(4) 배수수직관의 관경
① 배수수직관은 어느 층에 있어서나 최하부의 가장 큰 배수부하를 담당하는 부분과 동일한 관경으로 한다.
② 즉, 부하가 적은 층의 배관이라고 해서 작게 해서는 안 된다.

(5) 배수수직관의 45° 이상인 오프셋 배관
① 오프셋부로부터 상부 수직관의 관경은 그 오프셋 상부의 부하유량에 의해 결정한다.
② 오프셋 관경은 배수수평주관으로 간주하여 관경을 결정한다.
③ 오프셋부로부터 하부 수직관의 관경은 오프셋 관경과 수직관 전체에 대한 부하유량에 의해 정해진 관경과 비교하여 큰 쪽의 관경으로 한다.

배수관경의 결정

> **유사기출문제**
> 1. 배수관경 결정을 위한 기구배수부하단위법과 정상유량법을 설명하시오. [건축 84회(25점)]
> 2. 배수설비에서 기구배수부하단위를 설명하시오. [건축 74회(10점)]
> 3. NPC(National Plumbing Code)에 기록된 1FU의 정의를 기술하시오. [건축 66회(10점)]

1. 개요

① 배수관경을 결정하기 위해서는 부하유량을 알아야 하는데, 부하유량을 결정하는 방법으로 "기구배수부하단위법"과 "정상유량법"이 있다.
② 기구배수부하단위법은 미국의 NPC(National Plumbing Code)를 사용하여 배수관경을 구하는 간편한 방법으로 우리나라에서도 실무적으로 이 방법을 채용하고 있다.
③ 정상유량법은 일본의 급배수설비기준 HASS 206에 의한 방법이다.

2. 기구배수부하단위법

(1) 기구배수부하단위(FU)

【 기구배수부하단위(FU) 요약 】

기구명		트랩의 최소구경	기구배수 부하단위	기구명		트랩의 최소구경	기구배수 부하단위
대변기	세척밸브	75	8	세면기	–	30	1
	세척탱크	75	4	수세기	–	25	0.5
소변기	소형	40	4	욕 조	주택용	40	2
	대형	50	4	샤 워	주택용	50	2

① 표준기구로서 구경 30mm의 트랩을 갖는 세면기의 최대 배수 시의 유량 28.5L/min을 기준 단위 1로 정의한다.
② 이것을 기준으로 하여 모든 기구의 배수단위를 결정하고 있다.

(2) 기구배수부하단위법에 의한 관경결정의 순서

① 결정하려고 하는 배수관의 기구배수부하단위를 데이터에서 찾아 누계한다.
② 배수수평지관 및 배수수직관의 관경을 데이터에서 찾아 구한다.

③ 배수수평주관 및 부지배수관의 관경을 데이터에서 찾아 구한다.
④ 마지막으로 배수관경 결정의 기본원칙을 확인하여 관경을 결정한다.

3. 정상유량법

(1) 정상유량
① 기구정상유량이란 기구배수량을 그 기구의 기구평균배수간격으로 나눈 수치이다.
② 배수관의 정상유량은 편의상 부하산정을 위해 도입한 것이다.
③ 배수관 상류에 설치된 기구 전체의 배수량을 시간적으로 평균화하고, 정상연속배수라고 가상한 유량이다.

(2) 기구배수부하단위법 대신에 정상유량법을 채택한 이유
① 기구배수부하단위법은 기구배수부하특성을 충분히 표현할 수 없다. 예를 들면 욕조는 대변기의 10배 이상의 물을 배수하지만, 기구배수부하단위는 대변기보다도 작다.
② 동일 종류의 기구에서도 설치장소나 사용자 수에 따라 이용빈도가 상당히 다르다.

7 배수관의 기울기와 관내의 흐름

유사기출문제

1. 배수관의 관경, 유속, 관의 기울기 등과 관련된 배수관 내 물의 흐름 양상과 배수성능에 대하여 설명하시오. [건축 28회(20점)]

1. 배수관의 유속과 기울기

① 배수배관은 배관 내를 세척하며 흐를 수 있도록 충분한 유속과 기울기를 두어야 한다.
② 최소구배는 관내의 고형물을 배출하고, 스케일의 부착방지 등을 고려하여 하한유속을 0.6m/s로 한다.
③ 배수관경을 결정할 때는 물의 흐름에 의한 관로의 파괴방지 등을 고려하여 상한유속을 1.5m/s로 하여 기울기의 범위를 제한한다.

2. 배수관경과 기울기에 따른 배수성능

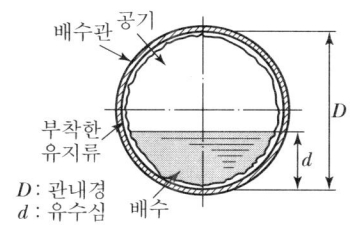

배수관 내 배수의 흐름

① 오수관은 대소변과 화장실 종이 등의 고형물질을 운반하는 것이 중요하다.
② 고형물질은 반쯤 물에 뜬 상태에서 운반되기 때문에 그에 따른 수심이 필요하다.
③ 배수관 내의 유속과 수심은 관경과 기울기에 의해 정해진다.
④ 배수관경이 너무 크면 수심이 얕아지고, 유속이 떨어져 고형물을 흐르게 할 수 없다.
⑤ 이와 반대로 너무 작으면 관내가 가득 차 흘러 대기압이 유지되지 못하여 트랩에 악영향을 미치게 된다.
⑥ 기울기가 너무 크면 유속이 증가하고 수심이 얕게 되어 고형물이 흐르지 않는다.
⑦ 오수관의 경우 알맞은 수심은 대략 관경의 1/2~2/3 정도이다.

3. 배수관 내 물의 흐름

① 배수관의 배수유입은 간헐적으로 이루어지므로 유량은 끊임없이 변동한다.
② 또한 물과 공기가 혼합되면서 불규칙적으로 흐르게 된다.
③ 배수관 내 불규칙적인 물의 흐름으로 관내 압력은 부분적으로 대기압보다 높거나 낮다.
④ 관내 압력의 변동폭 허용한계는 트랩의 최소봉수깊이인 ±25mm로 정하고 그것을 초과하지 않도록 배수통기계통을 구성해야 한다.

4. 배수관의 이음 및 방향전환

① 배수관에는 전용의 이음쇠를 사용하여야 한다.
② 급수용 이음쇠는 관내가 평활하지 않으므로 사용해서는 안 된다.
③ 또한 관에 구멍을 뚫거나 용접 등을 하면 돌기물이 생겨 원활한 흐름을 저해한다.
④ 배수관의 이음 및 방향전환에는 적절한 배수전용의 이음쇠를 사용하여 배수의 정체가 발생하지 않고 고형물의 통과가 원활히 이루어지도록 해야 한다.
⑤ 곡률반경은 충분한 크기로 설치하고 적절한 간격으로 청소구를 설치한다.
⑥ 곡관부에는 장곡관 이음쇠 또는 45° 이음쇠 2개를 사용한다.

8 배수수직관의 오프셋(Offset)

유사기출문제

1. 초고층 건물의 배수 입상관에 Offset을 설치하는 경우 낙하속도를 완화시키는 효과에 대해 설명하시오. [건축 80회(10점)]
2. 오배수배관에서 45° Offset 배관을 그리고 설명하시오. [건축 59회(10점)]

1. 개요

① 배수수직관의 오프셋은 용도에 따라 관내 물 흐름과 공기압력에 큰 영향을 미치므로 오프셋은 가능한 한 피하는 것이 좋다.
② 배수수직관은 종국길이가 있으므로 초고층 건물에서 배수수직관을 일부러 구부려 오프셋을 만들어 낙하속도를 완화시킬 필요가 없다.

2. 오프셋

① 배수수직관에 대하여 45° 이내의 방향전환을 하는 경우는 수직관으로 간주해도 된다.
② 45°를 넘는 오프셋은 상하부 600mm 이내에 배수수평지관을 연결하지 않는다.
③ 45° 이내의 오프셋은 상하부 600mm 이내에 수평관을 연결하면 릴리프 통기관을 설치한다.
④ 최저부의 배수수평지관보다 하부에 설치하는 오프셋에는 릴리프 통기관을 설치하지 않아도 된다.

3. 배수수직관의 45°를 넘는 오프셋부 통기방법

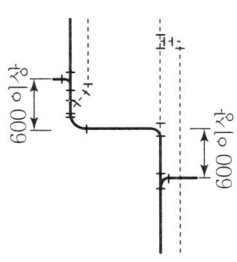

(a) 오프셋 상부와 하부를
단독으로 통기하는 방법

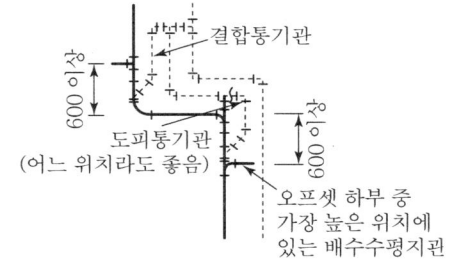

(b) 오프셋 부에 도피통기관과
결합통기관을 설치하는 방법

① 오프셋 상하부의 배수관에 각각 단독으로 통기관을 설치한다.(그림(a))
② 오프셋 상부는 결합통기관을 설치하고, 하부는 배수수직관 가장 높은 곳이나 입상연장부분에 도피통기관을 설치한다.(그림(b))
③ 45° 이내의 오프셋은 상하부 600mm 이내에 배수수평지관을 연결하려면 ①에 따른다.

9 세제거품의 영향 발포 존

유사기출문제

1. 발포 존 [건축 56회(10점)]
2. 배수관에 비누거품이 충만하여 형성되는 발포 존의 위치를 그림으로 표시하고, 비누거품이 실내로 솟아오르는 원인과 방지대책을 기술하시오. [건축 26회(30점)]

1. 개요
① 세탁기, 주방 싱크 등 세제를 포함한 배수가 지속적으로 위에서 흘러내리면, 수평배관 내 거품이 충만하여 아래층 트랩 봉수가 파괴되어 거품이 실내로 나온다.
② 세제거품 취출이 발생되기 쉬운 배수배관 위치를 발포 존이라 한다.

2. 원인
① 세제를 포함한 배수가 고층부에서 흘러내리면서 공기와 혼합하여 거품생성이 촉진된다.
② 배관 내에서 거품 밑으로 물은 흘러가 버리고 오프셋, 굴곡부 등에는 거품만 남는다.
③ 지속적으로 세제를 포함한 배수가 유하하면 거품은 그 충만된 부분으로부터 배수수평주관 내를 따라 상류 측으로 서서히 충만해간다.
④ 통기관이 거품으로 충만되면 공기 도피처가 없어지므로 트랩의 봉수가 파괴되어 실내 위생기구로부터 거품이 취출된다.
⑤ 신정통기방식은 거품이 수평관에 충만하면 이와 같은 현상이 생긴다.

3. 발포 존의 위치

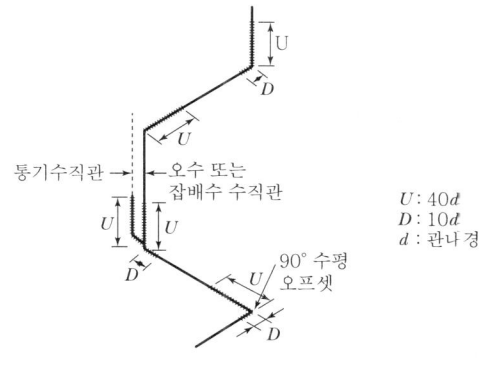

발포 존의 위치

4. 발포 존의 방지대책
① 기구배수관이나 배수수평지관을 발포존의 위치에 접속하지 않는다.
② 부득이 이 위치에 접속할 경우에는 도피통기관을 압력상승이 없는 곳에 설치한다.

10 종국유속과 종국길이

유사기출문제

1. 배수수직관에서의 종국유속과 종국길이에 대하여 설명하시오. [건축 76회(25점) 61회(10점)]
2. 종국유속, 종국길이 [건축 75회(10점), 65회(10점), 49회(10점)]
3. 종국유속과 종국길이의 고층건물 배수배관과의 관계성을 설명하시오. [건축 31회(20점)]

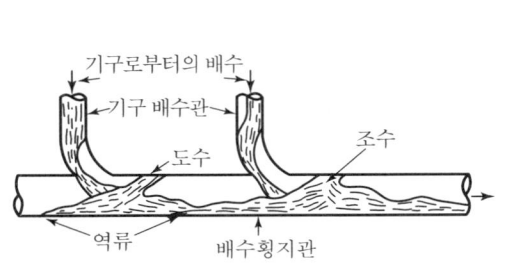
배수수평관 내의 흐름

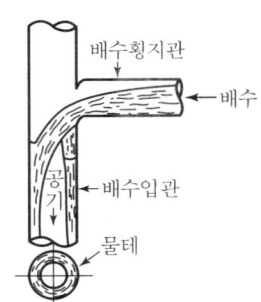
배수수직관 내의 흐름

1. 종국유속(종국속도, Terminal Velocity)

① 배수수직관에 유입한 배수는 관벽에 달라붙어 물테를 형성하며 흐르는데 처음에는 중력에 의해 급속도로 증가하나 결국에는 일정 유속인 종국유속이 된다.
② 종국유속은 낙하되는 물의 중력이 관벽과 관내 공기의 마찰력이 평형을 이루어 배수의 유속이 더 이상 증가되지 않는 유속을 말한다.

2. 종국길이(Terminal Length)

① 배수가 종국유속이 되기까지 낙하한 거리를 종국길이라 한다.
② 종국길이는 관지름과 유량에 따라 달라지며 관지름이 작을수록 짧다.
③ 그러므로 초고층 건물의 배수관일지라도 유속 증가에 대한 고려가 필요 없다.

3. 종국유속과 종국길이의 영향

① 배수량이 증가하면(물테 두께의 증가) 관내 기압변동이 커져 진동과 소음이 발생한다.
② 이로 인해 상층부 트랩은 유도사이펀 작용으로 하층부 트랩은 분출작용으로 트랩의 봉수가 파괴된다.

③ 이를 방지하기 위하여 물테의 단면적(충수율)을 수직관 단면적의 30% 이하가 되도록 관경을 계획한다.

4. 종국유속과 종국길이에 대한 Wyly와 Eaton 공식

종국유속 $v_t = 0.635 \left(\dfrac{Q}{D} \right)^{\frac{2}{5}}$

종국길이 $L_t = 0.1441 v_t^2$

여기서, v_t : 종국유속(m/s)
　　　　L_t : 종국길이(m)
　　　　Q : 배수유량(ℓ/s)
　　　　D : 관지름(m)

① 충분한 유량, 유입 초기속도는 0m/s 및 신품 주철관인 조건에서 공식을 제안하였다.
② 유량 Q = 10(ℓ/s), 관경 100mm일 때 종국유속 4m/s, 종국길이는 2.3m가 된다.

11 배수탱크와 배수펌프

1. 개요

① 건물 배수는 중력에 의해 옥외로 배출하는 것을 원칙으로 한다.
② 지하실 등의 배수는 배수탱크에 모은 후 배수펌프 등으로 배출한다.
③ 배수탱크 설치 시 실내 환경의 위생성 유지 및 유지관리 용이성 등을 고려한다.
④ 배수펌프는 배출하는 이물질의 크기에 따라 오물, 잡배수, 오수펌프로 분류된다.

2. 배수탱크

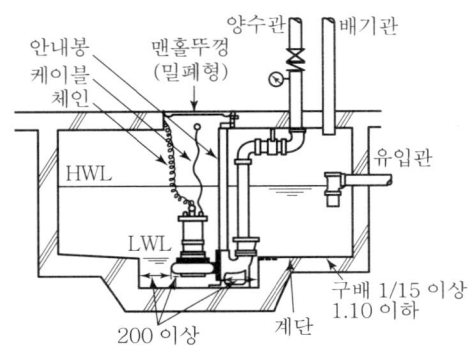

배수 수중펌프의 예

(1) 배수탱크의 종류

① 저류하는 배수의 종류에 따라 오수탱크, 잡배수탱크, 용수탱크 및 우수탱크로 분류된다.
② 용수탱크는 용수 이외의 배수를 유입하지 않지만, 우수를 유입시킬 수도 있다.
③ 잡배수탱크는 용도에 따라 주방, 주차장 및 기계실 배수탱크 등이 있다.

(2) 배수탱크의 설치계획

① 배수탱크는 배수의 수질 및 수량, 물 사용처의 위치, 옥외로의 배관경로 등을 고려하여 최소한으로 설치한다.
② 주방배수는 오수와 분리하여 배수탱크를 설치한다. 주방배수와 오수를 함께 저류하면 부패의 진행이 빠르게 되어 악취를 발생하게 된다.
③ 유지관리 및 청소 등이 용이한 장소에 설치한다.
④ 배수탱크가 설치되는 장소는 충분히 환기를 취하고, 조는 수밀 및 기밀한 구조로 한다.

(3) 배수탱크의 구조

① 통기를 위한 장치 이외의 부분은 취기가 누설하지 않는 구조로 한다.
② 내부의 보수점검을 용이하고 안전하게 할 수 있는 위치에 맨홀을 설치한다.
③ 배수탱크 바닥에는 배수의 체류나 오니가 가능한 생기지 않도록 흡입피트를 설치한다.
④ 통기를 위한 장치를 설치하고, 외기에 직접 개방시켜 위생적으로 유효한 구조로 한다.

3. 배수펌프

(1) 배수펌프의 종류

1) 수중펌프
① 탱크 내에 설치하는 것으로 공간 절약이 가능하다.
② 펌프의 교체, 수리 등이 가능하도록 조 외에 공간을 확보한다.
③ 유지관리가 용이하고 고장이 적기 때문에 많이 사용된다.

2) 수직형 펌프
① 전동기는 탱크 바깥의 상층부에 설치한다.
② 펌프는 탱크 내형과 탱크 외형이 있다.
③ 유지관리는 용이하지만, 회전축이 길어 고장나기 쉬운 결점이 있다.

3) 수평형 펌프
① 펌프, 전동기 모두 탱크 바깥에 설치되어 관리하기가 용이하다.
② 압입식이므로 배수탱크 측면에 설치해야 하므로, 설치위치에 제약이 따른다.

(2) 배수펌프 설치 시의 유의사항

① 맨홀은 배수펌프 또는 푸트밸브의 위쪽 방향에 설치한다.
② 배수펌프 또는 푸트밸브는 공기의 유입을 방지하기 위해 주위 벽으로부터 200mm 이상 떨어뜨려 설치한다. 또한 배수 유입부로부터도 떨어진 곳에 설치한다.
③ 바닥설치형 배수 수중펌프는 충분한 지지를 한다.
④ 배수 수중펌프는 최저수위 이하에서 운전되지 않도록 하고, 전동기는 항상 수몰시켜 소손을 방지한다.

12 배수탱크 및 배수펌프의 용량

> **유사기출문제**
> 1. 건물 내에 설치하는 배수탱크와 배수펌프의 용량결정방법을 설명하시오. [건축 81회(25점)]

1. 개요
① 배수탱크와 배수펌프는 서로 관련되므로 상호의 영향을 고려하여 용량을 결정한다.
② 용량산정 시에는 일반적으로 유입배수의 부하변동, 펌프의 최단운전시간, 탱크 내 저류시간 등을 고려한다.

2. 기기용량의 산정

(1) 배수탱크와 배수펌프의 관계식

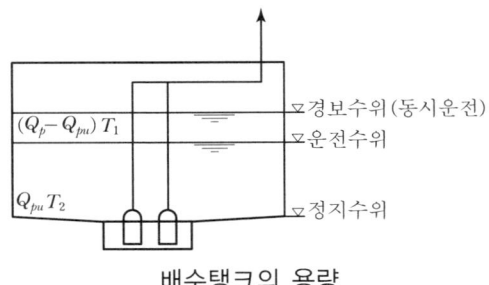

배수탱크의 용량

$$V_h = (Q_p - Q_{pu})T_p + Q_{pu}T_{pr}$$

- V_h : 배수탱크의 유효용량(ℓ)
- Q_p : 배수탱크로의 최대 배수 시 유입량(ℓ/min)
- Q_{pu} : 배수펌프의 양수량(ℓ/min)
- T_p : 최대 배수 시의 배수계속시간(min)
- T_{pr} : 배수펌프의 최단운전시간(min) → 5분(소형)~10분(대형) 정도

① 배수탱크와 배수펌프의 용량 사이에는 고가탱크와 양수펌프 간의 관계식과 동일하다.
② 다만, 예비 펌프를 설치하는 경우에 적용한다.
③ 펌프 1대가 고장나더라도 경보수위 이상으로 도달하는 것은 아니지만, 경보수위에 도달한 경우에는 동시운전으로 하는 것이 바람직하다.

(2) 배수탱크 및 배수펌프의 용량

1) 배수량이 거의 일정한 경우
배수탱크는 소용량으로 하고, 배수펌프는 평균배수량의 1.2~1.5배로 한다.

2) 배수량이 현저히 변하는 경우
① 상기 식에 의해 배수탱크를 결정한다.
② 저류시간 → 1시간 정도
③ 배수펌프 용량 → 최대 배수유량의 용량 정도

3) 배수량의 변동을 예측할 수 있는 경우
배수량 부하곡선을 작성하여 가장 경제적인 배수탱크 및 배수펌프를 결정한다.

(3) 펌프의 최단운전시간 및 탱크 내 저류시간

① 탱크용량의 최저한도의 기준
펌프의 최단운전시간(가동→정지)은 전기계통의 마모 및 열화를 고려하여 5~15분 정도 필요하므로 이것에 의해 탱크용량의 최저한도가 결정된다.
② 탱크용량의 최대한도의 기준
배수가 12시간 이상 체류하면 악취가 발생되므로 이것을 탱크용량의 최대한도로 한다. 다만, 휴일 등으로 장기체류 우려 시에 타이머에 의해 기동되는 펌프제어방법을 고려한다.

(4) 비상시의 대응

① 화재시에 옥내 소화전이나 스프링클러 헤드로부터 방출된 물 또는 오버플로된 물 및 공조설비의 배수 등이 유입하는 배수탱크는 이들을 고려한다.
② 배수펌프는 평상시에는 서로 교환운전하고, 비상시에는 동시운전을 시킨다.
③ 그러므로 배관경은 동시운전 시의 유량을 기준으로 결정한다.

(5) 방류

하수관경이 적은 경우 부하의 경감을 꾀하기 위해 야간방류 배수탱크를 설치하여, 부하가 적은 야간에 방류하는 경우도 있다.

3. 배수탱크 및 배수펌프 용량의 특성

(1) 배수탱크 용량
① 보통 배수탱크 용량은 최대 배수유입량의 15~60분 정도(평균배수량 30분~3시간분)
② 배수펌프용량의 10~20분간
③ 탱크가 과대하면 오니의 잔류가 많아 청소가 곤란하고 냄새 발생이 쉽다.
④ 배수펌프용량도 방류처의 관경 등을 고려하여 과대하지 않도록 한다.

(2) 배수펌프 용량
① 양수하는 고형물의 크기와 용도에 따라 구경의 제한으로 최소유량이 결정된다.
② 오물펌프는 고형물 통과를 최우선시하여 구경을 결정하며 보통 80mm 이상이다.
 (구경 80mm의 배출량 → 100 ℓ/min)
③ 잡배수펌프의 구경은 50mm 이상으로 한다.(구경 50mm → 배출량 100~300 ℓ/min)
④ 오수펌프의 구경은 40mm 이상으로 한다.(구경 40mm → 배출량 100~200 ℓ/min)

배수배관 시공의 주의사항

1. 배수배관 시공 시 유의사항 및 시험방법에 대하여 설명하시오.   [건축 83회(25점)]

1. 배수 및 통기수직관

① 배수 및 통기입관은 될 수 있는 한 파이프샤프트 안에 배관한다.
② 변기 등 위생기구는 되도록 배수수직관 가까이 설치하여 배수수평지관을 짧게 하여 신속히 배수되도록 한다.

2. 청소구(Clean Out)

청소구

① 배수배관의 관이 막혔을 경우 청소 및 점검을 위해 청소구가 필요하다.
② 청소구의 크기는 배관경과 같은 크기로 하며, 관경 100mm 이상일 때는 100mm로 한다.
③ 청소구는 배수수평주관 및 배수수평지관의 기점부 등에 설치한다.

3. 배관의 지지

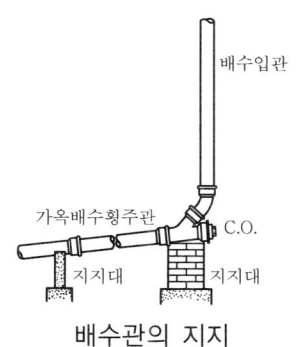

배수관의 지지

① 배수배관은 시공 시에 일정한 구배로 배관하므로 이 기울기는 변화해서는 안 된다.
② 배관이 중간에 늘어지거나 역구배로 되면 배수가 원활하지 않고 관이 막히게 된다.
③ 배수배관은 급수배관에 비해서 보통 굵고 무거우므로 콘크리트나 벽돌로 지지한다.

4. 2중 트랩의 금지

① 트랩은 배수 흐름에 대한 저항은 되지만 원활한 배수흐름과 위생상 필요하다.
② 그러나 흐름의 저항이 되는 트랩 2개를 직렬로 접속하면 트랩 사이의 공기가 존재하여 저항은 더욱 더 커지므로 배수 흐름이 원활하지 않게 되므로 피해야 한다.

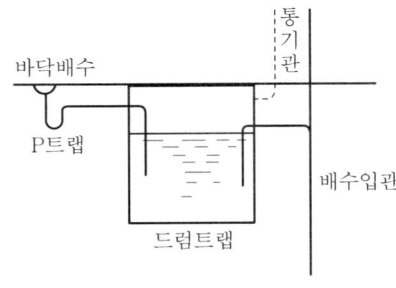

2중 트랩의 한 예

5. 배관의 방로방음피복

① 배수관의 피복에는 방로와 방음의 목적이 있다.
② 천장이나 파이프샤프트 안은 환기가 충분치 않아 배수관 표면에 수분이 결로하여 건물을 더럽힐 우려가 있다.
③ 호텔 등의 경우에는 파이프샤프트 내 소음이 문제되므로 방음을 위하여 피복한다.
④ 그러나 통기관은 피복할 필요가 없다.

14 배수 및 통기배관시험

> **유사기출문제**
> 1. 배수 및 통기관의 시험방법을 기술하시오. [건축 83회(25점), 66회(10점), 64회(25점)]
> 2. 급배수 계통의 시험검사 시 다음 사항에 대해 기술하시오. [건축 65회(25점)]
>   ① 외관검사   ② 누설시험   ③ 완성전검사

1. 개요

① 배수 및 통기계통의 배관공사가 완료되면 트랩이나 각 접속 부분의 수밀 및 기밀상태를 시험한다.
② 배관공사 시공 후 보온시공 이전 혹은 은폐 이전에 수압시험 또는 기압시험을 한다.
③ 모든 개구부를 밀폐하고 트랩을 봉수하여 연기시험 또는 박하시험을 한다.
④ 연기시험 또는 박하시험이 종료한 후에는 위생기구를 설치하여 통수시험을 한다.

2. 배수 및 통기배관시험

(1) 수압시험(Water Test)

① 배수계통 전부를 한번에 시험하거나 부분적으로 구분해서 시험한다.
② 배관계 최고 위치의 개부를 제외하고 다른 모든 개구부를 밀폐한다.
③ 시험수두 3mAq 이상으로 유지시간 30분 이상이며, 관내의 누수유무를 검사한다.

(2) 기압시험(Air Test)

① 모든 개구부를 밀폐하고 공기압축기로 $0.35kg/cm^2$ 이상으로 가압한 후 공기를 보급하지 않고 15분 이상 그 압력이 유지되어야 한다.
② 압력이 강하하면 배관계 어느 부분에서 공기가 누설되는 것이므로 누설될 만한 곳에 비눗물을 발라 기포생성 여부로 확인한다.

(3) 연기시험(Smoke Test)

① 연기시험은 박하시험과 함께 기밀시험으로 전 개구부를 밀폐한 후 하는 최종시험이다.
② 배관계통에 자극성 연기를 송풍기로 불어 넣어 시험수두 25mmAq 이상으로 15분 이상 유지하여 연기의 누출유무를 검사한다.
③ 만약 새는 곳이 있으면 연기 냄새로 쉽게 판별이 된다.

(4) 박하시험(Peppermint Test)
① 주관에 약 57g의 박하유를 주입한 후 약 3.8리터의 더운 물을 부어 그 향으로 박하의 누출유무를 검사한다.
② 냄새로 누설개소가 대략 짐작되면 비눗물(Bubble Test) 등으로 세부적으로 발견한다.

3. 통수시험
① 배관시험이 끝나고 위생기구가 설치되면 통수시험을 한다.
② 통수시험 목적은 누설 여부가 아니라 배수 유하에 따른 지장유무를 검사하는 것이다.
③ 배수의 유하상황이나 트랩 봉수 등에 이상소음 발생 여부를 검사한다.

15 바닥배수구와 소제구

> **유사기출문제**
> 1. 바닥배수구와 소제구의 설치 목적, 위치, 설치상의 주의사항을 기술하시오. [건축 39회(20점)]

1. 바닥배수구(Floor Drain)

(1) 설치 목적

① 욕실바닥, 주방바닥, 세탁 등 물 사용장소에서 바닥배수를 목적으로 설치한다.
② 자연유하로서 가장 단순한 계통의 배수이며 구배가 중요하고 트랩의 기능을 겸한다.

(2) 설치 위치

① 바닥의 배수가 모아지는 곳
② 점검보수가 용이한 곳

(3) 설치상의 주의사항

① 콘크리트 타설 전 정확한 위치에 슬리브를 설치하고 막히지 않도록 밀봉한다.
② 배수가 바닥배수구로 모이도록 바닥 구배를 주고 특히 주변 타일 시공에 주의한다.
③ 물 사용 이전에 트랩 거름망을 분해하여 모래, 찌꺼기 등을 청소한다.
④ 물 사용이 적은 곳은 봉수를 깊게 하거나 봉수 보급수장치를 설치한다.

2. 청소구(소제구, Clean Out)

(1) 설치 목적

배수관이 스케일 및 이물질 등으로 막힐 우려가 있으므로 청소 및 보수점검을 용이하게 하기 위하여 청소구를 설치한다.

(2) 설치 위치

① 배수수평주관 및 배수수평지관의 기점부
② 배관 길이가 긴 배수수평관의 중간 부분
③ 배수관이 45° 이상의 각도로 구부러진 곳
④ 배수수직관의 최하부
⑤ 배수수평주관과 부지배수관이 접속하는 부분

(3) 설치상의 주의사항

① 배수의 흐름과 반대방향 또는 흐름과 직각으로 개구할 수 있도록 설치한다.
② 청소용 공간이 없는 배수수직관 최하부 등은 바닥, 벽 등에 설치한다.
③ 청소구 설치위치에는 점검구 및 공간을 확보한다.
④ 통상 청소구는 부속류와 일체이므로 자재검수를 철저히 한다.

16 포집기

> **유사기출문제**
> 1. 위생설비 용어 중 포집기에 대하여 설명하시오.   [건축 75회(10점), 64회(10점)]
> 2. 조집기(Intercepter)에 대해 설명하고, 그 종류를 열거하시오.   [건축 41회(20점)]

1. 포집기(조집기, Interceptor)의 목적

① 배수 중에 혼입한 유해물질과 기타 불순물 등을 분리하여 배수만을 자연 유하시킨다.
② 또는 배수 중에 포함된 귀금속 등을 배수와 분리시켜 회수하는 곳에도 이용된다.
③ 포집기는 특수한 목적에 사용되는 일종의 트랩으로 구조 또한 트랩과 유사하다.

2. 포집기의 설치

① 배수 중에 분리되어 포집된 유해물질은 조내에 축적되므로 정기적으로 제거해야 한다.
② 그러므로 포집기의 설치장소는 청소가 용이하고 유지관리 공간이 확보되어야 한다.
③ 포집기는 트랩을 설치하지만, 포집기 내에 트랩이 없는 경우는 출구에 설치한다.
④ 포집기에 설치되는 트랩은 최저 50mm 이상으로 한다.

3. 포집기의 종류

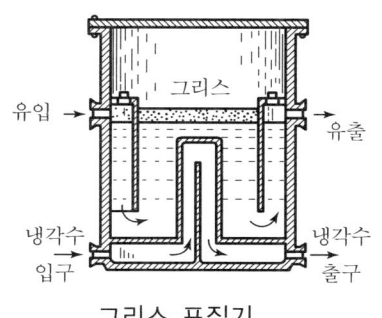
그리스 포집기

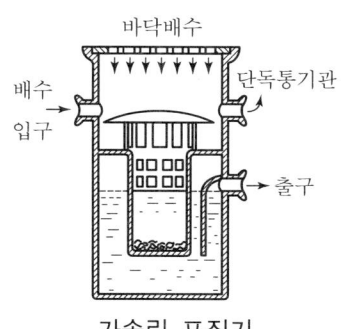
가솔린 포집기

(1) 그리스(Grease) 포집기
주방 등에서 배출되는 배수 중의 지방분을 포집하여 관이 막히는 것을 방지한다.

(2) 오일(Oil) 포집기(가솔린 포집기)
정비소 및 세차장 등에서 배출되는 배수 중의 가연성 가솔린 등을 포집하여 배수관의 인화, 폭발을 방지한다.

(3) 모래(Sand) 포집기
토목건축현장 및 공장 등에서 배수 중에 포함된 모래, 콘크리트 및 진흙 등을 포집하여 배수관 내에 유입 침전하여 관을 폐쇄하는 것을 방지한다.

(4) 모발(Hair) 포집기
미용실 등에서 세발기에 설치하여 모발이 유입되어 관이 막히는 것을 방지한다. 수영장과 공중욕탕에는 대형 모발 포집기를 설치한다.

(5) 플라스터(Plaster) 포집기
치과 기공실 및 정형외과 기브스실 등에서 배출되는 플라스터 등을 포집하여 배수관에 부착, 응고되는 것을 방지한다.

(6) 세탁장(Laundry) 포집기
영업용 세탁시설에는 넝마, 섬유 부스러기, 헝겊조각, 단추 등이 배수 중에 포함되므로 이를 포집하여 분리한다.

17 배수트랩의 목적, 구비조건 및 종류

> **유사기출문제**
> 1. 배수트랩이 갖추어야 할 구비조건(5가지 이상)　　　　　　　　　　[건축 84회(10점)]
> 2. 배수트랩의 목적, 구비조건, 종류 및 봉수의 파괴원인과 대책을 설명하시오.
>   [건축 76회(25점), 72회(25점), 67회(25점), 59회(25점), 56회(10점), 48회(25점) 등]

1. 개요

① 트랩의 기능으로서는 봉수유지, 자정작용 및 청소의 용이성 등을 필요로 한다.
② "건축물의설비기준등에관한규칙"에는 배수트랩과 통기관 설치를 규정하고 있다.

2. 트랩의 목적

① 배수관 내를 흐르는 물은 급수관의 경우와 달리 관내에서 만수상태로 흐르지 않는다.
② 트랩의 목적은 배수계통의 일부에 물을 고이게 하여 하수가스의 역류를 방지하고, 해충의 침입을 방지하는 데 있다.

3. 트랩의 구비조건

① 배수관 내의 악취와 해충 등의 침입을 방지할 것
② 오물 등이 부착 또는 침전하기 어려운 구조일 것
③ 봉수깊이는 50~100mm 정도일 것
④ 트랩의 봉수부는 점검이 용이하고 청소가 용이한 구조일 것
⑤ 2중 트랩이 되지 않도록 설치할 것
⑥ 격벽 또는 가동부분이 없으며 자정작용이 있을 것
⑦ 기구내장 트랩의 내벽면 및 배수로의 단면형상은 급격한 변화가 없을 것
⑧ 소음을 발생하지 않을 것
⑨ 내식성과 내구성이 있을 것

4. 트랩의 종류

① 사이펀식 트랩(관트랩) : P트랩, S트랩, U트랩 등
② 비사이펀식 트랩 : 드럼트랩, 벨트랩, 보틀트랩 등

5. 트랩의 봉수손실 현상

① 자기사이펀 작용
② 유도사이펀 작용(흡인작용)
③ 역사이펀 작용(분출작용)
④ 모세관 현상
⑤ 증발
⑥ 진동 및 풍압 등

18 배수트랩의 자정작용

> **유사기출문제**
> 1. 배수트랩의 자정작용을 설명하시오. [건축 64회(10점)]

1. 배수트랩의 자정작용

자정작용이란 배수 중의 유수에 의해 고형물질, 머리카락 및 불순물 등이 트랩에서 침전되는 것을 방지하고 배수관으로 흘러가게 하는 것을 말한다.

2. 봉수 깊이에 따른 영향

① 봉수 깊이가 너무 크면 고형물질이 침전되어 자정기능을 상실한다.
② 봉수 깊이가 너무 낮으면 유수의 자기사이펀 작용으로 봉수가 파괴된다.

19 배수트랩과 증기트랩의 비교

> **유사기출문제**
> 1. 배수트랩과 증기트랩의 같은 점과 다른 점을 비교하시오.   [건축 61회(10점)]

1. 배수트랩과 증기트랩 공통점

① 유체 중 물(응축수와 배수)은 통과시키고, 기체(증기와 하수가스)는 통과시키지 않는다.
② 트랩 내부에는 봉수부가 있다.
③ 기구 및 장비의 출구측이나 관말에 설치한다.

2. 배수트랩과 증기트랩 차이점

(1) 흐름방향

① 증기트랩은 물(응축수)과 증기가 같은 방향으로 흐른다.
② 배수트랩은 물(배수)과 하수가스가 반대 방향으로 흐른다.

(2) 작동원리

① 증기트랩은 증기와 응축수의 온도차, 밀도차, 열역학적 특성에 의해 양자를 분리한다.
② 배수트랩은 배수관 내 봉수를 형성하여 하수가스의 역류를 차단한다.

20 배수트랩의 종류

> **유사기출문제**
> 1. 위생설비에서 트랩(Trap)의 종류를 들고 설명하시오. [건축 66회(25점)]
> 2. U트랩(House Trap)에 대하여 설명하시오. [건축 64회(10점)]

1. 개요

① 트랩의 종류에는 일반적으로 관트랩, 드럼트랩, 벨트랩, 보틀트랩 등이 있다.
② 특수한 형태로서 맨홀형 트랩과 기구내장트랩이 있다.
③ 기구나 바닥배수 등 사용용도에 따라 기구트랩, 바닥배수트랩이라 불린다.

2. 트랩의 분류

(1) 사이펀식 트랩

① 관트랩은 사이펀식 트랩이라고도 한다.
② 트랩의 형상에 따라 P트랩, S트랩, U트랩 등이 있다.
③ 관트랩은 소형이고 자정작용을 갖지만, 비교적 봉수가 파괴되기 쉽다.

(2) 비사이펀식 트랩

① 드럼트랩, 벨트랩, 보틀트랩 등은 비사이펀식 트랩이라 한다.
② 자기사이펀 및 유도사이펀 현상이 일어나기 어렵고 내압성능이 높은 트랩이다.

3. 트랩의 종류

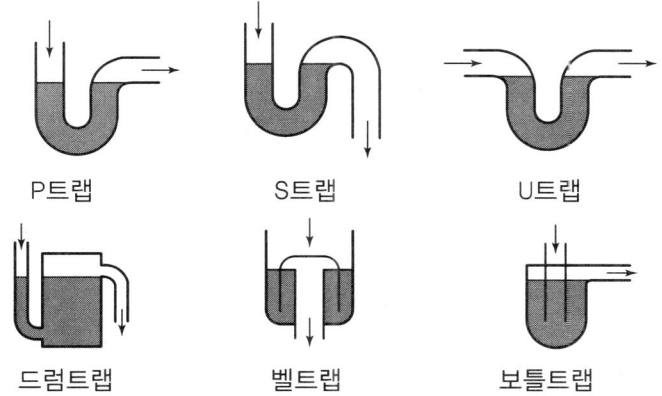

P트랩   S트랩   U트랩
드럼트랩 벨트랩   보틀트랩

(1) P트랩

① P트랩은 일반적으로 세면기 등의 위생기구에 설치된다.
② 벽체 내의 배수입관에 접속하므로 바닥 면을 배수관이 관통하지 않는다.

(2) S트랩

① S트랩은 배수관이 바닥에 설치되는 경우에 제한적으로 사용된다.
② 자기사이펀에 의한 봉수파괴가 일어나기 쉬우므로 잘 사용되지 않는다.
③ 세면기 및 대소변기 등에 장치하여 바닥 밑의 배수횡지관에 접속한다.
④ 시공 시 바닥면을 배수관이 관통하므로 바람직하지 않다.

(3) U트랩

① 가옥트랩, 메인트랩, 런닝트랩이라고도 한다.
② 배수수평관에 설치하는 것으로 우수관과 부지배수관 사이 등에 설치된다.
③ U자관 전후 배수관 내의 유속이 작기 때문에 자정작용이 충분하지 않아 먼지 등이 쌓여 막히기 쉬운 결점이 있다.

(4) 드럼트랩

① 봉수부가 드럼 형태로 되어 있으며 봉수파괴가 잘 되지 않는 구조이다.
② 배수 중의 오물이 트랩 내에 퇴적하므로 청소할 수 있는 구조로 되어 있다.
③ 실험용 수채 등에 이용된다.

(5) 벨트랩

① 싱크배수 및 바닥배수 등에 이용된다.
② 움직일 수 있는 벨로 트랩을 형성하므로 청소 등에 의해 벨이 잘못 놓여지면 비위생적이 되기 쉬우므로 가능한 한 사용하지 않는 것이 좋다.

(6) 보틀트랩

① 봉수파괴가 어려운 구조로 되어 있다.
② 유럽에서는 기구 트랩으로 이용되고 있으나, 우리나라에서는 사용되지 않고 있다.
③ 벨트랩과 보틀트랩은 트랩이 1매의 격벽으로 구성되므로 격벽트랩이라고도 한다.

(7) 기구내장트랩

기구와 트랩이 일체로 되어 있는 것을 말하며, 대변기 및 소변기 등에 사용된다.

(8) 맨홀형 트랩

① 우수배수나 기계식 배수 등 비교적 깨끗한 잡배수를 배출하는 경우에 사용된다.
② 트랩의 설치가 곤란하거나 배수 중의 고형물이 하수관에 유출되지 못하도록 포집할 필요가 있는 경우에 맨홀형 트랩을 설치한다.
③ 우수를 배출시키는 경우 배수의 유출 측을 수몰시켜 하수관의 악취 침입을 방지한다.

21 트랩의 명칭과 봉수깊이

 유사기출문제

1. 위생설비의 P 트랩에서 봉수의 깊이를 그림을 그려 부위를 표기하시오. [건축 66회(10점)]
2. 공조기 드레인 팬의 배수를 위한 트랩의 최소봉수깊이를 설명하시오. [건축 63회(10점)]

1. 트랩의 봉수깊이

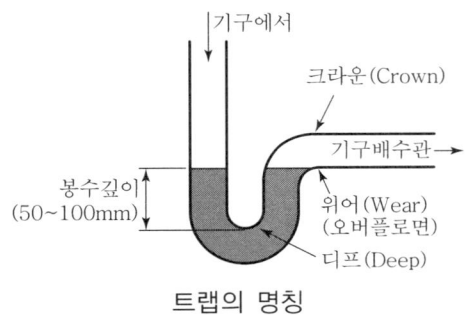

트랩의 명칭

① 트랩의 유효 봉수깊이는 위어부터 디프까지로 50~100mm(5~10cm)이다.
② 배수관 내에서 트랩의 봉수에 미치는 압력변동이 대기압에 대하여 ±50mm 이내이면 봉수가 파괴되지 않는다는 데 근거한 것이다.
③ 트랩의 봉수는 배수관 내의 압력변동, 증발, 모세관 현상 등에 의해 감소하기 때문에, 어느 정도의 봉수깊이가 필요하다.
④ 최소잔류 봉수깊이인 25mm에 안전을 고려하여 그 2배인 50mm를 최소봉수깊이로 한다.
⑤ 봉수깊이가 지나치게 깊으면 자정작용이 약해져 트랩 바닥면에 침전물이 고이므로 최대 봉수깊이는 100mm 이하로 한다.
⑥ 공조기 드레인 팬의 배수트랩은 100mm 이상의 풍압이 걸릴 수 있으므로 봉수깊이는 풍압의 1.5배 정도로 하고, 청소가 가능하도록 한다.

22. 트랩의 봉수 파괴원인 및 대책

유사기출문제

1. 위생설비에서 배수트랩의 봉수손실 현상과 대책을 설명하시오. [건축 69회(25점)]
2. 고층 아파트 저층부 Trap에서 하수냄새가 났을 때 원인과 대책을 설명하시오. [건축 46회(30점)]
3. 트랩의 봉수파괴 원인에 대해 기술하시오. [건축 43회(10점)]

1. 자기사이펀 작용

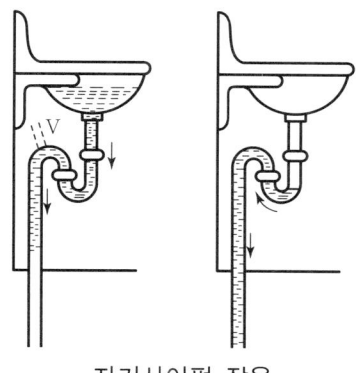

자기사이펀 작용

(1) 원인

① 트랩 내의 봉수가 모두 배수관 쪽으로 유인되어 배출된다.
② 배수관 내의 배수가 만수상태로 흐를 때 사이펀의 원리에 의해 발생한다.
③ S트랩의 경우에 특히 심하다.

(2) 대책

① 각개통기관을 설치하는 것이 좋으나 우리나라에서는 이 방식을 거의 채용하지 않는다.
② 자기사이펀이 발생하기 어려운 트랩을 사용한다.
③ 기구 바닥면의 구배를 완만하게 하여 마지막으로 배수되는 흐름이 봉수보급의 역할을 하도록 한다.

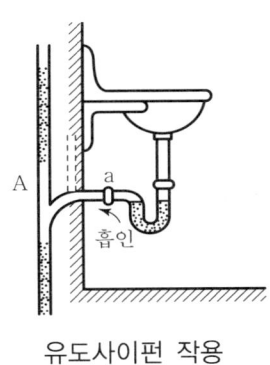 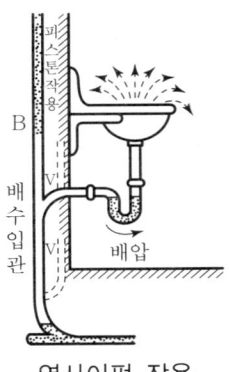

유도사이펀 작용   역사이펀 작용

2. 유도사이펀 작용(흡인작용)

(1) 원인

① 배수수직관은 배수의 피스톤 작용으로 상부는 부압이 되고 하부는 정압이 된다.
② 유도사이펀은 하층의 배수로 부압이 발생되어 배수관 측에 봉수가 흡인되는 현상이다.
③ 수직관 가까이에 기구가 설치되어 수직관 위로부터 일시에 다량의 물이 낙하하면 수직관과 수평관의 연결부에 순간적으로 진공이 생겨 봉수가 흡인된다.

(2) 대책

① 루프통기방식 또는 각개통기방식의 통기관을 설치한다.
② 봉수깊이를 깊게 한다.

3. 역사이펀 작용(분출작용)

(1) 원인

① 유도사이펀 작용의 반대현상으로, 배수관 내가 정압이 되어 봉수가 분출된다.
② 수직관 내를 일시에 다량의 배수가 흘러내리면 피스톤 작용을 일으켜 하층의 트랩봉수를 역으로 실내 쪽으로 역류시킨다.

(2) 대책

① 유도사이펀과 동일하다.
② 루프통기방식 또는 각개통기방식의 통기관을 설치하고 봉수깊이를 깊게 한다.

4. 모세관 현상

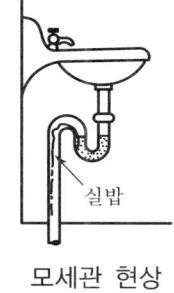

모세관 현상

(1) 원인

트랩위어에 실이나 모발이 걸리면, 모세관 현상에 의해 봉수가 감소하게 된다.

(2) 대책

① 배수구에서 모발의 유출을 방지한다.
② 트랩 내면을 매끄럽게 하여 모발 등이 걸리지 않도록 한다.
③ 모발은 관 폐쇄의 원인이 되므로 다량 배출되는 기구에는 헤어포집기를 설치한다.

5. 증발

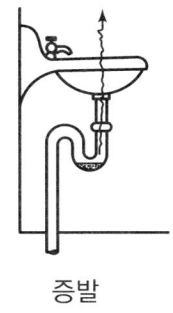
증발

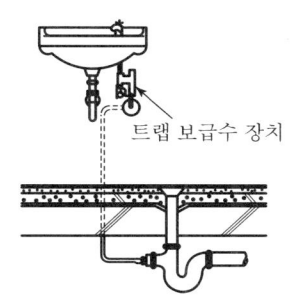
트랩 보급수 장치(일본의 예)

(1) 원인

① 증발에 의한 봉수손실은 장시간 사용하지 않는 트랩에서 발생한다.
② 특히 호텔 등 화장실 바닥배수의 트랩 봉수가 증발하면 악취가 발생한다.

(2) 대책

① 봉수깊이가 큰 트랩을 설치한다.
② 트랩봉수를 위한 보급수 장치를 설치한다.

6. 진동 및 풍압 등

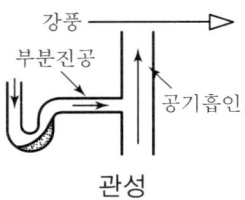

① 배수의 낙하나 기기의 진동이 전파되어 배수관이 진동하여 봉수가 손실된다.
② 특히 봉수와 배수관의 고유진동 주기가 가까우면 공진현상으로 손실이 크게 된다.
③ 강풍 시 통기관 개구부에 가까운 기구 트랩 또는 고층건물의 최상층 기구 트랩에 이러한 현상이 일어나기 쉽다.

제6장 통기설비

1. 통기관의 설치목적과 통기방식 ………………… 644
2. 통기관의 종류 ………………………………… 646
3. 금지해야 할 통기관의 배관 …………………… 649
4. 각개통기관과 동수구배선 ……………………… 650
5. 통기관의 관경결정 ……………………………… 651
6. 통기구 …………………………………………… 652
7. 통기밸브 ………………………………………… 653
8. 특수배수 이음쇠방식 …………………………… 654

1 통기관의 설치목적과 통기방식

> **유사기출문제**
> 1. 배수관에서 통기관을 설치하는 목적을 기술하시오. [건축 57회(10점), 44회(10점), 35회(25점)]
> 2. 통기관의 설치목적과 통기방식을 설명하시오. [건축 57회(25점), 48회(25점), 42회(25점)]

1. 통기관의 설치목적

① 트랩의 봉수보호
② 원활한 배수의 흐름
③ 환기에 의한 배수관 내 청결유지

2. 통기방식의 분류

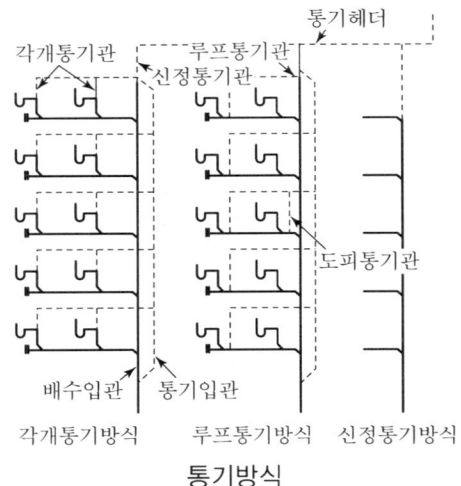

통기방식

(1) 각개통기방식

① 각 기구마다 통기관을 설치하고 지관에 연결하여 그 말단을 통기수직관에 연결한다.
② 유도사이펀작용 및 자기사이펀작용의 방지에 효과적이나 설비비가 많이 든다.

(2) 루프통기방식

① 자기사이펀작용은 방지하지 못하지만 유도사이펀작용에 의한 봉수파괴는 방지한다.
② 배수수평지관의 최상류 기구 하류 측에서 통기관을 입상시켜 통기수직관에 접속한다.
③ 설비비가 저렴하여 가장 많이 사용되고 있다.

(3) 신정통기방식

① 배수수직관을 그대로 연장시켜 정상부를 대기에 개방시킨 방식이다.
② 배수수평주관의 영향을 받기 쉽고, 배수수직관 인근의 기구에만 사용이 제한된다.
③ 통기방식 중 가장 설비비가 적게 든다.

② 통기관의 종류

🔍 유사기출문제

1. 통기관의 설치목적과 통기관의 종류 및 특성을 설명하시오. [건축 75회(25점)]
2. 실중앙에 위치한 실험실 싱크와 같은 통기관 설치방법을 그리시오(본문). [건축 50회(10점)]
3. 통기관의 종류와 특징 및 설치상의 유의사항을 설명하시오. [건축 40회(20점), 32회(25점)]
4. 주어진 그림에서 루프통기관을 작도하시오(본문). [건축 76회(10점)]
5. 고층건물의 배수수직관에서 상부의 신정통기관과 하부의 결합통기관의 역할 [건축 71회(10점)]
6. 각개통기와 결합통기의 차이점을 설명하시오. [건축 64회(10점)]
7. 결합통기관 [건축 68회(10점)]
8. 신정통기관 [건축 49회(10점), 43회(10점)]

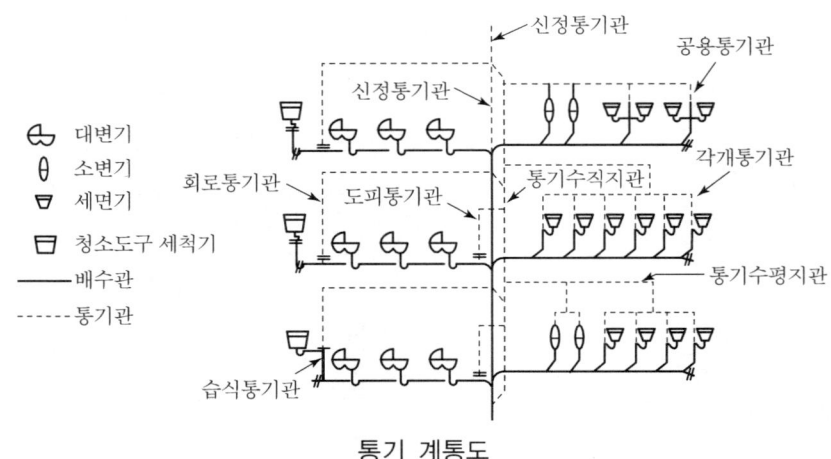

통기 계통도

1. 각개통기관

① 위생기구마다 통기관이 하나씩 설치된다.
② 트랩봉수가 완전하게 보호되나, 경제성이나 건축의 구조 등으로 채용이 어렵다.

2. 신정통기관

① 배수수직관 상부에서 관경을 축소하지 않고 대기 중에 연장한 통기관이다.
② 배수계통으로 공기 출입구 역할을 하는 중요한 통기관이다.

3. 습식통기관(습윤통기관)

① 통기와 배수의 역할을 함께하는 통기관이다.
② 배수 시에는 배수관의 역할을 하고 배수가 없을 때는 통기관의 역할을 한다.

4. 공용통기관

① 병렬로 설치된 위생기구의 기구배수관의 교점에 접속되어 수직으로 올린 통기관이다.
② 2개 기구의 트랩 봉수를 보호하는 역할을 한다.

5. 회로통기관(루프통기관, 환상통기관)

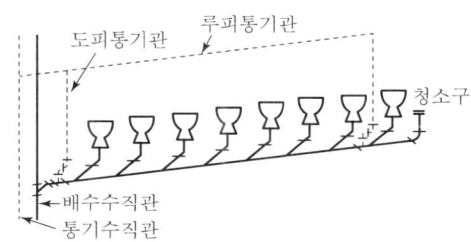

루프통기관의 도피통기 취출

① 2개 이상의 트랩의 봉수를 보호하기 위한 통기관으로 기구는 8개까지 감당한다.
② 최상류 기구 앞에 통기관을 입상시켜 통기수직관이나 신정통기관에 연결한다.

6. 도피통기관

① 배수 및 통기 양 계통 간의 공기유통을 원활하게 하기 위해서 설치한다.
② 루프통기관의 원활한 통기를 위해서 수직배수관 바로 앞에 설치한다.

7. 결합통기관

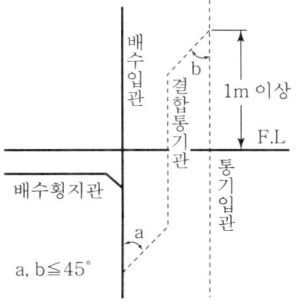

결합통기관의 접속

① 고층건물의 배수수직관 내의 압력변화를 완화하기 위해 배수수직관과 통기수직관을 접속하는 도피통기관을 결합통기관이라 한다.
② 5개 층마다 통기와 배수관을 연결하고 결합통기관 상단의 접속은 그 층의 1m 위로 한다.

8. 통기헤더

① 신정통기관이나 통기수직관을 한 곳으로 모아 대기 중으로 개구하기 위한 관이다.
② 그러나, 간접배수계통 및 배수탱크의 통기관은 단독으로 대기에 개구시켜야 한다.

9. 반환통기관(반송통기관)

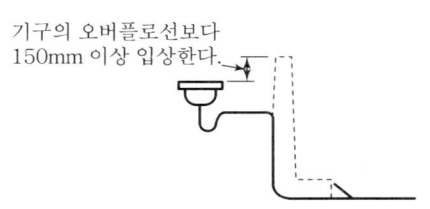

1) 통기관의 접속위치는 타 배수관과 합류되기 직전으로 한다.
2) 배수관경은 통상 계산에 의한 관경보다 1치수 크게 한다.

(a) 배수수평관에 접속하는 방법

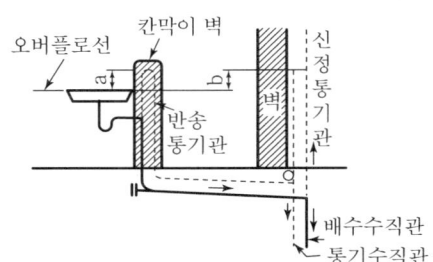

1) a, b는 오버플로선보다 적어도 150mm 이상 높인다.
2) c점에서 통기수직관에 연결한다.

(b) 통기수직관에 접속하는 방법

반환통기관

① 각개통기관을 대기 중에 개구하는 것이 불가능한 경우 또는 다른 통기관에 접속할 수 없는 경우에 설치한다.(실중앙의 실험실 싱크 등)
② 원활한 배수를 위해 배수관은 관경결정법에 구해진 관경보다 한 치수 이상 크게 한다.
③ 통기관은 기구의 오버플로선보다 150mm 이상 입상시켜 되돌려서 배수수평관이나 통기수직관에 접속한다.

3 금지해야 할 통기관의 배관

유사기출문제

1. 통기관 배관법에서 금지해야 할 사항을 기술하시오. [건축 73회(25점)]

1. 금지해야 할 통기관의 배관

① 바닥 아래의 통기관은 금지한다.
② 오물정화조의 배기관은 단독으로 대기 중에 개구해야 하며, 통기관과 연결하면 안 된다.
③ 통기수직관은 빗물수직관과 연결해서는 안 된다.
④ 오수피트 및 잡배수피트 통기관은 양자 모두 개별통기관이 있어야 한다.
⑤ 통기관은 실내 환기용 덕트에 연결해서는 안 된다.
⑥ 간접배수계통의 통기관과 신정통기관 및 통기수직관은 단독으로 대기 중에 개구한다.

4 각개통기관과 동수구배선

유사기출문제
1. 동수구배에 대해 기술하시오.   [건축 55회(10점)]

1. 동수구배
① 배수트랩의 봉수부를 정수압으로 유지하기 위한 배수횡지관의 구배를 동수구배라 한다.
② 기구배수관을 배수입관에 연결시킬 때의 구배를 말한다.

2. 각개통기관과 동수구배선
① 각개통기관이 동수구배선 보다 낮은 위치에 접속되면 배수가 통기관 속으로 상승하여 오물이 관벽에 부착되어 관이 막힐 우려가 있다.
② 또한 배수트랩의 자기사이펀 작용을 방지하기 위하여 통기접속장소는 트랩의 오버플로 보다 높은 위치로 한다.

3. 각개통기관의 설치위치

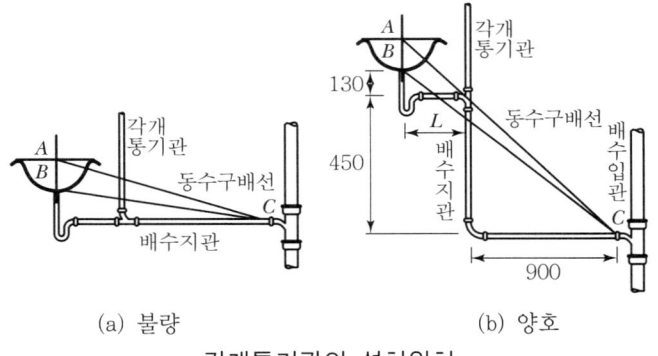

(a) 불량   (b) 양호

각개통기관의 설치위치

※ 그림에서 세면기 관 계통의 동수구배선을 만족하기 위한 배관 L의 최소길이

$$\frac{L}{130} = \frac{L+900}{130+450} \qquad \therefore L = 260\,\text{mm}$$

5 통기관의 관경결정

> **유사기출문제**
> 1. 위생설비에서 통기관의 종류와 관경결정에 대하여 기술하시오.　　[건축 61회(25점)]

1. 개요
① 통기관은 배수관 내의 공기흐름을 원활히 하여 기압변동을 방지하는 것이다.
② 통기관경 결정방법에는 배수관경의 결정과 동일하게 "기구배수부하단위법"과 "정상유량법"이 있다.

2. 통기관경 결정방법

(1) 기구배수부하단위법
① 통기관경을 구하는 간편한 방법으로 우리나라에서도 실무적으로 이 방법을 사용한다.
② 기구배수부하단위와 통기길이로부터 직접 통기관경을 구하는 방법이다.

(2) 정상유량법
① 배수관의 부하유량에 비례한 크기의 공기류가 통기관으로 유입한다고 간주한다.
② 통기관의 필요통기량을 정하고 트랩의 허용압력을 환기경로 허용차로 대체함으로써 관로의 일반적인 해법인 등마찰법으로 산정한다.
③ 실제 통기관에서 발생되는 기류는 정상류가 아닌 비정상적인 흐름이 된다.

3. 통기관 관경결정의 기본원칙
① 통기관 최소관경은 30mm로 한다. 다만 배수조에 설치하는 통기관은 50mm로 한다.
② 신정통기관 관경은 배수수직관의 관경 이상으로 한다.
③ 루프통기관 관경은 배수수직관의 관경 이상으로 한다.
④ 각개통기관 관경은 그것이 접속되는 배수관 관경의 1/2 이상으로 한다.
⑤ 결합통기관 관경은 배수수직관과 통기수직관 중 적은 쪽 관경 이상으로 한다.
⑥ 배수수직관 옵셋의 도피통기관 관경은 통기수직관과 배수수직관 중 작은 쪽 관경 이상으로 한다.

6 통기구

1. 통기구

① 통기구는 통기관의 대기개구부에 설치하여 통기관 내 공기의 유출입을 원활히 하는 것이 목적이다.
② 이를 위해 공기의 흐름이 방해받지 않는 형상이나 크기가 되어야 한다.
③ 또한 해충이나 새 등이 관내에 출입할 수 없는 구조로 해야 한다.
④ 통기의 기능유지와 주위환경에 미치는 영향을 고려하여 대기개구부의 위치를 선정한다.

2. 통기구의 종류

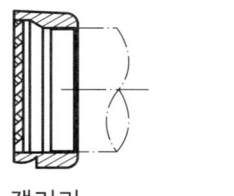 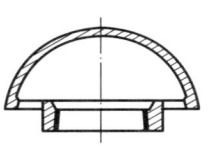 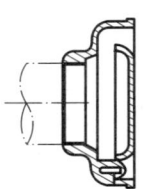

갤러리　　　　　벤트 캡(노출용)　　　　　벤트 캡(매입용)

3. 통기구의 구비조건

① 통기구의 통기율(개구면적/관내 단면적)은 100% 이상 필요하다.
② 통기관경 산정 시 상당저항을 고려하여야 한다.
③ 황동, 스테인리스 등 내식성 재질이어야 한다.

통기밸브

1. 통기밸브

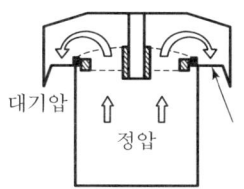
닫힘(통기관 내 정압 시)

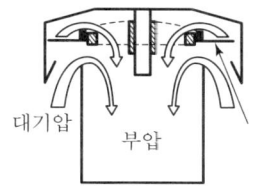
열림(통기관 내 부압 시)

① 대기의 흡입만 가능한 구조로서 옥외에 통기관의 개구부를 설치하지 않아도 된다.
② 정압의 완화에는 유효하지 않으므로 사용 시 충분한 검토가 필요하다.
③ 실(Seal)부에 부착된 고무에 먼지 등이 부착되면 배수관 내의 악취가 실내로 누출할 위험이 있다.

2. 통기밸브의 설치장소

① 배수수직관 상부의 신정통기관의 정부(頂部)
② 배수수평지관의 루프통기관 및 각개통기관의 정부
③ 하층부의 정압완화를 위해 도피통기관을 배수수직관 하부로부터 설치한 배수시스템의 신정통기관의 정부
④ 점검, 보수 및 교환이 가능하고 통기유량을 확보할 수 있는 위치에 설치한다.

8 특수배수 이음쇠방식

유사기출문제

1. 초고층 아파트 배수설비에서 Sovent 방식과 기존의 Two-Pipe 방식 비교
   [건축 72회(25점)]
2. 단관 통기방식의 섹스티아, 소벤트 방식을 설명하고 장단점 기술
   [건축 43회(25점)]

1. 개요
① 특수배수 이음쇠방식은 유럽에서 개발된 소벤트 방식과 섹스티아 방식 등이 있다.
② 이들 방식은 통기관을 설치하지 않아도 되도록 고안된 특수통기 방식이다.
③ 그러나 건물이 고층화되고 이들 성능의 확인이 확실치 않아 종래의 통기수직관 설치방식으로 선회하고 있는 실정이다.

2. 특수배수 이음쇠방식의 특징
① 통기관은 신정통기관만을 갖고 각 층의 배수수평지관 접속부에 특수형상의 이음쇠를 사용하는 방식으로 하나의 배수수직관으로 배수와 통기를 겸하는 배수방식이다.
② 일본의 경우 배수의 원활한 수직관 유입과 수직관의 유속을 떨어뜨리는 제품이 있다.

3. 소벤트(Sovent) 방식

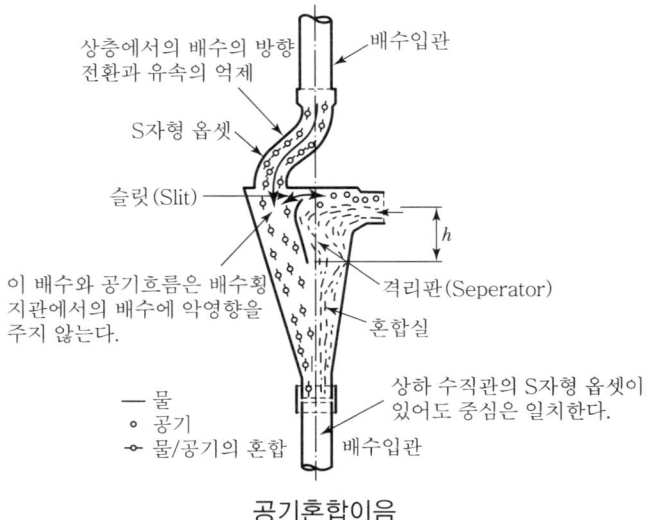

공기혼합이음

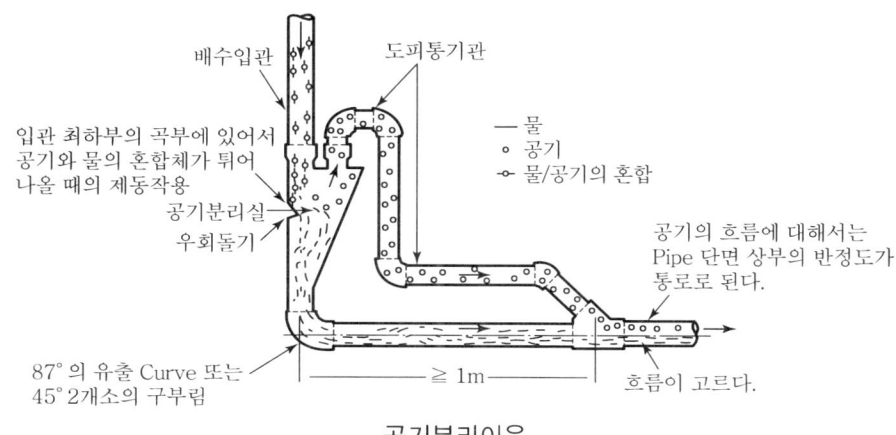

공기분리이음

① 특수이음으로 배수수직관과 각층의 배수수평지관을 접속하는 공기혼합이음쇠와 배수수직관과 최하부의 배수수평주관을 접속하는 공기분리이음쇠가 있다.
② 공기혼합이음을 설치하지 않는 층의 수직관에는 S자형의 오프셋을 설치하여 배수의 유출을 저감시킨다.
③ 공기혼합이음쇠의 주기능은 각층 배수수평지관에서 유입하는 배수와 공기의 혼합이다.
④ 공기분리이음쇠는 수직관의 배수가 배수수평주관에 원활히 유입되도록 공기와 물을 분리하여 낙하속도를 감소시키는 역할을 한다.

4. 섹스티아(Sextia) 방식

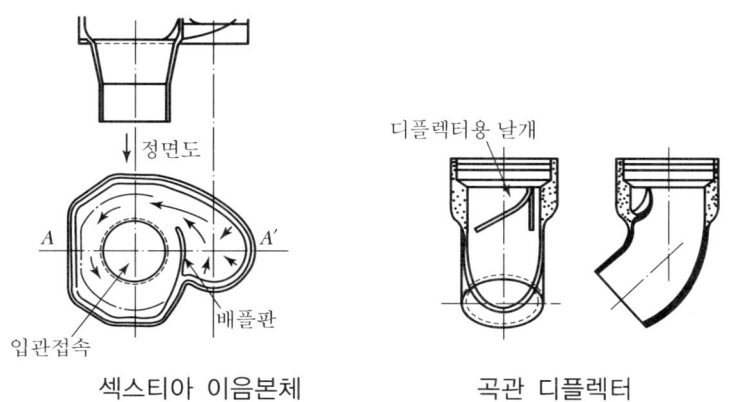

섹스티아 이음본체   곡관 디플렉터

① 특수이음으로 배수수직관과 각층의 배수수평지관을 접속하는 섹스티아 본체 이음쇠와 최하부 배수수평주관의 45° 곡관부에 설치하는 곡관 디플렉터가 있다.

② 섹스티아 본체이음쇠는 안쪽에 배플판이 설치되어 배수수평지관에서 유입된 배수를 선회시켜 유하시키고, 중심부는 공기코어를 만들어 공기를 신정통기관에 통하게 한다.
③ 디플렉터는 배수수평주관에 공기코어의 연속성을 유지시켜 수직관의 공기와 연결시키고 배수유속을 감소시킨다.

제7장 위생기구

1. 위생기구의 구비조건 및 재료 …………………… 658
2. 대변기의 분류 …………………………………… 661
3. 대변기 세정방식에 따른 분류 ………………… 663
4. 진공브레이커 …………………………………… 665
5. 신체장애자용 위생기구 및 부속품 …………… 666
6. 위생기구의 동결방지 …………………………… 668
7. 위생설비 유닛 …………………………………… 669

1. 위생기구의 구비조건 및 재료

 유사기출문제

1. 위생기구의 공통적인 구비조건과 재료별 종류 4가지와 특징을 설명하시오. [건축 76회(25점)]

1. 개요

① 위생기구란 건축물의 급수, 급탕 및 배수하는 곳에 설치하는 기구의 총칭이다.
② 위생기구는 위생적이고 편리성은 물론 노약자 및 신체장애자에 대한 배려를 해야 한다.
③ 주로 사용되는 위생기구의 재료에는 위생도기, 법랑제품, 스테인리스강, 합성수지 및 석제 등이 있으며, 위생도기는 장점이 많아 널리 사용되고 있다.

2. 위생기구의 분류

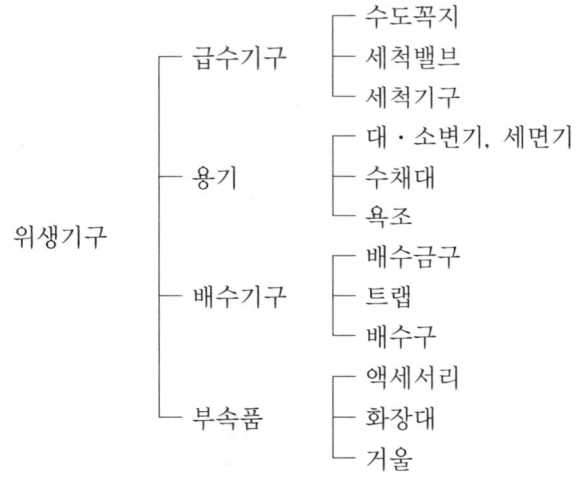

위생기구의 분류

3. 위생기구의 구비조건

① 흡수성과 흡습성이 없어야 한다.
② 내식성, 내노화성, 내마모성이 있어야 한다.
③ 청결 유지가 쉽도록 표면이 매끄럽고 마무리 외관이 좋아야 한다.
④ 제작 및 설치가 용이해야 한다.
⑤ 음용수에 접하는 재질은 인체에 유해한 성분이 용출되지 않아야 한다.

4. 위생기구의 재료

(1) 위생도기

1) 장점
① 산·알칼리에 침식되지 않으며, 내구성이 양호하다.
② 표면이 매끄러워 조금만 더러워져도 눈에 잘 띄어 청소하기 쉬우므로 위생적이다.
③ 오수나 냄새를 흡수하지 않으며 변질이 안 된다.
④ 복잡한 형상도 제작이 가능하다.

2) 단점
① 탄력성이 없어서 외력에 의한 충격에 파손되기 쉽다.
② 열팽창계수가 작아 금속물로 고정시키면 금속의 팽창에 의해 파손되기 쉽다.
③ 성형 후 소결하므로 치수가 정확하지 않고, 가공이 곤란하여 금속물과 접속이 어렵다.

(2) 법랑제품
① 법랑이란 금속표면에 특수 유리질의 유약을 발라 구운 것으로 강판제와 주철제가 있다.
② 강판제는 가볍고 취급이 용이하나, 주철제는 무겁고 취급이 어렵다.
③ 금속의 견고성과 유리질의 아름다움 및 내식성이 있다.
④ 도기에 비해 잘 파손되지 않고 표면이 매끄러워 더러움이 잘 타지 않는다.

(3) 스테인리스강
① 가볍고 취급이 용이하다.
② 탄력성이 있고 파손되지 않는다.
③ 내식성과 내수성이 있다.
④ 가공성이 양호하지만, 복잡한 모양을 만들기 어렵다.

(4) 합성수지
위생기구로는 FRP, ABS, 염화비닐, 폴리프로필렌, 폴리에틸렌, 아크릴 등이 있다.

1) 장점
① 보온성이 있으며 감촉이 유연하고 쾌적하다.
② 가벼워서 운반 및 설치가 편리하다.
③ 착색이 자유롭고, 모양이나 곡선을 비교적 자유롭게 만들 수 있다.
④ 알칼리성 이외의 화학성 및 내약품성에 강하고 내구성이 있다.

2) 단점
① 표면 경도가 작아 취급 시 흠이 생기지 않도록 주의한다.
② 장기간 사용하면 재질이 노화되며 변색이 된다.
③ 쉽게 더러워지고, 열에 약하다.

(5) 석제
① 천연대리석이나 인조석 등이 사용된다.
② 색상이 아름답고 품위가 있어 보인다.
③ 가공이 어렵고 고가이므로 특수한 경우 이외에는 많이 사용되지 않는다.
④ 인조대리석은 색상과 형태가 자유로워 욕조, 세면기, 양변기 등의 제조에 사용된다.

② 대변기의 분류

유사기출문제

1. 양변기를 ①설치방법 ②세정작용 ③급수방법에 따라 분류하고 설명하시오.
   [건축 73회(25점)]

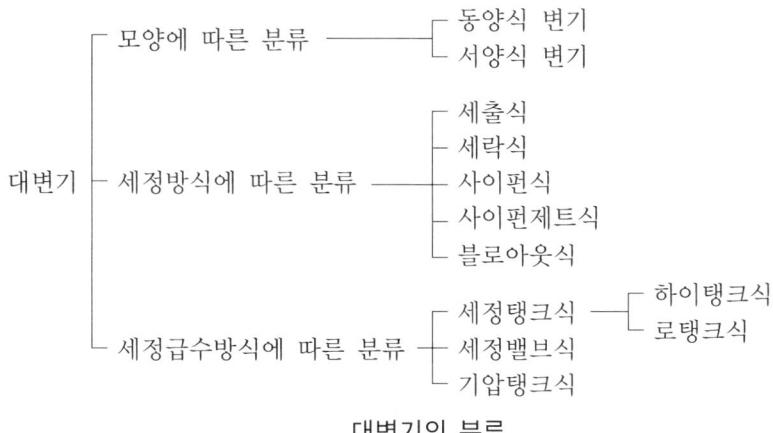

대변기의 분류

1. 대변기 설치방법에 따른 분류

① 동양식 변기와 서양식 변기로 나눈다.
② 서양식은 상부에 플라스틱제 변기시트를 설치하고 그 위에 뚜껑이 있는 것으로 대소변 겸용으로 사용된다.
③ 동양식은 수세식과 재래식이 있는데, 재래식은 수도공급이 없는 지역에 사용된다.

2. 대변기 세정방식에 따른 분류

① 세출식(씻겨 나오는 식 : Wash Out Type)
② 세락식(씻겨 내리는 식 : Wash Down Type)
③ 사이펀식(Syphon Type)
④ 사이펀제트식(Syphon Jet Type)
⑤ 블로아웃식(Blow Out Type)
⑥ 사이펀 볼텍스식(Syphon Vortex Type)
⑦ 세미 사이펀식(Semi Syphon Type)

3. 대변기 세정급수방식에 따른 분류

(1) 하이탱크식(High Tank System)
① 1.6m 이상의 높이에 있는 탱크의 물을 낙차에 따른 수압으로 변기를 세척한다.
② 탱크 재질은 도기, 법랑철기, 합성수지 등이 있으며 주로 합성수지가 사용된다.
③ 화장실 면적을 다소 넓게 이용할 수 있다.
④ 소음이 크고 체인, 레버 등의 고장이 잦으며, 설치나 보수작업이 불편하다.

(2) 로탱크식(Low Tank System)
① 변기 바로 위에 부착된 탱크 내 물이 유량 1L/s 이상으로 흘러 세척된다.
② 세척 시 소음이 적고 설치나 보수가 용이하다.
③ 설치공간을 필요로 하여 화장실 내의 유효면적이 좁아진다.
④ 주택 및 호텔 등에 널리 사용되며 연속 사용이 불가능하여 사용빈도가 많은 공중용에는 부적합하다.

(3) 세척밸브식(Flush Valve System)

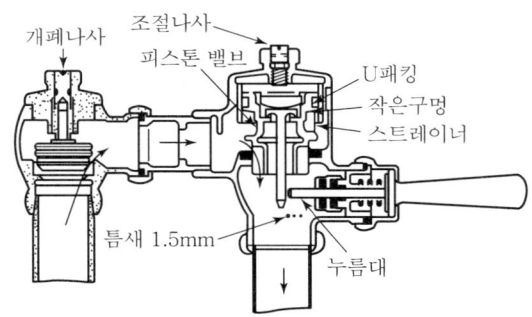

세정밸브의 내부구조도

① 급수관의 물을 세척밸브의 조작으로 직접 변기에 유입시켜 변기를 세척한다.
② 세척탱크식에 비해 설치면적이 작고 연속 사용이 가능하다.
③ 급수관의 관경은 25mm 이상, 사용수압은 70kPa(0.7kg/cm^2) 이상이 필요하다.
④ 세척 시 소음이 크고 워터해머가 발생하기 쉬운 결점이 있다.
⑤ 학교, 공장, 사무실 등 시간적으로 집중하여 사용하는 공공건물과 공중용에 적합하다.
⑥ 세척밸브의 토출량은 8±1L이다.
⑦ 진공브레이커(역류방지기)가 설치되어 오수가 급수관 내로 역류되는 것을 방지한다.

3 대변기 세정방식에 따른 분류

유사기출문제

1. 양변기를 ① 설치방법 ② 세정작용 ③ 급수방법에 따라 분류하고 설명하시오.
   [건축 73회(25점)]
2. 양변기를 세정방식에 따라 분류하시오.   [건축 57회(25점), 33회(10점), 26회(20점)]

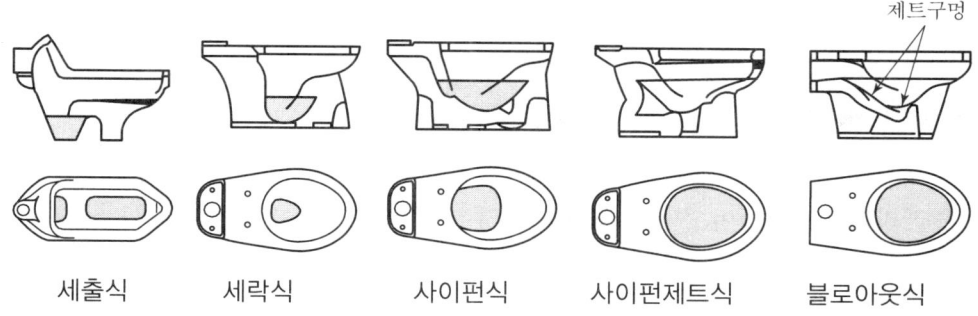

세출식　　　세락식　　　사이펀식　　사이펀제트식　　블로아웃식

1. 세출식(씻겨 나오는 식 : Wash Out Type)

① 동양식 변기에 주로 사용되며, 미국에서는 위생면에서 사용을 금지하고 있다.
② 변기 바닥의 수심이 얕은 유수면에 오물을 받기 때문에 오물이 노출되어 취기발산이 많고 오물이 부착되기 쉽다.
③ 물의 낙차를 이용하여 세척수로 오물을 트랩쪽으로 흘려보낸다.

2. 세락식(씻겨 내리는 식 : Wash Down Type)

① 물의 낙차에 따른 유수작용으로 오물을 배출한다.
② 가장 구조가 간단하고 저렴한 변기로 열차 등에 이용되며 거의 사용되지 않는다.
③ 유수면이 좁아 오물 부착이 쉽고 세척 시에 물이 튀는 단점이 있다.

3. 사이펀식(Syphon Type)

① 배수트랩에 세척수가 충만하면 사이펀작용의 흡인력으로 오물을 배출시킨다.
② 유수면은 세락식보다 넓어서 건조면에 오물 부착이 적으나 배출구가 막힐 우려가 있다.

4. 사이펀제트식(Syphon Jet Type)

① 제트구멍에서 세척수를 강하게 분출시켜 사이펀작용으로 오물을 흡인하여 배출한다.
② 변기의 유수면이 아주 넓고 오물이 물 속 깊이 잠기므로 오물 부착과 악취 발생이 적다.
③ 현재 국내에서 사이펀식과 더불어 많이 채택되고 있다.

5. 블로아웃식(Blow Out Type)

① 제트구멍에서 세척수를 강하게 분출시켜 오물을 배출시킨다.
② 유수면이 넓어 오물 부착과 악취 발생이 거의 없다.
③ 세척장치는 세척밸브(Flush Valve)에 한정되며 변기 세척 시 소음이 크므로 호텔 및 가정에는 부적합하다.

6. 사이펀 볼텍스식(Syphon Vortex Type)

① 탱크와 변기가 일체로 된 원피스형이다.
② 사이펀과 소용돌이 작용을 병용하여 세척 시 공기유입이 없어 소음이 적다.
③ 유수면이 넓어 오물에 의한 악취발생이 적고 오물 부착이 거의 없다.
④ 제조공정이 복잡하여 고가이다.

7. 세미 사이펀식(Semi Syphon Type)

① 세척방식은 사이펀식과 동일하나 적은 물량으로도 강한 세척이 된다.
② 8L 정도의 물로 세척이 가능하여 절수식 변기에 많이 채택된다.
③ 유수면은 사이펀식과 세락식의 중간 면적이므로 오물 부착이 쉽고 다소 물이 튄다.

4 진공브레이커

1. 진공브레이커(Vacuum Breaker)

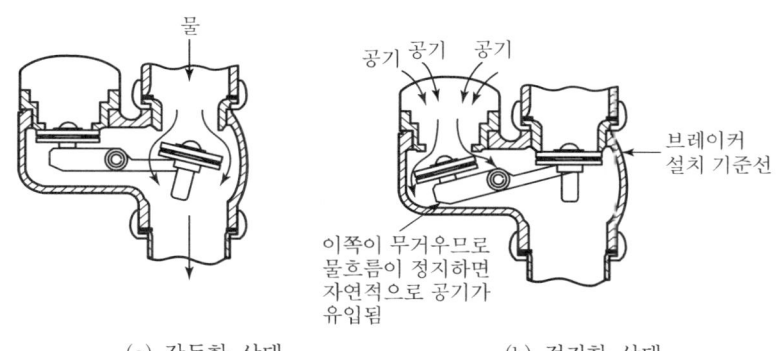

(a) 작동한 상태   (b) 정지한 상태

진공브레이커의 단면

2. 사용목적

① 대변기 세척밸브의 세척관에 설치된 진공브레이커는 역류방지기로 불려진다.
② 진공브레이커는 오수가 급수관 내로 역류되는 것을 방지한다.

3. 역류 발생원인

① 대변기의 트랩부가 이물질로 막혔을 경우 오수가 변기 내에 충만하게 된다.
② 이때 오수가 세정구를 침범하게 되고 급수관이 단수 등으로 부압이 발생되면 역사이펀 작용으로 변기 내의 오수가 급수관 내로 빨려 들어가 급수관이 오염되게 된다.

4. 작동원리

① 통수 시에는 물의 유속으로 밸브가 공기 유입구를 막아준다.
② 비통수 시 또는 급수관에 진공이 발생되면 밸브는 대변기 세척밸브의 토출구를 막고 외부의 공기를 통하게 개방시켜 오수가 역류되는 것을 차단한다.

5 신체장애자용 위생기구 및 부속품

1. 신체장애자용 위생기구 및 부속설비 설계 시 고려사항을 설명하시오. [건축 80회(25점)]

1. 개요

① 신체장애자용 기구는 선천적이거나 후천적 또는 노령화로 인한 사람들이 이용할 수 있도록 설계, 제작한 위생기구와 그에 따른 부속설비이다.
② 신체장애자는 장애의 부위 및 정도에 따라 다양하므로, 특정 시설 등을 설계할 때는 그 수용자의 장애정도에 따른 기구를 선정한다.

2. 장애자용 대변기

① 화장실의 넓이는 휠체어 회전동작이 가능하고 보호자의 공간도 확보되어야 한다.
② 휠체어, 지팡이 사용자는 서양식 변기가 편리하다.
③ 휠체어 안장 높이와 변기시트 높이를 같게 해야 한다.
④ 사이펀 제트식 양변기가 휠체어에서 옮겨 앉기가 용이하고 용변 후 뒤처리도 쉽다.
⑤ 손잡이나 지팡이로 자력 보행이 가능한 장애자는 일반 양변기를 사용해도 무방하다.
⑥ 다리가 구부러지지 않는 장애자는 변기시트 높이가 높은 것을 사용한다.
⑦ 장애자가 휠체어에서 대변기로 옮겨 앉을 때에는 손잡이가 필요하다.
⑧ 바닥설치형 변기는 변기 바닥을 높게 하거나 변기를 60mm 정도 높은 것을 사용한다.
⑨ 여러 장애자가 사용하는 재활원이나 장애자 학교 화장실은 풋밸브나 핸드밸브를 동시에 부착하고 원격 조작형 세척밸브를 설치하면 편리하다.

3. 장애자용 소변기

① 자립이 가능한 경증의 장애자는 스톨 소변기를 설치하면 사용이 편리하다.
② 사용 시 안정감을 갖게 하기 위하여 주위에 손잡이를 설치하면 편리하다.
③ 손을 사용하지 못하거나 힘을 주지 못하는 장애자는 자동세척밸브를 설치한다.

4. 장애자용 세면기

① 경증장애자는 일반 세면도 가능하나 안전성을 고려하여 곡면으로 형성한다.
② 양쪽 림 폭은 팔꿈치를 충분히 걸칠 수 있도록 넓혀야 한다.

③ 장애자가 휠체어에 앉은 상태에서 사용에 불편함이 없도록 세면기의 세로 폭은 550~600mm, 높이는 760mm 정도가 적당하다.
④ 지팡이 사용자를 위하여 손잡이를 설치한다.
⑤ 팝업식 배수금구는 레버식으로 하고 수도꼭지는 전자감지식이 바람직하다.

6 위생기구의 동결방지

1. 개요
① 우리나라 겨울철은 상당기간 영하의 날씨가 지속되므로 난방이 안 되는 화장실은 한랭기에 0℃ 이하가 되므로 동결방지대책으로 기구 자체가 동결하지 않도록 해야 한다.
② 건물 내 화장실 온도는 일반적으로 외기온도 보다 5~10℃ 정도 높으므로, 외기온도가 -5~-10℃ 이하로 되면 화장실 내가 0℃ 이하로 된다.

2. 위생기구의 동결방지법
① 난방방식
　난방으로 실내온도를 상승시킨다.
② 개별 가열방식
　동결부분을 히터로 가열하여 물의 온도저하를 방지한다.
③ 배수방식
　배관 및 기구 내의 물을 뽑아낸다.
④ 유동방식
　물이 체류하지 않도록 항상 유동시킨다.
⑤ 보온방식
　물이 갖고 있는 열에너지가 방출되지 않도록 방한피복을 한다.
⑥ 한랭지용 위생기구 사용

3. 위생도기 바탕의 동결방지
① 위생도기의 동결사고는 환경온도의 급격한 변화에 의한 동결파손이 대부분이다.
② 바탕의 동파란 바탕 중의 침투한 물이 동결 팽창하여 균열이 생기는 현상이다.
③ 그러므로 한랭지에서는 가능한 한 흡수성이 없는 것을 선택하여 사용한다.

4. 한랭지용 위생기구 사용
① 한랭지용 대변기
② 한랭지용 소변기
③ 한랭지용 세면기
④ 한랭지용 수도꼭지

7 위생설비 유닛

유사기출문제

1. 위생설비 유닛화에 대하여 설명하시오.   [건축 80회(25점), 69회(25점)]

1. 개요

① 설비 유닛화는 공장 제작하여 현장에 반입 조립하므로 작업을 단순화시킨다.
② 설비 유닛의 종류에는 위생설비 유닛, 주방 유닛 및 배관 유닛으로 나뉜다.
③ 위생설비 유닛은 목욕, 세면, 세탁 및 용변을 위한 기능의 일부 또는 전부를 행할 수 있는 룸형 유닛을 말한다.

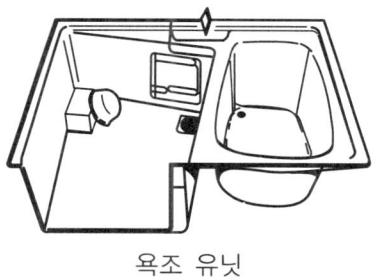

욕조 유닛

2. 설비 유닛화에 따른 장단점

(1) 장점

① 공사기간을 단축할 수 있다.
② 시공의 정밀도를 향상시킬 수 있다.
③ 건축계획 및 설비작업의 편리성을 도모할 수 있다.
④ 누수에 의한 방수처리 및 양생할 부분이 적다.

(2) 단점

① 제작과정이 획일화된 대량생산이므로 개개인의 기호를 충족시키지 못한다.
② 규격화되어 있어 건축 설계의 제한을 받는다.
③ 시공의 전문성을 요한다.

3. 위생설비 유닛의 구비조건(KS F 2223)

① 사용상 충분한 내력을 가져야 한다.
② 건축물에 안정되게 고정되고, 진동 및 충격에 대하여 안전하여야 한다.
③ 부식 염려가 있는 부재는 유닛 내면에 노출되지 않아야 한다.
④ 물에 닿는 나무 부분은 방부 처리를 한다.
⑤ 보수, 점검 및 수리 또는 교환이 가능한 구조로 한다.
⑥ 누전에 대한 대책을 고려한다.
⑦ 콘센트의 설치위치는 바닥에서 80mm 이상으로 하고 욕조에서 가능한 격리한다.
⑧ 부품 배치는 안전성을 고려한다.
⑨ 조명 조도는 70lx 이상으로 하되, 면도, 화장, 세면의 조도는 150lx 이상으로 한다.
⑩ 1시간에 2회 이상 환기되도록 한다.
⑪ 바닥은 청소하기 쉬어야 하고, 잘 미끄러지지 않도록 고려한다.
⑫ 바닥 배수는 트랩을 설치한다.
⑬ 욕조가 거치식인 경우에는 개구부에서 욕조를 꺼낼 수 있도록 한다.
⑭ 욕조 및 세면기의 급수 또는 로탱크, 세척밸브는 방염 방지에 필요한 배수공간을 둔다.

4. 위생설비 유닛의 기능(KS F 2223)

① 의복을 정돈하거나 옷을 벗는 데 필요한 넓이로 한다.
② 환기를 할 수 있어야 한다.
③ 출입구에 문이 있어야 한다.
④ 자물쇠 부착 문은 필요에 따라 외부에서 열 수 있어야 한다.
⑤ 청결을 유지할 수 있는 재료로 만들어져야 한다.
⑥ 욕조, 변기, 세면기의 배수가 되어야 한다.
⑦ 욕조, 변기, 세면기의 배수에서 악취가 역류하지 않아야 한다.
⑧ 각 용도별 기능은 다음에 따른다.

5. 위생설비 유닛의 구조

(1) 구조에 따른 방식

1) **패널식**
   적당한 크기의 패널로 구성된 천장, 벽, 바닥을 평면으로 제작하여 현장 조립한다.

2) **큐비클식**
   상부, 하부 등 유닛의 일부를 입체적으로 제작하여 현장에서 조립, 완성한다.

3) 패널큐비클식

유닛의 하부, 즉 수밀을 요하는 부분은 입체적으로 제작하고 상부는 패널식으로 한다.

(2) 설치방법에 따른 방식

1) 패키지식
① 제작 공장에서 각 부재 및 부품을 완전히 조립하고 현장에서 지정위치에 설치한다.
② 유닛 내부에 위생기구, 액세서리, 배관, 조명, 환기 등의 모든 설비가 있다.
③ 작업량이 매우 적고 방수처리가 완벽하나 부피가 크므로 운반 및 반입이 어렵다.

2) 녹다운식
① 제작공장에서 부재 및 부품을 제작하여 현장에서 조립·완성하는 유닛이다.
② 운반 및 반입이 쉬우나 현장작업량이 많고 시간도 많이 소요된다.

제8장 배수재이용설비 및 우수이용설비

1. 배수재이용방식의 분류와 특징 ······················ 674
2. 배수재이용설비(중수도시스템) ······················ 676
3. 배수처리방식의 선정 ······························ 679
4. 배수처리방식 ···································· 680
5. 우수이용설비 ···································· 682
6. 우수이용설비 집수장소와 집수량 ···················· 684

배수재이용방식의 분류와 특징

1. 개요
① 배수재이용방식은 순환방식에 따라 개방순환방식과 폐쇄순환방식으로 크게 나뉜다.
② 개방순환방식은 처리수를 하천, 호수 등에 환원시킨 후 다시 수자원으로 이용한다.
③ 폐쇄순환방식은 처리수를 건물 내에서 수자원으로 직접 이용하는 방식으로 개별순환방식, 지구순환방식 및 광역순환방식으로 분류된다.

2. 배수재이용방식의 분류와 특징

(1) 개별순환방식

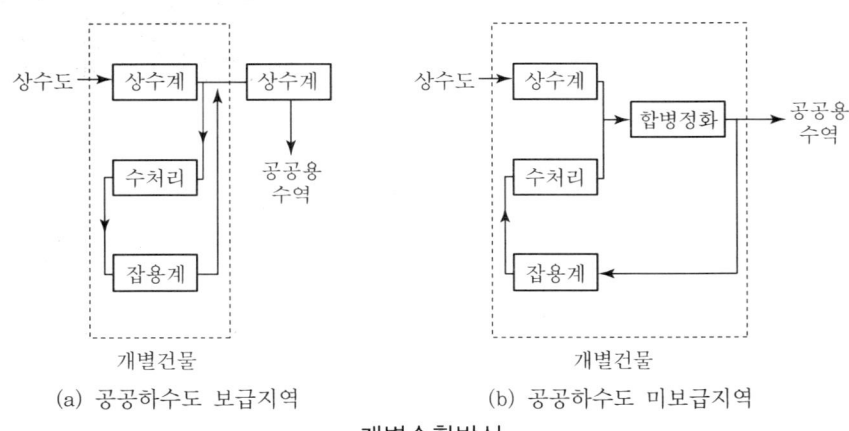

개별순환방식

① 개별건축물에서 배출되는 배수를 건물 자체 내에서 처리하여 당해 건물에서 이용한다.
② 당해 건물 내에서 순환되므로 원수의 집수배관과 재이용수 송수배관 단축이 가능하다.
③ 원수량과 재이용수량이 정확하게 파악되어 경제적 설계가 가능하다.
④ 원수의 종류 선택이 가능하여 비교적 깨끗한 원수를 이용할 수 있다.
⑤ 한정된 범위로 시설의 유지관리가 용이하다.
⑥ 그러나 규모가 작아 건설비와 보수관리비 등이 높아져 중수제조 단가가 비싸진다.

(2) 지구순환방식

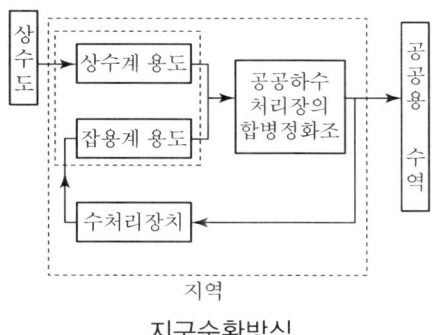

지구순환방식

① 고밀도 지구의 복수 건축물 배수를 공동으로 처리하여 재이용수를 공급한다.
② 대상구역에 다양한 용도의 건축물이 있다면 원수의 종류가 많고 수량 확보가 용이하다.
③ 지역냉난방설비 이용지역은 공동구를 이용하여 도입배관 공사비를 절감할 수 있다.
④ 건물별 원수량과 재이용수량이 상이하여 수량균형과 비용계산이 어렵다.

(3) 광역순환방식

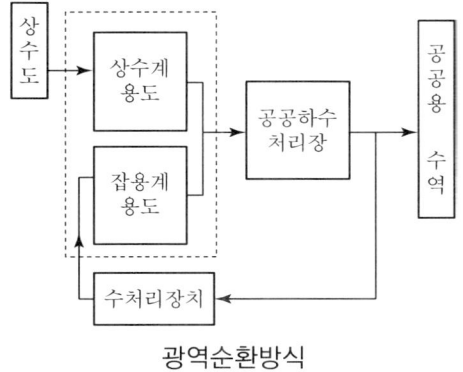

광역순환방식

① 공공하수처리장의 처리수를 원수로 이용하는 방식으로 광역적이고 규모가 크다.
② 도시 또는 동 단위 이상 광범위한 지구의 사무소나 주택 등에 처리수를 공급한다.
③ 재이용수 공급이 공공사업으로 수행되어 처리시설 없이 인입배관을 접속한다.
④ 규모가 크므로 처리비용이 저렴하다.
⑤ 각 수요처까지의 송수배관 공사비가 높아 공공하수처리장 인근 건물에 한정된다.

② 배수재이용설비(중수도시스템)

> **유사기출문제**
> 1. 중수도시스템의 개요, 처리과정, 재이용방식에 대하여 설명하시오.(다만, 원수는 오수 및 하수처리수) [건축 80회(25점)]
> 2. 건축물에서의 배수재이용(중수도) 시스템에 대해 논하시오. [건축 56회(20점), 38회(25점)]
> 3. 중수도 시스템의 경제성에 대하여 논하시오. [건축 47회(25점)]
> 4. 중수도이용에 관한 법규, 적용방법, 처리계통에 대하여 설명하시오. [건축 41회(20점)]

1. 개요

① 배수재이용이란 생활배수나 우수를 원수로 하여 재이용설비로 처리한 후 수세 화장실, 수경용수, 냉각수 등 상수도보다 질이 낮은 생활용수로 이용하는 것이다.
② 배수재이용수는 중수도라 칭하며 상수도와 하수도의 중간정도를 말한다.

2. 중수도의 정의

수도법 제3조(정의) 제14호에 의하면 『중수도라 함은 사용한 수돗물을 생활용수, 공업용수 등으로 재활용할 수 있도록 다시 처리하는 시설을 말한다.』라고 정의하고 있다.

3. 배수재이용방식의 분류

① 개방순환방식
② 폐쇄순환방식 : 개별순환방식, 지구순환방식, 광역순환방식

4. 배수처리방식

① 전처리
② 주처리 : 생물처리, 물리화학처리 및 막처리
③ 후처리
④ 부대설비

5. 배수재이용설비 계획 시 기본사항

① 관련법규의 사례 및 검토 : 수도법
② 원수 배수원과 재이용수 용도의 검토

③ 보건 및 위생성 고려
④ 경제성
   ㉠ 배수재이용설비 채용의 적부를 결정하는 중요한 요소임
   ㉡ 현재의 상하수도 요금 및 수년 후의 상하수도 요금의 예측
   ㉢ 배수재이용설비에 따른 상하수도 사용량의 삭감량
   ㉣ 수도 인입배관의 소구경화에 따른 수도 분담금의 차액 등

6. 배수재이용설비 설치 시 고려사항

① 처리수의 수질은 위생상의 문제를 일으키지 않을 것
② 처리수의 수질은 이용하는 데 지장이나 불쾌감이 없을 것
③ 처리수의 수질은 시설이나 기구의 기능에 악영향이 없을 것
④ 수처리시설의 운전이 용이하고, 처리수질이 안정적일 것
⑤ 용도에 적합한 수질을 유지하기 위한 처리비용이 합리적일 것

7. 배수재이용수의 원수 및 용도와 수질

(1) 원수

① 개별순환방식 : 건물에서 배출되는 종합배수나 우수
② 지구순환방식 및 광역순환방식 : 하수처리수

※ 건물에서 배출되는 종합배수
세면수세배수, 급탕실배수, 주방배수, 냉각탑 블로 수, 수세화장실 오수, 세차배수, 욕실배수, 우수 등

(2) 용도

① 화장실 세척수
② 조경용수
③ 냉각탑 보급수
④ 자동차 등 세차용수
⑤ 청소용수(도로 사무실)
⑥ 환경 및 수경용수(연못, 분수)
⑦ 소화용수
⑧ 융설용수

(3) 수질

【 중수도 용도별 수질기준 】

항목	수세식 화장실 용수	살수용수	조경용수
대장균군	1mL당 10 이하	검출되지 않을 것	
잔류염소	검출될 것	0.2mg/L	-
외관	이용자가 불쾌감을 느끼지 아니할 것		
탁도	5도를 넘지 않을 것		10도를 넘지 않을 것
BOD	10mg/L 이하일 것		
냄새	불쾌한 냄새가 나지 않을 것		
pH(수소이온농도)	5.8~8.5		

3 배수처리방식의 선정

1. 개요
① 배수재이용설비는 원배수의 종류, 설치공간, 설치장소, 초기 투자비용, 운전비용 및 재이용수의 수질 등을 고려하여 선정한다.
② 배수재이용 시스템은 ㉠생물처리와 한외여과막법의 조합 ㉡생물막여과법과 모래여과와 활성탄의 조합 ㉢회전판과 모래여과, 활성탄의 조합 등이 있다.

2. 배수처리방식의 선정

(1) 생물처리와 한외여과막법
① 주방배수, 잡배수, 분뇨를 포함한 배수를 처리한다.
② 전처리(스크린) → 주처리(고농도 활성오니처리와 한외여과각법)을 이용한다.
③ 처리수질이 좋고, 설치면적이 작다.
④ 간헐운전이 가능하며 운전관리가 용이하다.
⑤ 잉여오니의 발생이 적고 취기대책이 용이하다.
⑥ 그러나 초기 투자비용과 운전비용이 약간 높다.

(2) 생물막여과법과 모래여과, 활성탄법
① 1개의 반응조 내에서 유기물의 분해와 부유성 고형물의 여과를 동시에 한다.
② 전처리(스크린) → 주처리(생물막여과) → 후처리(모래여과와 활성탄흡착)를 이용한다.
③ 초기 투자비용이 싸며, 특히 전력비가 적다.
④ 설치면적이 작고 유지관리가 쉽다.
⑤ 원배수 선정이 한정되어 잡배수와 욕조수 등의 BOD, SS, 유분 등이 작아야 한다.

(3) 회전판법과 모래여과, 활성탄법
① 전처리(스크린) → 주처리(회전판법) → 후처리(모래여과 활성탄흡착)을 이용한다.
② 초기 투자비용과 운전비가 싸다.
③ 간결하고 오니발생량이 적다.
④ 취기발생이 있어 건물 내 설치는 부적당하다.

4 배수처리방식

유사기출문제
1. 중수설비에 대하여 프로세스를 도시하고 설명하시오.   [건축 29회(25점)]

1. 개요

① 배수재이용설비 및 우수이용설비의 처리방식은 전처리 → 주처리 → 후처리로 구분된다.
② 원배수의 종류와 수량, 처리 수질의 정도 등에 따라 처리방식이나 기기류가 달라진다.
③ 개별건축물 배수를 건물 자체 내에서 처리하는 개별순환방식의 경우는 다음과 같다.

【주요처리법】

전처리	주처리			후처리
파쇄침전 스크린 유분제거	생물처리	부유생물법	표준활성오니법, 장시간폭기법	모래여과 활성탄흡착 오존처리법 멸균처리
		부착생물법	살수여상법, 접촉산화법, 회전판막법	
		병용법	유동층생물막법	
	물리화학처리		응집침전법, 급속여과법, 활성탄흡착법	
	막처리		UF막법, RO법	

2. 배수처리방식(배수재이용 표준처리흐름)

(1) 전처리

① 배수 중의 대형오물, 일반오물, 유분 등을 제거하여 다음의 주처리로 배송시킨다.
② 처리방법은 파쇄, 침전, 스크린, 유분제거장치 등이 있다.

(2) 주처리

① 전처리에서 제거되지 않은 유기물, 기름과 무기물을 처리한다.
② 주처리는 재이용이 가능한 상태의 수질까지로 처리하는 중요한 단계이다.
③ 처리방법에는 생물처리, 물리화학처리 및 막처리(UF, RO)가 있다.
④ 오염도가 높거나 고도의 처리수질을 필요로 할 경우에는 이들을 조합하여 사용한다.

(3) 후처리

① 주처리에서 처리하지 못한 가용성의 BOD, COD, 소량의 SS, 색소, 냄새 등을 제거한다.
② 반드시 멸균처리하여야 하며 대장균수는 10개/mL 이하가 되어야 한다.
③ 모래여과, 활성탄흡착, 오존처리 및 멸균처리 등이 이용된다.

(4) 부대설비

① 냄새제거를 위한 탈취설비
② 생물처리에서 발생하는 오니의 수분을 감소시키기 위한 탈수설비 또는 오니농축장치
③ 수질을 감시할 모니터링 설비 등

5 우수이용설비

> **유사기출문제**
> 1. 빗물(우수)이용시설에 대해 관련법규, 설비구성 및 기능, 설비설계 시 고려사항을 포함하여 설명하시오. [건축 77회(25점)]
> 2. 주거용 건물에 빗물이용시스템을 도입하고자 할 때 용도와 계획 시 유의점을 설명하시오. [건축 64회(25점)]

1. 개요

① 우수이용수의 용도는 배수재이용수와 동일한 화장실 대소변기 용수 등이다.
② 우수는 수질이 양호하여 잡용수로 단독 사용가능하나 배수재이용설비로 처리된 처리수와 병용하여 이용될 수 있다.

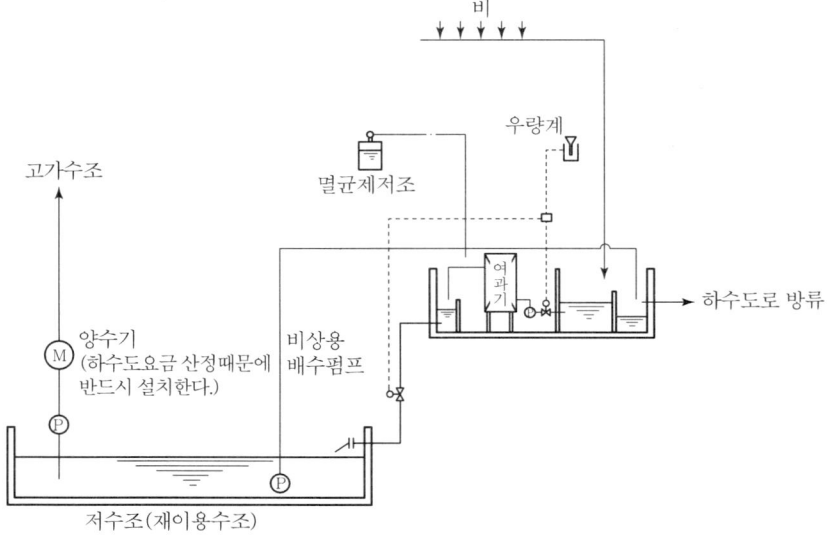

우수이용설비

2. 우수의 수질

① 우수의 수질은 지역이나 계절 및 대기오염상태에 따라 상이하다.
② 우수는 대기 중의 NO_x, SO_x 등의 용해에 따라 pH는 약산성이 된다.
③ 산성 빗물은 옥상 등의 콘크리트면을 통과하면서 pH가 중성이 되므로 산성비에 대한 특별한 배려는 필요하지 않다.

3. 우수이용설비 설계의 고려사항

(1) 상수도 보급배관에의 역류방지
처리수조에 접속되는 상수도 보급배관에의 역류방지 대책을 고려한다.

(2) 처리수조 만수 시스템 제어 및 만수대책
① 많은 원수유입으로 처리수조가 만수상태가 됐을 때 시스템을 제어하여야 한다.
② 처리수조에서 하수도에 방류 가능한 구조이거나 우수전용펌프로 옥외로 배출한다.

(3) 배수재이용설비 및 우수이용설비 병용 검토

(4) 초기강우의 배제 및 여과장치
① 초기강우의 수질은 대기오염 및 집수면의 유기물 등의 영향을 받기 쉽다.
② 공기 중의 먼지, 새똥, 낙엽 등을 제거하기 위한 여과장치와 침사장치를 설치한다.

(5) 기타 고려사항
① 우수의 장기간 보관 시 염소주입장치를 설치한다.
② 우수 수질은 중수도 수질기준으로 하며 음료용으로 사용하지 않는다.
③ 우수저수조는 청소가 용이한 구조로 하며, 사수를 방지한다.

4. 우수처리방식의 선정

(1) 저수조 저장 후 일정량을 처리하면서 사용하거나 처리수를 저장하는 방법
① 처리설비가 작고, 기기의 운전관리가 쉽다.
② 저장장 내에는 우수가 대량이므로 부식방지와 pH 등의 수질관리가 필요하다.

(2) 우수를 전량 처리한 후 저장
① 유입유수의 시간변동에 따라 처리설비를 크게 할 필요가 있다.
② 초기비용이 높고 강우량 변동에 추종하는 처리설비가 필요하다.

5. 우수저장조 용량
① 용량을 크게 잡으면 좋지만 가격이 비싸지므로 재이용수 이용의 10~20일분 정도이다.
② 저장조는 보통 건물의 지하슬래브(이중피트)를 이용한다.

6. 우수이용설비 집수장소와 집수량

1. 우수의 집수장소
① 건물지붕 또는 옥상면의 수집 : 회수율이 양호하고 오염도가 낮다.
② 부지전체 : 모래와 이물질을 포함하므로 처리시설이 필요하다.
③ 지리적 조건을 고려한 국부적 수집

2. 계획시간 최대 우수집수량

$$\text{우수집수량}(m^3) = \text{집수면적}(m^3) \times \text{강수량}(mm) \times \text{유출계수} \times 10^{-3}$$

① 우수이용 설비계획 구역의 1시간 최대 강수량에 집수면적과 유출계수를 곱한 값이다.
② 각 설비의 기기사용 및 수조용량의 기준치가 된다.

3. 우수저류조 이용방법
① 우수이용 외에 치수 대책용의 긴급저수, 소화용수 저수 등
② 치수용 저수조는 호우 시를 대비해 항상 필요용량을 비워 둔다.
③ 우수 및 처리수를 소화용수로 이용 시에는 필요한 수량을 항시 확보한다.

4. 저수조 만수 시 대책
① 건물 내에 저수조가 있을 경우 호우 시에는 저수조가 만수되어 침수사고의 우려가 있다.
② 저수조가 만수위상태로 되면 긴급 차단벽 또는 옥외로 배출되는 배관을 설치한다.
③ 또는 우수전용 배수펌프를 설치하여 옥외로 배출한다.

5. 초기강우의 배제
① 초기강우의 수질은 강우 간격 및 계절, 대기오염 및 집수면 유기물에 영향을 받는다.
② 강우량계를 설치하여 초기강우를 배제하여 깨끗한 우수를 집수한다.

제9장 오수처리시설

1. 오수처리시설 계획 ··· 686
2. 오수처리의 목적과 종류 ································ 688
3. BOD와 COD ··· 690
4. 활성오니법 ·· 692
5. 생물막법 ·· 695

1 오수처리시설 계획

> **유사기출문제**
> 1. 오수처리시설 계획에 대하여 논하시오. [건축 47회(25점)]

1. 공공하수도의 조사
① 분리식 하수도가 설치된 지역은 오수처리시설 및 단독정화조 설치가 면제된다.
② 합류식 하수도가 설치된 지역은 단독정화조만 설치한다.
③ 공공하수도가 없는 곳은 오수처리시설 및 단독정화조를 설치한다.

2. 처리대상인원 산정
① 처리대상인원은 KS F 1507에 의한다.
② 건축용도별, 특수배수 혼입 여부 등을 조사한다.

3. 관계법규의 검토

4. 성능 검토

5. 오수량(배수량) 산정
배출원별, 건축용도별, 급수 사용량 등의 오수량

6. 오수의 수질 및 오염부하량 결정

7. 오수 배출 특성 파악
① 오수의 배출시간
② 오수 배출유량과 수질의 시간변동
③ 협잡물, 유지류, 소독약 등의 혼입 정도

8. 설치장소의 조건 확인

① 합병처리정화조
　　방류방향, 오니 반출 및 보수점검 편의성 등
② 단독처리정화조
　　자연유하의 방류 가능성 및 보수 유지관리의 편의성

9. 처리방식의 선정

① 기상조건
② 환기, 소음, 진동 등에 의한 공해
③ 초기투자비 및 운전비 등

② 오수처리의 목적과 종류

> **유사기출문제**
> 1. 오수처리의 기본원리와 종류를 기술하시오.   [건축 45회(25점)]

1. 개요
① 생활배수에는 유기질이 많고 오수를 포함하고 있으므로 하천에 연속적으로 방류하면 수질오염이 발생하게 된다.
② 오수처리는 하천 등의 수질을 양호하게 유지하기 위하여 오염된 물을 정화하는 것이다.
③ 오수처리방법에는 물리화학적 처리와 생물학적 처리방법이 있다.

2. 오수처리의 목적
① 위생적인 안전화(병원균 등 유해한 물질을 제거할 것)
② 화학적 또는 생물화학적인 안정화(부패성을 없앨 것)
③ 취급하는 양의 경감화(오염물질 경감화로 환경오염을 방지할 것)

3. 오수처리방법

(1) 물리화학적 처리방법

① 스크린
   스크린에 의해서 거친 부유물이나 협잡물을 제거한다.

② 침사
   오수 중의 흙모래, 돌, 금속찌꺼기 등을 제거하여 처리시설의 안전을 도모한다.

③ 침전
   오수 중의 부유성 고형물을 침전분리시켜 오니와 분리액으로 나눈다.

④ 응집침전
   화학적으로 응집제를 사용하여 응집시켜 침전시킨다.

⑤ 기타
   교반, 여과, 희석 등

(2) 생물학적 처리방법

① 오수 중에 존재하는 미생물의 생물화학적 방법에 의한 정화방법이다.
② 미생물은 오물을 영양원으로 섭취하여 산소에 의해 이것을 분해하여 자정작용을 한다.

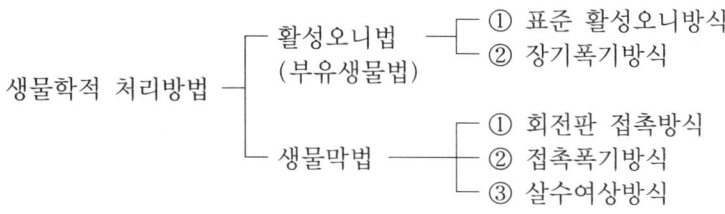

3 BOD와 COD

> **유사기출문제**
> 1. 오수정화설비의 BOD와 BOD 제거율 [건축 84회(10점), 63회(10점), 49회(10점), 45회(10점)]
> 2. BOD [건축 76회(10점), 41회(10점), 35회(10점), 32회(10점)]
> 3. BOD와 COD [건축 67회(10점), 61회(10점)]

1. BOD(Biochemical Oxygen Demand)

① BOD는 생물화학적 산소요구량의 약자이다.
② 오수 중의 오염원 물질이 되는 유기물이 오수 중에서 이것과 공존하는 미생물에 의해 분해하여 안정화하는 과정에서 소비되는 수중에 녹아 있는 산소의 감소를 측정한 값이다.
③ 20℃, 5일간 시료를 방치해서 측정한 값으로 수중물질의 지표치이다.

2. BOD 제거율(%)

오물정화조의 유입수와 유출수 사이의 BOD의 차를 유입수의 BOD로 나눈 값이다.

$$BOD\ 제거율(\%) = \frac{유입수\ BOD - 유출수\ BOD}{유입수\ BOD} \times 100$$

3. COD(Chemical Oxygen Demand)

① COD는 화학적 산소요구량의 약자이다.
② 측정목적은 수중 유기물의 양을 알고자 하는 것이다.
③ 수중의 유기물을 화학적으로 산화할 때 소비되는 산소량을 mg/L(ppm)로 표시한다.
④ 산화제로는 과망간산칼륨($KMnO_4$), 중크롬산칼륨($K_2Cr_2O_7$) 등을 사용한다.

4. 수질에 관계된 용어

(1) SS(Suspended Solids)

① 부유물질
② 오수 중에 함유되어 있는 고형물질의 양을 말한다.
③ 스크린으로 제거되는 대형의 것은 포함치 않는다.
④ 물의 탁도를 유발하므로 현탁물질이라고도 한다.

(2) DO(Dissolved Oxygen)

① 용존산소
② 이 값은 물의 온도, 기압, 염분 등의 불순물 농도에 따라 영향을 받는다.

4 활성오니법

> **유사기출문제**
> 1. 활성오니법의 개요와 오수처리 공정 및 오수처리 흐름도를 도시하시오. [건축 72회(25점)]
> 2. 오배수처리의 활성처리방식의 흐름도와 폭기조 및 침전조를 설명하시오. [건축 62회(25점)]
> 3. 오수의 처리방법에는 물리화학적 처리와 미생물의 작용에 의한 생물학적처리방법이 있다. 생물학적 처리방법 중에서 활성오니법에 속하는 처리방법의 종류와 처리방식을 계통도를 그려서 설명하시오. [건축 39회(20점)]

1. 개요
① 오수의 생물학적 처리방법에는 오수 중의 유기물을 미생물을 이용하여 제거할 수 있다.
② 이 방법에는 미생물을 오수 중에 부유된 상태로 이용하는 활성오니법과 매질에 부착한 상태로 이용하는 생물막법이 있다.

2. 활성오니법(Activated Sludge)의 종류
① 표준활성오니방식
활성오니가 갖는 유기물의 흡착성과 신속한 침강성을 조합하여 오수를 정화한다.

② 장기폭기방식
폭기조의 용량을 크게 하고 활성오니의 체류일수를 길게 하여 잉여오니의 발생량을 적게 한다.

3. 오수처리 흐름도

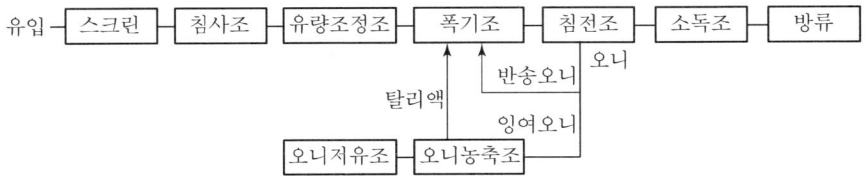

4. 오수처리 공정

(1) 스크린
스크린에 의해서 거친 부유물이나 협잡물을 제거한다.

(2) 침사조
① 오수 중의 흙모래, 돌, 금속찌꺼기 등을 제거하여 처리시설의 안전을 도모한다.
② 침사조에 가라앉은 모래 등은 에어 리프트 펌프로 흡입하여 배출한다.

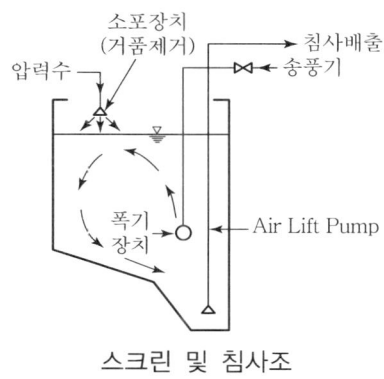

스크린 및 침사조

(3) 유량조정조
① 주요 기능은 유입오수의 유량변동을 없애고 다음 공정을 안정화시킨다.
② 유입오수를 일단 저장하고 펌프로 양수하여 처리조에 유입시킨다.

(4) 폭기조

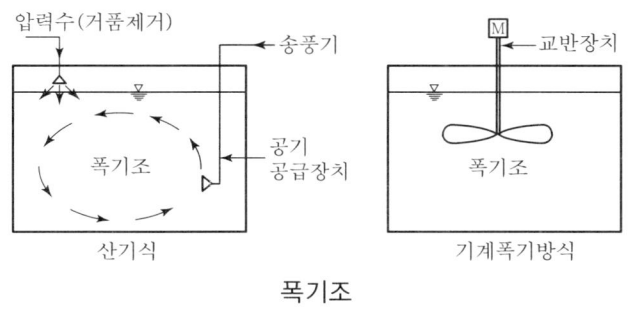

폭기조

① 오수와 활성오니(미생물)를 잘 혼합해서 충분히 접촉시킨다.
② 미생물에 필요한 산소를 충분히 공급한다.

③ 가장 중요한 설비는 폭기장치로 산기식과 기계폭기방식, 수중폭기방식이 있다.
　㉠ 산기식 : 조 바닥에 설치되어 있는 산기장치로 공기를 흡입한다.
　㉡ 기계폭기방식 : 수면을 교반날개로 교반한다.
　㉢ 수중폭기방식 : 수중에서 펌프기구와 공기흡입기구를 복합한 방식이다.

(5) 침전조

① 활성오니를 분리해서 맑은 물을 얻는 동시에 침전된 활성오니는 폭기조에 반송한다.
② 물의 흐름은 중앙 정류통에 유입되어 주변의 월류 위어에서 균등하게 유출된다.

(6) 소독조

침전조에서 배출된 처리수에 염소 등 소독재를 주입하여 소독한다.

(7) 오니농축조

침전조에서 뽑아낸 오니는 99%가 물인데, 여기서 물을 분리하고(농축), 분리된 물(탈리액)은 폭기조로 되돌려 보낸다.

5 생물막법

유사기출문제

1. 오수처리시설에서 생물학적 처리방법 중 생물막법 3가지 방식 및 개요 [건축 84회(10점)]
2. 생물학적 오수처리방법 5가지를 설명하시오. [건축 74회(10점)]
3. 오수정화시설 중 회전원판 접촉방법과 시공 시 주의사항을 설명하시오. [건축 31회(30점)]

1. 생물학적 처리방법의 종류

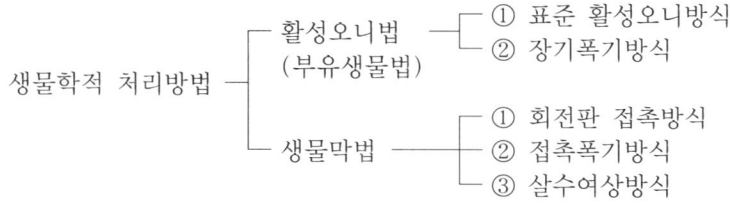

2. 생물막법

① 여재 등과 같은 접촉재의 표면에 미생물로 구성된 생물막을 만들어, 여기에 오수를 접촉시킴으로써 분해 처리하는 방법이다.
② 오수처리공정은 활성오니법의 폭기조를 회전판 접촉조(접촉폭기조 또는 살수여과)로 대체한 것 이외에는 활성오니법과 동일하다.

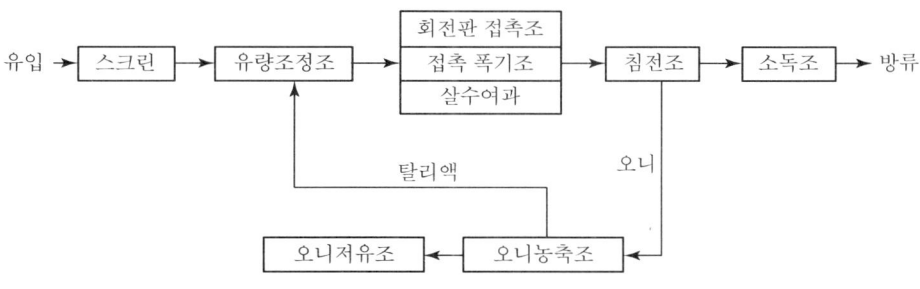

오수처리 흐름도

3. 생물막법의 종류

(1) 회전판 접촉조

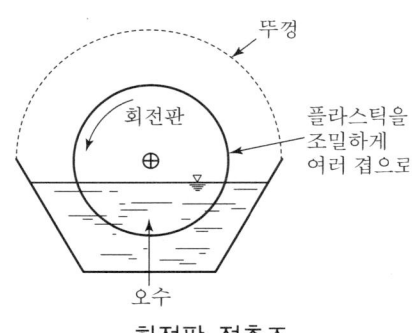

회전판 접촉조

① 회전판의 재질은 폴리에틸렌, 경질염화비닐 등과 같은 플라스틱이 사용된다.
② 회전판은 오수에 잠기거나 공기 중에 노출을 반복하면서 24시간 연속 회전한다.
③ 천천히 회전시키면 플라스틱 표면에 미생물막이 형성되어 유기물을 분해 처리한다.
④ 외기온의 영향을 받기 쉬우며, 일반적으로 13℃ 이하가 되면 정화력이 약해진다.

(2) 접촉폭기조

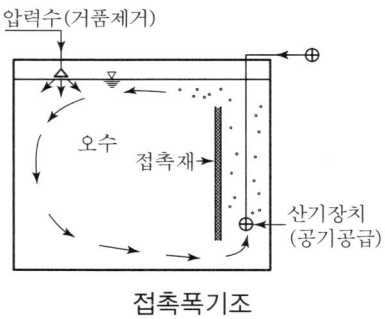

접촉폭기조

① 폭기조 내부에 접촉재를 충진하여 여상(Packed-bed)을 형성한다.
② 오수를 상향류로 주입하여 접촉재 표면에 부착된 미생물과 접촉시킨다.
③ 폭기에 의해 생기는 거품을 제거하기 위해 압력수를 뿌린다.
④ 생물막의 박리를 위해 조 바닥에서 접촉재 층에 공기를 폭기하는 역세를 행한다.

(3) 살수여과

① 여과재는 쇄석이나 플라스틱을 사용한다.
② 고정 설치된 여과재에 부착한 생물막의 표면을 오수가 박막형태로 흘러내리면서 오수 중의 유기물이 산화·분해된다.

제10장 서비스설비

1. 의료가스의 종류와 용도 ·············· 698
2. 멸균 및 소독설비 ·············· 700
3. 가스설비 ·············· 702
4. 가스미터 ·············· 704

의료가스의 종류와 용도

> **유사기출문제**
> 1. 의료가스의 종류와 용도 및 의료용수의 종류에 대하여 설명하시오.   [건축 77회(10점)]
> 2. 병원에서 사용되는 의료가스의 종류와 용도   [건축 71회(10점)]

1. 산소(Oxygen : O_2)

환자의 산소 부족 및 수술 시 전신마취를 할 경우 적당히 흡입공기와 혼합해서 산소분압을 높이거나, 산소를 조직 내의 가스와 교환하는 것을 도와준다.

2. 아산화질소(Nitrous Oxide : N_2O)

① 아산화질소 흡입에 의한 마취법에 사용된다.
② 혈액 중에 흡입되어 중추 신경계에 작용해서 의식이 없도록 한다.

3. 질소가스(Nitrogen : N_2)

① 주 용도로는 에어터빈, 에어드릴 등의 동력으로 사용한다.
② 뇌외과의 두개골 천공, 절삭용, 흉부외과의 흉골 절삭·절단용, 정형외과 수술용 등

4. 압축공기(Compressed Air)

① 호흡용 공기는 건조하고 깨끗해야 한다.
② 호흡기 계통 환자에 대한 분무요법의 매체, 인공호흡기의 구동용, 보육기 등의 산소 농도 조정용, 치과용 에어드릴의 구동용, 오물 등의 제거, 잉여 마취가스의 배제 등

5. 흡인(Vacuum)

① 설비는 300~500mmHg의 진공도로 유지된다.
② 환자의 오물 흡인, 수술 중에 발생하는 혈액, 체액, 기관 내 분비물 제거 등

6. 잉여 마취가스

수술 중 마취로부터 배출되는 잉여 마취가스의 배출용으로 블로펌프·공기이젝터를 사용한 흡인력을 이용한다.

7. 호기 배제장치

① 바이오클린룸 등에서 의사나 보조의사의 호흡으로 공기감염을 방지하기 위한 장치이다.
② 수술복 내 공기를 연속적으로 배제한다.

8. 흡입요법에 사용되는 혼합가스

① 탄산가스 5% + 산소 95%의 혼합가스
② 헬륨 80% + 산소 20%의 혼합가스
③ 아산화질소 30~50% + 산소 혼합가스

9. 기타 특수가스

① 검사용 가연성 가스 : 수소, 아세틸렌, 프로판가스
② 검사용 불활성 가스 : 질소, 탄산가스, 헬륨, 아르곤
③ 멸균용 가스 : 산화에틸렌, 포르말린
④ 방사선 측정 : 에탄, 아르곤, 이소부탄과 헬륨

10. 기타 특수배관설비

① 검사용 흡인 : 일반 흡인보다 진공도가 높은 흡인
② 치과용 흡인 : 치과치료용의 습식 저압 대풍량 흡인
③ 기공용 흡인 : 기공실용 석고 건식 흡인

❷ 멸균 및 소독설비

1. 개요

① 병원에서 사용되는 멸균 및 소독설비는 공조, 급탕, 급수설비 등과 통합적 계획을 한다.
② 멸균은 무균상태로 하는 것이고, 소독은 병원균을 대상으로 한다.
③ 일반적으로 수술기구와 위생재료 같은 소형은 멸균을, 대형의료기기와 이불, 병실 등은 소독 행위를 한다.

2. 가열멸균설비

(1) 건열 멸균기

① 160~200℃의 고온으로 멸균하며, 기재에는 이용하지 않는다.
② 특히 멸균기 내에는 수분이 없어서 열의 분포가 불균등하기 쉬우므로 주의한다.
③ 열원으로는 가스와 전기의 2종류가 있다.

(2) 탕비 소독기

① 가장 손쉬운 방법으로 외래, 간호사실 등에서 많이 사용한다.
② 가스 또는 전기를 열원으로 끓인 후에 기재를 15분간 담가 소독한다.

(3) 저압증기 소독기

① 약국, 중앙검사실 등에서 사용한다.
② 열원은 전기, 가스, 증기 등이 있다.

(4) 고온증기 멸균장치(오토클레이브)

① 보통 사용되는 증기압은 0.1MPa을 표준으로 한다.
② 가압증기 멸균장치라 칭하며 멸균 및 건조의 소요시간 단축을 도모한다.
③ 건조방법으로는 증기이젝터방식과 진공펌프방식이 있다.

3. 가스멸균설비

① 가스멸균설비는 열에 약한 것의 멸균용으로 이용된다.
② 산화에틸렌가스와 포르말린(포름알데히드)가스의 2종류가 있다.
③ 포르말린가스는 심부 도달력이 약하고, 냄새가 강한 단점이 있어, 최근에는 산화에틸렌가스와 탄소가스 또는 프레온가스의 혼합가스를 쓰고 있다.

(1) 산화에틸렌가스(EO 가스) 멸균장치

① 물과 작용해서 직접 에틸렌글리콜을 생성한다.
② 폭발성이 있어 멸균용으로 사용할 경우는 탄소가스 또는 프레온가스와 혼합 사용한다.
③ 사용온도는 55℃ 정도이며, 멸균효과를 높이기 위해 40~50%의 습도를 유지한다.
④ 멸균 소요시간은 보통 4~6시간이다.

(2) 포르말린가스 살균장치

① 포르말린가스는 고습, 상온에서 강한 살균력이 있다.
② 가스의 확산이 빠르며 심부 도달력이 약하고 냄새가 강한 단점이 있다.

4. 기타 살균설비

① 오염된 린넨류의 소독에는 소독액을 담을 수 있는 용기를 설치한다.
② 변기소독기는 증기와 열로서 세척과 소독을 동시에 하며, 각 병동의 오물처리실에 오물처리와 일체로 설치한다.
③ 증기가 없을 때는 물에 소독제를 타서 세정 및 소독하는 것이 가능하다.

3 가스설비

> **유사기출문제**
> 1. 가스배관 시공 시 유의사항에 대하여 기술하시오. [건축 62회(25점)]

1. 공급방식
① 고압 : 1MPa 이상
② 중압 : 0.1~1MPa(1~10kg/cm²)
   공업용 또는 가스가 대량으로 사용되는 건물의 보일러나 냉온수기
③ 저압 : 0.5~2.5kPa(50~250mmAq)
   가정용 및 상업용 등의 일반에게 공급되는 압력

2. 가스기구 및 계량기 설치위치

(1) 가스기구 설치위치
① 용도에 적합하고 사용하기 쉬울 것
② 열에 의해 주위의 손상이 없을 것
③ 목욕탕 또는 환기가 되지 않는 곳에 설치하지 않을 것
④ 개방형 연소기구에는 환풍기 또는 환기구를 설치할 것
⑤ 반 개방형 가스기구는 급기구 및 배기구를 설치할 것
⑥ 가스기구의 손질이나 점검이 가능할 것

(2) 계량기 설치위치
① 계량성능에 악영향을 미치는 장소(고저온, 직사광선, 습기, 진동, 부식 등)를 피한다.
② 계량기의 검침, 검사, 교환 등 조작에 지장이 없는 장소에 설치한다.
③ 격납상자나 계량기실 내에 설치 이외에는 바닥면에서 1.6~2m 이내에 설치한다.
④ 화기 및 전선, 전기콘센트, 전기안전기 등은 이격거리를 유지한다.

3. 가스배관 시공 시 유의사항

(1) 시설기준
① 주 배관은 동일 부지 내에 한 개의 관으로 한다.
② 배관은 공사 및 점검이 용이한 장소에 배관한다.
   ㉠ 건축 구조물의 기초 하부

ⓒ 타인이 점유하는 부지
　　　ⓒ 수변전실 등 고압전기 설비를 갖추고 있는 실내
　　　㉣ 위험물 저장 장소
　　　㉤ 엘리베이터의 승강로 내
　　　㉥ 천장 공동구 등 환기가 잘되지 않는 장소
　　　㉦ 욕실배수 등 부식의 우려가 있는 장소
　　　㉧ 연돌 내
　③ 배관을 옥외 공동구내에 설치할 경우 설치기준
　　　㉠ 환기장치가 있을 것
　　　ⓒ 전기구조가 있는 곳은 방폭 구조일 것
　　　ⓒ 배관은 벨로스형 신축이음쇠 또는 플렉시블관에 의해 온도변화 신축을 흡수할 것
　　　㉣ 옥외 공동구 벽 관통 시 손상방지를 위한 조치를 할 것
　　　㉤ 배관에 가스 유입 차단장치를 하되, 그 장치를 실외 공동구 내에 설치 시 격벽 설치
　　　㉥ 건축물 벽 관통부는 보호관 및 부식 방지 피복을 할 것

(2) 배관의 매설
① 배관 매설 깊이는 1m 이상으로 하고, 8m 이상의 도로는 1.2m 이상으로 한다.
② 배관 심도가 1.2m 이내가 될 경우 케이싱, 콘크리트 방호 등의 보호장치를 한다.
③ 배관은 하수 등의 암거 내에 설치하지 않는다. 부득이한 경우 부식방지 조치를 한다.
④ 지하매설 시 타 매설배관과는 이격거리를 둔다.
⑤ 매설배관 표시는 배관의 정상부로부터 30cm 이상 떨어진 그 배관의 직상부에 설치하고, 지면에는 매설위치를 확인할 수 있도록 표시 못을 설치한다.

(3) 노출배관
① 배관은 움직이지 않도록 건물 벽에 고정한다.
② 입상관의 밸브는 분리 가능한 곳으로 1.6~2m 이내에 설치한다.
③ 배관은 기둥, 보 등과 평행하게 설치하고 점검이 용이한 곳에 설치한다.
④ 건축물 내에 매입하여 배관할 경우 이음매 없는 동, 동합금관을 사용하며, 관과의 접속부분은 상시점검이 가능하도록 점검박스를 설치한다.
⑤ 덕트 내 배관일 경우는 수리가 곤란하므로 PLP 강관을 사용한다.
⑥ 전기설비와는 일정한 이격거리를 둔다.
⑦ 건축물의 벽면과 관의 중심 사이는 일정한 이격거리를 둔다.
⑧ 배관외부에는 사용 가스명, 사용압력, 흐름방향 등을 표시한다.
　㉠ 지상관의 표면색 : 황색
　ⓒ 매설배관 표면색 : 적색 또는 황색

4 가스미터

1. 개요
① 가스미터는 『계량및계측에관한법률』이 적용되며 검정유효기간 이내여야 한다.
② 가스미터는 건식과 습식의 실측식과 벤투리식, 오리피스식 등의 추량식이 있다.

2. 가스미터의 종류

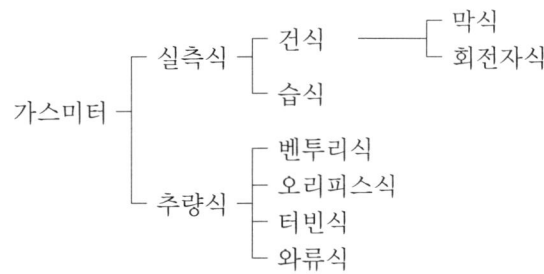

① 실측식은 일정용적의 '용기'에 가스가 몇 번 공급되어졌는가를 적산하는 방식이다.
② 추량식은 유량과 일정 관계가 있는 양(임펠러 회전수 등)을 측정하여 구하는 방식이다.

3. 가스미터의 구조 및 기능

(1) 막식 가스미터(Diaphragm Gas Meters)
① 대표적인 건식 미터로 가정용, 상업용 등 저압용으로 이용된다.
② 가스를 일정 용적에 충만 후 배출하고 그 횟수를 용적의 단위로 환산한다.

(2) 습식 가스미터
① 정확한 계산을 할 수 있어 기준기로 쓰여지며 가스의 발열량 측정에도 쓰인다.
② 내부의 후면에 있는 일정한 계량통이 1회전하는 사이 흡입 또는 토출하는 가스량이 일정하므로 회전수를 제어하여 계량한다.

(3) 회전자식의 루트미터(Root 미터)
① 대표적인 회전자식 가스미터로 누에고치 형상의 로터를 회전시켜 가스를 이송한다.
② 이 회전수를 측정하여 계량한다.
③ 또한 고속회전이 가능하여 소형이지만 대용량($100 \sim 500 m^3/h$)을 계량할 수 있다.

【 가스미터의 특성 】

종류	막식 가스미터	습식 가스미터	루트미터
장점	① 가격이 저렴 ② 설치 후 유지관리 편함	① 계량이 정확 ② 사용 중 기차의 변동 없음	① 대유량 가스측정에 적합 ② 중압 가스계량 가능 ③ 설치공간이 적음
단점	① 대용량은 설치공간 큼	① 사용 중 수위조정 등의 관리 필요 ② 설치공간이 큼	① 여과기 설치 및 유지관리 필요 ② 소용량 이하는 불가
일반용도	일반 수요가	기준용, 실험실용	대수요가
용량범위	1.5~200m³/h	0.2~300m³/h	100~500m³/h

4. 원격검침장치

① 원격미터는 발신기 부착미터, 전송선, 수신기, 전원으로 구성된다.
② 고층건물의 집중검침, 공장, 건축물의 집중관리 등에 이용된다.

제11장 소방설비

1. 소방설비 ……………………………………… 708
2. 옥내 소화전설비 ……………………………… 712
3. 옥외 소화전설비 ……………………………… 714
4. 스프링클러설비 ……………………………… 715
5. 스프링클러설비의 설치기준 및 면제지역 …… 718
6. 스프링클러헤드의 설치방법 ………………… 720
7. 물분무 소화설비 ……………………………… 721
8. 포 소화설비 …………………………………… 722
9. 이산화탄소 소화설비 ………………………… 723
10. 할로겐화합물 소화설비 …………………… 725
11. 청정소화약제 ………………………………… 726
12. 분말 소화설비 ……………………………… 728
13. 자동화재탐지설비 …………………………… 729
14. 화재감지기(Fire Detector) ………………… 730
15. 불꽃감지기 …………………………………… 731
16. Flash Over …………………………………… 733
17. Back Draft …………………………………… 734

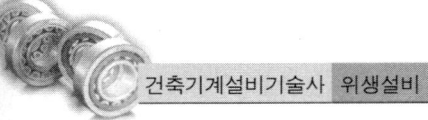

1 소방설비

1. 소방관련 법규정의 체계(2003. 5. 29.)

과거의 소방법 및 동시행령, 시행규칙, 시설기준이 다음과 같이 완전히 개편 제정되었다.
① 소방기본법
② 소방시설설치유지및안전관리에관한법률
③ 소방공사업법
④ 위험물안전관리법(화재안전기준 NFSC 101~555)
⑤ 다중이용업소의안전관리에관한특별법

2. 소방설비의 종류

① 건물에 대한 소방설비는 물과 그 외의 소화제를 화염에 방사하여, 소방차가 도착하기 전까지 초기소화에 대응하여 설치된 것이다.
② 소방설비의 종류에는 『소방시설설치유지및안전관리에관한법률시행령별표1 [일부개정 2008. 2. 29. 대통령령 제20732호]』에 따른다.

【 소방시설의 종류 】

구분	소방시설의 종류	
1. 소화설비 물 그 밖의 소화약제를 사용하여 소화하는 기계기구 또는 설비	① 소화기구(소화기 등) ② 옥내 소화전설비 ③ 스프링클러설비 ④ 물분무 소화설비 ⑤ 포소화설비	⑥ 이산화탄소 소화설비 ⑦ 할로겐화물 소화설비 ⑧ 청정소화약제 소화설비 ⑨ 분말소화설비 ⑩ 강화액 소화설비
2. 경보설비 화재발생 사실을 통보하는 기계기구 또는 설비	① 비상경보설비 ② 단독경보형 감지기 ③ 비상방송설비 ④ 누전경보기 ⑤ 자동화재탐지설비 및 시각경보기	⑥ 자동화재속보설비 ⑦ 가스누설경보기 ⑧ 통합감시시설
3. 피난설비 화재가 발생할 경우 피난하기 위하여 사용하는 기구 또는 설비	① 피난기구(완강기 등) ② 인명구조기구(공기호흡기 등) ③ 유도등 및 유도표지 ④ 비상조명등	

구분	소방시설의 종류
4. 소화용수설비 화재를 진압하는 데 필요한 물을 공급하거나 저장하는 설비	① 상수도 소화용수설비 ② 소화수조, 저수조
5. 소화활동설비 화재를 진압하거나 인명구조 활동을 위하여 사용하는 설비	① 제연설비 ④ 비상콘센트설비 ② 연결송수관설비 ⑤ 무선통신보조설비 ③ 연결살수설비 ⑥ 연소방지설비

3. 소방설비의 개요

(1) 소화기
화재의 가장 초기에 사용하는 소화설비로 용기에 저장된 소화제를 연속적으로 방출

(2) 옥내 소화전설비
① 화재가 소화기로는 불가능한 단계에 사용하는 소화설비
② 건물 각 층의 벽면 등에 호스, 노즐, 소화전 개폐밸브를 격납한 수납상자를 설치하고,
③ 소화펌프 및 배관으로 소화전 개폐밸브에 급수하여 노즐과 호스로 물을 뿌려 소화한다.

(3) 옥외 소화전설비
설비는 옥내소화전설비와 거의 같지만 옥외에 설치한다.

(4) 스프링클러설비
① 고정식 자동소화설비로서 화재에 의한 열기를 천장에 설치된 헤드가 감지하여 헤드에서 물을 살포하여 소화한다.
② 소화설비 중 가장 효율이 좋은 설비이다.

(5) 물분무 소화설비
① 전기화재 및 유류화재 등에 이용되는 특수소화설비의 일종이다.
② 화재의 열기를 감지하여 일정 구역만을 특수한 물분무헤드로서 물을 무상의 미립자로 방사하여 소화, 화재의 억제, 연소방지, 냉각하는 설비이다.

(6) 포소화설비
① 물의 소화 효과가 적은 곳이나 도리어 확대 우려가 있는 석유정제공장 등에 사용된다.
② 스프링클러설비와 유사하나 거품을 발생시키는 약제를 사용한다.

(7) 이산화탄소 소화설비
① 이산화탄소를 액화시켜 용기 내에 저장하여 이것이 방출되어 기화될 때의 열흡수에 의한 냉각작용과 연소 중의 산소농도를 이산화탄소로써 저하시켜 질식작용으로 소화한다.
② 전기실, 보일러실 등의 전기화재나 유류화재에 이용된다.

(8) 할로겐화물 소화설비
할로겐화물을 연소물에 방사하면 신속하게 기화해서 무거운 기체로 되는데 이때 산소농도를 저하시키고 연소의 연쇄반응을 억제하는 작용으로 소화한다.

(9) 분말 소화설비
① 탄산수소나트륨을 주성분으로 하는 미세한 건조분말을 소화제로 이용한다.
② 화재 열에 화학반응을 일으켜 질식, 냉각작용 및 연소를 단절시켜 소화한다.

(10) 연결송수관설비
건물의 규모나 높이가 높을 경우 전용 배관을 설치하고, 건물 밖에 소방차가 접근하기 쉬운 곳에 송수구를 설치하여 소방차에서 송수받기 쉽도록 한다.

(11) 연결살수설비
① 건물의 지하층에 화재가 발생하면 연기로 인해 소화활동이 어렵게 된다.
② 이 때문에 지하층의 면적이 일정 이상의 규모인 경우 개방형 스프링클러헤드를 지하층의 천장에 설치하고 지상에 설치한 송수구를 통해 소방차로부터 송수를 받아 소화한다.

4. 피난기구
① 피난사다리
화재시 긴급대피를 위해 사용하는 사다리
② 완강기
사용자의 몸무게에 따라 자동적으로 내려올 수 있는 기구 중 사용자가 교대하여 연속적으로 사용할 수 있는 것

③ 간이완강기

사용자의 몸무게에 따라 자동적으로 내려올 수 있는 기구 중 사용자가 연속적으로 사용할 수 없는 것

④ 구조대

포지 등을 사용하여 자루형태로 만든 것으로 화재시 사용자가 그 내부에 들어가서 내려옴으로써 대피할 수 있는 것

⑤ 공기안전매트

화재 발생 시 사람이 건축물 내에서 외부로 긴급히 뛰어 내릴 때 충격을 흡수하여 안전하게 지상에 도달할 수 있도록 포지에 공기 등을 주입하는 구조로 되어 있는 것

⑥ 피난밧줄

급격한 하강을 방지하기 위한 매듭 등을 만들어 놓은 밧줄

❷ 옥내 소화전설비

>  **유사기출문제**
> 1. 옥내 소화전설비에서 소화용 펌프의 선정에 대하여 설명하시오. [건축 63회(25점)]
> 2. 옥내 소화전의 노즐 방출압력은 얼마인가? [건축 42회(10점)]

1. 개요

① 화재 발생 시 거주자가 소화전함에 있는 호스와 노즐을 이용하여 발화초기에 진화할 목적으로 건축물 내에 설치한 설비이다.
② 주요 구성요소는 수원, 가압송수장치, 배관, 소화전함과 호스, 노즐 등이 있다.

2. 옥내 소화전설비의 계통도

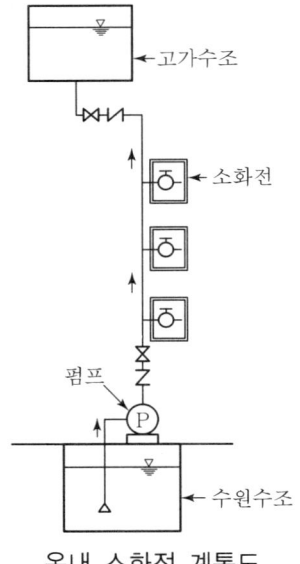

옥내 소화전 계통도

3. 노즐 선단의 방수압력 및 방수량

① 방수압력 : 0.17~0.7MPa(1.7~7kg/cm²) (7kg/cm² 초과 시 감압장치 설치)
② 방수량 : 130L/min
③ 방호구획 : 25m 이내

4. 수원

(1) 전용 수원량
① 옥내 소화전함의 설치개수가 가장 많은 층(최대 5개)의 각 소화전이 20분간 방수할 수 있는 양 이상을 확보한다.
② 수원의 저장량은 최저 $2.6m^3$($130L/min \times 20분 \times 1개$)에서 최대 $13m^3$($130L/min \times 20분 \times 5개$)가 된다.

(2) 옥상 수원량
옥상 수원량은 전용수원으로 산출한 유효수량의 1/3 이상이어야 한다.

5. 감압장치
① 고가수조에 의한 방법
   고가수조를 저층용, 고층용으로 구분하여 설치
② 배관계통에 의한 방법
   고층용, 저층용 펌프를 구분하여 설치
③ 중계펌프를 설치하는 방법
④ 감압밸브 또는 오리피스 등을 설치하는 방법

6. 배관 및 부속기구
① 배관은 전용배관으로 하고, 배관용 탄소강관, 압력배관용 탄소강관을 사용한다.
② 토출측 주배관 관지름은 유속이 3m/s 이하가 되도록 한다.
③ 소화전과 연결되는 가지배관의 구경은 40mm 이상, 입상관은 50mm 이상으로 한다.
④ 개폐밸브는 구경 40mm나 50mm로 하고, (90°형) 게이트밸브나 글로브밸브를 사용한다.

3 옥외 소화전설비

1. 개요
① 건축물의 외부 또는 옥외설비 및 장치에 발생하는 화재진압 및 연소를 방지한다.
② 주요 구성요소는 수원, 가압송수장치, 배관, 옥외 소화전함, 기타 부속장치이다.

2. 옥외 소화전설비의 계통도

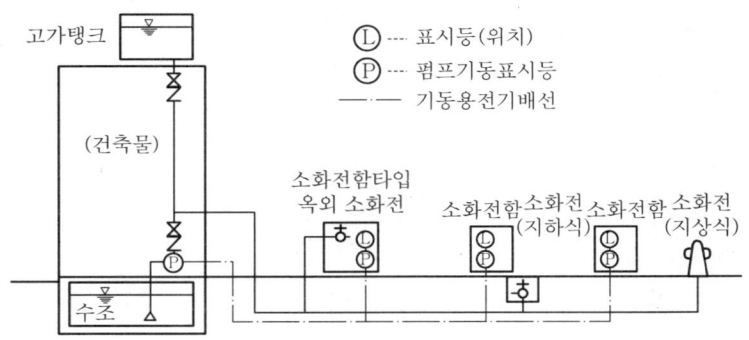

옥외 소화전설비 계통도

3. 가압송수장치
① 옥외 소화전(2개 이상의 경우 2개)을 동시에 개방하여 사용할 경우를 산정한다.
② 방수압력 : 2.5kg/cm² 이상
③ 방수량 : 350L/min
④ 방호구획 : 40m 이내

4. 수원
옥외 소화전의 설치개수(2개 이상 시 2개)에 7m³(350L/min × 20분) 이상이어야 한다.

5. 배관
옥외 소화전의 관경은 80, 100, 150mm 중 하나이며, 방수구 관경은 모두 65mm이다.

6. 소화전함
① 소화전은 지상식(스탠드식)과 지하식(매립식)이 있으며, 옥외 소화전함은 소화전으로부터 5m 이내의 장소에 설치한다.
② 소화전함타입 옥외 소화전이 있다.

4 스프링클러설비

1. 스프링클러설비에 대해 설명하시오. [건축 48회(25점)]
2. 폐쇄형 스프링클러설비에서 습식배관과 건식배관의 차이점을 설명하시오. [건축 35회(25점)]

1. 개요

① 스프링클러설비는 천장 등에 설치된 스프링클러헤드가 감열작동으로 화재를 감지하여 열 감지부분이 분해 개방되어 배관 내의 압력수가 살수되어 소화를 자동으로 하는 설비이다.
② 주요 구성요소로는 수원, 가압송수장치, 경보 체크밸브류(유수검지장치), 헤드, 배관, 수신반 등으로 구성되어 있다.
③ 헤드의 종류에 따라 폐쇄형 헤드를 사용하는 설비에는 습식, 건식, 준비작동식이 있으며, 개방형 헤드에는 일제살수식이 있다. 이외 조합식과 특수 스프링클러 등이 있다.

2. 스프링클러헤드의 방수압력 및 방수량

① 방수압력 : 0.1~1.2MPa(1~12kg/cm²)
② 방수량 : 80L/min

3. 습식 스프링클러설비 계통도

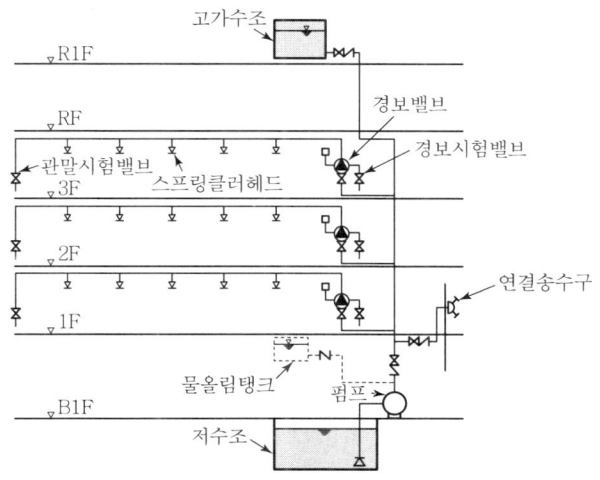

스프링클러설비 배관 예(습식)

4. 설비방식에 따른 분류

```
                ┌── 습식 : 동파의 우려가 없는 곳
        ┌─ 폐쇄형 ─┼── 건식 : 동파의 우려가 있는 곳
        │        └── 준비작동식 : 동파의 우려가 있는 곳. 감지기와 병용
        │
        └─ 개방형 : 천장고가 높거나 일시에 살수를 요하는 곳
```

(1) 습식 스프링클러설비

① 신뢰성이 가장 우수하고 설비방식이 간단하여 가장 많이 이용되는 표준방식이다.
② 상시 전 배관 내에 압력수가 충만되어 있어 화재발생의 감지와 동시에 설비가 작동한다.
③ 동결우려가 있으므로 설치장소의 온도가 0℃ 이상인 소방대상물에 설치하여야 한다.
④ 소화약제가 물이므로 유지비가 저렴하나 물 피해가 크므로 철저히 관리해야 한다.

(2) 건식 스프링클러설비(공기채움식 시스템)

① 가압송수장치로부터 건식밸브의 1차 측까지는 물로 가압되어 있다.
② 건식밸브 이후 2차 측 배관에서 폐쇄형 헤드까지는 공기압축기에 의해 일정 압력의 공기가 충전되어 있다.
③ 습식에 비해 구조가 복잡하고 설비비가 많이 드는 단점이 있다.
④ 그러나 오동작으로 인한 피해가 적고 설치부분의 온도가 0℃ 이하인 장소도 가능하다.

(3) 준비작동식(Preaction System) 스프링클러설비

① 준비작동밸브의 1차 측은 가압수를, 2차 측은 대기압 또는 저압의 공기가 채워져 있다.
② 화재가 발생하면, 감지기가 먼저 열이나 연기를 감지해서 준비작동밸브를 개방한다.
③ 이와 동시에 가압송수장치를 동작시켜 물을 각 헤드까지 송수하여 한다.
④ 화재의 진행으로 헤드가 열에 의해 개방되면 소화수가 살수되어 화재를 진화한다.
⑤ 다른 설비보다도 안전도가 높고 오동작률이 거의 없으며 소화가 신속하게 이루어진다.
⑥ 동파방지가 필요한 주차장 등에는 주로 준비작동식이 사용된다.

(4) 일제살수식(Deluge System) 스프링클러설비

① 개방형 헤드를 사용하여 2차 측 배관에는 대기압 상태로 개방되어 있다.
② 준비작동식과 같이 자동화재 탐지설비를 설치하고 일정한 방호구역마다 일제개방밸브를 설치하여 1차 측 배관에만 가압수를 채우는 방식이다.
③ 감지기가 화재를 감지하면 일제개방밸브를 열어주어 그 밸브에 소속되어 있는 전 헤드로부터 일제히 살수한다.

④ 대량의 물이 필요하고, 광범위하게 살수되므로 물로 인한 피해가 크다.
⑤ 설치장소로는 천장이 높아 헤드의 감열개방이 어려운 장소이거나, 연소의 급격한 확대 우려가 있는 장소에 적당하다.

5. 스프링클러설비의 설치기준 및 면제지역

유사기출문제

1. 스프링클러설비의 설치 면제지역에 대해 기술하시오.　　　　[건축 40회(25점)]

1. 스프링클러설비의 설치기준

① 관람집회 및 운동시설의 무대부분(무대부에 부설된 장치물실 및 소품실을 포함)으로서 그 바닥면적이 그 무대부가 지하층, 무창층 또는 층수가 4층 이상인 층에 있는 경우에는 300㎡ 이상, 그 밖의 층에 있는 경우에는 500㎡ 이상인 무대부
② 판매시설로서 바닥면적의 합계가 지하층을 제외한 층수가 3층 이하인 건축물에 있어서는 6,000㎡ 이상, 층수가 4층 이상인 건축물에 있어서는 5,000㎡ 이상인 것은 전층
③ 아파트로서 층수가 16층 이상인 것은 16층 이상의 층
④ 층수가 11층 이상인 건축물로서 여관 또는 호텔의 용도로 사용되고 있는 층이 있는 전층
⑤ 반자(반자가 없는 경우에는 지붕의 옥내에 면하는 부분)의 높이가 10m를 넘는 래크식 창고(선반 또는 이와 비슷한 것을 설치하고 승강기에 의하여 수납물을 운반하는 장치를 갖춘 것)로서 연면적 1,500㎡ 이상인 것
⑥ 지하가로서 연면적 1,000㎡ 이상인 것
⑦ 공장 및 ⑤에 해당하지 않는 창고시설로 지정수량의 1,000배 이상의 특수가연물을 저장, 취급하는 것

2. 스프링클러설비의 설치 면제지역

① 계단실, 경사로, 목욕실, 변소, 통신기기실, 기타 이와 유사한 장소(이하 "등"으로 표기)
② 발전실, 변전실, 변압기실 등
③ 통신기기실, 전자기기실 등
④ 병원의 수술실, 응급처리실 등
⑤ 천장 및 반자가 불연재료로 되어 있고 이들의 거리가 1.5m 미만인 부분
⑥ 천장, 반자 중 한쪽이 불연재료로 되어 있고 이들의 거리가 1m 미만인 부분
⑦ 천장 및 반자가 불연재료 이외의 것으로 되어 있고 이들의 거리가 0.5m 미만인 부분
⑧ 펌프실, 기계실(보일러실 제외), 물탱크실 등
⑨ 아파트의 세대별로 설치된 보일러로서 환기구를 제외한 부분이 다른 부분과 방화구획이 되어 있는 부분

⑩ 현관 또는 로비 등으로서 바닥으로부터 높이가 20m 이상의 장소
⑪ 냉장창고의 냉장실 또는 냉동창고의 냉동실
⑫ 고온의 노가 설치된 장소 또는 물과 격렬하게 반응하는 물품의 저장 또는 취급장소
⑬ 불연재료로 된 소방대상물 또는 그 부분으로서 다음 각호의 1에 해당하는 장소
　㉠ 정수장, 오물처리장 등
　㉡ 펄프공장의 작업장, 음료수공장의 세정 또는 충전하는 작업장 등
　㉢ 불연성의 금속, 석재 등의 가공공장으로서 가연성 물질을 저장, 취급하지 않는 장소

건축기계설비기술사 위생설비

6 스프링클러헤드의 설치방법

 유사기출문제

> 1. 스프링클러 설비에서 회향식 배관이란 무엇이며 이유는? [건축 75회(10점), 70회(10점)]
> 2. 폐쇄형과 개방형 스프링클러헤드의 설치방법을 논하시오. [건축 36회(20점)]

1. 폐쇄형 스프링클러헤드의 설치방법

① 설치면과 디플렉터와의 거리는 0.3m 이하로 한다.
② 설치면에서 0.4m 이상 돌출된 들보 등으로 구획된 부분은 그 구획마다 설치한다.
③ 급배기용 덕트, 선반 등 그 폭 또는 안 길이가 1.2m를 초과하는 것은 그 밑에도 헤드를 설치한다.
④ 역연성의 가연물을 수납하는 부분에 헤드를 설치하는 경우는 디플렉터에서 밑쪽으로 0.9m 이내로, 또 수평방향으로 0.3m 이내에는 장해물이 없는 것으로 한다.
⑤ 개구부에 설치된 헤드는 개구부 보다 높이 0.15m 이내의 벽에 설치한다.
⑥ 락 창고의 선반부에 설치하는 헤드에는 금속제로 1,200cm^2 이상 크기의 집열판을 설치한다.

2. 개방형 스프링클러헤드의 설치방법

① 무대부의 천장 또는 벽장에서 실내에 면하는 부분, 툇마루 또는 보의 밑에 설치한다.
② 디플렉터에서 밑쪽으로 0.45m, 수평방향 0.3m 이내에 장해물이 없어야 한다.
③ 헤드의 축심은 설치면에 대하여 직각으로 설치한다.

3. 회향식 배관(리턴밴드)

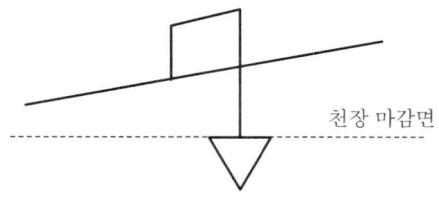

천장 마감면

① 습식 스프링클러설비에서 하향식 헤드는 헤드에 찌꺼기 유입을 방지하기 위한 것이다.
② 회향식으로 함으로써 다소 가벼운 부유물질만 헤드에 모일 수 있다.

물분무 소화설비

1. 개요
① 화재 시 분무노즐에서 물을 미세하고 균일한 물입자로 살포하여 연소를 저지한다.
② 냉각효과가 우수하여 스프링클러설비로 소화하기 곤란한 특수한 대상물의 화재를 효과적으로 소화한다.

2. 물분무 소화설비의 종류
① 가반식
② 고정식 : 수동식과 자동식

3. 물분무 소화설비의 특징
① 물방울이 미세하여 열의 흡수가 쉽고, 분포가 비교적 균일하다.
② 물방울이 기화할 때 체적이 1,650배로 팽창하여 연소면을 덮어 산소를 차단한다.
③ 유면으로 날아들어 표면에 불연성의 유화층을 만든다.
④ 물 입자가 세분되어 전기절연도가 높아 감전, 접지의 위험이 없어 전기화재에 적용된다.
⑤ 그러나 가솔린 등의 인화점이 낮은 것의 화재는 곤란하다.

4. 물분무 소화설비의 장점
① 소량의 물로 소화하므로 물 절약이 가능하다.
② 물에 따른 피해가 없다.
③ 물보다 비중이 가볍고 가연성이나 알코올 화재에도 유효하게 사용된다.
④ 전기절연성이 높고, 고압전기에 대하여 안전하게 사용할 수 있다.
⑤ 특별한 약품을 사용하지 않으므로 경비가 저렴하다.
⑥ 이동용 호스노즐 등을 사용하여 화재에 접근할 수 있다.
⑦ 화재의 연소방지와 확대방지에 극히 유효하다.

8 포소화설비

1. 개요
① 포소화설비는 물과 포 약제를 일정 비율로 혼합한 수용액을 포 헤드 등을 통해 방사한다.
② 가연성 또는 인화성 액체 가연물을 소화할 목적으로 표면을 포의 피복에 의한 질식효과와 기포에 포함된 물의 냉각작용을 이용하여 소화한다.
③ 소화기에 넣어 이동식인 것을 포소화기라 하며, 고정설비를 포소화설비라 한다.

2. 포소화설비의 특징
① 다량의 포를 방사할 수 있고, 포의 내화성도 크므로 대규모 화재에도 소화력이 좋다.
② 옥외 소화에도 효과적이다.
③ 재연소 또는 심부화재가 예상되는 화재에도 효과적이다.
④ 인접되어 있는 방호대상물의 화재 확산을 방지할 수 있다.
⑤ 소화약제는 인체에 무해하며 유독성 가스의 발생도 없어 소화작업이 원활하다.

이산화탄소 소화설비

1. 개요
① 불연성 가스로 공기보다 무거우므로 화원을 덮어 질식작용에 의한 소화를 목적으로 한다.
② 이산화탄소를 액체상태로 고압용기에 저장하고 화재시 수동조작 및 자동기동으로 배관을 통하여 화점에 이산화탄소 가스를 분사하여 소화한다.

2. 이산화탄소의 소화작용
① 산소농도를 희박하게 하는 질식작용
② 가연물을 연소온도 미만으로 냉각시키는 냉각작용

3. 설비의 종류

(1) 전역방출방식
① 화재시 밀폐된 실내에 고정된 배관과 분사헤드로 저장된 이산화탄소 가스를 전량 방출하여 산소의 농도를 저하시켜 연소를 저지한다.
② 기동방식은 자동화재탐지설비의 감지기에 의하여 자동적으로 가스를 방출한다.

(2) 국소방출방식
① 대상물 주위에 고정 설치된 배관과 분사헤드에서 국소 연소부분에 직접 분사한다.
② 이 방식은 방호대상물에 큰 개구부가 있거나 인명피해 우려가 있을 때 효과적이다.

(3) 호스릴방식(이동식)
① 호스를 릴에 감아 놓고 호스의 선단에 방출관을 부착한 것이다.
② 호스릴 방식은 이동식이므로 화점에 접근 소화하기 때문에 설치장소가 한정된다.
③ 가연성가스나 미분이 발생하여 화재가 확대되거나 연기가 충만한 장소는 피한다.

4. 장단점

(1) 장점
① 화재진화 후 물건의 오손이 없다.(가스 소화제)
② 전기절연성이 우수하여 전기화재에 적합하다.(컴퓨터실, 통신기기실 등)
③ 화재의 심부까지 파고든다.
④ 유류 및 기계화재에도 유효하다.(창고, 주차장 등)

(2) 단점
① 부속이 고압밸브, 고압용기, 고압배관으로 고압가스 안전관리법의 적용을 받는다.
② 사람이나 가축 등에 질식사의 우려가 있다.
③ 운무현상으로 피난 시 시야를 방해한다.

10 할로겐화합물 소화설비

1. 개요
① 할로겐 소화약제를 사용하여 연소과정의 연쇄반응을 저지하여 소화한다.
② 화재진압 시의 충격, 손상을 방지하고, 청결한 소화가 요구되는 곳에 이상적이다.
③ 소화능력이 이산화탄소의 3배이고, 공기보다 비중이 5배 이상으로 화재 심층부까지 침투, 확산하여 소화한다.

2. 설비의 종류
① 전역방출방식
② 국소방출방식
③ 호스릴방식(이동식)

3. 할로겐화합물 소화약제
① 화재시 발생되는 열에 의해 분해되어 가연물질의 수소나 수산기와 반응한다.
② 가연물질의 연소반응을 억제 또는 방해하여 질식, 냉각, 억제, 부촉매 소화효과가 있다.
③ 할로겐화합물 소화약제란 지방족 포화탄화수소의 분자 중에 존재하는 수소원자들 중 하나 이상의 할로겐족원소(불소, 염소, 취소)와 일부 이상을 치환하여 생성된 물질이다.
④ 주로 할론 1301 및 할론 1211이 사용되며, 그 외 할론 2402도 있다.

11 청정소화약제

> **유사기출문제**
> 1. 할론(Halon) 대체 소화약제(청정소화약제)의 4종류 이상 열거하시오. [건축 63회(10점)]

1. 개요

① 기화로 인한 잔여물이 없어 지구환경파괴에 미치는 영향이 매우 낮은 소화약제이다.
② 할론 1301 제조금지에 대응하기 위하여 환경친화적인 청정소화약제를 개발하고 있다.
③ 국내에서 고시 및 시판되고 있는 대표적인 청정소화약제로는 Inergen, FE-13, FM-200 및 NAF S-Ⅲ 등이 있다.

2. 청정소화약제의 종류

(1) Inergen

1) 소화원리
  ① 산소농도 희석에 의한 질식소화
  ② 방출 시 고압기체에서 저압으로 변화할 때 팽창하면서 주위온도를 약간 저하시킨다.

2) 장점
  ① ODP, GWP 모두가 0으로 지구환경 및 인체에 완전 무해하다.
  ② 기화냉각이 없어 결로 피해가 없다.
  ③ 방호구역이 많거나 원거리 방호에 유리하다.
  ④ 약제 가격이 저렴하고 약제 방출 시 시계장애가 없다.

3) 단점
  ① 고압설비이며, 약제 체적이 매우 크므로 용기설치공간이 많이 차지된다.
  ② 방출시간이 길고 방출 시 소음이 크다.

(2) FE-13

1) 소화원리
  ① 산소농도 희석에 의한 질식소화
  ② 냉각효과

2) 장점
① 원거리 방호에 유리하고 설비비가 저렴하다.
② 독성이 적어 청정소화약제 중 가장 안전하다.

3) 단점
① 소화성능은 기존 할론보다 떨어진다.
② ODP = 0, GWP = 13으로 지구환경에 유해성이 있다.

(3) FM-200

1) 소화원리
① 연소의 연쇄반응 억제효과
② 산소농도 희석효과 및 냉각효과

2) 장점
① 소화능력이 우수하다.
② ODP = 0, GWP = 0.7으로 환경에 대한 영향이 비교적 적다.

3) 단점
① 유효방호거리가 짧다.
② 약제 및 설비비가 고가이다.

(4) NAF S-Ⅲ

1) 소화원리
① 연소의 연쇄반응 억제효과
② 산소농도 희석효과 및 냉각효과

2) 장점
ODP = 0.044, GWP = 0.1로 환경의 악영향이 비교적 적다.

3) 단점
① 소화농도에 문제가 있다.
② 오존층 보호를 위한 몬트리올 의정서에서 경과물로 규정되어 있다.

12 분말 소화설비

1. 개요

① 약제탱크에 충전된 소화약제를 가압용 질소가스로 분말 헤드를 통해 방사시켜 소화한다.
② 축압식과 가압식이 있는데, 축압식은 분말 소화약제와 가압용 질소가스를 함께 충전하여 저장용기에 축압한 설비이며, 가압식은 가압용 가스용기를 별도로 설치한 것이다.

2. 분말 소화설비의 특징

① 소화성능이 우수하며 소화시간이 짧다.
② 약제는 완전 절연성으로 고전압 기기의 소화에도 안전하다.
③ 기구가 간단하고 유지관리가 용이하다.
④ 의류, 기물을 오손하지 않고 인체에 무해하다.
⑤ 온도변화에 의한 약제의 변질이나 성능의 저하가 없다.
⑥ 약제의 수명이 반영구적이므로 경제적이다.
⑦ 다른 소화설비보다 설비비가 저렴하다.
⑧ 어떠한 화재에도 최고의 소화성능을 발휘한다.

3. 설비의 종류

① 전역방출방식
② 국소방출방식
③ 호스릴방식

13 자동화재탐지설비

1. 목적
① 자동화재탐지설비는 화재발생의 초기 현상을 자동적으로 신속히 검출하는 설비이다.
② 초기 단계에서 진화작업을 함으로써 화재의 피해를 극소화하는 데 목적이 있다.

2. 자동화재탐지설비의 구성기기

(1) 감지기
① 열 또는 연기를 감지하여 화재 발생을 전선을 통하여 수신기에 신호를 보내는 장치이다.
② 화재감지기로는 열감지기와 연기감지기 그리고 불꽃감지기가 있다.

(2) 발신기
① 사람이 감지기보다 먼저 화재를 발견했을 경우에 누름버튼 스위치를 누름으로써 경보를 발생시키는 장치이다.
② 발신기는 항상 사람의 눈에 쉽게 띌 수 있도록 표시하여야 한다.

(3) 중계기
감지기 또는 발신기의 작동에 의한 신호 또는 가스누설 경보기의 신호를 받아 이를 수신기 등으로 신호를 보내는 장치이다.

(4) 음향장치
일명 "경종"으로 화재발생을 신속하게 전달하는 역할을 한다.

(5) 위치표시 등
① 발신기 직상부나 근처에 설치하여 발신기의 위치를 쉽게 발견할 수 있어야 한다.
② 표시등은 항시 점등되어 있어야 하고 표시색은 적색이다.

(6) 수신기 및 축전지 설비
① 수신기는 감지기 또는 발신기로부터 화재신호를 직접 또는 중계기를 통하여 수신한다.
② 수신기는 화재발생위치를 표시하고, 음향장치를 동작시켜 화재발생을 통보한다.
③ 종류에는 P형(P형 1급, P형 2급)과 R형(R형, GR형)이 있다.
④ 축전지 설비는 상시전원 차단 시 10분 이상 정상적으로 작동되어야 한다.

14 화재감지기(Fire Detector)

> **유사기출문제**
> 1. 건물에 사용되는 화재감지기를 설명하시오.   [건축 52회(25점)]

1. 개요

① 열 또는 연기를 감지하여 화재 발생을 전선을 통하여 수신기에 신호를 보내는 장치이다.
② 일반적으로 열감지기(정온식, 차동식, 보상식)와 연기감지기(이온화식, 광전식)가 있다.

2. 열감지기

(1) 종류 및 작동원리

① 정온식은 일정온도 이상이 되면 작동된다.
② 차동식은 온도상승률이 일정 이상이 될 때 작동된다.
③ 보상식은 정온식과 차동식 감지기 양쪽의 기능을 갖도록 한 것이다.

(2) 설치위치

① 천장 또는 반자의 옥내에 면하는 부분
② 공기유입구로부터 1.5m 이상 떨어진 위치
③ 차동식과 보상식은 주위 최고온도보다 20℃ 이상 높은 것으로 설치한다.
④ 정온식은 주방 및 보일러실 등 다량의 화기를 취급하는 장소에 설치한다.

3. 연기감지기

(1) 종류 및 작동원리

① 이온화식은 연기농도의 변화에 따른 이온전류의 변화를 이용한다.
② 광전식은 산란광의 변화에 의한 광전소자의 전기저항 변화를 이용한다.

(2) 연기감지기 법정설치장소

① 계단 및 경사로 : 수직거리 15m 이상
② 복도 : 길이 30m 이상
③ 천장 또는 반자의 높이 : 15~20m
④ 승강기 권상기실, 린넨슈트, 파이프 덕트, 기타 이와 유사한 장소

15 불꽃감지기

> **유사기출문제**
> 1. I/R(Infrared), U/V(Ultraviolet) Fire Detector [건축 72회(10점)]

1. 개요
① 불꽃감지기는 화재감지기 중 특수감지기(9종)의 일종으로 자외선과 적외선감지기가 있다.
② 화염에서 발생되는 특정 파장의 방사선에너지를 감지하여 이것을 전기적 에너지로 변환시켜 화재신호를 전송한다.

2. 자외선감지기(UV형 : Ultraviolet Fire Detector)

(1) 작동원리
화염에서 방사되는 자외선을 감지하여 광전자를 방출하는 광전효과를 이용한다.

(2) 장점
① 화재감지기 중 감응속도가 가장 빠르다.
② 비, 바람, 온도, 습도 및 압력의 영향을 받지 않으므로 옥외용으로 적합하다.
③ 폭발성 물질의 저장 및 취급시설에도 적용 가능하다.

(3) 단점
① 연기와 분진에 대한 영향을 많이 받는다.
② 조명, 진동, 태양광선, 아크용접광선 등에 의한 오보의 요인이 있다.

(4) 적용대상
① 높은 천장, 넓은 공간
② 발화 및 폭발의 위험이 있는 장소
③ 급속한 연소 확대 우려가 있는 장소(가연성 기체 및 액체 취급 장소)
④ 열 및 연기감지기가 닿기 어려운 장소

3. 적외선감지기(IR형 : Infrared Fire Detector)

(1) 작동원리
화염에서 방사되는 적외선의 변화를 검출하여 전기적 신호로 변환시킨다.

(2) 특징
① 자외선감지기의 결점을 없애기 위해 개발되었다.
② 오보가 거의 없고, 연기나 창의 더러워짐에도 강하다.
③ 수광소자로 사용되는 셀렌화납(PbSe)의 제작이 어렵고 고가이다.

16 Flash Over

> **유사기출문제**
> 1. Flash Over에 대하여 기술하시오. [건축 62회(10점)]

1. Flash Over(F.O)의 정의
① 실내의 국소화재에서 모든 가연물 표면이 연소하는 대화재로의 전이현상을 말한다.
② 국소화재의 연소열에 의해 천장류의 온도가 상승하여 일정온도(약 600℃)에 도달하면 복사열에 의해 모든 미연소 가연물이 착화되어 일시에 연소하는 현상이다.

2. Flash Over 도달시간의 영향인자
① 화재실의 크기 및 형태
② 점화원의 크기 및 위치
③ 실내마감재료의 난연성
④ 개구부의 크기 : 당해 벽면적의 1/3~1/2 크기가 최대 영향
⑤ 연료의 밀도, 높이, 연속성
⑥ 열 방출률
⑦ 습도

3. Flash Over 발생조건
① 바닥면에서 받는 복사열량 : $20 \sim 40 kW/m^3$ 이상
② 상부 연기층의 온도 : 500~600℃
③ 천장부 온도 : 800℃
④ 산소농도 : 10% 이상
⑤ $CO_2/CO = 150$

4. Flash Over 방지대책
① 실내 내장재료의 불연화 또는 난연화
② 개구부의 크기 및 모양을 제한
③ 화재실의 크기 및 형태 조절(내부체적이 작을수록 발생이 용이하다.)
④ 건물 내 화재하중을 제한
　㉠ 가연물의 양을 적게
　㉡ 가연물의 불연화, 난연화 또는 발열량이 적은 것을 사용

17 Back Draft

1. Back Draft 정의

① 실내화재에서 Flash Over가 지난 후 산소부족으로 인해 연소는 진행만 된다.
② 이때 출입문 등을 개방하여 공기가 들어가면 실내에 축적되었던 미연소의 가연성 가스가 공기와 급격하게 반응하면서 폭발적으로 연소하게 된다.
③ 이때 충격파를 수반하는 화염이 개구부로 분출하는 현상을 Back Draft라 한다.

2. Back Draft 방지대책

(1) 환기

출입문 개방 전에 상부의 환기부를 개방하여 고온의 가연성 가스를 외부로 방출한다.

(2) 살수냉각

① 소화용수를 방사하여 화재공간의 온도를 인화점 이하로 내린다.
② 소방호스를 화재실에 넣고 호스 주변공간은 밀폐한 채로 방수한다.

(3) 폭발력의 억제

① 출입문을 닫은 채로 방치시간을 둔다.
② 출입문을 조금만 열어 공기공급을 약하게 하면 폭발적인 연소는 되지 않는다.

【 Flash Over와 Back Draft의 차이점 】

구분	Flash Over	Back Draft
발생시기	화재성장기에서 발생	감쇄기에서 발생
발생 영향인자	열의 공급	공기(산소) 공급
폭풍 및 충격파	없다.	수반한다.
연소특성	실내 모든 가연물의 일제 연소	가연물과 산소의 급격한 산화반응으로 온도, 압력의 급격한 상승 및 팽창
방지대책	① 천장의 불연화 ② 개구부 제한 ③ 가연물질 제한 ④ 화원의 억제	① 폭발력의 억제 ② 환기 ③ 소화용수 살수냉각 ④ 격리

INDEX

1

1중효용(단효용) 흡수식 냉동사이클 ······ 416

2

2단압축 1단팽창 냉동사이클 ······· 209
2단압축 2단팽창 냉동사이클 ······· 211
2원 냉동사이클 ······························· 213
2중 트랩 ··· 624
2중관식 응축기 ······························· 261
2중효용 흡수식 냉동사이클 ··········· 419

3

3원 냉동사이클 ······························· 215
3중효용 흡수식 냉동사이클 ··········· 422

7

7통로식 응축기 ······························· 262

B

Back Draft ····································· 734
Baudelot식 증발기 ························· 285
BOD 제거율(%) ······························ 690
BOD(Biochemical Oxygen Demand) ······ 690

C

CA 저장 ································· 480, 482
CFC계 ··· 174
COD(Chemical Oxygen Demand) ······ 690
CPR ··· 348

D

Darcy-Weisbach 식 ························· 93
DO(Dissolved Oxygen) ·················· 691

E

EER ·· 25
EPR ··· 349
EPR 부착 냉동사이클 ···················· 221

F

FE-13 ··· 726
Flash Over ····································· 733
FM-200 ·· 727
FRP ··· 538

H

Hagen-Poiseuille 식 ························ 93
HCFC계 ·· 174
Heat Bank Defrost 제상방식 ········ 319
HFC계 ·· 174

I

Inergen ··· 726
IQF ··· 515

L

Langley(랑그리) ································· 83
LiBr 석출 ······································· 446
LMTD ··· 74
LNG 냉열발전 ······························· 160
LNG 냉열이용 ······························· 160

N

NAF S-Ⅲ ······································· 727
Newton의 점성법칙 ························ 89
NTU ·· 84

P

PE(폴리에틸렌) ······························· 539
P트랩 ·· 636
P-V 선도 ·· 47

R

RT ··· 131

S

SEER ·· 26
SI 접두어 ··· 9
SI단위계 ··· 8
SMC ·· 539
Snap Switch ·································· 354

SPF ··· 26
SPR ··· 350
Steam Ejector ································ 147
S트랩 ·· 636

T

Tectrol Generator System ············ 483
TTT ··· 497
T-S 선도 ·· 49

U

USRT ·· 131
U트랩 ··· 636

ㄱ

가스미터 ·· 704
가스설비 ·· 702
가스장해 ·· 502
가스퍼저 ·· 308
가역변화 ·· 29
가용에너지 ······································ 44
가용전 ·· 392
각개통기방식 ································· 644
간접배수 ·· 606
간접팽창식 ···································· 277
감압저장 ·· 480
강도시험 ·· 388
강제식 ·· 587
강제통풍예냉 ································· 507
개별급속 냉동방식 ······················· 515
개별순환방식 ································· 674
건식 셸앤튜브형 증발기 ·············· 283
건식증발기 ···································· 278
결합통기관 ···································· 647
계 ··· 28
계기압력 ·· 15
계절성능계수 ··································· 26
계절에너지 효율비 ························· 26
고가수조방식 ································· 551
고가수조의 용량 ···························· 546
고압수액기 ···································· 297
공기냉각식 동결장치 ··················· 463
공기압축냉동법 ···························· 154
공기액화분리 ································· 160
공기액화사이클 ···························· 126
공기예냉 ·· 507
공기표준사이클 ···························· 120

INDEX

공랭식 응축기	264	
공비혼합냉매	165, 175	
공업일	48	
공용통기관	647	
공융점	182	
공정점	515	
공학기압	15	
공학단위계	7	
관경 균등표	568	
관코일식 증발기	281	
광역순환방식	675	
교축	345	
국소대기압	14	
국소식	580	
국제단위계	8	
그라스호프수	78	
급수관경 산정방법	568	
급수량 산정방법	565	
급수량 추정방법	564	
급수방식	550	
급탕가열장치	592	
급탕방식	580	
급탕보일러	592	
급탕순환펌프	588	
기계식 냉동법	141	
기계효율	234	
기구급수단위	566	
기구급수부하단위(FU)	566	
기구내장트랩	636	
기구배수관	605	
기구배수부하단위(FU)	609	
기기분산방식	584	
기기집중방식	583	
기밀시험	389	
기본단위	9	
기수혼합밸브	594	
기수혼합장치	593	
기압시험	625	

ㄴ

내부에너지	30
내압시험	388
냉각	140
냉각수 조절밸브	351
냉각육	504
냉동	140
냉동기	102
냉동기유	184
냉동기의 안전장치	391
냉동능력	130
냉동률	226
냉동식품	494
냉동장치의 안전시험	388

냉동창고 부하계산	454
냉동창고 부하종류	451
냉동창고 설계	448
냉동창고의 단열방식	458
냉동창고의 설비시스템	457
냉동톤	131
냉동효과	130
냉매	164
냉매가스의 누설검지법	370
냉매건조기	301
냉매배관	322
냉매순환량	130
냉매압력 조정밸브	348
냉매액 강제순환식 냉동장치	218
냉매액 강제순환식 증발기	280
냉매와 흡수제의 구비조건	440
냉매와 흡수제의 조합	442
냉수냉각	508
냉장	140
냉장육	504
녹다운식	671
논리회로	362
농산물의 저온저장	501
누셀수	80

ㄷ

다단압축 냉동사이클	207
다원 냉동사이클	208
다효압축 냉동사이클	204
단관식	585
단단압축 냉동사이클	195
단열변화	42
단열성능 평가방법	479
단열소자법	143
단열재와 방습재의 종류	471
단열재의 특징	473
단열층 두께 선정기준	477
단위	6
단위계	6
단위환산	10
대기식 응축기	262
대기압	14
대류열전달	53
대변기	661
대수평균온도차	73
대체냉매	177
대향유동	72
도피밸브(안전밸브)	590
도피통기관	647
동결건조	516
동결곡선	509
동결률	514
동결속도	512

동결시간	512
동결실 부하종류	488
동결육	504
동결장치의 분류	462
동결장해	502
동결점	514
동관	530
동력	22
동상현상	460
동수구배선	650
동작유체	28
동점성계수	88
드럼트랩	636
등압변화	41
등엔탈피 변화	42
등온변화	41
등적변화	42

ㄹ

랭킨사이클	108
랭킨온도	13
레이놀즈수	79, 91
레일리수	79
로렌츠사이클	115
로탱크식	662
로터리 압축기	238
루프통기관	647
루프통기방식	644
린데(Linde)사이클	126

ㅁ

마력	23
마하수	92
막비등	57
막상응축	58
만액식 셸앤튜브형 증발기	283
만액식 증발기	279
말단압력 일정제어	558
맨홀형 트랩	637
메커니컬실	231
멸균 및 소독설비	700
모세관	342
모세관 현상	641
몰리에선도	186
무기화합물냉매	165
무디선도	94
물리단위계	6
물분무 소화설비	721
밀도	19

ㅂ

바닥배수구(Floor Drain) ……… 627
박하시험 …………………………… 626
반동결육 …………………………… 504
반만액식 증발기 ………………… 279
반송통기관 ………………………… 648
반송풍 동결장치 ………………… 463
반환통기관 ………………………… 648
발포 존 ……………………………… 615
방동보온 …………………………… 570
방로피복 …………………………… 570
방사선조사 ………………………… 481
방향전환밸브 ……………………… 361
배관 슬리브 ………………………… 570
배관용 탄소강관 ………………… 529
배수수직관 ………………………… 605
배수수평주관 ……………………… 605
배수수평지관 ……………………… 605
배수시스템 ………………………… 602
배수재이용방식 …………………… 674
배수탱크 …………………………… 618
배수트랩 …………………………… 631
배수펌프 …………………………… 618
법랑제품 …………………………… 659
법정계량단위 ……………………… 4
베르누이방정식 …………………… 95
벨트랩 ……………………………… 636
변속방식 …………………………… 557
보틀트랩 …………………………… 636
복관식 ……………………………… 585
복사열전달 ………………………… 53
복합냉장 …………………………… 480
볼텍스 튜브 냉동법 …………… 156
봉수깊이 …………………………… 638
부스터 사이클 …………………… 201
부스터펌프방식 …………………… 552
부지배수관 ………………………… 605
분류식 ……………………………… 602
분말 소화설비 …………………… 728
불결계수 …………………………… 77
불꽃감지기 ………………………… 731
불응축가스 분리기 ……………… 308
브라인 ……………………………… 179
브라인 동결장치 ………………… 468
브레이튼사이클 …………………… 120
블로아웃식 ………………………… 664
비가역변화 ………………………… 29
비공비혼합냉매 …………… 165, 176
비등열전달 ………………………… 56
비사이펀식 트랩 ………………… 635
비열 ………………………………… 17
비중 ………………………………… 19
비중량 ……………………………… 19
비체적 ……………………………… 19

ㅅ

사방밸브 …………………………… 361
사이클 ……………………………… 28
사이펀 볼텍스식 ………………… 664
사이펀식 …………………………… 663
사이펀식 트랩 …………………… 635
사이펀제트식 ……………………… 664
사일런서 …………………………… 594
산술평균온도차 …………………… 74
삼방밸브 …………………………… 361
상태변화 …………………………… 28
상태식 ……………………………… 28
상향식 ……………………………… 586
생물막법 …………………………… 695
서지탱크 …………………………… 578
섭씨온도 …………………………… 12
성적계수 …………………………… 103
세락식 ……………………………… 663
세미 사이펀식 …………………… 664
세척밸브식 ………………………… 662
세출식 ……………………………… 663
섹스티아(Sextia) 방식 ………… 655
셸앤드코일식 응축기 …………… 263
소방설비 …………………………… 708
소벤트(Sovent) 방식 …………… 654
소제구 ……………………………… 627
소형 흡수식 냉온수기 ………… 436
송풍동결장치 ……………… 463, 466
쇼케이스 …………………………… 484
수도직결방식 ……………………… 550
수동식 팽창밸브 ………………… 338
수두 ………………………………… 24
수랭식 응축기 …………………… 260
수력구배선 ………………………… 97
수수조의 용량 …………………… 544
수압시험 …………………… 571, 625
수액기 ……………………………… 295
스크롤 압축기 …………………… 244
스크루 압축기 …………………… 240
스털링사이클 ……………………… 128
스테인리스강관 …………………… 529
스테판-볼츠만의 법칙 ………… 54
스토크스 …………………………… 88
스틸벨트식 컨베이어 동결장치 … 465
스파이럴식 컨베이어 송풍동결장치‥
………………………………………… 464
스프링클러설비 …………………… 715
습도조절기 ………………………… 356
습식통기관 ………………………… 647
승화열 ……………………………… 46
식육류의 저온저장 ……………… 504

식품냉동 …………………………… 492
신정통기방식 ……………………… 645
실린더 본체 ……………………… 229
실린더 재킷 ……………………… 229
실제운전상태의 P-h 선도 …… 191

ㅇ

아르키메데스수 …………………… 79
안전헤드 …………………………… 229
암모니아 냉매 …………………… 164
압력 ………………………………… 16
압력 스위치 ……………………… 352
압력탱크방식 ……………………… 551
압축률 ……………………………… 90
압축효율 …………………………… 237
액관 ………………………………… 333
액백 ………………………………… 375
액봉현상 …………………………… 376
액분리기 …………………………… 293
액화가스 동결장치 ……………… 470
액-가스 열교환기 ……………… 305
액-가스 열교환기 부착 냉동장치 …
………………………………………… 216
에너지 ……………………………… 22
에너지 효율비 …………………… 25
에너지선 …………………………… 97
에릭슨사이클 ……………………… 116
에어챔버 …………………………… 578
엑서지 ……………………………… 44
엔탈피 ……………………………… 30
엔트로피 …………………………… 32
여과기 ……………………………… 307
역디젤사이클 ……………………… 118
역브레이튼사이클 ………………… 123
역사이펀 작용 …………………… 640
역카르노사이클 …………………… 106
연관 ………………………………… 530
연기시험 …………………………… 625
열 …………………………………… 20
열관류율 …………………………… 60
열기관 ……………………………… 102
열량 ………………………………… 20
열역학 제0법칙 ………………… 33
열역학 제1법칙 ………………… 34
열역학 제2법칙 ………………… 35
열역학 제3법칙 ………………… 37
열역학적 상태 …………………… 28
열역학적 상태량 ………………… 28
열역학적 절대온도 ……………… 12
열용량 ……………………………… 18
열전달 ……………………………… 52
열확산계수 ………………………… 81
열효율 ……………………………… 103

INDEX

영구기관	38
예냉	505
예냉방식	507
오수	603
오수처리시설	686
오염계수	77
오일포밍	373
오프셋(Offset)	613
옥내 소화전설비	712
옥시토롤 저장	480
옥외 소화전설비	714
온도	12
온도식 자동팽창밸브	339
온도조절기	355
온수기	593
왕복동 압축기	227
우수	604
우수이용설비	682
운동에너지	22
워터해머	570, 576
워터해머 흡수기	578
원심식 압축기	246
원통코일식 증발기	284
위생기구	658
위생도기	659
위생설비 유닛	669
위치에너지	22
유기화합물냉매	165
유냉각기	300
유닛쿨러	282
유도단위	9
유도사이펀 작용	640
유동 스위치	360
유동식 동결장치	465
유동에너지	30
유량선도	569
유분리기	289
유용도	84
유용도-NTU 법	85
유회수장치	294
유효에너지	44
융해열	46
응축기	258
응축기 제어	268
응축기의 총열전달량	273
응축압력 조정밸브	348
응축열전달	58
의료가스	698
이방밸브	361
이산화탄소 냉동사이클	202
이산화탄소 소화설비	723
이상기체의 상태방정식	39
이상기체의 상태변화	41
이코노마이저식 냉동사이클	219

일	20
일제살수식	716
임계점	45
입형 셀앤드튜브식 응축기	260

ㅈ

자기사이펀 작용	639
자동식 팽창밸브	339
자동화재탐지설비	729
자연냉동법	140
자연냉매	170
자외선감지기	731
잠열	46
잡배수	603
재생사이클	112
재열사이클	112
저수조	538
저수조 설치기준	542
저압수액기	297
저온분쇄	162
저온장해	502
저온저장의 효과	499
저탕탱크	593
적상응축	58
적외선감지기	732
전달단위수	84
전도열전달	52
전수두선	97
전자냉동법	152
전자밸브	358
절대단위계	6
절대압력	15
절대일	47
절수기	534
점성계수	88
접촉동결장치	469
정상유량법	610
정속방식	557
정압밸브	350
정압비열	17
정압식 팽창밸브	340
정적비열	17
정지공기 동결장치	463
제벡효과	134
제빙고의 부하종류	486
제빙톤	133
제상	312
종국길이	616
종국유속	616
주철관	529
준비작동식	716
줄의 법칙	29
줄-톰슨효과	137

중간냉각기	302
중력단위계	7
중력식	587
중수도	604, 676
증기 이젝터	147
증기분사냉동기	146
증기압축식 냉동기	144
증발식 응축기	266
증발압력 조정밸브	349
증발열	46
지구순환방식	675
지수밸브	571
지수식 응축기	263
직교유동	72
직접팽창식	276
진공도	15
진공동결건조	517
진공브레이커	665
진공시험	389
진공예냉	508
진공유리창	86

ㅊ

차압조정밸브	349
차압통풍예냉	507
차원	6
천공복사	82
청소구	627
청소구(Clean Out)	623
청정소화약제	726
체적냉동효과	130
체적탄성계수	90
체적효율	235
초킹흐름	344
최대빙결정생성대	511
추가압축 냉동사이클	203
축봉장치	230
축열조식제상	319
충전율	515

ㅋ

카르노사이클	105
캐스케이드(Cascade)사이클	127
커넥팅 로드	229
켈빈온도	13
콘덴서 리시버	297
콘크리트관	530
콜드체인	495
콜드트랩	508
큐비클식	670
크랭크실 가열기	229
크랭크축	229

크로스커넥션	573
클라우드(Claude)사이클	127

ㅌ

탄화수소	170
태양상수	83
탱크식 증발기	285
터널식 컨베이어 송풍동결장치	464
토출배관	331
토출압력 일정제어	558
톰슨효과	138
통기관	644
통기구	652
통기밸브	653
통기헤더	648
통수시험	626
통풍예냉	507
특수배수	604
특수배수 이음쇠방식	654

ㅍ

파열판	393
패널식	670
패널큐비클식	671
패키지식	671
팽창관(도피관)	590
팽창밸브	336
팽창탱크	591
팽행유동	71
펌프다운	400
페클리수	79
펠티에효과	136
포소화설비	722
포집기	629
폴리트로픽 변화	42
표준냉동사이클	188
표준대기압	14
프란틀수	79
프레온 냉매	164
프와즈	88
플라스틱관	530
플래시가스	371
플레이트식 증발기	284
피스톤	229
피스톤 압출량	233
핀코일식 증발기	282
필름포장 저장	480
필립스 냉동기	128

ㅎ

하이탱크식	662
하향식	586
할로겐화합물 소화설비	725
할로카본	166
함수율	518
합루식	602
핫가스 제상방식	318
해동방법	519
핵비등	57
헤더공법	598
혼합냉매	175
화력발전소 온배수	113
화씨온도	12
화재감지기	730
환상통기관	647
활성오니법	692
회로통기관	647
회향식 배관	720
횡형 셸앤드튜브식 응축기	261
흡수식	148
흡수식 냉동기	402
흡수식 냉온수기	425
흡수식 히트펌프	430
흡수액(LiBr) 관리	444
흡입배관	324
흡입압력 조정밸브	350
흡착식	150
힘	16

참고문헌[5]

1. 학회지 및 협회지

① 「설비공학편람(기초/공기조화/냉동/위생소방및환경)」, 대한설비공학회, 1994
② 「냉동공조기술(상급표준교재)」, 한국설비기술협회, 1991
③ 「공기조화설비설계 및 급배수위생설비설계」, 일본 건축설비기술자협회, 기문사, 2006
④ 「그림해설 공조급배수대백과」, 일본 공기조화위생공학회, 성안당, 2002
⑤ 「건축기계설비 설계기준」, 대한설비공학회, 2002
⑥ 「건축설비 에너지절약 핸드북」, 한국설비기술협회, 2004

☞ 대한설비공학회(옛, 공기조화냉동공학회)
☞ 한국설비기술협회(옛, 한국냉동공조기술협회)

2. 공기조화설비

① 「공기조화설비」, 김재수·윤해동, 세진사, 2003
② 「공기조화설비」, 신치웅, 기문당, 2005
③ 「공기조화설비」, 이철구·방승기·함흥돈, 세진사, 2002

3. 냉동공학

① 「냉동공학」, 윤정인·김재돌 외, 문운당, 1998
② 「냉동공학」, 홍성은, 세진사, 1993
③ 「냉동공학」, 하옥남·김진홍·권일욱, 기전연구사, 2004
④ 「냉동공학 및 공기조화」, 유상신·정인기·차경옥, 동명사, 2001

4. 위생설비

① 「건축급배수설비」, 정광섭·홍봉재 외, 예문사, 2003
② 「건축설비계획」, 서승직, 일진사, 2004

5. 식품냉동 및 TAB

① 「식품냉동의 기초와 응용」, 양철영, 세진사, 1997
② 「TAB 이론과 실제」, 김규생·김천용 외, 기문당, 2004
③ 「공기조화 설비의 시험조정평가(TAB) 기술 기준」, 대한설비공학회, 1988

---

[5] 주요 인용 도서만 목록 작성

6. 수험서

① 「공조냉동기계기술사 과년도 문제해설, 이재만」, 예문사, 2008
② 「공조냉동기계/건축기계설비 기술사 핵심문제 600제」, 신정수, 일진사, 2007
③ 「건축기계설비(공조냉동기계)기술사」, 설원실·윤정인·김재돌, 성안당, 2000
④ 「공조냉동기계기술사」, 백환기, 구민사, 2001
⑤ 「공조냉동기계기술사」, 신정섭, 일진사, 2000
⑥ 「공조냉동기계기술사」, 기술사시험연구회, 삼원출판사
⑦ 「공조냉동기계기술사 문제해설」, 기술사시험연구회, 신기술
⑧ 「건축기계설비(공조냉동기계)기술사 해설」, 김회률, 예문사, 1998
⑨ 「건축기계설비(공조냉동기계)기술사 문제해설」, 김회률·김동규, 예문사, 2000
⑩ 「건축기계설비(공조냉동기계)기술사 용어해설」, 김회률·김동규, 예문사, 2003
⑪ 「건축기계설비(공조냉동기계)기술사 해설」, 김진현, 보문당, 1998
⑫ 「공기조화냉동기계 및 건축기계설비기술사」, 지영민, 청문각, 2006
⑬ 「건축기계설비(공조냉동기계)기술사 문제해설」, 학원교재, 김국원, 2000

7. 기타

① 「핵심 소방기술사」, 권순택, 예문사, 2006
② 「유체기계기술사」, 박홍준, 일진사, 2002

《 추천 도서 》

1. 「공기조화설비」, 김재수·윤해동, 세진사, 2003
2. 「냉동공학」, 윤정인·김재돌 외, 문운당, 1998
3. 「냉동공조기술(상급표준교재)」, 홍희기 외, 한국설비기술협회, 1991
4. 「공기조화설비설계」, 일본 건축설비기술자협회, 강정길외 역, 기문당, 2006
5. 「급배수위생설비설계」, 일본 건축설비기술자협회, 강정길외 역, 기문당, 2005

공조냉동기계기술사 (냉동공학)
건축기계설비기술사 (위생설비)

발행일 / 2009년 1월 5일 초판 발행

저 자 / 이재만
발행인 / 정용수
발행처 / 예문사

주 소 / 경기도 고양시 일산동구 장항동 548-8
T E L / (031) 905-2100
F A X / (031) 903-8844
등록번호 / 11-76호

정가 : 40,000원

- 이 책의 어느 부분도 저작권자나 발행인의 승인 없이 무단 복제하여 이용할 수 없습니다.
- 파본 및 낙장은 구입하신 서점에서 교환하여 드립니다.
- 예문사 홈페이지 http://www.yeamoonsa.com

ISBN 978-89-8254-815-4   93550